교과서
채택률 **1**위
15개정 교육과정

CONCEPT

개념편

개념과 유형이 하나로

개념＋유형
PLUS

중학 수학
2·1

visang

개발 이창엽 김성범 용효진
디자인 홍세정 안상현

발행일 2021년 9월 30일
펴낸날 2024년 8월 1일
펴낸곳 (주)비상교육
펴낸이 양태회
신고번호 제2002-000048호
출판사업총괄 최대찬
개발총괄 채진희
개발책임 최진형
디자인책임 김재훈
영업책임 이지웅
품질책임 석진안
마케팅책임 이은진
대표전화 1544-0554
주소 경기도 과천시 과천대로2길 54(갈현동, 그라운드브이)

세상이 변해도
배움의 즐거움은
변함없도록

시대는 빠르게 변해도
배움의 즐거움은
변함없어야 하기에

어제의 비상은
남다른 교재부터
결이 다른 콘텐츠
전에 없던 교육 플랫폼까지

변함없는 혁신으로
교육 문화 환경의 새로운 전형을
실현해왔습니다.

비상은 오늘, 다시 한번
새로운 교육 문화 환경을 실현하기 위한
또 하나의 혁신을 시작합니다.

오늘의 내가 어제의 나를 초월하고
오늘의 교육이 어제의 교육을 초월하여
배움의 즐거움을 지속하는 혁신,

바로, 메타인지 기반 완전 학습을.

상상을 실현하는 교육 문화 기업 비상

메타인지 기반 완전 학습

초월을 뜻하는 meta와 생각을 뜻하는 인지가 결합한 메타인지는
자신이 알고 모르는 것을 스스로 구분하고 학습계획을 세우도록 하는
궁극의 학습 능력입니다. 비상의 메타인지 기반 완전 학습 시스템은
잠들어 있는 메타인지를 깨워 공부를 100% 내 것으로 만들도록 합니다.

비상교재 강의
온리원 중등에 다 있다!

오투, 개념플러스유형 등 교재 강의 듣기

비상교재 강의 7일
무제한 수강

QR 찍고
무료체험
신청!

우리 학교 교과서 맞춤 강의 듣기

학교 시험 특강
0원 무료 수강

QR 찍고
시험 특강
듣기!

과목·유형별 특강 듣고 만점 자료 다운 받기

수행평가 자료 30회
이용권

무료체험
신청하고
다운!

콕 강의 30회
무료 쿠폰

※ 박스 안을 연필 또는 샤프 펜슬로
칠하면 번호가 보입니다.

콕 쿠폰
등록하고
바로 수강!

유의 사항
1. 강의 수강 및 수행평가 자료를 받기 위해 먼저 온리원 중등 무료체험을 신청해 주시기 바랍니다.
   (휴대폰 번호 당 1회 참여 가능)
2. 온리원 중등 무료체험 신청 후 체험 안내 해피콜이 진행됩니다.(체험기기 배송비&반납비 무료)
3. 콕 강의 쿠폰은 QR코드를 통해 등록 가능하며 ID 당 1회만 가능합니다.
4. 온리원 중등 무료체험 이벤트는 체험 신청 후 인증 시(로그인 시) 혜택 제공되며 경품은 매월 변경됩니다.
5. 콕 강의 쿠폰 등록 시 혜택이 제공되며 경품은 두 달마다 변경됩니다.
6. 이벤트는 사전 예고 없이 변경 또는 중단될 수 있습니다.

문의 1588-6563 | www.only1.co.kr

ONLY META

검증된 성적 향상의 이유
중등 1위* 비상교육 온리원
*2014~2022 국가브랜드 [중고등 교재] 부문

10명 중 8명
내신 최상위권

최상위
성적
81.23%

*2023년 2학기 기말고사 기준 전체 성적장학생 중,
모범, 으뜸, 우수상 수상자(평균 93점 이상) 비율 81.23%

특목고 합격생
2년 만에 167% 달성

*특목고 합격생 수 2022학년도 대비
2024학년도 167.4%

성적 장학생
1년 만에 2배 증가

2022년
3,499명*

2023년
6,888명*

역대최다!

*22-1학기: 21년 1학기 중간 - 22년 1학기 중간 누적 /
23-1학기: 21년 1학기 중간 - 23년 1학기 중간 누적

눈으로 확인하는 공부
메타인지 시스템

공부 빈틈을 찾아 채우고
장기 기억화 하는 메타인지 학습

최강 선생님 노하우 집약
내신 전문 강의

검증된 베스트셀러 교재로
인기 선생님이 진행하는 독점 강좌

꾸준히 가능한 완전 학습
리얼타임 메타코칭

학습의 시작부터 끝까지
출결, 성취 기반 맞춤 피드백 제시

문의 1588-6563 | www.only1.co.kr

개념┼유형

개념편 CONCEPT

중등 수학

2·1

STRUCTURE ··· 구성과 특징

❶ 핵심 개념을 이해하고!

핵심 개념
자세하고 깔끔한 개념 정리와 필수 문제, 유제

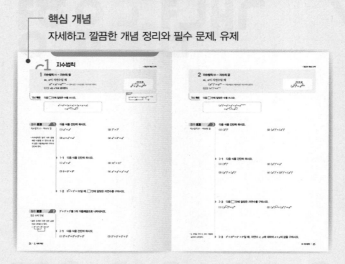

❷ 개념을 익히고!

Step 1 쏙쏙 개념 익히기
보다 완벽하게 개념을 이해하기 위한 대표 문제

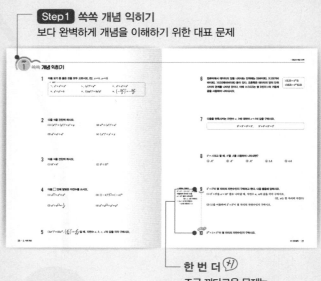

한 번 더 ⊕
조금 까다로운 문제는
쌍둥이 문제로 한 번 더!

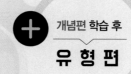
개념편 학습 후
유 형 편

유형별 연습 문제로 **기초**를 **탄탄**하게 하고 싶다면

유형편 **라이트**

유형별
연습 문제 ▸ 쌍둥이
기출문제 ▸ 단원
마무리

개념과 유형이 하나로~!
개념+유형의 체계적인 학습 시스템

❸ 실전 문제로 다지기!

Step 2 탄탄 단원 다지기
교과서 문제와 기출문제로 구성된 단원 마무리 문제

Step 3 쓱쓱 서술형 완성하기
연습과 실전이 함께하는 서술형 문제

❹ 개념 정리로 마무리!

○○ 속 수학
다양한 분야에서 수학과 관련된 흥미로운 이야기

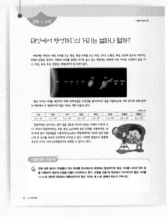

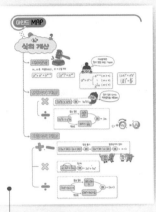

마인드맵
단원의 핵심 개념을 한눈에 보는
개념 정리 마인드맵

다양한 기출문제로 **내신 만점**에 도전한다면

유형편 | 파워

유형별 비법 정리 ▶ 유형별 기출문제 ▶ 단원 마무리

CONTENTS ··· 차례

1 유리수와 순환소수

I 수와 식의 계산

이전에 배운 내용	이번에 배울 내용	이후에 배울 내용

초5~6
· 분수와 소수

중1
· 소인수분해
· 정수와 유리수

◯1 유리수와 순환소수

중3
· 제곱근과 실수

고등
· 복소수

준비 학습

초5~6 분수와 소수

· $\dfrac{a}{b} = a \div b$ (단, $b \neq 0$)

· 기약분수: 분자와 분모의 공약수가 1뿐인 분수

1 다음 수를 분수는 소수로, 소수는 기약분수로 나타내시오.

(1) $\dfrac{13}{10}$　　　　　　　　　(2) $\dfrac{6}{25}$

(3) 0.8　　　　　　　　　(4) 1.75

중1 소인수분해

· 인수: 어떤 자연수의 약수
· 소인수: 소수인 인수
· 소인수분해: 1보다 큰 자연수를 소인수만의 곱으로 나타내는 것

2 다음 수를 소인수분해하시오.

(1) 28　　　　　　　　　(2) 54

(3) 126　　　　　　　　　(4) 200

01 유리수와 순환소수

● 정답과 해설 16쪽

1 유리수

(1) 유리수: 분수 $\dfrac{a}{b}$ (a, b는 정수, $b \neq 0$) 꼴로 나타낼 수 있는 수
　　　　　　　　　　　　└→ 분모는 0이 될 수 없다.

(2) 유리수의 분류

$$\text{유리수} \begin{cases} \text{정수} \begin{cases} \text{양의 정수(자연수): } 1,\ 2,\ 3,\ \cdots \\ 0 \\ \text{음의 정수: } -1,\ -2,\ -3,\ \cdots \end{cases} \\ \text{정수가 아닌 유리수: } \dfrac{2}{3},\ -\dfrac{11}{10},\ 0.3,\ -1.234,\ \cdots \end{cases}$$

참고 $1 = \dfrac{1}{1}$, $0 = \dfrac{0}{1}$, $-2 = \dfrac{-2}{1}$와 같이 정수는 $\dfrac{(정수)}{(0이 아닌 정수)}$ 꼴로 나타낼 수 있으므로 유리수이다.

2 소수의 분류

(1) 유한소수: 소수점 아래에 0이 아닌 숫자가 유한 번 나타나는 소수　예 0.5, 2.01

(2) 무한소수: 소수점 아래에 0이 아닌 숫자가 무한 번 나타나는 소수　예 0.222…, 1.2345…

참고 기약분수는 유한소수 또는 무한소수로 나타낼 수 있다.

예 $\dfrac{1}{4} = 1 \div 4 = 0.25$ ➡ 유한소수, $\dfrac{5}{6} = 5 \div 6 = 0.8333\cdots$ ➡ 무한소수

개념 확인 다음 보기의 수에 대하여 물음에 답하시오.

보기
-2, 　0, 　$\dfrac{6}{5}$, 　3,
$-\dfrac{1}{3}$, 　π, 　0.12

(1) 자연수가 아닌 정수를 모두 고르시오.

(2) 정수가 아닌 유리수를 모두 고르시오.

(3) 유리수가 아닌 수를 모두 고르시오.

필수 문제　1

유한소수와 무한소수

▶ 분수를 소수로 나타내기
$\dfrac{a}{b} = a \div b$ (단, $b \neq 0$)

다음 분수를 소수로 나타내고, 유한소수인지 무한소수인지 말하시오.

(1) $\dfrac{3}{5}$

(2) $\dfrac{1}{3}$

(3) $\dfrac{11}{4}$

(4) $-\dfrac{13}{15}$

1-1 다음 분수를 소수로 나타내고, 유한소수인지 무한소수인지 말하시오.

(1) $\dfrac{2}{3}$

(2) $\dfrac{9}{8}$

(3) $-\dfrac{7}{12}$

(4) $\dfrac{4}{25}$

3 순환소수

(1) **순환소수**: 무한소수 중에서 소수점 아래의 어떤 자리에서부터 일정한 숫자의 배열이 한없이 되풀이되는 소수

(2) **순환마디**: 순환소수의 소수점 아래에서 일정한 숫자의 배열이 한없이 되풀이되는 한 부분

(3) **순환소수의 표현**: 순환마디의 양 끝의 숫자 위에 점을 찍어 간단히 나타낸다.

$$0.\underline{12}\ \underline{12}\ \underline{12}\cdots = 0.\dot{1}\dot{2}$$
순환마디   순환소수의 표현

> [예] $0.333\cdots=0.\dot{3}$, $5.7252525\cdots=5.7\dot{2}\dot{5}$, $1.234234234\cdots=1.\dot{2}3\dot{4}$
>
> [주의] 순환마디는 숫자의 배열이 가장 먼저 반복되는 부분을 말한다.
> $2.\underline{23}2323\cdots=2.\dot{2}\dot{3}$ (○), $2.2\underline{32}323\cdots=2.2\dot{3}\dot{2}$ (×)

필수 문제 2

순환소수의 표현

▸순환마디는 반드시 소수점 아래에서 찾는다.

다음 순환소수의 순환마디를 구하고, 이를 이용하여 순환소수를 간단히 나타내시오.

(1) $0.555\cdots$

(2) $0.191919\cdots$

(3) $0.1353535\cdots$

(4) $5.245245245\cdots$

2-1 다음 순환소수의 순환마디를 구하고, 이를 이용하여 순환소수를 간단히 나타내시오.

(1) $0.888\cdots$

(2) $6.262626\cdots$

(3) $5.2444\cdots$

(4) $2.132132132\cdots$

필수 문제 3

분수를 순환소수로
나타내기

분수 $\dfrac{7}{9}$을 소수로 나타낼 때, 다음 물음에 답하시오.

(1) 순환마디를 구하시오.

(2) 순환마디를 이용하여 순환소수로 간단히 나타내시오.

3-1 다음 분수를 소수로 고쳐 순환마디를 이용하여 간단히 나타내시오.

(1) $\dfrac{4}{11}$

(2) $\dfrac{7}{6}$

(3) $\dfrac{20}{27}$

(4) $\dfrac{8}{55}$

STEP
1
쏙쏙 개념 익히기

1 다음 중 분수를 소수로 나타냈을 때, 무한소수인 것은?

① $\dfrac{3}{4}$　　　② $\dfrac{7}{20}$　　　③ $\dfrac{11}{12}$　　　④ $\dfrac{14}{5}$　　　⑤ $\dfrac{49}{25}$

2 다음 중 순환소수와 순환마디가 바르게 연결된 것은?

① $0.131313\cdots$　⇨ 131　　　② $0.2585858\cdots$　⇨ 58

③ $0.782782782\cdots$　⇨ 827　　　④ $3.863863863\cdots$ ⇨ 386

⑤ $15.415415415\cdots$ ⇨ 154

3 다음 중 순환소수의 표현이 옳은 것을 모두 고르면? (정답 2개)

① $0.202020\cdots=0.\dot{2}$　　　　② $2.7555\cdots=2.7\dot{5}$

③ $2.132132132\cdots=2.\dot{1}\dot{3}$　　　④ $1.721721721\cdots=1.\dot{7}2\dot{1}$

⑤ $-0.231231231\cdots=-0.\dot{2}3\dot{1}$

● 소수점 아래 n번째 자리의 숫자 구하기
순환마디를 이루는 숫자의 개수를 이용하여 순환마디가 소수점 아래 n번째 자리까지 몇 번 반복되는지 파악한다.

4 분수 $\dfrac{5}{27}$를 소수로 나타낼 때, 소수점 아래 50번째 자리의 숫자를 구하려고 한다. 다음 물음에 답하시오.

(1) $\dfrac{5}{27}$를 순환소수로 나타내시오.

(2) 순환마디를 이루는 숫자의 개수를 구하시오.

(3) 소수점 아래 50번째 자리의 숫자를 구하시오.

한번 더!
5 분수 $\dfrac{3}{7}$을 소수로 나타낼 때, 소수점 아래 70번째 자리의 숫자를 구하시오.

4 유한소수로 나타낼 수 있는 분수

(1) 유한소수는 분모가 10의 거듭제곱인 분수로 나타낼 수 있다.
이때 분모를 소인수분해하면 분모의 소인수가 2 또는 5뿐임을 알 수
있다.

$$0.13 = \frac{13}{100} = \frac{13}{2^2 \times 5^2}$$

(2) 정수가 아닌 유리수를 기약분수로 나타낸 후 분모를 소인수분해했을 때
① 분모의 소인수가 2 또는 5뿐이면
➡ 그 유리수는 유한소수로 나타낼 수 있다.
② 분모에 2 또는 5 이외의 소인수가 있으면
➡ 그 유리수는 순환소수로 나타낼 수 있다.
└→ 유한소수로 나타낼 수 없다.

$$\frac{9}{60} \overset{약분}{=} \frac{3}{20} = \frac{3}{2^2 \times 5} \;\; ➡ 유한소수$$

$$\frac{2}{28} \overset{약분}{=} \frac{1}{14} = \frac{1}{2 \times 7} \;\; ➡ 순환소수$$

개념 확인 다음은 기약분수를 분모가 10의 거듭제곱인 분수로 고쳐서 유한소수로 나타내는 과정이다.
☐ 안에 알맞은 수를 쓰시오.

(1) $\dfrac{9}{25} = \dfrac{9}{5^2} = \dfrac{9 \times \boxed{①}}{5^2 \times \boxed{②}} = \dfrac{\boxed{③}}{100} = \boxed{④}$

(2) $\dfrac{1}{40} = \dfrac{1}{2^3 \times 5} = \dfrac{1 \times \boxed{①}}{2^3 \times 5 \times \boxed{②}} = \dfrac{25}{\boxed{③}} = \boxed{④}$

필수 문제 **4**

유한소수로 나타낼 수 있는 분수

▸분모의 소인수를 구할 때는 먼저 기약분수로 나타내야 한다.

다음 보기 중 유한소수로 나타낼 수 있는 것을 모두 고르시오.

┌ 보기 ┐
ㄱ. $\dfrac{13}{20}$ ㄴ. $\dfrac{27}{42}$ ㄷ. $\dfrac{7}{39}$ ㄹ. $\dfrac{42}{2 \times 5 \times 7}$ ㅁ. $\dfrac{55}{2^2 \times 5 \times 11}$

4-1 다음 분수 중 순환소수로만 나타낼 수 있는 것을 모두 고르면? (정답 2개)

① $\dfrac{6}{16}$ ② $\dfrac{33}{44}$ ③ $\dfrac{11}{120}$ ④ $\dfrac{5}{2 \times 5^2}$ ⑤ $\dfrac{21}{2 \times 3 \times 7^2}$

필수 문제 **5**

유한소수가 되도록 하는 미지수의 값 구하기

$\dfrac{11}{3 \times 5^2 \times 7} \times A$를 소수로 나타내면 유한소수가 될 때, A의 값이 될 수 있는 가장 작은 자연수를 구하시오.

5-1 분수 $\dfrac{5}{72}$에 어떤 자연수 A를 곱하면 유한소수로 나타낼 수 있을 때, A의 값이 될 수 있는 가장 작은 자연수를 구하시오.

5 순환소수를 분수로 나타내기 (1) – 10의 거듭제곱 이용하기

❶ 주어진 순환소수를 x로 놓는다.

❷ 양변에 10의 거듭제곱을 적당히 곱하여 소수점 아래의 부분이 같은 두 식을 만든다.

❸ ❷의 두 식을 변끼리 빼어 x의 값을 구한다.

❶ $x=0.15\dot{8}=0.15858\cdots$

❷ $1000x=158.5858\cdots$ ← 소수점이 첫 순환마디 뒤에 오도록 1000을 곱한다.

$-)\quad 10x=\quad 1.5858\cdots$ ← 소수점이 첫 순환마디 앞에 오도록 10을 곱한다.

❸ $990x=157$

$\therefore x=\dfrac{157}{990}$

필수 문제 6

순환소수를 분수로
나타내기 (1)

– 소수점 아래 바로 순환
마디가 오는 경우

▸두 순환소수의 차가 정수가 되게 하는 두 식을 만든다.

▸순환소수를 분수로 나타낸 후에는 약분하는 것을 잊지 않도록 한다.

다음은 순환소수를 분수로 나타내는 과정이다. □ 안에 알맞은 수를 쓰시오.

(1) $0.\dot{5}$

$0.\dot{5}$를 x라고 하면 $x=0.555\cdots$ ⋯ ㉠

$\boxed{}x=5.555\cdots$ ← ㉠×$\boxed{}$

$-)\qquad x=0.555\cdots$

$\boxed{}x=5$

$\therefore x=\boxed{}$

(2) $0.\dot{2}\dot{4}$

$0.\dot{2}\dot{4}$를 x라고 하면 $x=0.2424\cdots$ ⋯ ㉠

$\boxed{}x=24.242424\cdots$ ← ㉠×$\boxed{}$

$-)\qquad x=\ 0.242424\cdots$

$\boxed{}x=24$

$\therefore x=\dfrac{24}{\boxed{}}=\boxed{}$

6-1 다음 순환소수를 분수로 나타내시오.

(1) $0.\dot{2}$

(2) $0.\dot{4}\dot{5}$

(3) $2.\dot{8}$

(4) $1.\dot{5}\dot{7}$

필수 문제 7

순환소수를 분수로
나타내기 (1)

– 소수점 아래 바로 순환
마디가 오지 않는 경우

다음은 순환소수를 분수로 나타내는 과정이다. □ 안에 알맞은 수를 쓰시오.

(1) $0.1\dot{2}$

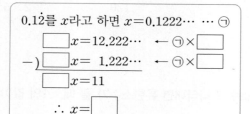

$0.1\dot{2}$를 x라고 하면 $x=0.1222\cdots$ ⋯ ㉠

$\boxed{}x=12.222\cdots$ ← ㉠×$\boxed{}$

$-)\boxed{}x=\ 1.222\cdots$ ← ㉠×$\boxed{}$

$\boxed{}x=11$

$\therefore x=\boxed{}$

(2) $0.3\dot{8}\dot{4}$

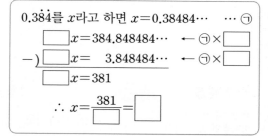

$0.3\dot{8}\dot{4}$를 x라고 하면 $x=0.38484\cdots$ ⋯ ㉠

$\boxed{}x=384.848484\cdots$ ← ㉠×$\boxed{}$

$-)\boxed{}x=\ 3.848484\cdots$ ← ㉠×$\boxed{}$

$\boxed{}x=381$

$\therefore x=\dfrac{381}{\boxed{}}=\boxed{}$

7-1 다음 순환소수를 분수로 나타내시오.

(1) $0.8\dot{2}$

(2) $0.2\dot{4}\dot{1}$

(3) $1.3\dot{5}$

(4) $3.0\dot{2}\dot{7}$

6 순환소수를 분수로 나타내기 (2) – 공식 이용하기

(1) 분모: 순환마디를 이루는 숫자의 개수만큼 9를 쓰고, 그 뒤에 소수점 아래 순환마디에 포함되지 않는 숫자의 개수만큼 0을 쓴다.

(2) 분자: 전체의 수에서 순환하지 않는 부분의 수를 뺀 값을 쓴다.

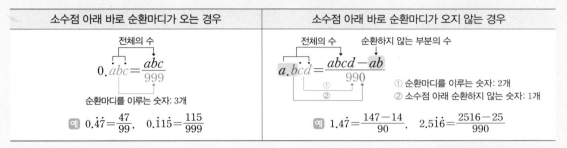

소수점 아래 바로 순환마디가 오는 경우	소수점 아래 바로 순환마디가 오지 않는 경우
$0.\dot{a}b\dot{c} = \dfrac{abc}{999}$ 순환마디를 이루는 숫자: 3개	$a.b\dot{c}\dot{d} = \dfrac{abcd - ab}{990}$ ① 순환마디를 이루는 숫자: 2개 ② 소수점 아래 순환하지 않는 숫자: 1개
예 $0.\dot{4}\dot{7} = \dfrac{47}{99}$, $0.\dot{11}\dot{5} = \dfrac{115}{999}$	예 $1.4\dot{7} = \dfrac{147 - 14}{90}$, $2.5\dot{1}\dot{6} = \dfrac{2516 - 25}{990}$

7 유리수와 소수의 관계

(1) 정수가 아닌 유리수는 소수로 나타내면 유한소수 또는 순환소수가 된다.

(2) 유한소수와 순환소수는 모두 분자, 분모가 정수인 분수로 나타낼 수 있으므로 유리수이다.

```
소수 ┌ 유한소수 ─────────────────────── 유리수
     └ 무한소수 ┌ 순환소수
               └ 순환소수가 아닌 무한소수 – 유리수가 아니다.
```

필수 문제 8

순환소수를 분수로 나타내기 (2)

다음 순환소수를 분수로 나타내시오.

(1) $0.\dot{4}$

(2) $0.\dot{5}\dot{1}$

(3) $1.4\dot{8}$

(4) $1.2\dot{3}\dot{4}$

8-1 다음 순환소수를 분수로 나타내시오.

(1) $0.\dot{2}\dot{7}$

(2) $0.\dot{1}7\dot{2}$

(3) $3.3\dot{7}$

(4) $4.0\dot{1}\dot{6}$

필수 문제 9

유리수와 소수의 관계

다음 보기 중 옳은 것을 모두 고르시오.

┤ 보기 ├
ㄱ. 모든 유한소수는 유리수이다.
ㄴ. 무한소수 중에는 순환소수가 아닌 것도 있다.
ㄷ. 모든 순환소수는 유리수이다.
ㄹ. 모든 무한소수는 정수가 아닌 유리수이다.

STEP 1 쏙쏙 개념 익히기

1 다음은 분수 $\dfrac{63}{140}$ 을 유한소수로 나타내는 과정이다. 이때 a, b, c의 값을 각각 구하시오.

$$\frac{63}{140}=\frac{9}{20}=\frac{9}{2^2\times5}=\frac{9\times a}{2^2\times5\times a}=\frac{b}{10^2}=c$$

2 분수 $\dfrac{a}{780}$ 를 소수로 나타내면 유한소수가 될 때, a의 값이 될 수 있는 가장 작은 자연수를 구하시오.

3 다음 순환소수를 x로 놓고 분수로 나타낼 때, 가장 편리한 식을 찾아 선으로 연결하시오.

(1) $0.2\dot{3}$ •

(2) $1.\dot{7}$ •

(3) $0.\dot{2}\dot{1}$ •

(4) $2.3\dot{2}\dot{4}$ •

• $10x-x$

• $100x-x$

• $100x-10x$

• $1000x-10x$

4 두 순환소수 $1.\dot{6}\dot{3}$과 $0.3\dot{4}\dot{5}$를 각각 기약분수로 나타내면 $\dfrac{a}{11}$, $\dfrac{b}{55}$일 때, 자연수 a, b에 대하여 $a+b$의 값을 구하시오.

5 서로소인 두 자연수 a, b에 대하여 $0.3\dot{8}\times\dfrac{b}{a}=0.\dot{3}$일 때, $a-b$의 값을 구하시오.

6 다음 중 유리수와 소수에 대한 설명으로 옳은 것을 모두 고르면? (정답 2개)

① 무한소수는 모두 유리수가 아니다.

② 유리수는 모두 유한소수로 나타낼 수 있다.

③ 유한소수로 나타낼 수 없는 기약분수는 순환소수로 나타낼 수 있다.

④ 순환소수 중에는 유리수가 아닌 것도 있다.

⑤ 기약분수의 분모의 소인수가 2 또는 5뿐이면 유한소수로 나타낼 수 있다.

★ 중요

1 다음 중 분수를 소수로 나타냈을 때, 유한소수인 것은?

① $\dfrac{5}{11}$ ② $\dfrac{8}{15}$ ③ $\dfrac{7}{8}$

④ $\dfrac{5}{24}$ ⑤ $\dfrac{13}{6}$

2 두 분수 $\dfrac{3}{11}$과 $\dfrac{4}{21}$를 소수로 나타냈을 때, 순환마디를 이루는 숫자의 개수를 각각 a개, b개라고 하자. 이때 $a+b$의 값을 구하시오.

3 다음 보기 중 순환소수의 표현이 옳은 것을 모두 고르시오.

┌ 보기 ┐
ㄱ. $1.7888\cdots = 1.7\dot{8}$

ㄴ. $0.595959\cdots = 0.\dot{5}\dot{9}$

ㄷ. $1.231231231\cdots = \dot{1}.2\dot{3}$

ㄹ. $0.042042042\cdots = 0.\dot{0}4\dot{2}$

ㅁ. $5.3172172172\cdots = 5.31\dot{7}2\dot{1}$

4 순환소수 $0.2\dot{4}1\dot{6}$의 소수점 아래 99번째 자리의 숫자를 구하시오.

5 분수 $\dfrac{7}{40}$을 $\dfrac{a}{10^n}$ 꼴로 고쳐서 유한소수로 나타낼 때, $a+n$의 값 중 가장 작은 수는? (단, a, n은 자연수)

① 70   ② 162   ③ 178

④ 286   ⑤ 354

6 다음 분수 중 유한소수로 나타낼 수 <u>없는</u> 것을 모두 고르면? (정답 2개)

① $\dfrac{51}{360}$ ② $\dfrac{42}{2^2 \times 5 \times 7}$ ③ $\dfrac{27}{2 \times 3^3 \times 5}$

④ $\dfrac{81}{150}$ ⑤ $\dfrac{26}{2 \times 5 \times 7 \times 13}$

7 분수 $\dfrac{1}{12}$, $\dfrac{2}{12}$, $\dfrac{3}{12}$, $\cdots$, $\dfrac{11}{12}$ 중 유한소수로 나타낼 수 있는 것은 모두 몇 개인가?

① 2개   ② 3개   ③ 4개

④ 5개   ⑤ 6개

8 다음 조건을 모두 만족시키는 x의 값 중 가장 작은 자연수를 구하시오.

> ┤ 조건 ├
> (개) $\dfrac{x}{2^2 \times 3 \times 5^2 \times 11}$ 를 소수로 나타내면 유한소수가 된다.
> (내) x는 3과 5의 공배수이다.

9 분수 $\dfrac{x}{280}$ 를 소수로 나타내면 유한소수가 되고, 기약분수로 나타내면 $\dfrac{1}{y}$ 이 된다. x가 10보다 크고 20보다 작은 자연수일 때, $x+y$의 값은?

① 30 ② 32 ③ 34
④ 36 ⑤ 38

10 분수 $\dfrac{3}{10 \times a}$ 을 순환소수로만 나타낼 수 있을 때, a의 값이 될 수 있는 가장 작은 자연수는?

① 2 ② 3 ③ 6
④ 7 ⑤ 9

11 순환소수 $x = 0.2\dot{1}\dot{5}$ 를 분수로 나타내려고 할 때, 다음 중 가장 편리한 식은?

① $10x - x$ ② $100x - 10x$
③ $1000x - x$ ④ $1000x - 10x$
⑤ $1000x - 100x$

12 다음 중 순환소수를 분수로 바르게 나타낸 것은?

① $0.2\dot{3} = \dfrac{23}{90}$ ② $0.3\dot{6} = \dfrac{2}{5}$
③ $1.4\dot{5} = \dfrac{15}{11}$ ④ $0.3\dot{6}\dot{5} = \dfrac{73}{180}$
⑤ $1.4\dot{5}\dot{1} = \dfrac{479}{330}$

13 순환소수 $1.\dot{6}$의 역수를 a라고 할 때, $10a$의 값을 구하시오.

14 기약분수 $\dfrac{x}{15}$ 를 소수로 나타내면 $1.2666\cdots$일 때, x의 값을 구하시오.

15 다음 중 순환소수 $x=0.17222\cdots$에 대한 설명으로 옳지 <u>않은</u> 것은?

① 순환마디는 2이다.

② $x=0.17\dot{2}$로 나타낼 수 있다.

③ x의 값은 $0.17+0.00\dot{2}$와 같다.

④ 식 $1000x-x$를 이용하여 분수로 나타낼 수 있다.

⑤ 분수로 나타내면 $\dfrac{31}{180}$이다.

16 $0.3+0.05+0.005+0.0005+\cdots$를 계산하여 기약분수로 나타내면 $\dfrac{b}{a}$이다. 이때 $a+b$의 값은?

① 16   ② 33   ③ 45

④ 50   ⑤ 61

17 $0.\dot{2}3\dot{8}=238\times\boxed{}$일 때, $\boxed{}$ 안에 알맞은 수를 순환소수로 나타내면?

① $0.0\dot{1}$ ② $0.00\dot{1}$ ③ $0.\dot{0}0\dot{1}$

④ $0.0\dot{0}\dot{1}$ ⑤ $0.\dot{1}0\dot{1}$

18 어떤 자연수에 $1.\dot{3}$을 곱해야 할 것을 잘못하여 1.3을 곱했더니 바르게 계산한 결과보다 2만큼 작았다. 이때 어떤 자연수를 구하시오.

19 다음 중 두 수의 대소 관계가 옳지 <u>않은</u> 것은?

① $0.\dot{3}>0.3$ ② $0.\dot{4}\dot{0}<0.\dot{4}$

③ $0.0\dot{8}<\dfrac{1}{10}$ ④ $0.0\dot{7}<\dfrac{7}{99}$

⑤ $1.5\dot{1}\dot{4}<1.5\dot{1}4$

20 다음 보기 중 유리수가 <u>아닌</u> 것을 모두 고르시오.

> | 보기 |
>
> ㄱ. $-\dfrac{83}{13}$ ㄴ. 0
>
> ㄷ. $2.121221222\cdots$ ㄹ. $0.353353353\cdots$
>
> ㅁ. 0.70972 ㅂ. π

21 다음 중 옳지 <u>않은</u> 것을 모두 고르면? (정답 2개)

① 모든 유한소수는 분수로 나타낼 수 있다.

② 순환소수가 아닌 무한소수는 유리수가 아니다.

③ 유한소수 중에는 유리수가 아닌 것도 있다.

④ 정수가 아닌 유리수는 모두 유한소수로 나타낼 수 있다.

⑤ 모든 순환소수는 $\dfrac{a}{b}$ (a, b는 정수, $b\neq0$) 꼴로 나타낼 수 있다.

유제를 따라 풀어 보고, 실전 문제로 연습해 보세요.

예제 1

두 분수 $\dfrac{1}{30}$과 $\dfrac{15}{70}$에 어떤 자연수 a를 곱하면 모두 유한소수로 나타낼 수 있을 때, a의 값이 될 수 있는 가장 작은 자연수를 구하시오.

따라 해보자

유제 1

두 분수 $\dfrac{13}{180}$과 $\dfrac{18}{105}$에 어떤 자연수 a를 곱하면 모두 유한소수로 나타낼 수 있을 때, a의 값이 될 수 있는 가장 작은 자연수를 구하시오.

풀이 과정

[1단계] 두 분수의 분모를 소인수분해하기

$\dfrac{1}{30} = \dfrac{1}{2 \times 3 \times 5}$, $\dfrac{15}{70} = \dfrac{3}{14} = \dfrac{3}{2 \times 7}$

[2단계] 자연수 a의 조건 구하기

두 분수에 자연수 a를 곱하여 모두 유한소수가 되게 하려면 a는 3과 7의 공배수, 즉 21의 배수이어야 한다.

[3단계] a의 값이 될 수 있는 가장 작은 자연수 구하기

21의 배수 중 가장 작은 자연수는 21이다.

답 21

풀이 과정

[1단계] 두 분수의 분모를 소인수분해하기

[2단계] 자연수 a의 조건 구하기

[3단계] a의 값이 될 수 있는 가장 작은 자연수 구하기

답

예제 2

어떤 기약분수를 소수로 나타내는데 소희는 분모를 잘못 보아서 $0.4\dot{1}$로 나타내고, 준수는 분자를 잘못 보아서 $0.\dot{4}\dot{7}$로 나타냈다. 두 사람이 잘못 본 분수도 모두 기약분수일 때, 처음 기약분수를 순환소수로 나타내시오.

유제 2

어떤 기약분수를 소수로 나타내는데 연수는 분자를 잘못 보아서 $1.0\dot{7}$로 나타내고, 정국이는 분모를 잘못 보아서 $5.\dot{8}$로 나타냈다. 두 사람이 잘못 본 분수도 모두 기약분수일 때, 처음 기약분수를 순환소수로 나타내시오.

풀이 과정

[1단계] 처음 기약분수의 분자 구하기

소희는 분자를 제대로 보았으므로

$0.4\dot{1} = \dfrac{41-4}{90} = \dfrac{37}{90}$에서 처음 기약분수의 분자는 37이다.

[2단계] 처음 기약분수의 분모 구하기

준수는 분모를 제대로 보았으므로

$0.\dot{4}\dot{7} = \dfrac{47}{99}$에서 처음 기약분수의 분모는 99이다.

[3단계] 처음 기약분수를 순환소수로 나타내기

처음 기약분수는 $\dfrac{37}{99}$이므로 이를 순환소수로 나타내면

$\dfrac{37}{99} = 0.373737\cdots = 0.\dot{3}\dot{7}$

답 $0.\dot{3}\dot{7}$

풀이 과정

[1단계] 처음 기약분수의 분모 구하기

[2단계] 처음 기약분수의 분자 구하기

[3단계] 처음 기약분수를 순환소수로 나타내기

답

연습해 보자

1 다음 세 학생의 대화에서 잘못 말한 사람을 찾고, 그 이유를 말하시오.

> 유미: 분수 $\dfrac{91}{140}$ 을 기약분수로 나타낸 후 분모를 소인수분해하면 소인수는 2와 5뿐이야.
>
> 광수: 분수 $\dfrac{91}{140}$ 은 유한소수로 나타낼 수 있어.
>
> 주희: 분수 $\dfrac{91}{140}$ 을 소수로 나타내면 소수점 아래에서 일정한 숫자의 배열이 한없이 되풀이되는 소수로만 나타낼 수 있어.

[풀이 과정]

[답]

2 두 분수 $\dfrac{1}{8}$ 과 $\dfrac{1}{2}$ 사이에 있는 분자가 자연수인 분수 중 분모가 24이고, 유한소수로 나타낼 수 있는 분수는 모두 몇 개인지 구하시오.

[풀이 과정]

[답]

3 순환소수를 x라 하고, 10의 거듭제곱을 적당히 곱하면 그 차가 정수인 두 식을 만들 수 있다. 이를 이용하여 순환소수 $1.1\dot{2}\dot{7}$ 을 기약분수로 나타내시오.

[풀이 과정]

[답]

4 순환소수 $2.1\dot{6}$에 a를 곱하면 자연수가 된다고 한다. a의 값이 될 수 있는 가장 작은 두 자리의 자연수를 구하려고 할 때, 다음 물음에 답하시오.

(1) $2.1\dot{6}$을 기약분수로 나타내시오.

(2) $2.1\dot{6} \times a$가 자연수일 때, a의 값이 될 수 있는 가장 작은 두 자리의 자연수를 구하시오.

[풀이 과정]

(1)

(2)

[답] (1)　　　　　　(2)

순환소수를 연주해 볼까?

다음은 동요 '작은 별'의 악보의 일부이다.

위의 악보에서 도돌이표 𝄆와 𝄇는 반복 기호 중 하나로, 똑같은 마디가 여러 번 나오면 반복되는 부분을 다시 기록하지 않고 간단히 나타낼 때 사용한다.

다음은 0부터 9까지의 숫자를 각 음에 대응시킨 것이다.

위의 음과 도돌이표를 이용하면 순환소수의 소수점 아래의 부분을 악보로 그릴 수 있다.

예를 들어, 분수 $\dfrac{14}{33}$ 는 $0.424242\cdots = 0.\dot{4}\dot{2}$ 이므로 로 나타낼 수 있다.

기출문제는 이렇게!

Q 위와 같이 수에 대응시킨 음을 이용하여 다음 물음에 답하시오.

(1) 분수 $\dfrac{5}{7}$ 를 소수로 나타낼 때, 소수점 아래의 부분을 오른쪽 도돌이표가 그려진 오선지 위에 악보로 그리시오.

(2) 오른쪽 악보의 음을 0보다 크고 1보다 작은 순환소수로 표현하고, 그 순환소수를 기약분수로 나타내시오.

$$\frac{1}{8} = 0.125$$

분수의 소수 표현

소수의 분류

· 유한소수 : 소수점 아래에 0이 아닌 숫자가 유한 번 나타나는 소수   0.12345
                                               └유한┘

· 무한소수 : 소수점 아래에 0이 아닌 숫자가 무한 번 나타나는 소수   0.123456…
                                               └무한

· 순환소수 : 소수점 아래의 어떤 자리에서부터 일정한 숫자의 배열이
                한없이 되풀이되는 무한소수

                                   여기서
                                   부터   여기까지

$$0.0\underline{1234}12341234\cdots = 0.0\dot{1}23\dot{4}$$
          └순환마디

유한소수로 나타낼 수 있는 분수

기약분수 → (분모를 소인수분해 하기) → 분모의 소인수가 2 또는 5뿐이다. → 예 → 유한소수
                                              → 아니요 → 순환소수

유리수와 순환소수

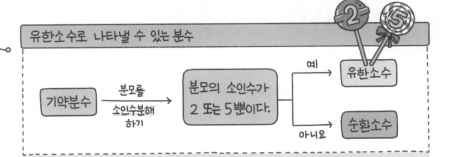

순환소수의 분수 표현

모두 유리수

너희는 같아!

[방법1] 10의 거듭제곱 이용하기

$$x = 0.\dot{0}\dot{3}$$
$$\begin{array}{r} 100x = 3.0303\cdots \\ -)\quad x = 0.0303\cdots \\ \hline 99x = 3 \end{array}$$

$$x = 1.2\dot{3}$$
$$\begin{array}{r} 100x = 123.333\cdots \\ -)\quad 10x = 12.333\cdots \\ \hline 90x = 123 - 12 \end{array}$$

[방법2] 공식 이용하기

$$0.\dot{0}\dot{3} = \frac{3}{99} = \frac{1}{33}$$

$$1.2\dot{3} = \frac{123 - 12}{90} = \frac{37}{30}$$

2 식의 계산

이전에 배운 내용	이번에 배울 내용	이후에 배울 내용

이전에 배운 내용

중1
- 거듭제곱
- 정수와 유리수의 곱셈과 나눗셈
- 문자의 사용과 식의 계산

이번에 배울 내용

⌒1 지수법칙
⌒2 단항식의 계산
⌒3 다항식의 계산

이후에 배울 내용

중3
- 다항식의 곱셈과 인수분해

고등
- 다항식의 연산
- 나머지정리
- 인수분해

준비 **학습**

중1 **거듭제곱**

• $2 \times 2 \times 2 = 2^3$ ← 지수
  └ 밑

1 다음을 거듭제곱을 사용하여 나타내시오.

(1) $3 \times 3 \times 5 \times 7 \times 7 \times 7$

(2) $\dfrac{1}{2} \times \dfrac{1}{2} \times \dfrac{1}{2} \times \dfrac{1}{2}$

중1 **정수와 유리수의 곱셈과 나눗셈**

• $\begin{cases} (-)^{\text{짝수}} = (+) \\ (-)^{\text{홀수}} = (-) \end{cases}$

• $a \div \dfrac{c}{b} = a \times \dfrac{b}{c}$ $(b \neq 0,\ c \neq 0)$

  └ 역수를 곱하여 계산한다.

2 다음을 계산하시오.

(1) $(-3)^2 \times (-1)^3$

(2) $\dfrac{3}{4} \div \left(-\dfrac{3}{2}\right)^2$

중1 **문자의 사용과 식의 계산**

분배법칙

• $a \times (b + c) = a \times b + a \times c$

3 다음 식을 간단히 하시오.

(1) $3(7x+4) - 8(2x+3)$

(2) $\dfrac{1}{4}(8x-16) + \dfrac{2}{3}(9x-6)$

정답 1. (1) $3^2 \times 5 \times 7^3$ (2) $\left(\dfrac{1}{2}\right)^4$ **2.** (1) -9 (2) $\dfrac{1}{3}$ **3.** (1) $5x-12$ (2) $8x-8$

지수법칙

● 정답과 해설 22쪽

1 지수법칙 (1) – 지수의 합

m, n이 자연수일 때

$$a^m \times a^n = a^{m+n} \longleftarrow \text{밑이 같은 수의 곱셈은 지수끼리 더한다.}$$

참고 a는 a^1으로 생각한다.

보충

$$\underbrace{a \times a \times a \times \cdots \times a}_{n\text{개}} = a^n \longleftarrow \text{지수}$$
$$\qquad\qquad\qquad\qquad\quad\uparrow \text{밑}$$

개념 확인 다음 □ 안에 알맞은 수를 쓰시오.

$$a^2 \times a^3 = (a \times a) \times (a \times a \times a)$$
$$= a^{2+\square} = a^{\square}$$

필수 문제 **1**

지수법칙 (1) – 지수의 합

▶지수법칙은 밑이 서로 같을 때만 이용할 수 있으므로 밑이 같은 거듭제곱끼리 모아서 간단히 한다.

다음 식을 간단히 하시오.

(1) $x^4 \times x^5$

(2) $7^2 \times 7^8$

(3) $a \times a^2 \times a^3$

(4) $a^3 \times b^4 \times a^2$

1-1 다음 식을 간단히 하시오.

(1) $a^2 \times a^6$

(2) $11^7 \times 11^2$

(3) $b \times b^4 \times b^6$

(4) $x^3 \times y^2 \times x^4 \times y^3$

1-2 $2^{\square} \times 2^3 = 32$일 때, □ 안에 알맞은 자연수를 구하시오.

필수 문제 **2**

같은 수의 덧셈

▶같은 수끼리 더한 것은 곱셈으로 나타낼 수 있다.
$$\Rightarrow \underbrace{2^2 + 2^2 + 2^2}_{3\text{개}} = 3 \times 2^2$$

$3^2 + 3^2 + 3^2$을 3의 거듭제곱으로 나타내시오.

2-1 다음 식을 간단히 하시오.

(1) $5^6 + 5^6 + 5^6 + 5^6 + 5^6$

(2) $2^4 + 2^4 + 2^4 + 2^4$

2 지수법칙 (2) – 지수의 곱

m, n이 자연수일 때

$(a^m)^n = a^{mn}$ ← 거듭제곱의 거듭제곱은 지수끼리 곱한다.

주의 $(a^m)^n \neq a^{m+n}$

지수의 곱

$(a^3)^4 = a^{3 \times 4}$

개념 확인 다음 □ 안에 알맞은 수를 쓰시오.

$$(a^2)^3 = a^2 \times a^2 \times a^2 = a^{2+2+2}$$
$$= a^{2 \times \square} = a^{\square}$$

필수 문제 **3**

지수법칙 (2) – 지수의 곱

다음 식을 간단히 하시오.

(1) $(2^3)^5$

(2) $(a^4)^5 \times (a^3)^2$

3-1 다음 식을 간단히 하시오.

(1) $(3^6)^2$

(2) $(x^2)^4 \times x^3$

(3) $(y^2)^5 \times (y^6)^3$

(4) $(a^7)^2 \times (b^2)^3 \times (a^2)^2$

3-2 다음 □ 안에 알맞은 자연수를 구하시오.

(1) $(x^{\square})^6 = x^{18}$

(2) $(a^3)^{\square} \times (a^5)^2 = a^{22}$

▸ 4, 27을 각각 2, 3의 거듭제
곱으로 나타낸다.

3-3 $4^6 \times 27^8 = 2^x \times 3^y$일 때, 자연수 x, y에 대하여 $x+y$의 값을 구하시오.

3 지수법칙 (3) − 지수의 차

$a \neq 0$이고, m, n이 자연수일 때

$$a^m \div a^n = \begin{cases} a^{m-n} & (m > n) \\ 1 & (m = n) \\ \dfrac{1}{a^{n-m}} & (m < n) \end{cases}$$

← 밑이 같은 수의 나눗셈은 지수끼리 뺀다.

$$\overset{\text{지수의 차}}{a^5 \div a^3} = a^{5-3} \qquad \overset{\text{지수의 차}}{a^3 \div a^5} = \frac{1}{a^{5-3}}$$

개념 확인 다음 □ 안에 알맞은 수를 쓰시오.

(1) $a^4 \div a^2 = \dfrac{a^4}{a^\square} = \dfrac{a \times a \times a \times a}{a \times a} = a^{4-\square} = a^\square$

(2) $a^2 \div a^2 = \dfrac{a^2}{a^\square} = \dfrac{a \times a}{a \times a} = \square$

(3) $a^2 \div a^4 = \dfrac{a^\square}{a^4} = \dfrac{a \times a}{a \times a \times a \times a} = \dfrac{1}{a^{4-\square}} = \dfrac{1}{a^\square}$

필수 문제 **4**

지수법칙 (3) − 지수의 차

▶나눗셈은 앞에서부터 차례로 계산하고, 괄호가 있으면 괄호 안을 먼저 계산한다.

· $a \div b \div c = \dfrac{a}{b} \div c = \dfrac{a}{bc}$

· $a \div (b \div c) = a \div \dfrac{b}{c} = \dfrac{ac}{b}$

다음 식을 간단히 하시오.

(1) $5^7 \div 5^5$

(2) $a^8 \div a^{12}$

(3) $(b^3)^2 \div (b^2)^3$

(4) $x^6 \div x^3 \div x^4$

4-1 다음 식을 간단히 하시오.

(1) $x^6 \div x^2$

(2) $3^2 \div 3^7$

(3) $x^5 \div (x^2)^2$

(4) $(a^3)^4 \div (a^2)^6$

(5) $b^4 \div b^2 \div b^5$

(6) $y^2 \div (y^7 \div y^4)$

4-2 다음 □ 안에 알맞은 자연수를 구하시오.

(1) $7^\square \div 7^4 = 7^5$

(2) $2^2 \div 2^\square = \dfrac{1}{2^{10}}$

4 지수법칙 (4) – 지수의 분배

n이 자연수일 때

$$(ab)^n = a^n b^n$$

← 괄호의 거듭제곱은
괄호 안의 수에 분배한다.

$$\left(\frac{b}{a}\right)^n = \frac{b^n}{a^n} \ (\text{단, } a \neq 0)$$

지수의 분배
$(ab)^5 = a^5 b^5$

지수의 분배
$\left(\dfrac{b}{a}\right)^5 = \dfrac{b^5}{a^5}$

개념 확인 다음 ☐ 안에 알맞은 것을 쓰시오.

(1) $(ab)^3 = ab \times ab \times ab = a \times a \times a \times b \times b \times b = a^{\square} b^{\square}$

(2) $\left(\dfrac{b}{a}\right)^3 = \dfrac{b}{a} \times \dfrac{b}{a} \times \dfrac{b}{a} = \dfrac{b^{\square}}{a^{\square}}$

(3) $(-2x)^3 = (\boxed{}) \times (\boxed{}) \times (\boxed{}) = (-2)^{\square} x^{\square} = \boxed{}$ ← 부호를 포함하여 거듭제곱한다.

(4) $\left(-\dfrac{3}{a}\right)^2 = (\boxed{}) \times (\boxed{}) = \dfrac{(-3)^{\square}}{a^{\square}} = \boxed{}$

필수 문제 ⑤

지수법칙 (4) – 지수의 분배

▸ 음수의 거듭제곱은 부호부터 결정한다.
  $\begin{cases} (-)^{(\text{짝수})} = (+) \\ (-)^{(\text{홀수})} = (-) \end{cases}$

▸ $(-a)^2$과 $-a^2$은 다르다.
  ⇨ $(-a)^2 = (-1)^2 \times a^2 = a^2$
  ∴ $(-a)^2 \neq -a^2$

다음 식을 간단히 하시오.

(1) $(a^2 b)^5$

(2) $(3x^4)^2$

(3) $\left(\dfrac{y^2}{x^3}\right)^4$

(4) $\left(-\dfrac{ab}{2}\right)^3$

5-1 다음 식을 간단히 하시오.

(1) $(xy^2)^6$

(2) $(-2a^3 b)^4$

(3) $\left(\dfrac{a^2}{5}\right)^2$

(4) $\left(-\dfrac{3y^3}{x^2}\right)^3$

5-2 $\left(\dfrac{y^a}{2x}\right)^5 = \dfrac{y^{20}}{bx^5}$ 일 때, 자연수 a, b에 대하여 $a+b$의 값을 구하시오.

1 다음 보기 중 옳은 것을 모두 고르시오. (단, $x \neq 0$, $y \neq 0$)

보기

ㄱ. $x^2 \times x^3 = x^6$ ㄴ. $(y^3)^6 = y^{18}$ ㄷ. $x^8 \div x^4 = x^2$

ㄹ. $y^5 \div y^5 = 0$ ㅁ. $(3xy^2)^3 = 9x^3 y^6$ ㅂ. $\left(-\dfrac{2x^3}{y}\right)^3 = -\dfrac{8x^9}{y^3}$

2 다음 식을 간단히 하시오.

(1) $(x^3)^2 \times (y^2)^3 \times x^3 \times y$ (2) $a^{10} \div (a^2)^4 \div a^2$

(3) $a^5 \times a^2 \div a^9$ (4) $(x^4)^3 \div x^7 \times x$

3 다음 식을 간단히 하시오.

(1) $8^3 \times 4^2$ (2) $9^7 \div 27^5$

4 다음 $\square$ 안에 알맞은 자연수를 쓰시오.

(1) $x^\square \times x^2 = x^9$ (2) $\{(-4)^5\}^\square = (-4)^{15}$

(3) $a^3 \div a^\square = \dfrac{1}{a^2}$ (4) $y^8 \times y^\square \div y^3 = y^{11}$

5 $(2x^a)^b = 32x^{15}$, $\left(\dfrac{x^c}{3y}\right)^3 = \dfrac{x^6}{dy^3}$ 일 때, 자연수 a, b, c, d의 값을 각각 구하시오.

6 컴퓨터에서 데이터의 양을 나타내는 단위에는 B(바이트), KiB(키비바이트), MiB(메비바이트) 등이 있다. 오른쪽은 데이터의 양의 단위 사이의 관계를 나타낸 것이다. 이때 $16\,\text{MiB}$는 몇 B인지 2의 거듭제곱을 사용하여 나타내시오.

$$1\,\text{KiB}=2^{10}\,\text{B}$$
$$1\,\text{MiB}=2^{10}\,\text{KiB}$$

7 다음을 만족시키는 자연수 a, b에 대하여 $a+b$의 값을 구하시오.

$$9^5 \times 9^5 \times 9^5 = 3^a, \qquad 9^4 + 9^4 + 9^4 = 3^b$$

8 $2^4 = A$라고 할 때, 8^4을 A를 사용하여 나타내면?

① A^2 ② A^3 ③ A^4 ④ $3A$ ⑤ $4A$

● 자릿수 구하기
$2^n \times 5^n = (2 \times 5)^n = 10^n$임을 이용하여 주어진 수를 $a \times 10^n$ 꼴로 나타내면
(단, a, n은 자연수)
⇨ ($a \times 10^n$의 자릿수)
= (a의 자릿수)$+n$

9 $2^7 \times 5^5$이 몇 자리의 자연수인지 구하려고 한다. 다음 물음에 답하시오.

(1) $2^7 \times 5^5$을 $a \times 10^n$ 꼴로 나타낼 때, 자연수 a, n의 값을 각각 구하시오.
(단, a는 한 자리의 자연수)

(2) (1)을 이용하여 $2^7 \times 5^5$이 몇 자리의 자연수인지 구하시오.

한번더 H
10 $2^{10} \times 3 \times 5^{11}$이 몇 자리의 자연수인지 구하시오.

2 단항식의 계산

● 정답과 해설 24쪽

1 단항식의 곱셈

(1) 계수는 계수끼리, 문자는 문자끼리 곱한다.

(2) 같은 문자끼리의 곱셈은 지수법칙을 이용한다.

참고 곱셈에서의 부호는 다음과 같이 결정된다.

- ⊖가 짝수 개이면 ➡ ⊕
- ⊖가 홀수 개이면 ➡ ⊖

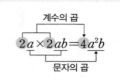

개념 확인 다음 그림은 6개의 작은 직사각형으로 이루어진 큰 직사각형이다. 직사각형의 넓이를 이용하여 ☐ 안에 알맞은 식을 쓰시오.

보충
- **다항식**: 한 개 또는 두 개 이상의 항의 합으로 이루어진 식
- **단항식**: 항이 한 개뿐인 다항식

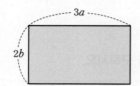 =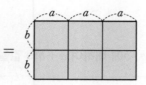

$$3a \times 2b = 6\boxed{}$$

└─→ 작은 직사각형의 넓이

필수 문제 ▌**1** 다음을 계산하시오.

(단항식)×(단항식)

(1) $2a^2 \times 4ab$

(2) $(-7x^3) \times (-5xy)$

▶괄호의 거듭제곱이 있으면 지수법칙을 이용하여 먼저 계산한다.

(3) $\left(-\dfrac{5}{3}a^2\right) \times (-3a)^2$

(4) $(-x^2y)^3 \times 2xy^2$

1-1 다음을 계산하시오.

(1) $4b \times 5b^5$

(2) $(-3x^2) \times 6y^2$

(3) $3a^4 \times (-2a^2)^3$

(4) $\left(-\dfrac{5}{3}x^2y\right)^2 \times 9x^3y^2$

1-2 다음을 계산하시오.

(1) $(-2ab) \times \left(-\dfrac{1}{6}ab^5\right) \times 4a^3$

(2) $6y^4 \times (3xy)^2 \times \left(-\dfrac{2}{3}x^5y\right)^3$

2 단항식의 나눗셈

[방법1] 분수 꼴로 바꾸어 계산한다.

$$\Rightarrow A \div B = \frac{A}{B}$$

$$6x^2 \div 2x = \frac{6x^2}{2x} = 3x$$

[방법2] 역수를 이용하여 나눗셈을 곱셈으로 고쳐서 계산한다.

곱셈으로

$$\Rightarrow A \div B = A \times \frac{1}{B} = \frac{A}{B}$$

역수로

$$6x^2 \div \frac{1}{2}x = 6x^2 \times \frac{2}{x} = 12x$$

[참고] 나눗셈을 할 때 ┌ 분수 꼴인 항이 없으면 ➡ [방법1]을 이용하는 것이 편리하다.
                       └ 분수 꼴인 항이 있으면 ➡ [방법2]를

[보충]

역수 구하기: 부호는 그대로 두고 분자와 분모의 위치를 서로 바꾼다. 이때 문자의 위치에 주의한다.

[예] $-2a^2 \left(= -\dfrac{2a^2}{1} \right)$의 역수 ➡ $-\dfrac{1}{2a^2}$

$\dfrac{4}{3}b \left(= \dfrac{4b}{3} \right)$의 역수 ➡ $\dfrac{3}{4b}$

필수 문제 2

(단항식)÷(단항식)

다음을 계산하시오.

(1) $6x \div 4x^2$

(2) $4a^3b \div (-8ab)$

(3) $16x^3 \div \dfrac{4}{3}x^2$

(4) $(-3b^2)^2 \div \dfrac{1}{5}ab^4$

2-1 다음을 계산하시오.

(1) $8xy \div 2y$

(2) $(-6a^2b) \div (-2ab^3)$

(3) $\dfrac{3}{7}x^3y \div \left(-\dfrac{6}{49}x^3y^2 \right)$

(4) $\left(-\dfrac{1}{2}a^2b^3 \right)^3 \div 4a^5b^6$

▶나눗셈이 2개 이상이면
[방법2]를 이용하는 것이 편리
하다.
⇨ $A \div B \div C$
$= A \times \dfrac{1}{B} \times \dfrac{1}{C} = \dfrac{A}{BC}$

2-2 다음을 계산하시오.

(1) $21xy^3 \div (-x) \div 7y$

(2) $(-2ab^5)^2 \div (ab)^3 \div \dfrac{1}{3}a^4$

3 단항식의 곱셈과 나눗셈의 혼합 계산

❶ 괄호의 거듭제곱은 지수법칙을 이용하여 계산한다.

❷ 나눗셈은 역수를 이용하여 곱셈으로 고친다.

❸ 계수는 계수끼리, 문자는 문자끼리 곱한다.

예 $(-4a)^2 \times (-a)^3 \div 2a$
$= 16a^2 \times (-a^3) \div 2a$ ← ❶ 괄호의 거듭제곱 계산하기
$= 16a^2 \times (-a^3) \times \dfrac{1}{2a}$ ← ❷ ÷를 ×로 고치기
$= \left\{ 16 \times (-1) \times \dfrac{1}{2} \right\} \times \left(a^2 \times a^3 \times \dfrac{1}{a} \right)$ ← ❸ 계수끼리, 문자끼리 곱하기
$= -8a^4$

필수 문제 ③

단항식의 곱셈과 나눗셈의 혼합 계산

▶ 곱셈과 나눗셈이 혼합된 식은 앞에서부터 차례로 계산한다.

· $A \div B \times C$
$= A \times \dfrac{1}{B} \times C = \dfrac{AC}{B}$ (○)

· $A \div B \times C$
$= A \div BC = \dfrac{A}{BC}$ (×)

다음을 계산하시오.

(1) $12a^6 \times 3a^3 \div (-6a^4)$

(2) $(3x^2y)^2 \div (xy)^2 \times (-2x^3y)^2$

3-1 다음을 계산하시오.

(1) $6x^3y \times (-x) \div (-2xy)$

(2) $16a^2b \div (-4a) \times 2a^5b^2$

(3) $15xy^2 \times (-3xy)^2 \div 5x^2y$

(4) $(-2a^2b^3)^3 \div \dfrac{2}{3}ab^2 \times (-b^3)$

필수 문제 ④

□ 안에 알맞은 식 구하기

▶ 양변에 같은 식을 곱하거나 양변을 같은 식으로 나누어 좌변에 □만 남긴다.

$A \times \square \div B = C$

$\Rightarrow A \times \square \times \dfrac{1}{B} = C$

$\Rightarrow \square = C \div A \times B$

다음 □ 안에 알맞은 식을 구하시오.

(1) $7b \times \boxed{} = 14a^2b$

(2) $4xy \times \boxed{} \div 9x^2y^3 = 2x^4y^5$

4-1 다음 □ 안에 알맞은 식을 구하시오.

(1) $6ab^3 \times \boxed{} = 21a^2b^5$

(2) $\boxed{} \div (-2xy^4) = 8y^2$

(3) $2ab^2 \times \boxed{} \div (-3a^2b^3) = 4a^2b$

(4) $(-15x^4y^4) \div 5xy^5 \times \boxed{} = -6x^3y$

쏙쏙 **개념 익히기**

1 다음 중 옳은 것을 모두 고르면? (정답 2개)

① $(-2x^2) \times 3x^5 = -6x^{10}$

② $(-6ab) \div \frac{1}{2}a = -12b$

③ $10pq^2 \div 5p^2q^2 \times 3q = \frac{6p}{q}$

④ $(a^2b)^3 \times \left(-\frac{2}{3}ab\right)^2 \div \frac{1}{6}b^2 = 8a^8b^3$

⑤ $12x^5 \div (-3x^2) \div 2x^4 = -\frac{2}{x}$

2 $(-x^ay^2) \div 2xy \times 4x^3y = bx^4y^2$일 때, 상수 a, b에 대하여 $a+b$의 값을 구하시오.

(단, a는 자연수)

3 다음 ☐ 안에 알맞은 식을 구하시오.

(1) $(-4x) \times \boxed{} = 6x^2y$

(2) $\boxed{} \div (-a^2b^3)^3 = -2a^3b^2$

(3) $10x^3 \times \boxed{} \div (5x^2y)^2 = 2y^3$

(4) $12a^6b \div (-ab^2)^2 \times \boxed{} = \frac{1}{3}a^4b$

4 오른쪽 그림과 같이 가로의 길이가 $4ab^2$, 세로의 길이가 $6a^3b$인 직사각형의 넓이를 구하시오.

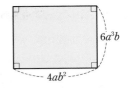

5 오른쪽 그림과 같이 밑면의 반지름의 길이가 $3b$인 원기둥의 부피가 $36\pi a^2b^2$일 때, 이 원기둥의 높이를 구하시오.

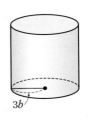

3 다항식의 계산

1 다항식의 덧셈과 뺄셈

(1) 다항식의 덧셈: 괄호를 풀고, 동류항끼리 모아서 간단히 한다.

(2) 다항식의 뺄셈: 빼는 식의 각 항의 부호를 바꾸어 더한다.

주의 빼는 식의 괄호를 풀 때, 모든 항의 부호를 반대로 바꾼다.

$\rightarrow -(A-B)=-A+B \ (\bigcirc)$
$\quad -(A-B)=-A-B \ (\times)$

참고 여러 가지 괄호가 있는 식은 (소괄호) → {중괄호} → [대괄호]의 순서로 괄호를 풀어서 계산한다.

$$(3a-b)+(-2a+5b)$$
$$\underbrace{}_{\text{동류항}}$$
$$=\underbrace{3a}-\underbrace{b}-\underbrace{2a}+\underbrace{5b}=a+4b$$
$$\underbrace{}_{\text{동류항}}$$

보충

동류항: 문자가 같고 차수도 같은 항
예 $2x$와 $3x$, $5a^2b$와 $-a^2b$, 4와 -6

필수 문제 1

다항식의 덧셈과 뺄셈

▶다항식의 덧셈과 뺄셈은 다음과 같이 세로 셈으로도 계산할 수 있다.

$ 3a-b$
$\underline{+) -2a+5b}$
$ a+4b$

다음을 계산하시오.

(1) $(2a-3b)+(a-2b)$

(2) $(6x-4y)-(-5x+2y)$

(3) $2(3x+2y-1)-(x-y-4)$

(4) $\dfrac{x+2y}{4}+\dfrac{2x-y}{6}$

▶분수 꼴인 다항식의 뺄셈은 부호에 주의한다.

$\Rightarrow -\dfrac{B+C}{A}=\dfrac{-B-C}{A}$

$\quad -\dfrac{B-C}{A}=\dfrac{-B+C}{A}$

1-1 다음을 계산하시오.

(1) $(a-2b-1)+(-5a+6b)$

(2) $(3x+5y)-(3x-y)$

(3) $2(x-2y)+(3x+4y-3)$

(4) $5(-a+2b-5)-2(-2a+3b-4)$

(5) $\left(\dfrac{1}{3}a-\dfrac{1}{2}b\right)+\left(\dfrac{2}{3}a+\dfrac{3}{4}b\right)$

(6) $\dfrac{4x-y}{3}-\dfrac{3x-y}{2}$

필수 문제 2

여러 가지 괄호가 있는 식의 계산

$5x-\{2y-x+(3x-4y)\}$를 계산하시오.

2-1 다음을 계산하시오.

(1) $4a+\{3b-(a-5b)\}$

(2) $5x-[2y+\{(3x-4y)-(x-y)\}]$

2 이차식의 덧셈과 뺄셈

(1) **이차식**: 다항식의 각 항의 차수 중에서 가장 큰 차수가 2인 다항식

> 예 다항식 $3x^2-4x+2$ ➡ x에 대한 이차식

$$\underbrace{3x^2}_{2\text{차항}}\underbrace{-4x}_{1\text{차항}}\underbrace{+2}_{\text{상수항}}$$

(2) **이차식의 덧셈과 뺄셈**: 괄호를 풀고, 동류항끼리 모아서 간단히 한다.

> 예 $(4x^2+2x+3)-(x^2-1)=4x^2+2x+3-x^2+1$
> $=3x^2+2x+4$ ← 보통 차수가 높은 항부터 낮은 항의 순서로 정리한다.

보충

다항식의 형태

상수 a, b, c에 대하여 $a\neq0$일 때
① $ax+b$ ➡ 일차식
② ax^2+bx+c ➡ 이차식
주의 $\dfrac{a}{x}$ ➡ 다항식이 아니다.

개념 확인 다음 보기 중 이차식을 모두 고르시오.

┌ 보기 ┐

ㄱ. $2x-1$　　　　ㄴ. $3b^2-b$　　　　ㄷ. $5x-3y+2$

ㄹ. $\dfrac{3}{x^2}-4$　　　　ㅁ. $7a-5a^2+2$

필수 문제 ③

이차식의 덧셈과 뺄셈

▸ 이차식의 덧셈과 뺄셈은 다음과 같이 세로 셈으로도 계산할 수 있다.

$$\begin{array}{r} 4x^2+2x+3 \\ -)x^2-1 \\ \hline 3x^2+2x+4 \end{array}$$

다음을 계산하시오.

(1) $(x^2-3x+2)+(-3x^2+4x-1)$

(2) $(2a^2+3a-1)+3(a^2-4)$

(3) $(a^2-a+4)-(-2a^2+a-5)$

(4) $\left(\dfrac{1}{2}x^2+5x-\dfrac{1}{4}\right)-\left(\dfrac{1}{3}x^2-x+5\right)$

● **3-1** 다음을 계산하시오.

(1) $(x^2-2x+1)+(2x^2+3x)$

(2) $(6a^2-4a+2)-(a^2+2a-3)$

(3) $(3a^2-5a)-2(-5a^2-7a+3)$

(4) $\left(\dfrac{3}{8}x^2-2x+\dfrac{1}{3}\right)-\left(\dfrac{1}{4}x^2-6x+\dfrac{7}{3}\right)$

● **3-2** 다음을 계산하시오.

(1) $\{2(x^2-3x)+5x\}-(4x^2+2)$

(2) $2a^2-[-a^2-5+\{3a^2+2a-(4a+1)\}]$

STEP
1 쏙쏙 **개념 익히기**

1 다음을 계산하시오.

(1) $(5x+3y)+(-2x+y)$

(2) $\left(\dfrac{1}{2}x-\dfrac{3}{5}y-\dfrac{1}{4}\right)-\left(\dfrac{1}{4}y+\dfrac{2}{3}x-\dfrac{1}{3}\right)$

(3) $2(a^2-2a+1)+3\left(\dfrac{2}{3}a^2+\dfrac{1}{6}a-\dfrac{1}{3}\right)$

(4) $(4a^2-7a+5)-2(a^2-a+8)$

2 $\dfrac{x-3y}{2}+\dfrac{2x+y}{5}$ 를 계산했을 때, x의 계수와 y의 계수의 차를 구하시오.

3 $A=3x-y$, $B=-6x+2y$일 때, $-2(4A-B)+(A-3B)$를 x, y를 사용하여 나타내시오.

4 다음을 계산하시오.

(1) $5a-\{b-(-5a+3b)\}$

(2) $x^2-[2x+\{(x^2-1)-(2x^2+1)\}]$

● 바르게 계산한 식 구하기
어떤 식을 A로 놓고, 잘못
계산한 식을 세워 A를 구
한다.

5 어떤 식에 x^2-3x+7을 더해야 할 것을 잘못하여 뺐더니 $2x^2+x-8$이 되었다. 다음 물음에 답하시오.

(1) 어떤 식을 구하시오.

(2) 바르게 계산한 식을 구하시오.

한번 더 ✖

6 어떤 식에서 $3a^2-2a-3$을 빼야 할 것을 잘못하여 더했더니 $-a^2+3a$가 되었다. 이때 바르게 계산한 식을 구하시오.

3 (단항식) × (다항식)

분배법칙을 이용하여 단항식을 다항식의 각 항에 곱한다.

(1) **전개**: 단항식과 다항식의 곱을 분배법칙을 이용하여 하나의 다항식으로 나타내는 것

(2) **전개식**: 전개하여 얻은 다항식

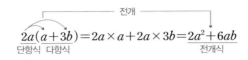

용어

전개 (展 펴다, 開 열다)
괄호를 열어서 펼치는 것

개념 확인 다음 그림은 가로의 길이가 각각 $2a$, 3이고, 세로의 길이가 b인 두 직사각형을 이어 붙인 것이다. 직사각형의 넓이를 이용하여 □ 안에 알맞은 식을 쓰시오.

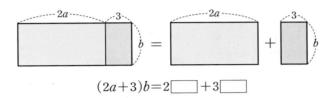

$$(2a+3)b=2\boxed{}+3\boxed{}$$

필수 문제 4

(단항식) × (다항식)

▶ 분배법칙
· $A(B+C)=AB+AC$
· $(A+B)C=AC+BC$

다음을 전개하시오.

(1) $4a(2a-3)$

(2) $(x-2y)(-3x)$

4-1 다음을 전개하시오.

(1) $x(2x+6y)$

(2) $-5a(4a-2)$

(3) $(-3a-4b+1)2b$

(4) $(x-5y+4)(-4x)$

▶ (기둥의 부피)
= (밑넓이) × (높이)

4-2 오른쪽 그림과 같이 밑면은 한 변의 길이가 $3x$인 정사각형이고, 높이는 $5x+2y$인 직육면체의 부피를 구하시오.

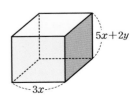

4 (다항식)÷(단항식)

방법1 분수 꼴로 바꾸어 다항식의 각 항을 단항식으로 나누어 계산한다.

$$\Rightarrow (A+B) \div C = \frac{A+B}{C}$$
$$= \frac{A}{C} + \frac{B}{C}$$

$$(4a^2+2a) \div 2a = \frac{4a^2+2a}{2a}$$
$$= \frac{4a^2}{2a} + \frac{2a}{2a} = 2a+1$$

주의 분자를 분모로 나눌 때, 분자의 각 항을 모두 나눈다.

$$\Rightarrow \frac{4a^2+2a}{2a} = 2a+1 \ (\bigcirc), \quad \frac{4a^2+2a}{2a} = 2a+2a \ (\times)$$

방법2 역수를 이용하여 나눗셈을 곱셈으로 고쳐서 계산한다.

$$\Rightarrow (A+B) \div C = (A+B) \times \frac{1}{C}$$
$$= A \times \frac{1}{C} + B \times \frac{1}{C}$$

$$(4a^2+2a) \div \frac{1}{2}a = (4a^2+2a) \times \frac{2}{a}$$
$$= 4a^2 \times \frac{2}{a} + 2a \times \frac{2}{a}$$
$$= 8a+4$$

참고 나눗셈을 할 때 ┌ 분수 꼴인 항이 없으면 ➡ **방법1**을 이용하는 것이 편리하다.
└ 분수 꼴인 항이 있으면 ➡ **방법2**를

필수 문제 **5**
(다항식)÷(단항식)

다음을 계산하시오.

(1) $(2x^2y - 6xy) \div 3xy$

(2) $(2a^2b + 3ab^2) \div \left(-\frac{1}{2}ab\right)$

5-1 다음을 계산하시오.

(1) $\dfrac{3ab^4 + 2b^3}{2b^2}$

(2) $-\dfrac{2x^2y - x^3}{y}$

(3) $(8x^2 + 4x) \div (-2x)$

(4) $(9xy - 6y^2 + 15y) \div 3y$

(5) $(a^2 - 3a) \div \dfrac{a}{2}$

(6) $(12a^2b - 4ab - 2ab^2) \div \left(-\dfrac{2}{3}b\right)$

5-2 가로의 길이가 $4a^2b$인 직사각형의 넓이가 $28a^4b + 8a^2b^3$일 때, 세로의 길이를 구하시오.

$28a^4b + 8a^2b^3$

$4a^2b$

5 덧셈, 뺄셈, 곱셈, 나눗셈이 혼합된 식의 계산

❶ 지수법칙을 이용하여 괄호의 거듭제곱을 계산한다.

❷ 분배법칙을 이용하여 곱셈, 나눗셈을 한다.

❸ 동류항끼리 모아서 덧셈, 뺄셈을 한다.

> **예** $a^2 \times (4a+1) + (12a^5 - 8a^4) \div (-2a)^2$
> $= a^2 \times (4a+1) + (12a^5 - 8a^4) \div 4a^2$ ⬅ ❶ 괄호의 거듭제곱 계산하기
> $= 4a^3 + a^2 + 3a^3 - 2a^2$ ⬅ ❷ $\times, \div$ 계산하기
> $= 7a^3 - a^2$ ⬅ ❸ $+, -$ 계산하기

필수 문제 **6**

덧셈, 뺄셈, 곱셈, 나눗셈이
혼합된 식의 계산

▸ 사칙계산이 혼합된 식을 계산
할 때는 반드시 $\times, \div$ 계산을
$+, -$ 계산보다 먼저 한다.

다음을 계산하시오.

(1) $a(3a-2) + 2a(a+5)$

(2) $(3x^2 - 2x) \div (-x) + (4x^2 - 6x) \div 2x$

(3) $x(6x-3) - (2x^3y - 4x^2y) \div 2xy$

6-1 **다음을 계산하시오.**

(1) $x(-x+3) - 4x(x^2 - 2x - 1)$

(2) $\dfrac{6a^2 - 15ab}{3a} + \dfrac{8a^2b - 4ab^2}{2ab}$

(3) $(8y^2 + 4y) \div (-2y) - (6xy^2 - 12y^2) \div 3y$

(4) $(5a+3)(-2b) + (a^2b - ab) \div \dfrac{1}{3}a$

(5) $8a^2b \div \left(-\dfrac{2}{3}ab\right)^2 \times (a^2b - 3ab^2)$

쏙쏙 개념 익히기

1 다음을 계산하시오.

(1) $2a(a-2b)$

(2) $(-3a+4b-1)(-5a)$

(3) $(12y^2-8y)\div(-4y)$

(4) $(2x^2y-3xy^2+xy)\div\dfrac{1}{3}xy$

2 $\boxed{}\div\left(-\dfrac{2}{5}a\right)=-15a^2-10ab+25a$ 일 때, $\boxed{}$ 안에 알맞은 식을 구하시오.

3 $(4x^4-8x^3y)\div\left(-\dfrac{2}{3}x\right)^2-\dfrac{3}{2}x\times\left(\dfrac{4}{3}y-4x\right)$ 를 계산했을 때, x^2의 계수와 xy의 계수의 합을 구하시오.

4 $x=3,\ y=-\dfrac{1}{2}$ 일 때, 다음 식의 값을 구하시오.

(1) $6y(-2x+y)+3y(xy+4x)$

(2) $\dfrac{2x^2y-2xy^2}{xy}-\dfrac{-xy+2y^2}{y}$

5 오른쪽 그림과 같이 윗변의 길이가 $a+2b$, 아랫변의 길이가 $3a-5b$, 높이가 $6a^2$인 사다리꼴의 넓이를 구하시오.

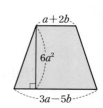

STEP
2 탄탄 단원 다지기

1 다음 중 옳지 <u>않은</u> 것은?

① $2a^2 \times 3a^4 = 6a^6$ ② $(2x^2)^3 = 8x^6$

③ $a^2 \div a^5 = \dfrac{1}{a^3}$ ④ $x^2 \times y \times x \times y^3 = x^2 y^3$

⑤ $\left(-\dfrac{3a}{b^3}\right)^2 = \dfrac{9a^2}{b^6}$

2 $2 \times 3 \times 4 \times 5 \times 6 \times 7 \times 8 \times 9 \times 10 = 2^a \times 3^b \times 5^c \times 7^d$
일 때, 자연수 a, b, c, d에 대하여 $a+b-c+d$의
값을 구하시오.

3 $27^{x+2} = 81^3$을 만족시키는 자연수 x의 값을 구하시오.

4 다음 중 식을 간단히 한 결과가 나머지 넷과 <u>다른</u> 하나는?

① $5 \times 5 \times 5$ ② $5^9 \div 5^3 \div 5^3$

③ $(5^3)^3 \div (5^2)^3$ ④ $5^4 \times 5^2 \div 25$

⑤ $5^8 \div (5^6 \div 5)$

5 다음 중 ☐ 안에 알맞은 자연수가 가장 작은 것은?

① $a^{14} \div (a^3)^{☐} \times a^4 = 1$

② $(-2a^2)^5 = -32a^{☐}$

③ $(x^2 y^{☐})^3 = x^6 y^{15}$

④ $\dfrac{(x^3 y^{☐})^4}{(x^2 y^6)^3} = \dfrac{x^6}{y^2}$

⑤ $\left(-\dfrac{x^4 y^{☐}}{2}\right)^3 = -\dfrac{x^{12} y^6}{8}$

6 신문지 한 장을 반으로 접으면 그 두께는 처음의 2배
가 된다. 신문지 한 장을 계속해서 반으로 접을 때, 6
번 접은 신문지 한 장의 두께는 3번 접은 신문지 한
장의 두께의 몇 배인지 구하시오.

7 다음 식을 간단히 하시오.

$$\dfrac{2^5 + 2^5}{9^2 + 9^2 + 9^2} \times \dfrac{3^3 + 3^3 + 3^3}{4^2 + 4^2 + 4^2 + 4^2}$$

8 $3^2 = a$, $5^2 = b$라고 할 때, 45^4을 a, b를 사용하여 나
타내면?

① $a^2 b^2$ ② $a^2 b^4$ ③ $a^3 b^2$

④ $a^4 b^2$ ⑤ $a^4 b^5$

9 $15^4 \times 2^5$이 n자리의 자연수일 때, n의 값을 구하시오.

10 다음 중 옳지 <u>않은</u> 것을 모두 고르면? (정답 2개)

① $3a \times (-8a) = -24a^2$

② $8a^7b \div (-2a^5)^2 = -\dfrac{2b}{a^3}$

③ $(-3x)^3 \times \dfrac{1}{5}x \times \left(-\dfrac{5}{3}x\right)^2 = -15x^6$

④ $4x^3y \times (-xy^2)^3 \div (2x^2y)^2 = -x^4y^5$

⑤ $\left(-\dfrac{a}{2}\right)^4 \div 9a^3b^3 \times 12b^4 = \dfrac{1}{12}ab$

11 $(-2x^3y)^a \div 4x^by \times 2x^5y^2 = cx^2y^3$을 만족시키는 상수 a, b, c에 대하여 $a+b+c$의 값은?

(단, a, b는 자연수)

① 13 　　② 14 　　③ 15
④ 16 　　⑤ 17

12 다음 ☐ 안에 알맞은 식을 구하시오.

$$4a^2b \div \boxed{} \times 6ab^6 = -\dfrac{8}{3}b^5$$

13 다음 그림과 같이 밑면의 반지름의 길이가 $3xy$, 높이가 $6xy$인 원기둥과 밑면의 반지름의 길이가 $2y$, 높이가 $18x^3y$인 원뿔이 있다. 이때 원기둥의 부피는 원뿔의 부피의 몇 배인지 구하시오.

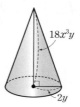

14 $\dfrac{3x+2y}{4} - \dfrac{2x-3y}{3} = ax + by$일 때, 상수 a, b에 대하여 $b \div a$의 값을 구하시오.

15 다음 중 이차식이 <u>아닌</u> 것을 모두 고르면? (정답 2개)

① $x + 5y - 9$

② $1 + 3x - x^2$

③ $a^2 - a(-a+1) + 2$

④ $2x^2 - x - (2x^2 - 1)$

⑤ $3(2x^2 - 5x) - 2(3x - 1)$

16 오른쪽 그림의 전개도를 이용하여 직육면체를 만들 때, 마주 보는 두 면에 적혀 있는 두 다항식의 합이 모두 같다고 한다. 이때 A에 알맞은 식을 구하시오.

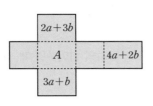

17 $5a-\{-3a+b-(\boxed{}-2b)\}=13a+4b$일 때, $\boxed{}$ 안에 알맞은 식을 구하시오.

18 다음 보기 중 옳은 것을 모두 고르시오.

> **보기**
>
> ㄱ. $-2x(y-1)=-2xy+2$
>
> ㄴ. $(-4ab+6b^2)\div 3b=-\dfrac{4}{3}a+2b$
>
> ㄷ. $(3a^2-9a+3)\times\dfrac{2}{3}b=4a^2b-6ab+2b$
>
> ㄹ. $\dfrac{10x^2y-5xy^2}{5x}=2xy-y$
>
> ㅁ. $(4x^3y^2-2xy^2)\div\left(-\dfrac{1}{2}y^2\right)=-8x^3+4x$

19 어떤 다항식을 $-\dfrac{1}{3}xy$로 나누어야 하는데 잘못하여 곱했더니 $x^4y^2+\dfrac{5}{3}x^2y^3-2x^2y^2$이 되었다. 이때 바르게 계산한 식을 구하시오.

20 $a=3$, $b=-2$일 때, 다음 식의 값을 구하시오.

$$(-3a^3b^2+9a^2b^4)\div\dfrac{9}{2}ab^2-(b^2-6a)a$$

21 오른쪽 그림과 같이 가로의 길이가 $3a$, 세로의 길이가 $2b$인 직사각형에서 색칠한 부분의 넓이를 구하시오.

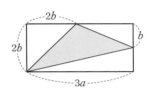

22 오른쪽 그림과 같이 밑면의 가로, 세로의 길이가 각각 $2a$, 3인 큰 직육면체 위에 밑면의 가로, 세로의 길이가 각각 a, 3인 작은 직육면체를 올려놓았다. 큰 직육면체의 부피가 $6a^2+12ab$이고 작은 직육면체의 부피가 $6a^2-3ab$일 때, 두 직육면체의 높이의 합을 구하시오.

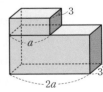

따라 해보자

예제 1

$2^{16} \times 5^{18}$은 n자리의 자연수이고 각 자리의 숫자의 합이 k일 때, $n+k$의 값을 구하시오.

풀이 과정

1단계 n의 값 구하기

$2^{16} \times 5^{18} = 2^{16} \times 5^2 \times 5^{16} = 5^2 \times 2^{16} \times 5^{16}$

$\qquad = 5^2 \times (2 \times 5)^{16} = 25 \times 10^{16} = 2500 \cdots 0$
$\qquad\qquad\qquad\qquad\qquad\qquad\qquad\qquad \underset{16개}{\underbrace{}}$

즉, $2^{16} \times 5^{18}$은 18자리의 자연수이므로 $n=18$

2단계 k의 값 구하기

각 자리의 숫자의 합은 $2+5+0 \times 16 = 7$이므로

$k = 7$

3단계 $n+k$의 값 구하기

$n+k = 18+7 = 25$

답 25

유제 1

$2^{20} \times 3^2 \times 5^{17}$은 n자리의 자연수이고 각 자리의 숫자의 합이 k일 때, $n-k$의 값을 구하시오.

풀이 과정

1단계 n의 값 구하기

2단계 k의 값 구하기

3단계 $n-k$의 값 구하기

답

예제 2

$3x^2 - [2xy + 5y^2 - \{3x^2 - xy - (xy - 3y^2)\}]$을 계산했을 때, 모든 항의 계수의 합을 구하시오.

풀이 과정

1단계 주어진 식의 괄호를 풀어 계산하기

$(주어진 식) = 3x^2 - \{2xy + 5y^2 - (3x^2 - xy - xy + 3y^2)\}$

$\qquad = 3x^2 - \{2xy + 5y^2 - (3x^2 - 2xy + 3y^2)\}$

$\qquad = 3x^2 - (2xy + 5y^2 - 3x^2 + 2xy - 3y^2)$

$\qquad = 3x^2 - (-3x^2 + 4xy + 2y^2)$

$\qquad = 3x^2 + 3x^2 - 4xy - 2y^2$

$\qquad = 6x^2 - 4xy - 2y^2$

2단계 모든 항의 계수 구하기

$(x^2$의 계수$) = 6$, $(xy$의 계수$) = -4$, $(y^2$의 계수$) = -2$

3단계 모든 항의 계수의 합 구하기

따라서 모든 항의 계수의 합은

$6 + (-4) + (-2) = 0$

답 0

유제 2

$4a^2 - \{-2a^2 + 5a - 3(-2a+1)\} - 3a$를 계산했을 때, a^2의 계수와 상수항의 합을 구하시오.

풀이 과정

1단계 주어진 식의 괄호를 풀어 계산하기

2단계 a^2의 계수와 상수항 구하기

3단계 a^2의 계수와 상수항의 합 구하기

답

연습해 보자

1 지수법칙을 이용하여 다음을 계산하시오.

(1) $4^{51} \times (0.25)^{49}$

(2) $\dfrac{36^9}{108^6}$

풀이 과정

(1)

(2)

답 (1)　　　　　　　　(2)

2 다음 그림과 같이 가로의 길이가 $16a^2b$이고 세로의 길이가 $4ab^2$인 직사각형의 넓이와 밑변의 길이가 $8a^2b^2$인 삼각형의 넓이가 서로 같을 때, 삼각형의 높이를 구하시오.

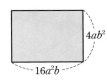

풀이 과정

답

3 어떤 식에서 x^2-5x+4를 빼야 할 것을 잘못하여 더했더니 $-3x^2+7x-2$가 되었다. 이때 바르게 계산한 식을 구하시오.

풀이 과정

답

4 다음은 태웅이가 쪽지 시험에 나온 두 문제를 푼 과정이다. (개)~(래) 중 각 풀이에서 처음으로 틀린 곳을 찾고, 바르게 계산한 식을 구하시오.

(1) $(12x^2-9x) \div (-3x)$　(개)
$= -\dfrac{12x^2-9x}{3x}$　(나)
$= -4x-3$

(2) $(10x^2y-8xy^2) \div \dfrac{2}{3}xy$　(다)
$= (10x^2y-8xy^2) \times \dfrac{3}{2}xy$　(라)
$= 15x^3y^2-12x^2y^3$

풀이 과정

(1)

(2)

답 (1)　　　　　　　　(2)

● 정답과 해설 32쪽

태양에서 행성까지의 거리는 얼마나 멀까?

태양계란 태양과 태양 주위를 도는 행성, 행성 주위를 도는 위성 그리고 소행성, 혜성, 유성체 등으로 이루어진 천체의 집합을 말한다. 태양의 주위를 일정한 주기로 돌고 있는 행성에는 태양에 가장 가까운 수성부터 금성, 지구, 화성, 목성, 토성, 천왕성, 해왕성까지 총 8개가 있다.

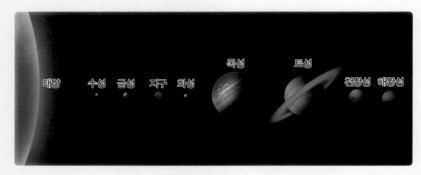

행성 사이의 거리를 계산하기 위해 과학자들은 우주선을 발사하거나 빛을 이용하는데, 여러 연구에 의해 밝혀진 태양에서 각 행성까지의 평균 거리는 대략 다음과 같다.

(단위: km)

수성	금성	지구	화성	목성	토성	천왕성	해왕성
5.8×10^7	1.1×10^8	1.5×10^8	2.3×10^8	7.8×10^8	1.4×10^9	2.9×10^9	4.5×10^9

'천문학적인 숫자'라는 말이 있을 정도로 우주의 규모는 차원이 다르게 크다. 따라서 천문학에서는 보통 광년, pc(파섹) 등의 단위를 사용하지만, 위의 표와 같이 거듭제곱을 사용하면 km로도 태양계에서의 거리와 같은 엄청나게 큰 숫자를 비교적 간단하게 나타낼 수 있다. 이러한 방법으로 광활한 우주의 크기도 10의 42제곱만으로 표현할 수 있다고 한다.

기출문제는 이렇게!

Q 천체 관측 동아리 학생들이 학교 축제를 준비하는데 태양에서 행성까지의 평균 거리를 나타낸 위의 표를 이용하여 태양계 모형을 만들어 전시하려고 한다. 모형을 만들 때 태양에서 지구까지의 평균 거리를 10 cm로 정하면 태양에서 해왕성까지의 평균 거리는 몇 m로 정해야 하는지 구하시오.

마인드 MAP

식의 계산

지수법칙

m, n은 자연수이고, $a \neq 0$일 때

$$a^m \times a^n = a^{m+n}$$

$$(a^m)^n = a^{mn}$$

지수법칙은 밑이 같을 때만 가능해!

$$a^m \div a^n = \begin{cases} a^{m-n} & (m > n) \\ 1 & (m = n) \\ \dfrac{1}{a^{n-m}} & (m < n) \end{cases}$$

$$(ab)^n = a^n b^n$$
$$\left(\dfrac{b}{a}\right)^n = \dfrac{b^n}{a^n}$$

단항식의 계산

밑이 같은 것끼리 지수법칙을 이용해!

$$3a^3 b \times a^2 b \ \equiv \ \rightarrow \ 3a^5 b^2$$

분수 꼴로

$$3a^3 b \div a^2 b \ \rightarrow \ \dfrac{3a^3 b}{a^2 b}$$

역수로

$$3a^3 b \times \dfrac{1}{a^2 b}$$

$$\equiv \ \rightarrow \ 3a$$

$$\div \ a^2 b \ \times \ \dfrac{1}{a^2 b}$$

다항식의 계산

괄호 풀기

$$(2a + 3b) - (a + 2b) \ \equiv \ 2a + 3b - a - 2b$$

동류항끼리 정리

$$\equiv \ \rightarrow \ a + b$$

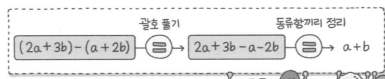

전개

$$a(2a^2 + 3a) \ \equiv \ \rightarrow \ 2a^3 + 3a^2$$

분수 꼴로

$$(2a^2 + 3a) \div a \ \rightarrow \ \dfrac{2a^2 + 3a}{a}$$

역수로

$$(2a^2 + 3a) \times \dfrac{1}{a}$$

$$\equiv \ \rightarrow \ 2a + 3$$

3 일차부등식

이전에 배운 내용	이번에 배울 내용	이후에 배울 내용
초5~6 • 수의 범위 중1 • 정수와 유리수 • 문자의 사용과 식의 계산 • 일차방정식	⌒1 부등식의 해와 그 성질 ⌒2 일차부등식의 풀이 ⌒3 일차부등식의 활용	고등 • 여러 가지 부등식

준비 학습

중1 **부등호의 사용**

• 부등호 ≥는 '> 또는 ='임,
부등호 ≤는 '< 또는 ='임을
나타낸다.

1 다음을 부등호를 사용하여 나타내시오.

(1) x는 3보다 작거나 같다.

(2) y는 -2 이상 5 미만이다.

(3) a는 -1보다 크다.

(4) b는 6 초과이다.

중1 **일차방정식의 풀이**

• 일차항은 좌변으로, 상수항은
우변으로 이항하여 정리한 후
$x=$(수) 꼴로 나타낸다.

2 다음 일차방정식을 푸시오.

(1) $3-5x=4x$

(2) $2-3x=-x+8$

1 부등식의 해와 그 성질

• 정답과 해설 33쪽

1 부등식

(1) **부등식**: 부등호 $<$, $>$, $\leq$, $\geq$를 사용하여 수 또는 식 사이의 대소 관계를 나타낸 식

예 $3<5$, $x>-2$, $7x-1\leq 5$, $a+1\geq 2a-4$

(2) **부등식의 표현**

$a<b$	$a>b$	$a\leq b$	$a\geq b$
• a는 b보다 작다.	• a는 b보다 크다.	• a는 b보다 작거나 같다.	• a는 b보다 크거나 같다.
• a는 b 미만이다.	• a는 b 초과이다.	• a는 b보다 크지 않다.	• a는 b보다 작지 않다.
		• a는 b 이하이다.	• a는 b 이상이다.

2 부등식의 해

(1) **부등식의 해**: 미지수가 x인 부등식을 참이 되게 하는 x의 값

예 부등식 $x-1>3$에서 $\begin{cases} x=4일 \text{ 때}, \ 4-1=3 \text{ (거짓)} \Rightarrow x=4는 \text{ 해가 아니다.} \\ x=5일 \text{ 때}, \ 5-1>3 \text{ (참)} \Rightarrow x=5는 \text{ 해이다.} \end{cases}$

(2) **부등식을 푼다**: 부등식의 해를 모두 구하는 것

개념 확인 다음 보기 중 부등식인 것을 모두 고르시오.

┌ 보기 ├

ㄱ. $x+3\geq 7$ ㄴ. $x-2=2-x$ ㄷ. $3x-2(x+3)$ ㄹ. $x+7>9-2x$

필수 문제 **1**

부등식으로 나타내기

다음을 부등식으로 나타내시오.

(1) x의 2배에 5를 더한 것은 20보다 크지 않다.

(2) 한 변의 길이가 x cm인 정삼각형의 둘레의 길이는 24 cm보다 길다.

(3) 800원짜리 초콜릿 x개와 500원짜리 젤리 2개의 값은 4000원 이상이다.

1-1 다음을 부등식으로 나타내시오.

(1) a를 2로 나누고 5를 뺀 것은 12보다 작지 않다.

(2) 전체 쪽수가 240쪽인 책을 하루에 x쪽씩 7일 동안 읽으면 남은 쪽수는 10쪽 이하이다.

(3) 하나에 2 kg인 수박 x통을 무게가 3 kg인 상자에 담으면 전체 무게는 15 kg 초과이다.

필수 문제 **2**

부등식의 해

▸x에 대한 부등식에
$x=a$를 대입했을 때
① 부등식이 참이면
 ⇨ $x=a$는 해이다.
② 부등식이 거짓이면
 ⇨ $x=a$는 해가 아니다.

x의 값이 자연수일 때, 다음 부등식을 푸시오.

(1) $7-2x>1$ (2) $3x-1\leq 8$

2-1 x의 값이 -3, -2, -1, 0, 1일 때, 다음 부등식의 해를 구하시오.

(1) $4<5x+9$ (2) $-4x+2\geq 10$

4 여러 가지 일차부등식의 풀이

(1) 괄호가 있는 경우: 분배법칙을 이용하여 괄호를 풀고, 식을 간단히 하여 푼다.

(2) 계수가 소수인 경우: 양변에 10의 거듭제곱을 적당히 곱하여 계수를 정수로 고쳐서 푼다.

(3) 계수가 분수인 경우: 양변에 분모의 최소공배수를 곱하여 계수를 정수로 고쳐서 푼다.

필수 문제 4

괄호가 있는
일차부등식의 풀이

▶ 괄호를 풀 때는 분배법칙을
이용한다.

$$\Rightarrow \overparen{a(m+n)}=am+an$$

다음 일차부등식을 푸시오.

(1) $4x-3<2(x-5)$

(2) $7-(3x+4)\leq-2(x-4)$

4-1 다음 일차부등식을 푸시오.

(1) $4(x+2)\geq2(x+3)$

(2) $2(6+2x)>-(4-5x)+2$

필수 문제 5

계수가 소수 또는 분수인
일차부등식의 풀이

▶ 소수 또는 분수인 계수를 정수
로 바꾸기 위해 양변에 적당한
수를 곱할 때는 빠뜨리는 항
없이 모든 항에 곱해야 한다.

다음 일차부등식을 푸시오.

(1) $1.2x-2\leq0.8x+0.4$

(2) $0.4x-1.5\geq0.2x-0.7$

(3) $\dfrac{x}{2}+\dfrac{1}{4}<\dfrac{3}{4}x-\dfrac{1}{2}$

(4) $\dfrac{3x+1}{2}-\dfrac{2x+3}{5}>1$

5-1 다음 일차부등식을 푸시오.

(1) $0.2x\geq0.1x+0.9$

(2) $0.3x-2.4<-0.5x$

(3) $\dfrac{x}{5}<\dfrac{x}{3}+2$

(4) $\dfrac{x-2}{4}-1>\dfrac{2x-3}{5}$

▶ 소수인 계수와 분수인 계수가
모두 있을 때는 소수를 분수
로 나타낸 후에 푸는 것이 편
리하다.

5-2 다음 일차부등식을 푸시오.

(1) $-\dfrac{1}{3}>\dfrac{x-1}{2}-0.4x$

(2) $2-\dfrac{x}{5}\leq0.2(x+4)$

STEP 1 쏙쏙 개념 익히기

1 다음 일차부등식 중 그 해를 수직선 위에 나타냈을 때, 오른쪽 그림과 같은 것은?

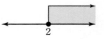

① $-x-6 \leq -4x$ ② $7x-1 \leq 5x+3$ ③ $3-4x \geq 3x+17$

④ $2x+1 \leq 5(x-1)$ ⑤ $-(x+5) \geq 3(x+1)$

2 다음 일차부등식을 풀고, 그 해를 수직선 위에 나타내시오.

(1) $1.2(x-3) \geq 2.6x+0.6$ (2) $\dfrac{x+6}{3} \geq \dfrac{x-1}{2} - x$

(3) $0.4x+1 \geq \dfrac{3}{5}(x+1)$ (4) $\dfrac{4}{5}x+1 < 0.3(x-10)$

3 일차부등식 $\dfrac{x+4}{4} > \dfrac{2x-2}{3}$ 를 만족시키는 자연수 x의 개수를 구하시오.

4 일차부등식 $3(x-2) < -2x+a$의 해가 $x < 3$일 때, 상수 a의 값을 구하시오.

● 계수가 문자인 일차부등식의 풀이
x의 계수로 양변을 나눌 때, 부등호의 방향에 주의한다.

5 $a < 0$일 때, x에 대한 일차부등식 $ax-1 > 4$의 해를 구하시오.

6 $a < 0$일 때, x에 대한 일차부등식 $ax+6 \leq 9-2ax$의 해를 구하시오.

일차부등식의 활용

• 정답과 해설 36쪽

1 일차부등식을 활용하여 문제를 해결하는 과정

❶ 문제의 상황에 맞게 미지수를 정한다.

❷ 문제의 뜻에 따라 일차부등식을 세운다.

❸ 일차부등식을 푼다.

❹ 구한 해가 문제의 뜻에 맞는지 확인한다.

[주의] 나이, 개수, 사람 수, 횟수 등을 미지수 x로 놓으면 x의 값은 자연수이다.

미지수 정하기
↓
일차부등식 세우기
↓
일차부등식 풀기
↓
확인하기

개념 확인 어떤 자연수의 3배에 9를 더한 수는 30보다 작다고 할 때, 다음은 어떤 자연수 중 가장 큰 수를 구하는 과정이다. ☐ 안에 알맞은 것을 쓰시오.

❶ 미지수 정하기	어떤 자연수를 x라고 하자.
❷ 일차부등식 세우기	어떤 자연수 x의 3배에 9를 더하면 ☐ 이 수가 30보다 작으므로 ☐　　　… ㉠
❸ 일차부등식 풀기	㉠을 풀면 $x<$☐ 따라서 어떤 자연수 중 가장 큰 수는 ☐이다.
❹ 확인하기	㉠에 $x=$☐을(를) 대입하면 부등식이 참이고, 그보다 1만큼 큰 값을 대입하면 거짓이므로 문제의 뜻에 맞는다.

필수 문제　　1

수, 평균에 대한 문제

어떤 홀수를 5배 하여 15를 빼면 처음 홀수의 2배보다 작다고 한다. 이를 만족시키는 홀수를 모두 구하시오.

▶연속하는 수에 대한 문제
• 연속하는 세 자연수(정수)
  ⇨ 세 수를 x, $x+1$, $x+2$ 또는 $x-1$, x, $x+1$로 놓는다.
• 연속하는 두 짝수(홀수)
  ⇨ 두 수를 x, $x+2$로 놓는다.

1-1 연속하는 세 자연수의 합이 78보다 크다고 한다. 이와 같은 수 중에서 가장 작은 세 자연수를 구하시오.

▶4개의 수 a, b, c, d의 평균
⇨ $\dfrac{a+b+c+d}{4}$

1-2 보미는 세 번의 수학 시험에서 79점, 81점, 88점을 받았다. 네 번에 걸친 수학 시험의 평균 점수가 83점 이상이 되려면 네 번째 수학 시험에서 몇 점 이상 받아야 하는지 구하시오.

필수 문제 2

도형에 대한 문제

▶도형의 넓이의 범위가 주어지면 공식을 이용하여 일차부등식을 세운다.

오른쪽 그림과 같이 밑변의 길이가 $10\,\text{cm}$이고 높이가 $h\,\text{cm}$인 삼각형의 넓이가 $35\,\text{cm}^2$ 이상일 때, h의 값의 범위를 구하시오.

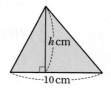

2-1 오른쪽 그림과 같이 윗변의 길이가 $6\,\text{cm}$이고 높이가 $7\,\text{cm}$인 사다리꼴의 넓이가 $63\,\text{cm}^2$ 이상이 되게 하려면 사다리꼴의 아랫변의 길이는 몇 cm 이상이어야 하는지 구하시오.

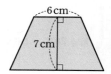

필수 문제 3

최대 개수에 대한 문제

▶한 개에 a원인 물건을 x개 사는데 포장비가 b원일 때, 필요한 금액
⇨ $(ax+b)$원

한 송이에 2400원인 카네이션으로 꽃다발을 만들어 부모님께 선물하려고 한다. 꽃다발의 포장비가 4000원일 때, 전체 비용이 40000원 이하가 되게 하려면 카네이션은 최대 몇 송이까지 넣을 수 있는지 구하시오.

3-1 한 개에 1500원인 쿠키 몇 개와 1000원짜리 상자 하나를 사서 포장하려고 한다. 전체 가격이 28000원 미만이 되게 하려면 쿠키는 최대 몇 개까지 살 수 있는지 구하시오.

필수 문제 4

유리한 방법을 선택하는 문제

▶'유리하다'는 것은 전체 비용이 더 적게 든다는 뜻이다.

▶티셔츠를 x벌 산다고 하면

	집 근처 옷 가게	인터넷 쇼핑몰
가격	$10000x$원	$9000x$원
배송비		
총합		

집 근처 옷 가게에서 한 벌에 10000원인 티셔츠가 인터넷 쇼핑몰에서는 한 벌에 9000원이라고 한다. 인터넷 쇼핑몰에서 티셔츠를 구입하면 배송비가 총 2500원이 들 때, 티셔츠를 몇 벌 이상 사는 경우에 인터넷 쇼핑몰을 이용하는 것이 유리한지 구하시오.

4-1 집 앞 편의점에서 한 개에 800원인 음료수가 할인 매장에서는 한 개에 600원이라고 한다. 할인 매장을 다녀오는 데 드는 왕복 교통비가 2000원일 때, 음료수를 몇 개 이상 사야 할인 매장에 가는 것이 유리한지 구하시오.

2 거리, 속력, 시간에 대한 문제

거리, 속력, 시간에 대한 문제는 다음 관계를 이용하여 부등식을 세운다.

$$(\text{거리}) = (\text{속력}) \times (\text{시간}), \quad (\text{속력}) = \frac{(\text{거리})}{(\text{시간})}, \quad (\text{시간}) = \frac{(\text{거리})}{(\text{속력})}$$

주의 주어진 단위가 다를 경우, 부등식을 세우기 전에 먼저 단위를 통일한다.

➡ $1\,\text{km} = 1000\,\text{m}$, $1\,\text{m} = \dfrac{1}{1000}\,\text{km}$, 1시간 = 60분, 1분 = $\dfrac{1}{60}$시간

필수 문제 5

왕복하는 경우의 문제

▶ (갈 때 걸린 시간)
　　+(올 때 걸린 시간)
　≤(주어진 시간)

등산을 하는데 올라갈 때는 시속 2 km로, 내려올 때는 같은 길을 시속 3 km로 걸어서 5시간 이내에 등산을 마치려고 한다. 다음 표를 완성하고, 최대 몇 km 떨어진 지점까지 갔다 올 수 있는지 구하시오.

x km 떨어진 지점까지 올라갔다 내려온다고 하면

	올라갈 때	내려올 때	전체
거리	x km	x km	—
속력	시속 2 km	시속 3 km	—
시간			5시간 이내

▶ x km 떨어진 곳까지 갔다 온다고 하면

	갈 때	올 때
거리	x km	x km
속력	시속 6 km	시속 4 km
시간		

5-1 산책을 가는데 갈 때는 시속 6 km로, 올 때는 같은 길을 시속 4 km로 걸어서 2시간 이내로 돌아오려고 한다. 이때 최대 몇 km 떨어진 곳까지 갔다 올 수 있는지 구하시오.

필수 문제 6

도중에 속력이 바뀌는 경우의 문제

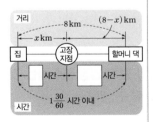

민수가 집에서 8 km 떨어진 할머니 댁까지 가는데 처음에는 자전거를 타고 시속 8 km로 가다가 도중에 자전거가 고장 나서 그 지점부터 시속 4 km로 걸어갔더니 1시간 30분 이내에 도착하였다. 다음 표를 완성하고, 자전거가 고장 난 지점은 집에서 최소 몇 km 떨어진 지점인지 구하시오.

집에서 자전거가 고장 난 지점까지의 거리를 x km라고 하면

	자전거를 타고 갈 때	걸어갈 때	전체
거리	x km	$(8-x)$ km	8 km
속력	시속 8 km	시속 4 km	—
시간			$1\frac{30}{60}$시간 이내

▶ 걸어간 거리를 x m라고 하면

	걸어갈 때	뛰어갈 때
거리	x m	
속력	분속 50 m	분속 200 m
시간		

6-1 은수가 집에서 2.4 km 떨어진 학교까지 가는데 처음에는 분속 50 m로 걸어가다가 늦을 것 같아 도중에 분속 200 m로 뛰어가서 30분 이내에 도착했다. 이때 은수가 걸어간 거리는 최대 몇 m인지 구하시오.

쏙쏙 개념 익히기

1 연속하는 두 짝수가 있다. 작은 수의 5배에서 11을 빼면 큰 수의 2배보다 클 때, 이를 만족시키는 가장 작은 두 짝수의 합을 구하시오.

2 한 번에 $600\,\text{kg}$까지 운반할 수 있는 승강기가 있다. 몸무게가 $75\,\text{kg}$인 한 사람이 승강기에 타고 한 개에 $30\,\text{kg}$인 상자를 여러 개 운반하려고 한다. 이때 한 번에 최대 몇 개의 상자를 운반할 수 있는지 구하시오.

● 복숭아를 x개 산다고 하면

	사과	복숭아
개수(개)		x
가격(원)		

3 한 개에 800원인 사과와 한 개에 1000원인 복숭아를 합하여 20개를 사려고 한다. 전체 금액이 18000원을 넘지 않게 하려고 할 때, 복숭아는 최대 몇 개까지 살 수 있는지 구하시오.

4 어느 사진관에서 증명사진을 4장 뽑는 데 드는 비용은 5000원이고, 사진을 더 뽑을 때마다 한 장에 500원씩 비용이 추가된다고 한다. 이 사진관에서 증명사진 한 장의 평균 가격이 800원 이하가 되게 하려면 사진을 몇 장 이상을 뽑아야 하는지 구하시오.

5 어느 박물관의 입장료는 한 사람당 1200원인데 30명 이상의 단체인 경우에는 입장료가 한 사람당 900원이라고 한다. 30명 미만의 단체는 몇 명 이상부터 30명의 단체 입장권을 사는 것이 유리한지 구하시오. (단, 30명 미만이어도 30명의 단체 입장권을 살 수 있다.)

6 기차를 타려고 하는 데 기차가 출발하기 전까지 2시간의 여유가 있어 상점에서 물건을 사 오려고 한다. 물건을 사는 데 15분이 걸리고 시속 $4\,\text{km}$로 걸어서 왕복할 때, 역에서 몇 km 이내에 있는 상점을 이용할 수 있는지 구하시오.

✦중요

1 다음 중 문장을 부등식으로 바르게 나타낸 것은?

① 어떤 수 x의 3배에서 7을 뺀 수는 5보다 작지 않다. ⇨ $3x-7 \leq 5$

② 밑변의 길이가 6 cm, 높이가 x cm인 삼각형의 넓이는 40 cm² 미만이다. ⇨ $6x < 40$

③ 전체 학생 250명 중 여학생이 x명일 때, 남학생은 120명보다 많다. ⇨ $250-x \geq 120$

④ 안개꽃 3000원어치와 한 송이에 2500원인 장미 x송이를 샀더니 전체 가격이 13000원을 넘지 않았다.
⇨ $3000+2500x \leq 13000$

⑤ 분속 x m로 걸어서 20분 동안 간 거리는 500 m 이상이다. ⇨ $\dfrac{x}{20} \geq 500$

2 다음 중 [ ] 안의 수가 부등식의 해인 것은?

① $2x-5 > 3$ 　　　 [3]

② $4x-3 < 3x$ 　　　 [5]

③ $-6-5x \geq 10$ 　　 [-3]

④ $7-x \leq 2x-3$ 　　 [-2]

⑤ $5x-7 < 3x-4$ 　　 [-1]

3 $a \leq b$일 때, 다음 중 옳지 <u>않은</u> 것은?

① $-6+a \leq -6+b$

② $2a-4 \leq 2b-4$

③ $a-\dfrac{1}{2} \leq b-\dfrac{1}{2}$

④ $-5a+1 \leq -5b+1$

⑤ $-3+\dfrac{a}{4} \leq -3+\dfrac{b}{4}$

4 $7a-15 < 14b+6$일 때, 다음 ☐ 안에 알맞은 부등호를 쓰시오.

$$-3a \boxed{\phantom{<}} -6b-9$$

5 $-4 \leq x \leq 3$이고 $A=3-\dfrac{x}{2}$일 때, 정수 A의 개수를 구하시오.

6 다음 중 일차부등식인 것을 모두 고르면? (정답 2개)

① $2x+1 < 4$ 　　　 ② $3(x-1) \leq 3x+1$

③ $4-x^2 < 2x$ 　　 ④ $1-x^2 \leq 1+2x-x^2$

⑤ $x(x-1) > 3x+2$

7 다음 일차부등식 중 해가 나머지 넷과 <u>다른</u> 하나는?

① $-x-1 > 1$ 　　　 ② $x+2 < 0$

③ $x > 2x+2$ 　　　 ④ $-2x+1 > 5$

⑤ $3x-2 > 2x+2$

8 다음 중 일차부등식 $-5x+9\leq -x+13$의 해를 수직선 위에 바르게 나타낸 것은?

①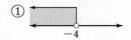
   -4

②
   -4

③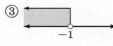
   -1

④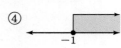
   -1

⑤
   -1

9 다음 중 일차부등식 $3-4(x-1)\geq 5(x-4)$의 해가 될 수 <u>없는</u> 것은?

① -3 ② $-\dfrac{3}{2}$ ③ 2

④ 3 ⑤ $\dfrac{7}{2}$

10 일차부등식 $\dfrac{1}{2}x+\dfrac{4}{3}>\dfrac{1}{4}x-\dfrac{1}{6}$의 해를 $x>a$, 일차부등식 $0.3x-1<0.5x-0.4$의 해를 $x>b$라고 할 때, 상수 a, b에 대하여 $a-b$의 값을 구하시오.

11 일차부등식 $0.6x-\dfrac{2}{5}x<2+\dfrac{1}{2}x$를 만족시키는 x의 값 중 가장 작은 정수를 구하시오.

12 $a<1$일 때, x에 대한 일차부등식 $ax+4a+1\leq 5+x$를 풀면?

① $x\leq -4$ ② $x\geq -4$ ③ $x\leq -1$
④ $x\leq 4$ ⑤ $x\geq 4$

13 일차부등식 $5x-3(x-1)\leq a$의 해를 수직선 위에 나타내면 다음 그림과 같을 때, 상수 a의 값을 구하시오.

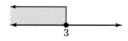
     3

14 다음 두 일차부등식의 해가 서로 같을 때, 상수 a의 값을 구하시오.

$$0.5x-0.2(x+5)\leq 0.2$$
$$\dfrac{x}{2}+a\leq \dfrac{x-1}{3}$$

15 일차부등식 $7+2x\leq a$의 해 중 가장 큰 수가 4일 때, 상수 a의 값은?

① 12 ② 13 ③ 14
④ 15 ⑤ 16

16 일차부등식 $3x \geq 5x - a$를 만족시키는 자연수 x의 개수가 2개일 때, 상수 a의 값의 범위를 구하려고 한다. 다음 물음에 답하시오.

(1) 일차부등식 $3x \geq 5x - a$를 풀어 그 해를 a를 사용하여 나타내시오.

(2) (1)에서 구한 해를 자연수 x의 개수가 2개가 되도록 수직선 위에 나타내시오.

(3) a의 값의 범위를 구하시오.

17 주사위를 던져 나온 눈의 수를 5배 하면 그 눈의 수에 2를 더한 것의 3배보다 크다고 한다. 이를 만족시키는 주사위의 눈의 수를 모두 구하시오.

18 가로의 길이가 세로의 길이보다 6 cm만큼 더 긴 직사각형을 그리려고 한다. 직사각형의 둘레의 길이가 120 cm 이상이 되게 그리려면 세로의 길이는 몇 cm 이상이어야 하는지 구하시오.

19 한 개에 1500원인 샌드위치와 한 개에 800원인 도넛을 합하여 30개를 사는데 전체 비용이 34000원 이하가 되도록 하려고 한다. 이때 샌드위치는 최대 몇 개까지 살 수 있는가?

① 12개   ② 13개   ③ 14개
④ 15개   ⑤ 16개

20 현재 연경이의 통장에는 40000원, 정아의 통장에는 65000원이 들어 있다. 다음 달부터 매달 연경이는 5000원씩, 정아는 3000원씩 예금한다면 연경이의 예금액이 정아의 예금액보다 처음으로 많아지는 것은 현재로부터 몇 개월 후인지 구하시오.
(단, 이자는 생각하지 않는다.)

21 인희네 집에 정수기를 설치하려고 한다. 정수기를 사면 70만 원의 구입 비용과 매달 4000원의 유지비가 들고, 정수기를 업체에서 빌리면 매달 32000원의 대여비가 든다고 한다. 정수기를 몇 개월 이상 사용해야 정수기를 사는 것이 유리한지 구하시오.

22 시우가 집에서 7 km 떨어진 도서관에 가는데 처음에는 시속 3 km로 걷다가 도중에 시속 6 km로 뛰어서 1시간 30분 이내에 도서관에 도착하였다. 이때 시우가 걸어간 거리는 최대 몇 km인지 구하시오.

따라 해보자

예제 1 일차부등식 $x-5 \geq 2x-3a$를 만족시키는 자연수 해가 없을 때, 상수 a의 값의 범위를 구하시오.

풀이 과정

[1단계] 일차부등식의 해를 a를 사용하여 나타내기

$x-5 \geq 2x-3a$에서 $-x \geq -3a+5$

$\therefore x \leq 3a-5 \quad \cdots \text{㉠}$

[2단계] a에 대한 부등식 세우기

㉠을 만족시키는 x의 값 중 자연수가 없으므로 오른쪽 그림에서

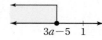

$3a-5 < 1$

[3단계] a의 값의 범위 구하기

$3a-5 < 1$에서 $3a < 6$ $\quad \therefore a < 2$

답 $a < 2$

유제 1 일차부등식 $7-4x \geq x-a$를 만족시키는 자연수 해가 없을 때, 상수 a의 값의 범위를 구하시오.

풀이 과정

[1단계] 일차부등식의 해를 a를 사용하여 나타내기

[2단계] a에 대한 부등식 세우기

[3단계] a의 값의 범위 구하기

답

예제 2 어느 공원의 입장료는 한 사람당 2000원이고, 40명 이상의 단체의 경우에는 입장료의 20 %를 할인해 준다고 한다. 40명 미만의 사람들이 이 공원에 입장할 때, 몇 명 이상부터 40명의 단체 입장권을 사는 것이 유리한지 구하시오.

(단, 40명 미만이어도 40명의 단체 입장권을 살 수 있다.)

풀이 과정

[1단계] 일차부등식 세우기

공원에 x명이 입장한다고 하면

$2000x > 2000 \times \left(1-\dfrac{20}{100}\right) \times 40 \quad \cdots \text{㉠}$

[2단계] 일차부등식 풀기

㉠의 양변을 2000으로 나누면 $x > \left(1-\dfrac{20}{100}\right) \times 40$

$\therefore x > 32$

[3단계] 몇 명 이상부터 단체 입장권을 사는 것이 유리한지 구하기

33명 이상부터 40명의 단체 입장권을 사는 것이 유리하다.

답 33명

유제 2 어느 전시회의 입장료는 한 사람당 4500원이고, 30명 이상의 단체의 경우에는 입장료의 30 %를 할인해 준다고 한다. 30명 미만의 학생들이 이 전시회에 입장할 때, 몇 명 이상부터 30명의 단체 입장권을 사는 것이 유리한지 구하시오.

(단, 30명 미만이어도 30명의 단체 입장권을 살 수 있다.)

풀이 과정

[1단계] 일차부등식 세우기

[2단계] 일차부등식 풀기

[3단계] 몇 명 이상부터 단체 입장권을 사는 것이 유리한지 구하기

답

연습해 보자

1 다음 문장을 부등식으로 나타내시오.

(1) 어떤 수 x에서 10을 뺀 수는 처음 수의 3배에 2를 더한 수보다 작지 않다.

(2) x km의 거리를 시속 50 km로 가면 1시간 30분 이내에 도착한다.

풀이 과정

(1)

(2)

답 (1)   (2)

2 일차부등식 $\dfrac{5x+4}{3} > 0.5x + \dfrac{2x-1}{5}$에 대하여 다음 물음에 답하시오.

(1) 일차부등식 $\dfrac{5x+4}{3} > 0.5x + \dfrac{2x-1}{5}$의 해를 구하시오.

(2) (1)에서 구한 해를 수직선 위에 나타내시오.

풀이 과정

(1)

(2)

답 (1)   (2)

3 두 일차부등식
$$x+9 \le 4x-3, \quad a-(x+4) \le 3(2x-9)$$
의 해가 서로 같을 때, 상수 a의 값을 구하시오.

풀이 과정

답

4 희주가 등산을 하는데 올라갈 때는 시속 2 km로, 내려올 때는 올라갈 때보다 2 km 더 먼 길을 시속 3 km로 걸었더니 전체 걸린 시간이 4시간을 넘지 않았다. 이때 올라간 거리는 최대 몇 km인지 구하시오.

풀이 과정

답

쓰레기를 줄여 지구를 지키자!

1942년부터 10년 동안 미국의 화학 회사 후커 케미컬은 나이아가라 폭포 부근의 러브커넬이라는 곳에 2만여 톤의 산업 폐기물을 매립하였다. 이때 매립된 폐기물에는 벤젠, 염소, 다이옥신 같은 유독성 물질도 많이 포함되어 있었다. 그 뒤 러브커넬에 마을이 생겼는데, 1970년대가 되자 마을 사람들에게 피부병과 호흡기 질환이 자주 발생하였고, 다른 지역에 비해 유산율이 높았다. 결국 지하수 오염이 심해 마을 사람들은 모두 다른 곳으로 이주하였고, 그 후 이 지역을 정화하기 위해 많은 돈을 들였으나 지금까지 아무도 살지 않는 황폐한 땅으로 남아 있다.

이처럼 쓰레기를 땅속에 묻는 매립은 쓰레기를 처리하는 한 방법이다. 그러나 쓰레기 매립장을 지으려면 넓은 땅과 많은 돈이 필요할 뿐만 아니라, 쓰레기를 땅속에 묻으면 쓰레기가 썩으면서 여러 오염 물질이 흘러나와 토양과 지하수를 오염시키고, 몸에 해로운 유해 가스와 악취도 발생시킨다. 또 쓰레기가 썩어 완전히 사라지는 데까지 매우 오랜 시간이 걸리므로 되도록 쓰레기를 줄이기 위해 노력해야 한다.

기출문제는 이렇게!

Q 어느 쓰레기 매립장에 묻을 수 있는 쓰레기의 최대 양은 23000톤이며, 이 매립장에는 이미 8600톤의 쓰레기가 묻혀 있다고 한다. 이 쓰레기 매립장에 다음 달부터 매달 말일에 150톤의 쓰레기가 추가로 매립될 때, 매립할 수 있는 쓰레기양이 최대치를 넘어서는 것은 몇 개월 후부터인지 구하시오.

마인드 MAP

부등식의 성질

$a < b$일 때

(1) $a + c < b + c$, $a - c < b - c$

(2) $c > 0$이면 $ac < bc$, $\dfrac{a}{c} < \dfrac{b}{c}$

(3) $c < 0$이면 $ac > bc$, $\dfrac{a}{c} > \dfrac{b}{c}$

부등식

$a < 100$, $2x - 3 \geq 6$

부등호를
사용하여 나타낸 식

일차부등식

부등식의 모든 항을 좌변으로 이항하여 정리한 식이
(일차식) < 0, (일차식) > 0, (일차식) ≤ 0, (일차식) ≥ 0
중 어느 하나의 꼴로 나타나는 부등식

일차부등식의 풀이

$$x + 4 < 3x - 2$$
$$x - 3x < -2 - 4 \quad \text{이항하기}$$
$$-2x < -6 \quad \text{동류항끼리 정리하기}$$
$$x > \dfrac{-6}{-2} \quad \text{양변을 } x \text{의 계수 } -2 \text{로 나누기}$$
$$\therefore x > 3$$

부등식의 해를 수직선 위에 나타내기

① $x < a$

② $x > a$

③ $x \leq a$

④ $x \geq a$

일차부등식의 활용

① 미지수 정하기

② 일차부등식 세우기

③ 일차부등식 풀기

④ 확인하기

(거리) = (속력) × (시간)

이전에 배운 내용

중1
- 문자의 사용과 식의 계산
- 일차방정식

이번에 배울 내용

◠1 미지수가 2개인 일차방정식
◠2 미지수가 2개인 연립일차방정식
◠3 연립방정식의 풀이
◠4 연립방정식의 활용

이후에 배울 내용

중3
- 이차방정식

고등
- 여러 가지 방정식과 부등식

준비 **학습**

중1 **일차방정식의 풀이**
- 등식의 성질과 이항을 이용하여 $x=$(수) 꼴로 나타낸다.

1 다음 일차방정식을 푸시오.

(1) $5x-2=-3x+2$

(2) $-2(x-1)=x+8$

(3) $0.7x+0.2=0.4x-1$

(4) $\dfrac{x}{3}-\dfrac{1}{2}=\dfrac{x}{4}$

중1 **일차방정식의 활용**
- 문제의 뜻에 맞게 미지수를 정한 후 방정식을 세워 푼다.

2 어떤 수의 4배에서 7을 뺀 수는 처음 수의 2배보다 1만큼 클 때, 어떤 수를 구하시오.

미지수가 2개인 일차방정식

• 정답과 해설 42쪽

1 미지수가 2개인 일차방정식

미지수가 2개이고, 그 차수가 모두 1인 방정식을 미지수가 2개인 일차방정식이라고 한다.

미지수가 x, y의 2개인 일차방정식은 다음과 같이 나타낼 수 있다.

$$ax+by+c=0\,(a,\ b,\ c\text{는 상수},\ a\neq0,\ b\neq0)$$

미지수가 x, y의 2개이고, x, y의 차수는 모두 1이다.

예 $2x-y+3=0$,　$4x+1=y$

2 미지수가 2개인 일차방정식의 해

(1) **미지수가 2개인 일차방정식의 해(근)**: 미지수가 x, y의 2개인 일차방정식을 참이 되게 하는 x, y의 값 또는 순서쌍 $(x,\ y)$

예 일차방정식 $x+y=5$에 $\begin{bmatrix} x=3,\ y=2$를 대입하면 $3+2=5$(참) $\Rightarrow$ $(3,\ 2)$는 해이다. \\ x=3,\ y=3$을 대입하면 $3+3\neq5$(거짓) $\Rightarrow$ $(3,\ 3)$은 해가 아니다. \end{bmatrix}$

(2) **미지수가 2개인 일차방정식을 푼다**: 일차방정식의 해를 모두 구하는 것

필수 문제　1

미지수가 2개인
일차방정식의 뜻

▶미지수가 2개인 일차방정식 찾기
① 등식인가?
② 모든 항을 좌변으로 이항하여 정리했을 때, 미지수가 2개인가?
③ 차수가 모두 1인가?

다음 중 미지수가 2개인 일차방정식은?

① $x+2y$
② $5x+y=5(x-4)$
③ $x-2y=6$
④ $y=\dfrac{5}{x}-2$
⑤ $3x^2-y+3=0$

1-1 다음 보기 중 미지수가 2개인 일차방정식을 모두 고르시오.

> 보기
> ㄱ. $y^2-2x=5$
> ㄴ. $2x+y=-1$
> ㄷ. $3(x-y)+3y=4$
> ㄹ. $-\dfrac{1}{x}+\dfrac{1}{y}=1$
> ㅁ. $x+\dfrac{1}{4}y+7$
> ㅂ. $\dfrac{x}{2}+\dfrac{y}{2}=2$

필수 문제　2

미지수가 2개인
일차방정식으로 나타내기

▶미지수 x, y를 사용하여
$ax+by=c$
$(a,\ b,\ c$는 상수, $a\neq0$, $b\neq0)$
꼴로 나타낸다.

다음을 미지수가 2개인 일차방정식으로 나타내시오.

> 농구 경기에서 어떤 선수가 2점 슛을 x개, 3점 슛을 y개 성공하여 23점을 얻었다.

2-1 다음을 미지수가 2개인 일차방정식으로 나타내시오.

(1) 500원인 사탕 x개와 800원인 초콜릿 y개를 구입하고, 지불한 금액이 3600원이다.

(2) 가로, 세로의 길이가 각각 $x\,\text{cm}$, $y\,\text{cm}$인 직사각형의 둘레의 길이는 $30\,\text{cm}$이다.

미지수가 2개인
일차방정식의 해

▶ (a, b)가 일차방정식의 해
이다.
⇨ 일차방정식에 $x=a$, $y=b$
를 대입하면 등식이 성립
한다.

다음 일차방정식 중 $(2, -3)$이 해인 것은?

① $x + \dfrac{1}{2}y = 1$ 　　　　 ② $x - y + 2 = 0$ 　　　　 ③ $-2x + 5y = 4$

④ $3y = 2x + 8$ 　　　　 ⑤ $3x - y = 9$

3-1 다음 보기 중 일차방정식 $3x - y = 4$의 해가 되는 것을 모두 고르시오.

┤ 보기 ├

ㄱ. $(-1, 1)$ 　　　　　 ㄴ. $(0, -4)$ 　　　　　 ㄷ. $(1, -1)$

ㄹ. $(2, 4)$ 　　　　　 ㅁ. $(-2, -2)$ 　　　　　 ㅂ. $(3, 5)$

x, y의 값이 자연수일 때,
일차방정식의 해

x, y의 값이 자연수일 때, 일차방정식 $x + 2y = 7$을 풀려고 한다. 다음 물음에 답하시오.

(1) 다음 표를 완성하시오.

x	1	2	3	4	5	6	7
y							

(2) (1)의 표를 이용하여 x, y의 값이 자연수일 때, 일차방정식의 해를 순서쌍 (x, y)로 나타내시오.

4-1 다음 일차방정식에 대하여 표를 완성하고, x, y의 값이 자연수일 때 일차방정식의 해를 순서쌍 (x, y)로 나타내시오.

(1) $2x + y = 10$

x	1	2	3	4	5
y					

(2) $x + 3y = 13$

x					
y	1	2	3	4	5

계수 또는 해가 문자인
일차방정식

▶ 일차방정식에 주어진 해를 대
입하여 문자의 값을 구한다.

일차방정식 $ax + 3y = 5$의 한 해가 $x = -2$, $y = 1$일 때, 상수 a의 값을 구하시오.

5-1 일차방정식 $3x - y = 5$의 한 해가 $(5, k)$일 때, k의 값을 구하시오.

쏙쏙 개념 익히기

1 다음 보기 중 미지수가 2개인 일차방정식을 모두 고르시오.

┌ 보기 ┐

ㄱ. $x+y$　　　　　　ㄴ. $xy=3$　　　　　　ㄷ. $6x+y-1=0$

ㄹ. $\dfrac{y}{3}=\dfrac{1}{x}+2$　　　ㅁ. $2x+y=-1+3y+x$　　ㅂ. $x+y^2=1$

ㅅ. $y(y+1)=x+y^2-3$　　ㅇ. $-2x+5y=2(1-x)$

2 $(a-3)x+4y=2x+y+7$이 미지수가 2개인 일차방정식일 때, 다음 중 상수 a의 값이 될 수 <u>없는</u> 것은?

① 1　　　　　　② 2　　　　　　③ 3
④ 4　　　　　　⑤ 5

3 다음 일차방정식 중 $(4, 3)$이 해가 <u>아닌</u> 것을 모두 고르면? (정답 2개)

① $x=2y-2$　　　　② $-x+3y=7$　　　　③ $y-x+1=0$
④ $2x-3y=-1$　　　⑤ $3x-5y=-2$

4 승기네 반 학생 28명이 호수 공원에서 보트를 빌려 타려고 한다. 3인승 보트를 x대, 2인승 보트를 y대 빌리고 보트에 빈자리가 없도록 타려고 할 때, 다음 물음에 답하시오.

(단, $x \neq 0$, $y \neq 0$)

(1) 위의 문장을 미지수가 2개인 일차방정식으로 나타내시오.

(2) (1)의 일차방정식의 해를 순서쌍 (x, y)로 나타내시오.

5 일차방정식 $5x+3y=18$의 한 해가 $(a, a-2)$일 때, a의 값을 구하시오.

2 미지수가 2개인 연립일차방정식

• 정답과 해설 43쪽

1 미지수가 2개인 연립일차방정식(또는 연립방정식)

미지수가 2개인 두 일차방정식을 한 쌍으로 묶어 나타낸 것을 미지수가 2개인 연립일차방정식 또는 간단히 **연립방정식**이라고 한다. 예 $\begin{cases} x+y=4 \\ 2x-y=2 \end{cases}$, $\begin{cases} y=2x-1 \\ x+y=1 \end{cases}$

2 연립방정식의 해

(1) **연립방정식의 해**: 두 일차방정식의 공통의 해 ← 두 방정식을 동시에 만족시키는 x, y의 값 또는 순서쌍 (x, y)

(2) **연립방정식을 푼다**: 연립방정식의 해를 구하는 것

예 x, y의 값이 자연수일 때, 연립방정식 $\begin{cases} x+y=9 & \cdots ㉠ \\ 2x+y=12 & \cdots ㉡ \end{cases}$에서

두 일차방정식 ㉠, ㉡의 해를 각각 구하면 다음 표와 같다.

㉠의 해

x	1	2	3	4	$\cdots$
y	8	7	6	5	$\cdots$

㉡의 해

x	1	2	3	4	$\cdots$
y	10	8	6	4	$\cdots$

위의 표에서 ㉠, ㉡을 동시에 만족시키는 x, y의 값의 순서쌍은 $(3, 6)$이므로 주어진 연립방정식의 해는 $x=3$, $y=6$이다.

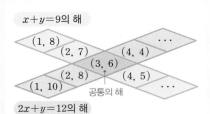

개념 확인 x, y의 값이 자연수일 때, 연립방정식 $\begin{cases} x+y=5 & \cdots ㉠ \\ x+2y=7 & \cdots ㉡ \end{cases}$에 대하여 다음 표를 완성하고, 연립방정식을 푸시오.

㉠의 해:

x	1	2	3	4
y				

㉡의 해:

x			
y	1	2	3

필수 문제 **1**

연립방정식의 해

▶ $x=●$, $y=■$를 각 일차방정식에 대입했을 때, 두 일차방정식이 모두 참이면 $(●, ■)$는 그 연립방정식의 해이다.

다음 연립방정식 중 $x=1$, $y=2$가 해인 것은?

① $\begin{cases} x+2y=-5 \\ -x+y=-3 \end{cases}$

② $\begin{cases} x-2y=-3 \\ 2x+y=6 \end{cases}$

③ $\begin{cases} x-4y=-7 \\ 2x+3y=8 \end{cases}$

④ $\begin{cases} x+y=3 \\ 3x-2y=-2 \end{cases}$

⑤ $\begin{cases} -3x+4y=13 \\ x+4y=9 \end{cases}$

필수 문제 **2**

계수 또는 해가 문자인 연립방정식

연립방정식 $\begin{cases} x-y=a \\ 2x+by=3 \end{cases}$의 해가 $x=3$, $y=-1$일 때, 상수 a, b의 값을 각각 구하시오.

2-1 연립방정식 $\begin{cases} ax+y=-5 \\ 3x+by=0 \end{cases}$의 해가 $(-4, 3)$일 때, 상수 a, b의 값을 각각 구하시오.

STEP 1 쏙쏙 개념 익히기

1 다음 연립방정식 중 해가 $(-2, 3)$인 것을 모두 고르면? (정답 2개)

① $\begin{cases} x - 2y = -8 \\ 3x + y = 3 \end{cases}$
② $\begin{cases} 2x + 5y = 11 \\ -x + 2y = 4 \end{cases}$
③ $\begin{cases} 3x - 2y = -12 \\ x + 4y = 10 \end{cases}$

④ $\begin{cases} 6x + 5y = 3 \\ x - 3y = -11 \end{cases}$
⑤ $\begin{cases} 5x - 2y = -4 \\ x - y = -5 \end{cases}$

2 다음 보기의 일차방정식 중 해가 $x = 3$, $y = -4$인 두 방정식을 한 쌍으로 묶어 연립방정식으로 나타내시오.

┤ 보기 ├

ㄱ. $3x + 2y = 1$　　　　ㄴ. $2x - 3y = -6$　　　ㄷ. $x + 3y = 9$　　　ㄹ. $2x - 5y = 26$

3 x, y의 값이 자연수일 때, 연립방정식 $\begin{cases} x + 2y = 7 \\ 3x + y = 16 \end{cases}$ 을 푸시오.

4 연립방정식 $\begin{cases} x + 2y = -8 \\ ax - 3y = 5 \end{cases}$ 의 해가 $(-2, b)$일 때, a, b의 값은? (단, a는 상수)

① $a = -3$, $b = -2$
② $a = -3$, $b = 2$
③ $a = 2$, $b = -3$

④ $a = 2$, $b = 3$
⑤ $a = 3$, $b = -2$

5 연립방정식 $\begin{cases} x - y = 7 \\ 3x + ay = a \end{cases}$ 를 만족시키는 x의 값이 5일 때, 상수 a의 값을 구하시오.

3 연립방정식의 풀이

• 정답과 해설 44쪽

1 연립방정식의 풀이 - 대입법

(1) **대입법**: 한 일차방정식을 다른 일차방정식에 대입하여 연립방정식을 푸는 방법

(2) **대입법을 이용한 풀이**

❶ 한 일차방정식을 한 미지수에 대한 식으로 나타낸다.

➡ $x=(y$에 대한 식$)$ 또는 $y=(x$에 대한 식$)$

❷ ❶의 식을 다른 일차방정식에 대입하여 해를 구한다.

❸ ❷의 해를 ❶의 식에 대입하여 다른 미지수의 값을 구한다.

$\begin{cases} x=2y+3 \\ 2x+y=5 \end{cases}$에서

$2x+y=5$

$\downarrow$ $x=2y+3$을 대입

$2(2y+3)+y=5$

참고 연립방정식의 두 일차방정식 중 어느 하나가
$x=(y$에 대한 식$)$ 또는 $y=(x$에 대한 식$)$ 꼴이면 대입법을 이용하는 것이 편리하다.

주의 식을 대입할 때는 괄호를 사용한다.

개념 확인 다음은 연립방정식 $\begin{cases} y=-x+5 & \cdots\ \ㄱ \\ 3x-y=3 & \cdots\ \ㄴ \end{cases}$ 을 대입법으로 푸는 과정이다.

(개), (내), (대)에 알맞은 것을 쓰시오.

> ㄱ을 ㄴ에 대입하면 $3x-(\ \boxed{\text{(개)}}\ )=3$ $\therefore\ x=\boxed{\text{(내)}}$
>
> $x=\boxed{\text{(내)}}$ 을(를) ㄱ에 대입하면 $y=\boxed{\text{(대)}}$
>
> 따라서 연립방정식의 해는 $x=\boxed{\text{(내)}}$, $y=\boxed{\text{(대)}}$ 이다.

필수 문제 ❶

대입법으로 연립방정식 풀기

▸ 두 방정식 중에서
$x=(y$에 대한 식$)$ 또는
$y=(x$에 대한 식$)$ 꼴인 방정식
을 다른 방정식에 대입하여 푼다.

▸ (4) $A=B$이고 $A=C$이면
$B=C$이다.

다음 연립방정식을 대입법으로 푸시오.

(1) $\begin{cases} y=2x-4 & \cdots\ \ㄱ \\ x+3y=9 & \cdots\ \ㄴ \end{cases}$

(2) $\begin{cases} x=6-y & \cdots\ \ㄱ \\ 2x+y=10 & \cdots\ \ㄴ \end{cases}$

(3) $\begin{cases} x-4y=-11 & \cdots\ \ㄱ \\ 3x-2y=-3 & \cdots\ \ㄴ \end{cases}$

(4) $\begin{cases} y=x+1 & \cdots\ \ㄱ \\ y=-2x+13 & \cdots\ \ㄴ \end{cases}$

1-1 다음 연립방정식을 대입법으로 푸시오.

(1) $\begin{cases} y=x+1 \\ 2x+y=25 \end{cases}$

(2) $\begin{cases} x=9-y \\ 2x-3y=8 \end{cases}$

(3) $\begin{cases} 2x-y=11 \\ 5x+2y=-4 \end{cases}$

(4) $\begin{cases} 2x=8-y \\ 2x=4-3y \end{cases}$

2 연립방정식의 풀이 – 가감법

(1) **가감법**: 두 일차방정식을 변끼리 더하거나 빼어서 연립방정식을 푸는 방법

(2) **가감법을 이용한 풀이**

❶ 두 방정식의 양변에 적당한 수를 곱하여 한 미지수의 계수의 절댓값을 같게 만든다. ← 한 미지수의 계수의 절댓값이 같으면 ❶은 생략하고 ❷부터 시작한다.

❷ 계수의 부호가 ┌ **같으면** 두 방정식을 변끼리 **빼거나**
　　　　　　└ **다르면** 두 방정식을 변끼리 **더하여**

한 미지수를 없애고 방정식의 해를 구한다.

❸ ❷의 해를 한 일차방정식에 대입하여 다른 미지수의 값을 구한다.

$$\begin{cases} x+y=1 & \cdots ㉠ \\ 2x-3y=2 & \end{cases}$$

⬇ ㉠×3을 하면

$$\begin{cases} 3x+3y=3 \\ 2x-3y=2 \end{cases}$$

개념 확인 다음은 연립방정식 $\begin{cases} 3x-y=7 & \cdots ㉠ \\ x-2y=4 & \cdots ㉡ \end{cases}$ 를 가감법으로 푸는 과정이다. (개), (내), (대)에 알맞은 것을 쓰시오.

> ㉠과 ㉡의 y의 계수의 절댓값을 같게 만들어 두 식을 변끼리 뺀다.
> 즉, ㉠×2-㉡을 하면 $x=$ (개)
> $x=$ (개) 을(를) ㉠에 대입하면 (내) $=7$ ∴ $y=$ (대)
> 따라서 연립방정식의 해는 $x=$ (개), $y=$ (대) 이다.

필수 문제 2

가감법으로 연립방정식 풀기

▶ 한 미지수의 계수의 절댓값을 같게 만든 후, 계수의
① 부호가 같으면
⇨ 두 식을 변끼리 뺀다.
② 부호가 다르면
⇨ 두 식을 변끼리 더한다.

다음 연립방정식을 가감법으로 푸시오.

(1) $\begin{cases} x+y=6 & \cdots ㉠ \\ 3x-y=2 & \cdots ㉡ \end{cases}$

(2) $\begin{cases} 2x-y=4 & \cdots ㉠ \\ 2x+3y=12 & \cdots ㉡ \end{cases}$

(3) $\begin{cases} 4x+3y=1 & \cdots ㉠ \\ 2x-y=-7 & \cdots ㉡ \end{cases}$

(4) $\begin{cases} 3x-2y=4 & \cdots ㉠ \\ 8x-5y=13 & \cdots ㉡ \end{cases}$

2-1 다음 연립방정식을 가감법으로 푸시오.

(1) $\begin{cases} x+2y=7 \\ 3x-2y=13 \end{cases}$

(2) $\begin{cases} x-3y=8 \\ x-2y=6 \end{cases}$

(3) $\begin{cases} 3x+2y=-9 \\ 2x-4y=10 \end{cases}$

(4) $\begin{cases} 5x+4y=-7 \\ -3x+5y=19 \end{cases}$

쏙쏙 개념 익히기

1 연립방정식 $\begin{cases} x=7-4y & \cdots ㉠ \\ 2x+3y=4 & \cdots ㉡ \end{cases}$ 를 풀기 위해 ㉠을 ㉡에 대입하여 x를 없앴더니

$ay=-10$이 되었다. 이때 상수 a의 값을 구하시오.

2 연립방정식 $\begin{cases} 3x-2y=7 & \cdots ㉠ \\ 2x+5y=-8 & \cdots ㉡ \end{cases}$ 에서 y를 없앨 때, 필요한 식은?

① ㉠×2−㉡×3   ② ㉠×2+㉡×3   ③ ㉠×3+㉡
④ ㉠×5−㉡×2   ⑤ ㉠×5+㉡×2

3 다음 연립방정식을 푸시오.

(1) $\begin{cases} 13-3x=y \\ -x+2y=5 \end{cases}$

(2) $\begin{cases} 3x=-3y+24 \\ 3x+y=14 \end{cases}$

(3) $\begin{cases} 3x+2y=11 \\ 4x-3y=9 \end{cases}$

(4) $\begin{cases} 2x-3y=4 \\ 5x-4y=-4 \end{cases}$

4 연립방정식 $\begin{cases} 3x-ay=4 \\ 5x-y=12 \end{cases}$ 를 만족시키는 y의 값이 x의 값의 2배일 때, 상수 a의 값을 구하시오.

● 두 연립방정식의 해가
서로 같을 때, 상수의 값
구하기
두 연립방정식의 해가 서
로 같으면 그 해는 네 일차
방정식의 공통인 해이다.
⇨ 계수와 상수항이 문자가
   아닌 두 일차방정식을
   연립하여 해를 구한다.

5 두 연립방정식 $\begin{cases} x-y=12 \\ x+4y=a \end{cases}$, $\begin{cases} y=-2x+b \\ x-2y=15 \end{cases}$ 의 해가 서로 같을 때, 상수 a, b의 값을 각각 구하시오.

한번더✗

6 두 연립방정식 $\begin{cases} 2x-y=5 \\ 5x-y=a \end{cases}$, $\begin{cases} 4x+by=5 \\ 3x-y=7 \end{cases}$ 의 해가 서로 같을 때, 상수 a, b에 대하여 $a-b$ 의 값을 구하시오.

3 여러 가지 연립방정식의 풀이

(1) 괄호가 있는 경우: 분배법칙을 이용하여 괄호를 풀고, 식을 간단히 하여 푼다.
(2) 계수가 소수인 경우: 양변에 10의 거듭제곱을 적당히 곱하여 계수를 정수로 고쳐서 푼다.
(3) 계수가 분수인 경우: 양변에 분모의 최소공배수를 곱하여 계수를 정수로 고쳐서 푼다.

필수 문제 ③

괄호가 있는 연립방정식의 풀이

▶ 분배법칙을 이용하여 괄호를 풀 때, 부호에 주의한다.
$\Rightarrow -(x+y)=-x-y \ (\bigcirc)$,
$-(x+y)=-x+y \ (\times)$

다음 연립방정식을 푸시오.

(1) $\begin{cases} 3x-4(x-y)=8 & \cdots \ \bigcirc \\ x+3y=-1 & \cdots \ \bigcirc \end{cases}$

(2) $\begin{cases} 7x-3(x+y)=-3 & \cdots \ \bigcirc \\ 5x-2(2x-y)=13 & \cdots \ \bigcirc \end{cases}$

3-1 다음 연립방정식을 푸시오.

(1) $\begin{cases} 5(x-y)-2x=7 \\ 4x-3(x-2y)=10 \end{cases}$

(2) $\begin{cases} 2(x-1)+3y=-5 \\ x=2(3-y)-7 \end{cases}$

필수 문제 ④

계수가 소수 또는 분수인 연립방정식의 풀이

▶ 계수를 정수로 고치는 과정에서 양변에 같은 수를 곱할 때는 모든 항에 곱한다.

다음 연립방정식을 푸시오.

(1) $\begin{cases} 1.3x-y=-0.7 & \cdots \ \bigcirc \\ 0.03x-0.1y=-0.17 & \cdots \ \bigcirc \end{cases}$

(2) $\begin{cases} \dfrac{x}{3}+\dfrac{y}{2}=2 & \cdots \ \bigcirc \\ \dfrac{3}{4}x-\dfrac{y}{3}=\dfrac{19}{12} & \cdots \ \bigcirc \end{cases}$

4-1 다음 연립방정식을 푸시오.

(1) $\begin{cases} 0.1x-0.09y=0.11 \\ 0.2x+0.3y=0.7 \end{cases}$

(2) $\begin{cases} x-\dfrac{1}{3}y=\dfrac{1}{3} \\ \dfrac{1}{4}x-\dfrac{1}{5}y=-\dfrac{1}{2} \end{cases}$

(3) $\begin{cases} 1.2x-0.2y=-1 \\ \dfrac{2}{3}x+\dfrac{1}{6}y=-\dfrac{5}{6} \end{cases}$

(4) $\begin{cases} \dfrac{1}{3}x+\dfrac{1}{4}y=-\dfrac{7}{12} \\ 0.5x+0.4y=-1 \end{cases}$

4 $A=B=C$ 꼴의 방정식의 풀이

$A=B=C$ 꼴의 방정식을 풀 때는 다음 세 연립방정식 중 하나를 선택하여 푼다.

$$\begin{cases} A=B \\ A=C \end{cases}, \quad \begin{cases} A=B \\ B=C \end{cases}, \quad \begin{cases} A=C \\ B=C \end{cases}$$

이때 위의 세 연립방정식은 해가 모두 같으므로 세 가지 중 가장 간단한 것을 선택한다.

예 방정식 $x+y=3x-2y=5$를 풀 때, 세 연립방정식

$$\begin{cases} x+y=3x-2y \\ x+y=5 \end{cases}, \quad \begin{cases} x+y=3x-2y \\ 3x-2y=5 \end{cases}, \quad \begin{cases} x+y=5 \\ 3x-2y=5 \end{cases}$$

의 해는 $x=3$, $y=2$로 모두 같으므로 가장 간단한 것을 선택하여 푼다.

참고 C가 상수일 때는 $\begin{cases} A=C \\ B=C \end{cases}$를 푸는 것이 가장 간단하다.

필수 문제 5

$A=B=C$ 꼴의 방정식의 풀이

가장 간단한 식이 뭘까?

다음 방정식을 푸시오.

(1) $2x-y-4=7x+2y=4x+y$

(2) $3x+2y-1=2x+y=-2$

 5-1 다음 방정식을 푸시오.

(1) $2x+y=4x+5y+2=x-3y-7$

(2) $2x+y-1=x+2y-1=5$

 5-2 다음 방정식을 푸시오.

(1) $x-3(y+2)=2(x+y)-y=-2(y+1)$

(2) $\dfrac{2x+4}{5}=\dfrac{2x-y}{2}=\dfrac{4x+y}{3}$

(3) $\dfrac{y-2}{2}=-0.4x+0.2y-1=\dfrac{x+y+4}{5}$

5 해가 특수한 연립방정식의 풀이

(1) **해가 무수히 많은 연립방정식**: 어느 한 일차방정식의 양변에 적당한 수를 곱했을 때, 두 일차방정식의 x, y의 계수와 상수항이 각각 같으면 해가 무수히 많다. → 두 일차방정식이 일치한다.

예 $\begin{cases} x+2y=3 & \cdots ㉠ \\ 2x+4y=6 & \cdots ㉡ \end{cases}$ $\xrightarrow[\text{㉠×2를 하면}]{x\text{의 계수가 같아지도록}}$ $\begin{cases} 2x+4y=6 & \cdots ㉢ \\ 2x+4y=6 & \cdots ㉡ \end{cases}$

➡ ㉡과 ㉢은 서로 같은 방정식이므로 해가 무수히 많다.

(2) **해가 없는 연립방정식**: 어느 한 일차방정식의 양변에 적당한 수를 곱했을 때, 두 일차방정식의 x, y의 계수는 각각 같고, 상수항은 다르면 해가 없다.

예 $\begin{cases} x+2y=3 & \cdots ㉠ \\ 2x+4y=8 & \cdots ㉡ \end{cases}$ $\xrightarrow[\text{㉠×2를 하면}]{x\text{의 계수가 같아지도록}}$ $\begin{cases} 2x+4y=6 & \cdots ㉢ \\ 2x+4y=8 & \cdots ㉡ \end{cases}$

➡ ㉡과 ㉢에서 x, y의 계수는 각각 같고, 상수항은 다르므로 해가 없다.

필수 문제 6

해가 특수한 연립방정식의 풀이

▶ 연립방정식에서 한 일차방정식의 양변에 적당한 수를 곱했을 때
① 두 일차방정식이 일치하면
  ⇨ 해가 무수히 많다.
② 두 일차방정식이 상수항만 다르면 ⇨ 해가 없다.

다음 연립방정식을 푸시오.

(1) $\begin{cases} 4x+2y=-6 & \cdots ㉠ \\ 6x+3y=-9 & \cdots ㉡ \end{cases}$

(2) $\begin{cases} 3x-2y=1 & \cdots ㉠ \\ 6x-4y=1 & \cdots ㉡ \end{cases}$

6-1 다음 연립방정식을 푸시오.

(1) $\begin{cases} 2x+y=1 \\ 4x+2y=2 \end{cases}$

(2) $\begin{cases} x-y=-3 \\ 2x-2y=-4 \end{cases}$

(3) $\begin{cases} x=3y-5 \\ 4x-2(x+3y)=-10 \end{cases}$

(4) $\begin{cases} -0.2x+0.3y=2 \\ -\dfrac{x}{3}+\dfrac{y}{2}=2 \end{cases}$

필수 문제 7

해가 특수한 연립방정식이 되기 위한 조건

연립방정식 $\begin{cases} 2x-y=3 \\ -8x+4y=a-5 \end{cases}$ 의 해가 무수히 많을 때, 상수 a의 값을 구하시오.

7-1 연립방정식 $\begin{cases} x+3y=7 \\ -ax+y=1 \end{cases}$ 의 해가 없을 때, 상수 a의 값을 구하시오.

쏙쏙 개념 익히기

1 다음 연립방정식을 푸시오.

(1) $\begin{cases} x+2(y-x)=-4 \\ 3(x-y)+12y=12 \end{cases}$

(2) $\begin{cases} 2(x-y)+3y=5 \\ 5x-3(2x-y)=8 \end{cases}$

(3) $\begin{cases} 0.2x+0.5y=0.1 \\ 0.1x-0.2y=-1.3 \end{cases}$

(4) $\begin{cases} \dfrac{x}{2}-\dfrac{y}{3}=1 \\ \dfrac{3}{5}x-\dfrac{2}{3}y=-2 \end{cases}$

2 연립방정식 $\begin{cases} 1.2x-0.2y=-1 \\ \dfrac{2}{3}x+\dfrac{1}{6}y=-\dfrac{5}{6} \end{cases}$ 의 해가 $(a,\ b)$일 때, $a-b$의 값을 구하시오.

3 방정식 $\dfrac{3x-y}{2}=-\dfrac{x-2y}{3}=5$를 푸시오.

4 다음 보기의 연립방정식 중 해가 없는 것을 모두 고르시오.

| 보기 |

ㄱ. $\begin{cases} x-2y=-1 \\ x-4y=-2 \end{cases}$　　ㄴ. $\begin{cases} 2x+6y=4 \\ x+3y=1 \end{cases}$　　ㄷ. $\begin{cases} x+4y=1 \\ 4x+y=1 \end{cases}$

ㄹ. $\begin{cases} 3x+y=1 \\ 6x+2y=2 \end{cases}$　　ㅁ. $\begin{cases} -2x+4y=-6 \\ x-2y=3 \end{cases}$　　ㅂ. $\begin{cases} -x+2y=3 \\ 2x-4y=1 \end{cases}$

5 연립방정식 $\begin{cases} x+4y=a \\ bx+8y=-10 \end{cases}$ 의 해가 무수히 많을 때, 상수 $a,\ b$에 대하여 $a+b$의 값을 구하시오.

4 연립방정식의 활용

● 정답과 해설 48쪽

1 연립방정식을 활용하여 문제를 해결하는 과정

❶ 문제의 상황에 맞게 미지수를 정한다.

❷ 문제의 뜻에 맞게 연립방정식을 세운다.

❸ 연립방정식을 푼다.

❹ 구한 해가 문제의 뜻에 맞는지 확인한다.

주의 문제의 답을 쓸 때, 반드시 단위를 쓴다.

> 미지수 정하기
> ↓
> 연립방정식 세우기
> ↓
> 연립방정식 풀기
> ↓
> 확인하기

개념 확인 다음은 합이 25이고 차가 3인 두 자연수를 구하는 과정이다. ☐ 안에 알맞은 것을 쓰시오.

❶ 미지수 정하기	두 수 중 큰 수를 x, 작은 수를 y라고 하자.
❷ 연립방정식 세우기	큰 수와 작은 수의 합이 25이므로 ☐$=25$ 큰 수와 작은 수의 차가 3이므로 ☐$=3$ 연립방정식을 세우면 $\begin{cases} \boxed{}=25 \\ \boxed{}=3 \end{cases}$
❸ 연립방정식 풀기	연립방정식을 풀면 $x=\boxed{}$, $y=\boxed{}$ 따라서 큰 수는 ☐, 작은 수는 ☐이다.
❹ 확인하기	구한 두 수의 합, 차가 각각 ☐$+$☐$=25$, ☐$-$☐$=3$ 이므로 문제의 뜻에 맞는다.

필수 문제 ❶

수에 대한 문제

▶두 자리의 자연수에서 십의 자리의 숫자를 x, 일의 자리의 숫자를 y라고 하면
① 처음 수 ⇨ $10x+y$
② 십의 자리의 숫자와 일의 자리의 숫자를 바꾼 수 ⇨ $10y+x$

각 자리의 숫자의 합이 12인 두 자리의 자연수에서 십의 자리의 숫자와 일의 자리의 숫자를 바꾼 수는 처음 수보다 18만큼 클 때, 처음 수를 구하려고 한다. 다음 물음에 답하시오.

(1) 처음 수의 십의 자리의 숫자를 x, 일의 자리의 숫자를 y라고 할 때, 연립방정식을 세우시오.

(2) 연립방정식을 푸시오.

(3) 처음 수를 구하시오.

1-1 각 자리의 숫자의 합이 8인 두 자리의 자연수에서 십의 자리의 숫자와 일의 자리의 숫자를 바꾼 수는 처음 수의 2배보다 17만큼 작을 때, 처음 수를 구하시오.

82 • 4. 연립일차방정식

필수 문제 **2**

개수, 가격에 대한 문제

▶물건 A, B를 여러 개 살 때
① 개수에 대한 일차방정식
⇨ (A의 개수)+(B의 개수)
=(전체 개수)
② 가격에 대한 일차방정식
⇨ (A의 전체 가격)
+(B의 전체 가격)
=(지불한 금액)

한 개에 1000원인 복숭아와 한 개에 300원인 자두를 섞어서 모두 7개를 사고 4200원을 지불했을 때, 복숭아와 자두를 각각 몇 개씩 샀는지 구하려고 한다. 다음 물음에 답하시오.

(1) 복숭아를 x개, 자두를 y개 샀다고 할 때, 연립방정식을 세우시오.

(2) 연립방정식을 푸시오.

(3) 복숭아와 자두를 각각 몇 개씩 샀는지 구하시오.

2-1 어느 박물관의 입장료는 어른이 1200원, 학생이 900원이라고 한다. 어른과 학생을 합하여 총 20명의 입장료로 21600원을 지불했을 때, 이 박물관에 입장한 어른과 학생의 수를 각각 구하시오.

2-2 민아는 기말고사 수학 시험에서 4점짜리 문제와 5점짜리 문제를 합하여 총 18개를 맞혀 76점을 받았다. 이때 4점짜리 문제와 5점짜리 문제를 각각 몇 개씩 맞혔는지 구하시오.

필수 문제 **3**

나이에 대한 문제

▶현재 x세인 사람의
a년 전의 나이 ⇨ $(x-a)$세
a년 후의 나이 ⇨ $(x+a)$세

현재 어머니와 아들의 나이의 합은 56세이고, 3년 전에는 어머니의 나이가 아들의 나이의 3배보다 2세가 더 많았다고 한다. 현재 어머니와 아들의 나이를 각각 구하려고 할 때, 다음 물음에 답하시오.

(1) 현재 어머니의 나이를 x세, 아들의 나이를 y세라고 할 때, 연립방정식을 세우시오.

(2) 연립방정식을 푸시오.

(3) 현재 어머니의 나이와 아들의 나이를 각각 구하시오.

3-1 현재 아버지와 수연이의 나이의 합은 58세이고, 10년 후에는 아버지의 나이가 수연이의 나이의 2배보다 6세가 더 많아진다고 한다. 현재 아버지와 수연이의 나이를 각각 구하시오.

STEP 1 쏙쏙 개념 익히기

1 합이 38인 두 자연수가 있다. 작은 수의 3배에서 큰 수를 빼면 26일 때, 두 자연수 중 작은 수를 구하시오.

2 두 종류의 과자 A, B가 있다. A 과자 4개와 B 과자 3개의 가격의 합은 5000원이고, A 과자 한 개의 가격은 B 과자 한 개의 가격보다 200원이 비싸다고 할 때, A 과자 한 개의 가격을 구하시오.

3 어느 농장에서 닭과 토끼를 합하여 총 20마리를 기르고 있다. 닭과 토끼의 다리의 수의 합이 64개일 때, 이 농장에서 기르는 닭과 토끼는 각각 몇 마리인지 구하시오.

4 둘레의 길이가 32 cm인 직사각형이 있다. 가로의 길이가 세로의 길이보다 6 cm만큼 더 길 때, 가로의 길이를 구하시오.

● 계단에 대한 문제
계단을 올라가는 것은 +로, 내려가는 것은 −로 생각하여 연립방정식을 세운다.

5 수찬이와 초희가 가위바위보를 하여 이긴 사람은 2계단씩 올라가고, 진 사람은 1계단씩 내려가기로 했다. 얼마 후 수찬이는 처음 위치보다 15계단을, 초희는 처음 위치보다 12계단을 올라가 있었다. 이때 수찬이가 이긴 횟수를 구하시오. (단, 비기는 경우는 없다.)

한번더 ④

6 은지와 유리가 가위바위보를 하여 이긴 사람은 3계단씩 올라가고, 진 사람은 2계단씩 내려가기로 했다. 얼마 후 은지는 처음 위치보다 20계단을, 유리는 처음 위치보다 5계단을 올라가 있었다. 이때 유리가 이긴 횟수를 구하시오. (단, 비기는 경우는 없다.)

2 거리, 속력, 시간에 대한 문제

거리, 속력, 시간에 대한 문제는 다음 관계를 이용하여 연립방정식을 세운다.

$$(거리)=(속력)\times(시간), \quad (속력)=\frac{(거리)}{(시간)}, \quad (시간)=\frac{(거리)}{(속력)}$$

주의 주어진 단위가 다를 경우, 연립방정식을 세우기 전에 먼저 단위를 통일한다.

➡ $1\,km=1000\,m$, $1\,m=\frac{1}{1000}\,km$, 1시간$=60$분, 1분$=\frac{1}{60}$시간

필수 문제 4

도중에 속력이 바뀌는 문제

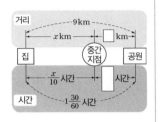

▶ 뛰어간 거리를 $x\,km$, 걸어간 거리를 $y\,km$라고 하면

	뛰어갈 때	걸어갈 때	전체
거리			
속력			—
시간			

성재는 집에서 $9\,km$ 떨어진 공원까지 가는데 처음에는 시속 $10\,km$로 자전거를 타고 가다가 중간에 시속 $4\,km$로 걸어갔더니 총 1시간 30분이 걸렸다. 다음 표를 완성하고, 자전거를 타고 간 거리와 걸어간 거리를 각각 구하시오.

자전거를 타고 간 거리를 $x\,km$, 걸어간 거리를 $y\,km$라고 하면

	자전거를 타고 갈 때	걸어갈 때	전체
거리	$x\,km$		$9\,km$
속력	시속 $10\,km$		—
시간	$\dfrac{x}{10}$ 시간		$1\dfrac{30}{60}$ 시간

4-1 혜원이는 거리가 $2\,km$인 길을 가는데 처음에는 시속 $6\,km$로 뛰어가다가 도중에 친구를 만나서 이야기를 하며 시속 $2\,km$로 걸어서 총 40분이 걸렸다고 한다. 이때 혜원이가 걸어간 거리를 구하시오.

필수 문제 5

왕복하는 문제

▶ (내려온 거리)
  =(올라간 거리)$+2(km)$

▶ 올라간 거리를 $x\,km$, 내려온 거리를 $y\,km$라고 하면

	올라갈 때	내려올 때	전체
거리			—
속력			—
시간			

민재가 등산을 하는데 올라갈 때는 시속 $3\,km$로 걷고, 내려올 때는 올라갈 때보다 $2\,km$ 더 먼 길을 시속 $5\,km$로 걸었더니 총 2시간이 걸렸다. 다음 표를 완성하고, 올라간 거리와 내려온 거리를 각각 구하시오.

올라간 거리를 $x\,km$, 내려온 거리를 $y\,km$라고 하면

	올라갈 때	내려올 때	전체
거리	$x\,km$		—
속력	시속 $3\,km$		—
시간	$\dfrac{x}{3}$ 시간		2시간

5-1 지영이가 뒷산 약수터에 올라갔다 내려오는데 올라갈 때는 시속 $2\,km$로, 내려올 때는 올라갈 때보다 $3\,km$가 더 짧은 길을 시속 $4\,km$로 걸었더니 총 3시간이 걸렸다. 이때 약수터까지 올라간 거리를 구하시오.

3 증가 · 감소에 대한 문제

(1) x가 $a\%$ 증가 ➡ 변화량: $+\dfrac{a}{100}x$ ➡ 증가한 후의 양: $x+\dfrac{a}{100}x \to \left(1+\dfrac{a}{100}\right)x$

(2) x가 $b\%$ 감소 ➡ 변화량: $-\dfrac{b}{100}x$ ➡ 감소한 후의 양: $x-\dfrac{b}{100}x \to \left(1-\dfrac{b}{100}\right)x$

4 일에 대한 문제

전체 일의 양을 1로, 한 사람이 일정 시간 동안 할 수 있는 일의 양을 각각 x, y로 놓고,
연립방정식을 세운다.

예 전체 일의 양을 1이라 하고, A, B가 하루 동안 할 수 있는 일의 양을 각각 x, y라고 하면

➡ $\begin{cases} \text{A, B가 함께 } a \text{일 동안 일하여 끝냈다.} & ➡ a(x+y)=1 \\ \text{A가 } b \text{일 동안하고, B가 } c \text{일 동안 일하여 끝냈다.} & ➡ bx+cy=1 \end{cases}$

필수 문제 6

증가 · 감소에 대한 문제

어느 학교의 작년의 전체 학생 수는 700명이었다. 올해는 작년보다 남학생 수가 10% 증가하고, 여학생 수가 4% 감소하여 전체적으로 14명이 증가하였다. 다음 표를 완성하고, 이 학교의 올해의 남학생 수와 여학생 수를 각각 구하시오.

작년의 남학생 수를 x명, 여학생 수를 y명이라고 하면

	남학생	여학생	전체
작년의 학생 수	x명		700명
올해의 변화율	10% 증가		—
학생 수의 변화량	$+\dfrac{10}{100}x$명		$+14$명

6-1 어느 중학교의 작년의 전체 학생 수는 1000명이었다. 올해는 작년보다 남학생 수가 6% 감소하고, 여학생 수가 4% 증가하여 전체적으로 5명이 감소하였다. 이 학교의 올해의 남학생 수와 여학생 수를 각각 구하시오.

필수 문제 7

일에 대한 문제

▸다음을 이용하여 식을 세운다.
  전체 일의 양을 1이라고 하면
  ① (A, B가 함께 6일 동안 한
     일의 양)=1
  ② (A가 3일, B가 8일 동안
     한 일의 양)=1

A, B 두 사람이 함께 하면 6일 만에 끝낼 수 있는 일을 A가 먼저 3일 동안 한 후 나머지를 B가 8일 동안 하여 끝냈다. 이 일을 B가 혼자 하면 며칠이 걸리는지 구하시오.

7-1 A가 8일 동안 하고, 나머지를 B가 2일 동안 하여 끝낼 수 있는 일을 A와 B가 함께 하여 4일 만에 마쳤다. 이 일을 A가 혼자 하면 며칠이 걸리는지 구하시오.

5 농도에 대한 문제

농도에 대한 문제는 다음 관계를 이용하여 연립방정식을 세운다.

$$(소금물의 농도)=\frac{(소금의 양)}{(소금물의 양)}\times 100(\%),\quad (소금의 양)=\frac{(소금물의 농도)}{100}\times(소금물의 양)$$

참고 농도에 대한 문제는 대부분 다음의 두 가지를 이용하여 식을 세운다.
$$\begin{cases} (섞기\ 전\ 두\ 소금물의\ 양의\ 합)=(섞은\ 후\ 소금물의\ 양) & \rightarrow\ 소금물의\ 양에\ 대한\ 식 \\ (섞기\ 전\ 두\ 소금물에\ 들어\ 있는\ 소금의\ 양의\ 합)=(섞은\ 후\ 소금물에\ 들어\ 있는\ 소금의\ 양) & \rightarrow\ 소금의\ 양에\ 대한\ 식 \end{cases}$$

필수 문제 **8**

농도에 대한 문제

4 %의 소금물과 7 %의 소금물을 섞어서 5 %의 소금물 600 g을 만들었다. 다음 표를 완성하고, 4 %의 소금물과 7 %의 소금물을 각각 몇 g씩 섞어야 하는지 구하시오.

4 %의 소금물의 양을 x g, 7 %의 소금물의 양을 y g이라고 하면

	섞기 전		섞은 후
소금물의 농도	4%	+ 7%	= 5%
소금물의 양	x g		
소금의 양	$\left(\dfrac{4}{100}\times x\right)$ g		

8-1 5 %의 소금물과 10 %의 소금물을 섞어서 8 %의 소금물 500 g을 만들었다. 다음 표를 완성하고, 5 %의 소금물과 10 %의 소금물을 각각 몇 g씩 섞어야 하는지 구하시오.

5 %의 소금물의 양을 x g, 10 %의 소금물의 양을 y g이라고 하면

	섞기 전		섞은 후
소금물의 농도	5%	+ 10%	= 8%
소금물의 양			
소금의 양			

STEP 1 쏙쏙 개념 익히기

1 등산을 하는데 올라갈 때는 시속 $3\,km$로, 내려올 때는 다른 길을 시속 $4\,km$로 걸어서 4시간 30분이 걸렸다고 한다. 총 $16\,km$를 걸었다고 할 때, 내려온 거리를 구하시오.

2 어느 농장에서 작년에 쌀과 보리를 합하여 $800\,kg$을 생산하였다. 올해는 작년에 비해 쌀의 생산량이 $2\,\%$ 증가하고, 보리의 생산량이 $3\,\%$ 증가하여 전체적으로 $21\,kg$이 증가하였다. 이 농장의 올해 보리의 생산량을 구하시오.

3 $9\,\%$의 설탕물과 $13\,\%$의 설탕물을 섞어서 $10\,\%$의 설탕물 $800\,g$을 만들려고 한다. 이때 $9\,\%$의 설탕물은 몇 g을 섞어야 하는지 구하시오.

● **둘레를 도는 문제**
A, B 두 사람이 트랙의 같은 지점에서 출발할 때
① 반대 방향으로 돌다 처음으로 만나는 경우
⇨ (A, B가 이동한 거리의 합)
＝(트랙의 둘레의 길이)
② 같은 방향으로 돌다 처음으로 만나는 경우
⇨ (A, B가 이동한 거리의 차)
＝(트랙의 둘레의 길이)

4 둘레의 길이가 $2\,km$인 트랙을 시우와 은수가 같은 지점에서 동시에 출발하여 서로 반대 방향으로 돌면 10분 후에 처음 만나고, 같은 방향으로 돌면 50분 후에 처음 만난다고 한다. 각자 일정한 속력으로 돌고 시우가 은수보다 빠르다고 할 때, 다음 물음에 답하시오.

(1) 시우의 속력을 분속 $x\,m$, 은수의 속력을 분속 $y\,m$라고 할 때, 연립방정식을 세우시오.

(2) 연립방정식을 푸시오.

(3) 시우와 은수의 속력은 각각 분속 몇 m인지 구하시오.

한번더(ⓧ)

5 둘레의 길이가 $2.4\,km$인 호수의 둘레를 상호와 진구가 같은 지점에서 동시에 출발하여 서로 반대 방향으로 돌면 15분 후에 처음 만나고, 같은 방향으로 돌면 1시간 15분 후에 처음 만난다고 한다. 각자 일정한 속력으로 돌고 상호가 진구보다 빠르다고 할 때, 상호의 속력은 분속 몇 m인지 구하시오.

⭐ 중요

1 다음 보기 중 미지수가 2개인 일차방정식을 모두 고른 것은?

> 보기
>
> ㄱ. $x-3y$ ㄴ. $y=x(x+1)$
>
> ㄷ. $2x=1-3y$ ㄹ. $2x-y=2x-3$
>
> ㅁ. $\dfrac{7}{x+1}=y-2$ ㅂ. $\dfrac{x}{3}-\dfrac{y}{2}+1=0$

① ㄱ, ㄷ   ② ㄴ, ㄹ   ③ ㄷ, ㅂ

④ ㄹ, ㅁ   ⑤ ㅁ, ㅂ

2 $ax-3y+1=4x+by-6$이 미지수가 2개인 일차방정식이 되기 위한 상수 a, b의 조건은?

① $a=4$, $b=3$ ② $a=4$, $b\neq-3$

③ $a\neq4$, $b=-3$ ④ $a\neq4$, $b\neq-3$

⑤ $a\neq-4$, $b=-3$

3 x, y의 값이 자연수일 때, 다음 중 일차방정식 $2x+3y=26$의 해가 <u>아닌</u> 것은?

① $(1,8)$ ② $(4,6)$ ③ $(7,4)$

④ $(8,3)$ ⑤ $(10,2)$

4 일차방정식 $3x+2y=10$의 한 해가 $(-a,a+3)$일 때, a의 값을 구하시오.

5 다음 연립방정식 중 해가 $x=2$, $y=1$인 것은?

① $\begin{cases} x+y=3 \\ x-y=2 \end{cases}$ ② $\begin{cases} x+2y=5 \\ 2x+3y=8 \end{cases}$

③ $\begin{cases} 2x-5y=-2 \\ 4x+y=9 \end{cases}$ ④ $\begin{cases} 3x+2y=8 \\ 5y=3x-1 \end{cases}$

⑤ $\begin{cases} -x+2y=0 \\ 2x+y=4 \end{cases}$

6 연립방정식 $\begin{cases} x+my=5 \\ mx+y=n \end{cases}$의 해가 $(1,2)$일 때, 상수 m, n에 대하여 mn의 값을 구하시오.

7 연립방정식 $\begin{cases} y=-2x+5 \\ 3x-y=10 \end{cases}$을 풀면?

① $x=0$, $y=5$ ② $x=1$, $y=3$

③ $x=3$, $y=-1$ ④ $x=4$, $y=-3$

⑤ $x=5$, $y=-5$

8 연립방정식 $\begin{cases} 3x-5y=8 & \cdots ㉠ \\ 2x-3y=6 & \cdots ㉡ \end{cases}$을 가감법을 이용하여 풀 때, x를 없애기 위해 필요한 식은?

① ㉠$\times2+$㉡$\times3$ ② ㉠$\times2-$㉡$\times3$

③ ㉠$\times3+$㉡$\times5$ ④ ㉠$\times3-$㉡$\times5$

⑤ ㉠$\times3-$㉡$\times2$

9 연립방정식 $\begin{cases} 4x+5y=9 \\ 2x-3y=-1 \end{cases}$ 의 해가 일차방정식 $x+5y=a$를 만족시킬 때, 상수 a의 값을 구하시오.

10 연립방정식 $\begin{cases} ax-by=-9 \\ bx+ay=8 \end{cases}$ 의 해가 $x=-1$, $y=2$ 일 때, 상수 a, b의 값을 각각 구하시오.

11 연립방정식 $\begin{cases} 2x+y=7 \\ x+ay=8 \end{cases}$ 의 해가 일차방정식 $x-3y=-7$을 만족시킬 때, 상수 a의 값은?

① 1   ② 2   ③ 3
④ 4   ⑤ 5

12 두 연립방정식 $\begin{cases} x+ay=6 \\ 3x+5y=-2 \end{cases}$, $\begin{cases} 2x+by=2 \\ -2x-3y=2 \end{cases}$ 의 해가 서로 같을 때, 상수 a, b의 값을 각각 구하시오.

13 연립방정식 $\begin{cases} bx+ay=9 \\ ax+by=-6 \end{cases}$ 에서 잘못하여 a와 b를 서로 바꾸어 놓고 풀었더니 해가 $x=4$, $y=-1$이었다. 이때 상수 a, b에 대하여 $a-b$의 값을 구하시오.

14 연립방정식 $\begin{cases} 3(x+y)=5+2y \\ 10-(x-2y)=-2x \end{cases}$ 를 만족시키는 x, y에 대하여 $x+y$의 값은?

① -4 ② -3 ③ -2
④ -1 ⑤ 0

15 연립방정식 $\begin{cases} 0.5x+0.9y=-1.1 \\ \dfrac{2}{3}x+\dfrac{3}{4}y=\dfrac{1}{3} \end{cases}$ 의 해가 $x=a$, $y=b$일 때, ab의 값을 구하시오.

16 다음 방정식의 해를 구하시오.

$$\frac{4x-3y+7}{2}=\frac{2x+5y+2}{3}=3x-2y$$

17 다음 연립방정식 중 해가 무수히 많은 것은?

① $\begin{cases} x+y=-1 \\ x-y=2 \end{cases}$ 　　② $\begin{cases} y=x+2 \\ 2x-2y=4 \end{cases}$

③ $\begin{cases} x+y=1 \\ -3x-3y=2 \end{cases}$ 　　④ $\begin{cases} 2x+y=1 \\ 6x+3y=3 \end{cases}$

⑤ $\begin{cases} 3x+4y=5 \\ 6x+8y=-10 \end{cases}$

18 연립방정식 $\begin{cases} x-2y=3 \\ 3x+ay=b \end{cases}$ 의 해가 없을 때, 다음 중 상수 a, b의 조건으로 옳은 것은?

① $a=-6$, $b=9$ 　　② $a=-6$, $b\neq9$

③ $a=6$, $b\neq9$ 　　④ $a\neq-6$, $b=9$

⑤ $a\neq6$, $b=9$

19 일의 자리의 숫자가 십의 자리의 숫자의 2배인 두 자리의 자연수가 있다. 십의 자리의 숫자와 일의 자리의 숫자를 바꾼 수는 처음 수의 2배보다 9만큼 작다고 할 때, 처음 수를 구하시오.

20 볼펜 6자루와 색연필 5자루의 가격은 8300원이고, 볼펜 3자루와 색연필 6자루의 가격은 6600원이다. 이때 색연필 한 자루의 가격을 구하시오.

21 동우와 미주가 가위바위보를 하여 이긴 사람은 a계단을 올라가고, 진 사람은 b계단을 내려가기로 하였다. 동우는 10번 이기고 미주는 5번을 이겨서 처음 위치보다 동우는 25계단, 미주는 5계단을 올라가 있었다. 이때 a, b의 값을 각각 구하시오.

(단, 비기는 경우는 없다.)

22 형이 도서관을 향해 집을 나선 지 9분 후에 동생이 뒤따라갔다. 형은 분속 50 m로 걷고, 동생은 자전거를 타고 분속 200 m로 달릴 때, 두 사람이 만나는 것은 동생이 출발한 지 몇 분 후인지 구하시오.

23 A, B 두 호스로 동시에 15분 동안 물을 넣으면 가득 차는 물탱크가 있다. 이 물탱크에 A 호스로 10분 동안 물을 넣은 다음 B 호스로 30분 동안 물을 넣었더니 가득 찼다. A 호스로만 이 물탱크를 가득 채우는 데 몇 분이 걸리는지 구하시오.

24 7 %의 소금물과 12 %의 소금물을 섞어서 9 %의 소금물 650 g을 만들었다. 이때 12 %의 소금물의 양은?

① 260 g 　　② 290 g 　　③ 320 g

④ 360 g 　　⑤ 390 g

따라 해보자

예제 1

연립방정식 $\begin{cases} ax-2y=-2 \\ 7x-3y=30 \end{cases}$ 을 만족시키는 x와 y의 값의 비가 $3:2$일 때, 상수 a의 값을 구하시오.

풀이 과정

【1단계】 해의 조건을 식으로 나타내기

x와 y의 값의 비가 $3:2$이므로

$x:y=3:2$ ∴ $2x=3y$

【2단계】 x, y의 값 구하기

연립방정식 $\begin{cases} 2x=3y & \cdots \text{㉠} \\ 7x-3y=30 & \cdots \text{㉡} \end{cases}$ 에서

㉠을 ㉡에 대입하면 $7x-2x=30$, $5x=30$ ∴ $x=6$

$x=6$을 ㉠에 대입하면 $12=3y$ ∴ $y=4$

【3단계】 a의 값 구하기

$x=6$, $y=4$를 $ax-2y=-2$에 대입하면

$6a-8=-2$, $6a=6$ ∴ $a=1$

답 1

유제 1

연립방정식 $\begin{cases} 2x+ay=17 \\ 3x+2y=24 \end{cases}$ 를 만족시키는 x와 y의 값의 비가 $2:3$일 때, 상수 a의 값을 구하시오.

풀이 과정

【1단계】 해의 조건을 식으로 나타내기

【2단계】 x, y의 값 구하기

【3단계】 a의 값 구하기

답

예제 2

유리와 정미가 연립방정식 $\begin{cases} ax-y=5 \\ 3x+by=12 \end{cases}$ 를 푸는데 유리는 a를 잘못 보고 풀어서 $x=2$, $y=-3$을 얻었고, 정미는 b를 잘못 보고 풀어서 $x=4$, $y=3$을 얻었다. 이때 처음 연립방정식의 해를 구하시오. (단, a, b는 상수)

풀이 과정

【1단계】 b의 값 구하기

$x=2$, $y=-3$은 $3x+by=12$의 해이므로

$6-3b=12$, $-3b=6$ ∴ $b=-2$

【2단계】 a의 값 구하기

$x=4$, $y=3$은 $ax-y=5$의 해이므로

$4a-3=5$, $4a=8$ ∴ $a=2$

【3단계】 처음 연립방정식의 해 구하기

처음 연립방정식은 $\begin{cases} 2x-y=5 & \cdots \text{㉠} \\ 3x-2y=12 & \cdots \text{㉡} \end{cases}$ 이므로

㉠×2-㉡을 하면 $x=-2$

$x=-2$를 ㉠에 대입하면 $-4-y=5$ ∴ $y=-9$

답 $x=-2$, $y=-9$

유제 2

성재와 준호가 연립방정식 $\begin{cases} ax-5y=7 \\ 5x-by=11 \end{cases}$ 을 푸는데 성재는 a를 잘못 보고 풀어서 $x=-1$, $y=-4$를 얻었고, 준호는 b를 잘못 보고 풀어서 $x=8$, $y=5$를 얻었다. 이때 처음 연립방정식의 해를 구하시오. (단, a, b는 상수)

풀이 과정

【1단계】 b의 값 구하기

【2단계】 a의 값 구하기

【3단계】 처음 연립방정식의 해 구하기

답

▶ 모든 문제는 풀이 과정을 자세히 서술한 후 답을 쓰세요.

연습해 보자

1 순서쌍 $(a, 5)$, $(3, b)$가 모두 일차방정식 $x-3y=-6$의 해일 때, $a+b$의 값을 구하시오.

[풀이 과정]

[답]

2 다음 연립방정식을 푸시오.

$$\begin{cases} (x-1):(y+1)=2:3 \\ \dfrac{x}{4}-\dfrac{y}{5}=\dfrac{2}{5} \end{cases}$$

[풀이 과정]

[답]

3 방정식 $3x+y-7=-2x-3y+4=x+2y$의 해가 일차방정식 $4x-ay-9=0$을 만족시킬 때, 상수 a의 값을 구하시오.

[풀이 과정]

[답]

4 현재 이모의 나이와 조카의 나이의 합은 60세이고, 15년 후에는 이모의 나이가 조카의 나이의 2배가 된다고 한다. 다음 물음에 답하시오.

(1) 현재 이모의 나이를 x세, 조카의 나이를 y세라고 할 때, 연립방정식을 세우시오.

(2) 5년 후의 이모의 나이를 구하시오.

[풀이 과정]

(1)

(2)

[답] (1)   (2)

역사 속 수학

역사 속의 방정식

　방정식은 생활 속의 문제 상황을 해결하기 위한 도구로서 오랜 옛날부터 동서양을 막론하고 사용되었다. 서양에서는 기원전 1650년경에 쓰인 고대 이집트의 파피루스에서 일차방정식에 대한 기록을 찾아볼 수 있고, 동양에서는 기원전 1100년경 중국 한나라 때 쓰인 "구장산술"에서 다양한 방정식 문제를 찾아볼 수 있다.

　특히 9개의 장으로 구성된 "구장산술"의 제8장인 '방정(方程)'에는 연립방정식 문제가 수록되어 있는데, 여기서 방정식이라는 용어가 유래되었다고 한다.

　"구장산술" 외에도 다양한 수학책에서 연립방정식 문제를 찾아볼 수 있는데, 그중 하나가 중국의 수학자 정대위가 16세기 말에 저술한 "산법통종"이다. "산법통종"은 서민 수학이 융성해지면서 출판된 수학책으로, 중국의 수판셈에 대하여 설명하고 있으며 그 밖에 이슬람의 수학 계산법도 소개하고 있다. 이 책은 우리나라에도 전해져 조선 시대 전기의 계산법에 크게 영향을 미쳤다.

 기출문제는 이렇게!

Q　중국의 수학책 "산법통종"에는 아래와 같은 한시 형식의 연립방정식 문제가 수록되어 있다.

　　我問店家李三公　衆客都到來店中　一序七客多七客　一序九客一房室

이 시의 뜻을 현대적으로 표현하면 다음과 같을 때, 여관의 객실 수와 손님 수를 각각 구하시오.

> 여관을 하는 이가네 집에 손님이 많이 몰려왔네.
> 한 방에 7명씩 채워서 들어가면 7명이 남고, 9명씩 채워서 들어가면 방 하나가 남네.
> 객실 수와 손님 수는 얼마인가?

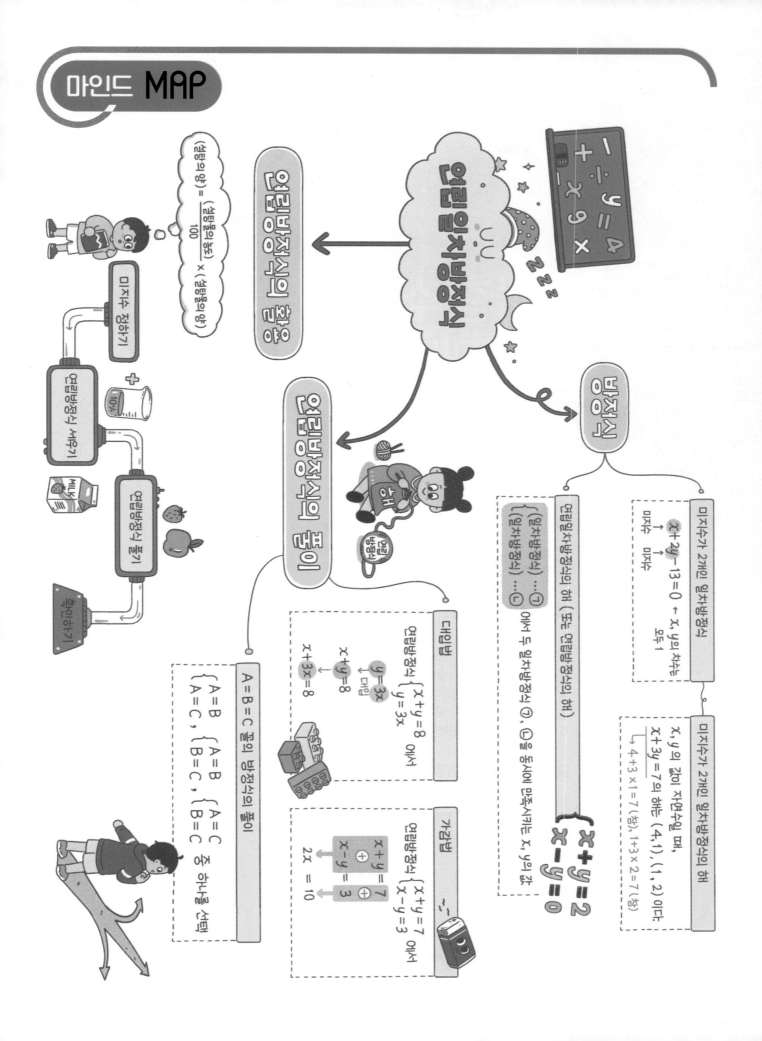

5 일차함수와 그 그래프

이전에 배운 내용

이번에 배울 내용

이후에 배울 내용

중1
- 일차식과 그 계산
- 좌표와 그래프
- 정비례와 반비례

○1 함수
○2 일차함수와 그 그래프
○3 일차함수의 그래프의 성질과 식
○4 일차함수의 활용

중3
- 이차함수와 그 그래프

고등
- 함수
- 유리함수와 무리함수

준비 학습

중1 일차식과 그 계산
- 일차식: 차수가 1인 다항식

1 다음 보기 중 일차식을 모두 고르시오.

보기

ㄱ. $2x$　　　　ㄴ. $\dfrac{x}{3}-2$　　　　ㄷ. $(x-5)-x$　　　　ㄹ. x^2-2x+3

중1 좌표와 그래프

제2사분면 | 제1사분면
$(-, +)$ | $(+, +)$
제3사분면 | 제4사분면
$(-, -)$ | $(+, -)$

2 다음 점은 제몇 사분면 위의 점인지 구하시오.

(1) $A(-4, 2)$　　　　　　　　　(2) $B(-1, -7)$

중1 정비례와 반비례
- 정비례 관계식: $y=ax \ (a \neq 0)$
- 반비례 관계식: $y=\dfrac{a}{x} \ (a \neq 0)$

3 다음을 x와 y 사이의 관계식으로 나타내시오.

(1) y가 x에 정비례하고, $x=3$일 때 $y=6$이다.

(2) y가 x에 반비례하고, $x=5$일 때 $y=-2$이다.

정답 1. ㄱ, ㄴ　　2. (1) 제2사분면 (2) 제3사분면　　3. (1) $y=2x$ (2) $y=-\dfrac{10}{x}$

 **함수**

1 함수

두 변수 x, y에 대하여 x의 값이 변함에 따라 y의 값이 오직 하나씩 정해지는 대응 관계가 있을 때, y를 x의 함수라고 한다.

참고 대표적인 함수

- 정비례 관계 $y=ax\,(a \neq 0)$

예 $y=2x$ (x는 자연수)

x	1	2	3	⋯
y	2	4	6	⋯

- 반비례 관계 $y=\dfrac{a}{x}\,(a \neq 0)$

예 $y=\dfrac{12}{x}$ (x는 자연수)

x	1	2	3	⋯
y	12	6	4	⋯

- $y=$(x에 대한 일차식)

예 $y=x+5$ (x는 자연수)

x	1	2	3	⋯
y	6	7	8	⋯

핵심

함수의 조건

x의 모든 값에 대하여 y의 값이 오직 하나씩 대응해야 한다.
즉, x의 값 하나에 대응하는 y의 값이 없거나 2개 이상이면 함수가 아니다.

개념 확인 다음 두 변수 x, y 사이의 대응 관계를 나타낸 표를 완성하고, y가 x의 함수인지 말하시오.

(1) 한 개에 500원인 빵 x개의 가격 y원

x	1	2	3	4	⋯
y	500				⋯

(2) 자연수 x의 약수 y

x	1	2	3	4	⋯
y	1				⋯

필수 문제 **1**

함수의 뜻

다음 중 y가 x의 함수인 것은 ○표, 함수가 <u>아닌</u> 것은 ×표를 ( ) 안에 쓰시오.

(1) 자연수 x보다 작은 홀수 y (   )

(2) 자연수 x와 6의 최대공약수 y (   )

(3) 자연수 x의 배수 y (   )

(4) 한 변의 길이가 $x\,\text{cm}$인 정삼각형의 둘레의 길이 $y\,\text{cm}$ (   )

(5) 넓이가 $24\,\text{cm}^2$인 평행사변형의 밑변의 길이 $x\,\text{cm}$와 높이 $y\,\text{cm}$ (   )

1-1 다음 보기 중 y가 x의 함수인 것을 모두 고르시오.

┤ 보기 ├

ㄱ. 자연수 x를 3으로 나눈 나머지 y

ㄴ. 자연수 x와 서로소인 수 y

ㄷ. 200 mL인 우유를 x mL만큼 마셨을 때, 남은 우유의 양 y mL

ㄹ. 빈통에 물을 채우는데 물의 높이가 1분에 8 cm씩 높아질 때, x분 후의 물의 높이 y cm

2 함숫값

(1) 두 변수 x, y에서 y가 x의 함수인 것을 기호로 $y=f(x)$와 같이 나타낸다.

> 예 함수 $y=2x$를 $f(x)=2x$와 같이 나타내기도 한다.

(2) 함수 $y=f(x)$에서 x의 값에 대응하는 y의 값을 x에 대한 **함숫값**이라 하고, 기호로 $f(x)$와 같이 나타낸다.

> 예 함수 $f(x)=2x$에서 $x=3$일 때의 함숫값 ➡ $f(3)=2 \times 3=6$

> 참고 함수 $y=f(x)$에서
> $f(a)$의 값 ➡ $x=a$일 때의 함숫값
> ➡ $x=a$일 때, y의 값
> ➡ $f(x)$에 x 대신 a를 대입하여 얻은 값

> 용어
> 함수 $y=f(x)$에서 f는 function(함수)의 첫 글자이다.

개념 확인 함수 $f(x)=\dfrac{6}{x}$에 대하여 x의 값이 -1, 1, 2일 때의 함숫값을 차례로 구하시오.

필수 문제 2

함숫값

다음과 같은 함수 $y=f(x)$에 대하여 $f(2)$, $f(-3)$의 값을 각각 구하시오.

(1) $f(x)=3x$

(2) $f(x)=-\dfrac{8}{x}$

2-1 두 함수 $f(x)=-5x$, $g(x)=\dfrac{12}{x}$에 대하여 다음을 구하시오.

(1) $f(4)$의 값

(2) $2f\left(-\dfrac{1}{5}\right)$의 값

(3) $g(-2)$의 값

(4) $\dfrac{1}{4}g(3)$의 값

2-2 함수 $f(x)=$(자연수 x를 2로 나눈 나머지)에 대하여 $f(5)+f(10)$의 값을 구하시오.

쏙쏙 개념 익히기

1 20 m짜리 테이프를 x m만큼 사용하고 남은 테이프의 길이를 y m라고 할 때, 다음 물음에 답하시오.

(1) 두 변수 x, y 사이의 대응 관계를 나타내는 다음 표를 완성하시오.

x	1	2	3	4	5	⋯
y						⋯

(2) y가 x의 함수인지 말하시오.

2 다음 중 y가 x의 함수가 <u>아닌</u> 것은?

① 합이 50인 두 자연수 x와 y
② 자연수 x의 2배보다 작은 자연수 y
③ 한 개에 150 g인 오렌지 x개의 무게 y g
④ 반지름의 길이가 x cm인 원의 둘레의 길이 y cm
⑤ 시속 x km로 5시간 동안 달린 자동차가 이동한 거리 y km

3 다음 중 함수 $f(x)=-\dfrac{6}{x}$의 함숫값이 옳지 <u>않은</u> 것은?

① $f(-8)=\dfrac{3}{4}$ ② $f(-2)=3$ ③ $f(-1)=6$

④ $f\left(\dfrac{1}{2}\right)=-3$ ⑤ $f(4)+f(-3)=\dfrac{1}{2}$

4 함수 $f(x)=-4x$에 대하여 $f(-2)=a$, $f(b)=-1$일 때, ab의 값을 구하시오.

5 함수 $f(x)=\dfrac{a}{x}$에 대하여 $f(2)=-6$일 때, 상수 a의 값을 구하시오.

6 함수 $f(x)=$(자연수 x의 약수의 개수)에 대하여 $f(2)+f(4)$의 값을 구하시오.

~2 일차함수와 그 그래프

● 정답과 해설 57쪽

1 일차함수

함수 $y=f(x)$에서 y가 x에 대한 일차식

$$y=ax+b \,(a,\, b는 상수,\, a\neq 0)$$

로 나타날 때, 이 함수를 x에 대한 **일차함수**라고 한다.

예 $y=3x$, $y=\dfrac{1}{2}x$, $y=-5x+\dfrac{3}{4}$ ➡ 일차함수이다.

$y=4x^2+9$, $y=-1$, $y=\dfrac{2}{x}+6$ ➡ 일차함수가 아니다.

필수 문제 1

일차함수의 뜻

▶식을 간단히 정리했을 때, $y=(x$에 대한 일차식) 꼴인 것을 찾는다.

다음 보기 중 y가 x의 일차함수인 것을 모두 고르시오.

┌ 보기 ┐

ㄱ. $y=-2x$ ㄴ. $y=7$ ㄷ. $y=5(x-1)-5x$

ㄹ. $y=x+\dfrac{1}{6}$ ㅁ. $y=x(x-3)$ ㅂ. $y=\dfrac{1}{x}-2$

1-1 다음 중 y가 x의 일차함수가 <u>아닌</u> 것을 모두 고르면? (정답 2개)

① $x+y=1$ ② $y=\dfrac{x-2}{4}$ ③ $xy=8$

④ $y=x-(3+x)$ ⑤ $y=x^2+x(6-x)$

1-2 다음에서 y를 x에 대한 식으로 나타내고, 일차함수인 것을 모두 고르시오.

(1) 나이가 x세인 아들보다 32세가 더 많은 어머니의 나이 y세

(2) 반지름의 길이가 $x\,\mathrm{cm}$인 원의 넓이 $y\,\mathrm{cm}^2$

(3) 쌀 40 kg을 x명에게 똑같이 나누어 줄 때, 한 사람이 가지는 쌀의 양 $y\,\mathrm{kg}$

(4) 하루 중 낮의 길이가 x시간일 때, 밤의 길이 y시간

필수 문제 2

일차함수의 함숫값

다음과 같은 함수 $y=f(x)$에 대하여 x의 값이 -2, 2일 때의 함숫값을 차례로 구하시오.

(1) $f(x)=-3x+1$ (2) $f(x)=\dfrac{5}{2}x-4$

2 일차함수 $y=ax+b$의 그래프

(1) 평행이동: 한 도형을 일정한 방향으로 일정한 거리만큼 옮기는 것
(2) 일차함수 $y=ax+b$의 그래프
　　일차함수 $y=ax$의 그래프를 y축의 방향으로 b만큼 평행이동한 직선

예 일차함수 $y=3x-2$의 그래프는 일차함수 $y=3x$의 그래프를 y축의 방향으로 -2만큼 평행이동한 직선이다.

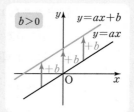

개념 확인

일차함수 $y=2x$의 그래프를 이용하여 일차함수 $y=2x+3$의 그래프를 그리려고 한다. 다음 물음에 답하시오.

(1) 다음 표를 완성하시오.

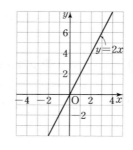

x	$\cdots$	-2	-1	0	1	2	$\cdots$
$y=2x$	$\cdots$	-4	-2	0	2	4	$\cdots$
$y=2x+3$	$\cdots$						$\cdots$

(2) 일차함수 $y=2x$의 그래프를 이용하여 일차함수 $y=2x+3$의 그래프를 위의 좌표평면 위에 그리시오.

> **보충**
> 특별한 말이 없으면 일차함수 $y=ax+b$에서 x의 값의 범위는 수 전체로 생각한다.

필수 문제 3

일차함수의 그래프

▶ $y=ax+b$의 그래프는
　$b>0$이면
　y축의 양의 방향으로,
　$b<0$이면
　y축의 음의 방향으로
　$y=ax$의 그래프를 평행이동
　한 것이다.

다음 ☐ 안에 알맞은 수를 쓰고, 일차함수 $y=-x$의 그래프를 이용하여 주어진 일차함수의 그래프를 오른쪽 좌표평면 위에 그리시오.

(1) $y=-x+1$

$$y=-x \xrightarrow[\boxed{}\text{만큼 평행이동}]{y\text{축의 방향으로}} y=-x+1$$

(2) $y=-x-2$

$$y=-x \xrightarrow[\boxed{}\text{만큼 평행이동}]{y\text{축의 방향으로}} y=-x-2$$

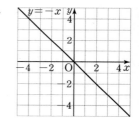

필수 문제 4

일차함수의 그래프의 평행이동

▶ $y=ax+b$
　↓ y축의 방향으로
　　k만큼 평행이동하면
　$y=ax+b+k$

다음 일차함수의 그래프를 y축의 방향으로 [ ] 안의 수만큼 평행이동한 그래프가 나타내는 일차함수의 식을 구하시오.

(1) $y=6x$　[3]

(2) $y=-\dfrac{1}{2}x+4$　[-5]

4-1 다음 일차함수의 그래프는 일차함수 $y=3x+2$의 그래프를 y축의 방향으로 얼마만큼 평행이동한 것인지 구하시오.

(1) $y=3x+7$

(2) $y=3x-6$

쏙쏙 개념 익히기

1 다음 보기 중 y가 x의 일차함수인 것을 모두 고르시오.

┌ 보기 ├

ㄱ. 1000원짜리 사과 3개와 x원짜리 배 5개의 전체 가격 y원

ㄴ. 전체 쪽수가 200쪽인 책을 하루에 9쪽씩 x일 동안 읽고 남은 쪽수 y쪽

ㄷ. 밑변의 길이가 x cm이고 넓이가 10 cm²인 삼각형의 높이 y cm

ㄹ. 매분 x L씩 물을 넣어 30 L짜리 물통을 가득 채우는 데 걸리는 시간 y분

2 일차함수 $f(x)=4x+1$에 대하여 $f(2)-2f(-1)$의 값을 구하시오.

3 일차함수 $f(x)=ax-2$에 대하여 $f(1)=1$일 때, $f(-3)$의 값을 구하시오. (단, a는 상수)

4 일차함수 $y=\dfrac{1}{2}x$의 그래프를 y축의 방향으로 3만큼 평행이동한 그래프가 지나지 <u>않는</u> 사분면을 말하시오.

5 다음 중 일차함수 $y=-2x+3$의 그래프 위의 점이 <u>아닌</u> 것은?

① $(-2, 7)$ ② $(-1, 5)$ ③ $\left(\dfrac{1}{2}, 2\right)$

④ $(3, 3)$ ⑤ $(5, -7)$

6 일차함수 $y=-\dfrac{2}{3}x-1$의 그래프를 y축의 방향으로 -2만큼 평행이동한 그래프가 점 $(k, -5)$를 지날 때, k의 값을 구하시오.

3 일차함수의 그래프의 x절편, y절편

(1) x절편: 함수의 그래프가 x축과 만나는 점의 x좌표

➡ $y=0$일 때, x의 값

(2) y절편: 함수의 그래프가 y축과 만나는 점의 y좌표

➡ $x=0$일 때, y의 값

참고 일차함수 $y=ax+b$의 그래프에서

① x축과 만나는 점의 좌표: $\left(-\dfrac{b}{a}, 0\right)$ ➡ x절편: $-\dfrac{b}{a}$

② y축과 만나는 점의 좌표: $(0, b)$ ➡ y절편: b

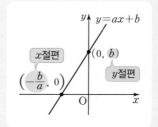

개념 확인 오른쪽 일차함수의 그래프에 대하여 다음을 구하시오.

(1) x축과 만나는 점의 좌표

(2) y축과 만나는 점의 좌표

(3) x절편, y절편

필수 문제 5

일차함수의 그래프의
x절편, y절편

오른쪽 두 일차함수의 그래프 (1), (2)의 x절편과 y절편을 각각 구하시오.

(1) x절편: _____   (2) x절편: _____

    y절편: _____ y절편: _____

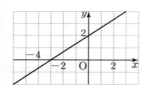

5-1 오른쪽 세 일차함수의 그래프 (1), (2), (3)의 x절편과 y절편을 각각 구하시오.

(1) x절편: _____   (2) x절편: _____   (3) x절편: _____

    y절편: _____ y절편: _____ y절편: _____

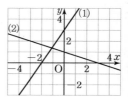

필수 문제 6

일차함수의 식에서의
x절편, y절편

▸일차함수 $y=ax+b$에서
• x절편: 식에 $y=0$을 대입하여
　얻은 x의 값
• y절편: 식에 $x=0$을 대입하여
　얻은 y의 값

다음 일차함수의 그래프의 x절편과 y절편을 각각 구하시오.

(1) $y=-4x+3$ (2) $y=\dfrac{1}{2}x-4$

6-1 다음 일차함수의 그래프의 x절편과 y절편을 각각 구하시오.

(1) $y=-x+2$ (2) $y=\dfrac{2}{5}x+6$ (3) $y=-2x-8$

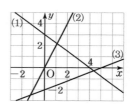

4 x절편과 y절편을 이용하여 일차함수의 그래프 그리기

원점을 지나지 않는 일차함수의 그래프는 x절편과 y절편을 이용하여 그릴 수 있다.

❶ x절편과 y절편을 각각 구한다.

❷ 그래프가 x축, y축과 만나는 두 점 (x절편, 0), (0, y절편)을 좌표평면 위에 나타낸다.

❸ 두 점을 직선으로 연결한다.

> 참고 원점을 지나는 일차함수의 그래프는 원점에서 x축, y축과 동시에 만나므로 각 절편이 나타내는 점은 모두 원점이다.
> 일차함수 $y=ax$의 그래프

필수 문제 7

x절편과 y절편을 이용하여 일차함수의 그래프 그리기

x절편과 y절편을 이용하여 일차함수 $y=-\dfrac{3}{4}x+3$의 그래프를 그리려고 한다. 다음 ☐ 안에 알맞은 수를 쓰고, 이를 이용하여 그래프를 오른쪽 좌표평면 위에 그리시오.

❶ x절편은 ☐, y절편은 ☐이다.

❷ 두 점 (☐, 0), (0, ☐)을(를) 좌표평면 위에 나타낸다.

❸ 두 점을 직선으로 연결한다.

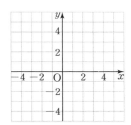

7-1 x절편과 y절편을 이용하여 다음 일차함수의 그래프를 오른쪽 좌표평면 위에 그리시오.

(1) $y=-\dfrac{1}{3}x-1$

(2) $y=2x-4$

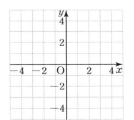

필수 문제 8

일차함수의 그래프와 x축, y축으로 둘러싸인 도형의 넓이

▶x절편과 y절편을 이용하여 일차함수의 그래프를 그리고, 이때 생기는 도형의 넓이를 구한다.

일차함수 $y=2x+4$의 그래프와 x축, y축으로 둘러싸인 도형의 넓이를 구하시오.

8-1 일차함수 $y=-\dfrac{2}{3}x+6$의 그래프와 x축, y축으로 둘러싸인 도형의 넓이를 구하시오.

STEP 1 쏙쏙 개념 익히기

1 오른쪽 네 일차함수의 그래프 (1)~(4)의 x절편과 y절편을 각각 구하시오.

(1) x절편: _____, y절편: _____

(2) x절편: _____, y절편: _____

(3) x절편: _____, y절편: _____

(4) x절편: _____, y절편: _____

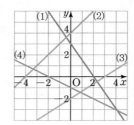

2 일차함수 $y=\dfrac{3}{2}x$의 그래프를 y축의 방향으로 -1만큼 평행이동한 그래프의 x절편과 y절편의 합을 구하시오.

3 다음을 구하시오.

(1) 일차함수 $y=-x+b$의 그래프의 y절편이 -3일 때, 상수 b의 값

(2) 일차함수 $y=ax+1$의 그래프의 x절편이 -3일 때, 상수 a의 값

4 오른쪽 그림과 같은 일차함수 $y=-\dfrac{3}{5}x+b$의 그래프에서 점 A의 좌표를 구하시오. (단, b는 상수)

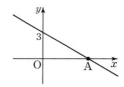

5 다음 일차함수의 그래프의 x절편과 y절편을 차례로 구하고, 이를 이용하여 그래프를 오른쪽 좌표평면 위에 그리시오.

(1) $y=\dfrac{4}{3}x-4$　　　　(2) $y=x+2$

(3) $y=-\dfrac{1}{2}x+3$　　　　(4) $y=-2x-4$

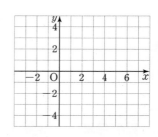

6 오른쪽 그림과 같이 일차함수 $y=ax-2$의 그래프가 x축, y축과 만나는 점을 각각 A, B라고 하자. △AOB의 넓이가 4일 때, 양수 a의 값을 구하시오. (단, O는 원점)

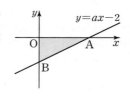

5 일차함수의 그래프의 기울기

일차함수 $y=ax+b$에서 x의 값의 증가량에 대한 y의 값의 증가량의 비율은 항상 일정하고, 그 비율은 x의 계수 a와 같다.

이 증가량의 비율 a를 일차함수 $y=ax+b$의 그래프의 기울기라고 한다.

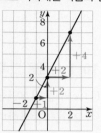

$y=a\,x+b$
기울기 y절편

➡ $(\text{기울기})=\dfrac{(y\text{의 값의 증가량})}{(x\text{의 값의 증가량})}=a$

예 일차함수 $y=2x+3$에서 정수 x의 값에 대응하는 y의 값을 표와 그래프로 나타내면 다음과 같다.

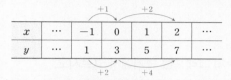

x	$\cdots$	-1	0	1	2	$\cdots$
y	$\cdots$	1	3	5	7	$\cdots$

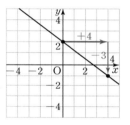

➡ $(\text{기울기})=\dfrac{(y\text{의 값의 증가량})}{(x\text{의 값의 증가량})}=\dfrac{3-1}{0-(-1)}=\dfrac{7-3}{2-0}=\cdots=2$

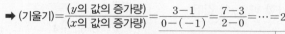 한 직선 위의 어느 두 점을 선택해도 기울기는 항상 같다.

개념 확인

오른쪽 그림과 같은 일차함수 $y=-\dfrac{3}{4}x+2$의 그래프에 대하여 다음 □ 안에 알맞은 수를 쓰시오.

> 일차함수 $y=-\dfrac{3}{4}x+2$의 그래프의 기울기는 □이다.
>
> 이는 x의 값이 4만큼 증가할 때, y의 값은 □만큼 감소한다는 뜻이다.

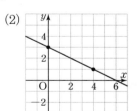

필수 문제 **9**

일차함수의 그래프의 기울기 (1)

▸ 기울기는 x좌표, y좌표가 모두 정수인 두 점을 이용하여 구하는 것이 편리하다.

다음 일차함수의 그래프의 기울기를 구하시오.

(1)
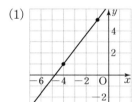

(2)

9-1 다음 일차함수의 그래프의 기울기를 구하시오.

(1)
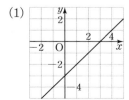

(2)
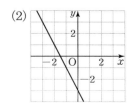

(3)
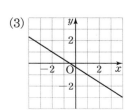

일차함수의 그래프의 기울기 (2)

다음 일차함수의 그래프의 기울기를 구하시오.

(1) $y = -4x + 5$

(2) x의 값이 2만큼 증가할 때, y의 값이 6만큼 증가하는 그래프

(3) x의 값이 1에서 3까지 증가할 때, y의 값이 4만큼 감소하는 그래프

▸k만큼 감소한다.
　⇨ ⬤k만큼 증가한다.

10-1 다음을 만족시키는 일차함수의 그래프를 보기에서 고르시오.

(1) x의 값이 8만큼 증가할 때, y의 값은 2만큼 감소한다.

┌ 보기 ┐
ㄱ. $y = -6x + 4$　　ㄴ. $y = -\dfrac{1}{4}x + 2$

ㄷ. $y = 4x + 8$　　ㄹ. $y = 8x - 2$

(2) x의 값이 -1에서 2까지 증가할 때, y의 값은 24만큼 증가한다.

10-2 다음 일차함수의 그래프의 기울기를 구하고, x의 값이 [　] 안의 수만큼 증가할 때의 y의 값의 증가량을 구하시오.

(1) $y = 2x - 4$　[2]　　　　　　　　(2) $y = -\dfrac{1}{2}x + 5$　[4]

두 점을 지나는 일차함수의 그래프의 기울기

두 점 $(-1, 4)$, $(2, 1)$을 지나는 일차함수의 그래프의 기울기를 구하시오.

▸서로 다른 두 점
　(x_1, y_1), (x_2, y_2)를 지나는
　일차함수의 그래프에서
　(기울기)$= \dfrac{y_2 - y_1}{x_2 - x_1} = \dfrac{y_1 - y_2}{x_1 - x_2}$

11-1 다음 두 점을 지나는 일차함수의 그래프의 기울기를 구하시오.

(1) $(1, 2)$, $(3, 8)$　　　　　　　　(2) $(-2, 1)$, $(1, -4)$

11-2 x절편이 -2이고, y절편이 4인 일차함수의 그래프의 기울기를 구하시오.

6 기울기와 y절편을 이용하여 일차함수의 그래프 그리기

일차함수 $y=ax+b$ (a, b는 상수, $a\neq0$)의 그래프는 기울기와 y절편을 이용하여 그릴 수 있다.

❶ y절편을 이용하여 그래프가 y축과 만나는 점 $(0, b)$를 좌표평면 위에 나타낸다.

❷ 기울기를 이용하여 그래프가 지나는 다른 한 점을 찾아 좌표평면 위에 나타낸다.

❸ 두 점을 직선으로 연결한다.

필수 문제 **12**

기울기와 y절편을 이용하여
일차함수의 그래프 그리기

▶b, p, q가 양수일 때,
일차함수 $y=\dfrac{q}{p}x+b$의 그래프
를 그리면 다음과 같다.

기울기와 y절편을 이용하여 일차함수 $y=\dfrac{3}{2}x+2$의 그래프를 그리려고 한다. 다음 ☐ 안에 알맞은 수를 쓰고, 이를 이용하여 그래프를 오른쪽 좌표평면 위에 그리시오.

❶ y절편이 ☐이므로 점 $(0, ☐)$을(를) 좌표평면 위에 나타낸다.

❷ 기울기가 ☐이므로 (1)의 점에서 x의 값이 2만큼, y의 값이 ☐만큼 증가한 점 $(2, ☐)$을(를) 좌표평면 위에 나타낸다.

❸ 두 점을 직선으로 연결한다.

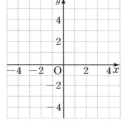

12-1 기울기와 y절편을 이용하여 다음 일차함수의 그래프를 오른쪽 좌표평면 위에 그리시오.

(1) $y=-\dfrac{2}{3}x+4$

(2) $y=3x-1$

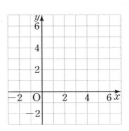

12-2 다음 중 기울기와 y절편을 이용하여 일차함수 $y=-2x+1$의 그래프를 바르게 그린 것은?

① ② ③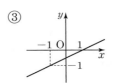

④ 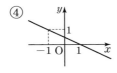 ⑤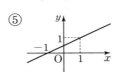

STEP
1 쏙쏙 개념 익히기

1 다음 일차함수의 그래프 중 x의 값이 -2에서 7까지 증가할 때, y의 값이 3만큼 증가하는 것은?

① $y=-3x-5$ ② $y=-2x+3$ ③ $y=\frac{1}{3}x-1$

④ $y=3x+7$ ⑤ $y=7x+5$

2 일차함수 $y=ax-2$의 그래프에서 x의 값이 6만큼 증가할 때, y의 값은 -12만큼 증가한다. 다음을 구하시오. (단, a는 상수)

(1) a의 값

(2) x의 값이 3에서 5까지 증가할 때, y의 값의 증가량

3 오른쪽 그림과 같은 두 일차함수 $y=f(x)$, $y=g(x)$의 그래프의 기울기를 각각 m, n이라고 할 때, $m+n$의 값을 구하시오.

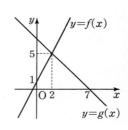

4 두 점 $(-4,\ k)$, $(3,\ 15)$를 지나는 일차함수의 그래프의 기울기가 3일 때, k의 값을 구하시오.

● 세 점이 한 직선 위에 있는 경우
세 점 중 어느 두 점을 선택해도 기울기는 같다.

5 좌표평면 위의 세 점 $A(-3,\ -2)$, $B(1,\ 0)$, $C(3,\ m)$이 한 직선 위에 있을 때, m의 값을 구하시오.

6 좌표평면 위의 세 점 $(0,\ 3)$, $(1,\ 2)$, $(-5,\ k)$가 한 직선 위에 있을 때, k의 값을 구하시오.

3 일차함수의 그래프의 성질과 식

• 정답과 해설 62쪽

1 일차함수 $y=ax+b$의 그래프의 성질

(1) 기울기 a의 부호: 그래프의 모양 결정

① $a>0$: x의 값이 증가할 때, y의 값도 증가한다.

➡ 오른쪽 위로 향하는 직선 (↗)

② $a<0$: x의 값이 증가할 때, y의 값은 감소한다.

➡ 오른쪽 아래로 향하는 직선 (↘)

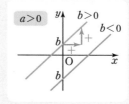 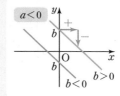

참고 **기울기 a의 크기에 따른 그래프의 모양**
• $a>0$이면 a의 값이 클수록 그래프가 y축에 가깝다.
• $a<0$이면 a의 값이 작을수록 그래프가 y축에 가깝다.
➡ a의 절댓값이 클수록 그래프가 y축에 가깝다.

(2) y절편 b의 부호: 그래프가 y축과 만나는 부분 결정

① $b>0$: y축과 양의 부분에서 만난다. → y절편이 양수

② $b<0$: y축과 음의 부분에서 만난다. → y절편이 음수

필수 문제 1

일차함수의 그래프의 성질 (1)

기울기가 양수일 때	기울기가 음수일 때

다음을 만족시키는 직선을 그래프로 하는 일차함수의 식을 보기에서 모두 고르시오.

(1) 오른쪽 위로 향하는 직선

(2) x의 값이 증가할 때, y의 값은 감소하는 직선

(3) y축과 음의 부분에서 만나는 직선

(4) y축에 가장 가까운 직선

┌ 보기 ┐
ㄱ. $y=x-7$ ㄴ. $y=-\dfrac{1}{2}x+2$
ㄷ. $y=3x$ ㄹ. $y=-6x-5$
ㅁ. $y=2x+1$

필수 문제 2

일차함수의 그래프의 성질 (2)

일차함수 $y=ax+b$의 그래프가 오른쪽 그림과 같을 때, 상수 a, b의 부호를 각각 정하시오.

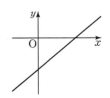

2-1 일차함수 $y=ax-b$의 그래프가 오른쪽 그림과 같을 때, 상수 a, b의 부호를 각각 정하시오.

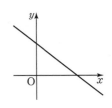

2 일차함수의 그래프의 평행, 일치

(1) 서로 평행한 두 일차함수의 그래프의 기울기는 같다.

(2) 기울기가 같은 두 일차함수의 그래프는 서로 평행하거나 일치한다.

두 일차함수 $y=ax+b$와 $y=cx+d$의 그래프에 대하여

① 기울기는 같고 y절편은 다를 때, 즉 $a=c$, $b \neq d$이면

➡ 두 그래프는 서로 평행하다.

예 두 일차함수 $y=2x+3$, $y=2x+5$의 그래프는 서로 평행하다.

② 기울기가 같고 y절편도 같을 때, 즉 $a=c$, $b=d$이면

➡ 두 그래프는 일치한다.

참고 기울기가 다른 두 일차함수의 그래프는 한 점에서 만난다.

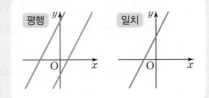

필수 문제 3

일차함수의 그래프의 평행, 일치

다음을 만족시키는 직선을 그래프로 하는 일차함수의 식을 보기에서 모두 고르시오.

(1) 일차함수 $y=-2x-4$의 그래프와 평행하다.

(2) 일차함수 $y=-2x-4$의 그래프와 일치한다.

보기

ㄱ. $y=2x-4$ ㄴ. $y=-2x-2$

ㄷ. $y=-\dfrac{1}{2}x$ ㄹ. $y=-2x+\dfrac{1}{3}$

ㅁ. $y=-2(x+2)$

3-1 다음 일차함수 중 그 그래프가 오른쪽 그래프와 평행한 것은?

① $y=-2x+3$ ② $y=-x+1$ ③ $y=\dfrac{1}{2}x-4$

④ $y=\dfrac{1}{2}x-1$ ⑤ $y=2x+1$

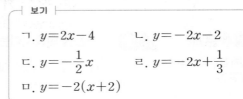

필수 문제 4

두 일차함수의 그래프가 평행(일치)하기 위한 조건

▶ • 두 직선이 서로 평행하면
  ⇨ 기울기는 같고,
     y절편은 다르다.
• 두 직선이 일치하면
  ⇨ 기울기가 같고,
     y절편도 같다.

두 일차함수 $y=ax-2$, $y=-3x+b$의 그래프에 대하여 다음을 구하시오. (단, a, b는 상수)

(1) 두 직선이 서로 평행하기 위한 a, b의 조건

(2) 두 직선이 일치하기 위한 a, b의 조건

4-1 두 일차함수 $y=-ax+5$, $y=6x-7$의 그래프가 서로 평행할 때, 상수 a의 값을 구하시오.

4-2 일차함수 $y=2x+b$의 그래프를 y축의 방향으로 -3만큼 평행이동하면 일차함수 $y=ax-1$의 그래프와 일치한다. 이때 상수 a, b에 대하여 $a+b$의 값을 구하시오.

STEP 1 쏙쏙 개념 익히기

1 다음을 만족시키는 일차함수의 그래프를 보기에서 모두 고르시오.

(1) 그래프가 오른쪽 아래로 향한다.

(2) x의 값이 증가할 때, y의 값도 증가한다.

(3) y축과 양의 부분에서 만난다.

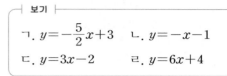

┌ 보기 ┐
ㄱ. $y = -\dfrac{5}{2}x + 3$ ㄴ. $y = -x - 1$

ㄷ. $y = 3x - 2$ ㄹ. $y = 6x + 4$

2 오른쪽 그림의 ㉠~㉣은 일차함수 $y = ax + 2$의 그래프이다. 이 중 다음 조건을 만족시키는 그래프를 모두 고르시오. (단, a는 상수)

(1) $a > 0$

(2) $a < 0$

(3) 기울기가 가장 큰 직선

(4) 기울기가 가장 작은 직선

(5) a의 절댓값이 가장 큰 직선

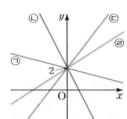

3 일차함수 $y = -ax + b$의 그래프가 다음과 같을 때, 상수 a, b의 부호를 각각 정하시오.

(1)

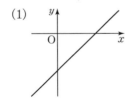

(2)

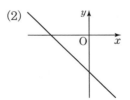

4 일차함수 $y = ax + 5$의 그래프는 점 $(2, b)$를 지나고, 일차함수 $y = -3x + \dfrac{1}{2}$의 그래프와 만나지 않는다. 이때 $a + b$의 값을 구하시오. (단, a는 상수)

5 다음 중 일차함수 $y = x + 7$의 그래프에 대한 설명으로 옳지 않은 것은?

① 점 $(-3, 4)$를 지난다.   ② x절편은 -7, y절편은 7이다.

③ 일차함수 $y = x$의 그래프와 평행하다.   ④ 제4사분면을 지나지 않는다.

⑤ x의 값이 증가할 때, y의 값은 감소한다.

3 일차함수의 식 구하기 (1) − 기울기와 y절편을 알 때

기울기가 a이고, y절편이 b인 직선을 그래프로 하는 일차함수의 식은 $y=ax+b$이다.

例 기울기가 2이고, y절편이 3인 직선 ➡ $y=2x+3$

필수 문제 **5**

일차함수의 식 구하기 (1)
− 기울기와 y절편

▶서로 평행한 두 일차함수의
 그래프의 기울기는 같다.

다음과 같은 직선을 그래프로 하는 일차함수의 식을 구하시오.

(1) 기울기가 3이고, y절편이 −5인 직선

(2) 일차함수 $y=-\dfrac{1}{2}x$의 그래프와 평행하고, 점 $(0, -3)$을 지나는 직선

5-1 다음과 같은 직선을 그래프로 하는 일차함수의 식을 구하시오.

(1) 기울기가 −6이고, y절편이 $\dfrac{1}{4}$인 직선

(2) 일차함수 $y=\dfrac{2}{3}x+1$의 그래프와 평행하고, y절편이 −7인 직선

▶두 직선이 y축 위에서 만나면
 두 직선의 y절편이 같다.

(3) 기울기가 −4이고, 일차함수 $y=2x+3$의 그래프와 y축 위에서 만나는 직선

(4) x의 값이 2만큼 증가할 때 y의 값이 1만큼 증가하고, 점 $(0, 1)$을 지나는 직선

5-2 오른쪽 그림의 직선과 평행하고, y절편이 −8인 직선을 그래프로 하는 일차함수의 식을 $y=ax+b$라고 할 때, 상수 a, b에 대하여 ab의 값을 구하시오.

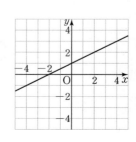

4 일차함수의 식 구하기 (2) – 기울기와 한 점의 좌표를 알 때

기울기가 a이고, 점 (x_1, y_1)을 지나는 직선을 그래프로 하는 일차함수의 식은 다음 순서로 구한다.

❶ 기울기가 a이므로 일차함수의 식을 $y=ax+b$로 놓는다.

❷ $y=ax+b$에 $x=x_1$, $y=y_1$을 대입하여 b의 값을 구한다.

예 기울기가 3이고, 점 $(2, 1)$을 지나는 직선

➡ ❶ 기울기가 3이므로 $y=3x+b$로 놓는다.

❷ $y=3x+b$에 $x=2$, $y=1$을 대입하면 $1=6+b$ ∴ $b=-5$

∴ $y=3x-5$

필수 문제 6

일차함수의 식 구하기 (2)
– 기울기와 한 점

다음과 같은 직선을 그래프로 하는 일차함수의 식을 구하시오.

(1) 기울기가 -2이고, 점 $(1, -1)$을 지나는 직선

(2) 기울기가 3이고, x절편이 $\dfrac{1}{3}$인 직선

6-1 다음과 같은 직선을 그래프로 하는 일차함수의 식을 구하시오.

(1) 기울기가 5이고, 점 $(-2, -4)$를 지나는 직선

(2) 일차함수 $y=-x-3$의 그래프와 평행하고, x절편이 2인 직선

(3) x의 값이 3만큼 증가할 때 y의 값이 4만큼 감소하고, 점 $(3, -1)$을 지나는 직선

6-2 오른쪽 그림의 직선과 평행하고, 점 $(-4, 8)$을 지나는 직선을 그래프로 하는 일차함수의 식을 $y=ax+b$라고 할 때, 상수 a, b에 대하여 $a+b$의 값을 구하시오.

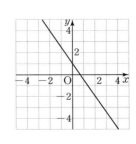

5 일차함수의 식 구하기 ⑶ − 서로 다른 두 점의 좌표를 알 때

서로 다른 두 점 (x_1, y_1), (x_2, y_2)를 지나는 직선을 그래프로 하는 일차함수의 식은 다음 순서로 구한다.

❶ 기울기 a를 구한다. ➡ $a = \dfrac{y_2 - y_1}{x_2 - x_1} = \dfrac{y_1 - y_2}{x_1 - x_2}$

❷ 일차함수의 식을 $y = ax + b$로 놓는다.

❸ $y = ax + b$에 한 점의 좌표를 대입하여 b의 값을 구한다.
    └▸ $x = x_1$, $y = y_1$ 또는 $x = x_2$, $y = y_2$

예 두 점 $(1, 3)$, $(2, 5)$를 지나는 직선

➡ ❶ (기울기) $= \dfrac{5-3}{2-1} = 2$

 ❷ $y = 2x + b$로 놓는다.

 ❸ $y = 2x + b$에 $x = 1$, $y = 3$을 대입하면 $3 = 2 + b$ ∴ $b = 1$

 ∴ $y = 2x + 1$

필수 문제   **7**

일차함수의 식 구하기 ⑶
− 서로 다른 두 점

두 점 $(-1, -5)$, $(2, 1)$을 지나는 직선을 그래프로 하는 일차함수의 식을 구하시오.

7-1 다음 두 점을 지나는 직선을 그래프로 하는 일차함수의 식을 구하시오.

(1) $(1, 0)$, $(3, 4)$ (2) $(2, -1)$, $(-3, 5)$

필수 문제   **8**

일차함수의 식 구하기 ⑶
− 그래프 위의 서로 다른
 두 점

오른쪽 그림의 직선에 대하여 다음 물음에 답하시오.

(1) 이 직선의 기울기를 구하시오.

(2) 이 직선을 그래프로 하는 일차함수의 식을 구하시오.

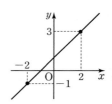

8-1 오른쪽 그림의 직선을 그래프로 하는 일차함수의 식을 구하시오.

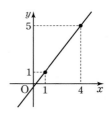

6 일차함수의 식 구하기 (4) – x절편과 y절편을 알 때

x절편이 m, y절편이 n인 직선을 그래프로 하는 일차함수의 식은 다음 순서로 구한다.

❶ 기울기를 구한다.

➡ 두 점 $(m, 0)$, $(0, n)$을 지나므로 $(\text{기울기}) = \dfrac{n-0}{0-m} = -\dfrac{n}{m}$

❷ y절편이 n이므로 일차함수의 식은 $y = -\dfrac{n}{m}x + n$이다.

예 x절편이 2, y절편이 4인 직선

➡ ❶ 두 점 $(2, 0)$, $(0, 4)$를 지나므로 $(\text{기울기}) = \dfrac{4-0}{0-2} = -2$

❷ y절편이 4이므로 $y = -2x + 4$

필수 문제 9

일차함수의 식 구하기 (4)
– x절편과 y절편

x절편이 5, y절편이 -2인 직선을 그래프로 하는 일차함수의 식을 구하시오.

9-1 다음과 같은 직선을 그래프로 하는 일차함수의 식을 구하시오.

(1) x절편이 -2, y절편이 3인 직선

(2) x절편이 -4, y절편이 -1인 직선

▶두 직선이 x축 위에서 만나면 두 직선의 x절편이 같다.

9-2 일차함수 $y = 2x + 4$의 그래프와 x축 위에서 만나고, y절편이 -3인 직선을 그래프로 하는 일차함수의 식을 구하시오.

필수 문제 10

일차함수의 식 구하기 (4)
– 그래프 위의 x절편과 y절편

오른쪽 그림의 직선에 대하여 다음 물음에 답하시오.

(1) 이 직선의 기울기를 구하시오.

(2) 이 직선을 그래프로 하는 일차함수의 식을 구하시오.

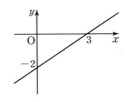

10-1 오른쪽 그림의 직선을 그래프로 하는 일차함수의 식을 구하시오.

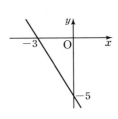

STEP 1 쏙쏙 개념 익히기

1 다음과 같은 직선을 그래프로 하는 일차함수의 식을 구하시오.

(1) 기울기가 $\frac{1}{2}$ 이고, 일차함수 $y=-\frac{1}{3}x-4$의 그래프와 y축 위에서 만나는 직선

(2) 일차함수 $y=x+3$의 그래프와 평행하고, 점 $(0, -2)$를 지나는 직선

2 기울기가 -2이고 y절편이 3인 직선이 점 $\left(-\frac{1}{2}a, 4a\right)$를 지날 때, a의 값을 구하시오.

3 다음과 같은 직선을 그래프로 하는 일차함수의 식을 구하시오.

(1) x의 값이 5만큼 증가할 때 y의 값이 5만큼 감소하고, 점 $(2, -3)$을 지나는 직선

(2) 일차함수 $y=-\frac{3}{4}x+1$의 그래프와 평행하고, x절편이 4인 직선

4 오른쪽 그림의 직선과 평행하고, 점 $(3, 5)$를 지나는 일차함수의 그래프의 y절편을 구하시오.

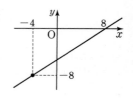

5 다음과 같은 직선을 그래프로 하는 일차함수의 식을 구하시오.

(1) 점 $(2, 4)$를 지나고, x절편이 3인 직선

(2) x절편이 5, y절편이 7인 직선

6 오른쪽 그림의 직선이 점 $\left(\frac{3}{4}, k\right)$를 지날 때, k의 값을 구하시오.

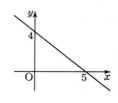

4 일차함수의 활용

● 정답과 해설 66쪽

1 일차함수를 활용하여 문제를 해결하는 과정

❶ 두 변수 x와 y 사이의 관계를 파악하여 일차함수의 식을 세운다.
➡ $y=(x$에 대한 일차식$)$ 꼴

❷ ❶의 식에 주어진 조건을 대입하여 문제의 뜻에 맞는 값을 구한다.
└→ $x=m$ 또는 $y=n$ (m, n은 상수)

필수 문제 1

일차함수의 활용 (1)

▸처음 y의 값이 p이고,
x의 값이 1만큼 증가할 때마다
y의 값이 q만큼 증가하면
➡ $y=p+qx$

50 cm 높이까지 물이 채워져 있는 어느 직육면체 모양의 수영장에 물을 받는데 물의 높이가 매분 2 cm씩 일정하게 높아지고 있다. 수영장에 물을 받기 시작한 지 x분 후에 물의 높이를 y cm라고 할 때, 다음 물음에 답하시오. (단, 수영장의 깊이는 3 m이다.)

(1) y를 x에 대한 식으로 나타내시오.

(2) 수영장에 물을 받기 시작한 지 20분 후에 물의 높이를 구하시오.

1-1 기온이 0 °C일 때 공기 중에서 소리의 속력은 초속 331 m이고, 기온이 1 °C씩 올라갈 때마다 소리의 속력은 초속 0.6 m씩 일정하게 증가한다고 한다. 기온이 x °C일 때, 소리의 속력을 초속 y m라고 하자. 다음 물음에 답하시오.

(1) y를 x에 대한 식으로 나타내시오.

(2) 소리의 속력이 초속 349 m일 때의 기온을 구하시오.

필수 문제 2

일차함수의 활용 (2)

▸시간(x)이 1시간씩 지날 때마다 양초의 길이(y)가 몇 cm씩 줄어드는지 파악한다.

길이가 24 cm인 어떤 양초에 불을 붙이면 2시간에 6 cm씩 일정하게 탄다고 한다. 이 양초에 불을 붙인 지 x시간 후에 남아 있는 양초의 길이를 y cm라고 할 때, 다음 물음에 답하시오.

24 cm
6 cm

(1) y를 x에 대한 식으로 나타내시오.

(2) 남은 양초의 길이가 9 cm가 되는 것은 불을 붙인 지 몇 시간 후인지 구하시오.

2-1 100 °C의 물이 담긴 주전자를 바닥에 내려놓으면 10분마다 물의 온도가 4 °C씩 일정하게 낮아진다고 한다. 이 주전자를 바닥에 내려놓은 지 x분 후에 물의 온도를 y °C라고 할 때, 다음 물음에 답하시오.

(1) y를 x에 대한 식으로 나타내시오.

(2) 물의 온도가 84 °C가 되는 것은 주전자를 바닥에 내려놓은 지 몇 분 후인지 구하시오.

STEP 1 쏙쏙 개념 익히기

1 길이가 30 cm인 어떤 용수철에 무게가 3 g인 물체를 매달 때마다 용수철의 길이가 1 cm씩 일정하게 늘어난다고 한다. 무게가 x g인 물체를 매달았을 때의 용수철의 길이를 y cm라고 하자. 다음 물음에 답하시오.

(1) y를 x에 대한 식으로 나타내시오.

(2) 무게가 15 g인 추를 매달았을 때의 용수철의 길이를 구하시오.

2 그릇에 담긴 45 ℃의 물을 냉동실에 넣었더니 36분 후에 물의 온도가 0 ℃가 되었다. 물을 냉동실에 넣은 지 x분 후에 물의 온도를 y ℃라고 할 때, 냉동실에 넣은 지 20분 후에 물의 온도를 구하시오. (단, 냉동실에서 물의 온도는 일정하게 낮아진다.)

3 오른쪽 그래프는 용량이 600 MB(메가바이트)인 파일을 내려받기 시작한 지 x분 후에 남은 파일의 용량을 y MB라고 할 때, x와 y 사이의 관계를 나타낸 것이다. 내려받는 파일의 용량이 150 MB 남아 있을 때는 내려받기 시작한 지 몇 분 후인지 구하시오.

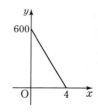

● 도형에 대한 문제
$\triangle \mathrm{ABP} = \dfrac{1}{2} \times \overline{\mathrm{BP}} \times \overline{\mathrm{AB}}$

4 오른쪽 그림의 직사각형 ABCD에서 점 P가 점 B를 출발하여 초속 5 cm로 점 C까지 움직이고 있다. 점 P가 점 B를 출발한 지 x초 후에 △ABP의 넓이를 y cm²라고 할 때, 점 P가 점 B를 출발한 지 8초 후에 △ABP의 넓이를 구하시오.

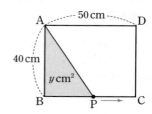

5 오른쪽 그림의 직사각형 ABCD에서 점 P가 점 B를 출발하여 초속 2 cm로 점 C까지 움직이고 있다. 점 P가 점 B를 출발한 지 x초 후에 사각형 APCD의 넓이를 y cm²라고 하자. 사각형 APCD의 넓이가 120 cm²가 되는 것은 점 P가 점 B를 출발한 지 몇 초 후인지 구하시오.

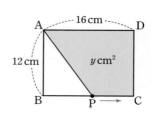

탄탄 단원 다지기

⭐ 중요

1 다음 보기 중 y가 x의 함수가 <u>아닌</u> 것을 모두 고르시오.

┌ 보기 ┐
ㄱ. 음의 정수 x의 절댓값은 y이다.
ㄴ. 자연수 x보다 2만큼 작은 자연수는 y이다.
ㄷ. 물 15 L를 x명이 똑같이 나누어 마실 때, 한 사람이 마시는 물의 양은 y L이다.
ㄹ. 시속 7 km로 x시간 동안 간 거리는 y km이다.
ㅁ. 둘레의 길이가 x cm인 직사각형의 넓이는 y cm²이다.

2 정가가 x원인 물건을 20 % 할인한 가격을 y원이라고 하면 y는 x의 함수이다. $y=f(x)$라고 할 때, $f(6000)$의 값을 구하시오.

3 다음 보기 중 y가 x의 일차함수인 것은 모두 몇 개인지 구하시오.

┌ 보기 ┐
ㄱ. $y=2-3x$
ㄴ. $y=2x+1$
ㄷ. $y=\dfrac{5}{x}$
ㄹ. $y=2(x+1)-2x$
ㅁ. $y=x(x+1)$
ㅂ. $y=4-3(x+2)$

4 일차함수 $f(x)=-\dfrac{2}{5}x+3$에 대하여 $f(10)=a$, $f(b)=1$일 때, $a+b$의 값을 구하시오.

5 다음 일차함수의 그래프 중 일차함수 $y=-3x$의 그래프를 평행이동했을 때, 겹쳐지는 것을 모두 고르면? (정답 2개)

① $y=-x-3$
② $y=-3x-2$
③ $y=-\dfrac{1}{3}x-3$
④ $y=3x+1$
⑤ $y=-3x+7$

6 일차함수 $y=5x+6$의 그래프를 y축의 방향으로 b만큼 평행이동하면 일차함수 $y=ax+4$의 그래프가 된다. 이때 $a+b$의 값을 구하시오. (단, a는 상수)

7 일차함수 $y=ax-3a$의 그래프가 점 $(9, 2)$를 지날 때, 이 그래프의 x절편과 y절편을 각각 구하시오. (단, a는 상수)

8 두 일차함수 $y=\dfrac{1}{2}x+1$과 $y=-x+a$의 그래프가 x축 위에서 만날 때, 상수 a의 값을 구하시오.

9 오른쪽 그림에서 일차함수의 그래프 (1)의 y절편과 일차함수의 그래프 (2)의 기울기의 합을 구하시오.

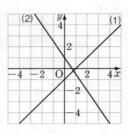

10 일차함수 $y=\frac{7}{3}x-2$의 그래프에서 x의 값이 -2에서 1까지 증가할 때, y의 값은 얼마만큼 증가하는가?

① -7　　　　② -3　　　　③ $\frac{7}{3}$

④ 3　　　　　⑤ 7

11 좌표평면 위의 세 점 $(-1, 2)$, $(2, 8)$, $(a, a+1)$이 한 직선 위에 있을 때, a의 값을 구하시오.

12 다음 중 일차함수 $y=\frac{1}{2}x-3$의 그래프는?

① 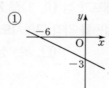　　　②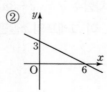

③ 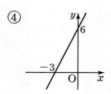　　　④

⑤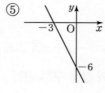

13 두 일차함수 $y=-2x-6$, $y=3x-6$의 그래프와 x축으로 둘러싸인 도형의 넓이를 구하시오.

14 일차함수 $y=ax+b$의 그래프가 오른쪽 그림과 같을 때, 일차함수 $y=-bx+ab$의 그래프가 지나지 <u>않는</u> 사분면은?
(단, a, b는 상수)

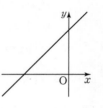

① 제1사분면　　　　② 제2사분면
③ 제3사분면　　　　④ 제4사분면
⑤ 모든 사분면을 지난다.

15 두 일차함수 $y=ax+1$, $y=-2x+b$의 그래프가 서로 평행할 때, 상수 a, b의 조건을 각각 구하시오.

16 다음 중 일차함수 $y=-2x+3$의 그래프에 대한 설명으로 옳은 것을 모두 고르면? (정답 2개)

① 점 $(-2, 3)$을 지난다.
② 제1, 2, 4사분면을 지난다.
③ x절편은 -2, y절편은 3이다.
④ x의 값이 1만큼 증가할 때, y의 값도 2만큼 증가한다.
⑤ 일차함수 $y=-2x$의 그래프를 y축의 방향으로 3만큼 평행이동한 것이다.

17 오른쪽 그림과 같이 일차함수 $y=ax-2$의 그래프가 두 점 A$(1, 3)$, B$(4, -1)$을 이은 선분과 만날 때, 상수 a의 값의 범위를 구하려고 한다. 다음을 구하시오.

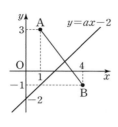

(1) 그래프가 a의 값에 관계없이 항상 지나는 점의 좌표

(2) 가장 큰 기울기 a의 값

(3) 가장 작은 기울기 a의 값

(4) a의 값의 범위

18 오른쪽 그림의 직선과 평행하고, y절편이 4인 일차함수의 그래프가 x축과 만나는 점의 좌표는?

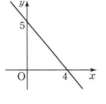

① $(16, 0)$ ② $\left(\dfrac{16}{5}, 0\right)$

③ $\left(\dfrac{5}{16}, 0\right)$ ④ $\left(0, \dfrac{16}{5}\right)$

⑤ $(0, 16)$

19 일차함수 $y=ax+b$의 그래프를 y축의 방향으로 -1만큼 평행이동하면 오른쪽 그래프와 일치한다. 이때 상수 a, b에 대하여 $a-b$의 값을 구하시오.

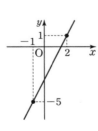

20 y절편이 -2이고, 점 $(6, 2)$를 지나는 직선을 그래프로 하는 일차함수의 식을 구하시오.

21 기차가 A역을 출발하여 $400\,\mathrm{km}$ 떨어진 B역까지 분속 $2\,\mathrm{km}$로 달리고 있다. A역을 출발한 지 x분 후에 기차와 B역 사이의 거리를 $y\,\mathrm{km}$라고 할 때, 기차가 B역에서 $100\,\mathrm{km}$ 떨어진 지점을 지나는 것은 A역을 출발한 지 몇 분 후인지 구하시오.

22 휘발유 $1\,\mathrm{L}$로 $16\,\mathrm{km}$를 갈 수 있는 자동차가 $x\,\mathrm{km}$를 이동한 후에 남아 있는 휘발유의 양을 $y\,\mathrm{L}$라고 하자. 이 자동차에 $40\,\mathrm{L}$의 휘발유가 들어 있을 때, 다음 보기의 설명 중 옳은 것을 모두 고르시오.

| 보기 |

ㄱ. 이동 거리가 늘어날수록 자동차에 남은 휘발유의 양은 줄어든다.

ㄴ. 이 자동차가 $2\,\mathrm{km}$를 이동하는 데 필요한 휘발유의 양은 $\dfrac{1}{4}\,\mathrm{L}$이다.

ㄷ. x와 y 사이의 관계식은 $y=\dfrac{1}{16}x+40$이다.

ㄹ. 남은 휘발유의 양이 $34\,\mathrm{L}$일 때, 이 자동차가 이동한 거리는 $96\,\mathrm{km}$이다.

따라 해보자

예제 1

일차함수 $y=-2x+1$의 그래프를 y축의 방향으로 m만큼 평행이동한 그래프가 점 $(-4, 5)$를 지날 때, m의 값을 구하시오.

풀이 과정

1단계 평행이동한 그래프가 나타내는 식 구하기

$y=-2x+1$의 그래프를 y축의 방향으로 m만큼 평행이동하면

$y=-2x+1+m$

2단계 m의 값 구하기

$y=-2x+1+m$의 그래프가 점 $(-4, 5)$를 지나므로

$5=8+1+m$ ∴ $m=-4$

답 -4

유제 1

일차함수 $y=5x-3$의 그래프를 y축의 방향으로 k만큼 평행이동한 그래프가 점 $(-1, 2)$를 지날 때, k의 값을 구하시오.

풀이 과정

1단계 평행이동한 그래프가 나타내는 식 구하기

2단계 k의 값 구하기

답

예제 2

지면으로부터 $12\,\mathrm{km}$까지는 높이가 $100\,\mathrm{m}$씩 높아질 때마다 기온이 $0.6\,℃$씩 일정하게 떨어진다고 한다. 지면에서의 기온이 $25\,℃$이고 지면으로부터 높이가 $x\,\mathrm{m}$인 곳의 기온을 $y\,℃$라고 할 때, 기온이 $-5\,℃$인 곳의 지면으로부터 높이는 몇 m인지 구하시오.

풀이 과정

1단계 높이가 $1\,\mathrm{m}$씩 높아질 때마다 떨어지는 기온 구하기

높이가 $100\,\mathrm{m}$씩 높아질 때마다 기온이 $0.6\,℃$씩 떨어지므로 높이가 $1\,\mathrm{m}$씩 높아질 때마다 기온은 $0.006\,℃$씩 떨어진다.

2단계 y를 x에 대한 식으로 나타내기

지면에서의 기온이 $25\,℃$이므로

$y=25-0.006x$

3단계 기온이 $-5\,℃$인 곳의 지면으로부터 높이 구하기

$y=25-0.006x$에 $y=-5$를 대입하면

$-5=25-0.006x$ ∴ $x=5000$

따라서 $-5\,℃$인 곳의 지면으로부터 높이는 $5000\,\mathrm{m}$이다.

답 $5000\,\mathrm{m}$

유제 2

고도가 $274\,\mathrm{m}$씩 높아질 때마다 물이 끓는 온도는 $1\,℃$씩 일정하게 낮아진다고 한다. 고도가 $0\,\mathrm{m}$인 평지에서 물이 끓는 온도는 $100\,℃$이고 고도가 $x\,\mathrm{m}$인 곳에서 물이 끓는 온도를 $y\,℃$라고 할 때, 물이 끓는 온도가 $96\,℃$인 곳의 고도는 몇 m인지 구하시오.

풀이 과정

1단계 고도가 $1\,\mathrm{m}$씩 높아질 때마다 낮아지는 온도 구하기

2단계 y를 x에 대한 식으로 나타내기

3단계 물이 끓는 온도가 $96\,℃$인 곳의 고도 구하기

답

연습해 보자

1 함수 $f(x)=ax+2$에 대하여 $f(3)=14$일 때, $f(-1)-f(2)$의 값을 구하시오. (단, a는 상수)

[풀이 과정]

[답]

2 기울기와 y절편을 이용하여 일차함수 $y=\dfrac{5}{3}x-4$의 그래프를 다음 좌표평면 위에 그리시오.

(단, 그래프가 지나는 두 점을 표시하시오.)

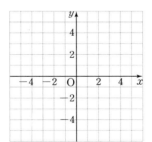

[풀이 과정]

[답]

3 일차함수 $y=ax+b$의 그래프가 다음 조건을 모두 만족시킬 때, 상수 a, b의 값을 각각 구하시오.

┌ 조건 ┐
㉮ 일차함수 $y=4x+8$의 그래프와 x축 위에서 만난다.
㉯ 일차함수 $y=-2x+10$의 그래프와 y축 위에서 만난다.

[풀이 과정]

[답]

4 다음 그림과 같이 성냥개비를 사용하여 정사각형을 이어 붙이고 있다. 정사각형을 x개 만드는 데 필요한 성냥개비가 y개일 때, 물음에 답하시오.

(1) y를 x에 대한 식으로 나타내시오.

(2) 100개의 정사각형을 만드는 데 필요한 성냥개비의 개수를 구하시오.

[풀이 과정]

(1)

(2)

[답] (1)　　　　　(2)

과학 속 수학

하늘을 나는 낙하산

낙하산은 새처럼 하늘을 날고 싶다는 사람들의 소망이 다양한 시도와 실험으로 이어져 탄생한 결과물이다.

1300년 무렵 중국에서 낙하산을 처음 사용했다는 기록이 있지만, 그에 관한 정확한 내용은 전해지지 않아 사실 여부를 확인할 수는 없다고 한다. 15~16세기에 활동한 이탈리아의 철학자이자 발명가인 레오나르도 다빈치는 실제 발명품으로 이어지지는 못했지만, 그림을 통해 처음으로 낙하산을 선보였다.

1783년에는 프랑스의 루이 르노르망이 우산 두 개를 들고 나무 위에서 뛰어 내렸고, 이것이 기구를 이용한 최초의 낙하로 기록되어 있다. 그 후 1797년 프랑스의 앙드레 자크 가르느랭이 1000 m 높이의 기구에서 낙하를 시도하여 성공하였다고 한다.

현재 우리가 알고 있는 낙하산은 1912년에 개발된 것으로, 비행기에서 뛰어 내리는 실험에 성공하여 다양한 목적으로 지금까지 사용되고 있다.

기출문제는 이렇게!

Q 새로 만든 낙하산의 성능을 확인하기 위해 지면으로부터 $180\,\mathrm{m}$의 높이에서 낙하산을 떨어뜨리는 실험을 하고 있다. 오른쪽 그래프는 낙하산을 떨어뜨린 지 x초 후의 낙하산의 높이를 $y\,\mathrm{m}$라고 할 때, x와 y 사이의 관계를 나타낸 것이다. 이 낙하산은 떨어뜨린 지 몇 초 후에 지면에 도착하는지 구하시오.

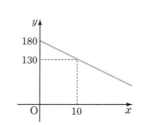

마인드 MAP

일차함수와 그 그래프

 함수 $y=f(x)$

y가 x의 함수
➡ x의 모든 값에 대하여
  y의 값이 오직 하나씩 대응

 함숫값 $f(x)$

x=p일 때의 함숫값
➡ f(x)에 x 대신 p를 대입하여
  얻은 값

일차함수 — 식 $y=ax+b\ (a\neq0)$
       그래프

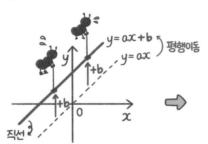
y=ax+b
y=ax 평행이동
+b
+b
직선
0
x

$(기울기) = \dfrac{(y의\ 값의\ 증가량)}{(x의\ 값의\ 증가량)} = a$

y절편
x절편

a, b의 부호에 따라
모양과 위치가 달라!

그래프의 성질 (1)

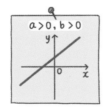
$a>0, b>0$

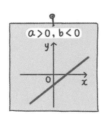
$a>0, b<0$

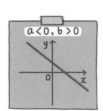
$a<0, b>0$

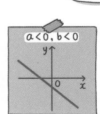
$a<0, b<0$

그래프의 성질 (2)

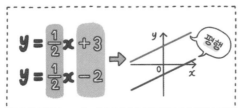
$y=\dfrac{1}{2}x+3$
$y=\dfrac{1}{2}x-2$ ➡ 평행

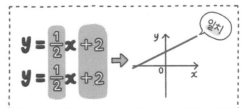
$y=\dfrac{1}{2}x+2$
$y=\dfrac{1}{2}x+2$ ➡ 일치

6

일차함수와 일차방정식의 관계

| 이전에 배운 내용 |

중1
- 정비례와 반비례
- 점, 직선, 평면의 위치 관계

중2
- 연립일차방정식
- 일차함수와 그 그래프

| 이번에 배울 내용 |

◠1 일차함수와 일차방정식
◠2 일차함수의 그래프와 연립일차방정식

| 이후에 배울 내용 |

중3
- 이차함수와 그 그래프

고등
- 이차방정식과 이차함수
- 직선의 방정식

준비 **학습**

중2 **미지수가 2개인 일차방정식**
- 미지수가 1개인 일차방정식은 해가 하나뿐이지만, 미지수 2개인 일차방정식은 해를 여러 개 가질 수 있다.

1 x, y의 값이 자연수일 때, 일차방정식 $x+2y-6=0$을 푸시오.

중2 **연립방정식의 풀이**
- 연립방정식의 해를 구할 때는 한 방정식을 다른 방정식에 대입하거나, 두 방정식을 변끼리 더하거나 뺀다.

2 다음 연립방정식을 푸시오.

(1) $\begin{cases} 3x+2y=7 \\ y=3x-1 \end{cases}$

(2) $\begin{cases} 3x-4y=6 \\ 2x-10y=-7 \end{cases}$

01 일차함수와 일차방정식

● 정답과 해설 72쪽

1 일차방정식의 그래프와 직선의 방정식

x, y의 값의 범위가 수 전체일 때, 일차방정식

$$ax+by+c=0\,(a,\ b,\ c는\ 상수,\ a\neq 0\ 또는\ b\neq 0)$$

의 해는 무수히 많고, 이 해를 모두 좌표평면 위에 나타내면 직선이 된다. 이 직선을 일차방정식 $ax+by+c=0$의 **그래프**라 하고, 일차방정식 $ax+by+c=0$을 **직선의 방정식**이라고 한다.

일차방정식 $x+y-4=0$의 해를 모두 좌표평면 위에 나타내면

❶ x, y의 값의 범위가 정수일 때

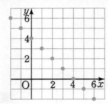

❷ x, y의 값의 범위가 수 전체일 때

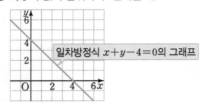

일차방정식 $x+y-4=0$의 그래프

2 일차방정식의 그래프와 일차함수의 그래프

미지수가 2개인 일차방정식 $ax+by+c=0\,(a\neq 0,\ b\neq 0)$의 그래프는

일차함수 $y=-\dfrac{a}{b}x-\dfrac{c}{b}$의 그래프와 서로 같다.

일차방정식	y를 x에 대한	일차함수	그래프
$2x+3y-6=0$	식으로 나타내면	$y=-\dfrac{2}{3}x+2$	

> **보충**
>
> y를 x에 대한 식으로 나타내기
> $ax+by+c=0\,(b\neq 0)$
> ➡ $by=-ax-c$
> ➡ $y=-\dfrac{a}{b}x-\dfrac{c}{b}$

개념 확인 다음 일차방정식을 일차함수 $y=ax+b$ 꼴로 나타내시오. (단, a, b는 상수)

(1) $x+y-3=0$

(2) $3x-y+5=0$

(3) $x-2y-4=0$

(4) $6x+2y=-1$

필수 문제 　**1**

일차방정식의 그래프와
일차함수의 그래프 (1)

다음 일차방정식의 그래프의 기울기, x절편, y절편을 각각 구하시오.

(1) $x-y+7=0$

　⇨ 기울기: _____, x절편: _____, y절편: _____

(2) $3x-4y-12=0$

　⇨ 기울기: _____, x절편: _____, y절편: _____

1-1 일차방정식 $5x+2y-10=0$의 그래프에 대하여 다음 물음에 답하시오.

(1) x절편과 y절편을 각각 구하시오.

(2) 그래프를 오른쪽 좌표평면 위에 그리시오.

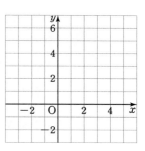

> 일차방정식의 그래프가 지나는 점의 좌표는 그 방정식의 해와 같다.

1-2 다음 중 일차방정식 $3x-2y=2$의 그래프에 대한 설명으로 옳은 것은?

① 점 $(2,\ 1)$을 지난다.

② 일차함수 $y=3x+1$의 그래프와 평행하다.

③ x절편은 $\dfrac{2}{3}$, y절편은 -2이다.

④ 제2사분면을 지나지 않는다.

⑤ x의 값이 4만큼 증가할 때, y의 값은 2만큼 감소한다.

1-3 일차방정식 $3x-4y+6=0$의 그래프가 점 $(a,\ -3)$을 지날 때, a의 값을 구하시오.

필수 문제 2

일차방정식의 그래프와 일차함수의 그래프 (2)
– 계수가 문자일 때

일차방정식 $ax-2y+b=0$의 그래프의 기울기는 4이고 y절편은 $\dfrac{1}{2}$일 때, 상수 a, b의 값을 각각 구하시오.

2-1 일차방정식 $ax+by+6=0$의 그래프는 일차함수 $y=-2x+7$의 그래프와 평행하고 y절편이 3일 때, 상수 a, b에 대하여 $a+b$의 값을 구하시오.

3 일차방정식 $x=m$, $y=n$의 그래프

(1) 일차방정식 $x=m$ (m은 상수, $m\neq0$)의 그래프는
점 $(m, 0)$을 지나고, y축에 평행한 직선이다.
└→ x축에 수직인

(2) 일차방정식 $y=n$ (n은 상수, $n\neq0$)의 그래프는
점 $(0, n)$을 지나고, x축에 평행한 직선이다.
└→ y축에 수직인

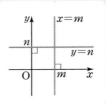

참고 일차방정식 $x=0$의 그래프는 y축과 일치하고, 일차방정식 $y=0$의 그래프는 x축과 일치한다.

개념 확인 다음 일차방정식의 그래프를 오른쪽 좌표평면 위에 그리시오.

(1) $x-2=0$　　　　　　(2) $2y+6=0$

(3) $y=0$　　　　　　　(4) $2x+5=0$

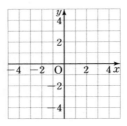

필수 문제 3

좌표축에 평행한 직선의 방정식 구하기

점 $(2, -5)$를 지나면서 다음 조건을 만족시키는 직선의 방정식을 구하시오.

(1) x축에 평행한 직선　　　　　　　(2) y축에 평행한 직선

3-1 다음과 같은 직선의 방정식을 구하시오.

(1) 점 $(-3, -4)$를 지나고, y축에 평행한 직선

(2) 점 $(3, 0)$을 지나고, x축에 수직인 직선

(3) y축에 수직이고, 점 $(0, -1)$을 지나는 직선

(4) 두 점 $(-1, 4)$, $(3, 4)$를 지나는 직선

▶서로 다른 두 점 (x_1, y_1),
(x_2, y_2)를 지나는 직선은
$x_1=x_2$이면 y축에 평행하고,
$y_1=y_2$이면 x축에 평행하다.

필수 문제 4

좌표축에 평행한 직선 위의 점

두 점 $(5, 1)$, $(a, 2)$를 지나는 직선이 y축에 평행할 때, a의 값을 구하시오.

▶x축에 평행한 직선 위의 점
⇨ y좌표가 모두 같다.
▶y축에 평행한 직선 위의 점
⇨ x좌표가 모두 같다.

4-1 두 점 $(a, a-3)$, $(7, 2a+1)$을 지나는 직선이 x축에 평행할 때, a의 값을 구하시오.

쏙쏙 **개념 익히기**

1 다음 보기 중 일차방정식 $2x-y=1$의 그래프가 지나는 점을 모두 고르시오.

| 보기 |

ㄱ. $(0, -1)$ ㄴ. $\left(-\dfrac{1}{2}, 0\right)$ ㄷ. $(2, 1)$

ㄹ. $(5, 9)$ ㅁ. $\left(\dfrac{4}{3}, \dfrac{5}{3}\right)$ ㅂ. $(1, -2)$

2 다음 중 일차방정식 $x+2y+6=0$의 그래프는?

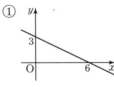 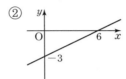 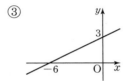

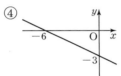 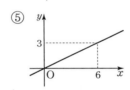

3 다음 중 일차방정식 $3x+4y-8=0$의 그래프에 대한 설명으로 옳지 <u>않은</u> 것을 모두 고르면?
(정답 2개)

① x절편은 $-\dfrac{8}{3}$, y절편은 2이다.

② 오른쪽 아래로 향하는 직선이다.

③ 제1, 2, 4사분면을 지난다.

④ x의 값이 8만큼 증가할 때, y의 값은 6만큼 증가한다.

⑤ 일차함수 $y=-\dfrac{3}{4}x-6$의 그래프와 만나지 않는다.

4 두 일차방정식 $5x+2y+10=0$, $ax+4y-3=0$의 그래프가 서로 평행할 때, 상수 a의 값을 구하시오.

5 다음을 만족시키는 직선의 방정식을 보기에서 모두 고르시오.

| 보기 |

ㄱ. $3x-4=0$ ㄴ. $2x-3y=0$ ㄷ. $-3x=7$

ㄹ. $3x+y=1$ ㅁ. $y+7=4$ ㅂ. $2x-y+1=2x$

(1) x축에 평행한 직선

(2) y축에 평행한 직선

(3) x축에 수직인 직선

(4) y축에 수직인 직선

6 두 점 $(-3, a-4)$, $(a, 3a+6)$을 지나는 직선이 y축에 수직일 때, a의 값을 구하시오.

7 다음과 같은 직선의 방정식을 보기에서 고르시오.

| 보기 |

ㄱ. $x-2=0$ ㄴ. $y-7=0$ ㄷ. $x+y-5=0$

ㄹ. $x-y+5=0$ ㅁ. $2x-3y-8=0$ ㅂ. $2x+3y+6=0$

(1) 점 $(0, 7)$을 지나고, x축에 평행한 직선

(2) 두 점 $(2, -1)$, $(2, 3)$을 지나는 직선

(3) 기울기가 -1이고, 일차방정식 $2x-y+5=0$의 그래프와 y축 위에서 만나는 직선

(4) 두 점 $(0, -2)$, $(-6, 2)$를 지나는 직선

● 일차방정식
$ax+by+c=0$의 그래프
와 a, b, c의 부호
일차방정식 $ax+by+c=0$
을 $y=-\frac{a}{b}x-\frac{c}{b}$ 꼴로 나
타낸 후 기울기와 y절편의
부호를 각각 확인한다.

8 일차방정식 $ax+y+b=0$의 그래프가 오른쪽 그림과 같을 때, 상수 a, b의 부호는?

① $a>0$, $b>0$ ② $a>0$, $b=0$ ③ $a>0$, $b<0$

④ $a<0$, $b>0$ ⑤ $a<0$, $b<0$

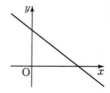

한번더 차

9 일차방정식 $ax-by+1=0$의 그래프가 오른쪽 그림과 같을 때, 상수 a, b의 부호를 각각 정하시오.

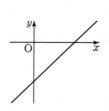

2 일차함수의 그래프와 연립일차방정식

• 정답과 해설 74쪽

1 연립방정식의 해와 그래프

연립방정식 $\begin{cases} ax+by+c=0 \\ a'x+b'y+c'=0 \end{cases}$ 의 해는 두 일차방정식의 그래프,

즉 일차함수의 그래프의 교점의 좌표와 같다.

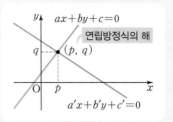

| 연립방정식의 해
 $x=p,\ y=q$ | $=$ | 두 그래프의 교점의 좌표
 $(p,\ q)$ |

개념 확인 주어진 두 일차방정식의 그래프를 보고 연립방정식의 해를 구하시오.

(1) $\begin{cases} x+y=3 \\ x-y=-1 \end{cases}$

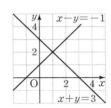

(2) $\begin{cases} 2x+y=-1 \\ 3x-2y=9 \end{cases}$

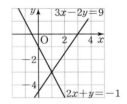

필수 문제 1
두 그래프의 교점의 좌표
구하기

다음 두 일차방정식의 그래프의 교점의 좌표를 구하시오.

(1) $x-y=8,\ x+y=-2$ (2) $x+2y=10,\ 2x-y=0$

1-1 두 직선 $2x-y=5,\ 3x+2y=11$의 교점의 좌표가 $(a,\ b)$일 때, $a+b$의 값을 구하시오.

필수 문제 2
두 그래프의 교점의 좌표를
이용하여 상수의 값 구하기

오른쪽 그림은 연립방정식 $\begin{cases} ax+y=-3 \\ x-2y=b \end{cases}$의 해를 구하기 위해 두 일차방정식의 그래프를 각각 그린 것이다. 이때 상수 a, b의 값을 각각 구하시오.

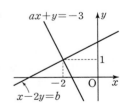

2-1 두 일차방정식 $ax+y-2=0,\ 4x-by-6=0$의 그래프의 교점의 좌표가 $(1,\ -2)$일 때, 상수 a, b에 대하여 $a-b$의 값을 구하시오.

2 연립방정식의 해의 개수와 두 그래프의 위치 관계

연립방정식 $\begin{cases} ax+by+c=0 \\ a'x+b'y+c'=0 \end{cases}$ 의 해의 개수는 두 일차방정식의 그래프의 교점의 개수와 같다.

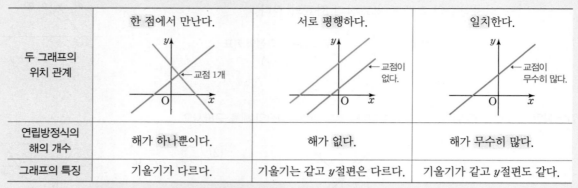

	한 점에서 만난다.	서로 평행하다.	일치한다.
두 그래프의 위치 관계	교점 1개	교점이 없다.	교점이 무수히 많다.
연립방정식의 해의 개수	해가 하나뿐이다.	해가 없다.	해가 무수히 많다.
그래프의 특징	기울기가 다르다.	기울기는 같고 y절편은 다르다.	기울기가 같고 y절편도 같다.

참고 연립방정식 $\begin{cases} ax+by+c=0 \\ a'x+b'y+c'=0 \end{cases}$ 의 해의 개수는 다음과 같이 두 일차방정식의 계수의 비를 이용하여 구할 수도 있다.

① 해가 하나뿐이다. ➡ $\dfrac{a}{a'} \neq \dfrac{b}{b'}$ ② 해가 없다. ➡ $\dfrac{a}{a'} = \dfrac{b}{b'} \neq \dfrac{c}{c'}$ ③ 해가 무수히 많다. ➡ $\dfrac{a}{a'} = \dfrac{b}{b'} = \dfrac{c}{c'}$

개념 확인   그래프를 이용하여 연립방정식 $\begin{cases} x+y=5 \\ x+y=2 \end{cases}$ 를 풀려고 한다. 다음 물음에 답하시오.

(1) 두 일차방정식 $x+y=5$, $x+y=2$의 그래프를 각각 오른쪽 좌표평면 위에 그리시오.

(2) (1)의 그래프를 보고 연립방정식 $\begin{cases} x+y=5 \\ x+y=2 \end{cases}$ 를 푸시오.

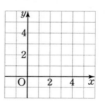

필수 문제 3

연립방정식의 해의 개수와 두 그래프의 위치 관계

▶ 연립방정식의 해가 무수히 많다.
 ⇨ 두 직선이 일치한다.
 ⇨ 두 직선의 기울기와 y절편이 각각 같다.

▶ 연립방정식의 해가 없다.
 ⇨ 두 직선이 서로 평행하다.
 ⇨ 두 직선의 기울기는 같고, y절편은 다르다.

연립방정식 $\begin{cases} 2x+y=b \\ ax+2y=-4 \end{cases}$ 의 해가 무수히 많을 때, $a+b$의 값을 구하시오. (단, a, b는 상수)

3-1   연립방정식 $\begin{cases} 3x-2y=4 \\ ax-4y=7 \end{cases}$ 의 해가 없을 때, 상수 a의 값을 구하시오.

3-2   다음 연립방정식 중 해가 하나뿐인 것을 모두 고르면? (정답 2개)

① $\begin{cases} 2x+y=3 \\ 2x+y=-1 \end{cases}$ ② $\begin{cases} y=-x \\ y=x+2 \end{cases}$ ③ $\begin{cases} x-y=2 \\ 2x-2y=4 \end{cases}$

④ $\begin{cases} x+3y=3 \\ 3x+9y=6 \end{cases}$ ⑤ $\begin{cases} 3x+y=1 \\ 3x-y=1 \end{cases}$

STEP 1 쏙쏙 개념 익히기

1 다음 연립방정식에서 두 일차방정식 ㉠, ㉡의 그래프를 각각 그리고, 이를 이용하여 연립방정식의 해를 구하시오.

(1) $\begin{cases} x+y=0 & \cdots ㉠ \\ 2x-y=-3 & \cdots ㉡ \end{cases}$

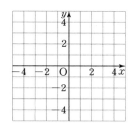

(2) $\begin{cases} 2x+y=4 & \cdots ㉠ \\ 4x+2y=-4 & \cdots ㉡ \end{cases}$

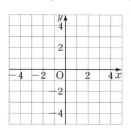

2 연립방정식 $\begin{cases} ax-y=-6 \\ 3x+2y=14 \end{cases}$ 의 해를 구하기 위해 두 일차방정식의 그래프를 각각 그렸더니 오른쪽 그림과 같았다. 두 일차방정식의 그래프의 교점의 y좌표가 4일 때, 상수 a의 값을 구하시오.

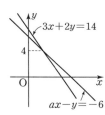

3 두 일차방정식 $2x+y+1=0$, $3x-2y-9=0$의 그래프의 교점을 지나고, y축에 평행한 직선의 방정식을 구하시오.

4 두 일차방정식 $-4x+ay=1$, $2x-y=b$의 그래프의 교점이 무수히 많을 때, 상수 a, b의 값을 각각 구하시오.

5 연립방정식 $\begin{cases} 2x-(a+2)y=4 \\ x+3y+9=0 \end{cases}$ 의 해가 없을 때, 상수 a의 값을 구하시오.

1 일차방정식 $3x-ay+1=0$의 그래프가 점 $(-1, 2)$를 지날 때, 다음 중 이 그래프 위의 점은?

(단, a는 상수)

① $(-3, -1)$ ② $(-2, -8)$
③ $(1, 0)$ ④ $(3, -5)$
⑤ $(4, -13)$

2 다음 일차방정식 중 그 그래프의 기울기는 양수이고 y절편은 음수인 것은?

① $2x-y+1=0$ ② $2x+y-2=0$
③ $x-2y=0$ ④ $x+y-2=0$
⑤ $4x-2y-5=0$

3 다음 중 일차방정식 $3x+2y+6=0$의 그래프에 대한 설명으로 옳은 것을 모두 고르면? (정답 2개)

① 점 $(0, 6)$을 지난다.
② x절편은 2, y절편은 -3이다.
③ 제1사분면을 지나지 않는다.
④ x의 값이 증가할 때, y의 값은 감소한다.
⑤ 일차함수 $y=x-2$의 그래프와 x축 위에서 만난다.

4 일차방정식 $ax+by-3=0$의 그래프가 오른쪽 그림과 같을 때, 상수 a, b의 값을 각각 구하시오.

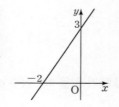

5 일차방정식 $3x+2y=0$의 그래프와 평행하고, 점 $(4, -2)$를 지나는 직선의 방정식은?

① $3x+y-4=0$ ② $3x+y+8=0$
③ $3x+2y-8=0$ ④ $3x+2y+4=0$
⑤ $3x-2y=0$

6 $a>0$, $b<0$, $c>0$일 때, 일차방정식 $ax+by-c=0$의 그래프가 지나지 **않는** 사분면은?

(단, a, b, c는 상수)

① 제1사분면 ② 제2사분면
③ 제3사분면 ④ 제4사분면
⑤ 제2사분면과 제4사분면

7 점 $(5, 4)$를 지나고, y축에 수직인 직선의 방정식은?

① $x-5=0$ ② $y-5=0$
③ $x-4=0$ ④ $y-4=0$
⑤ $4x-5y=0$

8 오른쪽 그림은 일차방정식 $3x-ay-b=0$의 그래프이다. 이때 두 상수 a, b의 값을 각각 구하시오.

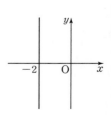

9 네 일차방정식 $x=2$, $x=-2$, $y=5$, $y=-1$의 그래프로 둘러싸인 도형의 넓이는?

① 10   ② 16   ③ 20
④ 24   ⑤ 28

10 오른쪽 그림은 연립방정식 $\begin{cases} x-ay=4 \\ bx+y=1 \end{cases}$ 을 풀기 위해 두 일차방정식의 그래프를 각각 그린 것이다. 이때 상수 a, b에 대하여 ab의 값을 구하시오.

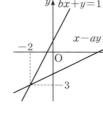

11 다음 조건을 모두 만족시키는 직선을 그래프로 하는 일차함수의 식을 구하시오.

┌ 조건 ┐
(개) y절편이 17이다.
(내) 두 직선 $x+y=2$, $2x+3y=1$의 교점을 지난다.

12 세 직선 $x-3y+1=0$, $x+5y-7=0$, $ax-2y+6=0$에 의해 삼각형이 만들어지지 않도록 하는 상수 a의 값을 모두 구하려고 한다. 다음을 구하시오.

(1) 세 직선 중 어느 두 직선이 서로 평행하도록 하는 모든 a의 값

(2) 세 직선이 한 점에서 만나도록 하는 a의 값

(3) 세 직선에 의해 삼각형이 만들어지지 않도록 하는 모든 a의 값

13 오른쪽 그림과 같이 두 일차방정식 $x+y=4$, $x-y=-2$의 그래프와 x축으로 둘러싸인 도형의 넓이를 구하시오.

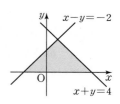

14 그래프를 이용하여 연립방정식 $\begin{cases} -4x+3y=1 \\ 8x-6y=-2 \end{cases}$ 를 풀면?

① $x=2$, $y=1$ ② $x=-4$, $y=3$
③ 해가 없다.   ④ 모든 유리수
⑤ $-4x+3y=1$을 만족시키는 모든 순서쌍

15 다음 보기의 일차방정식 중 그 그래프가 일차함수 $y=-3x+5$의 그래프와 한 점에서 만나는 것을 모두 고르시오.

┌ 보기 ┐
ㄱ. $3x+y+5=0$ ㄴ. $x-3y+5=0$
ㄷ. $-3x+5y+10=0$ ㄹ. $3x+y-5=0$

16 두 일차방정식 $ax+2y=6$, $4x-y=b$의 그래프의 교점이 존재하지 않을 때, 상수 a, b의 조건을 각각 구하시오.

따라 해보자

예제 1 일차방정식 $ax+by+8=0$의 그래프가 점 $(1, 2)$를 지나고 y축에 평행할 때, 상수 a, b의 값을 각각 구하시오.

풀이 과정

1단계 점 $(1, 2)$를 지나고 y축에 평행한 직선의 방정식 구하기

y축에 평행한 직선 위의 점들은 x좌표가 모두 같으므로

$x=1$

2단계 일차방정식을 **1단계**의 식의 꼴로 정리하기

$ax+by+8=0$에서 x를 y에 대한 식으로 나타내면

$ax=-by-8$　　∴ $x=-\dfrac{b}{a}y-\dfrac{8}{a}$

3단계 a, b의 값 구하기

$x=1$과 $x=-\dfrac{b}{a}y-\dfrac{8}{a}$이 서로 같으므로

$0=-\dfrac{b}{a}$, $1=-\dfrac{8}{a}$　　∴ $a=-8$, $b=0$

답 $a=-8$, $b=0$

유제 1 일차방정식 $ax-by+10=0$의 그래프가 점 $(-4, 5)$를 지나고 x축에 평행할 때, 상수 a, b의 값을 각각 구하시오.

풀이 과정

1단계 점 $(-4, 5)$를 지나고 x축에 평행한 직선의 방정식 구하기

2단계 일차방정식을 **1단계**의 식의 꼴로 정리하기

3단계 a, b의 값 구하기

답

예제 2 두 일차방정식 $x+2y-12=0$, $2x-3y-10=0$의 그래프의 교점을 지나고, 일차함수 $y=x+5$의 그래프와 평행한 직선의 방정식을 구하시오.

풀이 과정

1단계 두 일차방정식의 그래프의 교점의 좌표 구하기

연립방정식 $\begin{cases} x+2y=12 \\ 2x-3y=10 \end{cases}$ 을 풀면 $x=8$, $y=2$이므로

두 그래프의 교점의 좌표는 $(8, 2)$이다.

2단계 직선의 방정식 구하기

$y=x+5$의 그래프와 평행하면 기울기가 1이므로

직선의 방정식을 $y=x+b$로 놓고,

이 식에 $x=8$, $y=2$를 대입하면

$2=8+b$　　∴ $b=-6$

∴ $y=x-6$

답 $y=x-6$

유제 2 두 직선 $x+y-6=0$, $2x-y+3=0$의 교점을 지나고, 직선 $y=-3x+7$과 평행한 직선의 방정식을 구하시오.

풀이 과정

1단계 두 직선의 교점의 좌표 구하기

2단계 직선의 방정식 구하기

답

연습해 보자

1 두 점 $(2a+8, a-1)$, $(a-4, -6)$을 지나고, y축에 평행한 직선의 방정식을 구하시오.

[풀이 과정]

[답]

2 오른쪽 그림과 같이 두 직선 l, m이 한 점 P에서 만날 때, 점 P의 좌표를 구하시오.

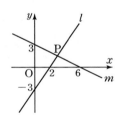

[풀이 과정]

[답]

3 오른쪽 그림에서 두 직선 $y-3=0$, $x-y-2=0$의 교점을 A, 이 두 직선과 y축의 교점을 각각 B, C라고 할 때, 다음 물음에 답하시오.

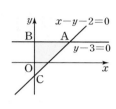

(1) 세 점 A, B, C의 좌표를 각각 구하시오.

(2) $\triangle$ABC의 넓이를 구하시오.

[풀이 과정]

(1)

(2)

[답] (1)　　　　　　　　(2)

4 연립방정식 $\begin{cases} ax-2y=b \\ 2x-y-4=0 \end{cases}$ 의 해가 무수히 많을 때, 상수 a, b의 값을 각각 구하시오.

[풀이 과정]

[답]

영화의 손익분기점

"영화 '○○', 개봉 일주일 만에 손익분기점 넘었다."

신문 기사에서 흔히 볼 수 있는 말인 손익분기점이란 영화의 제작비와 총수입이 일치하는 지점으로, 총수입이 손익분기점을 넘으면 이익을 보고 손익분기점을 넘지 못하면 손해를 보게 된다.

우리나라 영화 산업의 수익의 대부분은 영화관에서의 수입이므로 영화 관람료가 영화 산업의 성공에 절대적인 영향을 미친다. 1인의 영화 관람료에서 세금과 여러 비용을 제외하고 제작사와 투자사에게 돌아가는 금액은 보통 3500원 정도이다. 따라서 어떤 영화의 제작비가 100억 원이면 이 금액을 3500원으로 나눈 수인 약 286만 명 정도의 관객이 영화를 관람해야 총수입이 손익분기점에 다다르는 것이다.

요즘은 주연 배우의 출연료가 제작비의 많은 부분을 차지하므로 제작 초기에 배우와 스태프의 인건비 등의 비용을 최대한 절감해 손익분기점을 낮춰 잡는 것이 대세이다. 촬영 횟수를 최소한으로 정하는 등의 방법으로 제작 기간을 단축하기도 하고, 영화가 손익분기점을 넘게 되는 순간부터 대가를 받는 미니멈 개런티 방식을 적용하기도 한다.

기출문제는 이렇게!

Q 성범이가 친구들과 함께 학교 축제에서 빙수를 만들어 팔기 위해 빙수 판매 수에 따른 빙수의 재료를 구입하는 데 드는 총비용과 빙수 판매로 얻는 총수입을 예상해 보았더니 오른쪽 그림과 같았다. 이때 손익분기점을 넘어 이익을 보려면 빙수를 몇 그릇 이상 팔아야 하는지 구하시오.

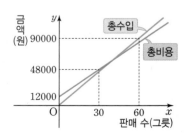

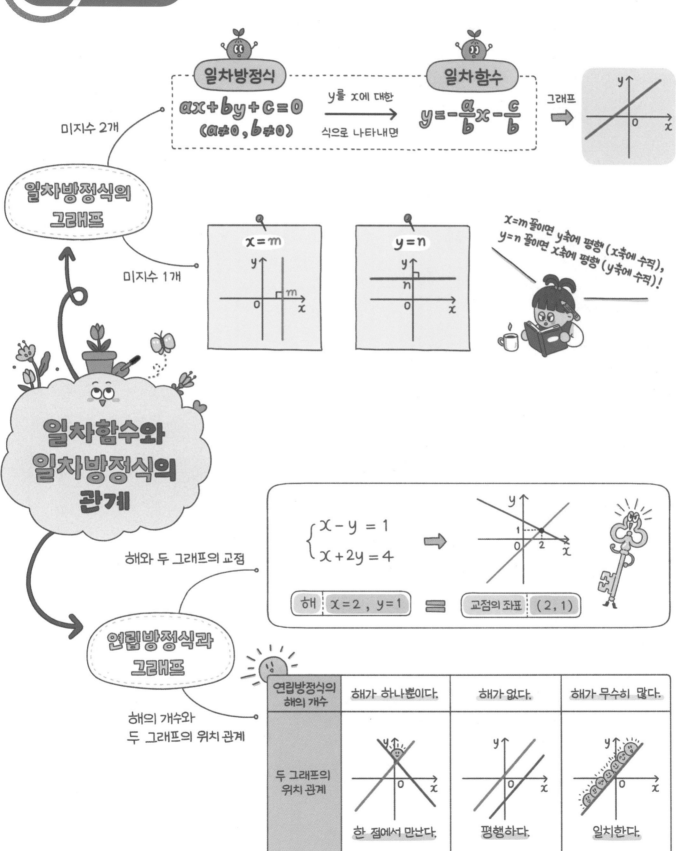

일차방정식

$$ax+by+c=0$$
$$(a\neq0, b\neq0)$$

y를 x에 대한 식으로 나타내면

일차함수

$$y=-\frac{a}{b}x-\frac{c}{b}$$

그래프 ⇒

미지수 2개

일차방정식의 그래프

미지수 1개

$x=m$

$y=n$

$x=m$ 꼴이면 y축에 평행 (x축에 수직),
$y=n$ 꼴이면 x축에 평행 (y축에 수직)!

일차함수와 일차방정식의 관계

해와 두 그래프의 교점

$$\begin{cases} x-y=1 \\ x+2y=4 \end{cases}$$

해 $x=2, y=1$ $=$ 교점의 좌표 $(2,1)$

연립방정식과 그래프

해의 개수와 두 그래프의 위치 관계

연립방정식의 해의 개수	해가 하나뿐이다.	해가 없다.	해가 무수히 많다.
두 그래프의 위치 관계	한 점에서 만난다.	평행하다.	일치한다.

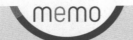
memo

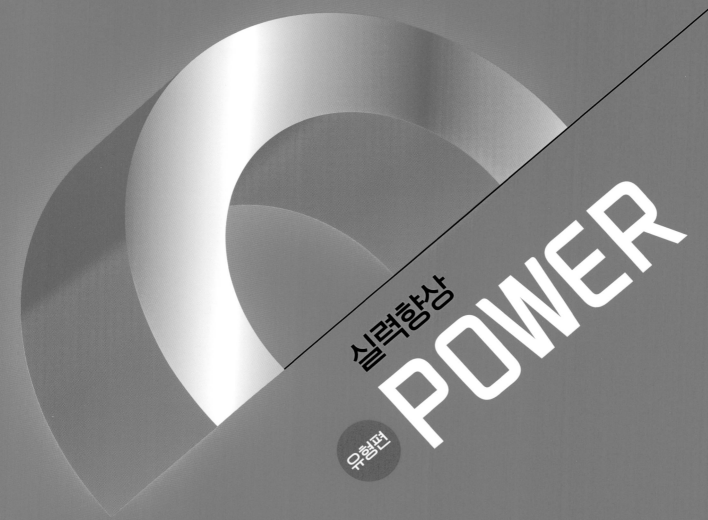

실력향상
유형편 POWER

개념과 유형이 하나로

개념 ＋PLUS 유형

중학 수학
2·1

visang

ABOVE IMAGINATION

우리는 남다른 상상과 혁신으로
교육 문화의 새로운 전형을 만들어
모든 이의 행복한 경험과 성장에 기여한다

개념﹢유형

유형편

실력 향상 POWER

중등 수학

2·1

How 어떻게 만들어졌나요?

전국 250여 개 학교의 기출문제들을 모두 모아 유형별로 분석하여 정리하였답니다.
기출문제를 유형별로 정리하였기 때문에 문제를 통해 핵심을 알 수 있어요!

When 언제 활용할까요?

개념편 진도를 나간 후 한 번 더 정리하고 싶을 때! 유형편 라이트를 공부한 후 다양한 실전 문제를 접하고 싶을 때!
시험 기간에 공부한 내용을 확인하고 싶을 때! 어떤 문제가 시험에 자주 출제되는지 궁금할 때!

Why 왜 유형편 파워를 보아야 하나요?

전국의 기출문제들을 분석·정리하여 쉬운 문제부터 까다로운 문제까지 다양한 유형으로 구성하였으므로
수학 성적을 올리고자 하는 친구라면 누구나 꼭 갖고 있어야 할 교재입니다.
이 한 권을 내 것으로 만든다면 내신 만점~, 자신감 UP~!!

유형편 **파워** 의 구성

• 문제 풀이의 비법을 담은
  내용 정리

• 틀리기 쉬운 유형과
  까다로운 유형

• 난이도와 출제율을 반영한 단원 마무리 문제

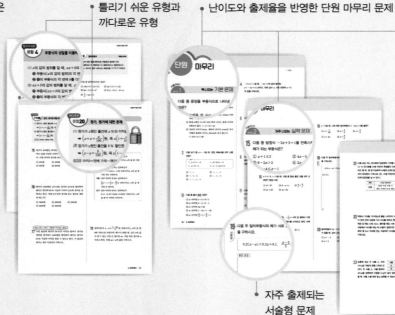

• 자주 출제되는
  서술형 문제

차례 ... # CONTENTS

1

유리수와 순환소수

1 유리수와 순환소수

⭐ 중요

유형 1 소수의 분류
개념편 8쪽

(1) 유한소수: 소수점 아래에 0이 아닌 숫자가 유한 번 나타 나는 소수

예 0.1, 2.45, 3.162

(2) 무한소수: 소수점 아래에 0이 아닌 숫자가 무한 번 나타 나는 소수

예 5.333…, 6.1777…, 0.7258…

1 다음 보기 중 유한소수인 것의 개수는?

┤ 보기 ├
ㄱ. 1.21 　　　　ㄴ. π
ㄷ. $-5.474747\cdots$ 　　ㄹ. -0.111
ㅁ. 6.666 　　　　ㅂ. $0.12131415\cdots$

① 1개　　　② 2개　　　③ 3개
④ 4개　　　⑤ 5개

2 다음 분수 중 소수로 나타냈을 때, 무한소수가 되는 것은?

① $\dfrac{1}{2}$　　② $\dfrac{2}{3}$　　③ $-\dfrac{8}{5}$
④ $\dfrac{7}{8}$　　⑤ $\dfrac{13}{20}$

3 다음 보기 중 옳지 <u>않은</u> 것을 모두 고르시오.

┤ 보기 ├
ㄱ. 3.14는 유한소수이다.
ㄴ. 2.156156…은 무한소수이다.
ㄷ. $\dfrac{10}{9}$을 소수로 나타내면 유한소수이다.
ㄹ. $\dfrac{7}{16}$을 소수로 나타내면 무한소수이다.

유형 2 순환소수와 순환마디
개념편 9쪽

(1) 순환소수: 무한소수 중에서 소수점 아래의 어떤 자리에 서부터 일정한 숫자의 배열이 한없이 되풀이되는 소수
(2) 순환마디: 순환소수의 소수점 아래에서 일정한 숫자의 배열이 한없이 되풀이되는 한 부분
(3) 순환소수의 표현: 순환마디의 양 끝의 숫자 위에 점을 찍 어 간단히 나타낸다.

예 $0.\underline{53}5353\cdots=0.\dot{5}\dot{3}$, $4.7\underline{165}165165\cdots=4.7\dot{1}6\dot{5}$

4 다음 중 순환소수와 순환마디가 바르게 연결된 것은?

① $5.909090\cdots \Rightarrow 9$
② $0.585858\cdots \Rightarrow 85$
③ $0.2676767\cdots \Rightarrow 267$
④ $2.022022022\cdots \Rightarrow 022$
⑤ $1.341341341\cdots \Rightarrow 134$

5 다음 분수 중 소수로 나타냈을 때, 순환마디가 나머지 넷과 <u>다른</u> 하나는?

① $\dfrac{1}{6}$　　② $\dfrac{8}{3}$　　③ $\dfrac{11}{12}$
④ $\dfrac{7}{15}$　　⑤ $\dfrac{19}{30}$

6 두 분수 $\dfrac{5}{11}$와 $\dfrac{4}{13}$를 각각 소수로 나타냈을 때, 순환마 디를 이루는 숫자의 개수를 각각 a개, b개라고 하자. 이때 $a+b$의 값을 구하시오.

7 다음 중 순환소수의 표현이 옳은 것은?

① $0.217217217\cdots=0.2\dot{1}7\dot{2}$

② $1.231231231\cdots=\dot{1}.2\dot{3}$

③ $0.666\cdots=0.\dot{6}\dot{6}$

④ $1.1020202\cdots=1.10\dot{2}$

⑤ $3.56333\cdots=3.56\dot{3}$

8 분수 $\dfrac{18}{55}$ 을 순환소수로 바르게 나타낸 것은?

① $0.3\dot{2}$ ② $0.\dot{3}\dot{2}$ ③ $0.32\dot{7}$

④ $0.3\dot{2}\dot{7}$ ⑤ $0.\dot{3}2\dot{7}$

까다로운 기출문제

주어진 분수를 소수로 나타내어 순환마디를 찾아보자.

9 다음은 0부터 9까지의 숫자를 각 음에 대응시켜 나타낸 것이다.

도	레	미	파	솔	라	시	도	레	미
0	1	2	3	4	5	6	7	8	9

어떤 스마트폰 앱에 분수를 입력하면 그 분수를 소수로 나타내어 위와 같이 수에 대응시킨 음을 이용하여 소수점 아래의 부분을 악보로 만들어 연주한다고 한다. 예를 들어, $\dfrac{8}{33}=0.\dot{2}\dot{4}$는 ♪와 같이 나타내어 '미솔'의 음을 반복하여 연주한다. 다음 중 이 앱에 분수 $\dfrac{4}{3}$를 입력했을 때, 연주하는 음을 나타낸 것은?

①  ②

③   ④

⑤

유형 3 소수점 아래 n번째 자리의 숫자 구하기

개념편 9쪽

순환마디를 이루는 숫자의 개수를 이용하여 순환마디가 소수점 아래 n번째 자리까지 몇 번 반복되는지 파악한다.

예 $0.\dot{1}23\dot{4}$의 소수점 아래 21번째 자리의 숫자 구하기

➡ 순환마디를 이루는 숫자는 1, 2, 3, 4의 4개이다.
이때 $21=4\times5+1$이므로 소수점 아래 21번째 자리의 숫자는 순환마디의 첫 번째 숫자인 1이다.

10 순환소수 $0.0\dot{5}27\dot{3}$의 소수점 아래 100번째 자리의 숫자를 구하시오.

11 분수 $\dfrac{4}{37}$를 소수로 나타낼 때, 소수점 아래 35번째 자리의 숫자를 구하시오.

서술형

풀이 과정

답

까다로운 기출문제

순환마디를 이용하여 a_1, a_2, a_3, $\cdots$의 규칙을 파악하자.

12 분수 $\dfrac{11}{13}$을 소수로 나타낼 때, 소수점 아래 n번째 자리의 숫자를 a_n이라고 하자. 이때 $a_1+a_2+a_3+\cdots+a_{14}$의 값을 구하시오.

까다로운 기출문제

순환마디가 소수점 아래 두 번째 자리에서부터 반복됨에 유의하자.

13 순환소수 $2.3\dot{7}1\dot{4}$에서 소수점 아래 50번째 자리의 숫자를 구하시오.

유형 4 유한소수로 나타낼 수 있는 분수 개념편 11쪽

정수가 아닌 유리수를 기약분수로 나타낸 후 분모를 소인수
분해했을 때

(1) 분모의 소인수가 2 또는 5뿐이면 ➡ 유한소수

예 $\dfrac{21}{60}=\dfrac{7}{20}=\dfrac{7}{2^2\times 5}$ ➡ 유한소수

(2) 분모에 2 또는 5 이외의 소인수가 있으면 ➡ 순환소수

예 $\dfrac{5}{30}=\dfrac{1}{6}=\dfrac{1}{2\times 3}$ ➡ 순환소수

14 다음은 분수 $\dfrac{13}{40}$ 을 유한소수로 나타내는 과정이다. 이때
a, b, c의 값을 각각 구하시오.

$$\frac{13}{40}=\frac{13}{2^3\times 5}=\frac{13\times a}{2^3\times 5\times a}=\frac{b}{1000}=c$$

15 분수 $\dfrac{7}{25}$ 을 $\dfrac{a}{10^n}$ 꼴로 고쳐서 유한소수로 나타낼 때,
$a+n$의 값 중 가장 작은 수를 구하시오.

(단, a, n은 자연수)

16 다음 분수 중 유한소수로 나타낼 수 있는 것은?

① $\dfrac{1}{12}$ ② $\dfrac{5}{21}$ ③ $\dfrac{3}{30}$

④ $\dfrac{18}{42}$ ⑤ $\dfrac{9}{51}$

17 다음 보기의 분수 중 순환소수로만 나타낼 수 있는 것
을 모두 고르시오.

ㄱ. $\dfrac{3}{14}$ ㄴ. $\dfrac{13}{20}$ ㄷ. $\dfrac{9}{48}$

ㄹ. $\dfrac{15}{54}$ ㅁ. $\dfrac{24}{75}$ ㅂ. $\dfrac{105}{132}$

18 야구 경기에서 어떤 선수의 타율은 $\dfrac{(안타\ 수)}{(타수)}$ 로 나타
낸다. 다음 표는 어느 야구 선수 4명의 기록을 나타낸
것이다. 이때 타율을 유한소수로 나타낼 수 <u>없는</u> 선수
를 말하시오.

선수	타수	안타 수
A	25	4
B	24	9
C	20	11
D	15	8

> 분모를 소인수분해한 후 유한소수가 되도록 하는 분자의
> 조건을 생각해 보자.

까다로운 기출문제

19 두 분수 $\dfrac{1}{7}$ 과 $\dfrac{4}{5}$ 사이에 있는 분자가 자연수인 분수
중 분모가 35이고, 유한소수로 나타낼 수 있는 분수는
모두 몇 개인지 구하시오.

> 정수가 아닌 유리수는 유한소수이거나 순환소수이므로
> (순환소수의 개수)=(전체 개수)-(유한소수의 개수)

까다로운 기출문제

20 분수 $\dfrac{1}{2}$, $\dfrac{1}{3}$, $\dfrac{1}{4}$, $\cdots$, $\dfrac{1}{50}$ 중 순환소수로만 나타내어지
는 분수는 모두 몇 개인지 구하시오.

유형 5 $\dfrac{B}{A} \times x$를 유한소수가 되도록 하는 x의 값 구하기

개념편 11쪽

❶ 분수 $\dfrac{B}{A}$를 기약분수로 나타낸다.

❷ ❶의 분모를 소인수분해한다.

➡ 분모의 소인수가 2 또는 5뿐이어야 하므로 x의 값은 분모의 소인수 중 2와 5를 제외한 소인수들의 곱의 배수이다.

21 $\dfrac{13}{60} \times x$를 소수로 나타내면 유한소수가 될 때, 다음 중 x의 값이 될 수 <u>없는</u> 것은?

① 3   ② 9   ③ 13

④ 15   ⑤ 24

22 분수 $\dfrac{15}{216}$에 어떤 자연수를 곱하면 유한소수로 나타낼 수 있을 때, 곱할 수 있는 가장 작은 자연수를 구하시오.

23 분수 $\dfrac{a}{2 \times 3 \times 5^2 \times 7}$를 소수로 나타내면 유한소수가 될 때, a의 값이 될 수 있는 100 이하의 자연수는 모두 몇 개인지 구하시오.

24 분수 $\dfrac{x}{2^3 \times 3^2 \times 5^4}$가 다음 조건을 모두 만족시킬 때, x의 값이 될 수 있는 가장 큰 수를 구하시오.

┌ **조건** ┐
(가) $\dfrac{x}{2^3 \times 3^2 \times 5^4}$를 소수로 나타내면 유한소수이다.
(나) x는 2와 3의 공배수이고, 두 자리의 자연수이다.

유형 6 두 분수를 모두 유한소수가 되도록 하는 미지수의 값 구하기

개념편 11쪽

❶ 두 분수를 각각 기약분수로 나타낸다.

❷ ❶의 분모를 각각 소인수분해한다.

➡ 두 분모의 소인수가 2 또는 5뿐이어야 하므로 미지수의 값은 두 분모의 소인수 중 2와 5를 제외한 소인수들의 공배수이다.

25 두 분수 $\dfrac{x}{2^3 \times 13}$와 $\dfrac{x}{2^2 \times 5^3 \times 7}$를 모두 유한소수로 나타낼 수 있을 때, x의 값이 될 수 있는 가장 작은 자연수를 구하시오.

26 두 분수 $\dfrac{n}{15}$과 $\dfrac{n}{104}$을 소수로 나타내면 모두 유한소수가 된다고 한다. 이때 n의 값이 될 수 있는 가장 큰 두 자리의 자연수를 구하시오.

서술형

┌ **풀이 과정** ┐

└ **답** ┘

27 두 분수 $\dfrac{17}{102}$과 $\dfrac{21}{165}$에 어떤 자연수 x를 곱하면 모두 유한소수로 나타낼 수 있다고 한다. 이때 x의 값이 될 수 있는 가장 작은 자연수는?

① 11   ② 15   ③ 21

④ 27   ⑤ 33

유형 7 $\dfrac{B}{A \times x}$ 를 유한소수가 되도록 하는 x의 값 구하기

개념편 11쪽

❶ 분수 $\dfrac{B}{A \times x}$ 를 기약분수로 나타낸다.

❷ ❶의 분모를 소인수분해한다.

➡ 분모의 소인수가 2 또는 5뿐이어야 하므로 x의 값은 소인수가 2나 5로만 이루어진 수 또는 분자의 약수 또는 이들의 곱으로 이루어진 수이다.

28 분수 $\dfrac{6}{2^3 \times 5 \times x}$ 을 유한소수로 나타낼 수 있을 때, 다음 중 x의 값이 될 수 <u>없는</u> 것은?

① 4   ② 5   ③ 6

④ 7   ⑤ 8

29 분수 $\dfrac{21}{2^2 \times 3 \times x}$ 을 소수로 나타내면 유한소수가 될 때, x의 값이 될 수 있는 10 이하의 자연수의 개수는?

① 3개   ② 4개   ③ 5개

④ 6개   ⑤ 7개

> 분모의 소인수가 2 또는 5뿐인 기약분수를 찾아보자.

까다로운 기출문제

30 x에 대한 일차방정식 $ax = 18$의 해를 소수로 나타내면 유한소수가 될 때, 다음 중 상수 a의 값이 될 수 있는 것은?

① 21   ② 28   ③ 35

④ 48   ⑤ 52

까다로운 유형 8 기약분수의 분자가 주어질 때, 유한소수가 되도록 하는 미지수의 값 구하기

개념편 11쪽

분수 $\dfrac{x}{A}$ 를 소수로 나타내면 유한소수가 되고, 기약분수로 나타내면 $\dfrac{B}{y}$ 가 될 때, x, y의 값은 다음 순서로 구한다.

❶ x의 값은 A의 소인수 중 2와 5를 제외한 소인수들의 곱의 배수임을 이용하여 가능한 x의 값을 모두 구한다.

❷ ❶에서 구한 x의 값을 $\dfrac{x}{A}$ 에 대입하여 약분했을 때, 분자가 B가 되는 x의 값과 그때의 y의 값을 구한다.

31 분수 $\dfrac{p}{48}$ 를 소수로 나타내면 유한소수가 되고, 이 분수를 기약분수로 나타내면 $\dfrac{3}{q}$ 이 된다. p가 6보다 크고 12보다 작은 자연수일 때, p, q의 값을 각각 구하시오.

32 분수 $\dfrac{x}{180}$ 는 유한소수로 나타낼 수 있고, 이 분수를 기약분수로 나타내면 $\dfrac{1}{y}$ 이 된다. x가 $20 \leq x \leq 40$인 자연수일 때, x, y의 값을 각각 구하시오.

> $\dfrac{x}{A}$ 를 기약분수로 나타냈을 때, $\dfrac{B}{y}$ 이면 x는 B의 배수임을 이용하자.

까다로운 기출문제

33 분수 $\dfrac{x}{350}$ 를 소수로 나타내면 유한소수가 되고, 이 분수를 기약분수로 나타내면 $\dfrac{11}{y}$ 이 된다. x가 두 자리의 자연수일 때, $x-y$의 값을 구하시오.

서술형

풀이 과정

답

유형 9 순환소수가 되도록 하는 미지수의 값 구하기
개념편 11쪽

순환소수가 되려면 분수를 기약분수로 나타냈을 때
➡ 분모에 2 또는 5 이외의 소인수가 있어야 한다.

34 분수 $\dfrac{x}{45}$를 순환소수로만 나타낼 수 있을 때, 다음 중 x의 값이 될 수 <u>없는</u> 것은?

① 12 ② 15 ③ 18
④ 20 ⑤ 24

35 분수 $\dfrac{7}{2^3 \times 5 \times x}$을 순환소수로만 나타낼 수 있을 때, x의 값이 될 수 있는 모든 한 자리의 자연수의 합은?

① 9 ② 12 ③ 15
④ 18 ⑤ 20

36 분수 $\dfrac{12}{100a}$를 순환소수로만 나타낼 수 있을 때, a의 값이 될 수 있는 한 자리의 자연수를 모두 구하시오.

유형 10 순환소수를 분수로 나타내기 (1)
개념편 12쪽

· 10의 거듭제곱 이용하기
❶ 주어진 순환소수를 x라고 한다.
❷ 양변에 10의 거듭제곱을 적당히 곱하여 소수점 아래의 부분이 같은 두 식을 만든다.
❸ ❷의 두 식을 변끼리 빼어 x의 값을 구한다.

예 순환소수 $0.2\dot{5}$를 분수로 나타내기
➡ $0.2\dot{5}$를 x라고 하면 $x=0.2555\cdots$ ← ❶ 순환소수를 x로 놓기

$\begin{array}{r} 100x=25.555\cdots \\ -) \quad 10x= 2.555\cdots \\ \hline 90x=23 \end{array}$ ← ❷ 소수점 아래의 부분이 같은 두 식 만들기

$\therefore x=\dfrac{23}{90}$ ← ❸ x의 값 구하기

37 다음은 순환소수 $0.1\dot{2}$를 분수로 나타내는 과정이다. ☐ 안에 알맞은 수를 쓰시오.

$0.1\dot{2}$를 x라고 하면
$x=0.121212\cdots$ $\cdots$ ㉠
㉠의 양변에 ☐ 을 곱하면
☐ $x=12.121212\cdots$ $\cdots$ ㉡
㉡에서 ㉠을 변끼리 빼면
☐ $x=12$ $\therefore x=\dfrac{12}{☐}=☐$

38 순환소수 $x=0.4\dot{3}\dot{7}$를 분수로 나타낼 때, 다음 중 가장 편리한 식은?

① $10x-x$ ② $100x-10x$
③ $1000x-x$ ④ $1000x-10x$
⑤ $1000x-100x$

39 순환소수 $1.54\dot{6}$을 x라고 할 때, 10의 거듭제곱을 이용하여 $1.54\dot{6}$을 기약분수로 나타내시오.

서술형

[풀이 과정]

답

보기 다 ◈ 모아~

40 다음 중 순환소수 $x=0.2454545\cdots$에 대한 설명으로 옳지 <u>않은</u> 것을 모두 고르면?

① 순환마디는 245이다.

② 순환마디를 이루는 숫자의 개수는 2개이다.

③ $x=0.2\dot{4}\dot{5}$로 나타낼 수 있다.

④ x는 무한소수이다.

⑤ $x=0.2+0.0\dot{4}\dot{5}$이다.

⑥ $1000x-100x=221$

⑦ 분수로 나타내면 $\dfrac{27}{110}$이다.

유형11 순환소수를 분수로 나타내기 (2) **개념편 13쪽**

• 공식 이용하기

(1) 분모 ➡ 순환마디를 이루는 숫자의 개수만큼 9를 쓰고, 그 뒤에 소수점 아래 순환마디에 포함되지 않는 숫자의 개수만큼 0을 쓴다.

(2) 분자 ➡ 전체의 수에서 순환하지 않는 부분의 수를 뺀 값을 쓴다.

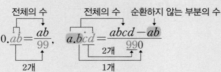

41 다음 중 옳지 <u>않은</u> 것은?

① $2.\dot{0}\dot{3}=\dfrac{203-2}{99}$ ② $0.\dot{4}\dot{9}=\dfrac{49}{99}$

③ $0.5\dot{8}=\dfrac{58-5}{90}$ ④ $0.3\dot{0}\dot{7}=\dfrac{307-3}{990}$

⑤ $1.2\dot{5}=\dfrac{125-1}{90}$

42 다음 중 옳은 것을 모두 고르면? (정답 2개)

① $3.\dot{8}=\dfrac{35}{9}$ ② $0.2\dot{4}=\dfrac{4}{15}$

③ $0.0\dot{1}=\dfrac{1}{99}$ ④ $0.\dot{5}\dot{0}=\dfrac{5}{9}$

⑤ $4.4\dot{2}=\dfrac{199}{45}$

43 순환소수 $0.\dot{6}$의 역수를 a, $0.2\dot{3}$의 역수를 b라고 할 때, ab의 값을 구하시오.

44 분수 $\dfrac{x}{6}$를 계산기를 사용하여 소수로 나타냈더니 다음 그림과 같은 결과를 얻었다. 이때 자연수 x의 값을 구하시오.

45 다음을 계산하여 기약분수로 나타내시오.

$$2+0.3+0.01+0.006+0.0006+0.00006+\cdots$$

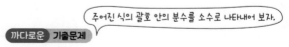

주어진 식의 괄호 안의 분수를 소수로 나타내어 보자.

까다로운 기출문제

46 $\dfrac{1}{3}\times\left(\dfrac{1}{10}+\dfrac{1}{100}+\dfrac{1}{1000}+\cdots\right)$을 간단히 하면 $\dfrac{1}{a}$일 때, 자연수 a의 값을 구하시오.

틀리기 쉬운

유형12 분수를 소수로 바르게 나타내기 개념편 13쪽

어떤 기약분수를 소수로 나타낼 때
(1) 분자를 잘못 보았다. ➡ 분모를 제대로 보았다.
(2) 분모를 잘못 보았다. ➡ 분자를 제대로 보았다.

47 서술형
기약분수를 소수로 나타내는 문제를 푸는데 정민이는 분자를 잘못 보아서 $1.7\dot{8}$로 나타내고, 수정이는 분모를 잘못 보아서 $0.6\dot{1}$로 나타냈다. 두 사람이 잘못 본 분수도 모두 기약분수일 때, 다음 물음에 답하시오.

(1) 처음 기약분수의 분모와 분자를 차례로 구하시오.

(2) 처음 기약분수를 구하시오.

> 풀이 과정
> (1)
>
>
> (2)
>
> 답 (1)   (2)

48 기약분수 $\dfrac{b}{a}$를 소수로 나타내는데 민수는 분모를 잘못 보아서 $0.1\dot{4}$로 나타내고, 정희는 분자를 잘못 보아서 $1.\dot{5}$로 나타냈다. 두 사람이 잘못 본 분수도 모두 기약분수일 때, $b-a$의 값을 구하시오.

49 어떤 기약분수를 소수로 나타내는데 시우는 분자를 잘못 보아서 $1.6\dot{5}$로 나타내고, 솔이는 분모를 잘못 보아서 $1.\dot{2}$로 나타냈다. 두 사람이 잘못 본 분수도 모두 기약분수일 때, 처음 기약분수를 순환소수로 나타내시오.

유형13 순환소수를 포함한 식의 계산 개념편 13쪽

순환소수를 포함한 식의 덧셈, 뺄셈, 곱셈, 나눗셈은 순환소수를 분수로 나타낸 후 계산한다.

예 $0.\dot{1}x=\dfrac{1}{5}$에서 $\dfrac{1}{9}x=\dfrac{1}{5}$ $\therefore x=\dfrac{9}{5}$

50 다음 □ 안에 알맞은 수는?

$$0.\dot{3}4\dot{7}=347\times\square$$

① $0.\dot{0}0\dot{1}$ ② $0.0\dot{0}\dot{1}$ ③ 0.001
④ $0.00\dot{1}$ ⑤ $0.0\dot{1}$

51 $\dfrac{19}{30}=x+0.0\dot{1}$을 만족시키는 x의 값을 순환소수로 나타내시오.

52 서로소인 두 자연수 a, b에 대하여 $2.4\dot{8}\times\dfrac{b}{a}=1.\dot{7}$일 때, a, b의 값을 각각 구하시오.

53 어떤 양수에 $5.\dot{6}$을 곱해야 할 것을 잘못하여 5.6을 곱했더니 그 값이 바르게 계산한 결과보다 $0.\dot{3}$만큼 작았다. 이때 어떤 양수를 구하시오.

유형14 순환소수에 적당한 수를 곱하여 자연수 또는 유한소수 만들기 개념편 13쪽

(1) 순환소수에 적당한 수를 곱하여 자연수 만들기
　❶ 순환소수를 기약분수로 나타낸다.
　❷ ❶의 분모의 배수를 곱한다.
(2) 순환소수에 적당한 수를 곱하여 유한소수 만들기
　❶ 순환소수를 기약분수로 나타낸다.
　❷ ❶의 분모를 소인수분해한다.
　❸ 분모의 소인수 중 2와 5를 제외한 소인수들의 곱의 배수를 곱한다.

54 순환소수 $0.3\dot{8}$에 어떤 자연수 a를 곱하면 자연수가 된다고 한다. 이때 a의 값이 될 수 있는 가장 작은 자연수는?

① 3 ② 5 ③ 9
④ 18 ⑤ 90

55 순환소수 $0.5\dot{6}$에 어떤 자연수 x를 곱하여 유한소수가 되게 하려고 한다. 다음 중 x의 값이 될 수 없는 것을 모두 고르면? (정답 2개)

① 3 ② 5 ③ 6
④ 7 ⑤ 9

> 순환소수를 기약분수로 나타낸 후 (자연수)² 꼴이 되도록 하는 자연수 n의 꼴을 생각해 보자.

까다로운 기출문제

56 순환소수 $0.1\dot{5}$에 자연수 n을 곱하여 어떤 자연수의 제곱이 되게 하려고 한다. 이때 n의 값이 될 수 있는 가장 작은 자연수를 구하시오.

유형15 순환소수의 대소 관계 개념편 13쪽

방법1 순환소수를 풀어 쓰고, 각 자리의 숫자를 비교한다.
방법2 순환소수를 분수로 나타내어 대소를 비교한다.

57 다음 □ 안에 <, > 중 알맞은 것을 쓰시오.

(1) $0.3\dot{2}$ □ 0.32 (2) $0.4\dot{0}$ □ $0.\dot{4}$

(3) $0.4\dot{7}$ □ $\dfrac{47}{90}$ (4) $1.\dot{6}$ □ $\dfrac{16}{9}$

58 다음 중 두 수의 대소 관계가 옳지 않은 것은?

① $0.1\dot{7}\dot{4}>0.1\dot{7}4$ ② $3.\dot{8}=\dfrac{35}{9}$
③ $\dfrac{1}{2}<0.\dot{5}$ ④ $0.\dot{1}\dot{0}<\dfrac{1}{11}$
⑤ $0.5\dot{2}<\dfrac{52}{99}$

59 다음 보기의 수를 가장 작은 것부터 차례로 나열하시오.

보기
ㄱ. $2.5\dot{6}\dot{9}$ ㄴ. 2.569
ㄷ. $2.\dot{5}6\dot{9}$ ㄹ. $2.56\dot{9}$

유형 16 유리수와 소수의 관계 개념편 13쪽

유한소수와 순환소수는 모두 유리수이다.

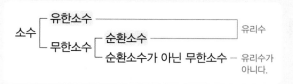

60 다음 중 유리수가 <u>아닌</u> 것을 모두 고르면? (정답 2개)

① $\dfrac{11}{3}$ ② π ③ 3.131313

④ $-0.\dot{2}\dot{5}$ ⑤ $0.101001000\cdots$

[보기 다 모아~]

61 다음 중 옳지 <u>않은</u> 것을 모두 고르면?

① 모든 유리수는 분수로 나타낼 수 있다.

② 모든 무한소수는 유리수이다.

③ 모든 순환소수는 유리수이다.

④ 유한소수 중에는 유리수가 아닌 것도 있다.

⑤ 정수가 아닌 유리수를 소수로 나타내면 항상 유한소수 또는 순환소수가 된다.

⑥ 모든 유한소수는 분모가 10의 거듭제곱인 분수로 나타낼 수 있다.

⑦ 모든 무한소수는 $\dfrac{(정수)}{(0이\ 아닌\ 정수)}$ 꼴로 나타낼 수 있다.

62 다음 보기 중 옳은 것을 모두 고르시오.

[보기]

ㄱ. 순환소수 중에는 유리수가 아닌 것도 있다.

ㄴ. 모든 유리수는 유한소수로 나타낼 수 있다.

ㄷ. 무한소수는 모두 순환소수이다.

ㄹ. 분모의 소인수에 3이 있는 기약분수는 유한소수로 나타낼 수 없다.

ㅁ. 유한소수로 나타낼 수 없는 기약분수는 모두 순환소수로 나타낼 수 있다.

톡톡 튀는 문제

63 분수 $\dfrac{85}{x}$ 를 소수로 나타내기 위해 오른쪽과 같이 나눗셈을 하는 과정에서 나누는 수와 몫의 일부가 지워져 보이지 않는다. 다음 중 분수 $\dfrac{85}{x}$ 에 대한 설명으로 옳은 것을 모두 고르면? (정답 2개)

```
        3.
    ) 85
      81
      40
      27
     130
     108
     220
     216
       4
       ⋮
```

① x의 값은 25이다.

② 소수로 나타내면 순환소수이고, 순환마디는 소수점 아래 두 번째 자리부터 시작한다.

③ 순환마디를 이루는 숫자는 3개이다.

④ 소수점 아래 80번째 자리의 숫자는 1이다.

⑤ 순환마디를 이루는 숫자의 합은 13이다.

64 두 수 x, y에 대하여 연산기호 ◎를 다음과 같이 약속하자.

(ⅰ) $x > y$이면 $x ◎ y = 1$

(ⅱ) $x = y$이면 $x ◎ y = 0$

(ⅲ) $x < y$이면 $x ◎ y = -1$

예를 들어, $4◎3=1$, $2◎2=0$, $-5◎1=-1$이다. $a=\dfrac{15}{11}$, $b=1.\dot{3}\dot{6}$, $c=2.5\dot{3}\dot{9}$, $d=2.53\dot{9}$일 때, $(a◎b)◎(c◎d)$의 값을 구하시오.

꼭 나오는 **기본 문제**

1 다음 중 순환소수의 표현으로 옳지 <u>않은</u> 것은?

① $3.8666\cdots=3.8\dot{6}$

② $1.252525\cdots=1.\dot{2}\dot{5}$

③ $0.05767676\cdots=0.05\dot{7}\dot{6}$

④ $2.042042042\cdots=2.0\dot{4}\dot{2}$

⑤ $2.1548548548\cdots=2.1\dot{5}4\dot{8}$

2 분수 $\dfrac{11}{27}$을 소수로 나타낼 때, 순환마디를 이루는 숫자의 개수를 a개, 소수점 아래 100번째 자리의 숫자를 b라고 하자. 이때 $a+b$의 값을 구하시오.

3 다음 분수 중 유한소수로 나타낼 수 <u>없는</u> 것은?

① $\dfrac{121}{22}$

② $\dfrac{42}{2\times5^2\times7}$

③ $\dfrac{39}{2^4\times3\times5}$

④ $\dfrac{102}{3\times5^2\times17}$

⑤ $\dfrac{9}{2^2\times3^3\times5}$

4 $\dfrac{13}{360}\times A$를 소수로 나타내면 유한소수가 될 때, A의 값이 될 수 있는 가장 작은 두 자리의 자연수는?

① 15　　② 18　　③ 21

④ 24　　⑤ 27

5 두 분수 $\dfrac{10}{72}$과 $\dfrac{11}{42}$에 어떤 자연수 n을 곱하면 모두 유한소수로 나타낼 수 있을 때, n의 값이 될 수 있는 가장 작은 자연수를 구하시오.

서술형

풀이 과정

답

6 분수 $\dfrac{15}{10\times x}$를 소수로 나타내면 유한소수가 될 때, x의 값이 될 수 있는 모든 한 자리의 자연수의 합은?

① 25　　② 26　　③ 27

④ 28　　⑤ 29

7 다음 중 순환소수 $x=1.3\dot{0}\dot{6}$을 분수로 나타낼 때, 가장 편리한 식은?

① $10x-x$ ② $100x-10x$

③ $1000x-x$ ④ $1000x-10x$

⑤ $10000x-x$

8 $1.363636\cdots=\dfrac{a}{11}$, $0.7\dot{2}=\dfrac{13}{b}$일 때, 자연수 a, b에 대하여 $a+b$의 값은?

① 25   ② 28   ③ 30

④ 33   ⑤ 35

9 다음 중 순환소수 $x=4.545454\cdots$에 대한 설명으로 옳지 <u>않은</u> 것을 모두 고르면? (정답 2개)

① x는 유리수가 아니다.

② $x=4.5\dot{4}$로 나타낼 수 있다.

③ x는 4.54보다 크다.

④ 분수로 나타내면 $\dfrac{6}{11}$이다.

⑤ 분수로 나타낼 때 이용할 수 있는 가장 편리한 식은 $100x-x$이다.

10 서술형 다음을 만족시키는 유리수 a, b에 대하여 $b-a$의 값을 구하시오.

$$0.6\dot{5}=a\times0.0\dot{1}, \qquad 0.2\dot{7}\dot{3}=b\times0.0\dot{0}\dot{1}$$

풀이 과정

답

11 다음 보기 중 가장 큰 수를 고르시오.

| 보기 |
ㄱ. 0.351 ㄴ. $0.35\dot{1}$
ㄷ. $0.3\dot{5}\dot{1}$ ㄹ. $0.\dot{3}5\dot{1}$

12 다음 중 옳지 <u>않은</u> 것을 모두 고르면? (정답 2개)

① 모든 유한소수는 유리수이다.

② 소수 중에는 유리수가 아닌 것도 있다.

③ 모든 소수는 $\dfrac{b}{a}$ (a, b는 정수, $a\neq0$) 꼴로 나타낼 수 있다.

④ 모든 기약분수는 유한소수로 나타낼 수 있다.

⑤ 분모의 소인수가 2 또는 5뿐인 기약분수는 모두 유한소수로 나타낼 수 있다.

자주 나오는 실력 문제

13 수직선 위에서 0과 1을 나타내는 두 점 사이의 거리를 15등분 했을 때, 각 점이 나타내는 수를 작은 것부터 차례로 a_1, a_2, a_3, $\cdots$, a_{14}라고 하자. 이 중에서 유한소수로 나타낼 수 있는 것의 개수를 구하시오.

14 분수 $\dfrac{k}{70}$를 유한소수로 나타낼 수 있을 때, 50 미만의 자연수 k의 개수는?

① 4개   ② 5개   ③ 6개
④ 7개   ⑤ 8개

15 분수 $\dfrac{x}{150}$를 소수로 나타내면 유한소수가 되고, 이 분수를 기약분수로 나타내면 $\dfrac{1}{y}$이 된다. x가 10보다 크고 20보다 작은 자연수일 때, $x-y$의 값은?

① 5   ② 7   ③ 9
④ 11   ⑤ 13

16 분수 $\dfrac{33}{2\times 5^2\times x}$을 순환소수로만 나타낼 수 있을 때, x의 값이 될 수 있는 가장 작은 두 자리의 자연수는?

① 11   ② 12   ③ 13
④ 14   ⑤ 15

17 어떤 기약분수의 역수를 소수로 나타내었더니 $10.0\dot{9}$가 되었다. 이때 처음 기약분수를 소수로 나타내면?

① $0.00\dot{9}$ ② $0.0\dot{9}0$ ③ $0.0\dot{9}\dot{0}$
④ $0.0\dot{9}\dot{9}$ ⑤ $0.0\dot{9}9$

18 $x=\dfrac{2}{3}\times(0.6+0.06+0.006+\cdots)$일 때, x의 값을 순환소수로 나타내시오.

19 어떤 기약분수를 소수로 나타내는데 준희는 분모를 잘못 보아서 $0.1\dot{8}$로 나타내고, 세원이는 분자를 잘못 보아서 $0.3\dot{7}$로 나타냈다. 두 사람이 잘못 본 분수도 모두 기약분수일 때, 처음 기약분수를 순환소수로 나타내시오.

풀이 과정

답

20 일차방정식 $0.\dot{5}x-1.\dot{3}=0.1\dot{8}$의 해를 순환소수로 나타내시오.

21 순환소수 $0.0\dot{6}$에 어떤 자연수를 곱하면 유한소수가 된다고 한다. 이때 곱할 수 있는 가장 큰 두 자리의 자연수는?

① 33   ② 60   ③ 66
④ 90   ⑤ 99

LEVEL 3   만점을 위한 **도전 문제**

22 한 자리의 자연수 a_1, a_2, a_3, a_4, $\cdots$에 대하여
$\dfrac{41}{55}=\dfrac{a_1}{10}+\dfrac{a_2}{10^2}+\dfrac{a_3}{10^3}+\dfrac{a_4}{10^4}+\cdots$일 때,
$a_1+a_2+a_3+\cdots+a_{21}$의 값을 구하시오.

23 다음 조건을 모두 만족시키는 자연수 x의 개수를 구하시오.

조건
(가) $1\leq x\leq 100$
(나) 분수 $\dfrac{x}{176}$는 유한소수로 나타낼 수 있다.
(다) 분수 $\dfrac{x}{150}$는 유한소수로 나타낼 수 없다.

24 $0.\dot{a}\dot{b}+0.\dot{b}\dot{a}=0.\dot{8}$을 만족시키는 두 자연수 a, b는 10보다 작은 짝수이다. 이때 $0.\dot{a}\dot{b}-0.\dot{b}\dot{a}$를 순환소수로 나타내시오. (단, $a>b$)

2 식의 계산

2 식의 계산

| 유형 **1** 지수법칙 (1) – 지수의 합 | 개념편 24쪽 |

m, n이 자연수일 때

➡ $a^m \times a^n = a^{m+n}$

지수의 합

예 $a^2 \times a^5 = a^{2+5} = a^7$

1 다음 중 옳은 것은?

① $x^4 \times x^3 = x^{12}$

② $a \times a \times a = 3a$

③ $a \times a^3 \times a^5 = a^{15}$

④ $a^2 \times b^4 \times a^8 = a^{10}b^4$

⑤ $x^3 \times y \times x^4 \times y^5 = x^6 y^7$

2 다음 ☐ 안에 알맞은 자연수를 구하시오.

(1) $x^6 \times x^{\square} = x^7$

(2) $3^{\square} \times 27 = 3^8$

3 $x+y=6$이고 $a=2^x$, $b=2^y$일 때, ab의 값은?

(단, x, y는 자연수)

① 32 ② 48 ③ 64

④ 80 ⑤ 96

4 $40 \times 50 \times 60 \times 70 = 2^a \times 3^b \times 5^c \times 7^d$을 만족시키는 자

연수 a, b, c, d에 대하여 $a-b+c-d$의 값을 구하

시오.

풀이 과정

답

| 유형 **2** 지수법칙 (2) – 지수의 곱 | 개념편 25쪽 |

m, n이 자연수일 때

➡ $(a^m)^n = a^{mn}$

지수의 곱

예 $(a^2)^5 = a^{2\times5} = a^{10}$

5 다음 중 옳지 <u>않은</u> 것을 모두 고르면? (정답 2개)

① $(a^2)^4 = a^8$

② $x \times (x^4)^3 = x^8$

③ $(3^3)^2 \times 3^4 \times (3^2)^5 = 3^{20}$

④ $(a^2)^6 \times (b^5)^3 \times a^6 = a^{18}b^{15}$

⑤ $(x^6)^3 \times y^4 \times x \times (y^7)^2 = x^{18}y^{18}$

6 $a^3 \times (a^{\square})^5 = a^{18}$일 때, ☐ 안에 알맞은 자연수를 구하

시오.

7 $9^6 \times 25^3 = 3^a \times 5^b$일 때, 자연수 a, b에 대하여 $a+b$의

값은?

① 9 ② 12 ③ 15

④ 18 ⑤ 21

8 $8^{x+3} = 2^{21}$을 만족시키는 자연수 x의 값을 구하시오.

유형 3 지수법칙 (3) – 지수의 차   **개념편 26쪽**

$a \neq 0$이고, m, n이 자연수일 때

$$\Rightarrow a^m \div a^n = \begin{cases} a^{m-n} & (m>n) \\ 1 & (m=n) \\ \dfrac{1}{a^{n-m}} & (m<n) \end{cases}$$

예) $\underset{\text{지수의 차}}{a^5 \div a^2 = a^{5-2}} = a^3$, $a^5 \div a^5 = 1$, $\underset{\text{지수의 차}}{a^2 \div a^5 = \dfrac{1}{a^{5-2}}} = \dfrac{1}{a^3}$

9 다음 보기 중 옳은 것을 모두 고르시오.

보기

ㄱ. $2^3 \div 2^3 = 0$

ㄴ. $x^{12} \div x^4 = x^8$

ㄷ. $a^9 \div a^8 \div a^2 = \dfrac{1}{a}$

ㄹ. $3^7 \div 3^3 \div 3 = 81$

10 다음 식을 간단히 하시오.

(1) $(a^4)^4 \div a^6 \div (a^5)^3$

(2) $16^5 \div 4^7$

11 $x^{15} \div (x^3)^a \div x^4 = x^2$일 때, 자연수 a의 값을 구하시오.

12 $\dfrac{5^{x+5}}{5^{2x-3}} = 25$일 때, x의 값을 구하시오.

(단, $x+5$, $2x-3$은 자연수)

유형 4 지수법칙 (4) – 지수의 분배   **개념편 27쪽**

n이 자연수일 때

$$\Rightarrow (ab)^n = a^n b^n$$
$$\left(\dfrac{b}{a}\right)^n = \dfrac{b^n}{a^n} \text{ (단, } a \neq 0)$$

예) $\underset{\text{지수의 분배}}{(2a)^2 = 2^2 a^2} = 4a^2$, $\underset{\text{지수의 분배}}{\left(\dfrac{3}{a}\right)^2 = \dfrac{3^2}{a^2}} = \dfrac{9}{a^2}$

13 다음 중 옳은 것은?

① $(x^2 y^3)^3 = x^5 y^6$ ② $(-3x)^2 = -9x^2$

③ $\left(-\dfrac{2y}{x}\right)^3 = -\dfrac{6y^3}{x^3}$ ④ $(xyz^2)^3 = xyz^6$

⑤ $\left(\dfrac{y^3}{3x}\right)^2 = \dfrac{y^6}{9x^2}$

14 자연수 a, b, c에 대하여 $\left(\dfrac{2x^3}{y^2}\right)^a = \dfrac{bx^6}{y^c}$일 때, $a+b+c$의 값은?

① 8   ② 9   ③ 10

④ 11   ⑤ 12

15 $504^4 = 2^x \times 3^y \times 7^z$일 때, 자연수 x, y, z의 값을 각각 구하시오.

좌변의 지수를 분배하여 우변의 지수와 비교하자.

까다로운 기출문제

16 $(x^a y^b z^c)^d = x^{12} y^{24} z^{30}$을 만족시키는 가장 큰 자연수 d에 대하여 $a+b+c+d$의 값을 구하시오.

(단, a, b, c는 자연수)

유형 5 지수법칙의 종합
개념편 24~27쪽

$a \neq 0$이고, m, n이 자연수일 때

(1) $a^m \times a^n = a^{m+n}$

(2) $(a^m)^n = a^{mn}$

(3) $m > n$이면 $a^m \div a^n = a^{m-n}$

　　$m = n$이면 $a^m \div a^n = 1$

　　$m < n$이면 $a^m \div a^n = \dfrac{1}{a^{n-m}}$

(4) $(ab)^n = a^n b^n$, $\left(\dfrac{b}{a}\right)^n = \dfrac{b^n}{a^n}$

17 다음 보기 중 옳은 것을 모두 고르시오.

┤ 보기 ├

ㄱ. $x^2 \times x^4 = x^8$　　　ㄴ. $x^{12} \div x^2 = x^6$

ㄷ. $(x^2)^2 \times x = x^5$　　ㄹ. $a^3 \times b^3 = (ab)^3$

ㅁ. $(-2x^2 y)^3 = -6x^6 y$　　ㅂ. $-\left(\dfrac{2}{a}\right)^2 = -\dfrac{4}{a^2}$

18 다음 중 식을 간단히 한 결과가 $a^{10} \div a^5 \div a^3$과 같은 것은?

① $a^{10} \times a^5 \div a^3$　　　② $a^{10} \div a^5 \times a^3$

③ $a^{10} \div (a^5 \div a^3)$　　④ $a^{10} \div (a^5 \times a^3)$

⑤ $a^{10} \times (a^5 \div a^3)$

19 다음 중 □ 안에 알맞은 자연수가 가장 큰 것은?

① $x^\square \times x^2 = x^8$

② $(x^\square)^5 = x^{30}$

③ $x^\square \div x^2 = x^5$

④ $(xy^\square)^3 = x^3 y^{15}$

⑤ $\left(-\dfrac{y^5}{x^\square}\right)^2 = \dfrac{y^{10}}{x^8}$

20 서술형 다음을 만족시키는 자연수 a, b에 대하여 $a+b$의 값을 구하시오.

$$(25^3)^2 = 5^a, \qquad \dfrac{15^{20}}{45^{10}} = 5^b$$

풀이 과정

답

21 지수법칙을 이용하여 다음을 계산하시오.

(1) $3^9 \div 27^4 \times 9^2$

(2) $(0.5)^{100} \times 2^{102}$

22 $64 \times (2^{2x-1})^2 \div 4^5 = 2^2$일 때, 자연수 x의 값을 구하시오.

개념편 24~27쪽

까다로운

유형 6 지수법칙의 활용

거듭제곱으로 나타낼 수 있는 수의 계산은 지수법칙을 이용하면 편리하다.

예 10^2 L를 mL로 나타내면
➡ $1\,L=10^3\,mL$이므로 $10^2\,L=10^2\times10^3\,mL=10^5\,mL$

23 어떤 세균은 1시간마다 분열하여 그 수가 2배씩 증가한다고 한다. 이 세균 4마리가 10시간 후에 몇 마리가 되는지 거듭제곱을 사용하여 나타내시오.

24 지구에서 금성까지의 거리를 4×10^7 km, 지구에서 토성까지의 거리를 12.5×10^8 km라고 할 때, 지구에서 토성까지의 거리는 지구에서 금성까지의 거리의 몇 배인지 소수로 나타내시오.

25 컴퓨터에서 데이터의 양을 나타내는 단위에는 B(바이트), KiB(키비바이트), MiB(메비바이트), GiB(기비바이트) 등이 있다. 다음 표는 데이터의 양의 단위 사이의 관계를 나타낸 것이다. 용량이 1 GiB인 휴대용 저장 장치에 용량이 128 KiB인 자료를 최대 몇 개까지 저장할 수 있는지 구하시오.

1 KiB	1 MiB	1 GiB
2^{10} B	2^{10} KiB	2^{10} MiB

틀리기 쉬운

유형 7 같은 수의 덧셈

개념편 24~27쪽

같은 수의 덧셈은 곱셈으로 나타내어 간단히 한다.
➡ $\underbrace{a^m+a^m+a^m+\cdots+a^m}_{a\text{개}}=a\times a^m=a^{1+m}$

26 다음을 만족시키는 자연수 a, b에 대하여 $a+b$의 값을 구하시오.

$$4^5\times4^5\times4^5\times4^5=2^a$$
$$4^5+4^5+4^5+4^5=2^b$$

27 $3\times(25^2+25^2+25^2)=3^x\times5^y$일 때, 자연수 x, y에 대하여 xy의 값을 구하시오.

28 $\dfrac{2^6+2^6}{16^2+16^2+16^2+16^2}$ 을 계산하시오.

$a^{x+y}=a^x\times a^y$임을 이용하여 좌변에서 공통인 부분을 찾아 간단히 하자.

까다로운 기출문제

29 $3^{x+2}+3^{x+1}+3^x=351$일 때, 자연수 x의 값을 구하시오.

문자를 사용하여 나타내기   개념편 24~27쪽

$a^x = A$라고 할 때

(1) a^{xy}을 A를 사용하여 나타내면
  ➡ $a^{xy} = (a^x)^y = A^y$

(2) a^{x+y}을 A를 사용하여 나타내면
  ➡ $a^{x+y} = a^y a^x = a^y A$

30 $2^3 = a$라고 할 때, 16^3을 a를 사용하여 나타내면?

① a^2 ② a^4 ③ a^6
④ a^8 ⑤ a^{10}

31 $2^4 = A$, $5^2 = B$라고 할 때, 20^6을 A, B를 사용하여 나타내면?

① $A^2 B^2$ ② $A^2 B^3$ ③ $A^3 B^2$
④ $A^3 B^3$ ⑤ $A^4 B^2$

32 $a = 2^{x+2}$일 때, 8^x을 a를 사용하여 나타내면? (단, x는 자연수)

① $\dfrac{1}{64} a^3$ ② $\dfrac{1}{32} a^3$ ③ $\dfrac{1}{16} a^3$
④ $\dfrac{1}{8} a^3$ ⑤ $\dfrac{1}{4} a^3$

$6^x = (2 \times 3)^x$임을 이용하자.

까다로운 기출문제

33 $a = 2^{x-1}$, $b = 3^{x+1}$일 때, 6^x을 a, b를 사용하여 나타내면? (단, x는 1보다 큰 자연수)

① $\dfrac{1}{6} ab$ ② $\dfrac{2}{3} ab$ ③ $\dfrac{3}{2} ab$
④ $\dfrac{2}{3} ab^2$ ⑤ $\dfrac{3}{2} a^2 b$

자릿수 구하기   개념편 24~27쪽

$2^n \times 5^n = (2 \times 5)^n = 10^n$임을 이용하여 주어진 수를 $a \times 10^n$ 꼴로 나타내면 (단, a, n은 자연수)
➡ $(a \times 10^n$의 자릿수$) = (a$의 자릿수$) + n$

2와 5의 지수를 같게 만든다.

예 $2^8 \times 5^6 = 2^2 \times 2^6 \times 5^6 = 2^2 \times 10^6 = 4000000$ ➡ $(1+6)$자리
      6개

34 $2^6 \times 3^3 \times 5^5$은 몇 자리의 자연수인가?

① 4자리   ② 5자리   ③ 6자리
④ 7자리   ⑤ 8자리

35 $(8^2 \times 8^2)(5^8 + 5^8 + 5^8)$이 n자리의 자연수일 때, n의 값을 구하시오.

36 $\dfrac{5^{11} \times 6^7}{15^7}$은 몇 자리의 자연수인지 구하시오.

서술형

풀이 과정

답

$a \times 10^n$ 꼴인 수가 세 자리의 자연수이면 a는 몇 자리의 자연수이어야 하는지 생각해 보자.

37 $\dfrac{3^k}{2^2 \times 3^3 \times 5^2} \times 10^3$이 세 자리의 자연수라고 할 때, k의 값이 될 수 있는 자연수를 모두 구하시오.

유형17 여러 가지 괄호가 있는 식의 계산 개념편 34~35쪽

괄호는 (소괄호) → {중괄호} → [대괄호]의 순서로 풀어서 계산한다.
이때 괄호 안에 동류항이 있으면 괄호를 풀기 전에 정리한다.

67 $7x-[3x-\{4y-(3x-4y)\}]$를 계산하시오.

68 다음을 계산했을 때 x^2의 계수를 a, x의 계수를 b, 상수항을 c라고 하자. 이때 $a-b+c$의 값을 구하시오.
서술형

$$5x^2+2x-\{3x^2+1-3(4x+9)\}$$

[풀이 과정]

[답]

69 $a=5$, $b=3$일 때, 다음 식의 값을 구하시오.

$$4a-\{a+5b-(2a-b)\}$$

유형18 다항식의 덧셈과 뺄셈에서 □ 안에 알맞은 식 구하기 개념편 34~35쪽

· $A+\square=B \Rightarrow \square=B-A$
· $\square-A=B \Rightarrow \square=B+A$
· $A-\square=B \Rightarrow \square=A-B$

70 $(3x-2y+6)-\boxed{}=5x-6y+7$에서 □ 안에 알맞은 식은?

① $-2x-4y-1$　　② $-2x+4y-1$
③ $-2x+4y+1$　　④ $2x-4y+1$
⑤ $2x+4y-1$

71 $2a^2+5$의 2배에 어떤 식 A를 더하면 $-2a^2+3a$가 될 때, A에 알맞은 식을 구하시오.

72 $4x^2+3x-2$에 이차식 A를 더하면 x^2-2x+1이고, $3x^2-x-5$에서 이차식 B를 빼면 $5x^2+4x+3$이다. 이때 $A-B$를 계산하면?

① $-5x^2-10x-5$　　② $-x^2+11$
③ x^2-11　　④ $3x^2+5x-3$
⑤ $5x^2+10x+5$

73 $7a-\{3a-4b-(2a+b-\boxed{})\}=5a+b$일 때, □ 안에 알맞은 식을 구하시오.

유형 19 다항식의 덧셈과 뺄셈에서 바르게 계산한 식 구하기　개념편 34~35쪽

(1) 어떤 식에 X를 더해야 할 것을 잘못하여 뺐더니 Y가 되었다.
➡ (어떤 식)$-X=Y$　∴ (어떤 식)$=Y+X$
➡ (바르게 계산한 식)$=$(어떤 식)$+X$

(2) 어떤 식에서 X를 빼야 할 것을 잘못하여 더했더니 Y가 되었다.
➡ (어떤 식)$+X=Y$　∴ (어떤 식)$=Y-X$
➡ (바르게 계산한 식)$=$(어떤 식)$-X$

74 어떤 식에 $-2x-y+2$를 더해야 할 것을 잘못하여 뺐더니 $-x+3y-5$가 되었다. 다음 물음에 답하시오.

(1) 어떤 식을 구하시오.

(2) 바르게 계산한 식을 구하시오.

75
서술형
어떤 식에서 x^2+4x+5를 빼야 할 것을 잘못하여 더했더니 $-2x^2-2x+7$이 되었다. 이때 바르게 계산한 식을 구하시오.

［풀이 과정］

［답］

76 $2x^2-x-3$에 어떤 식을 더해야 할 것을 잘못하여 뺐더니 $-3x^2+2x-3$이 되었다. 이때 바르게 계산한 식을 구하시오.

유형 20 다항식의 덧셈과 뺄셈의 응용　개념편 34~35쪽

주어진 규칙에 맞게 식을 세워 계산한다.

77 다음 표에서 가로 방향으로는 덧셈을, 세로 방향으로는 뺄셈을 할 때, ①~⑤에 들어갈 식으로 옳지 <u>않은</u> 것은?

	$-2a+3b$	$3a-b+6$	①
	$a+5b-1$	$4a+2b$	②
	③	④	⑤

① $a+2b+6$　　② $5a+7b-1$
③ $-3a-2b+1$　④ $-a+b+6$
⑤ $-4a-5b+7$

78 오른쪽 그림과 같은 규칙으로 다음 그림의 빈칸을 채울 때, ㈎에 알맞은 식을 구하시오.

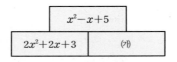

	$A-B$
A	B

x^2-x+5	
$2x^2+2x+3$	㈎

79 오른쪽 그림의 전개도로 직육면체를 만들었을 때, 마주 보는 두 면에 적혀 있는 두 다항식의 합이 모두 같다고 한다. 이때 A에 알맞은 식을 구하시오.

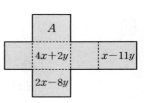

A

$4x+2y$　$x-11y$

$2x-8y$

유형21 (단항식) × (다항식) 개념편 37쪽

분배법칙을 이용하여 단항식을 다항식의 각 항에 곱한다.

$$\Rightarrow A(\overset{\text{전개}}{\overbrace{B+C}}) = \underset{\text{전개식}}{\underbrace{AB+AC}}$$

[참고] 단항식과 다항식의 곱을 분배법칙을 이용하여 하나의 다항식으로 나타내는 것을 전개한다고 한다.

80 다음 중 식을 바르게 전개한 것은?

① $2a(4a-3)=8a^2-3$

② $-3b(a-b)=-3ab-3b^2$

③ $(a+b)4b=a+4b^2$

④ $(2x-y)(-2y)=2x-3y$

⑤ $2xy(3x+1)=6x^2y+2xy$

81 $2x\left(\dfrac{1}{2}x^2-5x-3\right)=ax^3+bx^2+cx$일 때, 상수 a, b, c에 대하여 $a-b-c$의 값은?

① 13   ② 15   ③ 17

④ 18   ⑤ 19

82 $2x(5x-y)$를 전개한 식의 x^2의 계수를 a, $-3y(x^2-7x-2)$를 전개한 식의 xy의 계수를 b라고 할 때, $a-b$의 값을 구하시오.

유형22 (다항식) ÷ (단항식) 개념편 38쪽

[방법1] 분수 꼴로 바꾸어 계산한다.

$$\Rightarrow (A+B)\div C=\frac{A+B}{C}=\frac{A}{C}+\frac{B}{C}$$

[주의] $\dfrac{A+B}{C}\neq\dfrac{A}{C}+B$ ← 분자의 모든 항을 나눈다.

[방법2] 역수를 이용하여 나눗셈을 곱셈으로 고쳐서 계산한다.

$$\Rightarrow (A+B)\div C=(A+B)\times\frac{1}{C}$$
$$=A\times\frac{1}{C}+B\times\frac{1}{C}$$

83 다음 보기 중 옳은 것을 모두 고르시오.

| 보기 |

ㄱ. $(3ax-6ay)\div 3a=x-3y$

ㄴ. $(-12x^2y^3+6xy)\div(-2xy)=6xy^2+3$

ㄷ. $(5ab^2-a^2)\div\dfrac{1}{4}a=20b^2-4a$

ㄹ. $(-xy+10y^2)\div\left(-\dfrac{1}{2}xy\right)=2-\dfrac{20y}{x}$

84 $(6x^2y-4xy+8y)\div(-2y)$를 계산하면 ax^2+bx+c일 때, 상수 a, b, c에 대하여 abc의 값은?

① -24 ② -6 ③ 0

④ 6   ⑤ 24

85 다음 ☐ 안에 알맞은 식을 구하시오.

$$\boxed{}\times\frac{1}{4}ab=a^2b-\frac{1}{2}ab^2+\frac{3}{4}ab$$

86 어떤 다항식을 $-\dfrac{1}{2}ab$로 나누어야 할 것을 잘못하여 곱했더니 $4a^2b+6ab^2$이 되었다. 이때 바르게 계산한 식을 구하시오.

유형23 덧셈, 뺄셈, 곱셈, 나눗셈이 혼합된 식의 계산
개념편 39쪽

❶ 지수법칙을 이용하여 괄호의 거듭제곱을 계산한다.

❷ 분배법칙을 이용하여 곱셈, 나눗셈을 한다.

❸ 동류항끼리 모아서 덧셈, 뺄셈을 한다.

참고 괄호는 (소괄호) → {중괄호} → [대괄호]의 순서로 푼다.

87 $\dfrac{8x^2y-4xy^2}{2xy}-\dfrac{2xy-3y^2}{y}$ 을 계산하면?

① $-2x-y$　② $-2x+y$　③ $x-2y$

④ $2x-y$　⑤ $2x+y$

88 $(6x^2y^2-12xy^2)\div 3x-(30y-15xy)\times\left(-\dfrac{1}{5}y\right)$ 를 계산하시오.

89 다음을 계산하시오.

$$(4x^2y-2xy^2)\div 2x^2y^5\times(-2x^2y)^3$$

90
서술형
$a=3$, $b=5$일 때, $7a-\{2b+(15a^2-3ab)\div 5a\}$의 값을 구하시오.

풀이 과정

답

유형24 도형에서 다항식의 계산의 활용
개념편 37~39쪽

평면도형의 넓이 또는 입체도형의 부피를 구하는 공식을 이용하여 식을 계산한다.

[91~94] 넓이, 부피 구하기

91 윗변의 길이가 $4x-y$, 아랫변의 길이가 $2x+3y+2$이고, 높이가 xy인 사다리꼴의 넓이를 구하시오.

92 오른쪽 그림과 같이 밑면의 가로의 길이가 $2x$, 세로의 길이가 $3y$이고 높이가 $3x-2y$인 직육면체의 부피를 구하시오.

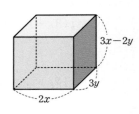

93 밑면의 반지름의 길이가 $2a$이고, 높이가 $12a-3ab$인 원기둥의 겉넓이는?

① $32\pi a^2-12\pi a^2b$　② $32\pi a^2-6\pi a^2b$

③ $56\pi a^2-12\pi a^2b$　④ $56\pi a^2-8\pi a^2b$

⑤ $56\pi a^2-6\pi a^2b$

△APQ의 넓이는 직사각형의 넓이에서 나머지 세 삼각형의 넓이를 뺀 것과 같아!

까다로운 기출문제

94 오른쪽 그림과 같이 직사각형 ABCD 위에 두 점 P, Q를 잡았다. $\overline{CQ}=\overline{DQ}$일 때, △APQ의 넓이를 구하시오.

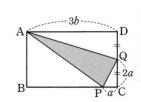

[95~97] 길이 구하기

95 가로의 길이가 $2a^2b$인 직사각형의 넓이가
$6a^4b^3+8a^3b^2$일 때, 이 직사각형의 세로의 길이는?

① $2a^2b^2+4a^3b^2$ ② $3a^2b^2+4ab$

③ $3a^4b^3+4ab$ ④ $6a^4b^3+4ab$

⑤ $6a^4b^3+4a^3b^2$

96 오른쪽 그림과 같이 밑면의 반지름의
길이가 $6a$인 원뿔의 부피가
$48\pi a^4-12\pi a^2b^2$일 때, 이 원뿔의 높이
를 구하시오.

97 오른쪽 그림과 같이 밑면의
가로, 세로의 길이가 각각
$3x$, 5인 큰 직육면체 위에
밑면의 가로, 세로의 길이가
각각 x, 5인 작은 직육면체를
올려놓았다. 큰 직육면체의 부피가 $15x^2+30xy$, 작은
직육면체의 부피가 $10x^2-15xy$일 때, 전체 높이 h를
구하시오.

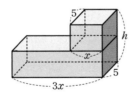

톡톡 **튀는** 문제

98 아래 그림과 같은 4종류의 카드를 여러 장 골라 식을
세울 때, 다음 중 그 식을 간단히 한 결과로 나올 수
<u>없는</u> 것은?

$$a^4 \quad a^8 \quad \times \quad \div$$

① a^{12} ② $\dfrac{1}{a^4}$ ③ a^{36}

④ a ⑤ 1

99 어느 동물원의 입장료는 오른
쪽 그림과 같다. 이 동물원의
지난 한 달 동안의 입장객 수
가 다음 표와 같을 때, 지난
한 달 동안의 1인당 입장료의
평균을 구하시오.

동물원 **입장료**

어른: a원
청소년: b원
어린이: $\dfrac{a}{2}$원

	어른	청소년	어린이
입장객 수	n명	$\dfrac{3}{2}n$명	$2n$명

★ 중요

꼭 나오는 기본 문제

1 $2^4 \times 32 = 2^x$을 만족시키는 자연수 x의 값은?

① 7　　　② 8　　　③ 9

④ 10　　　⑤ 11

2 다음을 만족시키는 자연수 m, n에 대하여 $m+n$의 값을 구하시오.

$$(a^4)^2 \times (a^2)^m = a^{24}, \quad (b^n)^4 \div b^{10} = \frac{1}{b^2}$$

3 $4^3 \times 6^7 \div 9^3 = 2^a \times 3^b$일 때, 자연수 a, b에 대하여 $a-b$의 값을 구하시오.

4 자연수 a, b, c, d에 대하여 $\left(\dfrac{az^b}{xy^c}\right)^3 = \dfrac{27z^9}{x^d y^6}$일 때, $a+b+c+d$의 값을 구하시오.

5 다음 중 식을 간단히 한 결과가 나머지 넷과 <u>다른</u> 하나는?

① $(a^5)^2 \times a^6$　　　② $a^{20} \div a \div a^3$

③ $a^8 \times a^{13} \div a^5$　　　④ $a^{15} \div (a^3 \times a^4)$

⑤ $(2a^3)^6 \div a^5 \times \left(\dfrac{a}{4}\right)^3$

6 $3^4 = A$라고 할 때, 27^7을 A를 사용하여 나타내면?

① $3A^4$　　　② $9A^4$　　　③ $3A^5$

④ A^6　　　⑤ $3A^6$

7 다음 중 옳은 것은?

① $3a^2 \times (2ab)^2 = 6a^4 b^3$

② $(-4ab) \div \dfrac{1}{5}b = -20ab^2$

③ $2ab^2 \div 3ab \times 9ab^3 = 3ab^4$

④ $8a^2 b^3 \times \left(-\dfrac{1}{2}b\right) \div \dfrac{5}{2}a^2 b = -\dfrac{8}{5}a^4 b^5$

⑤ $24x^2 y^2 \div (-4xy^2)^2 \times 2x^2 y^3 = 3x^2 y$

8 $(-2x^3 y^a)^3 \times (xy^5)^b = cx^{12}y^{21}$일 때, 상수 a, b, c에 대하여 $a+b-c$의 값을 구하시오. (단, a, b는 자연수)

9 다음 중 x에 대한 이차식을 모두 고르면? (정답 2개)

① $4x^2+5x-1$

② $\left(3-\dfrac{1}{x}\right)+\left(\dfrac{1}{x}+3\right)$

③ $2(2-5x+3x^2)-3(2x^2+4x-3)$

④ $\left(\dfrac{1}{3}x^2+5x-3\right)-\left(-3-5x-\dfrac{1}{3}x^2\right)$

⑤ $\left(6-\dfrac{1}{x^2}\right)-\left(\dfrac{1}{x^2}+8\right)$

10 $\dfrac{2x^2-5x+4}{3}-\dfrac{x^2+3x+1}{2}$ 을 계산했을 때, x의 계수와 상수항의 합은?

① -4　　② $-\dfrac{7}{3}$　　③ -1

④ $\dfrac{2}{3}$　　⑤ 1

11  2x-y-[\{3x-(x+y+1)\}-\{x-(3y-2)\}]$ 를 계산하면 $ax+by+c$일 때, 상수 a, b, c에 대하여 $a-b+c$의 값을 구하시오.

서술형

풀이 과정

답

12 $-3x^2+5xy+2y^2$에서 어떤 식을 빼야 할 것을 잘못하여 더했더니 $-8x^2+3xy+5y^2$이 되었다. 이때 바르게 계산한 식을 구하시오.

13 $A=(16a^2b-20a^3)\div(-4a^2)$, $B=(8a^2b-4ab^2)\div\dfrac{4}{5}ab$일 때, $A+B$를 계산하시오.

14 $\dfrac{3}{2}x\left(x-\dfrac{1}{5}y\right)-\dfrac{2}{3}x^2(3x+y)\div\dfrac{4}{3}x$를 계산하면?

① $-\dfrac{4}{5}xy$　　　　② $2x^2-\dfrac{4}{5}xy$

③ $3x^2-\dfrac{4}{5}xy$　　④ $3x^2-\dfrac{4}{5}xy-\dfrac{1}{2}x^3y$

⑤ $3x^2+\dfrac{4}{5}xy-\dfrac{1}{2}x^3y-\dfrac{3}{2}x^4$

15 세 변의 길이가 각각 $4x+3$, $7y$, $3x-2y+5$인 삼각형의 둘레의 길이를 구하시오.

가뿐하지!
LEVEL **2**   자주 나오는 **실력 문제**

16 $8^x \times 2^{2x} = 32 \times 4^{x+2}$을 만족시키는 자연수 x의 값은?

① 1   ② 2   ③ 3

④ 4   ⑤ 5

17 $9^{12} \times 3^{16} \div 27^5$의 일의 자리의 숫자는?

① 1   ② 3   ③ 4

④ 7   ⑤ 9

18 2 L의 우유를 컵 4개에 같은 양으로 나누어 담았더니 컵 한 개에 들어 있는 우유의 양이 $2^p \times 5^q$ mL이었다. 이때 자연수 p, q에 대하여 $p+q$의 값을 구하시오.

19 $\dfrac{3^6+3^6+3^6+3^6}{8^4+8^4+8^4} \times \dfrac{2^5+2^5+2^5}{9^2+9^2}$을 계산하면?

① $\dfrac{1}{32}$ ② $\dfrac{3}{64}$ ③ $\dfrac{3}{32}$

④ $\dfrac{9}{64}$ ⑤ $\dfrac{9}{32}$

20 $a=3^{2x}$일 때, $\dfrac{3^{3x}}{3^{7x}+3^{5x}}$을 a를 사용하여 나타내면?

① $a+1$ ② a^2+a ③ $\dfrac{1}{a+1}$

④ $\dfrac{a}{a^2+1}$ ⑤ $\dfrac{1}{a^2+a}$

21 $2^4 \times 15^3$은 a자리의 자연수이고 각 자리의 숫자의 합은 b일 때, $a+b$의 값을 구하시오.

22 $(0.\dot{6}x^4y)^2 \div 0.\dot{1}\dot{2}x^3y^2 \times (-1.\dot{0}\dot{9}x^3y)$를 계산하시오.

23 다음 그림에서 A에 알맞은 식을 구하시오.

$$A \xrightarrow{\times 4xy^2} \boxed{} \xrightarrow{\div 2x^3y} \boxed{x^2y^2}$$

24 $8a-[5b-a-\{3a-(\boxed{}+4b)\}]=9a-7b$일 때, $\boxed{}$ 안에 알맞은 식은?

① $-3a-2b$　② $-3a+2b$　③ $3a-2b$
④ $5a-6b$　⑤ $8a-8b$

25 어떤 다항식에 $2a$를 곱해야 할 것을 잘못하여 나누었
더니 $3a-4b$가 되었다. 이때 바르게 계산한 식을 구하
시오.

서술형

┌─ 풀이 과정 ─┐

└─ 답 ─┘

26 다음 그림과 같이 삼각기둥 모양의 그릇에 가득 들어
있는 물을 부피가 더 큰 직육면체 모양의 그릇으로 옮
겨 담으려고 한다. 직육면체 모양의 그릇으로 물을 모
두 옮겼을 때의 물의 높이를 구하시오.

(단, 그릇의 두께는 생각하지 않는다.)

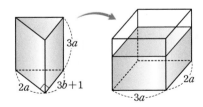

27 다음 식에서 b가 홀수일 때, 자연수 a의 값을 구하시오.

$$1\times2\times3\times\cdots\times20=2^a\times b$$

28 오른쪽 그림과 같이 가로, 세로의
길이가 각각 $\frac{1}{2}a^2b$, $3a^4b^5$인 직사
각형 ABCD를 선분 AB와 선분
BC를 각각 축으로 하여 1회전 시
킬 때 생기는 두 회전체의 부피를
각각 V_1, V_2라고 하자. 이때 $\dfrac{V_2}{V_1}$를 구하시오.

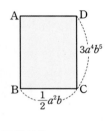

29 오른쪽 그림과 같은 직사각
형에서 색칠한 세 직사각형
의 넓이의 합을 구하시오.

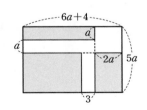

3 일차부등식

● 정답과 해설 26쪽

3 일차부등식

★ 중요

유형 1 부등식

개념편 50쪽

- **부등식**: 부등호 <, >, ≤, ≥를 사용하여 수 또는 식 사이의 대소 관계를 나타낸 식
- x가 a보다
  ① 작다(미만이다). ➡ $x < a$
  ② 크다(초과이다). ➡ $x > a$
  ③ 작거나 같다(이하이다, 크지 않다). ➡ $x \leq a$
  ④ 크거나 같다(이상이다, 작지 않다). ➡ $x \geq a$

1 다음 중 부등식인 것을 모두 고르면? (정답 2개)

① $x - 4 = 0$
② $-2x + 5$
③ $4 + x \geq 3$
④ $3x + 1 = 5x - 4$
⑤ $-3 < 7$

2 다음 중 문장을 부등식으로 나타낸 것으로 옳지 <u>않은</u> 것은?

① x의 4배에 3을 더한 것은 10보다 작다.
 ⇨ $4x + 3 < 10$

② a km의 거리를 시속 30 km로 이동하면 1시간 이상이 걸린다. ⇨ $\dfrac{a}{30} \geq 1$

③ 다리 아래를 지나갈 수 있는 화물차의 높이 h m는 5.5 m보다 크지 않다. ⇨ $h < 5.5$

④ 한 개에 500원인 초코 과자 x개와 한 개에 800원인 아이스크림 3개의 전체 가격은 5000원보다 비싸다.
 ⇨ $500x + 2400 > 5000$

⑤ 5명의 학생이 각각 x원씩 내면 총액은 30000원보다 작다. ⇨ $5x < 30000$

3 다음을 부등식으로 나타내시오.

> 무게가 1 kg인 상자에 무게가 2 kg인 물건 x개를 넣었더니 전체 무게는 13 kg 이하가 되었다.

유형 2 부등식의 해

개념편 50쪽

(1) **부등식의 해**: 미지수가 x인 부등식을 참이 되게 하는 x의 값

참고 $x = a$가 부등식의 해이다.
➡ 부등식에 $x = a$를 대입했을 때, 부등식이 참이다.

(2) **부등식을 푼다**: 부등식의 해를 모두 구하는 것

4 $x = 3$일 때, 다음 중 참인 부등식을 모두 고르면?

(정답 2개)

① $x + 4 < 7$
② $4x - 3 \leq 6$
③ $1 - 3x > -10$
④ $2x - 1 \geq 5$
⑤ $\dfrac{x - 2}{2} < 0$

5 다음 중 [ ] 안의 수가 주어진 부등식의 해가 <u>아닌</u> 것은?

① $3x - 3 < 7 - 2x$ [1]
② $5 - x \leq x - 3$ [4]
③ $2x + 3 < 0$ [-2]
④ $5(1 - 2x) \leq 10$ [-1]
⑤ $2x - 3 > 5 + x$ [10]

6 x의 값이 -1, 0, 1, 2일 때, 부등식 $7 - 2x \leq 5$를 풀면?

① -1, 0
② -1, 1
③ -1, 2
④ 0, 1
⑤ 1, 2

7 x의 값이 8 이하의 자연수일 때, 부등식 $2x + 3 > 12$의 해의 개수를 구하시오.

유형 3 부등식의 성질 개념편 51쪽

$a>b$일 때

(1) $a+c>b+c$, $a-c>b-c$

(2) $c>0$이면 $ac>bc$, $\dfrac{a}{c}>\dfrac{b}{c}$

(3) $c<0$이면 $ac<bc$, $\dfrac{a}{c}<\dfrac{b}{c}$

[참고] 부등식의 성질은 <를 ≤로, >를 ≥로 바꾸어도 성립한다.

8 $a>b$일 때, 다음 중 옳은 것은?

① $2a<2b$ ② $a-4<b-4$

③ $3a+2<3b+2$ ④ $2-\dfrac{a}{6}<2-\dfrac{b}{6}$

⑤ $a\div(-7)>b\div(-7)$

9 다음 중 □ 안에 들어갈 부등호의 방향이 나머지 넷과 <u>다른</u> 하나는?

① $a+3<b+3$이면 $a\,\square\,b$이다.

② $-a+\dfrac{2}{3}>-b+\dfrac{2}{3}$이면 $a\,\square\,b$이다.

③ $2a-1<2b-1$이면 $a\,\square\,b$이다.

④ $\dfrac{a}{3}-2<\dfrac{b}{3}-2$이면 $a\,\square\,b$이다.

⑤ $-3a+1<-3b+1$이면 $a\,\square\,b$이다.

10 $-6a-2<-6b-2$일 때, 다음 중 옳은 것은?

① $a<b$ ② $-4a>-4b$

③ $5a-3>5b-3$ ④ $\dfrac{a+1}{7}<\dfrac{b+1}{7}$

⑤ $3-\dfrac{a}{2}>3-\dfrac{b}{2}$

11 $3a-9\geq9b+3$일 때, 다음 □ 안에 알맞은 부등호를 쓰시오.

$$-2a\ \square\ -6b-8$$

12 $a>b>0$일 때, 다음 중 옳지 <u>않은</u> 것은? (단, $c\neq0$)

① $-2a<-2b$ ② $a-b>0$

③ $3a-c>3b-c$ ④ $\dfrac{a}{c}>\dfrac{b}{c}$

⑤ $a^2>ab$

13 다음 중 항상 옳은 것은?

① $a>b$이면 $a^2>b^2$이다.

② $ac>bc$이면 $a>b$이다.

③ $\dfrac{a}{c^2}>\dfrac{b}{c^2}$이면 $a>b$이다.

④ $\dfrac{c^2}{a}>\dfrac{c^2}{b}$이면 $a<b$이다.

⑤ $a>b$이면 $-a+7>-b+7$이다.

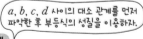
a, b, c, d 사이의 대소 관계를 먼저 파악한 후 부등식의 성질을 이용하자.

까다로운 기출문제

14 네 수 a, b, c, d를 수직선 위에 나타내면 아래 그림과 같을 때, 다음 중 옳은 것은?

   d c 0 a b

① $a+d>b+d$ ② $cd<bc$

③ $d-a>b-a$ ④ $ad<ac$

⑤ $\dfrac{c}{d}<\dfrac{b}{d}$

유형 4 부등식의 성질을 이용하여 식의 값의 범위 구하기
개념편 51쪽

(1) x의 값의 범위를 알 때, $ax+b$의 값의 범위 구하기
  ❶ 부등식(x의 값의 범위)의 각 변에 a를 곱한다.
  ❷ ❶의 부등식의 각 변에 b를 더한다.
(2) $ax+b$의 값의 범위를 알 때, x의 값의 범위 구하기
  ❶ 부등식($ax+b$의 값의 범위)의 각 변에서 b를 뺀다.
  ❷ ❶의 부등식의 각 변을 a로 나눈다.

주의 부등식의 각 변에 음수를 곱하거나 각 변을 음수로 나눌 때는 부등호의 방향이 바뀐다.

15 $x \leq 3$이고 $A=3-4x$일 때, A의 값의 범위는?

① $A \geq -15$ ② $A \leq -12$ ③ $A \geq -12$
④ $A \leq -9$ ⑤ $A \geq -9$

16 $-1 \leq x < 2$일 때, 다음 중 $-2x+1$의 값이 될 수 없는 것은?

① -3 ② -2 ③ 1
④ 2 ⑤ 3

17 $-6 < 4x+6 < 10$일 때, x의 값의 범위를 구하시오.

18 $-7 < 3x+2 \leq 8$이고 $A=5-2x$일 때, A의 값의 범위를 구하시오.

유형 5 일차부등식
개념편 53쪽

부등식의 모든 항을 좌변으로 이항하여 정리한 식이
  (일차식)<0, (일차식)>0, (일차식)≤0, (일차식)≥0
중 어느 하나의 꼴로 나타나는 부등식을 일차부등식이라고 한다.

19 다음 중 일차부등식인 것은?

① $10x=5-(x+2)$ ② $3x+2>1+3x$
③ $2x-3 \leq 2+x^2$ ④ $2(x-3) \geq -6+x$
⑤ $\dfrac{1}{x}+2x>3$

20 다음 중 문장을 부등식으로 나타낼 때, 일차부등식이 아닌 것은?

① x의 2배에서 3을 뺀 수는 15보다 작다.
② 600원짜리 음료수 5개와 x원짜리 빵 4개의 전체 가격은 9000원 이하이다.
③ x km의 거리를 시속 50 km로 달리면 30분 이상 걸린다.
④ 무게가 2 kg인 바구니에 한 송이에 700 g인 포도 x송이를 담아 전체 무게를 재었더니 10 kg보다 작지 않았다.
⑤ 반지름의 길이가 x cm인 원의 넓이는 35 cm²보다 크지 않다.

21 $5x-3 \leq ax-2x+7$이 x에 대한 일차부등식이 되도록 하는 상수 a의 조건을 구하시오.

유형 6 일차부등식의 풀이 　개념편 53~54쪽

(1) 일차부등식의 풀이
　❶ 일차항은 좌변으로, 상수항은 우변으로 이항한다.
　❷ 양변을 정리하여 다음 중 어느 하나의 꼴로 고친다.
　　➡ $ax < b$, $ax > b$, $ax \leq b$, $ax \geq b(a \neq 0)$
　❸ 양변을 x의 계수 a로 나누어 부등식의 해를 구한다.
　주의 양변을 a로 나눌 때, $a < 0$이면 부등호의 방향이 바뀐다.

(2) 부등식의 해를 수직선 위에 나타내기

$x < a$	$x > a$	$x \leq a$	$x \geq a$
⟵○── a	──○⟶ a	⟵●── a	──●⟶ a

22 일차부등식 $3x-9 > 5x+1$을 풀면?
　① $x < -5$　② $x > -5$　③ $x < -4$
　④ $x < 5$　⑤ $x > 5$

23 다음 일차부등식 중 해가 나머지 넷과 다른 하나는?
　① $5x-4 > -2x+3$　② $-3x+3 < -x+1$
　③ $2x-7 > x-6$　④ $x-5 > 2x-6$
　⑤ $3x+5 > -x+9$

24 다음 중 일차부등식 $10-2x \geq -11+5x$의 해를 수직선 위에 바르게 나타낸 것은?

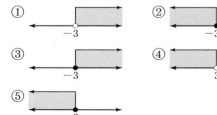

25 x의 값이 자연수일 때, 일차부등식 $5x-6 < 2x+4$를 만족시키는 x의 개수를 구하시오.

유형 7 괄호가 있는 일차부등식의 풀이 　개념편 55쪽

❶ 분배법칙을 이용하여 괄호를 푼다.
　참고 $a(b+c) = ab+ac$
❷ 식을 간단히 하여 부등식의 해를 구한다.

26 일차부등식 $7x-2(x-8) > 2(3x+1)$을 풀면?
　① $x < -14$　② $x < 14$　③ $x > 14$
　④ $x < 18$　⑤ $x > 18$

27 다음 중 일차부등식 $-3(2x+5) < -2x-7$의 해를 수직선 위에 바르게 나타낸 것은?

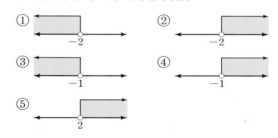

28 일차부등식 $2(x+1)-3 \geq 3(2x-1)-7$을 만족시키
서술형 는 모든 자연수 x의 값의 합을 구하시오.

풀이 과정

답

개념편 55쪽

양변에 적당한 수를 곱하여 계수를 모두 정수로 고쳐서 푼다.

(1) 계수가 소수이면

➡ 양변에 10의 거듭제곱을 곱한다.

(2) 계수가 분수이면

➡ 양변에 분모의 최소공배수를 곱한다.

참고 소수인 계수와 분수인 계수가 모두 있는 경우, 소수를 분수
로 나타낸 후에 푸는 것이 편리하다.

29 다음 일차부등식을 푸시오.

(1) $0.9x - 1 \geq 1.4 - 0.3x$

(2) $\dfrac{1}{2}x + \dfrac{3}{4} < \dfrac{1}{3}x + \dfrac{7}{12}$

30 일차부등식 $0.2(3-x) + 1.5 \geq 0.5x - 0.7$을 만족시키는 자연수 x의 값을 모두 구하시오.

31 다음 중 일차부등식 $\dfrac{5x-3}{2} \leq \dfrac{5x+1}{6}$의 해를 수직선 위에 바르게 나타낸 것은?

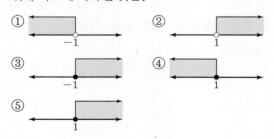

32 일차부등식 $\dfrac{x+6}{4} - \dfrac{2x-1}{5} < 2$의 해가 $x > a$이고 일차부등식 $0.4x - 1.5 > 0.8x + 2.5$의 해가 $x < b$일 때, 상수 a, b에 대하여 $a-b$의 값을 구하시오.

33 일차부등식 $\dfrac{2}{5}x - 0.2x < 2 + \dfrac{x}{2}$를 만족시키는 x의 값 중 가장 작은 정수를 구하시오.

34 일차부등식 $0.4(2x+3) + 1 > \dfrac{2x-1}{5} + \dfrac{2}{3}x$를 만족시키는 자연수 x의 개수를 구하시오.

순환소수를 먼저 분수로 나타내어 보자.

까다로운 기출문제

35 일차부등식 $0.5x + \dfrac{7}{6} \geq 1.\dot{3}x + 2$를 풀면?

① $x \leq -1$ ② $x \geq -1$ ③ $x \leq -\dfrac{1}{2}$

④ $x \leq 1$ ⑤ $x \geq 1$

유형 **9** 계수가 문자인 일차부등식의 풀이

개념편 53~55쪽

❶ 주어진 일차부등식을 다음 중 어느 하나의 꼴로 고친다.
➡ $ax<b$, $ax>b$, $ax≤b$, $ax≥b\,(a≠0)$
❷ x의 계수 a의 부호를 확인한 후 양변을 a로 나눈다.
➡ $a>0$이면 부등호의 방향은 바뀌지 않는다.
$a<0$이면 부등호의 방향이 바뀐다.

36 $a<0$일 때, x에 대한 일차부등식 $5+ax>1$을 풀면?

① $x<-\dfrac{4}{a}$　　② $x>-\dfrac{4}{a}$　　③ $x<\dfrac{4}{a}$

④ $x<-4a$　　⑤ $x>-4a$

37 $a>0$일 때, x에 대한 일차부등식 $-ax-2a≥0$을 풀면?

① $x≤2$　　② $x≥2$　　③ $x≥a$

④ $x≤-2$　　⑤ $x≥-2$

38 $a<0$일 때, x에 대한 일차부등식 $5ax+3≤7ax+9$를 푸시오.

$a<1$이면 $a-1<0$임을 이용하자.

까다로운 기출문제

39 $a<1$일 때, x에 대한 일차부등식 $(a-1)x+2a-2>0$의 해를 구하시오.

유형 **10** 일차부등식의 해가 주어질 때, 상수의 값 구하기

개념편 53~55쪽

일차부등식 $ax<b\,(a≠0)$의 해가
(1) $x<k$이면 ➡ $a>0$이고, $x<\dfrac{b}{a}$이므로 $\dfrac{b}{a}=k$
(2) $x>k$이면 ➡ $a<0$이고, $x>\dfrac{b}{a}$이므로 $\dfrac{b}{a}=k$

40 일차부등식 $7-2x≥a$의 해가 $x≤2$일 때, 상수 a의 값을 구하시오.

41 일차부등식 $2(x-3)<5(x+a)-9$의 해가 $x>-4$일 때, 상수 a의 값을 구하시오.

42 일차부등식 $ax-3<3x-7$의 해가 $x>2$일 때, 상수 a의 값을 구하시오.

서술형

풀이 과정

답

43 일차부등식 $5x+3<a-bx$의 해를 수직선 위에 나타내면 오른쪽 그림과 같을 때, 상수 a, b에 대하여 $a-b$의 값을 구하시오.

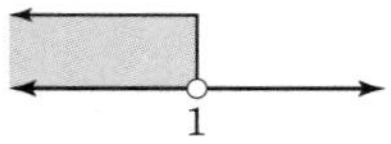

유형11 두 일차부등식의 해가 서로 같을 때, 상수의 값 구하기
개념편 53~55쪽

❶ 해를 구할 수 있는 부등식, 즉 계수와 상수항이 모두 주어진 부등식의 해를 먼저 구한다.
❷ 나머지 부등식의 해가 ❶에서 구한 해와 같음을 이용하여 상수의 값을 구한다.

44 다음 두 일차부등식의 해가 서로 같을 때, 상수 a의 값은?

$$2x-6<-x-3a, \quad 3(x+1)-5x>-x+6$$

① -5 ② -3 ③ 1
④ 3 ⑤ 5

45 두 일차부등식
$$\frac{1}{3}x+1<\frac{x+3}{4}, \quad 5x+a<-2+2x$$
의 해가 서로 같을 때, 상수 a의 값을 구하시오.

46 두 일차부등식
$$\frac{x-3}{2}-\frac{2x+1}{3}\geq-\frac{5}{6}, \quad 0.2(x-a)\geq0.5x+1.2$$
의 해가 서로 같을 때, 상수 a의 값을 구하시오.

까다로운 유형12 일차부등식의 해의 조건이 주어질 때, 상수의 값 구하기
개념편 53~55쪽

주어진 부등식을 $x<k$, $x>k$, $x\leq k$, $x\geq k$ 중 어느 하나의 꼴로 고친 후
(1) 부등식의 해 중 가장 작은(큰) 수가 주어진 경우
  ➡ 조건에 맞는 해를 찾아 k의 값을 구한다.
(2) 자연수인 해의 조건이 주어진 경우
  ➡ 조건에 맞는 해를 수직선 위에 나타내어 k의 값의 범위를 구한다.

47 일차부등식 $\dfrac{a-x}{4}\geq3-x$의 해 중 가장 작은 수가 3일 때, 상수 a의 값은?

① -6 ② -3 ③ 0
④ 3 ⑤ 6

48 일차부등식 $2(3x-1)<a$를 만족시키는 자연수 x가 1, 2뿐일 때, 상수 a의 값의 범위를 구하시오.

> 부등식을 만족시키는 자연수 x의 개수가 3개가 되도록 해를 수직선 위에 나타내어 보자.

49 일차부등식 $3x-a\leq\dfrac{5x+1}{2}$을 만족시키는 자연수 x의 개수가 3개일 때, 상수 a의 값의 범위를 구하시오.

> 부등식을 만족시키는 자연수 x가 없도록 해를 수직선 위에 나타내어 보자.

50 일차부등식 $a-2x>5x-3$을 만족시키는 자연수 해가 없을 때, 상수 a의 값의 범위를 구하시오.

유형 **13** 수, 평균에 대한 문제 개념편 57~58쪽

(1) 수에 대한 문제

① 어떤 수 ➡ x로 놓는다.

② 차가 a인 두 수 ➡ x, $x+a$ 또는 $x-a$, x로 놓는다.

③ 연속하는 세 자연수(정수)

➡ $x-1$, x, $x+1$ 또는 x, $x+1$, $x+2$로 놓는다.

④ 연속하는 두 짝수(홀수)

➡ x, $x+2$ 또는 $x-2$, x로 놓는다.

(2) 평균에 대한 문제

세 수 a, b, c의 평균 ➡ $\dfrac{a+b+c}{3}$

51 어떤 수의 2배보다 10만큼 작은 수는 30보다 크지 않을 때, 어떤 수 중 가장 큰 수는?

① 18 ② 19 ③ 20

④ 21 ⑤ 22

52 연속하는 어떤 세 자연수의 합이 54보다 크다고 한다. 이를 만족시키는 세 자연수 중에서 가장 작은 세 자연수의 합을 구하시오.

53 5회에 걸쳐 치르는 시험에서 4회까지의 점수가 각각 87점, 88점, 89점, 85점이었다. 5회까지의 점수의 평균이 88점 이상이 되려면 5회째 시험에서 몇 점 이상을 받아야 하는지 구하시오.

유형 **14** 도형에 대한 문제 개념편 57~58쪽

평면도형의 넓이 또는 입체도형의 부피의 범위가 주어지면 공식을 이용하여 부등식을 세운다.

(1) (사다리꼴의 넓이)

$=\dfrac{1}{2}\times\{($윗변의 길이$)+($아랫의 길이$)\}\times($높이$)$

(2) (기둥의 부피)$=$(밑넓이)$\times$(높이)

(3) (뿔의 부피)$=\dfrac{1}{3}\times$(밑넓이)$\times$(높이)

주의 도형의 변의 길이는 양수이다.

54 오른쪽 그림과 같이 윗변의 길이가 6 cm이고, 높이가 4 cm인 사다리꼴의 넓이가 28 cm² 이상일 때, 사다리꼴의 아랫변의 길이는 몇 cm 이상이어야 하는지 구하시오.

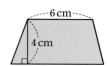

55 세로의 길이가 18 cm인 직사각형의 둘레의 길이가 62 cm 이하가 되게 하려고 한다. 이때 직사각형의 가로의 길이는 최대 몇 cm이어야 하는지 구하시오.

56 밑면의 반지름의 길이가 5 cm인 원뿔의 부피가 125π cm³ 이상이 되게 하려면 이 원뿔의 높이는 몇 cm 이상이어야 하는가?

① 13 cm ② 13.5 cm ③ 14 cm

④ 14.5 cm ⑤ 15 cm

유형 15 최대 개수에 대한 문제 　　　개념편 57~58쪽

가격이 다른 물건 A, B를 산다고 하면
➡ (물건 A의 가격)+(물건 B의 가격) ☐ (이용 가능 금액)
　　　　　이하이면 ≤, 미만이면 <

[참고] 물건 A, B를 합하여 k개를 사는 경우
　　➡ 물건 A를 x개 산다고 하면 물건 B는 $(k-x)$개 살 수 있다.

57 한 개에 900원인 아이스크림을 사는데 200원 봉투 한 장에 담아 전체 금액이 6500원 이하가 되게 하려고 한다. 이때 아이스크림을 최대 몇 개까지 살 수 있는지 구하시오.

58 최대 750 kg까지 실을 수 있는 승강기가 있다. 몸무게가 각각 60 kg인 두 사람이 승강기에 타서 한 개에 45 kg인 상자를 운반할 때, 한 번에 최대 몇 개의 상자를 운반할 수 있는가?

　① 12개　　　② 13개　　　③ 14개
　④ 15개　　　⑤ 16개

59 400원짜리 연필과 250원짜리 형광펜을 합하여 20자루를 사려고 한다. 전체 금액이 6000원 이하가 되게 하려고 할 때, 연필은 최대 몇 자루까지 살 수 있는지 구하시오.

유형 16 여러 가지 활용 문제 　　　개념편 57~58쪽

구하는 것을 x로 놓고, 부등식을 세운다.

(1) 현재 x세인 사람의 ┌ a년 전의 나이 ➡ $(x-a)$세
　　　　　　　　　　　└ b년 후의 나이 ➡ $(x+b)$세

(2) 다음 달부터 매달 a원씩 예금할 때, x개월 후의 예금액
　➡ {(현재 예금액)+$a \times x$}원

60 현재 아버지의 나이는 46세이고, 딸의 나이는 15세일 때, 몇 년 후부터 아버지의 나이가 딸의 나이의 2배 이하가 되는지 구하시오.

61 현재 형의 예금액은 52000원, 동생의 예금액은 40000원이다. 다음 달부터 매달 형은 3000원씩, 동생은 4500원씩 예금한다면 동생의 예금액이 형의 예금액보다 많아지는 것은 몇 개월 후부터인지 구하시오.
　　　　　　　　　　　　(단, 이자는 생각하지 않는다.)

> 한 사람이 더 큰 수를 x번 뽑았다고 하면
> 다른 한 사람은 $(20-x)$번을 뽑았음을 이용하자.

까다로운 기출문제

62 1부터 50까지의 자연수가 각각 하나씩 적힌 50장의 카드가 들어 있는 상자에서 경호와 진희가 각각 카드 한 장씩을 뽑을 때, 두 수 중 큰 수를 뽑은 사람은 5점을 얻고, 작은 수를 뽑은 사람은 2점을 잃는다고 한다. 두 사람이 카드를 각각 20번 뽑을 때, 진희가 경호보다 20점 이상 더 얻으려면 진희는 경호보다 큰 수를 몇 번 이상 뽑아야 하는지 구하시오.
　　　　　(단, 한 번 꺼낸 카드는 상자에 다시 넣지 않는다.)

유형 **17** 추가 요금에 대한 문제 개념편 57~58쪽

k개의 가격이 a원이고, k개를 초과하면 개당 b원이 추가될 때, x개의 전체 가격 (단, $x>k$)

➡ $\{a+b(x-k)\}$원
　기본요금　➘추가 요금

63 어느 공영 주차장에서는 주차 시간이 30분 이하이면 주차 요금이 2500원이고, 30분이 지나면 1분마다 50원씩 요금이 추가된다고 한다. 주차 요금이 8000원 이하가 되게 하려면 최대 몇 분 동안 주차할 수 있는지 구하시오.

64
서술형
어느 미술관에 단체 관람객이 입장할 때, 입장료가 5명까지는 1인당 2000원이고 5명을 초과하면 초과된 사람 1인당 500원이라고 한다. 20000원 미만의 금액으로 이 미술관을 관람하려고 할 때, 최대 몇 명까지 입장할 수 있는지 구하시오.

풀이 과정

답

65 증명사진 6장을 뽑는 데 드는 비용은 8000원이고, 6장을 초과하면 한 장당 비용이 400원씩 추가된다고 한다. 증명사진 한 장당 평균 가격이 750원 이하가 되게 하려면 증명사진을 최소 몇 장 뽑아야 하는가?

① 14장　　② 15장　　③ 16장
④ 17장　　⑤ 18장

유형 **18** 유리한 방법을 선택하는 문제 개념편 57~58쪽

(1) 방법 A가 방법 B보다 유리한 경우

➡ (방법 A에 드는 비용) < (방법 B에 드는 비용)

(2) 단체 입장권을 사는 경우

① k명 이상의 단체는 입장료를 a % 할인해 줄 때, k명의 단체 입장료

➡ (1명의 입장료)$\times\left(1-\dfrac{a}{100}\right)\times k$(원)

② k명 미만인 x명이 입장할 때, k명의 단체 입장권을 사는 것이 유리하려면

➡ (x명의 입장료) > (k명의 단체 입장료)

주의 '유리하다'는 것은 전체 비용이 더 적게 든다는 뜻이므로 등호가 포함된 부등호 ≤, ≥는 사용하지 않는다.

66 집 앞 가게에서 개당 1000원인 물건을 인터넷 쇼핑몰에서는 개당 600원에 살 수 있다고 한다. 인터넷 쇼핑몰에서 물건을 사면 배송료가 총 3000원일 때, 물건을 최소 몇 개 사야 인터넷 쇼핑몰을 이용하는 것이 유리한지 구하시오.

67 다음 표는 영화를 내려받을 수 있는 사이트의 연회비와 회원 및 비회원이 영화 1편을 내려받는 데 드는 금액을 나타낸 것이다. 1년에 최소 몇 편의 영화를 내려받는 경우에 회원 가입을 하는 것이 유리한지 구하시오.

구분	회원	비회원
연회비	8000원	—
영화 1편당 금액	1000원	1500원

68 어느 공연장은 1인당 입장료가 9000원인데 30명 이상의 단체인 경우에는 입장료의 20 %를 할인해 준다고 한다. 이 공연장에 30명 미만의 단체가 입장할 때, 몇 명 이상부터 30명의 단체 입장권을 사는 것이 유리한지 구하시오. (단, 30명 미만이어도 30명의 단체 입장권을 살 수 있다.)

유형 19 거리, 속력, 시간에 대한 문제 개념편 59쪽

(시간)$=\dfrac{(거리)}{(속력)}$를 이용하여 시간에 대한 부등식을 세운다.

주의 주어진 단위가 다를 경우, 부등식을 세우기 전에 먼저 단위를 통일한다.

69 등산을 하는데 올라갈 때는 시속 2 km로, 내려올 때는 같은 길을 시속 3 km로 걸어서 3시간 20분 이내로 등산을 마치려고 한다. 이때 최대 몇 km 떨어진 곳까지 올라갔다 내려올 수 있는지 구하시오.

70 준수가 제주 올레길을 걷는데 갈 때는 시속 2 km로 걷고, 돌아올 때는 갈 때보다 2 km 더 먼 길을 시속 4 km로 걸었더니 전체 걸린 시간이 5시간을 넘지 않았다. 이때 준수는 처음 출발한 곳에서 최대 몇 km 떨어진 곳까지 갔다 왔는가?

① 4 km   ② $\dfrac{9}{2}$ km   ③ 5 km

④ $\dfrac{11}{2}$ km   ⑤ 6 km

71 A 지점에서 13 km 떨어져 있는 B 지점까지 가는데 처음에는 시속 5 km로 걷다가 도중에 시속 4 km로 걸어서 3시간 이내에 B 지점에 도착하려고 한다. 이때 A 지점에서부터 최소 몇 km의 거리를 시속 5 km로 걸어야 하는지 구하시오.

72 오전 8시 30분까지 등교해야 하는 정국이는 집에서 오전 8시 5분에 출발하여 분속 50 m로 걷다가 늦을 것 같아서 도중에 분속 200 m로 뛰었더니 늦지 않고 학교에 도착하였다. 집에서 학교까지의 거리가 2.6 km일 때, 정국이가 걸어간 거리는 최대 몇 km인지 구하시오.

73 버스 터미널에서 버스가 출발하기까지 1시간 15분의 여유가 있어서 상점에 가서 물건을 사 오려고 한다. 걷는 속력은 시속 4 km로 일정하고, 물건을 사는 데 15분이 걸린다면 버스 터미널에서 최대 몇 km 떨어진 곳에 있는 상점까지 다녀올 수 있는지 구하시오.

서술형

풀이 과정

답

74 상호와 연지가 같은 지점에서 동시에 출발하여 서로 반대 방향으로 직선 도로를 따라 걷고 있다. 상호는 시속 5 km로, 연지는 시속 3 km로 걸을 때, 상호와 연지가 4 km 이상 떨어지려면 몇 분 이상 걸어야 하는가?

① 24분   ② 26분   ③ 28분
④ 30분   ⑤ 32분

까다로운 유형20 정가, 원가에 대한 문제 개념편 57~58쪽

(1) 원가가 x원인 물건에 $a\%$의 이익을 붙인 정가

➡ $\left(x+\dfrac{a}{100}\times x\right)$원, 즉 $\left(1+\dfrac{a}{100}\right)x$원

(2) 정가가 y원인 물건을 $b\%$ 할인한 가격

➡ $\left(y-\dfrac{b}{100}\times y\right)$원, 즉 $\left(1-\dfrac{b}{100}\right)y$원

참고 (이익)=(판매 가격)−(원가)

75 원가가 400원인 과자를 정가의 10 %를 할인하여 팔아도 50원 이상의 이익이 남도록 정가를 정하려고 한다. 이때 과자의 정가를 최소 얼마로 정하면 되는가?

① 400원 　② 450원 　③ 500원

④ 550원 　⑤ 600원

76 원가가 1000원인 손수건을 정가의 20 %를 할인하여 팔아도 원가의 60 % 이상의 이익이 남도록 정가를 정하려고 한다. 이때 손수건의 정가를 최소 얼마로 정하면 되는가?

① 1800원 　② 2000원 　③ 2200원

④ 2400원 　⑤ 2500원

(판매 가격)=(정가)−(할인하는 금액)임을 이용하자.

77 어떤 물건에 원가의 30 %의 이익을 붙여서 정가를 정하면 정가에서 1200원을 할인하여 팔아도 원가의 20 % 이상의 이익을 얻을 수 있다고 한다. 이 물건의 원가는 얼마 이상인지 구하시오.

톡톡 튀는 문제

78 유미가 오른쪽 그림과 같은 사물함 자물쇠의 비밀번호인 네 자리의 자연수를 잊어버렸다. 유미의 자물쇠의 비밀번호를 알고 있는 네 사람이 비밀번호의 각 자리의 숫자를 다음과 같이 설명했을 때, 유미의 자물쇠의 비밀번호를 말하시오.

> 석현: 천의 자리의 숫자는 일차부등식
> 　$4x-4\leq 3x-2$를 만족시키는 x의 값 중 가장 큰 수야.
>
> 재경: 백의 자리의 숫자는 일차부등식
> 　$2(x+7)\leq 5(x-1)$을 만족시키는 x의 값 중 가장 작은 자연수야.
>
> 지훈: 십의 자리의 숫자는 일차부등식
> 　$\dfrac{1}{6}x-1>\dfrac{1}{2}x-\dfrac{5}{2}$를 만족시키는 x의 값 중 가장 큰 정수야.
>
> 민지: 일의 자리의 숫자는 일차부등식
> 　$0.1x-0.18>0.05x+0.22$를 만족시키는 x의 값 중 한 자리의 자연수야.

79 일차부등식 $x-a\leq\dfrac{1-3x}{2}$를 만족시키는 x의 값 중 9와 서로소인 자연수의 개수가 4개일 때, 상수 a의 값이 될 수 있는 가장 큰 정수를 m, 가장 작은 정수를 n이라고 하자. 이때 $m+n$의 값을 구하시오.

꼭 나오는 기본 문제

1 다음 중 문장을 부등식으로 나타낸 것으로 옳지 <u>않은</u> 것은?

① x의 5배를 한 수는 x에 7을 더한 수보다 크거나 같다. ⇨ $5x \geq x+7$

② 한 개에 x원인 사과 2개의 가격은 2500원 미만이다. ⇨ $2x < 2500$

③ 시속 6 km로 x시간 동안 걸은 거리는 12 km 이하이다. ⇨ $6x \leq 12$

④ 현재 x세인 누나의 15년 후의 나이는 현재 나이의 3배보다 많다. ⇨ $x+15 > 3x$

⑤ 가로의 길이가 8 cm, 세로의 길이가 x cm인 직사각형의 둘레의 길이는 26 cm를 넘지 않는다.
⇨ $2(8+x) < 26$

2 다음 보기 중 $x=-3$일 때, 참인 부등식을 모두 고른 것은?

┌ 보기 ┐
ㄱ. $x+1 > -4$ ㄴ. $4+2x \leq -2$
ㄷ. $x < 3-x$ ㄹ. $x-1 \geq 3x+2$
└────┘

① ㄱ, ㄴ ② ㄱ, ㄴ, ㄷ
③ ㄱ, ㄷ, ㄹ ④ ㄴ, ㄷ, ㄹ
⑤ ㄱ, ㄴ, ㄷ, ㄹ

3 다음 중 옳지 <u>않은</u> 것은?

① $a > b$이면 $a+2 > b+2$

② $a > b$이면 $a-4 < b-4$

③ $a > b$이면 $2a > 2b$

④ $a < b$이면 $1-5a > 1-5b$

⑤ $a < b$이면 $\dfrac{a}{3}+1 < \dfrac{b}{3}+1$

4 $-2 \leq x < 1$일 때, $-3x+2$의 값의 범위는 $a < -3x+2 \leq b$이다. 이때 상수 a, b에 대하여 $a+b$의 값을 구하시오.

5 다음 중 일차부등식이 <u>아닌</u> 것은?

① $8x < 11$ ② $-2 \leq x+4$
③ $5x+2 < 3-5x$ ④ $2x-1 \leq 2(x+3)$
⑤ $x(x+1) \geq x^2+5$

6 일차부등식 $6x-2 \leq 8+4x$의 해가 $x \leq a$이고 일차부등식 $3-4x < 3x+17$의 해가 $x > b$일 때, 상수 a, b에 대하여 $a-b$의 값을 구하시오.

7 다음 중 일차부등식 $3(x-3)+10 \leq 2(2x+1)$의 해를 수직선 위에 바르게 나타낸 것은?

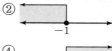
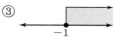
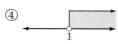

8 일차부등식 $0.8x-1>0.5x+1.4$의 해를 구하고, 그 해를 수직선 위에 나타내시오.

서술형

풀이 과정

답

9 다음은 일차부등식 $\frac{1}{5}(x-3)-x\geq-\frac{7}{3}+\frac{2}{5}x$를 푸는 과정이다. ㉠~㉤ 중 처음으로 틀린 곳을 말하시오.

$$\frac{1}{5}(x-3)-x\geq-\frac{7}{3}+\frac{2}{5}x$$에서
$$3(x-3)-x\geq-35+6x \quad\cdots㉠$$
$$3x-9-x\geq-35+6x \quad\cdots㉡$$
$$3x-x-6x\geq-35+9 \quad\cdots㉢$$
$$-4x\geq-26 \quad\cdots㉣$$
$$\therefore x\leq\frac{13}{2} \quad\cdots㉤$$

10 다음 일차부등식 중 그 해를 수직선 위에 나타냈을 때, 오른쪽 그림과 같은 것은?

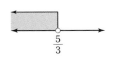

① $x>4-2x$
② $2x-2(2x+2)>5+x$
③ $0.1x>0.5-0.15x$
④ $\frac{1}{3}x+\frac{3}{2}>x-\frac{5}{6}$
⑤ $\frac{3}{2}+\frac{x-1}{4}>x$

11 연속하는 두 짝수가 있다. 작은 수의 7배에서 12를 빼면 큰 수의 3배보다 클 때, 이를 만족시키는 가장 작은 두 짝수의 합은?

① 6   ② 10   ③ 14
④ 18   ⑤ 22

12 한 송이에 600원인 장미와 한 송이에 1000원인 백합을 합하여 15송이를 사려고 한다. 전체 금액이 13000원을 넘지 않게 할 때, 백합은 최대 몇 송이까지 살 수 있는가?

① 9송이   ② 10송이   ③ 12송이
④ 14송이   ⑤ 15송이

13 현재 도희와 다솜이는 사탕을 각각 35개, 5개씩 가지고 있다. 도희가 다솜이에게 사탕을 몇 개 주어도 다솜이가 가진 사탕의 개수의 3배보다 많을 때, 도희는 다솜이에게 사탕을 최대 몇 개 줄 수 있는지 구하시오.

14 어느 문구점의 복사비는 8장에 1000원이고, 복사를 더 하는 경우 한 장당 비용이 80원씩 추가된다고 한다. 이 문구점에서 한 장당 평균 복사 비용이 100원 이하가 되게 하려면 복사를 몇 장 이상 해야 하는지 구하시오.

가뿐하게!
LEVEL 2   자주 나오는 **실력 문제**

15 다음 중 방정식 $-2x+5=1$을 만족시키는 x의 값이 해가 되는 부등식은?

① $x+1 \leq 2$ ② $4x-5 < -1$

③ $6-2x > 2$ ④ $2x-2 \leq x$

⑤ $3x-4 \leq x-1$

16 $a<0<b$, $c<0$일 때, 다음 중 항상 옳은 것을 모두 고르면? (정답 2개)

① $a^2 < b^2$ ② $b-a > c$ ③ $\dfrac{a}{c} < \dfrac{b}{c}$

④ $ac > ab$ ⑤ $ac < bc$

17 $-1 < 2x-5 \leq 11$일 때, $-\dfrac{1}{2}x+8$의 값 중에서 가장 큰 정수를 M, 가장 작은 정수를 m이라고 하자. 이때 $M+m$의 값은?

① 9   ② 10   ③ 11

④ 12   ⑤ 13

18 $a<0$일 때, x에 대한 일차부등식 $4-2ax>0$을 풀면?

① $x > \dfrac{1}{2a}$ ② $x < \dfrac{2}{a}$ ③ $x > \dfrac{2}{a}$

④ $x < 2a$ ⑤ $x > \dfrac{8}{a}$

19 서술형 다음 두 일차부등식의 해가 서로 같을 때, 상수 a의 값을 구하시오.

$$0.2(x-a) < 0.3x+0.1, \quad \dfrac{x-2}{3} > \dfrac{1}{6} - \dfrac{3x-2}{2}$$

풀이 과정

답

20 일차부등식 $3x-5 \geq 6x+2a$를 만족시키는 자연수 해가 없을 때, 상수 a의 값의 범위는?

① $a < -4$ ② $a > -4$ ③ $a \leq -4$

④ $a < 4$ ⑤ $a \leq 4$

21 다음 표는 어느 전시회의 입장권의 가격을 나타낸 것이다. 이 전시회를 40명 미만의 학생들이 단체로 관람하려고 할 때, 몇 명 이상부터 40명의 단체 입장권을 사는 것이 유리한지 구하시오. (단, 40명 미만이어도 40명의 단체 입장권을 살 수 있다.)

개인	1인당 8000원
단체	40장 이상 구매 시 개인 가격의 10 % 할인

22 역에서 기차를 기다리는데 출발 시각까지 55분의 여유가 있어 근처 식당에 가서 식사를 하려고 한다. 걷는 속력은 갈 때는 시속 3 km, 돌아올 때는 시속 4 km이고, 식당에서 식사를 하는 데 20분이 걸린다면 역에서부터 최대 몇 km 이내에 있는 식당까지 다녀올 수 있는지 구하시오.

23 오른쪽 표는 두 식품 A, B의 100 g당 지방의 양을 나타낸 것이다. 두 식품 A, B를 합하여 400 g을 섭취하여 지방을 54 g이 넘지 않게 얻으려고 할 때, 식품 A를 최대 몇 g 섭취할 수 있는지 구하시오.

식품	지방(g)
A	18
B	6

만점을 위한 도전 문제

24 $a-3>2(a-1)$일 때, x에 대한 일차부등식 $ax+1>-x-a$를 푸시오.

25 일차부등식 $\dfrac{5x-2}{2}>a$의 해 중 가장 작은 정수가 5일 때, 상수 a의 값의 범위를 구하시오.

26 오른쪽 그림과 같은 사다리꼴 ABCD에서 점 P가 변 BC 위를 움직이고 있다. △APD의 넓이가 사다리꼴 ABCD의 넓이의 $\dfrac{1}{3}$ 이하일 때, 선분 BP의 길이는 최대 몇 cm까지 될 수 있는지 구하시오.

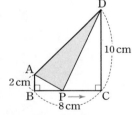

4 연립일차방정식

4 연립일차방정식

유형 1 미지수가 2개인 일차방정식 개념편 70~71쪽

(1) 미지수가 2개인 일차방정식
미지수가 2개이고, 그 차수가 모두 1인 방정식
➡ $ax+by+c=0$ (a, b, c는 상수, $a\neq0$, $b\neq0$) 꼴

(2) 미지수가 2개인 일차방정식 찾기
① 등식인지 확인한다.
② 모든 항을 좌변으로 이항하여 정리했을 때, 미지수가 2개인지 확인한다.
③ 미지수의 차수가 모두 1인지 확인한다.

1 다음 중 미지수가 2개인 일차방정식이 <u>아닌</u> 것을 모두 고르면? (정답 2개)

① $4y=8x-3$
② $x+3y=0$
③ $\dfrac{2}{x}-\dfrac{4}{y}=1$
④ $x+y-(x-y)=9$
⑤ $2x^2+y=2(x^2+3x+1)$

2 다음 중 문장을 미지수가 2개인 일차방정식으로 나타낸 것으로 옳지 <u>않은</u> 것은?

① x의 5배는 y의 3배보다 2만큼 작다.
   ➡ $5x=3y-2$
② y를 x로 나누면 몫이 7이고, 나머지가 3이다.
   ➡ $y=7x+3$
③ 농구 경기에서 2점 슛 x개, 3점 슛 y개를 성공하여 26점을 득점하였다. ➡ $2x+3y=26$
④ 가로의 길이가 x cm, 세로의 길이가 y cm인 직사각형의 둘레의 길이는 30 cm이다. ➡ $2x+2y=30$
⑤ 시속 3 km로 x km를 걸은 후 시속 5 km로 y km를 걸었을 때, 걸린 시간은 총 2시간이다.
   ➡ $3x+5y=2$

3 $ax^2-3x+2y=4x^2+by-5$가 미지수가 2개인 일차 방정식이 되기 위한 상수 a, b의 조건은?

① $a=4$, $b=2$
② $a=4$, $b\neq-3$
③ $a=4$, $b\neq2$
④ $a\neq4$, $b=3$
⑤ $a\neq4$, $b\neq2$

유형 2 미지수가 2개인 일차방정식의 해 개념편 70~71쪽

(1) 미지수가 2개인 일차방정식의 해(근)
미지수가 x, y의 2개인 일차방정식을 참이 되게 하는 x, y의 값 또는 순서쌍 (x, y)

(2) 미지수가 2개인 일차방정식을 푼다.
➡ 일차방정식의 해를 모두 구하는 것

참고 (a, b)가 일차방정식의 해이다.
➡ $x=a$, $y=b$를 일차방정식에 대입하면 등식이 성립한다.

4 다음 일차방정식 중 $(2, -1)$이 해인 것은?

① $2x-3y-2=0$
② $x+2y=3$
③ $2x-5y=-3$
④ $2x-y=5$
⑤ $3x+4y=-2$

5 다음 중 일차방정식 $5x-3y=1$의 해가 <u>아닌</u> 것은?

① $(-1, -2)$
② $\left(-\dfrac{1}{2}, -\dfrac{1}{2}\right)$
③ $\left(1, \dfrac{4}{3}\right)$
④ $(2, 3)$
⑤ $(5, 8)$

6 x, y의 값이 자연수일 때, 일차방정식 $4x+y=13$의 해의 개수를 구하시오.

7 500원짜리 연필 x자루와 1000원짜리 볼펜 y자루를 7000원에 샀다. 연필과 볼펜을 각각 1자루 이상씩 샀을 때, 다음 물음에 답하시오.

(1) 미지수가 2개인 일차방정식으로 나타내시오.

(2) (1)의 일차방정식의 모든 해를 순서쌍 (x, y)로 나타내시오.

유형 3 계수 또는 해가 문자인 일차방정식
개념편 70~71쪽

❶ 주어진 해의 x, y의 값을 일차방정식에 대입한다.
❷ 등식이 성립하도록 하는 문자의 값을 구한다.

8 일차방정식 $x+ay=-7$의 한 해가 $(-1, 3)$일 때, 상수 a의 값을 구하시오.

9 일차방정식 $2x+y=-15$의 한 해가 $x=a$, $y=3a$일 때, a의 값을 구하시오.

10 $(2, a)$, $(b, 1)$이 모두 일차방정식 $x+2y=10$의 해일 때, $a+b$의 값을 구하시오.

서술형

풀이 과정

답

11 일차방정식 $3x-5y-a=0$의 한 해가 $x=2$, $y=4$이다. $y=7$일 때, x의 값을 구하시오. (단, a는 상수)

유형 4 미지수가 2개인 연립방정식의 해
개념편 73쪽

(1) 미지수가 2개인 연립일차방정식(또는 연립방정식)
   미지수가 2개인 두 일차방정식을 한 쌍으로 묶어 나타낸 것

(2) 연립방정식의 해: 두 일차방정식의 공통의 해

(3) 연립방정식을 푼다.
   ➡ 연립방정식의 해를 구하는 것

참고 (a, b)가 연립방정식의 해이다.
   ➡ $x=a$, $y=b$를 각 일차방정식에 대입하면 등식이 모두 성립한다.

12 다음 문장을 x, y에 대한 연립방정식으로 바르게 나타낸 것은?

한 캔에 x원인 음료수 4캔과 한 봉지에 y원인 과자 3봉지의 가격은 7800원이고, 과자 한 봉지의 가격은 음료수 한 캔의 가격보다 200원 더 싸다.

① $\begin{cases} x+y=7800 \\ y=x+200 \end{cases}$ ② $\begin{cases} x+y=7800 \\ y=x-200 \end{cases}$

③ $\begin{cases} 4x-3y=7800 \\ y=x+200 \end{cases}$ ④ $\begin{cases} 4x+3y=7800 \\ y=x-200 \end{cases}$

⑤ $\begin{cases} 4x+3y=7800 \\ y=x+200 \end{cases}$

13 다음 연립방정식 중 $x=-1$, $y=2$가 해인 것은?

① $\begin{cases} 2x+y=0 \\ x-2y=3 \end{cases}$ ② $\begin{cases} x+y=1 \\ -3x+4y=11 \end{cases}$

③ $\begin{cases} x+4y=7 \\ 2x-5y=1 \end{cases}$ ④ $\begin{cases} x-y=4 \\ x-2y=-5 \end{cases}$

⑤ $\begin{cases} -4x-5y=-14 \\ 3x+2y=1 \end{cases}$

14 다음 보기의 일차방정식 중 해가 $x=1$, $y=-2$인 두 방정식을 연립방정식으로 나타내시오.

보기
ㄱ. $x+3y=-1$ ㄴ. $3x-y=5$
ㄷ. $-5x-2y=1$ ㄹ. $2x-4=y$

유형 5 계수 또는 해가 문자인 연립방정식 　개념편 73쪽

❶ 주어진 해의 x, y의 값을 두 일차방정식에 각각 대입한다.
❷ 등식이 성립하도록 하는 문자의 값을 구한다.

15 연립방정식 $\begin{cases} 2x+ay=6 \\ bx-2y=-5 \end{cases}$ 의 해가 $(1, 4)$일 때, 상수 a, b에 대하여 $a+b$의 값을 구하시오.

16 연립방정식 $\begin{cases} -2x+7y=5 \\ x+2y=a \end{cases}$ 의 해가 $x=-6$, $y=b$일 때, $a-b$의 값을 구하시오. (단, a는 상수)

17 연립방정식 $\begin{cases} 3x-2y=5 \\ ax-y=-2 \end{cases}$ 를 만족시키는 y의 값이 -4일 때, 상수 a의 값을 구하시오.

18 두 일차방정식 $-x+4y=-6$, $bx-y=11$을 동시에 만족시키는 해가 $(a+3, a)$일 때, $a+b$의 값은?
(단, b는 상수)

① 1　　　　② 2　　　　③ 3
④ 4　　　　⑤ 5

유형 6 연립방정식의 풀이 – 대입법 　개념편 75쪽

(1) 대입법: 한 일차방정식을 다른 일차방정식에 대입하여 연립방정식을 푸는 방법
(2) 대입법을 이용한 풀이
　❶ 한 일차방정식을 한 미지수에 대한 식으로 나타낸다.
　➡ $x=(y$에 대한 식$)$ 또는 $y=(x$에 대한 식$)$
　❷ ❶의 식을 다른 일차방정식에 대입하여 해를 구한다.
　❸ ❷의 해를 ❶의 식에 대입하여 다른 미지수의 값을 구한다.
　주의 식을 대입할 때는 괄호를 사용한다.

19 연립방정식 $\begin{cases} 2x+5y=12 & \cdots \text{㉠} \\ x=y-1 & \cdots \text{㉡} \end{cases}$ 을 풀기 위해 ㉡을 ㉠에 대입하여 x를 없앴더니 $ay=14$가 되었다. 이때 상수 a의 값을 구하시오.

20 다음 연립방정식을 대입법으로 푸시오.

(1) $\begin{cases} 7x-3y=-4 \\ 3y=2x-1 \end{cases}$ 　　(2) $\begin{cases} x+4y=7 \\ 2x+3y=4 \end{cases}$

21 두 일차방정식 $y=-x+6$, $x+2y=10$을 동시에 만족시키는 x, y에 대하여 x^2+y^2의 값을 구하시오.

22 연립방정식 $\begin{cases} y=2x-1 \\ 3x+2y=12 \end{cases}$ 의 해가 일차방정식 $5x-3y-k=0$을 만족시킬 때, 상수 k의 값을 구하시오.

유형 7 연립방정식의 풀이 – 가감법 개념편 76쪽

(1) **가감법**: 두 일차방정식을 변끼리 더하거나 빼어서 연립
방정식을 푸는 방법
(2) **가감법을 이용한 풀이**
  ❶ 한 미지수의 계수의 절댓값을 같게 만든다.
  ❷ 계수의 부호가
   ┌ 같으면 두 방정식의 변끼리 빼거나
   └ 다르면 두 방정식의 변끼리 더하여
   한 미지수를 없애고 방정식의 해를 구한다.
  ❸ ❷의 해를 한 일차방정식에 대입하여 다른 미지수의 값
   을 구한다.

23 연립방정식 $\begin{cases} 3x+8y=30 & \cdots \text{㉠} \\ 4x+5y=23 & \cdots \text{㉡} \end{cases}$ 에서 x를 없앤 후

가감법으로 풀려고 할 때, 필요한 식은?

① ㉠×2−㉡   ② ㉠×3−㉡×2
③ ㉠×3+㉡×2   ④ ㉠×4−㉡×3
⑤ ㉠×4+㉡×3

24 다음 연립방정식 중 그 해가 나머지 넷과 다른 하나는?

① $\begin{cases} x+y=-3 \\ 2x-y=6 \end{cases}$ ② $\begin{cases} 5x+y=1 \\ 6x+2y=-2 \end{cases}$

③ $\begin{cases} x-2y=9 \\ 2x+3y=-10 \end{cases}$ ④ $\begin{cases} 2x+y=4 \\ x-2y=7 \end{cases}$

⑤ $\begin{cases} -x+y=-5 \\ 3y+2x=-10 \end{cases}$

25 연립방정식 $\begin{cases} 5x-3y=-8 \\ -3x+2y=6 \end{cases}$ 의 해가 $x=a$, $y=b$일 때,

$a+b$의 값을 구하시오.

26 연립방정식 $\begin{cases} 5x+4y=10 \\ 7x+2y=-4 \end{cases}$ 의 해가 일차방정식

$2x+ay=6$을 만족시킬 때, 상수 a의 값을 구하시오.

유형 8 괄호가 있는 연립방정식의 풀이 개념편 78쪽

❶ 분배법칙을 이용하여 괄호를 푼다.
❷ 식을 간단히 하여 연립방정식의 해를 구한다.
  ➡ $a(x+y)=ax+ay$, $-a(x-y)=-ax+ay$

참고 비례식을 포함한 연립방정식은 비례식에서
   (내항의 곱)=(외항의 곱)임을 이용하여 비례식을 일차방정
   식으로 바꾸어 푼다.

27 연립방정식 $\begin{cases} 3x-4(x+2y)=5 \\ 2(x-y)=3-5y \end{cases}$ 의 해가 $x=a$, $y=b$

일 때, $a-b$의 값은?

① 1   ② 4   ③ 5
④ 7   ⑤ 9

28 연립방정식 $\begin{cases} 3(x-y)+5y=11 \\ 5x+3=4(x-y) \end{cases}$ 의 해가 일차방정식

$x-2y+1=a$를 만족시킬 때, 상수 a의 값을 구하시오.

29 연립방정식 $\begin{cases} (x+4):(1-y)=3:2 \\ 3(x+y)-4y=-2 \end{cases}$ 를 풀면?

① $x=-1$, $y=-1$ ② $x=-1$, $y=1$
③ $x=1$, $y=-1$ ④ $x=1$, $y=0$
⑤ $x=1$, $y=1$

유형 **9** 계수가 소수 또는 분수인 연립방정식의 풀이

개념편 78쪽

양변에 적당한 수를 곱하여 계수를 정수로 고쳐서 푼다.
(1) 계수가 소수이면
➡ 양변에 10의 거듭제곱을 적당히 곱한다.
(2) 계수가 분수이면
➡ 양변에 분모의 최소공배수를 곱한다.

30 다음 연립방정식을 푸시오.

(1) $\begin{cases} -0.3x+0.4y=0.1 \\ 0.03x+0.1y=0.13 \end{cases}$

(2) $\begin{cases} \dfrac{x}{2}-\dfrac{y}{3}=\dfrac{13}{6} \\ \dfrac{x}{3}-y=\dfrac{2}{3} \end{cases}$

31 연립방정식 $\begin{cases} 0.4x-0.2y=0.2 \\ \dfrac{7}{6}x-\dfrac{2}{3}y=-1 \end{cases}$ 을 풀면?

① $x=4,\ y=7$ ② $x=6,\ y=7$

③ $x=6,\ y=11$ ④ $x=10,\ y=15$

⑤ $x=10,\ y=19$

32 연립방정식 $\begin{cases} 0.3(x+y)-0.1y=1.9 \\ \dfrac{2}{3}x+\dfrac{3}{5}y=5 \end{cases}$ 를 만족시키는

$x,\ y$에 대하여 xy의 값을 구하시오.

33 연립방정식 $\begin{cases} \dfrac{x}{5}+0.3y=0.5 \\ 0.6x-\dfrac{y}{2}=-1.3 \end{cases}$ 의 해가 일차방정식

$2x-y=k$를 만족시킬 때, 상수 k의 값을 구하시오.

34  연립방정식 $\begin{cases} \dfrac{x}{6}-\dfrac{y-1}{3}=\dfrac{5}{2} \\ (x+7):2=(-y-2):3 \end{cases}$ 의 해가

$x=a,\ y=b$일 때, $a-b$의 값을 구하시오.

풀이 과정

답

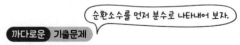
순환소수를 먼저 분수로 나타내어 보자.

까다로운 기출문제

35 연립방정식 $\begin{cases} 0.\dot{2}x-1.\dot{3}y=-0.0\dot{8} \\ 0.\dot{1}x+1.\dot{1}y=0.\dot{6} \end{cases}$ 을 풀면?

① $x=-2,\ y=-\dfrac{2}{5}$ ② $x=-2,\ y=\dfrac{2}{5}$

③ $x=2,\ y=-\dfrac{2}{5}$ ④ $x=2,\ y=\dfrac{2}{5}$

⑤ $x=-\dfrac{2}{5},\ y=2$

유형10 $A=B=C$ 꼴의 방정식의 풀이 개념편 79쪽

$A=B=C$ 꼴의 방정식은 다음 세 연립방정식 중 하나를 선택하여 푼다.

$$\begin{cases} A=B \\ A=C \end{cases} \quad \begin{cases} A=B \\ B=C \end{cases} \quad \begin{cases} A=C \\ B=C \end{cases}$$

참고 C가 상수일 때는 $\begin{cases} A=C \\ B=C \end{cases}$ 를 푸는 것이 가장 간단하다.

36 방정식 $x-4y+11=-6x+10=-x+y+3$의 해를 (m, n)이라고 할 때, $m+n$의 값을 구하시오.

서술형

풀이 과정

답

37 방정식 $x+2y+5=2x+y-3=7$의 해가 일차방정식 $2x-ay=8$을 만족시킬 때, 상수 a의 값을 구하시오.

38 다음 방정식을 푸시오.

(1) $\dfrac{x+y}{3}=\dfrac{x+y}{4}=\dfrac{x}{5}$

(2) $\dfrac{y-2}{2}=-0.4x+0.2y-1=\dfrac{x+y+4}{5}$

유형11 연립방정식의 해가 주어질 때, 상수의 값 구하기

개념편 75~79쪽

❶ 주어진 해를 연립방정식에 대입한다.

❷ 새로 만들어지는 두 문자에 대한 연립방정식을 푼다.

39 연립방정식 $\begin{cases} ax+by=4 \\ bx-ay=-3 \end{cases}$의 해가 $(2, -1)$일 때, 상수 a, b에 대하여 $a+b$의 값은?

① -2 ② -1 ③ 0
④ 1 ⑤ 2

40 연립방정식 $\begin{cases} ax+y=12 \\ -4x+3y=3a+1 \end{cases}$의 해가 $x=2, y=b$

서술형 일 때, a, b의 값을 각각 구하시오. (단, a는 상수)

풀이 과정

답

41 연립방정식 $\begin{cases} x+2y=10 \\ 2x-3y=-1 \end{cases}$의 해가 $x=a, y=b$일 때,

연립방정식 $\begin{cases} ax+by=17 \\ bx+ay=-3 \end{cases}$의 해를 구하시오.

42 방정식 $ax-by-6=2ax-3by=-3x-5y-3$의 해가 $x=-1, y=2$일 때, 상수 a, b에 대하여 $a+b$의 값을 구하시오.

유형12 세 일차방정식이 주어질 때, 상수의 값 구하기
개념편 75~79쪽

❶ 세 일차방정식 중 계수와 상수항이 모두 주어진 두 일차방정식으로 연립방정식을 세운 후 해를 구한다.
❷ ❶의 해를 나머지 일차방정식에 대입하여 상수의 값을 구한다.

43 연립방정식 $\begin{cases} 2x+y=-3 \\ ax-3y=14 \end{cases}$ 의 해가 일차방정식 $x-y=6$을 만족시킬 때, 상수 a의 값을 구하시오.

44 연립방정식 $\begin{cases} 2x+ay=8 \\ 3x+y=14 \end{cases}$ 의 해가 일차방정식 $y=4x$를 만족시킬 때, 상수 a의 값은?

① -3 ② $-\dfrac{1}{4}$ ③ $\dfrac{1}{2}$
④ 1 ⑤ 4

45 다음 세 일차방정식을 모두 만족시키는 해가 존재할 때, 상수 a의 값을 구하시오.

$$2x-3y=-1, \quad ax-3y=9, \quad x+5y=-7$$

46 연립방정식 $\begin{cases} \dfrac{x}{2}-\dfrac{y}{6}=-\dfrac{3}{2} \\ 2(y-ax)=5-3y \end{cases}$ 의 해가 일차방정식 $0.3x-0.2y=-0.6$을 만족시킬 때, 상수 a의 값을 구하시오.

유형13 연립방정식의 해의 조건이 주어질 때, 상수의 값 구하기
개념편 75~79쪽

❶ 주어진 해의 조건을 식으로 나타낸다.
❷ 연립방정식 중 계수와 상수항이 모두 주어진 일차방정식과 ❶의 식으로 연립방정식을 세운 후 해를 구한다.
❸ ❷의 해를 나머지 일차방정식에 대입하여 상수의 값을 구한다.

참고 · x의 값이 y의 값의 a배이다. ➡ $x=ay$
· x와 y의 값의 합이 a이다. ➡ $x+y=a$
· x와 y의 값의 비가 $a:b$이다. ➡ $x:y=a:b \to bx=ay$

47 연립방정식 $\begin{cases} x-y=-4 \\ 2x-3y=-11+a \end{cases}$ 를 만족시키는 y의 값이 x의 값의 3배일 때, 상수 a의 값은?

① -30 ② -27 ③ -18
④ -9 ⑤ -3

48 연립방정식 $\begin{cases} 5x-4y=19 \\ ax+5y=-11 \end{cases}$ 을 만족시키는 x의 값과 y의 값의 합이 2일 때, 상수 a의 값을 구하시오.

서술형

풀이 과정

답

49 연립방정식 $\begin{cases} 0.2x+0.7y=2.4 \\ \dfrac{2}{5}x+y=\dfrac{a}{2} \end{cases}$ 를 만족시키는 y의 값이

x의 값보다 3만큼 작을 때, 상수 a의 값을 구하시오.

주어진 비례식을 x, y에 대한 일차방정식으로
나타내어 보자.

까다로운 기출문제

50 연립방정식 $\begin{cases} x+2y=16 \\ 2x-y=a \end{cases}$ 를 만족시키는 x와 y의 값의

비가 $2:3$일 때, 상수 a의 값을 구하시오.

유형14 두 연립방정식의 해가 서로 같을 때, 상수의 값 구하기
개념편 **75~79쪽**

❶ 네 일차방정식 중 계수와 상수항이 모두 주어진 두 일차
방정식으로 연립방정식을 세운 후 해를 구한다.
❷ ❶의 해를 나머지 두 일차방정식에 각각 대입하여 상수의
값을 구한다.

51 두 연립방정식 $\begin{cases} y=9-x \\ ax+y=-3 \end{cases}$, $\begin{cases} 2x-3y=-7 \\ 2x-y=b \end{cases}$ 의 해가

서로 같을 때, 상수 a, b에 대하여 $a+b$의 값을 구하
시오.

---

52 다음 네 일차방정식이 한 쌍의 공통인 해를 가질 때,
상수 a, b에 대하여 $a-b$의 값을 구하시오.

서술형

$$ax-3y=7, \qquad -2x+by=2,$$
$$x+3y=5, \qquad 3x+2y=-6$$

풀이 과정

답

53 두 연립방정식

$$\begin{cases} \dfrac{x-2}{5}-\dfrac{y+1}{2}=-1 \\ x+2by=-3 \end{cases}, \begin{cases} ax-y=3 \\ 0.05x+0.3y=0.4 \end{cases}$$

의 해가 서로 같을 때, 상수 a, b의 값을 각각 구하시오.

54 다음 두 연립방정식의 해가 서로 같을 때, 상수 a, b에
대하여 $b-a$의 값을 구하시오.

$$\begin{cases} x-2y=-5 \\ ax-by=1 \end{cases}, \begin{cases} 3x-y=-5 \\ -ax+2by=5 \end{cases}$$

유형 15 잘못 보고 해를 구한 경우
개념편 75~79쪽

(1) 계수 a와 b를 서로 바꾸어 놓고 푼 경우
 ❶ 주어진 연립방정식에서 a는 b로, b는 a로 바꾸어 새로운 연립방정식을 세운다.
 ❷ 잘못 구한 해를 ❶의 식에 대입하여 a, b의 값을 각각 구한다.
(2) 계수 또는 상수항을 잘못 보고 푼 경우
 ❶ 잘못 본 계수 또는 상수항을 문자로 놓는다.
 ❷ 잘못 구한 해를 제대로 본 식에 대입하여 나머지 해를 구한다.
 ❸ ❷의 해를 잘못 본 식에 대입한다.

55 연립방정식 $\begin{cases} ax+by=4 \\ bx-ay=3 \end{cases}$ 을 푸는데 잘못하여 a와 b를 서로 바꾸어 놓고 풀었더니 $x=2$, $y=1$이 되었다. 이때 상수 a, b에 대하여 ab의 값을 구하시오.

56 연립방정식 $\begin{cases} 2x-y=-3 \\ 3x-5y=2 \end{cases}$ 에서 $2x-y=-3$의 상수항 -3을 잘못 보고 풀어서 $y=2$를 얻었다. 이때 상수항 -3을 어떤 수로 보았는가?

① -3 ② -2 ③ 1
④ 6 ⑤ 9

> 현정이와 정국이가 구한 해를 제대로 본 다른 식에 대입하여 a, b의 값을 각각 구해 보자.

57 현정이와 정국이가 연립방정식 $\begin{cases} x+ay=2 \\ bx-4y=1 \end{cases}$ 을 푸는데 현정이는 a를 잘못 보고 풀어서 $x=3$, $y=2$를 얻었고, 정국이는 b를 잘못 보고 풀어서 $x=8$, $y=2$를 얻었다. 이때 처음 연립방정식의 해를 구하시오.
(단, a, b는 상수)

유형 16 해가 무수히 많은 연립방정식
개념편 80쪽

어느 한 일차방정식의 양변에 적당한 수를 곱했을 때, x, y의 계수와 상수항이 각각 같으면 → 두 일차방정식이 일치한다.
➡ 해가 무수히 많다.

예 $\begin{cases} 3x+2y=3 & \cdots ㉠ \\ 6x+4y=6 & \cdots ㉡ \end{cases}$ x의 계수가 같아지도록 ㉠×2를 하면 $\begin{cases} 6x+4y=6 \\ 6x+4y=6 \end{cases}$

주의 양변에 적당한 수를 곱할 때는 모든 항에 빠짐없이 곱한다.

58 다음 보기의 연립방정식 중 해가 무수히 많은 것을 모두 고른 것은?

┌ 보기 ┐
ㄱ. $\begin{cases} x+2y=1 \\ 3x+6y=5 \end{cases}$ ㄴ. $\begin{cases} 2x+y=3 \\ 4x+2y=6 \end{cases}$

ㄷ. $\begin{cases} 2x+y=13 \\ y=3x-8 \end{cases}$ ㄹ. $\begin{cases} \dfrac{x}{2}-2y=-8 \\ \dfrac{x}{4}-y=-4 \end{cases}$

① ㄱ, ㄴ ② ㄱ, ㄹ ③ ㄴ, ㄷ
④ ㄴ, ㄹ ⑤ ㄷ, ㄹ

59 연립방정식 $\begin{cases} x-4y=-3 \\ 2x+(a-5)y=-6 \end{cases}$ 의 해가 무수히 많을 때, 상수 a의 값을 구하시오.

60 연립방정식 $\begin{cases} ax+y=2 \\ 3x-4y=b \end{cases}$ 의 해가 무수히 많을 때, 상수 a, b에 대하여 ab의 값을 구하시오.

유형 17 해가 없는 연립방정식 　　　개념편 80쪽

어느 한 일차방정식의 양변에 적당한 수를 곱했을 때,
x, y의 계수는 각각 같고, 상수항은 다르면
➡ 해가 없다.

예 $\begin{cases} 3x+2y=2 & \cdots ㉠ \\ 6x+4y=6 & \cdots ㉡ \end{cases}$ $\xrightarrow[㉠\times2를\ 하면]{x의\ 계수가\ 같아지도록}$ $\begin{cases} 6x+4y=4 \\ 6x+4y=6 \end{cases}$

61 다음 연립방정식 중 해가 <u>없는</u> 것은?

① $\begin{cases} 2x+3y=4 \\ 4x+6y=8 \end{cases}$　　② $\begin{cases} 2x+y=5 \\ 4x=2y+10 \end{cases}$

③ $\begin{cases} x+4y=8 \\ 2x+8y=10 \end{cases}$　　④ $\begin{cases} x-3y=6 \\ 3x=9y+18 \end{cases}$

⑤ $\begin{cases} 4x-6y=8 \\ 2x+3y=4 \end{cases}$

62 연립방정식 $\begin{cases} ax+3y=4 \\ -3x+4y=1 \end{cases}$ 의 해가 없을 때, 상수 a의 값을 구하시오.

63 연립방정식 $\begin{cases} ax-4y=1 \\ -3x+2y=b \end{cases}$ 의 해가 없을 때, 상수 a, b의 조건을 각각 구하시오.

유형 18 수에 대한 문제 　　　개념편 82~83쪽

(1) 수의 연산에 대한 문제
　➡ 두 수를 x, y로 놓는다.
(2) 자릿수에 대한 문제
　① 십의 자리의 숫자가 x, 일의 자리의 숫자가 y인 두 자리의 자연수 ➡ $10x+y$
　② ①의 십의 자리의 숫자와 일의 자리의 숫자를 바꾼 수 ➡ $10y+x$

64 합이 84인 어떤 두 수가 있다. 큰 수의 2배에서 작은 수를 빼면 48일 때, 두 수의 차는?

① 3　　　　② 4　　　　③ 5
④ 6　　　　⑤ 7

65 십의 자리의 숫자가 a, 일의 자리의 숫자가 b인 두 자리의 자연수가 있다. 각 자리의 숫자의 합은 13이고, 이 수의 십의 자리의 숫자와 일의 자리의 숫자를 바꾼 수는 처음 수보다 9만큼 크다. 이때 처음 수를 구하시오.

서술형

풀이 과정

답

66 십의 자리의 숫자가 일의 자리의 숫자의 2배보다 2만큼 큰 두 자리의 자연수가 있다. 이 수의 십의 자리의 숫자와 일의 자리의 숫자를 바꾼 수는 처음 수보다 45만큼 작을 때, 처음 수를 구하시오.

유형19 개수, 가격에 대한 문제 　　개념편 82~83쪽

(1) A, B의 한 개의 가격을 알고 전체 개수와 전체 가격이 주어지면, A, B의 개수를 각각 x개, y개로 놓고 연립방정식을 세운다.

➡ $\begin{cases} (\text{A의 개수}) + (\text{B의 개수}) = (\text{전체 개수}) \\ (\text{A의 전체 가격}) + (\text{B의 전체 가격}) = (\text{전체 가격}) \end{cases}$

(2) A, B의 구입 개수와 전체 가격이 주어지면, A, B의 한 개의 가격을 각각 x원, y원으로 놓고 연립방정식을 세운다.

67 어느 박물관의 입장료가 어른은 1000원, 어린이는 500원이다. 어른과 어린이를 합하여 총 15명이 8500원의 입장료를 내고 입장했을 때, 입장한 어린이의 수를 구하시오.

68 500원짜리 우유와 300원짜리 요구르트를 섞어서 9개를 사고 200원짜리 종이봉투에 담았더니 전체 가격이 3700원이었다. 이때 우유와 요구르트를 각각 몇 개씩 샀는지 구하시오.

69 연필 4자루와 색연필 3자루를 샀더니 5700원이었고, 연필 3자루와 색연필 5자루를 샀더니 6200원이었다. 이때 연필 한 자루의 가격은?

① 500원　　② 600원　　③ 700원
④ 800원　　⑤ 900원

유형20 나이에 대한 문제 　　개념편 82~83쪽

두 사람의 현재 나이를 각각 x세, y세로 놓고 연립방정식을 세운다.

참고 현재 x세인 사람의 $\begin{cases} a\text{년 전의 나이} \Rightarrow (x-a)\text{세} \\ b\text{년 후의 나이} \Rightarrow (x+b)\text{세} \end{cases}$

70 현재 형과 동생의 나이의 합은 32세이고, 형의 나이는 동생의 나이보다 4세가 더 많다고 할 때, 현재 형의 나이와 동생의 나이를 각각 구하시오.

71 현재 아버지와 딸의 나이의 합은 50세이고, 10년 후에는 아버지의 나이가 딸의 나이의 2배보다 4세가 더 많아진다고 한다. 현재 아버지의 나이를 구하시오.

72 현재 이모와 세희의 나이의 차는 32세이고, 15년 후에는 이모의 나이가 세희의 나이의 3배보다 6세가 적어진다고 한다. 5년 후의 이모와 세희의 나이를 각각 구하시오.

73 현재 삼촌의 나이가 동재의 나이의 3배이고, 9년 후에는 삼촌의 나이가 동재의 나이의 2배보다 5세가 더 많아진다고 한다. 이때 현재 삼촌과 동재의 나이의 차를 구하시오.

유형21 도형에 대한 문제 _{개념편 82~83쪽}

도형의 둘레의 길이, 넓이, 부피를 구하는 공식을 이용하여 식을 세운다.

74 길이가 34 cm인 끈을 긴 끈과 짧은 끈으로 나누었다. 긴 끈의 길이가 짧은 끈의 길이의 2배보다 5 cm가 짧다고 할 때, 긴 끈과 짧은 끈의 길이를 각각 구하시오.

75 가로의 길이가 세로의 길이보다 2 cm 더 긴 직사각형의 둘레의 길이가 24 cm일 때, 이 직사각형의 넓이를 구하시오.

76 윗변의 길이가 아랫변의 길이보다 4 cm만큼 짧고, 높이가 6 cm인 사다리꼴이 있다. 이 사다리꼴의 넓이가 36 cm²일 때, 윗변의 길이를 구하시오.

〔AD=BC임을 이용하자.〕

까다로운 기출문제

77 오른쪽 그림과 같이 크기가 같은 직사각형 모양의 타일 5장을 겹치지 않게 빈틈없이 붙여서 둘레의 길이가 44 cm인 직사각형 ABCD를 만들었다. 이 타일 한 장의 둘레의 길이를 구하시오.

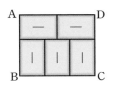

틀리기 쉬운 유형22 점수, 계단에 대한 문제 _{개념편 82~83쪽}

(1) 점수에 대한 문제 ➡ 득점: +, 감점: −
(2) 계단에 대한 문제
 ① 계단을 올라가는 것: +, 계단을 내려가는 것: −
 ② A, B 두 사람이 가위바위보를 할 때, 비기는 경우가 없으면
  ➡ (A가 이긴 횟수)=(B가 진 횟수)
   (A가 진 횟수)=(B가 이긴 횟수)

78 20개의 문제가 출제된 영어 듣기 평가에서 한 문제를 맞히면 4점을 얻고, 틀리면 2점이 감점된다고 한다. 지민이가 20개의 문제를 모두 풀어서 50점을 얻었을 때, 지민이가 맞힌 문제 수를 구하시오.

79 현아와 수지가 가위바위보를 하여 이긴 사람은 2계단씩 올라가고, 진 사람은 1계단씩 내려가기로 하였다. 가위바위보를 20번 하여 현아가 처음 위치보다 22계단을 올라가 있을 때, 현아가 이긴 횟수는?
(단, 비기는 경우는 없다.)

① 6회 　　　 ② 8회 　　　 ③ 10회
④ 14회 　　　 ⑤ 15회

80 지수와 재희가 가위바위보를 하여 이긴 사람은 3계단씩 올라가고, 진 사람은 2계단씩 내려가기로 하였다. 얼마 후 지수는 처음 위치보다 29계단을 올라가 있었고, 재희는 처음 위치보다 1계단을 내려가 있었다. 이때 지수가 이긴 횟수를 구하시오.
(단, 비기는 경우는 없다.)

개념편 82~83쪽

유형23 여러 가지 활용 문제

개수, 금액, 사람 수 등에 대한 문제는 구하는 것을 x, y로 놓고, 연립방정식을 세운다.

81 어느 주차장에 오토바이와 자동차를 합하여 100대가 있다. 오토바이와 자동차의 바퀴의 수가 모두 380개일 때, 자동차의 수를 구하시오.
(단, 오토바이의 바퀴는 2개, 자동차의 바퀴는 4개이다.)

82 다음은 고대 중국의 수학자 정대위가 쓴 "산법통종"에 실려 있는 문제이다. 구미호와 붕조는 각각 몇 마리인지 구하시오.

> 구미호는 머리가 하나에 꼬리가 아홉 개 달려 있다. 붕조는 머리가 아홉 개에 꼬리가 하나이다. 이 두 동물을 우리 안에 넣었더니 머리가 72개, 꼬리가 88개이었다.

83 어느 반 학생 30명이 수학 시험을 보았는데 남학생 점수의 평균은 75점, 여학생 점수의 평균은 85점이고, 반 전체 점수의 평균은 79점이었다. 이 반의 남학생 수와 여학생 수를 각각 구하시오.

풀이 과정

답

84 전체 회원이 40명인 영화 동아리의 정기 모임에 남자 회원의 $\dfrac{1}{3}$과 여자 회원의 $\dfrac{1}{4}$이 참석하였다. 참석한 회원이 12명일 때, 이 동아리의 여자 회원 수를 구하시오.

(승객 수에 대한 일차방정식)
(요금에 대한 일차방정식) 으로 연립방정식을 세우자.

까다로운 기출문제

85 A 지점에서 B 지점을 거쳐 C 지점까지 운행하는 버스의 구간별 요금은 오른쪽 그림과 같다. 이 버스가 A 지점에서 출발할 때 버스에 탄 승객 수는 40명이고, C 지점에 도착하여 내린 승객 수는 36명이다. 이 버스 승차권의 판매 요금이 총 47600원일 때, B 지점에서 탄 승객 수와 내린 승객 수의 합을 구하시오.

• A ↔ B: 800원
• B ↔ C: 600원
• A ↔ C: 1200원

총수와 은혜가 받은 용돈과 사용한 용돈을 각각 미지수 x, y를 사용하여 나타내어 보자.

까다로운 기출문제

86 총수와 은혜가 지난주에 받은 용돈의 비는 5 : 3이고, 사용한 용돈의 비는 3 : 1이다. 받은 용돈 중에서 현재 총수는 3000원이 남았고, 은혜는 5000원이 남았을 때, 지난주에 은혜가 받은 용돈은 얼마인지 구하시오.

유형24 거리, 속력, 시간에 대한 문제 　개념편 85쪽

$(거리)=(속력)\times(시간)$, $(속력)=\dfrac{(거리)}{(시간)}$, $(시간)=\dfrac{(거리)}{(속력)}$

주의 주어진 단위가 다를 경우, 방정식을 세우기 전에 먼저 단위를 통일한다.

87 동주네 집에서 학교까지의 거리는 4 km이다. 동주는 오전 7시 20분에 집에서 출발하여 시속 4 km로 걷다가 중간에 시속 9 km로 뛰어 오전 8시에 학교에 도착하였다. 다음 중 걸어간 거리를 x km, 뛰어간 거리를 y km라 하고 연립방정식을 세운 것으로 옳은 것은?

① $\begin{cases} x+y=4 \\ 4x+9y=40 \end{cases}$ 　② $\begin{cases} x+y=4 \\ 4x-9y=40 \end{cases}$

③ $\begin{cases} x+y=4 \\ \dfrac{x}{4}+\dfrac{y}{9}=40 \end{cases}$ 　④ $\begin{cases} x+y=4 \\ \dfrac{x}{4}+\dfrac{y}{9}=\dfrac{40}{60} \end{cases}$

⑤ $\begin{cases} x+y=4 \\ \dfrac{x}{4}-\dfrac{y}{9}=\dfrac{40}{60} \end{cases}$

88 서술형 올라가는 길과 내려오는 길이 다른 총 19 km의 등산로를 올라갈 때는 시속 3 km로 걷고, 내려올 때는 시속 5 km로 걸어서 총 5시간이 걸렸다. 이때 내려온 거리를 구하시오.

풀이 과정

답

89 A 지점에서 420 km 떨어진 B 지점까지 자동차를 타고, 고속도로와 일반 국도로 이동하려고 한다. 고속도로를 시속 a km로 3시간, 일반 국도를 시속 b km로 2시간 동안 달렸고, 고속도로에서의 속력이 일반 국도에서의 속력보다 시속 40 km만큼 더 빠르다고 할 때, $a+b$의 값은?

① 150 　② 155 　③ 160
④ 165 　⑤ 170

90 지영이가 학교에서 도서관으로 향해 출발한 지 27분 후에 지호가 학교에서 지영이를 따라 도서관으로 출발하였다. 지영이는 분속 50 m로 걷고, 지호는 분속 200 m로 달릴 때, 두 사람이 만나는 것은 지호가 출발한 지 몇 분 후인지 구하시오.

91 둘레의 길이가 2 km인 호수의 둘레를 태리와 지수가 같은 지점에서 동시에 출발하여 서로 반대 방향으로 돌면 20분 후에 처음으로 만나고, 같은 방향으로 돌면 50분 후에 처음으로 만난다고 한다. 이때 태리와 지수의 속력을 차례로 구하면?
　(단, 태리의 속력이 지수의 속력보다 빠르다.)

① 분속 50 m, 분속 30 m
② 분속 50 m, 분속 40 m
③ 분속 70 m, 분속 30 m
④ 분속 70 m, 분속 40 m
⑤ 분속 70 m, 분속 50 m

92 800 m 떨어진 두 지점에서 정아와 세원이가 마주 보고 동시에 출발하여 도중에 만났다. 정아는 분속 60 m로, 세원이는 분속 40 m로 걸었다고 할 때, 정아는 세원이보다 몇 m를 더 걸었는지 구하시오.

정지한 물에서의 배의 속력을 x, 강물의 속력을 y라고 하면
① (강을 거슬러 올라갈 때의 배의 속력)$=x-y$
② (강을 따라 내려올 때의 배의 속력)$=x+y$

까다로운 기출문제

93 20 km 길이의 강을 배를 타고 거슬러 올라가는 데는 강물의 흐름 때문에 2시간이 걸렸고, 강을 따라 내려오는 데는 1시간이 걸렸다. 정지한 물에서의 배의 속력은 시속 몇 km인지 구하시오.
(단, 배와 강물의 속력은 각각 일정하다.)

길이가 x m인 기차가 길이가 a m인 터널을 완전히 통과하는 동안 기차가 달린 거리는 $(x+a)$ m임을 이용하자.

까다로운 기출문제

94 일정한 속력으로 달리는 기차가 있다. 이 기차는 길이가 800 m인 터널을 완전히 통과하는 데 23초가 걸리고, 길이가 400 m인 다리를 완전히 건너는 데 13초가 걸린다고 한다. 이때 기차의 길이를 구하시오.

까다로운
유형25 증가·감소, 정가·원가에 대한 문제 **개념편 86쪽**

(1) 증가·감소에 대한 문제
① x가 a % 증가하면
➡ 변화량: $+\dfrac{a}{100}x$, 증가한 후의 양: $x+\dfrac{a}{100}x$
② x가 b % 감소하면
➡ 변화량: $-\dfrac{b}{100}x$, 감소한 후의 양: $x-\dfrac{b}{100}x$

(2) 정가·원가에 대한 문제
① (이익)=(정가)−(원가)
② 원가 x원에 a %의 이익을 붙인 정가
➡ $x+\dfrac{a}{100}\times x$, 즉 $\left(1+\dfrac{a}{100}\right)x$원

95 작년에 어느 학교의 전체 학생 수는 1000명이었는데 올해는 작년보다 남학생 수가 2 % 감소하고, 여학생 수가 5 % 증가하여 1022명이 되었다. 이 학교의 올해의 남학생 수와 여학생 수를 각각 구하시오.

96 어느 회사의 올해 지원자 수는 작년에 비해 여자는 15 % 늘고, 남자는 10 % 줄었다. 전체 지원자 수는 20명이 늘어난 520명이 되었다고 할 때, 작년의 여자 지원자 수를 구하시오.

97 두 상품 A, B를 합하여 28000원에 사서 A 상품은 원가의 15 %, B 상품은 원가의 20 %의 이익을 붙여 팔았더니 4800원의 이익이 생겼다. 이때 A 상품의 판매 가격을 구하시오.

유형26 일에 대한 문제
틀리기 쉬운

개념편 86쪽

전체 일의 양을 1로, 한 사람이 일정 시간 동안 할 수 있는 일의 양을 각각 x, y로 놓고 연립방정식을 세운다.

예 A, B가 10일 동안 함께 작업하여 일을 끝냈다.
➡ A, B가 하루에 할 수 있는 일의 양을 각각 x, y라고 하면
$$10(x+y)=1$$
└ 전체 일의 양

98 민지가 3일 동안 하고 나머지는 원호가 12일 동안 하여 완성한 작업을 민지와 원호가 함께 6일 동안 하면 완성한다고 한다. 같은 작업을 원호가 혼자 하면 작업을 완성하는 데 며칠이 걸리는지 구하시오.

99 A와 B가 어떤 일을 하는데 A가 3일 동안 한 후 나머지를 B가 9일 동안 하면 마칠 수 있고, A가 4일 동안 한 후 나머지를 B가 6일 동안 하면 마칠 수 있다. 이 일을 A가 혼자 하여 마치려면 며칠이 걸리는지 구하시오.

100 어떤 물탱크에 물이 가득 차 있다. 이 물탱크의 물을 A 호스로 2시간 동안 뺀 후 B 호스로 5시간 동안 빼면 모두 뺄 수 있다. 또 A 호스로 4시간 동안 뺀 후 B 호스로 4시간 동안 빼도 모두 뺄 수 있다. 이 물탱크의 물을 B 호스로만 모두 빼는 데 걸리는 시간은?

① 2시간   ② 3시간   ③ 4시간
④ 5시간   ⑤ 6시간

유형27 농도에 대한 문제
까다로운

개념편 87쪽

(1) (소금물의 농도)$=\dfrac{(소금의\ 양)}{(소금물의\ 양)}\times100(\%)$

➡ (소금의 양)$=\dfrac{(소금물의\ 농도)}{100}\times(소금물의\ 양)$

(2) 농도가 다른 두 소금물을 섞을 때

➡ $\begin{cases}(섞기\ 전\ 소금물의\ 양의\ 합)=(섞은\ 후\ 소금물의\ 양)\\(섞기\ 전\ 소금의\ 양의\ 합)=(섞은\ 후\ 소금의\ 양)\end{cases}$

참고 소금물에 물을 더 넣거나 증발시켜도 소금의 양은 변하지 않는다.

101 8 %의 설탕물과 12 %의 설탕물을 섞어서 9 %의 설탕물 500 g을 만들려고 한다. 이때 8 %의 설탕물의 양은?

① 125 g   ② 175 g   ③ 255 g
④ 325 g   ⑤ 375 g

102 2 %의 소금물과 10 %의 소금물을 섞은 후 물을 56 g 더 넣어 6 %의 소금물 200 g을 만들었다. 이때 10 %의 소금물의 양을 구하시오.

103 8 %의 소금물에 소금을 더 넣었더니 31 %의 소금물 400 g이 되었다. 이때 더 넣은 소금의 양을 구하시오.

유형 28 성분의 함량에 대한 문제 개념편 87쪽

(1) 식품에 포함된 영양소의 양
  → (영양소의 양)=(영양소가 차지하는 비율)×(식품의 양)
(2) 합금에 포함된 금속의 양
  → (금속의 양)=(금속이 차지하는 비율)×(합금의 양)

104 오른쪽 표는 A 식품, B 식품 100 g당 들어 있는 열량을 각각 나타낸 것이다. A 식품과 B 식품을 합하여 160 g을 섭취하였고 여기에서 얻은 열량이 300 kcal일 때, 섭취한 B 식품의 양을 구하시오.

식품	열량
A	250 kcal
B	150 kcal

105 두 식품 A, B가 있다. A 식품에는 단백질이 20 %, 탄수화물이 30 % 들어 있고, B 식품에는 단백질이 20 %, 탄수화물이 10 % 들어 있다. 두 식품에서 단백질 40 g, 탄수화물 30 g을 섭취하려면 A 식품은 몇 g을 먹어야 하는지 구하시오.

106 A는 철과 구리를 같은 비율로 포함한 합금이고, B는 철과 구리를 3 : 1의 비율로 포함한 합금이다. 두 합금 A, B를 녹여서 철과 구리를 2 : 1의 비율로 포함한 새로운 합금 420 g을 만들려고 한다. 이때 필요한 두 합금 A, B의 양을 차례로 구하면?

① 145 g, 275 g   ② 140 g, 280 g
③ 135 g, 285 g   ④ 130 g, 290 g
⑤ 120 g, 300 g

톡톡 튀는 문제

107 연립방정식 $\begin{cases} ax+5y=9 \\ -ax+by=4 \end{cases}$ 를 만족시키는 x, y의 값이 모두 자연수일 때, 자연수 a, b에 대하여 $a+b$의 값을 구하시오. (단, $a>2$)

108 방정식 $\dfrac{x}{4}-\dfrac{y}{2}+a=\dfrac{x}{6}+\dfrac{2y-1}{3}=1$의 해를 $x=m$, $y=n$이라고 할 때, $5^m=5^{3n}\times5$가 성립한다고 한다. 이때 상수 a의 값을 구하시오. (단, m, n은 자연수)

단원 마무리

이쯤이야!
LEVEL 1   **꼭 나오는 기본 문제**

1 다음 중 미지수가 2개인 일차방정식은?

① $x^2+2y=4$ ② $2xy+5=10$

③ $x-2y-4=0$ ④ $4x+y=y-7$

⑤ $y=x(3-x)-5$

2 x, y의 값이 자연수일 때, 일차방정식 $x+5y=16$의 해의 개수를 구하시오.

3 일차방정식 $4x+y=-34$의 한 해가 $(k,\ k+1)$일 때, k의 값을 구하시오.

4 다음 연립방정식 중 해가 $(3,\ 5)$인 것은?

① $\begin{cases} x+y=8 \\ x-y=2 \end{cases}$ ② $\begin{cases} x-2y=7 \\ 5x-y=10 \end{cases}$

③ $\begin{cases} 3x-y=5 \\ x-4y=-11 \end{cases}$ ④ $\begin{cases} 2x+y=11 \\ x+3y=18 \end{cases}$

⑤ $\begin{cases} -3x+2y=-1 \\ 2x-3y=-9 \end{cases}$

5 연립방정식 $\begin{cases} 5x+y=2 \\ 3x-my=14 \end{cases}$의 해가 $x=2$, $y=n$일 때, m, n의 값을 각각 구하시오. (단, m은 상수)

6 다음 일차방정식 중 연립방정식 $\begin{cases} y=2x-1 \\ 3x+y=9 \end{cases}$의 해를 한 해로 갖는 것은?

① $x+2y=7$ ② $2x+y=16$

③ $3x-y=8$ ④ $-x+2y=4$

⑤ $4x-3y=-5$

7 $(3,\ 8)$, $(-5,\ -4)$가 모두 일차방정식 $ax+by=7$의 해일 때, 상수 a, b에 대하여 $a-b$의 값을 구하시오.

서술형

풀이 과정

답

8 연립방정식 $\begin{cases} \dfrac{1}{3}x+\dfrac{1}{2}y=\dfrac{1}{2} \\ 5x-2(3x+y)=-1 \end{cases}$ 을 푸시오.

9 다음 방정식을 푸시오.

$$\frac{2x-y}{3}=\frac{3x+y}{2}=5$$

10 연립방정식 $\begin{cases} x+2y=7 \\ 3x-y=k \end{cases}$의 해가 일차방정식 $3x-2y=13$을 만족시킬 때, 상수 k의 값을 구하시오.

11 둘레의 길이가 $26\,\text{cm}$인 직사각형이 있다. 이 직사각형의 가로의 길이를 $2\,\text{cm}$만큼 줄이고, 세로의 길이를 2배로 늘였더니 둘레의 길이가 $28\,\text{cm}$가 되었다. 이때 처음 직사각형의 세로의 길이를 구하시오.

12 어느 농장에서 닭과 돼지를 합하여 30마리를 기르고 있다. 닭과 돼지의 다리의 수의 합이 96개일 때, 이 농장에서 기르는 돼지는 몇 마리인지 구하시오.

가뿐하지!
LEVEL 2   자주 나오는 **실력 문제**

13 연립방정식 $\begin{cases} ax-by=-5 \\ bx+ay=-27 \end{cases}$의 해가 $x=-5$, $y=-1$일 때, 상수 a, b에 대하여 $a+b$의 값을 구하시오.

14 연립방정식 $\begin{cases} x-3y=k \\ 3x-2y=3-k \end{cases}$를 만족시키는 x와 y의 값의 비가 $2:1$일 때, 상수 k의 값을 구하시오.

15 두 연립방정식 $\begin{cases} 5x+y=-3 \\ ax+3y=5 \end{cases}$, $\begin{cases} -x+3y=7 \\ 2x-by=4 \end{cases}$의 해가 서로 같을 때, 상수 a, b에 대하여 $a-b$의 값을 구하시오.

16 다음 보기 중 연립방정식 $\begin{cases} 2x+ay=3 \\ 4x-8y=b \end{cases}$에 대한 설명으로 옳은 것을 모두 고른 것은?

| 보기 |
| ㄱ. $a\neq-4$, $b=6$이면 해가 없다.
| ㄴ. $a\neq-4$, $b\neq6$이면 해가 1개이다.
| ㄷ. $a=-4$, $b=6$이면 해가 무수히 많다.

① ㄱ   ② ㄷ   ③ ㄱ, ㄴ
④ ㄱ, ㄷ   ⑤ ㄴ, ㄷ

17 일호가 독서실 사물함의 비밀번호를 세 자리의 자연수로 정하고, 수첩에 다음과 같이 적어 두었다. 이때 일호의 독서실 사물함의 비밀번호를 구하시오.

> 십의 자리의 숫자는 백의 자리의 숫자와 일의 자리의 숫자의 합인 9와 같고, 백의 자리의 숫자와 일의 자리의 숫자를 바꾼 수는 처음 수보다 297만큼 작다.

18 불량품인 볼펜을 교환하기 위해 필요한 영수증을 가방에서 꺼냈더니 다음 그림과 같이 얼룩이 져서 알아보기 힘든 상태가 되었다. 얼룩진 영수증만으로 구입한 볼펜은 몇 자루인지 구하시오.

영 수 증

NO.　　　　　　　　　　　　귀하

품목	단가	수량	금액
볼펜	500		
색연필	800		2400
사인펜		2	2000
형광펜	900		
합 계		13	10000

19 A, B 두 사람이 가위바위보를 하여 이긴 사람은 4계단씩 올라가고, 진 사람은 3계단씩 내려가기로 하였다. 얼마 후 A는 처음 위치보다 15계단을, B는 처음 위치보다 1계단을 올라가 있었다. 이때 두 사람은 가위바위보를 모두 몇 번 하였는지 구하시오.
(단, 비기는 경우는 없다.)

20 지희는 야구 경기를 보기 위해 집에서 $9\,km$ 떨어진 야구장까지 가는데 자전거를 타고 시속 $15\,km$로 가다가 도중에 시속 $4\,km$로 걸었더니 1시간 20분이 걸렸다. 이때 자전거를 타고 간 거리를 구하시오.

LEVEL **3**　　　　만점을 위한 **도전 문제**

21 연립방정식 $\begin{cases} ax+by=5 \\ cx-y=15 \end{cases}$ 를 푸는데 c를 잘못 보고 풀어서 해가 $x=10$, $y=15$가 되었다. 바르게 풀었을 때의 해가 $x=-2$, $y=3$일 때, 상수 a, b, c에 대하여 $a+b+c$의 값을 구하시오.

22 다음 표는 어느 공장에서 제품 ㈎, ㈏를 각각 1개씩 만드는 데 필요한 두 원료 A, B의 양과 제품 1개당 이익을 나타낸 것이다. A 원료는 $62\,kg$, B 원료는 $50\,kg$을 모두 사용하여 제품 ㈎, ㈏를 만들었을 때의 전체 이익을 구하시오.

	A(kg)	B(kg)	이익(만 원)
제품 ㈎	4	3	5
제품 ㈏	6	5	6

23 같은 물건을 만드는 두 종류의 기계 A, B가 있다. A 기계 3대와 B 기계 4대를 동시에 사용하면 물건을 3분 동안 120개를 만들 수 있고, A 기계 4대와 B 기계 2대를 동시에 사용하면 물건을 4분 동안 120개를 만들 수 있다. A 기계 1대와 B 기계 8대를 동시에 사용하여 물건 120개를 만드는 데 걸리는 시간을 구하시오.

5 일차함수와
그 그래프

5 일차함수와 그 그래프

• 정답과 해설 50쪽

⭐ 중요

유형 1 함수
개념편 98쪽

두 변수 x, y에 대하여 x의 값이 변함에 따라 y의 값이 오직 하나씩 정해지는 대응 관계가 있을 때, y를 x의 함수라고 한다.

참고 대표적인 함수
① 정비례 관계 $y=ax$ $(a \neq 0)$
② 반비례 관계 $y=\dfrac{a}{x}$ $(a \neq 0)$
③ $y=(x$에 대한 일차식) 꼴

주의 어떤 x의 값 하나에 y의 값이 대응하지 않거나 2개 이상 대응하면 y는 x의 함수가 아니다.

1 다음 중 y가 x의 함수가 <u>아닌</u> 것은?

① 가로의 길이가 $10\,\mathrm{cm}$이고, 세로의 길이가 $x\,\mathrm{cm}$인 직사각형의 넓이 $y\,\mathrm{cm}^2$
② 시속 $x\,\mathrm{km}$로 $8\,\mathrm{km}$를 걸을 때 걸리는 시간 y시간
③ 빈 물통에 매분 $5\,\mathrm{L}$씩 물을 일정하게 넣을 때, 물을 넣기 시작한 지 x분 후의 물의 양 $y\,\mathrm{L}$
④ 한 병에 700원인 주스 x병의 가격 y원
⑤ 자연수 x와 서로소인 수 y

2 다음 보기 중 y가 x의 함수인 것을 모두 고른 것은?

| 보기 |
ㄱ. 자연수 x를 6으로 나눈 나머지 y
ㄴ. 절댓값이 x인 수 y
ㄷ. 자연수 x와의 차가 2인 자연수 y
ㄹ. 십의 자리의 숫자가 x이고, 일의 자리의 숫자가 0인 두 자리의 자연수 y
ㅁ. 올해 45세인 어머니의 x년 후의 나이 y세

① ㄱ, ㄴ   ② ㄱ, ㄷ   ③ ㄴ, ㄷ
④ ㄱ, ㄹ, ㅁ   ⑤ ㄷ, ㄹ, ㅁ

유형 2 함숫값
개념편 99쪽

(1) y가 x의 함수일 때, 기호로 $y=f(x)$와 같이 나타낸다.
(2) 함숫값: 함수 $y=f(x)$에서 x의 값에 대응하는 y의 값

기호 $f(x)$

예 함수 $f(x)=2x$에서 $x=2$일 때의 함숫값
➡ $f(2)=2 \times 2 = 4$

3 함수 $f(x)=\dfrac{3}{x}$에 대하여 $f(-6)-f(12)$의 값은?

① -3 ② $-\dfrac{3}{4}$ ③ $\dfrac{3}{4}$

④ $\dfrac{3}{2}$ ⑤ 2

4 함수 $f(x)=(x$ 이하의 소수의 개수$)$에 대하여 $f(13)-f(6)$의 값을 구하시오.

5 서술형 함수 $f(x)=ax$에 대하여 $f(-2)=1$일 때, $f(1)+f(-5)$의 값을 구하시오. (단, a는 상수)

풀이 과정

답

6 함수 $f(x)=\dfrac{a}{x}$에 대하여 $f(2)=-3$, $f(b)=12$일 때, ab의 값을 구하시오. (단, a는 상수)

유형 3 일차함수 　　　　　　개념편 101쪽

> 함수 $y=f(x)$에서 y가 x에 대한 일차식
> $$y=ax+b \, (a, \, b\text{는 상수}, \, a\neq 0)$$
> 로 나타날 때, 이 함수를 x에 대한 **일차함수**라고 한다.

7 다음 보기 중 일차함수를 모두 고르시오.

> ┤ 보기 ├
> ㄱ. $y=x(x+2)$　　ㄴ. $y=3(2x-1)-5x$
> ㄷ. $y=-9$　　　　ㄹ. $y=\dfrac{2}{x}+4$
> ㅁ. $2x-y=3$

보기 다 모아~

8 다음 중 y가 x의 일차함수가 <u>아닌</u> 것을 모두 고르면?

① 시속 x km로 5시간 동안 달린 거리는 y km이다.
② 윗변의 길이가 x cm, 아랫변의 길이가 $2x$ cm, 높이가 4 cm인 사다리꼴의 넓이는 y cm²이다.
③ 7 g의 소금이 녹아 있는 소금물 x g의 농도는 y %이다.
④ 한 변의 길이가 $2x$ cm인 정사각형의 넓이는 y cm²이다.
⑤ 길이가 20 cm인 양초가 1분에 0.5 cm씩 일정하게 탄다고 할 때, x분 동안 타고 남은 양초의 길이는 y cm이다.
⑥ 4점짜리 문제 10개 중에서 x개를 틀렸을 때의 점수는 y점이다.
⑦ 한 권에 x원인 공책 y권의 가격은 8000원이다.

9 $y=(a+5)x-3$이 x에 대한 일차함수일 때, 다음 중 상수 a의 값이 될 수 <u>없는</u> 것은?

① -6　　　② -5　　　③ 3
④ 2　　　　⑤ 5

유형 4 일차함수의 함숫값 　　　　　　개념편 101쪽

> 일차함수 $f(x)=ax+b$에서 $x=p$일 때의 함숫값
> ➡ $f(x)=ax+b$에 $x=p$를 대입하여 얻은 값
> ➡ $f(p)=ap+b$

10 일차함수 $f(x)=1-3x$에서 $f(-2)+f(2)$의 값은?

① -6　　　② -4　　　③ -2
④ 0　　　　⑤ 2

11 일차함수 $f(x)=-x+2$에 대하여 $f(-1)=a$이고 $f(b)=8$일 때, $a-b$의 값을 구하시오.

12 두 일차함수 $f(x)=\dfrac{3}{2}x+a$, $g(x)=bx-5$에 대하여 $f(2)=7$, $g(-3)=1$일 때, $f(-2)+g(3)$의 값을 구하시오. (단, a, b는 상수)

> 풀이 과정
>
> 답

13 일차함수 $f(x)=ax+a-3$에 대하여 $f(6)=11$일 때, $f(a)$의 값을 구하시오. (단, a는 상수)

유형 5 일차함수의 그래프 　개념편 102쪽

(1) 평행이동: 한 도형을 일정한 방향으로 일정한 거리만큼 옮기는 것
(2) 일차함수 $y=ax+b$의 그래프: 일차함수 $y=ax$의 그래프를 y축의 방향으로 b만큼 평행이동한 직선

$$y=ax \xrightarrow[\substack{b \text{만큼 평행이동}}]{y\text{축의 방향으로}} y=ax+b$$

$$y=ax+b \xrightarrow[\substack{k \text{만큼 평행이동}}]{y\text{축의 방향으로}} y=ax+b+k$$

14 다음 중 일차함수 $y=2x$의 그래프를 이용하여 일차함수 $y=2x-3$의 그래프를 바르게 그린 것은?

①
②
③
④
⑤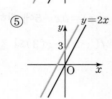

15 일차함수 $y=-4x+2$의 그래프를 y축의 방향으로 2만큼 평행이동한 그래프가 나타내는 일차함수의 식은?

① $y=-4x$ 　　② $y=-4x+4$
③ $y=-2x-4$ 　　④ $y=2x-4$
⑤ $y=4x+2$

16 일차함수 $y=ax-2$의 그래프를 y축의 방향으로 b만큼 평행이동하면 일차함수 $y=3x+5$의 그래프가 된다고 한다. 이때 $a-b$의 값을 구하시오. (단, a는 상수)

유형 6 일차함수의 그래프 위의 점 　개념편 101~102쪽

일차함수 $y=ax+b$의 그래프가 점 (m, n)을 지난다.
➡ $y=ax+b$에 $x=m$, $y=n$을 대입하면 등식이 성립한다.
➡ $n=am+b$

17 다음 중 일차함수 $y=2x-4$의 그래프 위의 점은?

① $\left(-\dfrac{1}{2}, -3\right)$ 　② $(0, 4)$ 　　③ $(1, 1)$
④ $(3, 2)$ 　　⑤ $(5, 3)$

18 일차함수 $y=6x+5$의 그래프가 점 $\left(\dfrac{a}{3}, 3a+8\right)$을 지날 때, a의 값을 구하시오.

19 일차함수 $y=ax-3$의 그래프가 두 점 $(-2, -4)$, $(3k, k)$를 지날 때, k의 값은? (단, a는 상수)

① 2 　　　② 4 　　　③ 6
④ 8 　　　⑤ 10

20 일차함수 $y=\dfrac{1}{3}x$의 그래프를 y축의 방향으로 -5만큼 평행이동한 그래프가 점 $(6, a)$를 지날 때, a의 값을 구하시오.

21 일차함수 $y=2x-5$의 그래프를 y축의 방향으로 p만큼 평행이동하면 점 $(4, 7)$을 지난다고 한다. 이때 p의 값을 구하시오.

[서술형]

풀이 과정

답

22 일차함수 $y=ax-3$의 그래프를 y축의 방향으로 b만큼 평행이동한 그래프는 두 점 $(-2, -2)$, $(4, 1)$을 지난다. 이때 ab의 값을 구하시오. (단, a는 상수)

점 B의 x좌표를 a라고 할 때, 세 점 B, A, D의 좌표를 차례로 a를 사용하여 나타내어 보자.

까다로운 기출문제

23 오른쪽 그림의 정사각형 ABCD에서 두 점 A, D는 각각 두 일차함수 $y=2x$, $y=-3x+11$의 그래프 위의 점이고, 두 점 B, C는 모두 x축 위의 점이다. 이때 정사각형 ABCD의 한 변의 길이를 구하시오.

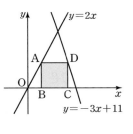

유형 **7** **일차함수의 그래프의 x절편, y절편** 개념편 104쪽

(1) x절편: 함수의 그래프가 x축과 만나는 점의 x좌표
→ $y=0$일 때, x의 값
(2) y절편: 함수의 그래프가 y축과 만나는 점의 y좌표
→ $x=0$일 때, y의 값

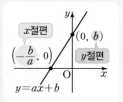

참고 일차함수 $y=ax+b$의 그래프의 y절편은 b이다.

24 오른쪽 그림과 같은 일차함수의 그래프의 x절편과 y절편을 차례로 나열하면?

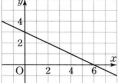

① 0, 3 ② 2, 2
③ 3, 6 ④ 4, 1
⑤ 6, 3

25 일차함수 $y=\dfrac{1}{2}x-5$의 그래프의 x절편과 y절편의 합을 구하시오.

26 일차함수 $y=-4x+8$의 그래프와 x축의 교점의 좌표를 (a, b), 일차함수 $y=x+\dfrac{1}{3}$의 그래프와 y축의 교점의 좌표를 (c, d)라고 할 때, $a-b+c-d$의 값을 구하시오.

27 일차함수 $y=-\dfrac{1}{3}x-2$의 그래프를 y축의 방향으로 4만큼 평행이동한 그래프의 x절편을 구하시오.

유형 8 x절편과 y절편을 이용하여 상수의 값 구하기

개념편 104쪽

일차함수의 그래프의 x절편이 p, y절편이 q이다.

➡ 일차함수의 그래프가 두 점 $(p, 0)$, $(0, q)$를 지난다.

참고 두 일차함수의 그래프가 x축(y축) 위에서 만나면
x절편(y절편)이 서로 같다.

28 일차함수 $y=-2x+a$의 그래프의 x절편이 4일 때,
상수 a의 값을 구하시오.

29 일차함수 $y=-3x+9$의 그래프의 x절편과 일차함수
$y=-\dfrac{3}{5}x+a$의 그래프의 y절편이 서로 같을 때, 상수
a의 값은?

① -5 ② -3 ③ $-\dfrac{3}{5}$

④ 3 ⑤ 5

30 두 일차함수 $y=-5x+15$, $y=2x+k$의 그래프가
서술형 x축 위에서 만날 때, 상수 k의 값을 구하시오.

풀이 과정

답

유형 9 일차함수의 그래프의 기울기

일차함수 $y=ax+b$의 그래프에서

$$(기울기)=\dfrac{(y의 \ 값의 \ 증가량)}{(x의 \ 값의 \ 증가량)}=a \ \to 항상 \ 일정하다.$$

예 기울기가 -2인 일차함수의 그래프는
x의 값이 3만큼 증가할 때, y의 값이 6만큼 감소한다.

31 일차함수 $y=-\dfrac{3}{2}x-1$의 그래프의 기울기, x절편,
y절편을 각각 a, b, c라고 할 때, abc의 값을 구하시오.

32 오른쪽 그림과 같은 일차함수
의 그래프의 기울기는?

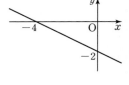

① -4 ② -2

③ $-\dfrac{1}{2}$ ④ $\dfrac{1}{2}$

⑤ 2

33 다음 일차함수의 그래프 중 x의 값이 2만큼 증가할 때,
y의 값은 8만큼 감소하는 것은?

① $y=-4x+3$ ② $y=-\dfrac{1}{4}x+4$

③ $y=\dfrac{1}{4}x-8$ ④ $y=2x-8$

⑤ $y=4x+2$

34 일차함수 $y=\dfrac{2}{3}x+1$의 그래프에서 x의 값의 증가량이 5일 때, y의 값의 증가량은?

① $\dfrac{10}{3}$ ② $\dfrac{8}{3}$ ③ 2

④ $\dfrac{4}{3}$ ⑤ $\dfrac{2}{3}$

35 일차함수 $y=2x-8$의 그래프에서 x의 값이 3에서 k까지 증가할 때, y의 값은 -2에서 4까지 증가한다고 한다. 이때 k의 값을 구하시오.

36 일차함수 $y=ax+1$의 그래프에서 x의 값이 4만큼 증가할 때, y의 값은 6만큼 감소한다. 이 그래프가 점 $(4,\ b)$를 지날 때, b의 값을 구하시오. (단, a는 상수)

서술형

[풀이 과정]

[답]

> $x_2-x_1=(x$의 값의 증가량),
> $f(x_2)-f(x_1)=(y$의 값의 증가량)임을 이용하자.

까다로운 기출문제

37 일차함수 $f(x)=7x+1$에 대하여 $\dfrac{f(2)-f(6)}{2-6}$의 값을 구하시오.

유형 **10** 두 점을 지나는 일차함수의 그래프의 기울기

개념편 107~108쪽

두 점 $(x_1,\ y_1)$, $(x_2,\ y_2)$를 지나는 일차함수의 그래프에서

(단, $x_1 \neq x_2$)

$$(기울기)=\frac{(y의\ 값의\ 증가량)}{(x의\ 값의\ 증가량)}=\frac{y_2-y_1}{x_2-x_1}=\frac{y_1-y_2}{x_1-x_2}$$

참고 한 직선 위에 있는 여러 점 중에서 어느 두 점을 선택하여 기울기를 구해도 그 값은 같다.

38 두 점 $(-3,\ -5)$, $(6,\ 4)$를 지나는 일차함수의 그래프의 기울기를 구하시오.

39 오른쪽 그림과 같은 일차함수의 그래프의 기울기를 구하시오.

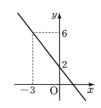

40 두 점 $(1,\ k)$, $(-3,\ 8)$을 지나는 일차함수의 그래프의 기울기가 4일 때, k의 값을 구하시오.

41 세 점 $(-1,\ 6)$, $(2,\ a)$, $(3,\ -2)$가 한 직선 위에 있을 때, a의 값을 구하시오.

서술형

[풀이 과정]

[답]

유형11 일차함수의 그래프 그리기 개념편 105, 109쪽

(1) x절편과 y절편을 이용하여 그래프 그리기

❶ x절편과 y절편을 각각 구한다.

❷ 두 점 (x절편, 0), (0, y절편)을 좌표평면 위에 나타낸다.

❸ 두 점을 직선으로 연결한다.

(2) 기울기와 y절편을 이용하여 그래프 그리기

❶ 점 (0, y절편)을 좌표평면 위에 나타낸다.

❷ 기울기를 이용하여 다른 한 점을 찾아 좌표평면 위에 나타낸다.

❸ 두 점을 직선으로 연결한다.

42 x절편이 -8, y절편이 6인 일차함수의 그래프가 지나지 <u>않는</u> 사분면을 말하시오.

43 기울기와 y절편을 이용하여 일차함수 $y=-\dfrac{4}{3}x+5$의 그래프를 오른쪽 좌표평면 위에 그리시오.

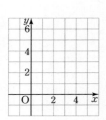

44 다음 중 일차함수 $y=\dfrac{3}{2}x-3$의 그래프는?

①   ②

③ 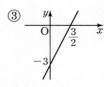 ④

⑤

까다로운 유형12 일차함수의 그래프와 x축, y축으로 둘러싸인 도형의 넓이 개념편 105쪽

일차함수의 그래프와 x축, y축으로 둘러싸인 도형은 직각삼각형이므로 그 넓이는

➡ $\dfrac{1}{2}\times|x$절편$|\times|y$절편$|$

45 일차함수 $y=-x+4$의 그래프와 x축, y축으로 둘러싸인 도형의 넓이를 구하시오.

46 일차함수 $y=ax+5$의 그래프와 x축, y축으로 둘러싸인 도형의 넓이가 30일 때, 양수 a의 값을 구하시오.

47 오른쪽 그림과 같이 두 일차함수 $y=x+2$, $y=-\dfrac{2}{3}x+2$의 그래프와 x축으로 둘러싸인 도형의 넓이를 구하시오.

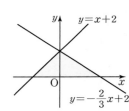

> 점 A의 좌표를 구한 후, △ABC의 넓이를 이용하여 $\overline{\mathrm{BC}}$의 길이를 구한다.

48 오른쪽 그림에서 두 일차함수 $y=ax+b$, $y=\dfrac{1}{5}x+2$의 그래프는 x축 위의 한 점 A에서 만난다. △ABC의 넓이가 10일 때, 상수 a, b에 대하여 ab의 값을 구하시오. (단, $b>2$)

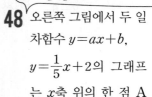
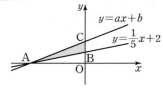

유형 **13** 일차함수 $y=ax+b$의 그래프의 성질

개념편 111쪽

(1) $a>0$이면 x의 값이 증가할 때, y의 값도 증가한다.
　➡ 오른쪽 위로 향하는 직선($\nearrow$)
　$a<0$이면 x의 값이 증가할 때, y의 값은 감소한다.
　➡ 오른쪽 아래로 향하는 직선($\searrow$)

참고 $a>0$이면 a의 값이 클수록 y축에 가깝고,
　　　$a<0$이면 a의 값이 작을수록 y축에 가깝다.
　　　➡ a의 절댓값이 클수록 y축에 가깝다.

(2) $b>0$이면 y축과 양의 부분에서 만난다. → y절편이 양수
　$b<0$이면 y축과 음의 부분에서 만난다. → y절편이 음수

49 다음 일차함수의 그래프 중 x의 값이 증가할 때 y의 값이 감소하는 것을 모두 고르면? (정답 2개)

① $y=x$　　　② $y=-\dfrac{1}{3}x$　　③ $y=-x+3$

④ $y=2x+5$　⑤ $y=\dfrac{1}{2}x-1$

50 다음을 만족시키는 직선을 보기에서 고르시오.

보기
ㄱ. $y=\dfrac{1}{4}x$　　　　ㄴ. $y=3x+3$
ㄷ. $y=x-10$　　　　ㄹ. $y=-4x+1$
ㅁ. $y=-2x-9$　　　ㅂ. $y=-\dfrac{1}{2}x$

(1) 오른쪽 위로 향하면서 y축과 음의 부분에서 만나는 직선

(2) x축에 가장 가까운 직선

(3) y축에 가장 가까운 직선

51 다음 일차함수의 그래프 중 제1사분면을 지나지 <u>않는</u> 것은?

① $y=2x$　　　　　　② $y=-x+\dfrac{1}{3}$

③ $y=-\dfrac{2}{3}x-2$　　④ $y=3x+8$

⑤ $y=7x-5$

52 다음 보기 중 오른쪽 그림과 같은 일차함수의 그래프 ①~⑤에 대한 설명으로 옳은 것을 모두 고르시오.

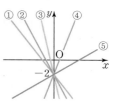

보기
ㄱ. x절편이 가장 큰 그래프는 ⑤이다.
ㄴ. 기울기가 가장 큰 그래프는 ⑤이다.
ㄷ. 기울기가 가장 작은 그래프는 ③이다.
ㄹ. x의 값이 증가할 때 y의 값도 증가하는 그래프는 ①, ②, ③이다.

53 다음 중 일차함수 $y=-2x+3$의 그래프에 대한 설명으로 옳지 <u>않은</u> 것은?

① 오른쪽 아래로 향하는 직선이다.

② x절편은 $\dfrac{3}{2}$이고, y절편은 3이다.

③ 제1, 2, 4사분면을 지난다.

④ x의 값이 2만큼 증가할 때, y의 값은 2만큼 감소한다.

⑤ 일차함수 $y=-2x$의 그래프를 y축의 방향으로 3만큼 평행이동한 것이다.

보기 다 모아~

54 다음 중 일차함수 $y=ax+b$의 그래프에 대한 설명으로 항상 옳은 것을 모두 고르면? (단, a, b는 상수)

① a의 값은 0이 될 수 없다.

② 점 $(-1, -a-b)$를 지난다.

③ 일차함수 $y=ax$의 그래프를 y축의 방향으로 b만큼 평행이동한 것이다.

④ x절편은 $\dfrac{b}{a}$, y절편은 b이다.

⑤ x의 값이 1만큼 증가할 때, y의 값은 a만큼 증가한다.

⑥ $a>0$이면 오른쪽 아래로 향하는 직선이다.

⑦ $b<0$이면 제3사분면을 반드시 지난다.

⑧ a의 절댓값이 클수록 x축에 가깝다.

개념편 111쪽

유형 14 틀리기 쉬운 일차함수 $y=ax+b$의 그래프와 a, b의 부호

일차함수 $y=ax+b$ (a, b는 상수, $a \neq 0$)의 그래프가
(1) 오른쪽 위로 향하는 직선이면 ➡ (기울기)$=a>0$
　　오른쪽 아래로 향하는 직선이면 ➡ (기울기)$=a<0$
(2) y축과 양의 부분에서 만나면 ➡ (y절편)$=b>0$
　　y축과 음의 부분에서 만나면 ➡ (y절편)$=b<0$

55 $m<0$, $n>0$일 때, 일차함수 $y=mx+n$의 그래프가 지나지 <u>않는</u> 사분면은? (단, m, n은 상수)

① 제1사분면　　② 제2사분면　　③ 제3사분면
④ 제4사분면　　⑤ 제1, 3사분면

56 오른쪽 그림의 직선 ①~⑤는 일차함수 $y=ax+b$의 그래프이다. 다음 조건을 만족시키는 그래프를 모두 고르시오.
(단, a, b는 상수)

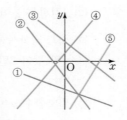

(1) $a>0$ 　　　　　 (2) $a<0$
(3) $b>0$ 　　　　　 (4) $b<0$

57 일차함수 $y=ax-b$의 그래프가 오른쪽 그림과 같을 때, 상수 a, b의 부호를 각각 정하시오.

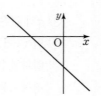

58 일차함수 $y=ax+b$의 그래프가 오른쪽 그림과 같을 때, 다음 중 일차함수 $y=bx-a$의 그래프로 알맞은 것은? (단, a, b는 상수)

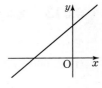

①　　　　　　　　　　②

③ 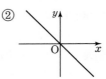　　　　　④

⑤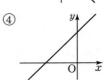

59 점 $(ab, a-b)$가 제3사분면 위의 점일 때, 일차함수 $y=\dfrac{1}{a}x-(b-a)$의 그래프가 지나지 <u>않는</u> 사분면은?
(단, a, b는 상수)

① 제1사분면　　② 제2사분면　　③ 제3사분면
④ 제4사분면　　⑤ 제1, 3사분면

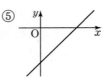

> $ab<0$, $ac>0$에서 a, b, c의 부호 사이의 관계를 파악하자.

까다로운 기출문제

60 서술형 $ab<0$, $ac>0$일 때, 일차함수 $y=-\dfrac{b}{a}x+\dfrac{c}{b}$의 그래프가 지나지 <u>않는</u> 사분면을 말하시오.
(단, a, b, c는 상수)

풀이 과정

답

유형 **15** 일차함수의 그래프의 평행, 일치 _{개념편 112쪽}

두 일차함수 $y=ax+b$, $y=cx+d$의 그래프에 대하여
(1) **평행** ➡ 기울기는 같고, y절편은 다르다.
    ➡ $a=c$, $b\neq d$
(2) **일치** ➡ 기울기가 같고, y절편도 같다.
    ➡ $a=c$, $b=d$

참고 기울기가 다른 두 일차함수의 그래프는 한 점에서 만난다.

61 다음 일차함수 중 그 그래프가 일차함수
$y=-\dfrac{2}{3}x+5$의 그래프와 평행한 것은?

① $y=5x-\dfrac{2}{3}$ ② $y=-5x+5$

③ $y=\dfrac{2}{3}x-2$ ④ $y=-\dfrac{2}{3}x+7$

⑤ $y=-\dfrac{3}{2}x$

62 다음 보기의 일차함수 중 그 그래프가 서로 만나지 <u>않는</u> 것끼리 짝 지은 것은?

┌ 보기 ├
ㄱ. $y=2x$ ㄴ. $y=-3x+4$
ㄷ. $y=-3x+1$ ㄹ. $y=2(1-x)$

① ㄱ과 ㄴ   ② ㄱ과 ㄷ   ③ ㄱ과 ㄹ
④ ㄴ과 ㄷ   ⑤ ㄴ과 ㄹ

63 다음 일차함수의 그래프 중 오른쪽 그림과 같은 일차함수의 그래프와 평행한 것은?

① $y=-x+\dfrac{1}{4}$

② $y=-x+2$

③ $y=-2x+1$

④ $y=2x+2$

⑤ $y=\dfrac{1}{2}x-1$

64 두 일차함수 $y=(3a-4)x+2$, $y=ax-2$의 그래프가 서로 평행할 때, 상수 a의 값을 구하시오.

65 일차함수 $y=ax+5$의 그래프는 점 $(1, b)$를 지나고, 일차함수 $y=3x-2$의 그래프와 평행하다. 이때 $a+b$의 값은? (단, a는 상수)

① 5   ② 7   ③ 9
④ 11   ⑤ 13

66 두 일차함수 $y=2ax-\dfrac{1}{2}$, $y=\dfrac{4}{5}x+b$의 그래프가 일치할 때, 상수 a, b에 대하여 ab의 값을 구하시오.

67 점 $(3, -2)$를 지나는 일차함수 $y=2x-3a+1$의 그래프를 y축의 방향으로 n만큼 평행이동했더니 일차함수 $y=bx-5$의 그래프와 일치하였다. 상수 a, b, n에 대하여 $a+b+n$의 값을 구하시오.

까다로운
유형16 일차함수 $y=ax+b$의 그래프가 도형과 만나도록 하는 a, b의 값의 범위   개념편 111쪽

일차함수 $y=ax+b$의 그래프가 선분 AB와 만나려면
(1) y절편 b를 알 때
(2) 기울기 a를 알 때

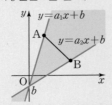
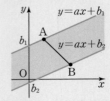

➡ $a_2 \leq$ (기울기 a) $\leq a_1$ ➡ $b_2 \leq$ (y절편 b) $\leq b_1$

68 일차함수 $y=ax+1$의 그래프가 오른쪽 그림의 두 점 A(3, 2), B(2, −2)를 이은 선분 AB와 만나도록 하는 상수 a의 값의 범위를 구하시오.

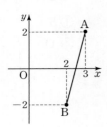

69 오른쪽 그림과 같이 네 점 A(1, 5), B(1, 3), C(4, 3), D(4, 5)를 꼭짓점으로 하는 직사각형 ABCD가 있다. 일차함수 $y=ax+2$의 그래프가 직사각형 ABCD와 만날 때, 상수 a의 값의 범위를 구하시오.

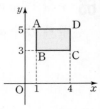

70 오른쪽 그림과 같이 세 점 A(4, 5), B(1, 4), C(5, 2)를 꼭짓점으로 하는 △ABC가 있다. 일차함수 $y=2x+b$의 그래프가 △ABC와 만나도록 하는 상수 b의 최솟값과 최댓값의 합을 구하시오.

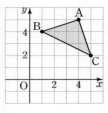

유형17 일차함수의 식 구하기 (1) – 기울기와 y절편을 알 때   개념편 114쪽

기울기가 a이고, y절편이 b인 직선을 그래프로 하는 일차함수의 식 ➡ $y=ax+b$

71 일차함수 $y=ax+b$의 그래프는 기울기가 −3이고, y절편이 4인 직선이다. 이때 상수 a, b에 대하여 $a+b$의 값을 구하시오.

72 x의 값이 4만큼 증가할 때 y의 값이 2만큼 감소하고, y절편이 2인 직선을 그래프로 하는 일차함수의 식은?

① $y=x+2$ ② $y=\frac{1}{2}x-2$
③ $y=\frac{1}{2}x+2$ ④ $y=-\frac{1}{2}x-2$
⑤ $y=-\frac{1}{2}x+2$

73 오른쪽 그림의 직선과 평행하고, 일차함수 $y=2x+5$의 그래프와 y축 위에서 만나는 직선을 그래프로 하는 일차함수의 식을 구하시오.

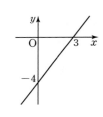

74 일차함수 $y=-\frac{3}{2}x-7$의 그래프와 평행하고, y절편이 5인 일차함수의 그래프가 있다. 이 그래프를 y축의 방향으로 m만큼 평행이동하면 점 (2, 1)을 지난다고 할 때, m의 값은?

① −3   ② $-\frac{5}{2}$ ③ −2
④ $-\frac{3}{2}$ ⑤ −1

유형 **18** 일차함수의 식 구하기 (2)
– 기울기와 한 점의 좌표를 알 때 개념편 115쪽

기울기가 a이고, 점 (x_1, y_1)을 지나는 직선을 그래프로 하는 일차함수의 식은 다음 순서로 구한다.
❶ $y=ax+b$로 놓는다.
❷ $y=ax+b$에 $x=x_1$, $y=y_1$을 대입하여 b의 값을 구한다.

75 기울기가 4이고, 점 $(-2, -1)$을 지나는 일차함수의 그래프의 y절편은?

① 6   ② 7   ③ 8
④ 9   ⑤ 10

76 x의 값이 2만큼 증가할 때 y의 값은 6만큼 감소하고, 점 $(2, -3)$을 지나는 직선을 그래프로 하는 일차함수의 식을 구하시오.

서술형

풀이 과정

답

77 오른쪽 그림의 직선과 평행하고, 점 $(-5, 3)$을 지나는 직선을 그래프로 하는 일차함수의 식은?
① $y=-x+3$
② $y=-x-2$
③ $y=-x-5$
④ $y=x+8$
⑤ $y=x+2$

유형 **19** 일차함수의 식 구하기 (3)
– 서로 다른 두 점의 좌표를 알 때 개념편 116쪽

서로 다른 두 점 (x_1, y_1), (x_2, y_2)를 지나는 직선을 그래프로 하는 일차함수의 식은 다음 순서로 구한다.
❶ 기울기 a를 구한다. ➡ $a=\dfrac{y_2-y_1}{x_2-x_1}=\dfrac{y_1-y_2}{x_1-x_2}$
❷ $y=ax+b$로 놓는다.
❸ $y=ax+b$에 $x=x_1$, $y=y_1$ 또는 $x=x_2$, $y=y_2$를 대입하여 b의 값을 구한다.

78 두 점 $(2, -4)$, $(3, 5)$를 지나는 직선을 그래프로 하는 일차함수의 식은?

① $y=9x-22$ ② $y=\dfrac{3}{2}x+6$
③ $y=\dfrac{1}{9}x$ ④ $y=-\dfrac{3}{2}x+22$
⑤ $y=-4x+9$

79 오른쪽 그림의 직선을 그래프로 하는 일차함수의 식을 구하시오.

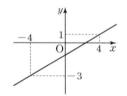

80 두 점 $(1, 2)$, $(3, -4)$를 지나는 직선을 y축의 방향으로 2만큼 평행이동한 직선을 그래프로 하는 일차함수의 식을 $y=mx+n$이라고 하자. 이때 상수 m, n에 대하여 $n-m$의 값을 구하시오.

81 일차함수 $y=ax+b$의 그래프를 좋은이는 기울기를 잘못 보고 두 점 $(1, 5)$, $(2, 8)$을 지나도록 그렸고, 지연이는 y절편을 잘못 보고 두 점 $(-2, 3)$, $(2, 5)$를 지나도록 그렸다. 일차함수 $y=ax+b$의 그래프가 점 $(4, k)$를 지날 때, k의 값을 구하시오.
(단, a, b는 상수)

유형20 일차함수의 식 구하기 (4) — x절편과 y절편을 알 때 **개념편 117쪽**

x절편이 m, y절편이 n인 직선을 그래프로 하는 일차함수의 식은 다음 순서로 구한다.
❶ 기울기를 구한다.
→ 두 점 $(m, 0)$, $(0, n)$을 지나므로
$$(기울기) = \frac{n-0}{0-m} = -\frac{n}{m}$$
❷ 일차함수의 식은 $y = -\dfrac{n}{m}x + n$이다.

82 x절편이 -8이고, y절편이 4인 직선을 그래프로 하는 일차함수의 식은?

① $y = -8x + 4$ ② $y = -2x - 8$
③ $y = -\dfrac{1}{2}x - 8$ ④ $y = \dfrac{1}{2}x + 4$
⑤ $y = 2x + 4$

83 오른쪽 그림의 직선을 그래프로 하는 일차함수의 식을 구하시오.

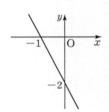

84 일차함수 $y = 2x - 30$의 그래프와 x축 위에서 만나고, 일차함수 $y = -7x + 10$의 그래프와 y축 위에서 만나는 직선이 점 $(a, 6)$을 지날 때, a의 값을 구하시오.

유형21 일차함수의 활용 **개념편 119쪽**

두 변수 x와 y를 정하고, x와 y 사이의 관계를 파악하여 일차함수의 식을 세운다.

[예] 길이가 20 cm인 양초가 1분에 2 cm씩 타고 있다.
→ 타기 시작한 지 x분 후에 남은 양초의 길이를 y cm라고 하면
$$y = 20 - 2x$$

85 다음 표는 길이가 30 cm인 용수철에 x g짜리 추를 매달았을 때의 용수철의 길이 y cm를 나타낸 것이다. y를 x에 대한 식으로 바르게 나타낸 것은?

x	0	1	2	3	4	…
y	30	32	34	36	38	…

① $y = 2 + 30x$ ② $y = 30 - 2x$
③ $y = 30 + 2x$ ④ $y = 32 - 2x$
⑤ $y = 32 + 2x$

86 지면으로부터 12 km까지는 높이가 100 m씩 높아질 때마다 기온이 0.6 ℃씩 일정하게 떨어진다고 한다. 지면에서의 기온이 18 ℃이고 지면으로부터 높이가 x m인 곳의 기온을 y ℃라고 할 때, 지면으로부터 높이가 5000 m인 곳의 기온을 구하시오.
서술형

풀이 과정

답

87 승욱이가 A 지점을 출발하여 12 km 떨어진 B 지점까지 자전거를 타고 분속 600 m로 이동하고 있다. 승욱이가 출발한 지 x분 후에 B 지점까지 남은 거리를 y km라고 할 때, 출발한 지 5분 후에 B 지점까지 남은 거리를 구하시오.

88 오른쪽 그래프는 어느 택배 회사에서 무게가 x kg인 물건의 배송 가격을 y원이라고 정했을 때, x와 y 사이의 관계를 나타낸 것이다. 이때 무게가 15 kg인 물건의 배송 가격을 구하시오.

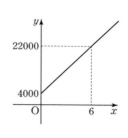

89 오른쪽 그림의 직사각형 ABCD에서 점 P가 점 B를 출발하여 점 C를 향해 초속 2 cm로 움직이고 있다. 점 P가 점 B를 출발한 지 x초 후에 사다리꼴 APCD의 넓이를 y cm²라고 할 때, 다음 물음에 답하시오.

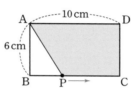

(1) y를 x에 대한 식으로 나타내시오.

(2) 사다리꼴 APCD의 넓이가 36 cm²가 되는 것은 점 P가 점 B를 출발한 지 몇 초 후인지 구하시오.

90 연비가 14 km/L인 어떤 자동차에 연료를 가득 채운 후에 일정한 속력으로 주행했더니 840 km를 주행한 후에 연료가 완전히 소모되었다. 이 자동차에 연료를 다시 가득 채우고 350 km를 주행했을 때, 남은 연료의 양을 구하시오.

톡톡 튀는 문제

91 학생들이 각자 다른 조건을 이용하여 일차함수의 그래프를 그리려고 한다. 이때 그래프를 정확하게 그릴 수 없는 학생을 말하시오.

> 일권: x절편이 2이고, y절편이 6인 직선
>
> 현주: 기울기가 3이고, y절편이 $\dfrac{1}{4}$인 직선
>
> 소영: 두 점 $(1, 8)$, $(-3, 2)$를 지나는 직선
>
> 은지: 기울기가 $-\dfrac{2}{5}$이고, 원점을 지나는 직선
>
> 은수: x의 값이 2에서 6까지 증가할 때, y의 값이 5만큼 감소하는 직선

92 서술형 다음 그림은 은석이가 밤하늘에서 본 카시오페이아자리의 각 별의 위치를 좌표로 나타내고, 이 점들을 선분으로 이은 것이다. 4개의 선분 중에서 기울기가 가장 큰 선분을 포함하는 직선을 그래프로 하는 일차함수의 식을 구하시오.

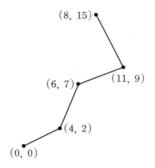

풀이 과정

답

단원 마무리

🌟 중요

이홍이야! LEVEL 1 · 꼭 나오는 **기본 문제**

1 다음 중 y가 x의 일차함수가 <u>아닌</u> 것은?

① 전체 학생 수가 40명인 어느 반의 남학생 수는 x명, 여학생 수는 y명이다.

② 850원짜리 아이스크림 x개를 사고 4000원을 냈을 때, 받는 거스름돈은 y원이다.

③ 가로의 길이가 $x\,\mathrm{cm}$, 세로의 길이가 $y\,\mathrm{cm}$인 직사각형의 둘레의 길이는 24 cm이다.

④ 300 km의 거리를 시속 $x\,\mathrm{km}$로 달렸더니 y시간이 걸렸다.

⑤ $x\,\%$의 소금물 200 g에 녹아 있는 소금의 양은 y g이다.

2 일차함수 $f(x)=-4x+5$에서 $f(2)=a$, $f(a)=b$일 때, $f(b)$의 값을 구하시오.

3 일차함수 $y=5x+3$의 그래프를 y축의 방향으로 -4만큼 평행이동했더니 일차함수 $y=ax+b$의 그래프가 되었다. 이때 상수 a, b에 대하여 $a+b$의 값을 구하시오.

4 일차함수 $y=3x-2$의 그래프를 y축의 방향으로 6만큼 평행이동한 그래프가 점 $(a, -5)$를 지날 때, a의 값을 구하시오.

5 일차함수 $y=\dfrac{5}{2}x+3$의 그래프의 x절편을 a, y절편을 b라고 할 때, ab의 값을 구하시오.

서술형

풀이 과정

답

6 일차함수 $y=-\dfrac{5}{2}x+2$의 그래프에서 x의 값이 -2에서 2까지 증가할 때, y의 값의 증가량은?

① -10 ② -5 ③ $-\dfrac{5}{2}$

④ 5 ⑤ 10

7 x축과 만나는 점의 좌표가 $(a, 2a-4)$, y축과 만나는 점의 좌표가 $(b+6, b)$인 일차함수의 그래프의 기울기는?

① -5 ② -3 ③ 1

④ 3 ⑤ 5

8 일차함수 $y=\dfrac{2}{3}x+4$의 그래프를 y축의 방향으로 -7만큼 평행이동한 그래프가 지나지 <u>않는</u> 사분면을 구하시오.

9 다음 일차함수 중 그 그래프가 y축에 가장 가까운 것은?

① $y=\dfrac{1}{2}x+5$ ② $y=-x-3$

③ $y=2x-3$ ④ $y=-\dfrac{5}{2}x-3$

⑤ $y=-\dfrac{7}{5}x+\dfrac{1}{2}$

10 두 점 $(-2, a-5)$, $(2, 2a+9)$를 지나는 일차함수의 그래프가 일차함수 $y=5x+3$의 그래프와 평행할 때, a의 값을 구하시오.

11 다음 중 오른쪽 그림과 같은 일차함수의 그래프에 대한 설명으로 옳은 것을 모두 고르면? (정답 2개)

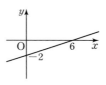

① 기울기는 $\dfrac{1}{3}$이다.

② 점 $\left(0, \dfrac{2}{3}\right)$를 지난다.

③ x의 값이 증가할 때, y의 값은 감소한다.

④ 일차함수 $y=5x-2$의 그래프보다 y축에 가깝다.

⑤ 이 함수의 그래프를 y축의 방향으로 4만큼 평행이동하면 제4사분면을 지나지 않는다.

12 두 점 $(6, -1)$, $(2, 1)$을 지나는 직선과 평행하고, y절편이 3인 직선을 그래프로 하는 일차함수의 식은?

① $y=-\dfrac{1}{2}x-2$ ② $y=-\dfrac{1}{2}x+1$

③ $y=-\dfrac{1}{2}x+3$ ④ $y=\dfrac{1}{2}x-1$

⑤ $y=\dfrac{1}{2}x+3$

13 점 $(-1, 6)$을 지나고, x절편이 2인 직선을 그래프로 하는 일차함수의 식을 $y=ax+b$라고 하자. 이때 상수 a, b에 대하여 $a+b$의 값을 구하시오.

14 오른쪽 그림과 같은 일차함수의 그래프가 점 $(9, k)$를 지날 때, k의 값은?

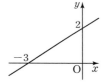

① 4   ② 6

③ 8   ④ 10

⑤ 12

15 지표면에서 지하 10 km까지는 0.5 km씩 내려갈 때마다 땅 속의 온도가 15 °C씩 일정하게 올라간다고 한다. 지표면에서의 온도가 8 °C이고 지하로 x km만큼 내려갔을 때의 온도를 y °C라고 하자. 온도가 80 °C일 때는 지하로 몇 km만큼 내려갔을 때인지 구하시오.

단원 마무리

자주 나오는 실력 문제

16 함수 $f(x)=$(자연수 x를 7로 나눈 나머지)에 대하여 다음 중 옳지 <u>않은</u> 것은? (단, n은 자연수)

① $f(9)=2$
② $f(4)=f(11)$
③ $f(7n)=0$
④ $f(3)+f(19)=f(6)$
⑤ $f(29)+f(32)+f(35)=5$

17 오른쪽 그림은 일차함수 $y=ax+8$ 의 그래프를 y축의 방향으로 b만큼 평행이동한 그래프이다. 이때 $4ab$ 의 값을 구하시오. (단, a는 상수)

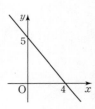

18 두 점 $(-a,\ 5),\ (a,\ 1)$을 지나는 직선 위에 점 $(5,\ -2)$가 있을 때, a의 값을 구하시오.

19 네 일차함수 $y=x+5,\ y=x-5,\ y=-x+5,$ $y=-x-5$의 그래프로 둘러싸인 도형의 넓이는?

① 30　　　② 35　　　③ 40

④ 45　　　⑤ 50

20 일차함수 $y=abx+a+b$의 그래프가 제1, 3, 4사분면을 지날 때, 다음 중 일차함수 $y=bx+a$의 그래프로 알맞은 것은? (단, $a,\ b$는 상수)

① 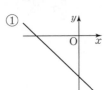　　②

③ 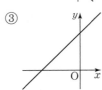　　④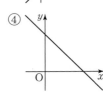

⑤

21 일차함수 $y=ax-1$의 그래프가 두 점 A$(1,\ 5)$, B$(4,\ 1)$을 이은 선분 AB를 지날 때, 상수 a의 값의 범위를 구하시오.

22 일차함수 $y=f(x)$의 그래프에서 x의 값의 증가량에 대한 y의 값의 증가량의 비율이 $\frac{1}{2}$이고 $f(2)=4$일 때, $f(k)=9$를 만족시키는 k의 값을 구하시오.

유형 2 일차방정식 $ax+by+c=0$의 그래프에서 a, b, c의 값 구하기
개념편 130~131쪽

(1) 그래프가 지나는 점의 좌표를 알 때
➡ 일차방정식에 그 점의 좌표를 대입한다.
(2) 기울기와 y절편을 알 때
➡ 일차방정식을 $y=mx+n$ 꼴로 나타낸 후 비교한다.
➡ $m=$(기울기), $n=$(y절편)

8 일차방정식 $-x+ay+6=0$의 그래프가 점 $(2, -1)$을 지날 때, 상수 a의 값을 구하시오.

9 일차방정식 $ax+by=10$의 그래프의 기울기가 2이고, y절편이 -5일 때, 상수 a, b에 대하여 $a+b$의 값을 구하시오.

10 일차방정식 $2x+ay+b=0$의 그래프가 오른쪽 그림과 같을 때, 상수 a, b에 대하여 $a-b$의 값은?

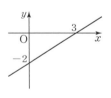

① -9
② -3
③ $\dfrac{2}{3}$
④ 3
⑤ 9

11 두 점 $(-3, 5)$, $(1, 4)$를 지나는 직선이 일차방정식 $ax-8y+1=0$의 그래프와 평행할 때, 상수 a의 값을 구하시오.

틀리기 쉬운
유형 3 일차방정식 $ax+by+c=0$의 그래프와 a, b, c의 부호
개념편 130~131쪽

일차방정식 $ax+by+c=0$ $(a \neq 0, b \neq 0)$을 일차함수 $y=-\dfrac{a}{b}x-\dfrac{c}{b}$ 꼴로 나타낸 후 기울기와 y절편의 부호를 각각 확인한다.

12 오른쪽 그림은 일차방정식 $x+ay-b=0$의 그래프이다. 이때 상수 a, b의 부호를 각각 정하시오.

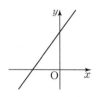

13 $a>0$, $b>0$, $c<0$일 때, 일차방정식 $ax+by+c=0$의 그래프가 지나지 <u>않는</u> 사분면은? (단, a, b, c는 상수)

① 제1사분면
② 제2사분면
③ 제3사분면
④ 제4사분면
⑤ 제1, 2사분면

14 일차방정식 $ax-by+c=0$의 그래프가 오른쪽 그림과 같을 때, 다음 보기 중 일차함수 $y=-\dfrac{c}{b}x+\dfrac{a}{b}$의 그래프로 알맞은 것을 고르시오. (단, a, b, c는 상수)

보기

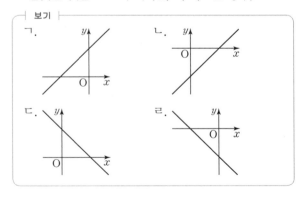

유형 4 **직선의 방정식 구하기** 개념편 130~131쪽

기울기가 m이고, y절편이 n인 직선의 방정식

➡ $y=mx+n$ ∴ $mx-y+n=0$

15 오른쪽 그림과 같은 직선의 방정식은?

① $x-2y+8=0$
② $x+2y+4=0$
③ $2x-y-2=0$
④ $2x-y+4=0$
⑤ $2x+y-4=0$

16 두 점 $(1, -12)$, $(-4, 3)$을 지나는 직선의 방정식을 $ax+y+b=0$이라고 할 때, 상수 a, b에 대하여 $a+b$의 값을 구하시오.

17 일차방정식 $3x-2y+8=0$의 그래프와 평행하고, 점 $(-4, 1)$을 지나는 직선의 방정식은?

① $3x-2y+14=0$ ② $3x+2y+14=0$
③ $3x-2y+7=0$ ④ $2x-3y+7=0$
⑤ $2x+3y-14=0$

18 일차방정식 $3x-y+2=0$의 그래프와 만나지 않고, 일차방정식 $x+2y-14=0$의 그래프와 y축 위에서 만나는 직선의 방정식을 $y=ax+b$ 꼴로 나타내시오.

(단, a, b는 상수)

유형 5 **일차방정식 $x=m$, $y=n$의 그래프** 개념편 132쪽

(1) 일차방정식 $x=m$(m은 상수, $m \neq 0$)의 그래프
➡ 점 $(m, 0)$을 지나고, y축에 평행한(x축에 수직인) 직선
(2) 일차방정식 $y=n$(n은 상수, $n \neq 0$)의 그래프
➡ 점 $(0, n)$을 지나고, x축에 평행한(y축에 수직인) 직선

참고 일차방정식 $x=0$의 그래프는 y축과 같고,
일차방정식 $y=0$의 그래프는 x축과 같다.

19 다음과 같은 직선의 방정식을 구하시오.

(1) 점 $(3, 5)$를 지나고, x축에 평행한 직선
(2) 점 $(-2, 7)$을 지나고, y축에 평행한 직선
(3) 점 $(8, -3)$을 지나고, x축에 수직인 직선
(4) 점 $(-4, -6)$을 지나고, y축에 수직인 직선

20 두 점 $(-1, k+3)$, $(2, -2k+12)$를 지나는 직선이 x축에 평행할 때, k의 값을 구하시오.

21 일차방정식 $ax+by=1$의 그래프가 오른쪽 그림과 같을 때, 상수 a, b의 값을 각각 구하시오.

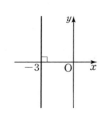

22 네 직선 $2x-6=0$, $4y-8=0$, $x=0$, $y=0$으로 둘러싸인 도형의 넓이를 구하시오.

유형 6 **연립방정식의 해와 두 그래프의 교점의 좌표**
개념편 135쪽

연립방정식 $\begin{cases} ax+by+c=0 \\ a'x+b'y+c'=0 \end{cases}$ 의 해는 두 일차방정식의 그래프, 즉 두 일차함수의 그래프의 교점의 좌표와 같다.

$$\boxed{\begin{array}{c}\text{연립방정식의 해}\\x=p,\ y=q\end{array}} = \boxed{\begin{array}{c}\text{두 그래프의 교점의 좌표}\\(p,\ q)\end{array}}$$

23 연립방정식 $\begin{cases} 4x-ay=6 \\ bx+3y=12 \end{cases}$ 의 두 일차방정식의 그래프가 오른쪽 그림과 같을 때, 이 연립방정식의 해는?
(단, a, b는 상수)

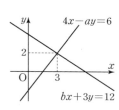

① $x=-2$, $y=4$ ② $x=0$, $y=-2$
③ $x=3$, $y=0$ ④ $x=3$, $y=2$
⑤ $x=3$, $y=4$

24 두 일차방정식 $2x+3y-8=0$, $4x-y+5=0$의 그래프의 교점의 좌표는?

① $\left(-\dfrac{1}{2},\ -3\right)$ ② $\left(-\dfrac{1}{2},\ 3\right)$

③ $\left(\dfrac{1}{2},\ -3\right)$ ④ $\left(\dfrac{1}{2},\ 3\right)$

⑤ $\left(3,\ \dfrac{1}{2}\right)$

25 오른쪽 그림과 같은 두 직선 l, m의 교점의 좌표를 $(a,\ b)$라고 할 때, $a-b$의 값을 구하시오.

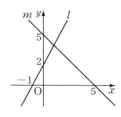

유형 7 **두 그래프의 교점의 좌표를 이용하여 상수의 값 구하기**
개념편 135쪽

두 일차방정식의 그래프의 교점의 좌표가 $(p,\ q)$이다.
➡ 두 일차방정식에 $x=p$, $y=q$를 각각 대입하면 등식이 모두 성립한다.

26 오른쪽 그림은 연립방정식 $\begin{cases} 2x+ay=5 \\ bx-y=2 \end{cases}$ 의 해를 구하기 위해 두 일차방정식의 그래프를 각각 그린 것이다. 이때 상수 a, b에 대하여 $a-b$의 값을 구하시오.

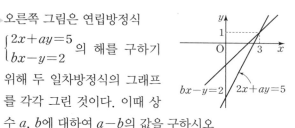

27 두 직선 $ax-y-1=0$, $x-y+2=0$이 오른쪽 그림과 같을 때, 상수 a의 값을 구하시오.
서술형

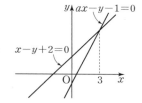

[풀이 과정]

[답]

28 두 일차방정식 $x-y-1=0$, $ax+3y-2=0$의 그래프가 x축 위에서 만날 때, 상수 a의 값을 구하시오.

29 오른쪽 그림은 연립방정식 $\begin{cases} ax+by=5 \\ bx-ay=-10 \end{cases}$ 을 풀기 위해 두 일차방정식의 그래프를 각각 그린 것이다. 이때 상수 a, b의 값을 각각 구하시오.

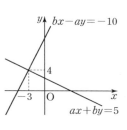

• 정답과 해설 64쪽

❶ 연립방정식을 이용하여 두 그래프의 교점의 좌표를 구한다.
❷ ❶에서 구한 교점의 좌표를 이용하여 조건에 맞는 직선의 방정식을 구한다.

30 두 일차방정식 $x-y+5=0$, $2x-5y+4=0$의 그래프의 교점을 지나고, x축에 평행한 직선의 방정식을 구하시오.

31 두 일차방정식 $x+y-3=0$, $2x-3y-1=0$의 그래프의 교점을 지나고, 일차방정식 $2x-y-5=0$의 그래프와 평행한 직선의 방정식은?

① $2x-y+3=0$　　② $2x-y-3=0$
③ $2x+y-3=0$　　④ $3x-y+2=0$
⑤ $3x-6y+2=0$

32 두 직선 $x-3y+5=0$, $2x+y+3=0$의 교점과 점 $(3, -4)$를 지나는 직선의 방정식이 $mx+ny+1=0$일 때, $m+n$의 값을 구하시오. (단, m, n은 상수)

세 직선이 한 점에서 만난다.
➡ 두 직선의 교점의 좌표를 구하여 이를 나머지 한 직선의 방정식에 대입하면 등식이 성립한다.

참고 서로 다른 세 직선이 삼각형을 이루지 않는 경우
(1) 어느 두 직선이 서로 평행하거나
　　세 직선이 모두 평행한 경우
(2) 세 직선이 한 점에서 만나는 경우

33 세 일차방정식 $2x-y=-5$, $x+5y=3$, $x-2y=a$의 그래프가 한 점에서 만날 때, 상수 a의 값을 구하시오.

34 연립방정식 $\begin{cases} x-ay=15 \\ 4x+y=8 \end{cases}$의 해를 좌표평면 위에 나타내면 두 점 $(-1, -8)$, $(2, -5)$를 지나는 직선 위에 있을 때, 상수 a의 값을 구하시오.

> 삼각형을 이루지 않는 세 직선의 위치 관계를 생각해 보고, 각 경우에 맞는 a의 값을 구하자.

까다로운 기출문제

35 세 직선 $3x+y-2=0$, $5x-y+10=0$, $ax-y+6=0$에 의해 삼각형이 만들어지지 않도록 하는 상수 a의 값을 모두 구하려고 한다. 다음을 구하시오.

(1) 세 직선 중 어느 두 직선이 서로 평행하도록 하는 모든 a의 값

(2) 세 직선이 한 점에서 만나도록 하는 a의 값

(3) 세 직선에 의해 삼각형이 만들어지지 않도록 하는 모든 a의 값

까다로운
유형 10 연립방정식의 해와 그래프의 활용 　개념편 135쪽

두 일차방정식의 그래프가 주어지면
❶ 그래프가 지나는 두 점을 이용하여 각 직선의 방정식을 구한다.
❷ 연립방정식을 이용하여 두 직선의 교점의 좌표를 구한다.
❸ 문제의 조건에 맞는 값을 구한다.

36 45 L, 27 L의 물이 각각 들어 있는 두 물통 A, B에 구멍이 나서 동시에 물이 빠지고 있다. 오른쪽 그래프는 물이 빠지기 시작한 지 x분 후에 물통에 남아 있는 물의 양을 y L라고 할 때, x와 y 사이의 관계를 나타낸 것이다. 다음 물음에 답하시오.

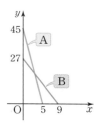

(1) 두 물통 A, B에 대한 직선의 방정식을 각각 구하시오.

(2) 물이 빠지기 시작한 지 몇 분 후에 두 물통 A, B에 남아 있는 물의 양이 같아지는지 구하시오.

37 형과 동생이 집에서 21 km 떨어진 축구장까지 자전거를 타고 가려고 한다. 동생이 먼저 집을 출발하여 오후 3시에 집에서 3 km 떨어진 곳을 지났고, 형은 오후 3시 10분에 집을 출발하여 동생이 간 길을 따라가고 있다. 위의 그래프는 오후 3시부터 x분 후에 두 사람이 집에서 떨어진 거리를 y km라고 할 때, x와 y 사이의 관계를 나타낸 것이다. 이때 형과 동생은 집에서 몇 km 떨어진 곳에서 만나는지 구하시오.

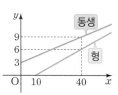

유형 11 직선으로 둘러싸인 도형의 넓이 　개념편 135쪽

두 직선의 교점을 꼭짓점으로 하는 도형이 주어지면
❶ 연립방정식을 이용하여 두 직선의 교점의 좌표를 구한다.
❷ 절편과 교점의 좌표를 이용하여 도형의 넓이를 구한다.

38 오른쪽 그림과 같이 두 일차방정식 $2x-3y=-4$, $x+y=3$의 그래프와 x축으로 둘러싸인 도형의 넓이를 구하시오.

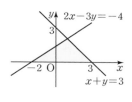

39 세 직선 $x=0$, $x+y-3=0$, $2x-y-3=0$으로 둘러싸인 도형의 넓이를 구하시오.

40 다음 그림과 같이 세 직선 $x+y+1=0$, $x-y-1=0$, $x+2y-1=0$으로 둘러싸인 도형의 넓이를 구하시오.

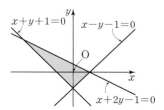

● 정답과 해설 66쪽

41 오른쪽 그림과 같이 두 일차 방정식 $2x+3y=12$, $ax-3y=6$의 그래프의 교점을 A, 두 그래프와 y축의 교점을 각각 B, C라고 할 때, $\triangle$ABC의 넓이는 9이다. 이때 양수 a의 값을 구하시오.

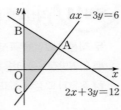

42 다음 세 직선으로 둘러싸인 도형의 넓이를 구하시오.

$$3x+6=0, \qquad 2y-6=0, \qquad x-y=2$$

43 네 일차방정식 $2(x-2)=0$, $y-2=0$, $y-4=0$, $2x+y+1=0$의 그래프로 둘러싸인 도형의 넓이를 구하시오.

직선 $y=mx$가 $\triangle$ABO의 넓이를 이등분할 때, 상수 m의 값은 다음 순서로 구한다.

❶ $\triangle$ACO$=\dfrac{1}{2}\triangle$ABO임을 이용하여 두 직선의 교점 C의 y좌표를 구한다.

❷ $y=ax+b$에 점 C의 y좌표를 대입하여 점 C의 x좌표를 구한다.

❸ $y=mx$에 점 C의 좌표를 대입하여 m의 값을 구한다.

44 오른쪽 그림과 같이 일차방정식 $3x+4y-12=0$의 그래프와 x축, y축으로 둘러싸인 도형의 넓이를 직선 $y=mx$가 이등분할 때, 상수 m의 값은?

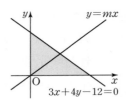

① $\dfrac{2}{3}$　　② $\dfrac{3}{4}$　　③ 1

④ $\dfrac{4}{3}$　　⑤ $\dfrac{3}{2}$

주어진 직사각형의 넓이를 이등분하는 직선이 반드시 지나야 하는 점은 무엇인지 생각해 보자.

45
서술형
오른쪽 그림과 같은 직사각형의 넓이를 이등분하고, 점 $(-1, 0)$을 지나는 직선의 방정식을 $y=ax+b$ 꼴로 나타내시오.
(단, a, b는 상수)

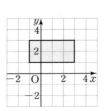

풀이 과정

답

유형 13 연립방정식의 해의 개수와 두 그래프의 위치 관계

개념편 136쪽

연립방정식 $\begin{cases} ax+by+c=0 \\ a'x+b'y+c'=0 \end{cases}$ 의 해의 개수는 두 일차방정식
의 그래프의 교점의 개수와 같다.

한 점에서 만난다.	평행하다.	일치한다.
해가 하나뿐이다.	해가 없다.	해가 무수히 많다.
기울기가 다르다.	기울기는 같고, y절편은 다르다.	기울기가 같고, y절편도 같다.
$\dfrac{a}{a'} \neq \dfrac{b}{b'}$	$\dfrac{a}{a'} = \dfrac{b}{b'} \neq \dfrac{c}{c'}$	$\dfrac{a}{a'} = \dfrac{b}{b'} = \dfrac{c}{c'}$

46 그래프를 이용하여 다음 연립방정식을 풀 때, 해가 무
수히 많은 것은?

① $\begin{cases} 2x-y=3 \\ 4x-2y=9 \end{cases}$　　② $\begin{cases} 2x+y=6 \\ 4x+2y=2 \end{cases}$

③ $\begin{cases} 2x-y=6 \\ x+y=6 \end{cases}$　　④ $\begin{cases} 2x-y=-6 \\ 4x-2y=-12 \end{cases}$

⑤ $\begin{cases} 2x+y=6 \\ 2x+y=-6 \end{cases}$

47 연립방정식 $\begin{cases} -6x-my=3 \\ 2x-y=4 \end{cases}$ 의 해가 없을 때, 상수 m
의 값을 구하시오.

48 두 일차방정식 $ax-4y=-12$, $3x+by=-6$의 그래
프의 교점이 무수히 많을 때, 상수 a, b의 값을 각각
구하시오.

톡톡 튀는 문제

49 다음 중 세 학생의 대화에서 동건이가 말하는 직선으로
알맞은 것은?

> 연홍: 일차함수의 그래프는 항상 직선이야.
> 준호: 그럼 직선은 모두 일차함수의 그래프인 거야?
> 동건: 아니야. 그렇지 않은 직선도 있어.

① 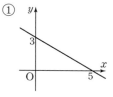　　②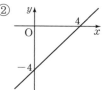

③ 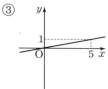　　④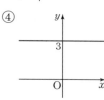

⑤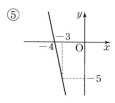

50 오른쪽 그림에서 두 점 A,
B는 각각 두 직선
$x+y+5=0$, $2x+y+7=0$
위의 점이고, 점 C는 두 직
선의 교점이다. 세 점 A, B,
C의 좌표를 각각 (x_1, y_1),
(x_2, y_2), (x_3, y_3)이라고 할 때,
$x_1+2x_2+3x_3+y_1+y_2+4y_3$의 값을 구하시오.

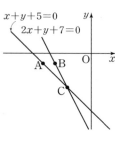

 LEVEL 1　　　　꼭 나오는 **기본 문제**

1 다음 중 일차방정식 $3x+2y-6=0$의 그래프에 대한 설명으로 옳은 것을 모두 고르면? (정답 2개)

① 기울기는 $\dfrac{3}{2}$이다.

② 일차함수 $y=-\dfrac{3}{2}x-3$의 그래프와 평행하다.

③ y축과의 교점의 좌표는 $(0, -3)$이다.

④ x의 값이 2만큼 증가할 때, y의 값은 3만큼 증가한다.

⑤ 제3사분면을 지나지 않는다.

2 일차방정식 $x-2my+5=0$의 그래프가 점 $(-2, 6)$을 지날 때, 다음 중 이 그래프 위의 점인 것은?

(단, m은 상수)

① $(-1, -8)$　② $(0, -5)$　③ $(1, 12)$

④ $(2, -14)$　⑤ $(3, 8)$

3 일차방정식 $ax-by-6=0$의 그래프는 기울기가 $-\dfrac{1}{4}$이고 x절편이 3일 때, 상수 a, b에 대하여 $a-b$의 값을 구하시오.

4 다음 보기 중 좌표축에 평행한 직선의 방정식을 모두 고르시오.

┌ 보기 ┐
ㄱ. $y=3$　　　　　　ㄴ. $x+2y=3$
ㄷ. $3x-2=x-2$　　ㄹ. $y-x=x+y+1$

5 두 점 $(4, k-3)$, $(5k, 2k+1)$을 지나고, y축에 수직인 직선의 방정식을 구하시오.

6 연립방정식 $\begin{cases} 2x+y=2 \\ x-y=4 \end{cases}$의 두 일차방정식의 그래프를 주어진 좌표평면 위에 각각 그리고, 이를 이용하여 연립방정식을 푸시오.

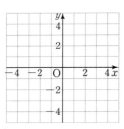

7 두 일차방정식 $2x+y-7=0$, $ax+y+2=0$의 그래프가 오른쪽 그림과 같을 때, 상수 a의 값을 구하시오.

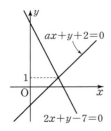

8 두 일차방정식 $x-2y+15=0$, $2x+y+5=0$의 그래프의 교점을 지나고, y절편이 2인 직선의 x절편은?

① -5 ② $-\dfrac{10}{3}$ ③ $\dfrac{5}{3}$

④ 3 ⑤ $\dfrac{10}{3}$

9 일차방정식 $x-5y=-3$의 그래프가 두 직선 $3x+2y=8$, $ax-y=3$의 교점을 지날 때, 상수 a의 값을 구하시오.

10 다음 보기의 일차방정식 중 두 방정식을 한 쌍으로 묶어 연립방정식을 만들 때, 해가 없는 것은?

┌ 보기 ┐

ㄱ. $y-3=\dfrac{1}{5}x$ ㄴ. $3x+5y=15$

ㄷ. $x+5y=-3$ ㄹ. $-\dfrac{1}{5}x+y=-3$

① ㄱ과 ㄴ   ② ㄱ과 ㄹ   ③ ㄴ과 ㄷ

④ ㄴ과 ㄹ   ⑤ ㄷ과 ㄹ

11 연립방정식 $\begin{cases} kx-2y+12=0 \\ 3x-y+6=0 \end{cases}$ 의 해가 무수히 많을 때, 상수 k의 값을 구하시오.

LEVEL 2   **자주 나오는 실력 문제**

12 일차방정식 $ax+2y=4$의 그래프와 x축, y축으로 둘러싸인 도형의 넓이가 8일 때, 양수 a의 값을 구하시오.

13 점 $(a-b,\ ab)$가 제4사분면 위의 점일 때, 일차방정식 $-ax+y+b=0$의 그래프가 지나는 사분면을 모두 말하시오.

14 일차방정식 $ax+by-12=0$의 그래프가 점 $(-4, 6)$을 지나고 x축에 수직일 때, 상수 a, b에 대하여 $b-a$의 값을 구하시오.

15 네 일차방정식 $x=-2$, $x-5=0$, $y=-a$, $y-3a=0$의 그래프로 둘러싸인 도형의 넓이가 56일 때, 양수 a의 값을 구하시오.

단원 마무리

16 언니와 동생이 집에서 8 km 떨어진 공원에 가는데 동생이 오후 2시에 먼저 출발하고, 언니가 30분 후에 출발하여 동생과 같은 길로 갔다.

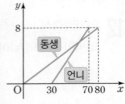

위의 그래프는 동생이 출발한 지 x분 후에 두 사람이 집에서 떨어진 거리를 y km라고 할 때, x와 y 사이의 관계를 나타낸 것이다. 이때 언니와 동생이 만나는 시각을 구하시오.

17 다음 세 직선으로 둘러싸인 도형의 넓이를 구하시오.

$$2x-y-1=0, \qquad 4x+y=-7, \qquad y-5=0$$

18 서술형 일차방정식 $4x+3y-24=0$의 그래프와 x축, y축으로 둘러싸인 도형의 넓이를 이등분하고, 원점을 지나는 직선의 기울기를 구하시오.

풀이 과정

답

LEVEL 3 만점을 위한 **도전 문제**

19 오른쪽 그림은 평행사변형 OABC를 좌표평면 위에 나타낸 것이다. 이때 두 점 A, B를 지나는 직선의 방정식을 $ax-y+b=0$ 꼴로 나타내시오. (단, a, b는 상수, O는 원점)

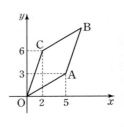

20 세 일차방정식 $4x-y+8=0$, $x+y-3=0$, $ax-y-1=0$의 그래프로 둘러싸인 삼각형을 만들려고 할 때, 상수 a의 값이 될 수 <u>없는</u> 모든 수들의 곱을 구하시오.

21 오른쪽 그림은 세 일차방정식 $3x+y=3$, $x+y=3$, $x-2y=1$의 그래프를 나타낸 것이다. $\triangle$ABC와 $\triangle$CBD의 넓이를 각각 S_1, S_2라고 할 때, $S_1 : S_2$를 가장 간단한 자연수의 비로 나타내시오.

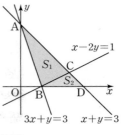

실력향상

POWER

정답과
해설

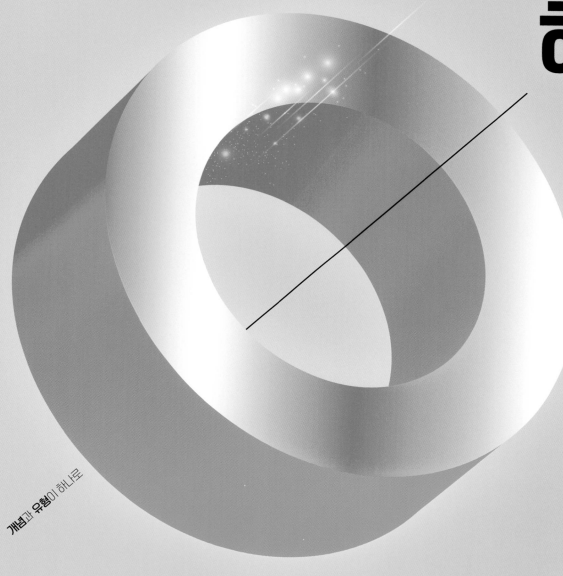

개념과 유형이 하나로

개념＋유형
PLUS

중학 수학

2·1

visang

pionada

공부 습관에도 진단과 처방이 필수입니다

초4부터 중등까지는 공부 습관이 피어날 최적의 시기입니다.

공부 마음을 망치는 공부를 하고 있나요?
성공 습관을 무시한 공부를 하고 있나요?
더 이상 이제 그만!

지금은 피어나다와 함께 사춘기 공부 그릇을 키워야 할 때입니다.

강점코칭 무료체험

바로 지금,
마음 성장 기반 학습 코칭 서비스, **피어나다®**로
공부 생명력을 피어나게 해보세요.

상담
문의 **1833-3124**

1 유리수와 순환소수

~1 유리수와 순환소수

개념 확인
(1) -2, 0
(2) $\frac{6}{5}$, $-\frac{1}{3}$, 0.12
(3) π

필수 문제 1
(1) 0.6, 유한소수
(2) $0.333\cdots$, 무한소수
(3) 2.75, 유한소수
(4) $-0.8666\cdots$, 무한소수

1-1
(1) $0.666\cdots$, 무한소수
(2) 1.125, 유한소수
(3) $-0.58333\cdots$, 무한소수
(4) 0.16, 유한소수

필수 문제 2
(1) 5, $0.\dot{5}$ (2) 19, $0.\dot{1}\dot{9}$
(3) 35, $0.1\dot{3}\dot{5}$ (4) 245, $5.\dot{2}4\dot{5}$

2-1
(1) 8, $0.\dot{8}$ (2) 26, $6.\dot{2}\dot{6}$
(3) 4, $5.2\dot{4}$ (4) 132, $2.\dot{1}3\dot{2}$

필수 문제 3
(1) 7 (2) $0.\dot{7}$

3-1
(1) $0.\dot{3}\dot{6}$ (2) $1.1\dot{6}$ (3) $0.7\dot{4}\dot{0}$ (4) $0.1\dot{4}\dot{5}$

---

1 ③   **2** ②   **3** ②, ⑤
4 (1) $0.\dot{1}8\dot{5}$ (2) 3개 (3) 8   **5** 5

개념 확인
(1) ① 2^2 ② 2^2 ③ 36 ④ 0.36
(2) ① 5^2 ② 5^2 ③ 1000 ④ 0.025

필수 문제 4 ㄱ, ㄹ, ㅁ

4-1 ③, ⑤

필수 문제 5 21

5-1 9

필수 문제 6
(1) 10, 10, 9, $\frac{5}{9}$
(2) 100, 100, 99, 99, $\frac{8}{33}$

6-1
(1) $\frac{2}{9}$ (2) $\frac{5}{11}$ (3) $\frac{26}{9}$ (4) $\frac{52}{33}$

필수 문제 7
(1) 100, 100, 10, 10, 90, $\frac{11}{90}$
(2) 1000, 1000, 10, 10, 990, 990, $\frac{127}{330}$

7-1
(1) $\frac{37}{45}$ (2) $\frac{239}{990}$ (3) $\frac{61}{45}$ (4) $\frac{333}{110}$

필수 문제 8
(1) $\frac{4}{9}$ (2) $\frac{17}{33}$ (3) $\frac{67}{45}$ (4) $\frac{611}{495}$

8-1
(1) $\frac{3}{11}$ (2) $\frac{172}{999}$ (3) $\frac{152}{45}$ (4) $\frac{1988}{495}$

필수 문제 9 ㄱ, ㄴ, ㄷ

---

1 $a=5$, $b=45$, $c=0.45$ **2** 39
3 (1) $0.2\dot{3}$ •   • $10x-x$
    (2) $1.\dot{7}$ •   • $100x-x$
    (3) $0.\dot{2}\dot{1}$ •   • $100x-10x$
    (4) $2.3\dot{2}\dot{4}$ •   • $1000x-10x$
4 37   **5** 1
6 ③, ⑤

1	③	2	8	3	ㄱ, ㄴ, ㄹ	4	1
5	③	6	①, ⑤	7	②	8	165	9	③
10	④	11	④	12	⑤	13	6	14	19
15	④	16	⑤	17	④	18	60	19	④
20	ㄷ, ㅂ	21	③, ④				

〈과정은 풀이 참조〉

따라 해보자 유제 1 63   유제 2 $0.5\dot{8}$

연습해 보자 1 주희

이유: $\dfrac{91}{140}=\dfrac{13}{20}=\dfrac{13}{2^2\times5}$ 이므로 분수 $\dfrac{91}{140}$ 은 유한소수로 나타낼 수 있다.
따라서 잘못 말한 사람은 순환소수로만 나타낼 수 있다고 말한 주희이다.

2 2개   3 $\dfrac{62}{55}$

4 (1) $\dfrac{13}{6}$ (2) 12

음악 속 수학   P. 20

답 (1)

(2) $0.\dot{2}4\dot{3}$, $\dfrac{9}{37}$

2 식의 계산

1 지수법칙

개념 확인   3, 5

필수 문제 1   (1) x^9 (2) 7^{10} (3) a^6 (4) a^5b^4

    1-1   (1) a^8 (2) 11^9 (3) b^{11} (4) x^7y^5

    1-2   2

필수 문제 2 3^3

    2-1   (1) 5^7 (2) 2^6

개념 확인   3, 6

필수 문제 3   (1) 2^{15} (2) a^{26}

    3-1   (1) 3^{12} (2) x^{11} (3) y^{28} (4) $a^{18}b^6$

    3-2   (1) 3   (2) 4

    3-3   36

개념 확인   (1) 2, 2, 2   (2) 2, 1   (3) 2, 2, 2

필수 문제 4   (1) $5^2(=25)$ (2) $\dfrac{1}{a^4}$ (3) 1   (4) $\dfrac{1}{x}$

    4-1   (1) x^4 (2) $\dfrac{1}{3^5}$ (3) x (4) 1   (5) $\dfrac{1}{b^3}$ (6) $\dfrac{1}{y}$

    4-2   (1) 9   (2) 12

개념 확인   (1) 3, 3   (2) 3, 3

         (3) $-2x$, $-2x$, $-2x$, 3, 3, $-8x^3$

         (4) $-\dfrac{3}{a}$, $-\dfrac{3}{a}$, 2, 2, $\dfrac{9}{a^2}$

필수 문제 5   (1) $a^{10}b^5$ (2) $9x^8$ (3) $\dfrac{y^8}{x^{12}}$ (4) $-\dfrac{a^3b^3}{8}$

    5-1   (1) x^6y^{12} (2) $16a^{12}b^4$ (3) $\dfrac{a^4}{25}$ (4) $-\dfrac{27y^9}{x^6}$

    5-2   36

STEP 1 쓱쓱 개념 익히기 · P. 28~29

1 ㄴ, ㅂ
2 (1) $x^9 y^7$ (2) 1 (3) $\dfrac{1}{a^2}$ (4) x^6
3 (1) 2^{13} (2) $\dfrac{1}{3}$ **4** (1) 7 (2) 3 (3) 5 (4) 6
5 $a=3,\ b=5,\ c=2,\ d=27$ **6** 2^{24}B
7 39 **8** ②
9 (1) $a=4,\ n=5$ (2) 6자리 **10** 12자리

∼2 단항식의 계산

P. 30

개념 확인 ab

필수 문제 **1** (1) $8a^3 b$ (2) $35x^4 y$
(3) $-15a^4$ (4) $-2x^7 y^5$

1-1 (1) $20b^6$ (2) $-18x^2 y^2$
(3) $-24a^{10}$ (4) $25x^7 y^4$

1-2 (1) $\dfrac{4}{3} a^5 b^6$ (2) $-16x^{17} y^9$

P. 31

필수 문제 **2** (1) $\dfrac{3}{2x}$ (2) $-\dfrac{1}{2} a^2$ (3) $12x$ (4) $\dfrac{45}{a}$

2-1 (1) $4x$ (2) $\dfrac{3a}{b^2}$ (3) $-\dfrac{7}{2y}$ (4) $-\dfrac{1}{32} ab^3$

2-2 (1) $-3y^2$ (2) $\dfrac{12b^7}{a^5}$

P. 32

필수 문제 **3** (1) $-6a^5$ (2) $36x^8 y^2$
3-1 (1) $3x^3$ (2) $-8a^6 b^3$ (3) $27xy^3$ (4) $12a^5 b^{10}$
필수 문제 **4** (1) $2a^2$ (2) $\dfrac{9}{2} x^5 y^7$
4-1 (1) $\dfrac{7}{2} ab^2$ (2) $-16xy^6$ (3) $-6a^3 b^2$ (4) $2y^2$

STEP 1 쓱쓱 개념 익히기 · P. 33

1 ②, ⑤ **2** 0
3 (1) $-\dfrac{3}{2} xy$ (2) $2a^9 b^{11}$ (3) $5xy^5$ (4) $\dfrac{1}{36} b^4$
4 $24a^4 b^3$ **5** $4a^2$

∼3 다항식의 계산

P. 34

필수 문제 **1** (1) $3a-5b$ (2) $11x-6y$
(3) $5x+5y+2$ (4) $\dfrac{7x+4y}{12}$

1-1 (1) $-4a+4b-1$ (2) $6y$ (3) $5x-3$
(4) $-a+4b-17$ (5) $a+\dfrac{1}{4} b$ (6) $\dfrac{-x+y}{6}$

필수 문제 **2** $3x+2y$

2-1 (1) $3a+8b$ (2) $3x+y$

P. 35

개념 확인 ㄴ, ㅁ

필수 문제 **3** (1) $-2x^2+x+1$ (2) $5a^2+3a-13$
(3) $3a^2-2a+9$ (4) $\dfrac{1}{6} x^2+6x-\dfrac{21}{4}$

3-1 (1) $3x^2+x+1$ (2) $5a^2-6a+5$
(3) $13a^2+9a-6$ (4) $\dfrac{1}{8} x^2+4x-2$

3-2 (1) $-2x^2-x-2$ (2) $2a+6$

STEP 1 쓱쓱 개념 익히기 · P. 36

1 (1) $3x+4y$ (2) $-\dfrac{1}{6} x-\dfrac{17}{20} y+\dfrac{1}{12}$
(3) $4a^2-\dfrac{7}{2} a+1$ (4) $2a^2-5a-11$
2 $\dfrac{11}{5}$ **3** $-15x+5y$
4 (1) $2b$ (2) $2x^2-2x+2$
5 (1) $3x^2-2x-1$ (2) $4x^2-5x+6$
6 $-7a^2+7a+6$

개념 확인 ab, b

필수 문제 4 (1) $8a^2-12a$ (2) $-3x^2+6xy$

4-1 (1) $2x^2+6xy$
(2) $-20a^2+10a$
(3) $-6ab-8b^2+2b$
(4) $-4x^2+20xy-16x$

4-2 $45x^3+18x^2y$

필수 문제 5 (1) $\dfrac{2}{3}x-2$ (2) $-4a-6b$

5-1 (1) $\dfrac{3}{2}ab^2+b$ (2) $-2x^2+\dfrac{x^3}{y}$
(3) $-4x-2$ (4) $3x-2y+5$
(5) $2a-6$ (6) $-18a^2+6a+3ab$

5-2 $7a^2+2b^2$

필수 문제 6 (1) $5a^2+8a$ (2) $-x-1$ (3) $5x^2-x$

6-1 (1) $-4x^3+7x^2+7x$ (2) $6a-7b$
(3) $-2xy-2$ (4) $-7ab-9b$
(5) $18a^2-54ab$

STEP 1 쓱쓱 개념 익히기 P. 40

1 (1) $2a^2-4ab$ (2) $15a^2-20ab+5a$
(3) $-3y+2$ (4) $6x-9y+3$
2 $6a^3+4a^2b-10a^2$ **3** -5
4 (1) $\dfrac{15}{4}$ (2) 11 **5** $12a^3-9a^2b$

STEP 2 탄탄 단원 다지기 P. 41~43

1 ④ **2** 11 **3** 2 **4** ④ **5** ⑤
6 8배 **7** $\dfrac{1}{3}$ **8** ④ **9** 7 **10** ②, ④
11 ① **12** $-9a^3b^2$ **13** $\dfrac{9}{4}$배 **14** 18
15 ①, ④ **16** $a+2b$ **17** $5a+7b$
18 ㄴ, ㅁ **19** $9x^2+15y-18$ **20** 60
21 $-b^2+3ab$ **22** $3a+b$

STEP 3 쓱쓱 서술형 완성하기 P. 44~45

〈과정은 풀이 참조〉
따라 해보자 유제 1 10
유제 2 9
연습해 보자 **1** (1) 16 (2) 64 **2** $16ab$
3 $-5x^2+17x-10$
4 (1) (나), $-4x+3$ (2) (다), $15x-12y$

과학 속 수학 P. 46

답 $3\,\mathrm{m}$

3 일차부등식

1 부등식의 해와 그 성질

P. 50

개념 확인 ㄱ, ㄹ

필수 문제 1 (1) $2x+5 \le 20$
(2) $3x > 24$
(3) $800x+1000 \ge 4000$

1-1 (1) $\dfrac{a}{2}-5 \ge 12$
(2) $240-7x \le 10$
(3) $2x+3 > 15$

필수 문제 2 (1) 1, 2   (2) 1, 2, 3

2-1 (1) 0, 1   (2) -3, -2

P. 51

필수 문제 3 (1) $<$ (2) $<$ (3) $<$ (4) $>$

3-1 (1) $\ge$ (2) $\le$

필수 문제 4 (1) $x+4 > 7$ (2) $x-2 > 1$
(3) $-\dfrac{x}{2} < -\dfrac{3}{2}$ (4) $10x-3 > 27$

4-1 (1) $x+5 \le 7$ (2) $x-7 \le -5$
(3) $-2x \ge -4$ (4) $\dfrac{x}{6}+\dfrac{1}{2} \le \dfrac{5}{6}$

4-2 (1) $0 \le a+2 < 5$
(2) $-8 \le 3a-2 < 7$

STEP 1 쏙쏙 개념 익히기   P. 52

1 3개   **2** ②

3 (1) 0, 1, 2   (2) -2, -1

4 ⑤   **5** (1) $\ge$ (2) $>$ (3) $>$ (4) $\le$

6 6

2 일차부등식의 풀이

P. 53~54

개념 확인 (1) $x \ge -2$ (2) $x < 0$ (3) $x > 6$

필수 문제 1 ㄴ, ㄹ

1-1 ④

필수 문제 2 (1) $x \ge 3$,
(2) $x \le 2$,
(3) $x > -\dfrac{9}{5}$,
(4) $x < -5$,

2-1 (1) $x < -1$,
(2) $x < 1$,
(3) $x \le -4$,
(4) $x \ge 3$,

2-2 ③

필수 문제 3 (1) $x \le -\dfrac{a}{3}$ (2) 9

3-1 2

P. 55

필수 문제 4 (1) $x < -\dfrac{7}{2}$ (2) $x \ge -5$

4-1 (1) $x \ge -1$ (2) $x < 14$

필수 문제 5 (1) $x \le 6$ (2) $x \ge 4$
(3) $x > 3$ (4) $x > 1$

5-1 (1) $x \ge 9$ (2) $x < 3$
(3) $x > -15$ (4) $x < -6$

5-2 (1) $x < \dfrac{5}{3}$ (2) $x \ge 3$

1 ④

2 (1) $x \le -3$,   (2) $x \ge -3$,

    (3) $x \le 2$,   (4) $x < -8$,

3 3개   **4** 9   **5** $x < \dfrac{5}{a}$

6 $x \ge \dfrac{1}{a}$

~3 일차부등식의 활용

P. 57~58

개념 확인 $3x+9$, $3x+9<30$, 7, 6, 6

필수 문제 1   1, 3

     1-1   26, 27, 28

     1-2   84점

필수 문제 2 $h \ge 7$

     2-1   12 cm

필수 문제 3   15송이

     3-1   17개

필수 문제 4   3벌

     4-1   11개

P. 59

필수 문제 5   표: (차례로) $\dfrac{x}{2}$ 시간, $\dfrac{x}{3}$ 시간

          6 km

     5-1 $\dfrac{24}{5}$ km

필수 문제 6   표: (차례로) $\dfrac{x}{8}$ 시간, $\dfrac{8-x}{4}$ 시간

          4 km

     6-1   1200 m

STEP 1 쏙쏙 개념 익히기   **P. 60**

1 14   **2** 17개   **3** 10개

4 10장   **5** 23명   **6** $\dfrac{7}{2}$ km

STEP 2 탄탄 단원 다지기   **P. 61~63**

1 ④   **2** ⑤   **3** ④   **4** >   **5** 4개

6 ①, ④   **7** ⑤   **8** ④   **9** ⑤   **10** -3

11 -6 **12** ②   **13** 9   **14** -1 **15** ④

16 (1) $x \le \dfrac{a}{2}$ (2)   (3) $4 \le a < 6$

17 4, 5, 6   **18** 27 cm   **19** ③

20 13개월 후   **21** 26개월   **22** 2 km

STEP 3 쏙쏙 서술형 완성하기   **P. 64~65**

〈과정은 풀이 참조〉

따라 해보자   유제 1 $a < -2$

          유제 2   22명

연습해 보자   **1** (1) $x-10 \ge 3x+2$ (2) $\dfrac{x}{50} \le \dfrac{3}{2}$

          2 (1) $x > -2$ (2)

          3 5

          4 4 km

환경 속 수학   **P. 66**

답   97개월 후

4 연립일차방정식

1 미지수가 2개인 일차방정식

P. 70~71

필수 문제 1 ③

1-1 ㄴ, ㅂ

필수 문제 2 $2x+3y=23$

2-1 (1) $500x+800y=3600$ (2) $2x+2y=30$

필수 문제 3 ⑤

3-1 ㄴ, ㄷ, ㅂ

필수 문제 4 (1) (차례로) 3, $\dfrac{5}{2}$, 2, $\dfrac{3}{2}$, 1, $\dfrac{1}{2}$, 0

(2) $(1, 3)$, $(3, 2)$, $(5, 1)$

4-1 (1) 표: (차례로) 8, 6, 4, 2, 0
해: $(1, 8)$, $(2, 6)$, $(3, 4)$, $(4, 2)$
(2) 표: (차례로) 10, 7, 4, 1, -2
해: $(1, 4)$, $(4, 3)$, $(7, 2)$, $(10, 1)$

필수 문제 5 -1

5-1 10

STEP 1 쏙쏙 개념 익히기   P. 72

1 ㄷ, ㅁ, ㅅ   **2** ⑤   **3** ②, ⑤
4 (1) $3x+2y=28$ (2) $(2, 11)$, $(4, 8)$, $(6, 5)$, $(8, 2)$
5 3

2 미지수가 2개인 연립일차방정식

P. 73

개념 확인   표: ㉠ (차례로) 4, 3, 2, 1
           ㉡ (차례로) 5, 3, 1
        해: $x=3$, $y=2$

필수 문제 1 ③

필수 문제 2 $a=4$, $b=3$

2-1 $a=2$, $b=4$

STEP 1 쏙쏙 개념 익히기   P. 74

1 ③, ④   **2** $\begin{cases} 3x+2y=1 \\ 2x-5y=26 \end{cases}$
3 $x=5$, $y=1$ **4** ③   **5** 5

3 연립방정식의 풀이

P. 75

개념 확인   (가) $-x+5$ (나) 2   (다) 3

필수 문제 1 (1) $x=3$, $y=2$ (2) $x=4$, $y=2$
             (3) $x=1$, $y=3$ (4) $x=4$, $y=5$

1-1 (1) $x=8$, $y=9$ (2) $x=7$, $y=2$
      (3) $x=2$, $y=-7$ (4) $x=5$, $y=-2$

P. 76

개념 확인   (가) 2   (나) $6-y$ (다) -1

필수 문제 2 (1) $x=2$, $y=4$ (2) $x=3$, $y=2$
             (3) $x=-2$, $y=3$ (4) $x=6$, $y=7$

2-1 (1) $x=5$, $y=1$ (2) $x=2$, $y=-2$
      (3) $x=-1$, $y=-3$ (4) $x=-3$, $y=2$

1 -5 **2** ⑤

3 (1) $x=3$, $y=4$ (2) $x=3$, $y=5$

     (3) $x=3$, $y=1$ (4) $x=-4$, $y=-4$

4 1 **5** $a=-3$, $b=15$ **6** 8

P. 78

필수 문제 3   (1) $x=-4$, $y=1$ (2) $x=3$, $y=5$

3-1   (1) $x=4$, $y=1$ (2) $x=-3$, $y=1$

필수 문제 4   (1) $x=1$, $y=2$ (2) $x=3$, $y=2$

4-1   (1) $x=2$, $y=1$ (2) $x=2$, $y=5$

     (3) $x=-1$, $y=-1$ (4) $x=2$, $y=-5$

P. 79

필수 문제 5   (1) $x=1$, $y=-3$ (2) $x=-3$, $y=4$

5-1   (1) $x=5$, $y=-3$ (2) $x=2$, $y=2$

5-2   (1) $x=2$, $y=-2$ (2) $x=1$, $y=-\dfrac{2}{5}$

     (3) $x=-3$, $y=4$

P. 80

필수 문제 6   (1) 해가 무수히 많다.   (2) 해가 없다.

6-1   (1) 해가 무수히 많다.   (2) 해가 없다.

     (3) 해가 무수히 많다.   (4) 해가 없다.

필수 문제 7 -7

7-1 $-\dfrac{1}{3}$

---

1 (1) $x=4$, $y=0$ (2) $x=1$, $y=3$

     (3) $x=-7$, $y=3$ (4) $x=10$, $y=12$

2 0 **3** $x=7$, $y=11$

4 ㄴ, ㅂ   **5** -3

~4 연립방정식의 활용

P. 82~83

개념 확인 $x+y$, $x-y$, $x+y$, $x-y$, 14, 11, 14, 11,

     14, 11, 14, 11

필수 문제 1   (1) $\begin{cases} x+y=12 \\ 10y+x=(10x+y)+18 \end{cases}$

     (2) $x=5$, $y=7$

     (3) 57

1-1 35

필수 문제 2   (1) $\begin{cases} x+y=7 \\ 1000x+300y=4200 \end{cases}$

     (2) $x=3$, $y=4$

     (3) 복숭아: 3개, 자두: 4개

2-1   어른: 12명, 학생: 8명

2-2   4점짜리: 14개, 5점짜리: 4개

필수 문제 3   (1) $\begin{cases} x+y=56 \\ x-3=3(y-3)+2 \end{cases}$

     (2) $x=41$, $y=15$

     (3) 어머니: 41세, 아들: 15세

3-1   아버지: 44세, 수연: 14세

---

1 16 **2** 800원

3 닭: 8마리, 토끼: 12마리   **4** $11\,\mathrm{cm}$

5 14회   **6** 11회

필수 문제 4

	자전거를 타고 갈 때	걸어갈 때	전체
거리	$x\,$km	$y\,$km	$9\,$km
속력	시속 $10\,$km	시속 $4\,$km	—
시간	$\dfrac{x}{10}$시간	$\dfrac{y}{4}$시간	$1\dfrac{30}{60}$시간

자전거를 타고 간 거리: $5\,$km,
걸어간 거리: $4\,$km

4-1 $1\,$km

필수 문제 5

	올라갈 때	내려올 때	전체
거리	$x\,$km	$y\,$km	—
속력	시속 $3\,$km	시속 $5\,$km	—
시간	$\dfrac{x}{3}$시간	$\dfrac{y}{5}$시간	2시간

올라간 거리: $3\,$km, 내려온 거리: $5\,$km

5-1 $5\,$km

필수 문제 6

	남학생	여학생	전체
작년의 학생 수	x명	y명	700명
올해의 변화율	$10\,\%$ 증가	$4\,\%$ 감소	—
학생 수의 변화량	$+\dfrac{10}{100}x$명	$-\dfrac{4}{100}y$명	$+14$명

남학생: 330명, 여학생: 384명

6-1 남학생: 423명, 여학생: 572명

필수 문제 7 10일

7-1 12일

필수 문제 8

	섞기 전		섞은 후
소금물의 농도	$4\,\%$ $+$	$7\,\%$ $=$	$5\,\%$
소금물의 양	$x\,$g	$y\,$g	$600\,$g
소금의 양	$\left(\dfrac{4}{100}\times x\right)$g	$\left(\dfrac{7}{100}\times y\right)$g	$\left(\dfrac{5}{100}\times 600\right)$g

$4\,\%$의 소금물: $400\,$g, $7\,\%$의 소금물: $200\,$g

8-1

	섞기 전		섞은 후
소금물의 농도	$5\,\%$ $+$	$10\,\%$ $=$	$8\,\%$
소금물의 양	$x\,$g	$y\,$g	$500\,$g
소금의 양	$\left(\dfrac{5}{100}\times x\right)$g	$\left(\dfrac{10}{100}\times y\right)$g	$\left(\dfrac{8}{100}\times 500\right)$g

$5\,\%$의 소금물: $200\,$g, $10\,\%$의 소금물: $300\,$g

STEP 1 쓱쓱 개념 익히기 P. 88

1 $10\,$km **2** $515\,$kg **3** $600\,$g

4 (1) $\begin{cases} 10x+10y=2000 \\ 50x-50y=2000 \end{cases}$ (2) $x=120,\ y=80$

(3) 시우: 분속 $120\,$m, 은수: 분속 $80\,$m

5 분속 $96\,$m

STEP 2 탄탄 단원 다지기 P. 89~91

1 ③ **2** ④ **3** ④ **4** -4 **5** ④
6 8 **7** ③ **8** ② **9** 6
10 $a=5,\ b=2$ **11** ② **12** $a=5,\ b=5$
13 3 **14** ② **15** -20 **16** $x=5,\ y=3$
17 ④ **18** ② **19** 36 **20** 700원
21 $a=3,\ b=1$ **22** 3분 **23** 20분 **24** ①

STEP 3 쓱쓱 서술형 완성하기 P. 92~93

〈과정은 풀이 참조〉

따라 해보자 유제 1 $\dfrac{3}{2}$ 유제 2 $x=3,\ y=1$

연습해 보자 **1** 12 **2** $x=2,\ y=\dfrac{1}{2}$

3 -3

4 (1) $\begin{cases} x+y=60 \\ x+15=2(y+15) \end{cases}$ (2) 50세

문화 속 수학 P. 94

답 객실: 8개, 손님: 63명

⌐1 함수

P. 98

개념 확인

(1)
x	1	2	3	4	…
y	500	1000	1500	2000	…

함수이다.

(2)
x	1	2	3	4	…
y	1	1, 2	1, 3	1, 2, 4	…

함수가 아니다.

필수 문제 1 (1) × (2) ○ (3) × (4) ○ (5) ○

1-1 ㄱ, ㄷ, ㄹ

P. 99

개념 확인 -6, 6, 3

필수 문제 2 (1) $f(2)=6$, $f(-3)=-9$

(2) $f(2)=-4$, $f(-3)=\dfrac{8}{3}$

2-1 (1) -20 (2) 2 (3) -6 (4) 1

2-2 1

STEP 1 쏙쏙 개념 익히기 P. 100

1 (1)
x	1	2	3	4	5	…
y	19	18	17	16	15	…

(2) 함수이다.

2 ② **3** ④ **4** 2

5 -12 **6** 5

⌐2 일차함수와 그 그래프

P. 101

필수 문제 1 ㄱ, ㄹ

1-1 ③, ④

1-2 (1) $y=x+32$ (2) $y=\pi x^2$

(3) $y=\dfrac{40}{x}$ (4) $y=-x+24$

일차함수인 것: (1), (4)

필수 문제 2 (1) 7, -5 (2) -9, 1

P. 102

개념 확인 (1) (차례로) -1, 1, 3, 5, 7

(2)
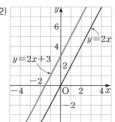

필수 문제 3 (1) 1 (2) -2

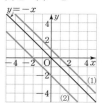

필수 문제 4 (1) $y=6x+3$ (2) $y=-\dfrac{1}{2}x-1$

4-1 (1) 5 (2) -8

STEP 1 쏙쏙 개념 익히기 P. 103

1 ㄱ, ㄴ **2** 15 **3** -11

4 제4사분면 **5** ④ **6** 3

개념 확인   (1) $(-3, 0)$ (2) $(0, 2)$

             (3) x절편: -3, y절편: 2

필수 문제 5   (1) $-2, 3$ (2) $3, 1$

    5-1   (1) $4, 3$ (2) $0, 0$ (3) $5, -2$

필수 문제 6   (1) x절편: $\dfrac{3}{4}$, y절편: 3

             (2) x절편: 8, y절편: -4

    6-1   (1) x절편: 2, y절편: 2

             (2) x절편: -15, y절편: 6

             (3) x절편: -4, y절편: -8

필수 문제 7   ❶ $4, 3$ ❷ $4, 3$

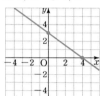

    7-1

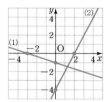

필수 문제 8 4

    8-1 27

STEP 1   쏙쏙 **개념 익히기**

1   (1) $2, 3$ (2) $-4, 4$ (3) $3, -2$ (4) $-2, -1$

2 $-\dfrac{1}{3}$ **3**   (1) -3 (2) $\dfrac{1}{3}$

4 $A(5, 0)$

5   (1) $3, -4$
     (2) $-2, 2$
     (3) $6, 3$
     (4) $-2, -4$

6 $\dfrac{1}{2}$

개념 확인 $-\dfrac{3}{4}, 3$

필수 문제 9   (1) $\dfrac{4}{3}$ (2) $-\dfrac{1}{2}$

    9-1   (1) 1 (2) -2 (3) $-\dfrac{2}{3}$

필수 문제 10   (1) -4 (2) 3 (3) -2

    10-1   (1) ㄴ   (2) ㄹ

    10-2   (1) (차례로) $2, 4$ (2) (차례로) $-\dfrac{1}{2}, -2$

필수 문제 11 -1

    11-1   (1) 3 (2) $-\dfrac{5}{3}$

    11-2 2

필수 문제 12   ❶ $2, 2$ ❷ $\dfrac{3}{2}, 3, 5$

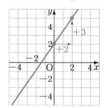

    12-1

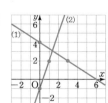

    12-2   ①

STEP 1   쏙쏙 **개념 익히기**

1   ③   **2**   (1) -2 (2) -4

3 1 **4** -6 **5** 1

6 8

개념편

3 일차함수의 그래프의 성질과 식

P. 111

필수 문제 1 (1) ㄱ, ㄷ, ㅁ (2) ㄴ, ㄹ (3) ㄱ, ㄹ (4) ㄹ

필수 문제 2 $a>0$, $b<0$

2-1 $a<0$, $b<0$

P. 112

필수 문제 3 (1) ㄴ, ㄹ (2) ㅁ

3-1 ③

필수 문제 4 (1) $a=-3$, $b\neq-2$ (2) $a=-3$, $b=-2$

4-1 -6

4-2 4

STEP 1 쏙쏙 개념 익히기
P. 113

1. (1) ㄱ, ㄴ (2) ㄷ, ㄹ (3) ㄱ, ㄹ
2. (1) ㄷ, ㄹ (2) ㄱ, ㄴ (3) ㄷ (4) ㄴ (5) ㄴ
3. (1) $a<0$, $b<0$ (2) $a>0$, $b<0$
4. -4
5. ⑤

P. 114

필수 문제 5 (1) $y=3x-5$ (2) $y=-\dfrac{1}{2}x-3$

5-1 (1) $y=-6x+\dfrac{1}{4}$ (2) $y=\dfrac{2}{3}x-7$

(3) $y=-4x+3$ (4) $y=\dfrac{1}{2}x+1$

5-2 -4

P. 115

필수 문제 6 (1) $y=-2x+1$ (2) $y=3x-1$

6-1 (1) $y=5x+6$ (2) $y=-x+2$

(3) $y=-\dfrac{4}{3}x+3$

6-2 $\dfrac{1}{2}$

P. 116

필수 문제 7 $y=2x-3$

7-1 (1) $y=2x-2$ (2) $y=-\dfrac{6}{5}x+\dfrac{7}{5}$

필수 문제 8 (1) 1 (2) $y=x+1$

8-1 $y=\dfrac{4}{3}x-\dfrac{1}{3}$

P. 117

필수 문제 9 $y=\dfrac{2}{5}x-2$

9-1 (1) $y=\dfrac{3}{2}x+3$ (2) $y=-\dfrac{1}{4}x-1$

9-2 $y=-\dfrac{3}{2}x-3$

필수 문제 10 (1) $\dfrac{2}{3}$ (2) $y=\dfrac{2}{3}x-2$

10-1 $y=-\dfrac{5}{3}x-5$

STEP 1 쏙쏙 개념 익히기
P. 118

1. (1) $y=\dfrac{1}{2}x-4$ (2) $y=x-2$ 2. 1
3. (1) $y=-x-1$ (2) $y=-\dfrac{3}{4}x+3$
4. 3
5. (1) $y=-4x+12$ (2) $y=-\dfrac{7}{5}x+7$
6. $\dfrac{17}{5}$

$\bigcirc 4$ 일차함수의 활용

P. 119

필수 문제 1 (1) $y=50+2x$ (2) 90 cm

1-1 (1) $y=331+0.6x$ (2) 30 ℃

필수 문제 2 (1) $y=24-3x$ (2) 5시간 후

2-1 (1) $y=100-0.4x$ (2) 40분 후

STEP 1 쏙쏙 개념 익히기

P. 120

1 (1) $y=30+\dfrac{1}{3}x$ (2) 35 cm   **2** 20 ℃

3 3분 후   **4** 800 cm²   **5** 6초 후

STEP 2 탄탄 단원 다지기

P. 121~123

1 ㄴ, ㅁ   **2** 4800   **3** 3개   **4** 4   **5** ②, ⑤

6 3   **7** x절편: 3, y절편: -1 **8** -2

9 $-\dfrac{5}{2}$ **10** ⑤   **11** -3 **12** ③   **13** 15

14 ③   **15** $a=-2,\ b\neq1$ **16** ②, ⑤

17 (1) $(0,\ -2)$ (2) 5   (3) $\dfrac{1}{4}$ (4) $\dfrac{1}{4}\leq a\leq5$ **18** ②

19 4   **20** $y=\dfrac{2}{3}x-2$ **21** 150분 후

22 ㄱ, ㄹ

STEP 3 쏙쏙 서술형 완성하기

P. 124~125

〈과정은 풀이 참조〉

따라 해보자 유제 1   10

           유제 2   1096 m

연습해 보자   **1** -12

     2

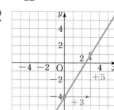

     3 $a=5,\ b=10$

     4   (1) $y=3x+1$ (2) 301개

과학 속 수학

P. 126

답 36초 후

6 일차함수와 일차방정식의 관계

1 일차함수와 일차방정식

P. 130~131

개념 확인
(1) $y=-x+3$ (2) $y=3x+5$
(3) $y=\dfrac{1}{2}x-2$ (4) $y=-3x-\dfrac{1}{2}$

필수 문제 1 (1) 1, -7, 7 (2) $\dfrac{3}{4}$, 4, -3

1-1 (1) x절편: 2, y절편: 5
(2)
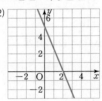

1-2 ④

1-3 -6

필수 문제 2 $a=8$, $b=1$

2-1 -6

P. 132

개념 확인
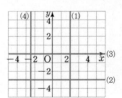

필수 문제 3 (1) $y=-5$ (2) $x=2$

3-1 (1) $x=-3$ (2) $x=3$ (3) $y=-1$ (4) $y=4$

필수 문제 4 5

4-1 -4

STEP 1 쓱쓱 개념 익히기   P. 133~134

1 ㄱ, ㄹ, ㅁ   **2** ④   **3** ①, ④
4 10
5 (1) ㅁ, ㅂ (2) ㄱ, ㄷ (3) ㄱ, ㄷ (4) ㅁ, ㅂ
6 -5
7 (1) ㄴ (2) ㄱ (3) ㄷ (4) ㅂ
8 ③   **9** $a<0$, $b<0$

2 일차함수의 그래프와 연립일차방정식

P. 135

개념 확인 (1) $x=1$, $y=2$ (2) $x=1$, $y=-3$

필수 문제 1 (1) $(3, -5)$ (2) $(2, 4)$

1-1 4

필수 문제 2 $a=2$, $b=-4$

2-1 3

P. 136

개념 확인 (1)
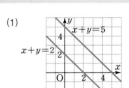
(2) 해가 없다.

필수 문제 3 2

3-1 6

3-2 ②, ⑤

1 (1) 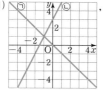, $x=-1$, $y=1$

(2) , 해가 없다.

2 -1 **3** $x=1$

4 $a=2$, $b=-\dfrac{1}{2}$ **5** -8

1 ⑤ **2** ⑤ **3** ③, ④ **4** $a=-\dfrac{3}{2}$, $b=1$

5 ③ **6** ② **7** ④ **8** $a=0$, $b=-6$

9 ④ **10** -4 **11** $y=-4x+17$

12 (1) $-\dfrac{2}{5}$, $\dfrac{2}{3}$ (2) -2 (3) -2, $-\dfrac{2}{5}$, $\dfrac{2}{3}$

13 9 **14** ⑤ **15** ㄴ, ㄷ **16** $a=-8$, $b\neq-3$

〈과정은 풀이 참조〉

따라 해보자 유제 **1** $a=0$, $b=2$

유제 **2** $y=-3x+8$

연습해 보자 **1** $x=-16$ **2** $P\left(3, \dfrac{3}{2}\right)$

3 (1) $A(5, 3)$, $B(0, 3)$, $C(0, -2)$ (2) $\dfrac{25}{2}$

4 $a=4$, $b=8$

경제 속 수학 P. 142

답 41그릇

1 유리수와 순환소수

개념 확인　(1) -2, 0

(2) $\dfrac{6}{5}$, $-\dfrac{1}{3}$, 0.12

(3) π

정수와 유리수는 $\dfrac{(정수)}{(0이\ 아닌\ 정수)}$ 꼴로 나타낼 수 있다.

(3) $\pi=3.141592\cdots$로 $\dfrac{(정수)}{(0이\ 아닌\ 정수)}$ 꼴로 나타낼 수 없

으므로 유리수가 아니다.

필수 문제 1　(1) 0.6, 유한소수　(2) $0.333\cdots$, 무한소수

　　　　　　(3) 2.75, 유한소수　(4) $-0.8666\cdots$, 무한소수

(1) $\dfrac{3}{5}=3\div5=0.6$

(2) $\dfrac{1}{3}=1\div3=0.333\cdots$

(3) $\dfrac{11}{4}=11\div4=2.75$

(4) $-\dfrac{13}{15}=-(13\div15)=-0.8666\cdots$

1-1　(1) $0.666\cdots$, 무한소수　　(2) 1.125, 유한소수

　　(3) $-0.58333\cdots$, 무한소수　(4) 0.16, 유한소수

(1) $\dfrac{2}{3}=2\div3=0.666\cdots$

(2) $\dfrac{9}{8}=9\div8=1.125$

(3) $-\dfrac{7}{12}=-(7\div12)=-0.58333\cdots$

(4) $\dfrac{4}{25}=4\div25=0.16$

필수 문제 2　(1) 5, $0.\dot{5}$　　　(2) 19, $0.\dot{1}\dot{9}$

　　　　　　(3) 35, $0.1\dot{3}\dot{5}$　(4) 245, $5.\dot{2}4\dot{5}$

2-1　(1) 8, $0.\dot{8}$　　　　　(2) 26, $6.\dot{2}\dot{6}$

　　(3) 4, $5.2\dot{4}$　　　(4) 132, $2.\dot{1}3\dot{2}$

필수 문제 3　(1) 7　(2) $0.\dot{7}$

(1) $\dfrac{7}{9}=0.777\cdots$이므로 순환마디는 7이다.

(2) $0.777\cdots=0.\dot{7}$

3-1　(1) $0.\dot{3}\dot{6}$　(2) $1.1\dot{6}$　(3) $0.\dot{7}4\dot{0}$　(4) $0.1\dot{4}\dot{5}$

(1) $\dfrac{4}{11}=0.363636\cdots=0.\dot{3}\dot{6}$

(2) $\dfrac{7}{6}=1.1666\cdots=1.1\dot{6}$

(3) $\dfrac{20}{27}=0.740740740\cdots=0.\dot{7}4\dot{0}$

(4) $\dfrac{8}{55}=0.1454545\cdots=0.1\dot{4}\dot{5}$

STEP 1　쏙쏙 개념 익히기

1 ③　　**2** ②　　**3** ②, ⑤

4 (1) $0.\dot{1}8\dot{5}$　(2) 3개　(3) 8　　**5** 5

1　① $\dfrac{3}{4}=0.75$　　　　② $\dfrac{7}{20}=0.35$

③ $\dfrac{11}{12}=0.91666\cdots$　　④ $\dfrac{14}{5}=2.8$

⑤ $\dfrac{49}{25}=1.96$

따라서 무한소수인 것은 ③이다.

2　① $0.131313\cdots\Rightarrow13$

③ $0.782782782\cdots\Rightarrow782$

④ $3.863863863\cdots\Rightarrow863$

⑤ $15.415415415\cdots\Rightarrow415$

따라서 바르게 연결된 것은 ②이다.

3　① $0.202020\cdots=0.\dot{2}\dot{0}$

③ $2.132132132\cdots=2.\dot{1}3\dot{2}$

④ $1.721721721\cdots=1.\dot{7}2\dot{1}$

따라서 순환소수의 표현이 옳은 것은 ②, ⑤이다.

4　(1) $\dfrac{5}{27}=0.185185185\cdots=0.\dot{1}8\dot{5}$

(2) $0.\dot{1}8\dot{5}$의 순환마디를 이루는 숫자는 1, 8, 5의 3개이다.

(3) $50=3\times16+2$이므로 소수점 아래 50번째 자리의 숫자는

순환마디의 두 번째 숫자인 8이다.

5　$\dfrac{3}{7}=0.428571428571428571\cdots=0.\dot{4}2857\dot{1}$이므로 순환마

디를 이루는 숫자는 4, 2, 8, 5, 7, 1의 6개이다.

이때 $70=6\times11+4$이므로 소수점 아래 70번째 자리의 숫자

는 순환마디의 네 번째 숫자인 5이다.

개념 확인 (1) ① 2^2　② 2^2　③ 36　④ 0.36
(2) ① 5^2　② 5^2　③ 1000　④ 0.025

필수 문제 4 ㄱ, ㄹ, ㅁ

기약분수로 나타냈을 때, 분모의 소인수가 2 또는 5뿐이면 유한소수로 나타낼 수 있다.

ㄱ. $\dfrac{13}{20}=\dfrac{13}{2^2\times5}$　　ㄴ. $\dfrac{27}{42}=\dfrac{9}{14}=\dfrac{9}{2\times⑦}$

ㄷ. $\dfrac{7}{39}=\dfrac{7}{③\times⑬}$　　ㄹ. $\dfrac{42}{2\times5\times7}=\dfrac{3}{5}$

ㅁ. $\dfrac{55}{2^2\times5\times11}=\dfrac{1}{2^2}$

따라서 유한소수로 나타낼 수 있는 것은 ㄱ, ㄹ, ㅁ이다.

4-1 ③, ⑤

① $\dfrac{6}{16}=\dfrac{3}{8}=\dfrac{3}{2^3}$　　② $\dfrac{33}{44}=\dfrac{3}{4}=\dfrac{3}{2^2}$

③ $\dfrac{11}{120}=\dfrac{11}{2^3\times③\times5}$　　④ $\dfrac{5}{2\times5^2}=\dfrac{1}{2\times5}$

⑤ $\dfrac{21}{2\times3\times7^2}=\dfrac{1}{2\times⑦}$

따라서 순환소수로만 나타낼 수 있는 것은 ③, ⑤이다.

필수 문제 5 21

$\dfrac{11}{3\times5^2\times7}\times A$가 유한소수가 되려면 A는 3과 7의 공배수, 즉 21의 배수이어야 한다.
따라서 A의 값이 될 수 있는 가장 작은 자연수는 21이다.

5-1 9

$\dfrac{5}{72}\times A=\dfrac{5}{2^3\times3^2}\times A$가 유한소수가 되려면
A는 3^2, 즉 9의 배수이어야 한다.
따라서 A의 값이 될 수 있는 가장 작은 자연수는 9이다.

필수 문제 6 (1) 10, 10, 9, $\dfrac{5}{9}$

(2) 100, 100, 99, 99, $\dfrac{8}{33}$

6-1 (1) $\dfrac{2}{9}$　(2) $\dfrac{5}{11}$　(3) $\dfrac{26}{9}$　(4) $\dfrac{52}{33}$

(1) $0.\dot{2}$를 x라고 하면
$x=0.222\cdots$
$10x=2.222\cdots$
$-)\ \ x=0.222\cdots$
$9x=2$
$\therefore x=\dfrac{2}{9}$

(2) $0.\dot{4}\dot{5}$를 x라고 하면
$x=0.454545\cdots$
$100x=45.454545\cdots$
$-)\ \ \ \ x=0.454545\cdots$
$99x=45$
$\therefore x=\dfrac{45}{99}=\dfrac{5}{11}$

(3) $2.\dot{8}$을 x라고 하면
$x=2.888\cdots$
$10x=28.888\cdots$
$-)\ \ x=2.888\cdots$
$9x=26$
$\therefore x=\dfrac{26}{9}$

(4) $1.\dot{5}\dot{7}$을 x라고 하면
$x=1.575757\cdots$
$100x=157.575757\cdots$
$-)\ \ \ \ x=1.575757\cdots$
$99x=156$
$\therefore x=\dfrac{156}{99}=\dfrac{52}{33}$

필수 문제 7 (1) 100, 100, 10, 10, 90, $\dfrac{11}{90}$

(2) 1000, 1000, 10, 10, 990, 990, $\dfrac{127}{330}$

7-1 (1) $\dfrac{37}{45}$　(2) $\dfrac{239}{990}$　(3) $\dfrac{61}{45}$　(4) $\dfrac{333}{110}$

(1) $0.8\dot{2}$를 x라고 하면
$x=0.8222\cdots$
$100x=82.222\cdots$
$-)\ \ 10x=8.222\cdots$
$90x=74$
$\therefore x=\dfrac{74}{90}=\dfrac{37}{45}$

(2) $0.2\dot{4}\dot{1}$을 x라고 하면
$x=0.2414141\cdots$
$1000x=241.414141\cdots$
$-)\ \ \ \ 10x=2.414141\cdots$
$990x=239$
$\therefore x=\dfrac{239}{990}$

(3) $1.3\dot{5}$를 x라고 하면
$x=1.3555\cdots$
$100x=135.555\cdots$
$-)\ \ 10x=13.555\cdots$
$90x=122$
$\therefore x=\dfrac{122}{90}=\dfrac{61}{45}$

(4) $3.0\dot{2}\dot{7}$을 x라고 하면
$x=3.0272727\cdots$
$1000x=3027.2727\cdots$
$-)\ \ \ \ 10x=30.2727\cdots$
$990x=2997$
$\therefore x=\dfrac{2997}{990}=\dfrac{333}{110}$

필수 문제 8 (1) $\dfrac{4}{9}$　(2) $\dfrac{17}{33}$　(3) $\dfrac{67}{45}$　(4) $\dfrac{611}{495}$

(2) $0.\dot{5}\dot{1}=\dfrac{51}{99}=\dfrac{17}{33}$
（전체의 수 / 순환마디를 이루는 숫자 2개）

(3) $1.4\dot{8}=\dfrac{148-14}{90}=\dfrac{134}{90}=\dfrac{67}{45}$
（전체의 수 / 순환하지 않는 부분의 수 / 순환마디를 이루는 숫자 1개 / 순환하지 않는 숫자 1개）

(4) $1.2\dot{3}\dot{4}=\dfrac{1234-12}{990}=\dfrac{1222}{990}=\dfrac{611}{495}$
（전체의 수 / 순환하지 않는 부분의 수 / 순환마디를 이루는 숫자 2개 / 순환하지 않는 숫자 1개）

8-1 (1) $\dfrac{3}{11}$ (2) $\dfrac{172}{999}$ (3) $\dfrac{152}{45}$ (4) $\dfrac{1988}{495}$

(1) $0.\dot{2}\dot{7}=\dfrac{27}{99}=\dfrac{3}{11}$

(3) $3.3\dot{7}=\dfrac{337-33}{90}=\dfrac{304}{90}=\dfrac{152}{45}$

(4) $4.01\dot{6}=\dfrac{4016-40}{990}=\dfrac{3976}{990}=\dfrac{1988}{495}$

필수 문제 9 ㄱ, ㄴ, ㄷ

ㄹ. 무한소수 중에서 순환소수는 유리수이지만, π와 같이 순환소수가 아닌 무한소수는 유리수가 아니다.

STEP 1 쏙쏙 개념 익히기   P. 14

1 $a=5$, $b=45$, $c=0.45$ **2** 39

3 풀이 참조   **4** 37   **5** 1

6 ③, ⑤

2 $\dfrac{a}{780}=\dfrac{a}{2^2\times3\times5\times13}$가 유한소수가 되려면 a는 3과 13의 공배수, 즉 39의 배수이어야 한다.

따라서 a의 값이 될 수 있는 가장 작은 자연수는 39이다.

3 (1) $0.2\dot{3}$을 x라고 하면

$\begin{array}{r}100x=23.333\cdots\\-\ )\ \ 10x=\ \ 2.333\cdots\\\hline 90x=21\end{array}$ $\therefore x=\dfrac{21}{90}=\dfrac{7}{30}$

즉, 가장 편리한 식은 $100x-10x$이다.

(2) $1.\dot{7}$을 x라고 하면

$\begin{array}{r}10x=17.777\cdots\\-\ )\ \ \ \ x=\ \ 1.777\cdots\\\hline 9x=16\end{array}$ $\therefore x=\dfrac{16}{9}$

즉, 가장 편리한 식은 $10x-x$이다.

(3) $0.\dot{2}\dot{1}$을 x라고 하면

$\begin{array}{r}100x=21.212121\cdots\\-\ )\ \ \ \ \ x=\ \ 0.212121\cdots\\\hline 99x=21\end{array}$ $\therefore x=\dfrac{21}{99}=\dfrac{7}{33}$

즉, 가장 편리한 식은 $100x-x$이다.

(4) $2.3\dot{2}\dot{4}$를 x라고 하면

$\begin{array}{r}1000x=2324.242424\cdots\\-\ )\ \ \ 10x=\ \ \ 23.242424\cdots\\\hline 990x=2301\end{array}$ $\therefore x=\dfrac{2301}{990}=\dfrac{767}{330}$

즉, 가장 편리한 식은 $1000x-10x$이다.

따라서 가장 편리한 식을 찾아 선으로 연결하면 다음과 같다.

(1) $0.2\dot{3}$ •   • $10x-x$
(2) $1.\dot{7}$ •   • $100x-x$
(3) $0.\dot{2}\dot{1}$ •   • $100x-10x$
(4) $2.3\dot{2}\dot{4}$ •   • $1000x-10x$

4 $1.\dot{6}\dot{3}=\dfrac{163-1}{99}=\dfrac{162}{99}=\dfrac{18}{11}$이므로 $a=18$

$0.3\dot{4}\dot{5}=\dfrac{345-3}{990}=\dfrac{342}{990}=\dfrac{19}{55}$이므로 $b=19$

$\therefore a+b=18+19=37$

5 $0.3\dot{8}\times\dfrac{b}{a}=0.\dot{3}$에서

$\dfrac{38-3}{90}\times\dfrac{b}{a}=\dfrac{3}{9}$, $\dfrac{7}{18}\times\dfrac{b}{a}=\dfrac{1}{3}$

$\therefore \dfrac{b}{a}=\dfrac{1}{3}\times\dfrac{18}{7}=\dfrac{6}{7}$

따라서 $a=7$, $b=6$이므로

$a-b=7-6=1$

6 ① 무한소수 중에서 순환소수는 유리수이다.

② $\dfrac{1}{3}=0.333\cdots$에서 $\dfrac{1}{3}$은 유리수이지만, 유한소수로 나타낼 수 없다.

④ 순환소수는 모두 유리수이다.

따라서 옳은 것은 ③, ⑤이다.

STEP 2 탄탄 단원 다지기   P. 15~17

1 ③   **2** 8   **3** ㄱ, ㄴ, ㄹ   **4** 1
5 ③   **6** ①, ⑤   **7** ②   **8** 165   **9** ③
10 ④   **11** ④   **12** ⑤   **13** 6   **14** 19
15 ④   **16** ⑤   **17** ④   **18** 60   **19** ④
20 ㄷ, ㅂ   **21** ③, ④

1 ① $\dfrac{5}{11}=0.454545\cdots$ ② $\dfrac{8}{15}=0.5333\cdots$

③ $\dfrac{7}{8}=0.875$ ④ $\dfrac{5}{24}=0.208333\cdots$

⑤ $\dfrac{13}{6}=2.1666\cdots$

따라서 유한소수인 것은 ③이다.

2 $\dfrac{3}{11}=0.272727\cdots$이므로 순환마디는 27이다.

$\therefore a=2$

$\dfrac{4}{21}=0.190476190476\cdots$이므로 순환마디는 190476이다.

$\therefore b=6$

$\therefore a+b=2+6=8$

3 ㄷ. $1.231231231\cdots=1.\dot{2}3\dot{1}$

ㅁ. $5.3172172172\cdots=5.3\dot{1}7\dot{2}$

4 $0.2\dot{4}1\dot{6}$의 순환마디를 이루는 숫자는 4, 1, 6의 3개이고, 소수점 아래 두 번째 자리에서부터 순환마디가 반복되므로 순환하지 않는 숫자는 2의 1개이다.

이때 $99=1+3\times32+2$이므로 소수점 아래 99번째 자리의 숫자는 순환마디의 두 번째 숫자인 1이다.

5 $\dfrac{7}{40}=\dfrac{7}{2^3\times5}=\dfrac{7\times5^2}{2^3\times5\times5^2}=\dfrac{175}{10^3}=\dfrac{1750}{10^4}=\dfrac{17500}{10^5}=\cdots$

따라서 $a=175$, $n=3$일 때, $a+n$의 값이 가장 작으므로 구하는 수는 $175+3=178$

6 ① $\dfrac{51}{360}=\dfrac{17}{120}=\dfrac{17}{2^3\times3\times5}$ ② $\dfrac{42}{2^2\times5\times7}=\dfrac{3}{2\times5}$

③ $\dfrac{27}{2\times3^3\times5}=\dfrac{1}{2\times5}$ ④ $\dfrac{81}{150}=\dfrac{27}{50}=\dfrac{27}{2\times5^2}$

⑤ $\dfrac{26}{2\times5\times7\times13}=\dfrac{1}{5\times7}$

따라서 유한소수로 나타낼 수 없는 것은 ①, ⑤이다.

7 주어진 분수 중 유한소수로 나타낼 수 있는 분수를 $\dfrac{A}{12}$ 라고 하면 $\dfrac{A}{12}=\dfrac{A}{2^2\times3}$에서 A는 3의 배수이어야 한다.

따라서 구하는 분수는 $\dfrac{3}{12}$, $\dfrac{6}{12}$, $\dfrac{9}{12}$의 3개이다.

8 ㈎에서 x는 3과 11의 공배수, 즉 33의 배수이어야 한다.

㈏에서 x는 15의 배수이어야 한다.

따라서 x는 33과 15의 공배수, 즉 165의 배수이어야 하므로 x의 값 중 가장 작은 자연수는 165이다.

9 $\dfrac{x}{280}=\dfrac{x}{2^3\times5\times7}$가 유한소수가 되려면 x는 7의 배수이어야 한다.

이때 x가 10보다 크고 20보다 작으므로 $x=14$

따라서 $\dfrac{14}{2^3\times5\times7}=\dfrac{1}{20}$이므로 $y=20$

$\therefore x+y=14+20=34$

10 $\dfrac{3}{10\times a}=\dfrac{3}{2\times5\times a}$이 순환소수가 되려면 기약분수로 나타냈을 때, 분모에 2 또는 5 이외의 소인수가 있어야 한다.

이때 a는 2와 5 이외의 소인수를 갖는 자연수이므로 $a=3,\ 6,\ 7,\ 9,\ \cdots$

그런데 $a=3$이면 $\dfrac{3}{2\times5\times3}=\dfrac{1}{2\times5}$,

$a=6$이면 $\dfrac{3}{2\times5\times6}=\dfrac{1}{2^2\times5}$이므로 유한소수가 된다.

따라서 a의 값이 될 수 있는 가장 작은 자연수는 7이다.

11 $x=0.2\dot{1}\dot{5}=0.2151515\cdots$

$1000x=215.151515\cdots$

$-)\ 10x=2.151515\cdots$

$\ 990x=213$

$\therefore x=\dfrac{213}{990}=\dfrac{71}{330}$

따라서 가장 편리한 식은 ④ $1000x-10x$이다.

12 ① $0.\dot{2}\dot{3}=\dfrac{23}{99}$

② $0.3\dot{6}=\dfrac{36-3}{90}=\dfrac{33}{90}=\dfrac{11}{30}$

③ $1.\dot{4}\dot{5}=\dfrac{145-1}{99}=\dfrac{144}{99}=\dfrac{16}{11}$

④ $0.\dot{3}6\dot{5}=\dfrac{365}{999}$

⑤ $1.4\dot{5}\dot{1}=\dfrac{1451-14}{990}=\dfrac{1437}{990}=\dfrac{479}{330}$

따라서 순환소수를 분수로 바르게 나타낸 것은 ⑤이다.

13 $1.\dot{6}=\dfrac{16-1}{9}=\dfrac{15}{9}=\dfrac{5}{3}$이므로 $a=\dfrac{3}{5}$

$\therefore 10a=10\times\dfrac{3}{5}=6$

14 $1.2666\cdots=1.2\dot{6}=\dfrac{126-12}{90}=\dfrac{114}{90}=\dfrac{19}{15}$

$\therefore x=19$

15 ③ $x=0.17222\cdots=0.17+0.00222\cdots=0.17+0.00\dot{2}$

④, ⑤ $1000x=172.222\cdots$

$-)100x=17.222\cdots$

$900x=155$

$\therefore x=\dfrac{155}{900}=\dfrac{31}{180}$

즉, $1000x-100x$를 이용하여 분수로 나타낼 수 있다.

따라서 옳지 않은 것은 ④이다.

16 $0.3+0.05+0.005+0.0005+\cdots$

$=0.3555\cdots=0.3\dot{5}=\dfrac{35-3}{90}=\dfrac{32}{90}=\dfrac{16}{45}$

따라서 $a=45$, $b=16$이므로

$a+b=45+16=61$

17 $0.\dot{2}3\dot{8}=\dfrac{238}{999}=238\times\dfrac{1}{999}=238\times\square$

$\therefore \square=\dfrac{1}{999}=0.001001001\cdots=0.\dot{0}0\dot{1}$

18 어떤 자연수를 x라고 하면 $1.\dot{3}x-1.3x=2$이므로

$\dfrac{4}{3}x-\dfrac{13}{10}x=2$, $40x-39x=60$ ∴ $x=60$

따라서 어떤 자연수는 60이다.

19 ① $0.\dot{3}=0.333\cdots$이므로 $0.\dot{3}>0.3$

② $0.\dot{4}\dot{0}=0.404040\cdots$, $0.\dot{4}=0.444\cdots$이므로 $0.\dot{4}\dot{0}<0.\dot{4}$

③ $\dfrac{1}{10}=0.1$이므로 $0.0\dot{8}<\dfrac{1}{10}$

④ $0.0\dot{7}=\dfrac{7}{90}$이므로 $0.0\dot{7}>\dfrac{7}{99}$

⑤ $1.5\dot{1}\dot{4}=1.5141414\cdots$, $1.\dot{5}1\dot{4}=1.514514514\cdots$이므로 $1.5\dot{1}\dot{4}<1.\dot{5}1\dot{4}$

따라서 옳지 않은 것은 ④이다.

20 ㄱ. 정수가 아닌 유리수

ㄴ. 정수

ㄷ, ㅂ. 순환소수가 아닌 무한소수

ㄹ. $0.353353353\cdots=0.\dot{3}5\dot{3}$ ⇨ 순환소수

ㅁ. 유한소수

따라서 유리수가 아닌 것은 ㄷ, ㅂ이다.

> 참고 ㄷ. 2.121221222⋯는 수가 나열되는 규칙은 있어도 일정한 숫자의 배열이 한없이 되풀이되는 것은 아니므로 순환소수가 아니다.

21 ③ 유한소수는 모두 유리수이다.

④ 정수가 아닌 유리수 중에는 순환소수로 나타낼 수 있는 것도 있다.

STEP 3 쓱쓱 서술형 완성하기   P. 18~19

〈과정은 풀이 참조〉

따라 해보자 유제 1 63   유제 2 $0.5\dot{8}$

연습해 보자 1 주희, 이유는 풀이 참조

2 2개   3 $\dfrac{62}{55}$

4 (1) $\dfrac{13}{6}$ (2) 12

따라 해보자

유제 1 **1단계** $\dfrac{13}{180}=\dfrac{13}{2^2\times3^2\times5}$, $\dfrac{18}{105}=\dfrac{6}{35}=\dfrac{6}{5\times7}$ ⋯ (i)

2단계 두 분수에 자연수 a를 곱하여 모두 유한소수가 되게 하려면 a는 3^2과 7의 공배수, 즉 63의 배수이어야 한다.   ⋯ (ii)

3단계 63의 배수 중 가장 작은 자연수는 63이다.   ⋯ (iii)

채점 기준	비율
(i) 두 분수의 분모를 소인수분해하기	40%
(ii) 자연수 a의 조건 구하기	40%
(iii) a의 값이 될 수 있는 가장 작은 자연수 구하기	20%

유제 2 **1단계** 연수는 분모를 제대로 보았으므로

$1.0\dot{7}=\dfrac{107-10}{90}=\dfrac{97}{90}$에서 처음 기약분수의 분모는 90이다.   ⋯ (i)

2단계 정국이는 분자를 제대로 보았으므로

$5.\dot{8}=\dfrac{58-5}{9}=\dfrac{53}{9}$에서 처음 기약분수의 분자는 53이다.   ⋯ (ii)

3단계 처음 기약분수는 $\dfrac{53}{90}$이므로 이를 순환소수로 나타내면 $\dfrac{53}{90}=0.5888\cdots=0.5\dot{8}$ ⋯ (iii)

채점 기준	비율
(i) 처음 기약분수의 분모 구하기	30%
(ii) 처음 기약분수의 분자 구하기	30%
(iii) 처음 기약분수를 순환소수로 나타내기	40%

연습해 보자

1 $\dfrac{91}{140}=\dfrac{13}{20}=\dfrac{13}{2^2\times5}$ ⋯ (i)

이때 분모의 소인수가 2와 5뿐이므로 유한소수로 나타낼 수 있다.   ⋯ (ii)

따라서 잘못 말한 사람은 분수 $\dfrac{91}{140}$을 소수로 나타냈을 때, 소수점 아래에서 일정한 숫자의 배열이 한없이 되풀이되는 소수, 즉 순환소수로만 나타낼 수 있다고 말한 주희이다.   ⋯ (iii)

채점 기준	비율
(i) 주어진 분수를 기약분수로 나타낸 후 분모를 소인수분해하기	30%
(ii) 유한소수로 나타낼 수 있는지 판단하기	30%
(iii) 잘못 말한 사람을 찾고, 그 이유 말하기	40%

2 $\dfrac{1}{8}=\dfrac{3}{24}$, $\dfrac{1}{2}=\dfrac{12}{24}$이므로 $\dfrac{1}{8}$과 $\dfrac{1}{2}$ 사이에 있는 분수 중 분모가 24인 분수는 $\dfrac{4}{24}$, $\dfrac{5}{24}$, $\dfrac{6}{24}$, $\cdots$, $\dfrac{11}{24}$이다.

이 중 유한소수로 나타낼 수 있는 분수를 $\dfrac{A}{24}$라고 하면

$\dfrac{A}{24}=\dfrac{A}{2^3\times3}$에서 A는 3의 배수이어야 한다.   ⋯ (i)

따라서 구하는 분수는 $\dfrac{6}{24}$, $\dfrac{9}{24}$의 2개이다.   ⋯ (ii)

채점 기준	비율
(i) 유한소수로 나타낼 수 있도록 하는 분자의 조건 구하기	70%
(ii) 유한소수로 나타낼 수 있는 분수의 개수 구하기	30%

3 순환소수 $1.1\dot{2}\dot{7}$을 x라고 하면

$x=1.1272727\cdots$ $\qquad\cdots\;\text{㉠}$

㉠의 양변에 1000을 곱하면

$1000x=1127.272727\cdots$ $\quad\cdots\;\text{㉡}$ $\qquad\cdots\;(\text{i})$

㉠의 양변에 10을 곱하면

$10x=11.272727\cdots$ $\qquad\cdots\;\text{㉢}$ $\qquad\cdots\;(\text{ii})$

㉡$-$㉢을 하면 $990x=1116$

$\therefore\;x=\dfrac{1116}{990}=\dfrac{62}{55}$ $\qquad\cdots\;(\text{iii})$

채점 기준	비율
(i) ㉠의 양변에 1000을 곱하기	30 %
(ii) ㉠의 양변에 10을 곱하기	30 %
(iii) 순환소수를 기약분수로 나타내기	40 %

4 (1) $2.1\dot{6}=\dfrac{216-21}{90}=\dfrac{195}{90}=\dfrac{13}{6}$ $\qquad\cdots\;(\text{i})$

(2) $\dfrac{13}{6}\times a$가 자연수이므로 a는 6의 배수이어야 한다. $\cdots\;(\text{ii})$

따라서 a의 값이 될 수 있는 가장 작은 두 자리의 자연수는 12이다. $\qquad\cdots\;(\text{iii})$

채점 기준	비율
(i) $2.1\dot{6}$을 기약분수로 나타내기	50 %
(ii) 자연수 a의 조건 구하기	30 %
(iii) a의 값이 될 수 있는 가장 작은 두 자리의 자연수 구하기	20 %

 음악 속 수학

 P. 20

답 (1) 그림은 풀이 참조 (2) $0.\dot{2}4\dot{3}$, $\dfrac{9}{37}$

(1) $\dfrac{5}{7}=0.714285714285\cdots=0.\dot{7}1428\dot{5}$이므로 소수점 아래의 부분을 악보로 그리면 다음 그림과 같다.

(2) 주어진 악보의 음을 0보다 크고 1보다 작은 순환소수로 표현하면 $0.\dot{2}4\dot{3}$이다.

순환소수 $0.\dot{2}4\dot{3}$을 x라고 하면

$x=0.243243243\cdots$

$1000x=243.243243243\cdots$

$-)\quad\;\; x=\quad 0.243243243\cdots$

$\overline{999x=243}$

$\therefore\;x=\dfrac{243}{999}=\dfrac{9}{37}$

1 지수법칙

개념 확인   3, 5

필수 문제 1   (1) x^9 (2) 7^{10} (3) a^6 (4) a^5b^4

(1) $x^4 \times x^5 = x^{4+5} = x^9$

(2) $7^2 \times 7^8 = 7^{2+8} = 7^{10}$

(3) $a \times a^2 \times a^3 = a^{1+2+3} = a^6$

(4) $a^3 \times b^4 \times a^2 = a^3 \times a^2 \times b^4$
$= a^{3+2} \times b^4 = a^5b^4$

1-1   (1) a^8 (2) 11^9 (3) b^{11} (4) x^7y^5

(1) $a^2 \times a^6 = a^{2+6} = a^8$

(2) $11^7 \times 11^2 = 11^{7+2} = 11^9$

(3) $b \times b^4 \times b^6 = b^{1+4+6} = b^{11}$

(4) $x^3 \times y^2 \times x^4 \times y^3 = x^3 \times x^4 \times y^2 \times y^3$
$= x^{3+4} \times y^{2+3} = x^7y^5$

1-2   2

$2^{\square} \times 2^3 = 2^{\square+3}$ 이고, $32 = 2^5$ 이므로

$2^{\square+3} = 2^5$ 에서 $\square + 3 = 5$ $\therefore \square = 2$

필수 문제 2 3^3

$3^2 + 3^2 + 3^2 = 3 \times 3^2 = 3^{1+2} = 3^3$

2-1   (1) 5^7 (2) 2^6

(1) $5^6 + 5^6 + 5^6 + 5^6 + 5^6 = 5 \times 5^6 = 5^{1+6} = 5^7$

(2) $2^4 + 2^4 + 2^4 + 2^4 = 4 \times 2^4 = 2^2 \times 2^4 = 2^{2+4} = 2^6$

개념 확인   3, 6

필수 문제 3   (1) 2^{15} (2) a^{26}

(1) $(2^3)^5 = 2^{3\times5} = 2^{15}$

(2) $(a^4)^5 \times (a^3)^2 = a^{4\times5} \times a^{3\times2} = a^{20} \times a^6 = a^{26}$

3-1   (1) 3^{12} (2) x^{11} (3) y^{28} (4) $a^{18}b^6$

(1) $(3^6)^2 = 3^{6\times2} = 3^{12}$

(2) $(x^2)^4 \times x^3 = x^{2\times4} \times x^3 = x^8 \times x^3 = x^{11}$

(3) $(y^2)^5 \times (y^6)^3 = y^{2\times5} \times y^{6\times3} = y^{10} \times y^{18} = y^{28}$

(4) $(a^7)^2 \times (b^2)^3 \times (a^2)^2 = a^{7\times2} \times b^{2\times3} \times a^{2\times2} = a^{14} \times b^6 \times a^4$
$= a^{14} \times a^4 \times b^6 = a^{18}b^6$

3-2   (1) 3 (2) 4

(1) $(x^{\square})^6 = x^{\square\times6} = x^{18}$ 이므로

$\square \times 6 = 18$ $\therefore \square = 3$

(2) $(a^3)^{\square} \times (a^5)^2 = a^{3\times\square} \times a^{10} = a^{3\times\square+10} = a^{22}$ 이므로

$3 \times \square + 10 = 22$ $\therefore \square = 4$

3-3   36

$4^6 \times 27^8 = (2^2)^6 \times (3^3)^8 = 2^{12} \times 3^{24}$ 이므로

$x = 12,\ y = 24$

$\therefore x + y = 12 + 24 = 36$

개념 확인   (1) 2, 2, 2 (2) 2, 1 (3) 2, 2, 2

필수 문제 4   (1) $5^2 (=25)$ (2) $\dfrac{1}{a^4}$ (3) 1 (4) $\dfrac{1}{x}$

(1) $5^7 \div 5^5 = 5^{7-5} = 5^2 (=25)$

(2) $a^8 \div a^{12} = \dfrac{1}{a^{12-8}} = \dfrac{1}{a^4}$

(3) $(b^3)^2 \div (b^2)^3 = b^6 \div b^6 = 1$

(4) $x^6 \div x^3 \div x^4 = x^{6-3} \div x^4$
$= x^3 \div x^4 = \dfrac{1}{x^{4-3}} = \dfrac{1}{x}$

4-1   (1) x^4 (2) $\dfrac{1}{3^5}$ (3) x (4) 1 (5) $\dfrac{1}{b^3}$ (6) $\dfrac{1}{y}$

(1) $x^6 \div x^2 = x^{6-2} = x^4$

(2) $3^2 \div 3^7 = \dfrac{1}{3^{7-2}} = \dfrac{1}{3^5}$

(3) $x^5 \div (x^2)^2 = x^5 \div x^4 = x^{5-4} = x$

(4) $(a^3)^4 \div (a^2)^6 = a^{12} \div a^{12} = 1$

(5) $b^4 \div b^2 \div b^5 = b^{4-2} \div b^5$
$= b^2 \div b^5 = \dfrac{1}{b^{5-2}} = \dfrac{1}{b^3}$

(6) $y^2 \div (y^7 \div y^4) = y^2 \div y^{7-4}$
$= y^2 \div y^3 = \dfrac{1}{y^{3-2}} = \dfrac{1}{y}$

4-2   (1) 9 (2) 12

(1) $7^{\square} \div 7^4 = 7^{\square-4} = 7^5$ 이므로

$\square - 4 = 5$ $\therefore \square = 9$

(2) $2^2 \div 2^{\square} = \dfrac{1}{2^{\square-2}} = \dfrac{1}{2^{10}}$ 이므로

$\square - 2 = 10$ $\therefore \square = 12$

참고 $2^2 \div 2^{\square}$ 을 간단히 한 결과가 분수 $\dfrac{1}{2^{10}}$ 이므로 $2 < \square$ 임을 알 수 있다.

$\Rightarrow 2^2 \div 2^{\square} = \dfrac{1}{2^{\square-2}}\ (\bigcirc),\quad 2^2 \div 2^{\square} = 2^{2-\square}\ (\times)$

14
$$\frac{3x+2y}{4}-\frac{2x-3y}{3}=\frac{3(3x+2y)-4(2x-3y)}{12}$$
$$=\frac{9x+6y-8x+12y}{12}$$
$$=\frac{x+18y}{12}=\frac{1}{12}x+\frac{3}{2}y$$

따라서 $a=\frac{1}{12}$, $b=\frac{3}{2}$이므로

$$b\div a=\frac{3}{2}\div\frac{1}{12}=\frac{3}{2}\times12=18$$

15 ① $x+5y-9 \Rightarrow x, y$에 대한 일차식
② $1+3x-x^2 \Rightarrow x$에 대한 이차식
③ $a^2-a(-a+1)+2=a^2+a^2-a+2$
$$\qquad\qquad\qquad\qquad=2a^2-a+2$$
$\Rightarrow a$에 대한 이차식
④ $2x^2-x-(2x^2-1)=2x^2-x-2x^2+1$
$$\qquad\qquad\qquad\qquad\quad=-x+1$$
$\Rightarrow x$에 대한 일차식
⑤ $3(2x^2-5x)-2(3x-1)=6x^2-15x-6x+2$
$$\qquad\qquad\qquad\qquad\qquad=6x^2-21x+2$$
$\Rightarrow x$에 대한 이차식
따라서 이차식이 아닌 것은 ①, ④이다.

16 직육면체를 만들 때 마주 보는 두 면에 적혀 있는 두 다항식
은 각각 $2a+3b$와 $3a+b$, A와 $4a+2b$이다.
이때 $(2a+3b)+(3a+b)=5a+4b$이므로
$A+(4a+2b)=5a+4b$
$\therefore A=(5a+4b)-(4a+2b)$
$$\quad=5a+4b-4a-2b=a+2b$$

17 $5a-\{-3a+b-(\boxed{}-2b)\}$
$$=5a-(-3a+b-\boxed{}+2b)$$
$$=5a-(-3a+3b-\boxed{})$$
$$=5a+3a-3b+\boxed{}$$
$$=8a-3b+\boxed{}$$
따라서 $8a-3b+\boxed{}=13a+4b$이므로
$\boxed{}=(13a+4b)-(8a-3b)$
$$\quad=13a+4b-8a+3b=5a+7b$$

18 ㄱ. $-2x(y-1)=-2xy+2x$
ㄴ. $(-4ab+6b^2)\div3b=\frac{-4ab+6b^2}{3b}=-\frac{4}{3}a+2b$
ㄷ. $(3a^2-9a+3)\times\frac{2}{3}b=2a^2b-6ab+2b$
ㄹ. $\frac{10x^2y-5xy^2}{5x}=2xy-y^2$
ㅁ. $(4x^3y^2-2xy^2)\div\left(-\frac{1}{2}y^2\right)=(4x^3y^2-2xy^2)\times\left(-\frac{2}{y^2}\right)$
$$\qquad\qquad\qquad\qquad\qquad\qquad=-8x^3+4x$$
따라서 옳은 것은 ㄴ, ㅁ이다.

19 어떤 다항식을 A라고 하면
$$A\times\left(-\frac{1}{3}xy\right)=x^4y^2+\frac{5}{3}x^2y^3-2x^2y^2$$
$$\therefore A=\left(x^4y^2+\frac{5}{3}x^2y^3-2x^2y^2\right)\div\left(-\frac{1}{3}xy\right)$$
$$\quad=\left(x^4y^2+\frac{5}{3}x^2y^3-2x^2y^2\right)\times\left(-\frac{3}{xy}\right)$$
$$\quad=-3x^3y-5xy^2+6xy$$
따라서 바르게 계산한 식은
$$(-3x^3y-5xy^2+6xy)\div\left(-\frac{1}{3}xy\right)$$
$$=(-3x^3y-5xy^2+6xy)\times\left(-\frac{3}{xy}\right)$$
$$=9x^2+15y-18$$

20 $(-3a^3b^2+9a^2b^4)\div\frac{9}{2}ab^2-(b^2-6a)a$
$$=(-3a^3b^2+9a^2b^4)\times\frac{2}{9ab^2}-(ab^2-6a^2)$$
$$=-\frac{2}{3}a^2+2ab^2-ab^2+6a^2$$
$$=\frac{16}{3}a^2+ab^2$$
$$=\frac{16}{3}\times3^2+3\times(-2)^2$$
$$=48+12=60$$

21 (색칠한 부분의 넓이)
$=$(직사각형의 넓이)
$\quad-$(㉠의 넓이)$-$(㉡의 넓이)
$\quad-$(㉢의 넓이)
$$=3a\times2b-\frac{1}{2}\times2b\times2b$$
$$\quad-\frac{1}{2}\times3a\times b-\frac{1}{2}\times(3a-2b)\times b$$
$$=6ab-2b^2-\frac{3}{2}ab-\left(\frac{3}{2}ab-b^2\right)$$
$$=6ab-2b^2-\frac{3}{2}ab-\frac{3}{2}ab+b^2$$
$$=-b^2+3ab$$

22 큰 직육면체의 부피는
$2a\times3\times$(큰 직육면체의 높이)$=6a^2+12ab$이므로
$6a\times$(큰 직육면체의 높이)$=6a^2+12ab$
$\therefore$ (큰 직육면체의 높이)$=(6a^2+12ab)\div6a$
$$=\frac{6a^2+12ab}{6a}=a+2b$$
작은 직육면체의 부피는
$a\times3\times$(작은 직육면체의 높이)$=6a^2-3ab$이므로
$3a\times$(작은 직육면체의 높이)$=6a^2-3ab$
$\therefore$ (작은 직육면체의 높이)$=(6a^2-3ab)\div3a$
$$=\frac{6a^2-3ab}{3a}=2a-b$$
따라서 두 직육면체의 높이의 합은
$(a+2b)+(2a-b)=3a+b$

쓱쓱 서술형 완성하기

P. 44~45

〈과정은 풀이 참조〉

따라 해보자 유제 1 10

유제 2 9

연습해 보자 **1** (1) 16 (2) 64 **2** $16ab$

3 $-5x^2+17x-10$

4 (1) ㈐, $-4x+3$ (2) ㈐, $15x-12y$

따라 해보자

유제 1 **1단계** $2^{20}\times3^2\times5^{17}=2^3\times2^{17}\times3^2\times5^{17}$

$=2^3\times3^2\times2^{17}\times5^{17}=2^3\times3^2\times(2\times5)^{17}$

$=72\times10^{17}=72000\cdots0$

└─17개─┘

즉, $2^{20}\times3^2\times5^{17}$은 19자리의 자연수이므로

$n=19$ … (i)

2단계 각 자리의 숫자의 합은 $7+2+0\times17=9$이므로

$k=9$ … (ii)

3단계 $n-k=19-9=10$ … (iii)

채점 기준	비율
(i) n의 값 구하기	50 %
(ii) k의 값 구하기	30 %
(iii) $n-k$의 값 구하기	20 %

유제 2 **1단계** $4a^2-\{-2a^2+5a-3(-2a+1)\}-3a$

$=4a^2-(-2a^2+5a+6a-3)-3a$

$=4a^2-(-2a^2+11a-3)-3a$

$=4a^2+2a^2-11a+3-3a$

$=6a^2-14a+3$ … (i)

2단계 (a^2의 계수)$=6$, (상수항)$=3$ … (ii)

3단계 따라서 a^2의 계수와 상수항의 합은

$6+3=9$ … (iii)

채점 기준	비율
(i) 주어진 식의 괄호를 풀어 계산하기	60 %
(ii) a^2의 계수와 상수항 구하기	20 %
(iii) a^2의 계수와 상수항의 합 구하기	20 %

연습해 보자

1 (1) $4^{51}\times(0.25)^{49}=4^2\times4^{49}\times(0.25)^{49}$

$=4^2\times(4\times0.25)^{49}$

$=4^2\times1^{49}=16$ … (i)

(2) $\dfrac{36^9}{108^6}=\dfrac{(2^2\times3^2)^9}{(2^2\times3^3)^6}=\dfrac{2^{18}\times3^{18}}{2^{12}\times3^{18}}=2^6=64$ … (ii)

채점 기준	비율
(i) $4^{51}\times(0.25)^{49}$ 계산하기	50 %
(ii) $\dfrac{36^9}{108^6}$ 계산하기	50 %

2 (직사각형의 넓이)$=16a^2b\times4ab^2=64a^3b^3$ … (i)

이때 직사각형과 삼각형의 넓이가 서로 같으므로

(삼각형의 넓이)$=\dfrac{1}{2}\times8a^2b^2\times$(높이)$=64a^3b^3$에서 … (ii)

$4a^2b^2\times$(높이)$=64a^3b^3$

$\therefore$ (높이)$=64a^3b^3\div4a^2b^2=\dfrac{64a^3b^3}{4a^2b^2}=16ab$ … (iii)

채점 기준	비율
(i) 직사각형의 넓이 구하기	30 %
(ii) 삼각형의 높이를 구하는 식 세우기	30 %
(iii) 삼각형의 높이 구하기	40 %

3 어떤 식을 A라고 하면

$A+(x^2-5x+4)=-3x^2+7x-2$

$\therefore A=-3x^2+7x-2-(x^2-5x+4)$

$=-3x^2+7x-2-x^2+5x-4$

$=-4x^2+12x-6$ … (i)

따라서 바르게 계산한 식은

$(-4x^2+12x-6)-(x^2-5x+4)$

$=-4x^2+12x-6-x^2+5x-4$

$=-5x^2+17x-10$ … (ii)

채점 기준	비율
(i) 어떤 식 구하기	50 %
(ii) 바르게 계산한 식 구하기	50 %

4 (1) $(12x^2-9x)\div(-3x)=-\dfrac{12x^2-9x}{3x}$

$=-(4x-3)=-4x+3$

따라서 ㈐에서 처음으로 틀렸다. … (i)

(2) $(10x^2y-8xy^2)\div\dfrac{2}{3}xy=(10x^2y-8xy^2)\times\dfrac{3}{2xy}$

$=15x-12y$

따라서 ㈐에서 처음으로 틀렸다. … (ii)

채점 기준	비율
(i) (1)에서 처음으로 틀린 곳을 찾고, 바르게 계산한 식 구하기	50 %
(ii) (2)에서 처음으로 틀린 곳을 찾고, 바르게 계산한 식 구하기	50 %

과학 속 수학

P. 46

답 **3 m**

태양에서 해왕성까지의 평균 거리는 태양에서 지구까지의

평균 거리의 $\dfrac{4.5\times10^9}{1.5\times10^8}=3\times10=30$(배)이다.

따라서 태양에서 해왕성까지의 평균 거리는

$10\times30=300$(cm), 즉 **3 m**로 정해야 한다.

1 부등식의 해와 그 성질

P. 50

개념 확인   ㄱ, ㄹ
ㄴ. 방정식   ㄷ. 다항식(일차식)

필수 문제 1   (1) $2x+5 \leq 20$ (2) $3x > 24$
(3) $800x+1000 \geq 4000$

(1) x의 2배에 5를 더한 것은 / 20보다 / 크지 않다.
　　　좌변　　　　　　우변　　　 $\leq$

(2) 한 변의 길이가 x cm인 정삼각형의 둘레의 길이는 /
　　　　　　　　　　　　　　　 좌변

24 cm보다 / 길다.
　우변　　　 >

(3) 800원짜리 ~ 값은 / 4000원 / 이상이다.
　　　좌변　　　　　　 우변　　　 $\geq$

1-1   (1) $\dfrac{a}{2}-5 \geq 12$ (2) $240-7x \leq 10$ (3) $2x+3 > 15$

(1) a를 2로 나누고 5를 뺀 것은 / 12보다 / 작지 않다.
　　　　　　좌변　　　　　　　 우변　　　 $\geq$

(2) 전체 쪽수가 ~ 읽으면 / 남은 쪽수는 10쪽 / 이하이다.
　　　　　　　좌변　　　　　　　 우변　　　　 $\leq$

(3) 하나에 ~ 담으면 / 전체 무게가 15 kg / 초과이다.
　　　　　좌변　　　　　　 우변　　　　 >

필수 문제 2   (1) 1, 2   (2) 1, 2, 3

(1) 부등식 $7-2x > 1$에서
$x=1$일 때, $7-2 \times 1 > 1$ (참)
$x=2$일 때, $7-2 \times 2 > 1$ (참)
$x=3$일 때, $7-2 \times 3 = 1$ (거짓)
　　　⋮
따라서 주어진 부등식의 해는 1, 2이다.

(2) 부등식 $3x-1 \leq 8$에서
$x=1$일 때, $3 \times 1-1 < 8$ (참)
$x=2$일 때, $3 \times 2-1 < 8$ (참)
$x=3$일 때, $3 \times 3-1 = 8$ (참)
$x=4$일 때, $3 \times 4-1 > 8$ (거짓)
　　　⋮
따라서 주어진 부등식의 해는 1, 2, 3이다.

2-1   (1) 0, 1   (2) -3, -2

(1) 부등식 $4 < 5x+9$에서
$x=-3$일 때, $4 > 5 \times (-3)+9$ (거짓)
$x=-2$일 때, $4 > 5 \times (-2)+9$ (거짓)
$x=-1$일 때, $4 = 5 \times (-1)+9$ (거짓)
$x=0$일 때, $4 < 5 \times 0+9$ (참)
$x=1$일 때, $4 < 5 \times 1+9$ (참)
따라서 주어진 부등식의 해는 0, 1이다.

(2) 부등식 $-4x+2 \geq 10$에서
$x=-3$일 때, $-4 \times (-3)+2 > 10$ (참)
$x=-2$일 때, $-4 \times (-2)+2 = 10$ (참)
$x=-1$일 때, $-4 \times (-1)+2 < 10$ (거짓)
$x=0$일 때, $-4 \times 0+2 < 10$ (거짓)
$x=1$일 때, $-4 \times 1+2 < 10$ (거짓)
따라서 주어진 부등식의 해는 -3, -2이다.

P. 51

필수 문제 3   (1) <   (2) <   (3) <   (4) >
$a < b$에서
(1) 양변에 4를 더하면 $a+4 < b+4$
(2) 양변에서 5를 빼면 $a-5 < b-5$
(3) 양변에 $\dfrac{2}{5}$를 곱하면 $\dfrac{2}{5}a < \dfrac{2}{5}b$　　$\cdots$ ㉠

㉠의 양변에 3을 더하면 $\dfrac{2}{5}a+3 < \dfrac{2}{5}b+3$

(4) 양변에 -7을 곱하면 $-7a > -7b$　　$\cdots$ ㉡
㉡의 양변에서 1을 빼면 $-7a-1 > -7b-1$

3-1   (1) $\geq$ (2) $\leq$
$a \geq b$에서
(1) 양변을 4로 나누면 $\dfrac{a}{4} \geq \dfrac{b}{4}$　　$\cdots$ ㉠

㉠의 양변에서 6을 빼면 $\dfrac{a}{4}-6 \geq \dfrac{b}{4}-6$

(2) 양변에 -2를 곱하면 $-2a \leq -2b$　　$\cdots$ ㉡
㉡의 양변에 9를 더하면 $9-2a \leq 9-2b$

필수 문제 4   (1) $x+4 > 7$ (2) $x-2 > 1$
(3) $-\dfrac{x}{2} < -\dfrac{3}{2}$ (4) $10x-3 > 27$

$x > 3$에서
(1) 양변에 4를 더하면 $x+4 > 7$
(2) 양변에서 2를 빼면 $x-2 > 1$
(3) 양변을 -2로 나누면 $-\dfrac{x}{2} < -\dfrac{3}{2}$
(4) 양변에 10을 곱하면 $10x > 30$　　$\cdots$ ㉠
㉠의 양변에서 3을 빼면 $10x-3 > 27$

4-1   (1) $x+5 \leq 7$ (2) $x-7 \leq -5$
(3) $-2x \geq -4$ (4) $\dfrac{x}{6}+\dfrac{1}{2} \leq \dfrac{5}{6}$

$x \leq 2$에서
(1) 양변에 5를 더하면 $x+5 \leq 7$
(2) 양변에서 7을 빼면 $x-7 \leq -5$
(3) 양변에 -2를 곱하면 $-2x \geq -4$
(4) 양변을 6으로 나누면 $\dfrac{x}{6} \leq \dfrac{1}{3}$　　$\cdots$ ㉠

㉠의 양변에 $\dfrac{1}{2}$을 더하면 $\dfrac{x}{6}+\dfrac{1}{2} \leq \dfrac{5}{6}$

4-2 (1) $0 \le a+2 < 5$ (2) $-8 \le 3a-2 < 7$

$-2 \le a < 3$에서

(1) 각 변에 2를 더하면 $0 \le a+2 < 5$

(2) 각 변에 3을 곱하면 $-6 \le 3a < 9$ ⋯ ㉠

    ㉠의 각 변에서 2를 빼면 $-8 \le 3a-2 < 7$

STEP 1 쏙쏙 **개념 익히기**   **P. 52**

1 3개   **2** ②

3 (1) 0, 1, 2   (2) -2, -1

4 ⑤   **5** (1) ≥   (2) >   (3) >   (4) ≤

6 6

1 ㄷ. 일차방정식

ㄹ. 다항식(일차식)

따라서 부등식인 것은 ㄴ, ㅁ, ㅂ의 3개이다.

2 ② $3a-5 \ge 2a$

3 (1) 부등식 $-2x+5 < 7$에서

$x=-2$일 때, $-2 \times (-2)+5 > 7$ (거짓)

$x=-1$일 때, $-2 \times (-1)+5 = 7$ (거짓)

$x=0$일 때, $-2 \times 0+5 < 7$ (참)

$x=1$일 때, $-2 \times 1+5 < 7$ (참)

$x=2$일 때, $-2 \times 2+5 < 7$ (참)

따라서 주어진 부등식의 해는 0, 1, 2이다.

(2) 부등식 $x+2 \ge 4x+5$에서

$x=-2$일 때, $-2+2 > 4 \times (-2)+5$ (참)

$x=-1$일 때, $-1+2 = 4 \times (-1)+5$ (참)

$x=0$일 때, $0+2 < 4 \times 0+5$ (거짓)

$x=1$일 때, $1+2 < 4 \times 1+5$ (거짓)

$x=2$일 때, $2+2 < 4 \times 2+5$ (거짓)

따라서 주어진 부등식의 해는 -2, -1이다.

4 각 부등식에 $x=3$을 대입하면

① $2-3x>3$에서 $2-3 \times 3 < 3$ (거짓)

② $4x-1<11$에서 $4 \times 3-1 = 11$ (거짓)

③ $x-3 \le -1$에서 $3-3 > -1$ (거짓)

④ $-\dfrac{2}{3}x+1 \ge 0$에서 $-\dfrac{2}{3} \times 3+1 < 0$ (거짓)

⑤ $2x+1 \ge 4-x$에서 $2 \times 3+1 > 4-3$ (참)

따라서 $x=3$이 해가 되는 것은 ⑤이다.

5 (1) $-3x \le -3y$의 양변을 -3으로 나누면 $x \ge y$

(2) $8x-3 > 8y-3$의 양변에 3을 더하면

$8x > 8y$ ⋯ ㉠

㉠의 양변을 8로 나누면 $x > y$

(3) $-\dfrac{6}{5}x+1 < -\dfrac{6}{5}y+1$의 양변에서 1을 빼면

$-\dfrac{6}{5}x < -\dfrac{6}{5}y$ ⋯ ㉠

㉠의 양변에 $-\dfrac{5}{6}$를 곱하면 $x > y$

(4) $\dfrac{3-2x}{5} \ge \dfrac{3-2y}{5}$의 양변에 5를 곱하면

$3-2x \ge 3-2y$ ⋯ ㉠

㉠의 양변에서 3을 빼면 $-2x \ge -2y$ ⋯ ㉡

㉡의 양변을 -2로 나누면 $x \le y$

6 $-3 < x \le 5$의 각 변에 -4를 곱하면

$12 > -4x \ge -20$, 즉 $-20 \le -4x < 12$ ⋯ ㉠

㉠의 각 변에 7을 더하면 $-13 \le -4x+7 < 19$

따라서 $a=-13$, $b=19$이므로

$a+b=-13+19=6$

> **참고** $m < x \le n$의 각 변에 음수 k를 곱하면
> ⇨ $kn \le kx < km$ ← 부등호의 방향이 바뀐다.

---

2 일차부등식의 풀이

P. 53~54

개념 확인 (1) $x \ge -2$ (2) $x < 0$ (3) $x > 6$

필수 문제 1 ㄴ, ㄹ

ㄱ. $2x^2+4 > 3x$에서 $2x^2-3x+4 > 0$

⇨ 일차부등식이 아니다.

ㄴ. $4x < 2x+1$에서 $4x-2x-1 < 0$ ∴ $2x-1 < 0$

⇨ 일차부등식이다.

ㄷ. $3x+2=5$는 등식이다. ⇨ 일차부등식이 아니다.

ㄹ. $3x+2 \le -7$에서 $3x+2+7 \le 0$ ∴ $3x+9 \le 0$

⇨ 일차부등식이다.

ㅁ. $2x-2 < 3+2x$에서 $2x-2-3-2x < 0$ ∴ $-5 < 0$

⇨ 일차부등식이 아니다.

ㅂ. $\dfrac{1}{x}-1 \ge -5$에서 $\dfrac{1}{x}-1+5 \ge 0$ ∴ $\dfrac{1}{x}+4 \ge 0$

⇨ 일차부등식이 아니다.

따라서 일차부등식은 ㄴ, ㄹ이다.

> **참고** ㅂ. $\dfrac{1}{x}$과 같이 분모에 미지수가 포함된 식은 다항식이 아니
> 므로 일차식이 아니다.

1-1 ④

① $5x-7$은 다항식(일차식)이다. ⇨ 일차부등식이 아니다.

② $4x+1<4x+7$에서 $4x+1-4x-7<0$ ∴ $-6<0$
⇨ 일차부등식이 아니다.

③ $3x-2=x+4$는 등식이다. ⇨ 일차부등식이 아니다.

④ $-x-1\leq x+1$에서 $-x-1-x-1\leq 0$
∴ $-2x-2\leq 0$
⇨ 일차부등식이다.

⑤ $x-2>x^2$에서 $-x^2+x-2>0$ ⇨ 일차부등식이 아니다.

따라서 일차부등식인 것은 ④이다.

필수 문제 2 (1) $x\geq 3$,

(2) $x\leq 2$,

(3) $x>-\dfrac{9}{5}$,

(4) $x<-5$,

(1) $2x+3\geq 9$에서 $2x\geq 9-3$
$2x\geq 6$ ∴ $x\geq 3$

(2) $3x\leq -x+8$에서 $3x+x\leq 8$
$4x\leq 8$ ∴ $x\leq 2$

(3) $1-x<4x+10$에서 $-x-4x<10-1$
$-5x<9$ ∴ $x>-\dfrac{9}{5}$

(4) $-8-5x>7-2x$에서 $-5x+2x>7+8$
$-3x>15$ ∴ $x<-5$

2-1 (1) $x<-1$, (2) $x<1$,

(3) $x\leq -4$, (4) $x\geq 3$,

(1) $3+5x<-2$에서 $5x<-2-3$
$5x<-5$ ∴ $x<-1$

(2) $-3x+4>x$에서 $-3x-x>-4$
$-4x>-4$ ∴ $x<1$

(3) $x-1\geq 2x+3$에서 $x-2x\geq 3+1$
$-x\geq 4$ ∴ $x\leq -4$

(4) $2-x\leq 2x-7$에서 $-x-2x\leq -7-2$
$-3x\leq -9$ ∴ $x\geq 3$

2-2 ③

$5x+9<8x-3$에서 $5x-8x<-3-9$
$-3x<-12$ ∴ $x>4$
따라서 해를 수직선 위에 나타내면 오른쪽 그림과 같다.

필수 문제 3 (1) $x\leq -\dfrac{a}{3}$ (2) 9

(1) $2x+a\leq -x$에서 $2x+x\leq -a$
$3x\leq -a$ ∴ $x\leq -\dfrac{a}{3}$

(2) 주어진 부등식의 해가 $x\leq -3$이므로
$-\dfrac{a}{3}=-3$ ∴ $a=9$

3-1 2

$x+2a>2x+6$에서 $x-2x>-2a+6$
$-x>-2a+6$ ∴ $x<2a-6$
이때 주어진 그림에서 부등식의 해가 $x<-2$이므로
$2a-6=-2$, $2a=4$ ∴ $a=2$

P. 55

필수 문제 4 (1) $x<-\dfrac{7}{2}$ (2) $x\geq -5$

(1) $4x-3<2(x-5)$에서 $4x-3<2x-10$
$2x<-7$ ∴ $x<-\dfrac{7}{2}$

(2) $7-(3x+4)\leq -2(x-4)$에서
$7-3x-4\leq -2x+8$, $3-3x\leq -2x+8$
$-x\leq 5$ ∴ $x\geq -5$

4-1 (1) $x\geq -1$ (2) $x<14$

(1) $4(x+2)\geq 2(x+3)$에서 $4x+8\geq 2x+6$
$2x\geq -2$ ∴ $x\geq -1$

(2) $2(6+2x)>-(4-5x)+2$에서
$12+4x>-4+5x+2$, $12+4x>5x-2$
$-x>-14$ ∴ $x<14$

필수 문제 5 (1) $x\leq 6$ (2) $x\geq 4$ (3) $x>3$ (4) $x>1$

(1) $1.2x-2\leq 0.8x+0.4$의 양변에 10을 곱하면
$12x-20\leq 8x+4$, $4x\leq 24$ ∴ $x\leq 6$

(2) $0.4x-1.5\geq 0.2x-0.7$의 양변에 10을 곱하면
$4x-15\geq 2x-7$, $2x\geq 8$ ∴ $x\geq 4$

(3) $\dfrac{x}{2}+\dfrac{1}{4}<\dfrac{3}{4}x-\dfrac{1}{2}$의 양변에 4를 곱하면
$2x+1<3x-2$, $-x<-3$ ∴ $x>3$

(4) $\dfrac{3x+1}{2}-\dfrac{2x+3}{5}>1$의 양변에 10을 곱하면
$5(3x+1)-2(2x+3)>10$, $15x+5-4x-6>10$
$11x>11$ ∴ $x>1$

5-1 (1) $x\geq 9$ (2) $x<3$ (3) $x>-15$ (4) $x<-6$

(1) $0.2x\geq 0.1x+0.9$의 양변에 10을 곱하면
$2x\geq x+9$ ∴ $x\geq 9$

(2) $0.3x-2.4<-0.5x$의 양변에 10을 곱하면
$3x-24<-5x$, $8x<24$ ∴ $x<3$

(3) $\dfrac{x}{5}<\dfrac{x}{3}+2$의 양변에 15를 곱하면

$3x<5x+30,\ -2x<30$ $\quad\therefore\ x>-15$

(4) $\dfrac{x-2}{4}-1>\dfrac{2x-3}{5}$의 양변에 20을 곱하면

$5(x-2)-20>4(2x-3),\ 5x-10-20>8x-12$

$-3x>18$ $\quad\therefore\ x<-6$

5-2 (1) $x<\dfrac{5}{3}$ (2) $x\geq3$

(1) $-\dfrac{1}{3}>\dfrac{x-1}{2}-0.4x$에서 $-\dfrac{1}{3}>\dfrac{x-1}{2}-\dfrac{2}{5}x$

이 식의 양변에 30을 곱하면

$-10>15(x-1)-12x,\ -10>15x-15-12x$

$-10>3x-15,\ -3x>-5$ $\quad\therefore\ x<\dfrac{5}{3}$

(2) $2-\dfrac{x}{5}\leq0.2(x+4)$에서 $2-\dfrac{x}{5}\leq\dfrac{1}{5}(x+4)$

이 식의 양변에 5를 곱하면

$10-x\leq x+4,\ -2x\leq-6$ $\quad\therefore\ x\geq3$

쏙쏙 개념 익히기 P. 56

1 ④

2 (1) $x\leq-3$, (2) $x\geq-3$,

(3) $x\leq2$, (4) $x<-8$,

3 3개   **4** 9   **5** $x<\dfrac{5}{a}$

6 $x\geq\dfrac{1}{a}$

1 주어진 그림에서 해는 $x\geq2$이다.

① $-x-6\leq-4x$에서 $3x\leq6$ $\quad\therefore\ x\leq2$

② $7x-1\leq5x+3$에서 $2x\leq4$ $\quad\therefore\ x\leq2$

③ $3-4x\geq3x+17$에서 $-7x\geq14$ $\quad\therefore\ x\leq-2$

④ $2x+1\leq5(x-1)$에서 $2x+1\leq5x-5$

$-3x\leq-6$ $\quad\therefore\ x\geq2$

⑤ $-(x+5)\geq3(x+1)$에서 $-x-5\geq3x+3$

$-4x\geq8$ $\quad\therefore\ x\leq-2$

따라서 해를 수직선 위에 나타냈을 때, 주어진 그림과 같은 것은 ④이다.

2 (1) $1.2(x-3)\geq2.6x+0.6$의 양변에 10을 곱하면

$12(x-3)\geq26x+6,\ 12x-36\geq26x+6$

$-14x\geq42$ $\quad\therefore\ x\leq-3$

(2) $\dfrac{x+6}{3}\geq\dfrac{x-1}{2}-x$의 양변에 6을 곱하면

$2(x+6)\geq3(x-1)-6x,\ 2x+12\geq3x-3-6x$

$5x\geq-15$ $\quad\therefore\ x\geq-3$

(3) $0.4x+1\geq\dfrac{3}{5}(x+1)$에서 $\dfrac{2}{5}x+1\geq\dfrac{3}{5}(x+1)$

이 식의 양변에 5를 곱하면

$2x+5\geq3(x+1),\ 2x+5\geq3x+3$

$-x\geq-2$ $\quad\therefore\ x\leq2$

(4) $\dfrac{4}{5}x+1<0.3(x-10)$에서 $\dfrac{4}{5}x+1<\dfrac{3}{10}(x-10)$

이 식의 양변에 10을 곱하면

$8x+10<3(x-10),\ 8x+10<3x-30$

$5x<-40$ $\quad\therefore\ x<-8$

3 $\dfrac{x+4}{4}>\dfrac{2x-2}{3}$의 양변에 12를 곱하면

$3(x+4)>4(2x-2),\ 3x+12>8x-8$

$-5x>-20$ $\quad\therefore\ x<4$

따라서 주어진 부등식을 만족시키는 자연수 x는 1, 2, 3의 3개이다.

4 $3(x-2)<-2x+a$에서 $3x-6<-2x+a$

$5x<a+6$ $\quad\therefore\ x<\dfrac{a+6}{5}$

이때 주어진 부등식의 해가 $x<3$이므로

$\dfrac{a+6}{5}=3,\ a+6=15$ $\quad\therefore\ a=9$

5 $ax-1>4$에서 $ax>5$

이때 $a<0$이므로 $ax>5$의 양변을 a로 나누면

$\dfrac{ax}{a}<\dfrac{5}{a}$ $\quad\therefore\ x<\dfrac{5}{a}$

6 $ax+6\leq9-2ax$에서 $3ax\leq3$

이때 $a<0$에서 $3a<0$이므로

$3ax\leq3$의 양변을 $3a$로 나누면

$\dfrac{3ax}{3a}\geq\dfrac{3}{3a}$ $\quad\therefore\ x\geq\dfrac{1}{a}$

⌒3 일차부등식의 활용

P. 57~58

개념 확인 $3x+9$, $3x+9<30$, 7, 6, 6

필수 문제 1   1, 3

어떤 홀수를 x라고 하면

$5x-15<2x,\ 3x<15$ $\quad\therefore\ x<5$

따라서 구하는 홀수는 1, 3이다.

1-1 26, 27, 28

연속하는 세 자연수를 x, $x+1$, $x+2$라고 하면
$x+(x+1)+(x+2)>78$
$3x+3>78$, $3x>75$ ∴ $x>25$
따라서 x의 값 중 가장 작은 자연수는 26이므로
구하는 가장 작은 세 자연수는 26, 27, 28이다.

> **참고** 연속하는 세 자연수(정수)에서 가운데 수를 x, 즉 세 수를
> $x-1$, x, $x+1$로 놓고 식을 세울 수도 있다.

1-2 84점

네 번째 수학 시험 점수를 x점이라고 하면
$$\frac{79+81+88+x}{4} \geq 83$$
$248+x \geq 332$ ∴ $x \geq 84$
따라서 네 번째 수학 시험에서 84점 이상 받아야 한다.

필수 문제 2 $h \geq 7$

$\frac{1}{2} \times 10 \times h \geq 35$이므로 $5h \geq 35$ ∴ $h \geq 7$

2-1 12 cm

사다리꼴의 아랫변의 길이를 x cm라고 하면
$\frac{1}{2} \times (6+x) \times 7 \geq 63$이므로
$42+7x \geq 126$, $7x \geq 84$ ∴ $x \geq 12$
따라서 아랫변의 길이는 12 cm 이상이어야 한다.

필수 문제 3 15송이

카네이션을 x송이 넣는다고 하면
(카네이션의 가격)+(포장비)≤40000(원)이므로
$2400x+4000 \leq 40000$
$2400x \leq 36000$ ∴ $x \leq 15$
따라서 카네이션은 최대 15송이까지 넣을 수 있다.

3-1 17개

쿠키를 x개 산다고 하면
(쿠키의 가격)+(상자의 가격)<28000(원)이므로
$1500x+1000 < 28000$
$1500x < 27000$ ∴ $x < 18$
따라서 쿠키는 최대 17개까지 살 수 있다.

필수 문제 4 3벌

티셔츠를 x벌 산다고 하면
집 근처 옷 가게에서는 $10000x$원,
인터넷 쇼핑몰에서는 $(9000x+2500)$원이 든다.
이때 인터넷 쇼핑몰을 이용하는 것이 유리하려면
$10000x > 9000x+2500$
$1000x > 2500$ ∴ $x > \frac{5}{2} \left(=2\frac{1}{2}\right)$

따라서 티셔츠를 3벌 이상 사는 경우에 인터넷 쇼핑몰을
이용하는 것이 유리하다.

4-1 11개

음료수를 x개 산다고 하면
집 앞 편의점에서는 $800x$원,
할인 매장에서는 $(600x+2000)$원이 든다.
이때 할인 매장에 가는 것이 유리하려면
$800x > 600x+2000$
$200x > 2000$ ∴ $x > 10$
따라서 음료수를 11개 이상 사야 할인 매장에 가는 것이
유리하다.

P. 59

필수 문제 5 표는 풀이 참조, 6 km

x km 떨어진 지점까지 올라갔다 내려온다고 하면

	올라갈 때	내려올 때	전체
거리	x km	x km	—
속력	시속 2 km	시속 3 km	—
시간	$\frac{x}{2}$ 시간	$\frac{x}{3}$ 시간	5시간 이내

$\left(\begin{array}{c}\text{올라갈 때}\\\text{걸린 시간}\end{array}\right)+\left(\begin{array}{c}\text{내려올 때}\\\text{걸린 시간}\end{array}\right) \leq 5(\text{시간})$이므로
$\frac{x}{2}+\frac{x}{3} \leq 5$, $3x+2x \leq 30$
$5x \leq 30$ ∴ $x \leq 6$
따라서 최대 6 km 떨어진 지점까지 갔다 올 수 있다.

5-1 $\frac{24}{5}$ km

x km 떨어진 곳까지 갔다 온다고 하면

	갈 때	올 때	전체
거리	x km	x km	—
속력	시속 6 km	시속 4 km	—
시간	$\frac{x}{6}$ 시간	$\frac{x}{4}$ 시간	2시간 이내

(갈 때 걸린 시간)+(올 때 걸린 시간)≤2(시간)이므로
$\frac{x}{6}+\frac{x}{4} \leq 2$, $2x+3x \leq 24$
$5x \leq 24$ ∴ $x \leq \frac{24}{5}$
따라서 최대 $\frac{24}{5}$ km 떨어진 곳까지 갔다 올 수 있다.

필수 문제 6 표는 풀이 참조, 4 km

집에서 자전거가 고장 난 지점까지의 거리를 x km라고 하면

	자전거를 타고 갈 때	걸어갈 때	전체
거리	x km	$(8-x)$ km	8 km
속력	시속 8 km	시속 4 km	—
시간	$\dfrac{x}{8}$ 시간	$\dfrac{8-x}{4}$ 시간	$1\dfrac{30}{60}$ 시간 이내

(자전거를 타고 간 시간)+(걸어간 시간)$\leq 1\dfrac{30}{60}$(시간)

이므로 $\qquad 1\dfrac{1}{2}(시간)=\dfrac{3}{2}(시간)$

$\dfrac{x}{8}+\dfrac{8-x}{4}\leq\dfrac{3}{2},\ x+16-2x\leq12$

$-x\leq-4\qquad\therefore x\geq4$

따라서 자전거가 고장 난 지점은 집에서 최소 4 km 떨어진 지점이다.

6-1 1200 m

걸어간 거리를 x m라고 하면

전체 거리가 2.4 km, 즉 2400 m이므로

	걸어갈 때	뛰어갈 때	전체
거리	x m	$(2400-x)$ m	2400 m
속력	분속 50 m	분속 200 m	—
시간	$\dfrac{x}{50}$ 분	$\dfrac{2400-x}{200}$ 분	30분 이내

(걸어간 시간)+(뛰어간 시간)≤30(분)이므로

$\dfrac{x}{50}+\dfrac{2400-x}{200}\leq30,\ 4x+2400-x\leq6000$

$3x\leq3600\qquad\therefore x\leq1200$

따라서 걸어간 거리는 최대 1200 m이다.

STEP 1 쏙쏙 개념 익히기 P. 60

1 14　　**2** 17개　　**3** 10개

4 10장　　**5** 23명　　**6** $\dfrac{7}{2}$ km

1 연속하는 두 짝수를 x, $x+2$라고 하면

$5x-11>2(x+2),\ 5x-11>2x+4$

$3x>15\qquad\therefore x>5$

따라서 가장 작은 두 짝수는 6, 8이므로 그 합은

$6+8=14$

2 한 번에 x개의 상자를 운반한다고 하면

$75+30x\leq600$

$30x\leq525\qquad\therefore x\leq\dfrac{35}{2}\left(=17\dfrac{1}{2}\right)$

따라서 한 번에 최대 17개의 상자를 운반할 수 있다.

3 복숭아를 x개 산다고 하면 사과는 $(20-x)$개 살 수 있다.

이때 (사과의 가격)+(복숭아의 가격)≤18000이므로

$800(20-x)+1000x\leq18000$

$16000-800x+1000x\leq18000$

$200x\leq2000\qquad\therefore x\leq10$

따라서 복숭아는 최대 10개까지 살 수 있다.

4 사진을 x장 뽑는다고 하면 추가 비용이 드는 사진은

$(x-4)$장이므로

$5000+500(x-4)\leq800x$

$5000+500x-2000\leq800x$

$-300x\leq-3000\qquad\therefore x\geq10$

따라서 사진을 10장 이상을 뽑아야 한다.

5 박물관에 x명의 단체가 입장한다고 하면

$1200x>900\times30$

$1200x>27000\qquad\therefore x>\dfrac{45}{2}\left(=22\dfrac{1}{2}\right)$

따라서 23명 이상부터 30명의 단체 입장권을 사는 것이 유리하다.

6 역에서 상점까지의 거리를 x km라고 하면

	갈 때	물건을 살 때	올 때	전체
거리	x km	—	x km	—
속력	시속 4 km	—	시속 4 km	—
시간	$\dfrac{x}{4}$ 시간	$\dfrac{15}{60}$ 시간	$\dfrac{x}{4}$ 시간	2시간 이내

$\left(\begin{array}{c}가는 데 \\ 걸리는 시간\end{array}\right)+\left(\begin{array}{c}물건을 사는 데 \\ 걸리는 시간\end{array}\right)+\left(\begin{array}{c}오는 데 \\ 걸리는 시간\end{array}\right)\leq2$(시간)

이므로

$\dfrac{x}{4}+\dfrac{15}{60}+\dfrac{x}{4}\leq2,\ \dfrac{x}{4}+\dfrac{1}{4}+\dfrac{x}{4}\leq2$

$x+1+x\leq8,\ 2x\leq7\qquad\therefore x\leq\dfrac{7}{2}$

따라서 역에서 $\dfrac{7}{2}$ km 이내에 있는 상점을 이용할 수 있다.

STEP 2 탄탄 단원 다지기 P. 61~63

1 ④　　**2** ⑤　　**3** ④　　**4** >　　**5** 4개

6 ①, ④　　**7** ⑤　　**8** ④　　**9** ⑤　　**10** −3

11 −6　　**12** ②　　**13** 9　　**14** −1　　**15** ④

16 (1) $x\leq\dfrac{a}{2}$　(2) 풀이 참조　(3) $4\leq a<6$　　**17** 4, 5, 6

18 27 cm　**19** ③　　**20** 13개월 후　　**21** 26개월

22 2 km

1
① $3x-7\geq5$

② $\dfrac{1}{2}\times6\times x<40$ ∴ $3x<40$

③ $250-x>120$

⑤ $20x\geq500$

따라서 부등식으로 바르게 나타낸 것은 ④이다.

2 각 부등식에 [ ] 안의 수를 대입하면

① $2x-5>3$에서 $2\times3-5<3$ (거짓)

② $4x-3<3x$에서 $4\times5-3>3\times5$ (거짓)

③ $-6-5x\geq10$에서 $-6-5\times(-3)<10$ (거짓)

④ $7-x\leq2x-3$에서 $7-(-2)>2\times(-2)-3$ (거짓)

⑤ $5x-7<3x-4$에서 $5\times(-1)-7<3\times(-1)-4$ (참)

따라서 [ ] 안의 수가 주어진 부등식의 해인 것은 ⑤이다.

3 ④ $a\leq b$에서 $-5a\geq-5b$

   ∴ $-5a+1\geq-5b+1$

4 $7a-15<14b+6$의 양변에 15를 더하면

$7a<14b+21$ … ㉠

㉠의 양변을 7로 나누면 $a<2b+3$ … ㉡

㉡의 양변에 -3을 곱하면 $-3a>-6b-9$

5 $-4\leq x\leq3$의 각 변을 -2로 나누면

$2\geq-\dfrac{x}{2}\geq-\dfrac{3}{2}$, 즉 $-\dfrac{3}{2}\leq-\dfrac{x}{2}\leq2$ … ㉠

㉠의 각 변에 3을 더하면 $\dfrac{3}{2}\leq3-\dfrac{x}{2}\leq5$

∴ $\dfrac{3}{2}\leq A\leq5$

따라서 정수 A는 2, 3, 4, 5의 4개이다.

6 ① $2x+1<4$에서 $2x-3<0$ ⇨ 일차부등식이다.

② $3(x-1)\leq3x+1$에서 $-4\leq0$ ⇨ 일차부등식이 아니다.

③ $4-x^2<2x$에서 $-x^2-2x+4<0$ ⇨ 일차부등식이 아니다.

④ $1-x^2\leq1+2x-x^2$에서 $-2x\leq0$ ⇨ 일차부등식이다.

⑤ $x(x-1)>3x+2$에서 $x^2-4x-2>0$
   ⇨ 일차부등식이 아니다.

따라서 일차부등식인 것은 ①, ④이다.

7 ① $-x-1>1$에서 $-x>2$ ∴ $x<-2$

② $x+2<0$ ∴ $x<-2$

③ $x>2x+2$에서 $-x>2$ ∴ $x<-2$

④ $-2x+1>5$에서 $-2x>4$ ∴ $x<-2$

⑤ $3x-2>2x+2$ ∴ $x>4$

따라서 해가 나머지 넷과 다른 하나는 ⑤이다.

8 $-5x+9\leq-x+13$에서 $-4x\leq4$

∴ $x\geq-1$

따라서 해를 수직선 위에 나타내면 오른
쪽 그림과 같다.

9 $3-4(x-1)\geq5(x-4)$에서 $3-4x+4\geq5x-20$

$-9x\geq-27$ ∴ $x\leq3$

따라서 주어진 부등식의 해가 될 수 없는 것은 ⑤이다.

10 $\dfrac{1}{2}x+\dfrac{4}{3}>\dfrac{1}{4}x-\dfrac{1}{6}$의 양변에 12를 곱하면

$6x+16>3x-2$, $3x>-18$ ∴ $x>-6$

∴ $a=-6$

$0.3x-1<0.5x-0.4$의 양변에 10을 곱하면

$3x-10<5x-4$, $-2x<6$ ∴ $x>-3$

∴ $b=-3$

∴ $a-b=-6-(-3)=-3$

11 $0.6x-\dfrac{2}{5}x<2+\dfrac{1}{2}x$에서 $\dfrac{3}{5}x-\dfrac{2}{5}x<2+\dfrac{1}{2}x$

이 식의 양변에 10을 곱하면

$6x-4x<20+5x$, $-3x<20$

∴ $x>-\dfrac{20}{3}\left(=-6\dfrac{2}{3}\right)$

따라서 주어진 부등식을 만족시키는 x의 값 중 가장 작은 정수는 -6이다.

12 $ax+4a+1\leq5+x$에서 $ax-x\leq-4a+4$

$(a-1)x\leq-4(a-1)$ … ㉠

이때 $a<1$에서 $a-1<0$이므로

㉠의 양변을 $a-1$로 나누면

$\dfrac{(a-1)x}{a-1}\geq\dfrac{-4(a-1)}{a-1}$ ∴ $x\geq-4$

13 $5x-3(x-1)\leq a$에서 $5x-3x+3\leq a$

$2x\leq a-3$ ∴ $x\leq\dfrac{a-3}{2}$

이때 주어진 그림에서 부등식의 해가 $x\leq3$이므로

$\dfrac{a-3}{2}=3$, $a-3=6$ ∴ $a=9$

14 $0.5x-0.2(x+5)\leq0.2$의 양변에 10을 곱하면

$5x-2(x+5)\leq2$, $5x-2x-10\leq2$

$3x\leq12$ ∴ $x\leq4$

$\dfrac{x}{2}+a\leq\dfrac{x-1}{3}$의 양변에 6을 곱하면

$3x+6a\leq2(x-1)$, $3x+6a\leq2x-2$

∴ $x\leq-6a-2$

따라서 $4=-6a-2$이므로

$6a=-6$ ∴ $a=-1$

15 $7+2x\leq a$에서 $2x\leq a-7$

∴ $x\leq\dfrac{a-7}{2}$

이때 주어진 부등식의 해 중 가장 큰 수가 4이므로

$\dfrac{a-7}{2}=4$, $a-7=8$ ∴ $a=15$

16 (1) $3x \geq 5x-a$에서 $-2x \geq -a$ $\therefore x \leq \dfrac{a}{2}$

(2) $x \leq \dfrac{a}{2}$를 만족시키는 자연수 x의 개수가 2개이면 자연수 x는 1, 2이므로 이를 수직선 위에 나타내면 다음 그림과 같다.

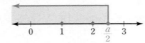

(3) 위의 그림에서 $2 \leq \dfrac{a}{2} < 3$이므로 $4 \leq a < 6$

참고 x에 대한 일차부등식의 자연수인 해가 n개일 때

① 해가 $x \leq k$이면
$\Rightarrow n \leq k < n+1$

② 해가 $x < k$이면
$\Rightarrow n < k \leq n+1$

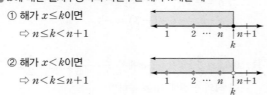

17 주사위를 던져 나온 눈의 수를 x라고 하면
$5x > 3(x+2)$, $5x > 3x+6$
$2x > 6$ $\therefore x > 3$
따라서 구하는 주사위의 눈의 수는 4, 5, 6이다.

18 세로의 길이를 x cm라고 하면 가로의 길이는 $(x+6)$ cm이므로
$2\{(x+6)+x\} \geq 120$, $2x+6 \geq 60$
$2x \geq 54$ $\therefore x \geq 27$
따라서 직사각형의 세로의 길이는 27 cm 이상이어야 한다.

19 샌드위치를 x개 산다고 하면 도넛은 $(30-x)$개를 살 수 있으므로
$1500x+800(30-x) \leq 34000$
$1500x+24000-800x \leq 34000$
$700x \leq 10000$ $\therefore x \leq \dfrac{100}{7}\left(=14\dfrac{2}{7}\right)$
따라서 샌드위치는 최대 14개까지 살 수 있다.

20 현재로부터 x개월 후에 연경이의 예금액이 정아의 예금액보다 처음으로 많아진다고 하면
x개월 후 연경이의 예금액은 $(40000+5000x)$원,
정아의 예금액은 $(65000+3000x)$원이므로
$40000+5000x > 65000+3000x$
$2000x > 25000$ $\therefore x > \dfrac{25}{2}\left(=12\dfrac{1}{2}\right)$
따라서 연경이의 예금액이 정아의 예금액보다 처음으로 많아지는 것은 현재로부터 13개월 후이다.

21 정수기를 x개월 동안 사용한다고 하면
$700000+4000x < 32000x$
$-28000x < -700000$ $\therefore x > 25$
따라서 정수기를 26개월 이상 사용해야 정수기를 사는 것이 유리하다.

22 걸어간 거리를 x km라고 하면 뛰어간 거리는 $(7-x)$ km이므로
$\dfrac{x}{3}+\dfrac{7-x}{6} \leq 1\dfrac{30}{60}$, $\dfrac{x}{3}+\dfrac{7-x}{6} \leq \dfrac{3}{2}$
$2x+7-x \leq 9$ $\therefore x \leq 2$
따라서 걸어간 거리는 최대 2 km이다.

STEP 3 쓱쓱 서술형 완성하기   P. 64~65

〈과정은 풀이 참조〉

따라 해보자 유제 1 $a < -2$
유제 2 22명

연습해 보자 **1** (1) $x-10 \geq 3x+2$ (2) $\dfrac{x}{50} \leq \dfrac{3}{2}$

2 (1) $x > -2$ (2) 〈그림〉 -2

3 5

4 4 km

따라 해보자

유제 1 1단계 $7-4x \geq x-a$에서 $-5x \geq -a-7$

$\therefore x \leq \dfrac{a+7}{5}$ … ㉠   … (i)

2단계 ㉠을 만족시키는 x의 값 중 자연수가 없으므로 오른쪽 그림에서

$\dfrac{a+7}{5} < 1$ … (ii)

3단계 $\dfrac{a+7}{5} < 1$에서 $a+7 < 5$

$\therefore a < -2$ … (iii)

채점 기준	비율
(i) 일차부등식의 해를 a를 사용하여 나타내기	40 %
(ii) a에 대한 부등식 세우기	40 %
(iii) a의 값의 범위 구하기	20 %

참고 x에 대한 일차부등식을 만족시키는 자연수 해가 없으면 1 이상의 해를 갖지 않으므로

① 해가 $x < k$일 때 $\Rightarrow k \leq 1$

② 해가 $x \leq k$일 때 $\Rightarrow k < 1$

유제 2 1단계 전시회에 x명이 입장한다고 하면

$4500x > 4500 \times \left(1-\dfrac{30}{100}\right) \times 30$ … ㉠   … (i)

2단계 ㉠의 양변을 4500으로 나누면

$x > \left(1-\dfrac{30}{100}\right) \times 30$ $\therefore x > 21$ … (ii)

3단계 22명 이상부터 30명의 단체 입장권을 사는 것이 유리하다.   … (iii)

채점 기준	비율
(i) 일차부등식 세우기	40 %
(ii) 일차부등식 풀기	40 %
(iii) 몇 명 이상부터 단체 입장권을 사는 것이 유리한지 구하기	20 %

4 올라간 거리를 x km라고 하면 내려온 거리는 $(x+2)$ km 이므로

$$\frac{x}{2} + \frac{x+2}{3} \leq 4 \qquad \cdots \text{(i)}$$

$3x + 2(x+2) \leq 24, \quad 3x + 2x + 4 \leq 24$

$5x \leq 20 \qquad \therefore \ x \leq 4 \qquad \cdots \text{(ii)}$

따라서 올라간 거리는 최대 4 km이다. $\qquad \cdots \text{(iii)}$

채점 기준	비율
(i) 일차부등식 세우기	40 %
(ii) 일차부등식 풀기	40 %
(iii) 올라간 거리는 최대 몇 km인지 구하기	20 %

연습해 보자

1 (1) x에서 10을 뺀 수는 $x-10$이고,

x의 3배에 2를 더한 수는 $3x+2$이므로

$$x - 10 \geq 3x + 2 \qquad \cdots \text{(i)}$$

(2) x km의 거리를 시속 50 km로 가는 데 걸리는 시간은

$\dfrac{x}{50}$ 시간이고, 1시간 30분은 $1\dfrac{30}{60}$ 시간, 즉 $\dfrac{3}{2}$ 시간이므로

$$\frac{x}{50} \leq \frac{3}{2} \qquad \cdots \text{(ii)}$$

채점 기준	비율
(i) (1)을 부등식으로 나타내기	50 %
(ii) (2)를 부등식으로 나타내기	50 %

2 (1) $\dfrac{5x+4}{3} > 0.5x + \dfrac{2x-1}{5}$ 에서

$$\frac{5x+4}{3} > \frac{x}{2} + \frac{2x-1}{5}$$

이 식의 양변에 30을 곱하면

$10(5x+4) > 15x + 6(2x-1)$

$50x + 40 > 15x + 12x - 6$

$23x > -46 \qquad \therefore \ x > -2 \qquad \cdots \text{(i)}$

(2) 해 $x > -2$를 수직선 위에 나타내면

오른쪽 그림과 같다. $\qquad \cdots \text{(ii)}$

채점 기준	비율
(i) 일차부등식 풀기	70 %
(ii) 부등식의 해를 수직선 위에 나타내기	30 %

3 $x + 9 \leq 4x - 3$에서 $-3x \leq -12$

$\therefore \ x \geq 4 \qquad \cdots \text{(i)}$

$a - (x+4) \leq 3(2x-9)$에서

$a - x - 4 \leq 6x - 27$

$-7x \leq -a - 23$

$\therefore \ x \geq \dfrac{a+23}{7} \qquad \cdots \text{(ii)}$

따라서 $\dfrac{a+23}{7} = 4$이므로

$a + 23 = 28 \qquad \therefore \ a = 5 \qquad \cdots \text{(iii)}$

채점 기준	비율
(i) 일차부등식 $x+9 \leq 4x-3$ 풀기	40 %
(ii) 일차부등식 $a-(x+4) \leq 3(2x-9)$의 해를 a를 사용하여 나타내기	40 %
(iii) a의 값 구하기	20 %

환경 속 수학   **P. 66**

답 **97개월 후**

현재부터 x개월 후에 매립장의 쓰레기양이 최대치를 넘어선다고 하면

x개월 후 매립되어 있는 쓰레기양은 $(8600+150x)$톤이므로

$8600 + 150x > 23000$

$150x > 14400 \qquad \therefore \ x > 96$

따라서 매립할 수 있는 쓰레기양이 최대치를 넘어서는 것은 97개월 후부터이다.

1 미지수가 2개인 일차방정식

P. 70~71

필수 문제 1 ③

① 등식이 아니므로 일차방정식이 아니다.
② $y+20=0$이므로 미지수가 1개인 일차방정식이다.
③ $x-2y-6=0$이므로 미지수가 2개인 일차방정식이다.
④ x가 분모에 있으므로 일차방정식이 아니다.
⑤ x의 차수가 2이므로 일차방정식이 아니다.
따라서 미지수가 2개인 일차방정식은 ③이다.

1-1 ㄴ, ㅂ

ㄱ. $y^2-2x-5=0$이므로 y의 차수가 2이다.
　 즉, 일차방정식이 아니다.
ㄴ. $2x+y+1=0$이므로 미지수가 2개인 일차방정식이다.
ㄷ. $3x-4=0$이므로 미지수가 1개인 일차방정식이다.
ㄹ. x, y가 분모에 있으므로 일차방정식이 아니다.
ㅁ. 등식이 아니므로 일차방정식이 아니다.
ㅂ. $\frac{x}{2}+\frac{y}{2}-2=0$이므로 미지수가 2개인 일차방정식이다.
따라서 미지수가 2개인 일차방정식은 ㄴ, ㅂ이다.

필수 문제 2 $2x+3y=23$

2-1 (1) $500x+800y=3600$
(2) $2x+2y=30$

필수 문제 3 ⑤

$x=2$, $y=-3$을 주어진 일차방정식에 각각 대입하면
① $2+\frac{1}{2}\times(-3)\neq1$　　② $2-(-3)+2\neq0$
③ $-2\times2+5\times(-3)\neq4$　④ $3\times(-3)\neq2\times2+8$
⑤ $3\times2-(-3)=9$
따라서 $(2, -3)$이 해인 것은 ⑤이다.

3-1 ㄴ, ㄷ, ㅂ

주어진 순서쌍의 x, y의 값을 $3x-y=4$에 각각 대입하면
ㄱ. $3\times(-1)-1\neq4$　　ㄴ. $3\times0-(-4)=4$
ㄷ. $3\times1-(-1)=4$　　ㄹ. $3\times2-4\neq4$
ㅁ. $3\times(-2)-(-2)\neq4$　ㅂ. $3\times3-5=4$
따라서 $3x-y=4$의 해가 되는 것은 ㄴ, ㄷ, ㅂ이다.

필수 문제 4 (1) (차례로) $3, \frac{5}{2}, 2, \frac{3}{2}, 1, \frac{1}{2}, 0$
(2) $(1, 3)$, $(3, 2)$, $(5, 1)$

(1) $x+2y=7$에 $x=1, 2, 3, 4, 5, 6, 7$을 차례로 대입하면
$y=3, \frac{5}{2}, 2, \frac{3}{2}, 1, \frac{1}{2}, 0$

(2) x, y의 값이 자연수이므로 구하는 해는
$(1, 3)$, $(3, 2)$, $(5, 1)$

4-1 (1) 표: (차례로) $8, 6, 4, 2, 0$
해: $(1, 8)$, $(2, 6)$, $(3, 4)$, $(4, 2)$
(2) 표: (차례로) $10, 7, 4, 1, -2$
해: $(1, 4)$, $(4, 3)$, $(7, 2)$, $(10, 1)$

(1) $2x+y=10$에 $x=1, 2, 3, 4, 5$를 차례로 대입하면
$y=8, 6, 4, 2, 0$
이때 x, y의 값이 자연수이므로 구하는 해는
$(1, 8)$, $(2, 6)$, $(3, 4)$, $(4, 2)$
(2) $x+3y=13$에 $y=1, 2, 3, 4, 5$를 차례로 대입하면
$x=10, 7, 4, 1, -2$
이때 x, y의 값이 자연수이므로 구하는 해는
$(1, 4)$, $(4, 3)$, $(7, 2)$, $(10, 1)$

필수 문제 5 -1

$x=-2$, $y=1$을 $ax+3y=5$에 대입하면
$-2a+3=5$, $-2a=2$　　∴ $a=-1$

5-1 10

$x=5$, $y=k$를 $3x-y=5$에 대입하면
$15-k=5$　　∴ $k=10$

STEP 1 쏙쏙 개념 익히기
P. 72

1 ㄷ, ㅁ, ㅅ　　**2** ⑤　　　　**3** ②, ⑤
4 (1) $3x+2y=28$ (2) $(2, 11)$, $(4, 8)$, $(6, 5)$, $(8, 2)$
5 3

1 ㄱ. 등식이 아니므로 일차방정식이 아니다.
ㄴ. xy는 x, y에 대한 차수가 2이므로 일차방정식이 아니다.
ㄹ. x가 분모에 있으므로 일차방정식이 아니다.
ㅁ. $x-2y+1=0$이므로 미지수가 2개인 일차방정식이다.
ㅂ. y의 차수가 2이므로 일차방정식이 아니다.
ㅅ. $-x+y+3=0$이므로 미지수가 2개인 일차방정식이다.
ㅇ. $5y-2=0$이므로 미지수가 1개인 일차방정식이다.
따라서 미지수가 2개인 일차방정식은 ㄷ, ㅁ, ㅅ이다.

> **참고** ㄴ. xy에서 x에 대한 차수는 1, y에 대한 차수는 1이지만 x, y에 대한 차수는 2이다.

2 $(a-3)x+4y=2x+y+7$에서 $(a-5)x+3y-7=0$
이 식이 미지수가 2개인 일차방정식이 되려면
$a-5\neq0$　　∴ $a\neq5$

3 $x=4$, $y=3$을 주어진 일차방정식에 각각 대입하면

① $4=2\times3-2$　　② $-4+3\times3\neq7$

③ $3-4+1=0$　　④ $2\times4-3\times3=-1$

⑤ $3\times4-5\times3\neq-2$

따라서 $(4,\ 3)$이 해가 아닌 것은 ②, ⑤이다.

4 (1) (3인승 보트에 타는 인원수)+(2인승 보트에 타는 인원수)

$=28$(명)

이므로 $3x+2y=28$

(2) $3x+2y=28$에 $x=1,\ 2,\ 3,\ \cdots$을 차례로 대입하여 y의 값도 자연수인 해를 구하면 $(2,\ 11),\ (4,\ 8),\ (6,\ 5),\ (8,\ 2)$이다.

5 $x=a,\ y=a-2$를 $5x+3y=18$에 대입하면

$5a+3(a-2)=18,\ 8a=24$　　∴ $a=3$

┌²미지수가 2개인 연립일차방정식

P. 73

개념 확인　표: ㉠ (차례로) 4, 3, 2, 1　㉡ (차례로) 5, 3, 1

해: $x=3,\ y=2$

주어진 연립방정식의 해는 ㉠, ㉡을 동시에 만족시키는 x, y의 값인 $x=3,\ y=2$이다.

필수 문제 1　③

$x=1,\ y=2$를 주어진 연립방정식에 각각 대입하면

① $\begin{cases}1+2\times2\neq-5 \\ -1+2\neq-3\end{cases}$　② $\begin{cases}1-2\times2=-3 \\ 2\times1+2\neq6\end{cases}$

③ $\begin{cases}1-4\times2=-7 \\ 2\times1+3\times2=8\end{cases}$　④ $\begin{cases}1+2=3 \\ 3\times1-2\times2\neq-2\end{cases}$

⑤ $\begin{cases}-3\times1+4\times2\neq13 \\ 1+4\times2=9\end{cases}$

따라서 $x=1,\ y=2$가 해인 것은 ③이다.

필수 문제 2　$a=4,\ b=3$

$x=3,\ y=-1$을 $x-y=a$에 대입하면

$3-(-1)=a$　　∴ $a=4$

$x=3,\ y=-1$을 $2x+by=3$에 대입하면

$6-b=3$　　∴ $b=3$

2-1　$a=2,\ b=4$

$x=-4,\ y=3$을 $ax+y=-5$에 대입하면

$-4a+3=-5,\ -4a=-8$　　∴ $a=2$

$x=-4,\ y=3$을 $3x+by=0$에 대입하면

$-12+3b=0,\ 3b=12$　　∴ $b=4$

STEP 1 쏙쏙 **개념 익히기**　P. 74

1　③, ④　　**2**　$\begin{cases}3x+2y=1 \\ 2x-5y=26\end{cases}$

3　$x=5,\ y=1$　　**4**　③　　**5**　5

1 $x=-2,\ y=3$을 주어진 연립방정식에 각각 대입하면

① $\begin{cases}-2-2\times3=-8 \\ 3\times(-2)+3\neq3\end{cases}$

② $\begin{cases}2\times(-2)+5\times3=11 \\ -(-2)+2\times3\neq4\end{cases}$

③ $\begin{cases}3\times(-2)-2\times3=-12 \\ -2+4\times3=10\end{cases}$

④ $\begin{cases}6\times(-2)+5\times3=3 \\ -2-3\times3=-11\end{cases}$

⑤ $\begin{cases}5\times(-2)-2\times3\neq-4 \\ -2-3=-5\end{cases}$

따라서 해가 $(-2,\ 3)$인 것은 ③, ④이다.

2 $x=3,\ y=-4$를 주어진 일차방정식에 각각 대입하면

ㄱ. $3\times3+2\times(-4)=1$　ㄴ. $2\times3-3\times(-4)\neq-6$

ㄷ. $3+3\times(-4)\neq9$　ㄹ. $2\times3-5\times(-4)=26$

따라서 해가 $x=3,\ y=-4$인 두 방정식을 한 쌍으로 묶어 연립방정식으로 나타내면 $\begin{cases}3x+2y=1 \\ 2x-5y=26\end{cases}$

3 $\begin{cases}x+2y=7　\cdots㉠ \\ 3x+y=16　\cdots㉡\end{cases}$

x, y의 값이 자연수이므로 두 일차방정식 ㉠, ㉡의 해를 각각 구하면 다음과 같다.

㉠

x	5	3	1
y	1	2	3

㉡

x	1	2	3	4	5
y	13	10	7	4	1

따라서 주어진 연립방정식의 해는 $x=5,\ y=1$이다.

4 $x=-2,\ y=b$를 $x+2y=-8$에 대입하면

$-2+2b=-8,\ 2b=-6$　　∴ $b=-3$

즉, 연립방정식의 해가 $x=-2,\ y=-3$이므로

$x=-2,\ y=-3$을 $ax-3y=5$에 대입하면

$-2a+9=5,\ -2a=-4$　　∴ $a=2$

5 $x=5$를 $x-y=7$에 대입하면

$5-y=7,\ -y=2$　　∴ $y=-2$

즉, 연립방정식의 해가 $x=5,\ y=-2$이므로

$x=5,\ y=-2$를 $3x+ay=a$에 대입하면

$15-2a=a,\ -3a=-15$　　∴ $a=5$

3 연립방정식의 풀이

개념 확인 (개) $-x+5$ (내) 2 (대) 3

㉠을 ㉡에 대입하면 $3x-(\boxed{-x+5})=3$

$3x+x-5=3,\ 4x=8$ ∴ $x=\boxed{2}$

$x=\boxed{2}$ 를 ㉠에 대입하면 $y=-2+5=\boxed{3}$

따라서 연립방정식의 해는 $x=\boxed{2},\ y=\boxed{3}$ 이다.

필수 문제 1 (1) $x=3,\ y=2$ (2) $x=4,\ y=2$
  (3) $x=1,\ y=3$ (4) $x=4,\ y=5$

(1) ㉠을 ㉡에 대입하면 $x+3(2x-4)=9$

$7x=21$ ∴ $x=3$

$x=3$ 을 ㉠에 대입하면 $y=6-4=2$

(2) ㉠을 ㉡에 대입하면 $2(6-y)+y=10$

$-y=-2$ ∴ $y=2$

$y=2$ 를 ㉠에 대입하면 $x=6-2=4$

(3) ㉠에서 x 를 y 에 대한 식으로 나타내면

$x=4y-11$ … ㉢

㉢을 ㉡에 대입하면 $3(4y-11)-2y=-3$

$10y=30$ ∴ $y=3$

$y=3$ 을 ㉢에 대입하면 $x=12-11=1$

(4) ㉠을 ㉡에 대입하면 $x+1=-2x+13$

$3x=12$ ∴ $x=4$

$x=4$ 를 ㉠에 대입하면 $y=4+1=5$

1-1 (1) $x=8,\ y=9$ (2) $x=7,\ y=2$
  (3) $x=2,\ y=-7$ (4) $x=5,\ y=-2$

(1) $\begin{cases} y=x+1 & \cdots ㉠ \\ 2x+y=25 & \cdots ㉡ \end{cases}$

㉠을 ㉡에 대입하면 $2x+(x+1)=25$

$3x=24$ ∴ $x=8$

$x=8$ 을 ㉠에 대입하면 $y=8+1=9$

(2) $\begin{cases} x=9-y & \cdots ㉠ \\ 2x-3y=8 & \cdots ㉡ \end{cases}$

㉠을 ㉡에 대입하면 $2(9-y)-3y=8$

$-5y=-10$ ∴ $y=2$

$y=2$ 를 ㉠에 대입하면 $x=9-2=7$

(3) $\begin{cases} 2x-y=11 & \cdots ㉠ \\ 5x+2y=-4 & \cdots ㉡ \end{cases}$

㉠에서 y 를 x 에 대한 식으로 나타내면

$y=2x-11$ … ㉢

㉢을 ㉡에 대입하면 $5x+2(2x-11)=-4$

$9x=18$ ∴ $x=2$

$x=2$ 를 ㉢에 대입하면 $y=4-11=-7$

(4) $\begin{cases} 2x=8-y & \cdots ㉠ \\ 2x=4-3y & \cdots ㉡ \end{cases}$

㉠을 ㉡에 대입하면 $8-y=4-3y$

$2y=-4$ ∴ $y=-2$

$y=-2$ 를 ㉠에 대입하면 $2x=8+2$

$2x=10$ ∴ $x=5$

개념 확인 (개) 2 (내) $6-y$ (대) -1

㉠과 ㉡의 y 의 계수의 절댓값을 같게 만들어 두 식을 변끼
리 뺀다.

즉, ㉠$\times 2-$㉡을 하면 $5x=10$ ∴ $x=\boxed{2}$

$x=\boxed{2}$ 를 ㉠에 대입하면 $\boxed{6-y}=7$ ∴ $y=\boxed{-1}$

따라서 연립방정식의 해는 $x=\boxed{2},\ y=\boxed{-1}$ 이다.

필수 문제 2 (1) $x=2,\ y=4$ (2) $x=3,\ y=2$
  (3) $x=-2,\ y=3$ (4) $x=6,\ y=7$

(1) ㉠$+$㉡을 하면 $4x=8$ ∴ $x=2$

$x=2$ 를 ㉠에 대입하면 $2+y=6$ ∴ $y=4$

(2) ㉠$-$㉡을 하면 $-4y=-8$ ∴ $y=2$

$y=2$ 를 ㉡에 대입하면 $2x-2=4$

$2x=6$ ∴ $x=3$

(3) ㉠$+$㉡$\times 3$ 을 하면 $10x=-20$ ∴ $x=-2$

$x=-2$ 를 ㉡에 대입하면 $-4-y=-7$ ∴ $y=3$

(4) ㉠$\times 5-$㉡$\times 2$ 를 하면 $-x=-6$ ∴ $x=6$

$x=6$ 을 ㉠에 대입하면 $18-2y=4$

$-2y=-14$ ∴ $y=7$

2-1 (1) $x=5,\ y=1$ (2) $x=2,\ y=-2$
  (3) $x=-1,\ y=-3$ (4) $x=-3,\ y=2$

(1) $\begin{cases} x+2y=7 & \cdots ㉠ \\ 3x-2y=13 & \cdots ㉡ \end{cases}$

㉠$+$㉡을 하면 $4x=20$ ∴ $x=5$

$x=5$ 를 ㉠에 대입하면 $5+2y=7$

$2y=2$ ∴ $y=1$

(2) $\begin{cases} x-3y=8 & \cdots ㉠ \\ x-2y=6 & \cdots ㉡ \end{cases}$

㉠$-$㉡을 하면 $-y=2$ ∴ $y=-2$

$y=-2$ 를 ㉠에 대입하면 $x+6=8$ ∴ $x=2$

(3) $\begin{cases} 3x+2y=-9 & \cdots ㉠ \\ 2x-4y=10 & \cdots ㉡ \end{cases}$

㉠$\times 2+$㉡을 하면 $8x=-8$ ∴ $x=-1$

$x=-1$ 을 ㉠에 대입하면 $-3+2y=-9$

$2y=-6$ ∴ $y=-3$

(4) $\begin{cases} 5x+4y=-7 & \cdots ㉠ \\ -3x+5y=19 & \cdots ㉡ \end{cases}$

㉠$\times 3+$㉡$\times 5$ 를 하면 $37y=74$ ∴ $y=2$

$y=2$ 를 ㉠에 대입하면 $5x+8=-7$

$5x=-15$ ∴ $x=-3$

1 -5 **2**   ⑤

3   (1) $x=3$, $y=4$ (2) $x=3$, $y=5$

     (3) $x=3$, $y=1$ (4) $x=-4$, $y=-4$

4   1   **5** $a=-3$, $b=15$ **6**   8

---

1 ㉠을 ㉡에 대입하면

$2(7-4y)+3y=4$, $-5y=-10$

$\therefore a=-5$

2 ㉠×5+㉡×2를 하면 $19x=19$가 되어 y가 없어진다.

3 (1) $\begin{cases} 13-3x=y & \cdots ㉠ \\ -x+2y=5 & \cdots ㉡ \end{cases}$

     ㉠을 ㉡에 대입하면 $-x+2(13-3x)=5$

     $-7x=-21$ $\therefore x=3$

     $x=3$을 ㉠에 대입하면 $y=13-9=4$

   (2) $\begin{cases} 3x=-3y+24 & \cdots ㉠ \\ 3x+y=14 & \cdots ㉡ \end{cases}$

     ㉠을 ㉡에 대입하면 $(-3y+24)+y=14$

     $-2y=-10$ $\therefore y=5$

     $y=5$를 ㉠에 대입하면 $3x=-15+24$

     $3x=9$ $\therefore x=3$

   (3) $\begin{cases} 3x+2y=11 & \cdots ㉠ \\ 4x-3y=9 & \cdots ㉡ \end{cases}$

     ㉠×3+㉡×2를 하면 $17x=51$ $\therefore x=3$

     $x=3$을 ㉠에 대입하면 $9+2y=11$

     $2y=2$ $\therefore y=1$

   (4) $\begin{cases} 2x-3y=4 & \cdots ㉠ \\ 5x-4y=-4 & \cdots ㉡ \end{cases}$

     ㉠×5-㉡×2를 하면 $-7y=28$ $\therefore y=-4$

     $y=-4$를 ㉠에 대입하면 $2x+12=4$

     $2x=-8$ $\therefore x=-4$

4 y의 값이 x의 값의 2배이므로 $y=2x$

$\begin{cases} y=2x & \cdots ㉠ \\ 5x-y=12 & \cdots ㉡ \end{cases}$

㉠을 ㉡에 대입하면 $5x-2x=12$

$3x=12$ $\therefore x=4$

$x=4$를 ㉠에 대입하면 $y=8$

따라서 $x=4$, $y=8$을 $3x-ay=4$에 대입하면

$12-8a=4$, $-8a=-8$ $\therefore a=1$

5 $\begin{cases} x-y=12 & \cdots ㉠ \\ x-2y=15 & \cdots ㉡ \end{cases}$

㉠-㉡을 하면 $y=-3$

$y=-3$을 ㉠에 대입하면 $x+3=12$ $\therefore x=9$

$x=9$, $y=-3$을 $x+4y=a$에 대입하면

$9-12=a$ $\therefore a=-3$

$x=9$, $y=-3$을 $y=-2x+b$에 대입하면

$-3=-18+b$ $\therefore b=15$

6 $\begin{cases} 2x-y=5 & \cdots ㉠ \\ 3x-y=7 & \cdots ㉡ \end{cases}$

㉠-㉡을 하면 $-x=-2$ $\therefore x=2$

$x=2$를 ㉠에 대입하면 $4-y=5$ $\therefore y=-1$

$x=2$, $y=-1$을 $5x-y=a$에 대입하면

$10-(-1)=a$ $\therefore a=11$

$x=2$, $y=-1$을 $4x+by=5$에 대입하면

$8-b=5$ $\therefore b=3$

$\therefore a-b=11-3=8$

필수 문제 3   (1) $x=-4$, $y=1$ (2) $x=3$, $y=5$

   (1) ㉠을 정리하면 $-x+4y=8$ $\cdots ㉢$

     ㉢+㉡을 하면 $7y=7$ $\therefore y=1$

     $y=1$을 ㉡에 대입하면 $x+3=-1$ $\therefore x=-4$

   (2) ㉠을 정리하면 $4x-3y=-3$ $\cdots ㉢$

     ㉡을 정리하면 $x+2y=13$ $\cdots ㉣$

     ㉢-㉣×4를 하면 $-11y=-55$ $\therefore y=5$

     $y=5$를 ㉣에 대입하면 $x+10=13$ $\therefore x=3$

3-1   (1) $x=4$, $y=1$ (2) $x=-3$, $y=1$

   (1) $\begin{cases} 5(x-y)-2x=7 & \cdots ㉠ \\ 4x-3(x-2y)=10 & \cdots ㉡ \end{cases}$

     ㉠을 정리하면 $3x-5y=7$ $\cdots ㉢$

     ㉡을 정리하면 $x+6y=10$ $\cdots ㉣$

     ㉢-㉣×3을 하면 $-23y=-23$ $\therefore y=1$

     $y=1$을 ㉣에 대입하면 $x+6=10$ $\therefore x=4$

   (2) $\begin{cases} 2(x-1)+3y=-5 & \cdots ㉠ \\ x=2(3-y)-7 & \cdots ㉡ \end{cases}$

     ㉠을 정리하면 $2x+3y=-3$ $\cdots ㉢$

     ㉡을 정리하면 $x=-2y-1$ $\cdots ㉣$

     ㉣을 ㉢에 대입하면 $2(-2y-1)+3y=-3$

     $-y=-1$ $\therefore y=1$

     $y=1$을 ㉣에 대입하면 $x=-2-1=-3$

필수 문제 4   (1) $x=1$, $y=2$ (2) $x=3$, $y=2$

   (1) ㉠×10을 하면 $13x-10y=-7$ $\cdots ㉢$

     ㉡×100을 하면 $3x-10y=-17$ $\cdots ㉣$

     ㉢-㉣을 하면 $10x=10$ $\therefore x=1$

     $x=1$을 ㉢에 대입하면 $13-10y=-7$

     $-10y=-20$ $\therefore y=2$

(2) ㉠×6을 하면 $2x+3y=12$ ··· ㉢
   ㉡×12를 하면 $9x-4y=19$ ··· ㉣
   ㉢×4+㉣×3을 하면 $35x=105$ ∴ $x=3$
   $x=3$을 ㉢에 대입하면 $6+3y=12$
   $3y=6$ ∴ $y=2$

4-1 (1) $x=2,\ y=1$ (2) $x=2,\ y=5$
   (3) $x=-1,\ y=-1$ (4) $x=2,\ y=-5$

(1) $\begin{cases} 0.1x-0.09y=0.11 & \cdots ㉠ \\ 0.2x+0.3y=0.7 & \cdots ㉡ \end{cases}$
   ㉠×100을 하면 $10x-9y=11$ ··· ㉢
   ㉡×10을 하면 $2x+3y=7$ ··· ㉣
   ㉢+㉣×3을 하면 $16x=32$ ∴ $x=2$
   $x=2$를 ㉣에 대입하면 $4+3y=7$
   $3y=3$ ∴ $y=1$

(2) $\begin{cases} x-\dfrac{1}{3}y=\dfrac{1}{3} & \cdots ㉠ \\ \dfrac{1}{4}x-\dfrac{1}{5}y=-\dfrac{1}{2} & \cdots ㉡ \end{cases}$
   ㉠×3을 하면 $3x-y=1$ ··· ㉢
   ㉡×20을 하면 $5x-4y=-10$ ··· ㉣
   ㉢×4-㉣을 하면 $7x=14$ ∴ $x=2$
   $x=2$를 ㉢에 대입하면 $6-y=1$ ∴ $y=5$

(3) $\begin{cases} 1.2x-0.2y=-1 & \cdots ㉠ \\ \dfrac{2}{3}x+\dfrac{1}{6}y=-\dfrac{5}{6} & \cdots ㉡ \end{cases}$
   ㉠×10을 하면 $12x-2y=-10$ ··· ㉢
   ㉡×6을 하면 $4x+y=-5$ ··· ㉣
   ㉢+㉣×2를 하면 $20x=-20$ ∴ $x=-1$
   $x=-1$을 ㉣에 대입하면 $-4+y=-5$ ∴ $y=-1$

(4) $\begin{cases} \dfrac{1}{3}x+\dfrac{1}{4}y=-\dfrac{7}{12} & \cdots ㉠ \\ 0.5x+0.4y=-1 & \cdots ㉡ \end{cases}$
   ㉠×12를 하면 $4x+3y=-7$ ··· ㉢
   ㉡×10을 하면 $5x+4y=-10$ ··· ㉣
   ㉢×4-㉣×3을 하면 $x=2$
   $x=2$를 ㉢에 대입하면 $8+3y=-7$
   $3y=-15$ ∴ $y=-5$

P. 79

필수 문제 5 (1) $x=1,\ y=-3$ (2) $x=-3,\ y=4$

(1) 주어진 방정식을 연립방정식으로 나타내면
   $\begin{cases} 2x-y-4=4x+y & \cdots ㉠ \\ 7x+2y=4x+y & \cdots ㉡ \end{cases}$
   ㉠을 정리하면 $x+y=-2$ ··· ㉢
   ㉡을 정리하면 $3x+y=0$ ··· ㉣
   ㉢-㉣을 하면 $-2x=-2$ ∴ $x=1$
   $x=1$을 ㉣에 대입하면 $3+y=0$ ∴ $y=-3$

(2) 주어진 방정식을 연립방정식으로 나타내면
   $\begin{cases} 3x+2y-1=-2 & \cdots ㉠ \\ 2x+y=-2 & \cdots ㉡ \end{cases}$
   ㉠을 정리하면 $3x+2y=-1$ ··· ㉢
   ㉢-㉡×2를 하면 $-x=3$ ∴ $x=-3$
   $x=-3$을 ㉡에 대입하면 $-6+y=-2$ ∴ $y=4$

5-1 (1) $x=5,\ y=-3$ (2) $x=2,\ y=2$

(1) 주어진 방정식을 연립방정식으로 나타내면
   $\begin{cases} 2x+y=4x+5y+2 & \cdots ㉠ \\ 2x+y=x-3y-7 & \cdots ㉡ \end{cases}$
   ㉠을 정리하면 $x+2y=-1$ ··· ㉢
   ㉡을 정리하면 $x+4y=-7$ ··· ㉣
   ㉢-㉣을 하면 $-2y=6$ ∴ $y=-3$
   $y=-3$을 ㉢에 대입하면 $x-6=-1$ ∴ $x=5$

(2) 주어진 방정식을 연립방정식으로 나타내면
   $\begin{cases} 2x+y-1=5 & \cdots ㉠ \\ x+2y-1=5 & \cdots ㉡ \end{cases}$
   ㉠을 정리하면 $2x+y=6$ ··· ㉢
   ㉡을 정리하면 $x+2y=6$ ··· ㉣
   ㉢×2-㉣을 하면 $3x=6$ ∴ $x=2$
   $x=2$를 ㉢에 대입하면 $4+y=6$ ∴ $y=2$

5-2 (1) $x=2,\ y=-2$ (2) $x=1,\ y=-\dfrac{2}{5}$
   (3) $x=-3,\ y=4$

(1) 주어진 방정식을 연립방정식으로 나타내면
   $\begin{cases} x-3(y+2)=2(x+y)-y & \cdots ㉠ \\ x-3(y+2)=-2(y+1) & \cdots ㉡ \end{cases}$
   ㉠을 정리하면 $x+4y=-6$ ··· ㉢
   ㉡을 정리하면 $x-y=4$ ··· ㉣
   ㉢-㉣을 하면 $5y=-10$ ∴ $y=-2$
   $y=-2$를 ㉣에 대입하면 $x+2=4$ ∴ $x=2$

(2) 주어진 방정식을 연립방정식으로 나타내면
   $\begin{cases} \dfrac{2x+4}{5}=\dfrac{2x-y}{2} & \cdots ㉠ \\ \dfrac{2x+4}{5}=\dfrac{4x+y}{3} & \cdots ㉡ \end{cases}$
   ㉠을 정리하면 $6x-5y=8$ ··· ㉢
   ㉡을 정리하면 $14x+5y=12$ ··· ㉣
   ㉢+㉣을 하면 $20x=20$ ∴ $x=1$
   $x=1$을 ㉢에 대입하면 $6-5y=8$
   $-5y=2$ ∴ $y=-\dfrac{2}{5}$

(3) 주어진 방정식을 연립방정식으로 나타내면
   $\begin{cases} \dfrac{y-2}{2}=-0.4x+0.2y-1 & \cdots ㉠ \\ \dfrac{y-2}{2}=\dfrac{x+y+4}{5} & \cdots ㉡ \end{cases}$
   ㉠을 정리하면 $4x+3y=0$ ··· ㉢
   ㉡을 정리하면 $2x-3y=-18$ ··· ㉣

$©+@$을 하면 $6x=-18$ $\therefore x=-3$

$x=-3$을 ⓒ에 대입하면 $-12+3y=0$

$3y=12$ $\therefore y=4$

P. 80

필수 문제 6 (1) 해가 무수히 많다. (2) 해가 없다.

(1) ㉠×3을 하면 $12x+6y=-18$ … ⓒ

ㄴ×2를 하면 $12x+6y=-18$ … @

이때 ⓒ과 @이 일치하므로 해가 무수히 많다.

(2) ㉠×2를 하면 $6x-4y=2$ … ⓒ

이때 ㄴ과 ⓒ에서 x, y의 계수는 각각 같고, 상수항은 다르므로 해가 없다.

다른 풀이

(1) $\dfrac{4}{6}=\dfrac{2}{3}=\dfrac{-6}{-9}$이므로 해가 무수히 많다.

(2) $\dfrac{3}{6}=\dfrac{-2}{-4}\neq\dfrac{1}{1}$이므로 해가 없다.

참고 연립방정식 $\begin{cases} ax+by=c \\ a'x+b'y=c' \end{cases}$에서

(1) 해가 무수히 많은 경우: $\dfrac{a}{a'}=\dfrac{b}{b'}=\dfrac{c}{c'}$

(2) 해가 없는 경우: $\dfrac{a}{a'}=\dfrac{b}{b'}\neq\dfrac{c}{c'}$

6-1 (1) 해가 무수히 많다. (2) 해가 없다.

(3) 해가 무수히 많다. (4) 해가 없다.

(1) $\begin{cases} 2x+y=1 & \cdots ㉠ \\ 4x+2y=2 & \cdots ㄴ \end{cases}$

㉠×2를 하면 $4x+2y=2$ … ⓒ

이때 ㄴ과 ⓒ이 일치하므로 해가 무수히 많다.

(2) $\begin{cases} x-y=-3 & \cdots ㉠ \\ 2x-2y=-4 & \cdots ㄴ \end{cases}$

㉠×2를 하면 $2x-2y=-6$ … ⓒ

이때 ㄴ과 ⓒ에서 x, y의 계수는 각각 같고, 상수항은 다르므로 해가 없다.

(3) 주어진 연립방정식을 정리하면

$\begin{cases} x-3y=-5 & \cdots ㉠ \\ x-3y=-5 & \cdots ㄴ \end{cases}$

이때 ㉠과 ㄴ이 일치하므로 해가 무수히 많다.

(4) 주어진 연립방정식을 정리하면

$\begin{cases} -2x+3y=20 & \cdots ㉠ \\ -2x+3y=12 & \cdots ㄴ \end{cases}$

이때 ㉠과 ㄴ에서 x, y의 계수는 각각 같고, 상수항은 다르므로 해가 없다.

필수 문제 7 -7

$\begin{cases} 2x-y=3 & \cdots ㉠ \\ -8x+4y=a-5 & \cdots ㄴ \end{cases}$

㉠×(-4)를 하면 $-8x+4y=-12$ … ⓒ

이때 ㄴ과 ⓒ이 일치해야 하므로

$a-5=-12$ $\therefore a=-7$

7-1 $-\dfrac{1}{3}$

$\begin{cases} x+3y=7 & \cdots ㉠ \\ -ax+y=1 & \cdots ㄴ \end{cases}$

ㄴ×3을 하면 $-3a+3y=3$ … ⓒ

이때 ㉠과 ⓒ에서 x, y의 계수는 각각 같고, 상수항은 달라야 하므로

$-3a=1$ $\therefore a=-\dfrac{1}{3}$

STEP 1 쑥쑥 **개념 익히기** **P. 81**

1 (1) $x=4$, $y=0$ (2) $x=1$, $y=3$

(3) $x=-7$, $y=3$ (4) $x=10$, $y=12$

2 0 **3** $x=7$, $y=11$

4 ㄴ, ㅂ **5** -3

1 (1) $\begin{cases} x+2(y-x)=-4 & \cdots ㉠ \\ 3(x-y)+12y=12 & \cdots ㄴ \end{cases}$

㉠을 정리하면 $-x+2y=-4$ … ⓒ

ㄴ을 정리하면 $x+3y=4$ … @

ⓒ+@을 하면 $5y=0$ $\therefore y=0$

$y=0$을 @에 대입하면 $x=4$

(2) $\begin{cases} 2(x-y)+3y=5 & \cdots ㉠ \\ 5x-3(2x-y)=8 & \cdots ㄴ \end{cases}$

㉠을 정리하면 $2x+y=5$ … ⓒ

ㄴ을 정리하면 $-x+3y=8$ … @

ⓒ+@×2를 하면 $7y=21$ $\therefore y=3$

$y=3$을 @에 대입하면 $-x+9=8$ $\therefore x=1$

(3) $\begin{cases} 0.2x+0.5y=0.1 & \cdots ㉠ \\ 0.1x-0.2y=-1.3 & \cdots ㄴ \end{cases}$

㉠×10을 하면 $2x+5y=1$ … ⓒ

ㄴ×10을 하면 $x-2y=-13$ … @

ⓒ-@×2를 하면 $9y=27$ $\therefore y=3$

$y=3$을 @에 대입하면 $x-6=-13$ $\therefore x=-7$

(4) $\begin{cases} \dfrac{x}{2}-\dfrac{y}{3}=1 & \cdots ㉠ \\ \dfrac{3}{5}x-\dfrac{2}{3}y=-2 & \cdots ㄴ \end{cases}$

㉠×6을 하면 $3x-2y=6$ … ⓒ

ㄴ×15를 하면 $9x-10y=-30$ … @

ⓒ×3-@을 하면 $4y=48$ $\therefore y=12$

$y=12$를 ⓒ에 대입하면 $3x-24=6$

$3x=30$ $\therefore x=10$

2 $\begin{cases} 1.2x-0.2y=-1 & \cdots \ \bigcirc \\ \dfrac{2}{3}x+\dfrac{1}{6}y=-\dfrac{5}{6} & \cdots \ \bigcirc \end{cases}$

$\bigcirc \times 10$을 하면 $12x-2y=-10$

$\therefore \ 6x-y=-5$ $\cdots \ \bigcirc$

$\bigcirc \times 6$을 하면 $4x+y=-5$ $\cdots \ \bigcirc$

$\bigcirc + \bigcirc$을 하면 $10x=-10$ $\therefore \ x=-1$

$x=-1$을 $\bigcirc$에 대입하면 $-4+y=-5$ $\therefore \ y=-1$

따라서 $a=-1$, $b=-1$이므로

$a-b=-1-(-1)=0$

3 주어진 방정식을 연립방정식으로 나타내면

$\begin{cases} \dfrac{3x-y}{2}=5 & \cdots \ \bigcirc \\ -\dfrac{x-2y}{3}=5 & \cdots \ \bigcirc \end{cases}$

$\bigcirc$을 정리하면 $3x-y=10$ $\cdots \ \bigcirc$

$\bigcirc$을 정리하면 $x-2y=-15$ $\cdots \ \bigcirc$

$\bigcirc \times 2 - \bigcirc$을 하면 $5x=35$ $\therefore \ x=7$

$x=7$을 $\bigcirc$에 대입하면 $21-y=10$ $\therefore \ y=11$

4 각 연립방정식에서 x의 계수 또는 y의 계수를 같게 하면

ㄱ. $\begin{cases} x-2y=-1 \\ x-4y=-2 \end{cases}$ ㄴ. $\begin{cases} 2x+6y=4 \\ 2x+6y=2 \end{cases}$

ㄷ. $\begin{cases} x+4y=1 \\ 16x+4y=4 \end{cases}$ ㄹ. $\begin{cases} 6x+2y=2 \\ 6x+2y=2 \end{cases}$

ㅁ. $\begin{cases} -2x+4y=-6 \\ -2x+4y=-6 \end{cases}$ ㅂ. $\begin{cases} 2x-4y=-6 \\ 2x-4y=2 \end{cases}$

따라서 해가 없는 연립방정식은 두 일차방정식의 x, y의 계수는 각각 같고, 상수항은 다른 연립방정식이므로 ㄴ, ㅂ이다.

5 $\begin{cases} x+4y=a & \cdots \ \bigcirc \\ bx+8y=-10 & \cdots \ \bigcirc \end{cases}$

$\bigcirc \times 2$를 하면 $2x+8y=2a$ $\cdots \ \bigcirc$

이때 $\bigcirc$과 $\bigcirc$이 일치해야 하므로

$b=2$, $-10=2a$ $\therefore \ a=-5$, $b=2$

$\therefore \ a+b=-5+2=-3$

~4 연립방정식의 활용

P. 82~83

개념 확인 $x+y$, $x-y$, $x+y$, $x-y$, 14, 11, 14, 11, 14, 11, 14, 11

필수 문제 1 (1) $\begin{cases} x+y=12 \\ 10y+x=(10x+y)+18 \end{cases}$

(2) $x=5$, $y=7$

(3) 57

(1) $\begin{cases} (각\ 자리의\ 숫자의\ 합)=12 \\ (각\ 자리의\ 숫자를\ 바꾼\ 수)=(처음\ 수)+18 \end{cases}$

이므로

$\begin{cases} x+y=12 \\ 10y+x=(10x+y)+18 \end{cases}$

(2) (1)의 식을 정리하면 $\begin{cases} x+y=12 & \cdots \ \bigcirc \\ x-y=-2 & \cdots \ \bigcirc \end{cases}$

$\bigcirc + \bigcirc$을 하면 $2x=10$ $\therefore \ x=5$

$x=5$를 $\bigcirc$에 대입하면 $5+y=12$ $\therefore \ y=7$

(3) 처음 수는 57이다.

1-1 35

처음 수의 십의 자리의 숫자를 x, 일의 자리의 숫자를 y라고 하면

$\begin{cases} x+y=8 \\ 10y+x=2(10x+y)-17 \end{cases}$

즉, $\begin{cases} x+y=8 & \cdots \ \bigcirc \\ 19x-8y=17 & \cdots \ \bigcirc \end{cases}$

$\bigcirc \times 8 + \bigcirc$을 하면 $27x=81$ $\therefore \ x=3$

$x=3$을 $\bigcirc$에 대입하면 $3+y=8$ $\therefore \ y=5$

따라서 처음 수는 35이다.

필수 문제 2 (1) $\begin{cases} x+y=7 \\ 1000x+300y=4200 \end{cases}$

(2) $x=3$, $y=4$

(3) 복숭아: 3개, 자두: 4개

(1) $\begin{cases} (복숭아의\ 개수)+(자두의\ 개수)=7(개) \\ (복숭아의\ 전체\ 가격)+(자두의\ 전체\ 가격)=4200(원) \end{cases}$

이므로

$\begin{cases} x+y=7 \\ 1000x+300y=4200 \end{cases}$

(2) (1)의 식을 정리하면 $\begin{cases} x+y=7 & \cdots \ \bigcirc \\ 10x+3y=42 & \cdots \ \bigcirc \end{cases}$

$\bigcirc \times 3 - \bigcirc$을 하면 $-7x=-21$ $\therefore \ x=3$

$x=3$을 $\bigcirc$에 대입하면 $3+y=7$ $\therefore \ y=4$

(3) 복숭아를 3개, 자두를 4개 샀다.

2-1 어른: 12명, 학생: 8명

입장한 어른의 수를 x명, 학생의 수를 y명이라고 하면

$\begin{cases} x+y=20 \\ 1200x+900y=21600 \end{cases}$, 즉 $\begin{cases} x+y=20 & \cdots \ \bigcirc \\ 4x+3y=72 & \cdots \ \bigcirc \end{cases}$

$\bigcirc \times 3 - \bigcirc$을 하면 $-x=-12$ $\therefore \ x=12$

$x=12$를 $\bigcirc$에 대입하면 $12+y=20$ $\therefore \ y=8$

따라서 입장한 어른의 수는 12명, 학생의 수는 8명이다.

2-2 **4점짜리: 14개, 5점짜리: 4개**

4점짜리 문제를 x개, 5점짜리 문제를 y개 맞혔다고 하면

$$\begin{cases} x+y=18 & \cdots ㉠ \\ 4x+5y=76 & \cdots ㉡ \end{cases}$$

㉠$\times 4-$㉡을 하면 $-y=-4$ $\therefore y=4$

$y=4$를 ㉠에 대입하면 $x+4=18$ $\therefore x=14$

따라서 4점짜리 문제를 14개, 5점짜리 문제를 4개 맞혔다.

필수 문제 3 (1) $\begin{cases} x+y=56 \\ x-3=3(y-3)+2 \end{cases}$

(2) $x=41$, $y=15$

(3) 어머니: **41세**, 아들: **15세**

(1) $\begin{cases} (\text{현재 어머니의 나이})+(\text{현재 아들의 나이})=56(\text{세}) \\ (3\text{년 전 어머니의 나이})=3\times(3\text{년 전 아들의 나이})+2(\text{세}) \end{cases}$

이므로

$$\begin{cases} x+y=56 \\ x-3=3(y-3)+2 \end{cases}$$

(2) (1)의 식을 정리하면 $\begin{cases} x+y=56 & \cdots ㉠ \\ x-3y=-4 & \cdots ㉡ \end{cases}$

㉠$-$㉡을 하면 $4y=60$ $\therefore y=15$

$y=15$를 ㉠에 대입하면 $x+15=56$ $\therefore x=41$

(3) 현재 어머니의 나이는 41세, 아들의 나이는 15세이다.

3-1 **아버지: 44세, 수연: 14세**

현재 아버지의 나이를 x세, 수연이의 나이를 y세라고 하면

$\begin{cases} x+y=58 \\ x+10=2(y+10)+6 \end{cases}$, 즉 $\begin{cases} x+y=58 & \cdots ㉠ \\ x-2y=16 & \cdots ㉡ \end{cases}$

㉠$-$㉡을 하면 $3y=42$ $\therefore y=14$

$y=14$를 ㉠에 대입하면 $x+14=58$ $\therefore x=44$

따라서 현재 아버지의 나이는 44세, 수연이의 나이는 14세이다.

STEP 1 **쏙쏙 개념 익히기** P. 84

1 16 **2** 800원

3 닭: 8마리, 토끼: 12마리 **4** 11 cm

5 14회 **6** 11회

1 큰 수를 x, 작은 수를 y라고 하면

$\begin{cases} x+y=38 \\ 3y-x=26 \end{cases}$, 즉 $\begin{cases} x+y=38 & \cdots ㉠ \\ -x+3y=26 & \cdots ㉡ \end{cases}$

㉠$+$㉡을 하면 $4y=64$ $\therefore y=16$

$y=16$을 ㉠에 대입하면

$x+16=38$ $\therefore x=22$

따라서 작은 수는 16이다.

---

2 A 과자 한 개의 가격을 x원, B 과자 한 개의 가격을 y원이라고 하면

$$\begin{cases} 4x+3y=5000 & \cdots ㉠ \\ x=y+200 & \cdots ㉡ \end{cases}$$

㉡을 ㉠에 대입하면 $4(y+200)+3y=5000$

$7y=4200$ $\therefore y=600$

$y=600$을 ㉡에 대입하면

$x=600+200=800$

따라서 A 과자 한 개의 가격은 800원이다.

3 닭의 수를 x마리, 토끼의 수를 y마리라고 하면

$\begin{cases} x+y=20 \\ 2x+4y=64 \end{cases}$, 즉 $\begin{cases} x+y=20 & \cdots ㉠ \\ x+2y=32 & \cdots ㉡ \end{cases}$

㉠$-$㉡을 하면 $-y=-12$ $\therefore y=12$

$y=12$를 ㉠에 대입하면

$x+12=20$ $\therefore x=8$

따라서 닭의 수는 8마리, 토끼의 수는 12마리이다.

4 가로의 길이를 x cm, 세로의 길이를 y cm라고 하면

$\begin{cases} x=y+6 \\ 2(x+y)=32 \end{cases}$, 즉 $\begin{cases} x=y+6 & \cdots ㉠ \\ x+y=16 & \cdots ㉡ \end{cases}$

㉠을 ㉡에 대입하면 $y+6+y=16$

$2y=10$ $\therefore y=5$

$y=5$를 ㉠에 대입하면 $x=5+6=11$

따라서 가로의 길이는 11 cm이다.

5 수찬이가 이긴 횟수를 x회, 진 횟수를 y회라고 하면

	이긴 횟수	진 횟수	계단 수
수찬	x회	y회	$2x-y$
초희	y회	x회	$2y-x$

위의 표에서 $\begin{cases} 2x-y=15 \\ 2y-x=12 \end{cases}$, 즉 $\begin{cases} 2x-y=15 & \cdots ㉠ \\ -x+2y=12 & \cdots ㉡ \end{cases}$

㉠$+$㉡$\times 2$를 하면 $3y=39$ $\therefore y=13$

$y=13$을 ㉡에 대입하면

$-x+26=12$ $\therefore x=14$

따라서 수찬이가 이긴 횟수는 14회이다.

6 유리가 이긴 횟수를 x회, 진 횟수는 y회라고 하면

	이긴 횟수	진 횟수	계단 수
유리	x회	y회	$3x-2y$
은지	y회	x회	$3y-2x$

위의 표에서 $\begin{cases} 3x-2y=5 \\ 3y-2x=20 \end{cases}$, 즉 $\begin{cases} 3x-2y=5 & \cdots ㉠ \\ -2x+3y=20 & \cdots ㉡ \end{cases}$

㉠$\times 3+$㉡$\times 2$를 하면 $5x=55$ $\therefore x=11$

$x=11$을 ㉡에 대입하면 $-22+3y=20$

$3y=42$ $\therefore y=14$

따라서 유리가 이긴 횟수는 11회이다.

필수 문제 4 표는 풀이 참조,
자전거를 타고 간 거리: **5 km**, 걸어간 거리: **4 km**

자전거를 타고 간 거리를 x km, 걸어간 거리를 y km라고 하면

	자전거를 타고 갈 때	걸어갈 때	전체
거리	x km	y km	9 km
속력	시속 10 km	시속 4 km	—
시간	$\dfrac{x}{10}$ 시간	$\dfrac{y}{4}$ 시간	$1\dfrac{30}{60}$ 시간

위의 표에서 $\begin{cases} x+y=9 \\ \dfrac{x}{10}+\dfrac{y}{4}=1\dfrac{30}{60} \end{cases}$, 즉 $\begin{cases} x+y=9 & \cdots \text{㉠} \\ 2x+5y=30 & \cdots \text{㉡} \end{cases}$

㉠×2−㉡을 하면 $-3y=-12$ $\therefore y=4$
$y=4$를 ㉠에 대입하면 $x+4=9$ $\therefore x=5$
따라서 자전거를 타고 간 거리는 5 km, 걸어간 거리는 4 km이다.

4-1 **1 km**

뛰어간 거리를 x km, 걸어간 거리를 y km라고 하면

	뛰어갈 때	걸어갈 때	전체
거리	x km	y km	2 km
속력	시속 6 km	시속 2 km	—
시간	$\dfrac{x}{6}$ 시간	$\dfrac{y}{2}$ 시간	$\dfrac{40}{60}$ 시간

위의 표에서 $\begin{cases} x+y=2 \\ \dfrac{x}{6}+\dfrac{y}{2}=\dfrac{40}{60} \end{cases}$, 즉 $\begin{cases} x+y=2 & \cdots \text{㉠} \\ x+3y=4 & \cdots \text{㉡} \end{cases}$

㉠−㉡을 하면 $-2y=-2$ $\therefore y=1$
$y=1$을 ㉠에 대입하면 $x+1=2$ $\therefore x=1$
따라서 걸어간 거리는 1 km이다.

필수 문제 5 표는 풀이 참조,
올라간 거리: **3 km**, 내려온 거리: **5 km**

올라간 거리를 x km, 내려온 거리를 y km라고 하면
내려올 때는 올라갈 때보다 2 km가 더 먼 길을 걸었으므로
$y=x+2$

	올라갈 때	내려올 때	전체
거리	x km	y km	—
속력	시속 3 km	시속 5 km	—
시간	$\dfrac{x}{3}$ 시간	$\dfrac{y}{5}$ 시간	2시간

즉, $\begin{cases} y=x+2 \\ \dfrac{x}{3}+\dfrac{y}{5}=2 \end{cases}$ 에서 $\begin{cases} y=x+2 & \cdots \text{㉠} \\ 5x+3y=30 & \cdots \text{㉡} \end{cases}$

㉠을 ㉡에 대입하면 $5x+3(x+2)=30$
$8x=24$ $\therefore x=3$
$x=3$을 ㉠에 대입하면 $y=3+2=5$
따라서 올라간 거리는 3 km, 내려온 거리는 5 km이다.

5 km

올라간 거리를 x km, 내려온 거리를 y km라고 하면
내려올 때는 올라갈 때보다 3 km가 더 짧은 길을 걸었으므로 $y=x-3$

	올라갈 때	내려올 때	전체
거리	x km	y km	—
속력	시속 2 km	시속 4 km	—
시간	$\dfrac{x}{2}$ 시간	$\dfrac{y}{4}$ 시간	3시간

즉, $\begin{cases} y=x-3 \\ \dfrac{x}{2}+\dfrac{y}{4}=3 \end{cases}$ 에서 $\begin{cases} y=x-3 & \cdots \text{㉠} \\ 2x+y=12 & \cdots \text{㉡} \end{cases}$

㉠을 ㉡에 대입하면 $2x+x-3=12$
$3x=15$ $\therefore x=5$
$x=5$를 ㉠에 대입하면 $y=5-3=2$
따라서 올라간 거리는 5 km이다.

필수 문제 6 표는 풀이 참조,
남학생: **330명**, 여학생: **384명**

작년의 남학생 수를 x명, 여학생 수를 y명이라고 하면

	남학생	여학생	전체
작년의 학생 수	x명	y명	700명
올해의 변화율	10 % 증가	4 % 감소	—
학생 수의 변화량	$+\dfrac{10}{100}x$명	$-\dfrac{4}{100}y$명	+14명

위의 표에서 $\begin{cases} x+y=700 \\ \dfrac{10}{100}x-\dfrac{4}{100}y=14 \end{cases}$

즉, $\begin{cases} x+y=700 & \cdots \text{㉠} \\ 5x-2y=700 & \cdots \text{㉡} \end{cases}$

㉠×2+㉡을 하면 $7x=2100$ $\therefore x=300$
$x=300$을 ㉠에 대입하면 $300+y=700$ $\therefore y=400$
따라서 올해의 남학생 수는 $300+\dfrac{10}{100}\times300=330$(명),
여학생 수는 $400-\dfrac{4}{100}\times400=384$(명)

6-1 남학생: **423명**, 여학생: **572명**

작년의 남학생 수를 x명, 여학생 수를 y명이라고 하면

	남학생	여학생	전체
작년의 학생 수	x명	y명	1000명
올해의 변화율	6 % 감소	4 % 증가	—
학생 수의 변화량	$-\dfrac{6}{100}x$명	$+\dfrac{4}{100}y$명	−5명

위의 표에서 $\begin{cases} x+y=1000 \\ -\dfrac{6}{100}x+\dfrac{4}{100}y=-5 \end{cases}$

즉, $\begin{cases} x+y=1000 & \cdots \bigcirc \\ -3x+2y=-250 & \cdots \bigcirc\!\!\!\!L \end{cases}$

$\bigcirc\times 3+\bigcirc\!\!\!\!L$을 하면 $5y=2750$ $\quad\therefore y=550$

$y=550$을 $\bigcirc$에 대입하면 $x+550=1000$ $\quad\therefore x=450$

따라서 올해의 남학생 수는 $450-\dfrac{6}{100}\times 450=423$(명),

여학생 수는 $550+\dfrac{4}{100}\times 550=572$(명)

필수 문제 7   **10일**

전체 일의 양을 1이라 하고, A, B가 하루 동안 할 수 있는 일의 양을 각각 x, y라고 하면

$\begin{cases} (\text{A, B가 함께 6일 동안 한 일의 양})=1 \\ (\text{A가 3일 동안 한 일의 양})+(\text{B가 8일 동안 한 일의 양})=1 \end{cases}$

이므로

$\begin{cases} 6(x+y)=1 \\ 3x+8y=1 \end{cases}$, 즉 $\begin{cases} 6x+6y=1 & \cdots \bigcirc \\ 3x+8y=1 & \cdots \bigcirc\!\!\!\!L \end{cases}$

$\bigcirc-\bigcirc\!\!\!\!L\times 2$를 하면 $-10y=-1$ $\quad\therefore y=\dfrac{1}{10}$

$y=\dfrac{1}{10}$을 $\bigcirc\!\!\!\!L$에 대입하면 $3x+\dfrac{4}{5}=1$

$3x=\dfrac{1}{5}$ $\quad\therefore x=\dfrac{1}{15}$

따라서 B가 하루 동안 할 수 있는 일의 양은 $\dfrac{1}{10}$이므로 이 일을 B가 혼자 하면 10일이 걸린다.

7-1   **12일**

전체 일의 양을 1이라 하고, A, B가 하루 동안 할 수 있는 일의 양을 각각 x, y라고 하면

$\begin{cases} 8x+2y=1 \\ 4(x+y)=1 \end{cases}$, 즉 $\begin{cases} 8x+2y=1 & \cdots \bigcirc \\ 4x+4y=1 & \cdots \bigcirc\!\!\!\!L \end{cases}$

$\bigcirc-\bigcirc\!\!\!\!L\times 2$를 하면 $-6y=-1$ $\quad\therefore y=\dfrac{1}{6}$

$y=\dfrac{1}{6}$을 $\bigcirc\!\!\!\!L$에 대입하면 $4x+\dfrac{2}{3}=1$

$4x=\dfrac{1}{3}$ $\quad\therefore x=\dfrac{1}{12}$

따라서 A가 하루 동안 할 수 있는 일의 양은 $\dfrac{1}{12}$이므로 이 일을 A가 혼자 하면 12일이 걸린다.

P. 87

필수 문제 8   표는 풀이 참조,

        4 %의 소금물: 400 g, 7 %의 소금물: 200 g

4 %의 소금물의 양을 x g, 7 %의 소금물의 양을 y g이라고 하면

소금물의 농도	섞기 전		섞은 후
	4%	7%	5%
소금물의 양	x g	y g	600 g
소금의 양	$\left(\dfrac{4}{100}\times x\right)$g	$\left(\dfrac{7}{100}\times y\right)$g	$\left(\dfrac{5}{100}\times 600\right)$g

위의 표에서 $\begin{cases} x+y=600 \\ \dfrac{4}{100}x+\dfrac{7}{100}y=\dfrac{5}{100}\times 600 \end{cases}$

즉, $\begin{cases} x+y=600 & \cdots \bigcirc \\ 4x+7y=3000 & \cdots \bigcirc\!\!\!\!L \end{cases}$

$\bigcirc\times 4-\bigcirc\!\!\!\!L$을 하면 $-3y=-600$ $\quad\therefore y=200$

$y=200$을 $\bigcirc$에 대입하면 $x+200=600$ $\quad\therefore x=400$

따라서 4 %의 소금물은 400 g, 7 %의 소금물은 200 g을 섞어야 한다.

8-1   표는 풀이 참조,

        5 %의 소금물: 200 g, 10 %의 소금물: 300 g

5 %의 소금물의 양을 x g, 10 %의 소금물의 양을 y g이라고 하면

소금물의 농도	섞기 전		섞은 후
	5%	10%	8%
소금물의 양	x g	y g	500 g
소금의 양	$\left(\dfrac{5}{100}\times x\right)$g	$\left(\dfrac{10}{100}\times y\right)$g	$\left(\dfrac{8}{100}\times 500\right)$g

위의 표에서 $\begin{cases} x+y=500 \\ \dfrac{5}{100}x+\dfrac{10}{100}y=\dfrac{8}{100}\times 500 \end{cases}$

즉, $\begin{cases} x+y=500 & \cdots \bigcirc \\ x+2y=800 & \cdots \bigcirc\!\!\!\!L \end{cases}$

$\bigcirc-\bigcirc\!\!\!\!L$을 하면 $-y=-300$ $\quad\therefore y=300$

$y=300$을 $\bigcirc$에 대입하면 $x+300=500$ $\quad\therefore x=200$

따라서 5 %의 소금물은 200 g, 10 %의 소금물은 300 g을 섞어야 한다.

STEP 1  **쏙쏙 개념 익히기**   **P. 88**

1   10 km   **2**   515 kg   **3**   600 g

4   (1) $\begin{cases} 10x+10y=2000 \\ 50x-50y=2000 \end{cases}$ (2) $x=120$, $y=80$

    (3) 시우: 분속 120 m, 은수: 분속 80 m

5   분속 96 m

1 올라간 거리를 x km, 내려온 거리를 y km라고 하면

	올라갈 때	내려올 때	전체
거리	x km	y km	16 km
속력	시속 3 km	시속 4 km	—
시간	$\dfrac{x}{3}$ 시간	$\dfrac{y}{4}$ 시간	$4\dfrac{30}{60}$ 시간

위의 표에서 $\begin{cases} x+y=16 \\ \dfrac{x}{3}+\dfrac{y}{4}=4\dfrac{30}{60} \end{cases}$, 즉 $\begin{cases} x+y=16 & \cdots \text{㉠} \\ 4x+3y=54 & \cdots \text{㉡} \end{cases}$

㉠$\times 3-$㉡을 하면 $-x=-6$ $\quad\therefore x=6$

$x=6$을 ㉠에 대입하면 $6+y=16$ $\quad\therefore y=10$

따라서 내려온 거리는 10 km이다.

2 작년의 쌀의 생산량을 x kg, 보리의 생산량을 y kg이라고 하면

$\begin{cases} x+y=800 \\ \dfrac{2}{100}x+\dfrac{3}{100}y=21 \end{cases}$, 즉 $\begin{cases} x+y=800 & \cdots \text{㉠} \\ 2x+3y=2100 & \cdots \text{㉡} \end{cases}$

㉠$\times 2-$㉡을 하면 $-y=-500$ $\quad\therefore y=500$

$y=500$을 ㉠에 대입하면 $x+500=800$ $\quad\therefore x=300$

따라서 올해의 보리의 생산량은

$500+\dfrac{3}{100}\times 500=515\,(\text{kg})$

3 9 %의 설탕물의 양을 x g, 13 %의 설탕물의 양을 y g이라고 하면

	섞기 전		섞은 후
설탕물의 농도	9 % +	13 % =	10 %
설탕물의 양	x g	y g	800 g
설탕의 양	$\left(\dfrac{9}{100}\times x\right)$ g	$\left(\dfrac{13}{100}\times y\right)$ g	$\left(\dfrac{10}{100}\times 800\right)$ g

위의 표에서 $\begin{cases} x+y=800 \\ \dfrac{9}{100}x+\dfrac{13}{100}y=\dfrac{10}{100}\times 800 \end{cases}$

즉, $\begin{cases} x+y=800 & \cdots \text{㉠} \\ 9x+13y=8000 & \cdots \text{㉡} \end{cases}$

㉠$\times 9-$㉡을 하면 $-4y=-800$ $\quad\therefore y=200$

$y=200$을 ㉠에 대입하면 $x+200=800$ $\quad\therefore x=600$

따라서 9 %의 설탕물은 600 g을 섞어야 한다.

4 (1) 트랙의 둘레의 길이는 2 km, 즉 2000 m이므로

$\begin{cases} (\text{두 사람이 10분 동안 걸은 거리의 합})=2000 \\ (\text{두 사람이 50분 동안 걸은 거리의 차})=2000 \end{cases}$

$\therefore \begin{cases} 10x+10y=2000 \\ 50x-50y=2000 \end{cases}$

(2) (1)의 식을 정리하면 $\begin{cases} x+y=200 & \cdots \text{㉠} \\ x-y=40 & \cdots \text{㉡} \end{cases}$

㉠$+$㉡을 하면 $2x=240$ $\quad\therefore x=120$

$x=120$을 ㉠에 대입하면 $120+y=200$ $\quad\therefore y=80$

(3) 시우의 속력은 분속 120 m, 은수의 속력은 분속 80 m이다.

5 상호의 속력을 분속 x m, 진구의 속력을 분속 y m라고 하면 호수의 둘레의 길이는 2.4 km, 즉 2400 m이고
1시간 15분은 75분이므로

$\begin{cases} 15x+15y=2400 \\ 75x-75y=2400 \end{cases}$, 즉 $\begin{cases} x+y=160 & \cdots \text{㉠} \\ x-y=32 & \cdots \text{㉡} \end{cases}$

㉠$+$㉡을 하면 $2x=192$ $\quad\therefore x=96$

$x=96$을 ㉠에 대입하면 $96+y=160$ $\quad\therefore y=64$

따라서 상호의 속력은 분속 96 m이다.

STEP 2 탄탄 단원 다지기
P.89~91

1 ③	**2** ④	**3** ④	**4** -4	**5** ④
6 8	**7** ③	**8** ②	**9** 6	
10 $a=5, b=2$	**11** ②	**12** $a=5, b=5$		
13 3	**14** ②	**15** -20	**16** $x=5, y=3$	
17 ④	**18** ②	**19** 36	**20** 700원	
21 $a=3, b=1$	**22** 3분	**23** 20분	**24** ①	

1 ㄱ. 등식이 아니므로 일차방정식이 아니다

ㄴ. $-x^2-x+y=0$이므로 x의 차수가 2이다.
즉, 일차방정식이 아니다.

ㄷ. $2x+3y-1=0$이므로 미지수가 2개인 일차방정식이다.

ㄹ. $-y+3=0$이므로 미지수가 1개인 일차방정식이다.

ㅁ. x가 분모에 있으므로 일차방정식이 아니다.

따라서 미지수가 2개인 일차방정식은 ㄷ, ㅂ이다.

2 $ax-3y+1=4x+by-6$에서

$(a-4)x+(-3-b)y+7=0$

이 식이 미지수가 2개인 일차방정식이 되려면

$a-4\neq 0$, $-3-b\neq 0$ $\quad\therefore a\neq 4, b\neq -3$

3 주어진 순서쌍의 x, y의 값을 $2x+3y=26$에 각각 대입하면

① $2\times 1+3\times 8=26$

② $2\times 4+3\times 6=26$

③ $2\times 7+3\times 4=26$

④ $2\times 8+3\times 3\neq 26$

⑤ $2\times 10+3\times 2=26$

따라서 $2x+3y=26$의 해가 아닌 것은 ④이다.

4 $x=-a$, $y=a+3$을 $3x+2y=10$에 대입하면
$-3a+2(a+3)=10$
$-a=4$　　∴ $a=-4$

5 $x=2$, $y=1$을 주어진 연립방정식에 각각 대입하면
① $\begin{cases} 2+1=3 \\ 2-1\neq2 \end{cases}$　　② $\begin{cases} 2+2\times1\neq5 \\ 2\times2+3\times1\neq8 \end{cases}$
③ $\begin{cases} 2\times2-5\times1\neq-2 \\ 4\times2+1=9 \end{cases}$　　④ $\begin{cases} 3\times2+2\times1=8 \\ 5\times1=3\times2-1 \end{cases}$
⑤ $\begin{cases} -2+2\times1=0 \\ 2\times2+1\neq4 \end{cases}$
따라서 해가 $x=2$, $y=1$인 것은 ④이다.

6 $x=1$, $y=2$를 $x+my=5$에 대입하면
$1+2m=5$, $2m=4$　　∴ $m=2$
즉, $x=1$, $y=2$를 $2x+y=n$에 대입하면
$2+2=n$　　∴ $n=4$
∴ $mn=2\times4=8$

7 $\begin{cases} y=-2x+5 & \cdots\text{㉠} \\ 3x-y=10 & \cdots\text{㉡} \end{cases}$
㉠을 ㉡에 대입하면 $3x-(-2x+5)=10$
$5x=15$　　∴ $x=3$
$x=3$을 ㉠에 대입하면 $y=-6+5=-1$

8 ㉠$\times2-$㉡$\times3$을 하면 $-y=-2$가 되어 x가 없어진다.

9 $\begin{cases} 4x+5y=9 & \cdots\text{㉠} \\ 2x-3y=-1 & \cdots\text{㉡} \end{cases}$
㉠$-$㉡$\times2$를 하면 $11y=11$　　∴ $y=1$
$y=1$을 ㉡에 대입하면 $2x-3=-1$
$2x=2$　　∴ $x=1$
따라서 $x=1$, $y=1$을 $x+5y=a$에 대입하면
$1+5=a$　　∴ $a=6$

10 $x=-1$, $y=2$를 주어진 연립방정식에 대입하면
$\begin{cases} -a-2b=-9 \\ -b+2a=8 \end{cases}$, 즉 $\begin{cases} a+2b=9 & \cdots\text{㉠} \\ 2a-b=8 & \cdots\text{㉡} \end{cases}$
㉠$+$㉡$\times2$를 하면 $5a=25$　　∴ $a=5$
$a=5$를 ㉡에 대입하면 $10-b=8$　　∴ $b=2$

11 주어진 연립방정식의 해는 세 방정식을 모두 만족시키므로
연립방정식 $\begin{cases} 2x+y=7 & \cdots\text{㉠} \\ x-3y=-7 & \cdots\text{㉡} \end{cases}$의 해와 같다.
㉠$\times3+$㉡을 하면 $7x=14$　　∴ $x=2$
$x=2$를 ㉠에 대입하면 $4+y=7$　　∴ $y=3$
따라서 $x=2$, $y=3$을 $x+ay=8$에 대입하면
$2+3a=8$, $3a=6$　　∴ $a=2$

12 $\begin{cases} 3x+5y=-2 & \cdots\text{㉠} \\ -2x-3y=2 & \cdots\text{㉡} \end{cases}$
㉠$\times2+$㉡$\times3$을 하면 $y=2$
$y=2$를 ㉠에 대입하면 $3x+10=-2$
$3x=-12$　　∴ $x=-4$
$x=-4$, $y=2$를 $x+ay=6$에 대입하면
$-4+2a=6$, $2a=10$　　∴ $a=5$
$x=-4$, $y=2$를 $2x+by=2$에 대입하면
$-8+2b=2$, $2b=10$　　∴ $b=5$

13 $x=4$, $y=-1$은 $\begin{cases} ax+by=9 \\ bx+ay=-6 \end{cases}$의 해이므로
$\begin{cases} 4a-b=9 \\ 4b-a=-6 \end{cases}$, 즉 $\begin{cases} 4a-b=9 & \cdots\text{㉠} \\ -a+4b=-6 & \cdots\text{㉡} \end{cases}$
㉠$+$㉡$\times4$를 하면 $15b=-15$　　∴ $b=-1$
$b=-1$을 ㉡에 대입하면
$-a-4=-6$　　∴ $a=2$
∴ $a-b=2-(-1)=3$

14 $\begin{cases} 3(x+y)=5+2y & \cdots\text{㉠} \\ 10-(x-2y)=-2x & \cdots\text{㉡} \end{cases}$
㉠을 정리하면 $3x+y=5$　　$\cdots$㉢
㉡을 정리하면 $x+2y=-10$　　$\cdots$㉣
㉢$\times2-$㉣을 하면 $5x=20$　　∴ $x=4$
$x=4$를 ㉢에 대입하면
$12+y=5$　　∴ $y=-7$
∴ $x+y=4+(-7)=-3$

15 $\begin{cases} 0.5x+0.9y=-1.1 & \cdots\text{㉠} \\ \dfrac{2}{3}x+\dfrac{3}{4}y=\dfrac{1}{3} & \cdots\text{㉡} \end{cases}$
㉠$\times10$을 하면 $5x+9y=-11$　　$\cdots$㉢
㉡$\times12$를 하면 $8x+9y=4$　　$\cdots$㉣
㉢$-$㉣을 하면 $-3x=-15$　　∴ $x=5$
$x=5$를 ㉢에 대입하면 $25+9y=-11$
$9y=-36$　　∴ $y=-4$
따라서 $a=5$, $b=-4$이므로
$ab=5\times(-4)=-20$

16 주어진 방정식을 연립방정식으로 나타내면
$\begin{cases} \dfrac{4x-3y+7}{2}=3x-2y & \cdots\text{㉠} \\ \dfrac{2x+5y+2}{3}=3x-2y & \cdots\text{㉡} \end{cases}$
㉠을 정리하면 $2x-y=7$　　$\cdots$㉢
㉡을 정리하면 $7x-11y=2$　　$\cdots$㉣
㉢$\times11-$㉣을 하면 $15x=75$　　∴ $x=5$
$x=5$를 ㉢에 대입하면
$10-y=7$　　∴ $y=3$

17 각 연립방정식에서 x의 계수를 같게 하면

① $\begin{cases} x+y=-1 \\ x-y=2 \end{cases}$ ② $\begin{cases} 2x-2y=-4 \\ 2x-2y=4 \end{cases}$

③ $\begin{cases} -3x-3y=-3 \\ -3x-3y=2 \end{cases}$ ④ $\begin{cases} 6x+3y=3 \\ 6x+3y=3 \end{cases}$

⑤ $\begin{cases} 6x+8y=10 \\ 6x+8y=-10 \end{cases}$

따라서 해가 무수히 많은 연립방정식은 두 일차방정식이 일치하는 연립방정식이므로 ④이다.

18 $\begin{cases} x-2y=3 & \cdots \ ㉠ \\ 3x+ay=b & \cdots \ ㉡ \end{cases}$

㉠×3을 하면 $3x-6y=9$ $\cdots$ ㉢

이때 ㉡과 ㉢의 계수는 각각 같고, 상수항은 달라야 하므로 $a=-6$, $b \ne 9$

19 처음 수의 십의 자리의 숫자를 x, 일의 자리의 숫자를 y라고 하면

$\begin{cases} y=2x \\ 10y+x=2(10x+y)-9 \end{cases}$ 즉 $\begin{cases} y=2x & \cdots \ ㉠ \\ 19x-8y=9 & \cdots \ ㉡ \end{cases}$

㉠을 ㉡에 대입하면 $19x-16x=9$

$3x=9$ $\therefore x=3$

$x=3$을 ㉠에 대입하면 $y=6$

따라서 처음 수는 36이다.

20 볼펜 한 자루의 가격을 x원, 색연필 한 자루의 가격을 y원이라고 하면

$\begin{cases} 6x+5y=8300 & \cdots \ ㉠ \\ 3x+6y=6600 & \cdots \ ㉡ \end{cases}$

㉠-㉡×2를 하면 $-7y=-4900$ $\therefore y=700$

$y=700$을 ㉡에 대입하면 $3x+4200=6600$

$3x=2400$ $\therefore x=800$

따라서 색연필 한 자루의 가격은 700원이다.

21 동우는 10번 이기고 5번 졌고, 미주는 5번 이기고 10번 졌으므로

$\begin{cases} 10a-5b=25 \\ 5a-10b=5 \end{cases}$ 즉 $\begin{cases} 2a-b=5 & \cdots \ ㉠ \\ a-2b=1 & \cdots \ ㉡ \end{cases}$

㉠-㉡×2를 하면 $3b=3$ $\therefore b=1$

$b=1$을 ㉡에 대입하면 $a-2=1$ $\therefore a=3$

22 형이 출발한 지 x분 후, 동생이 출발한 지 y분 후에 두 사람이 만난다고 하면

형이 동생보다 9분 먼저 출발했으므로

$x=y+9$

형과 동생이 만날 때까지 이동한 거리는 같으므로

$50x=200y$ $\cdots$ ㉡

㉠을 ㉡에 대입하면 $50(y+9)=200y$

$-150y=-450$ $\therefore y=3$

$y=3$을 ㉠에 대입하면 $x=3+9=12$

따라서 두 사람이 만나는 것은 동생이 출발한 지 3분 후이다.

23 물탱크에 물을 가득 채웠을 때의 물의 양을 1이라 하고, A, B 두 호스로 1분 동안 채울 수 있는 물의 양을 각각 x, y라고 하면

$\begin{cases} 15(x+y)=1 \\ 10x+30y=1 \end{cases}$ 즉 $\begin{cases} 15x+15y=1 & \cdots \ ㉠ \\ 10x+30y=1 & \cdots \ ㉡ \end{cases}$

㉠×2-㉡을 하면 $20x=1$ $\therefore x=\dfrac{1}{20}$

$x=\dfrac{1}{20}$을 ㉡에 대입하면 $\dfrac{1}{2}+30y=1$

$30y=\dfrac{1}{2}$ $\therefore y=\dfrac{1}{60}$

따라서 A 호스로 1분 동안 채울 수 있는 물의 양은 $\dfrac{1}{20}$이므로 A 호스로만 물탱크를 가득 채우는 데 20분이 걸린다.

24 7 % 의 소금물의 양을 x g, 12 % 의 소금물의 양을 y g이라고 하면

$\begin{cases} x+y=650 \\ \dfrac{7}{100}x+\dfrac{12}{100}y=\dfrac{9}{100}\times650 \end{cases}$ 즉 $\begin{cases} x+y=650 & \cdots \ ㉠ \\ 7x+12y=5850 & \cdots \ ㉡ \end{cases}$

㉠×7-㉡을 하면 $-5y=-1300$ $\therefore y=260$

$y=260$을 ㉠에 대입하면 $x+260=650$ $\therefore x=390$

따라서 12 % 의 소금물은 260 g을 섞어야 한다.

STEP 3 쏙쏙 **서술형 완성하기**   P. 92~93

〈과정은 풀이 참조〉

따라 해보자   유제 1 $\dfrac{3}{2}$ 유제 2 $x=3$, $y=1$

연습해 보자   **1**   12   **2** $x=2$, $y=\dfrac{1}{2}$

     3 -3

     4   (1) $\begin{cases} x+y=60 \\ x+15=2(y+15) \end{cases}$ (2) 50세

따라 해보자

유제 1 **1단계** x와 y의 값의 비가 2 : 3이므로

$x : y=2 : 3$ $\therefore 3x=2y$ $\cdots$ (i)

2단계 연립방정식 $\begin{cases} 3x=2y & \cdots \ ㉠ \\ 3x+2y=24 & \cdots \ ㉡ \end{cases}$ 에서

㉠을 ㉡에 대입하면 $2y+2y=24$

$4y=24$ $\therefore y=6$

$y=6$을 ㉠에 대입하면

$3x=12$ $\therefore x=4$ $\cdots$ (ii)

[3단계] $x=4$, $y=6$을 $2x+ay=17$에 대입하면

$$8+6a=17, \ 6a=9 \quad \therefore a=\frac{3}{2} \quad \cdots \text{(iii)}$$

채점 기준	비율
(i) 해의 조건을 식으로 나타내기	20 %
(ii) x, y의 값 구하기	50 %
(iii) a의 값 구하기	30 %

유제 2 **[1단계]** $x=-1$, $y=-4$는 $5x-by=11$의 해이므로

$$-5+4b=11, \ 4b=16 \quad \therefore b=4 \quad \cdots \text{(i)}$$

[2단계] $x=8$, $y=5$는 $ax-5y=7$의 해이므로

$$8a-25=7, \ 8a=32 \quad \therefore a=4 \quad \cdots \text{(ii)}$$

[3단계] 처음 연립방정식은 $\begin{cases} 4x-5y=7 & \cdots \text{㉠} \\ 5x-4y=11 & \cdots \text{㉡} \end{cases}$ 이므로

㉠×4−㉡×5를 하면 $-9x=-27$ $\quad \therefore x=3$

$x=3$을 ㉡에 대입하면 $15-4y=11$

$$-4y=-4 \quad \therefore y=1 \quad \cdots \text{(iii)}$$

채점 기준	비율
(i) b의 값 구하기	30 %
(ii) a의 값 구하기	30 %
(iii) 처음 연립방정식의 해 구하기	40 %

연습해 보자

1 $x=a$, $y=5$를 $x-3y=-6$에 대입하면

$$a-15=-6 \quad \therefore a=9 \quad \cdots \text{(i)}$$

$x=3$, $y=b$를 $x-3y=-6$에 대입하면

$$3-3b=-6, \ -3b=-9 \quad \therefore b=3 \quad \cdots \text{(ii)}$$

$$\therefore a+b=9+3=12 \quad \cdots \text{(iii)}$$

채점 기준	비율
(i) a의 값 구하기	40 %
(ii) b의 값 구하기	40 %
(iii) $a+b$의 값 구하기	20 %

2 $\begin{cases} (x-1):(y+1)=2:3 & \cdots \text{㉠} \\ \dfrac{x}{4}-\dfrac{y}{5}=\dfrac{2}{5} & \cdots \text{㉡} \end{cases}$

㉠에서 $3(x-1)=2(y+1)$이므로

$3x-3=2y+2 \quad \therefore 3x-2y=5 \quad \cdots \text{㉢}$

㉡×20을 하면 $5x-4y=8 \quad \cdots \text{㉣}$ $\quad \cdots \text{(i)}$

㉢×2−㉣을 하면 $x=2$

$x=2$를 ㉢에 대입하면 $6-2y=5$

$$-2y=-1 \quad \therefore y=\frac{1}{2} \quad \cdots \text{(ii)}$$

채점 기준	비율
(i) 주어진 연립방정식의 계수를 정수로 고치기	40 %
(ii) 연립방정식 풀기	60 %

3 주어진 방정식을 연립방정식으로 나타내면

$\begin{cases} 3x+y-7=x+2y & \cdots \text{㉠} \\ -2x-3y+4=x+2y & \cdots \text{㉡} \end{cases}$ $\quad \cdots \text{(i)}$

㉠을 정리하면 $2x-y=7 \quad \cdots \text{㉢}$

㉡을 정리하면 $-3x-5y=-4 \quad \cdots \text{㉣}$

㉢×5−㉣을 하면 $13x=39 \quad \therefore x=3$

$x=3$을 ㉢에 대입하면 $6-y=7 \quad \therefore y=-1 \quad \cdots \text{(ii)}$

따라서 $x=3$, $y=-1$을 $4x-ay-9=0$에 대입하면

$$12+a-9=0 \quad \therefore a=-3 \quad \cdots \text{(iii)}$$

채점 기준	비율
(i) 주어진 방정식을 연립방정식으로 나타내기	20 %
(ii) 연립방정식 풀기	50 %
(iii) a의 값 구하기	30 %

4 (1) 현재 이모의 나이와 조카의 나이의 합은 60세이므로

$x+y=60$

15년 후에는 이모의 나이가 조카의 나이의 2배가 되므로

$x+15=2(y+15)$

따라서 연립방정식을 세우면 $\begin{cases} x+y=60 \\ x+15=2(y+15) \end{cases}$ $\quad \cdots \text{(i)}$

(2) (1)의 식을 정리하면 $\begin{cases} x+y=60 & \cdots \text{㉠} \\ x-2y=15 & \cdots \text{㉡} \end{cases}$

㉠−㉡을 하면 $3y=45 \quad \therefore y=15$

$y=15$를 ㉠에 대입하면

$x+15=60 \quad \therefore x=45 \quad \cdots \text{(ii)}$

따라서 현재 이모의 나이는 45세이므로 5년 후의 이모의 나이는 $45+5=50$(세)이다. $\quad \cdots \text{(iii)}$

채점 기준	비율
(i) 연립방정식 세우기	40 %
(ii) 연립방정식 풀기	40 %
(iii) 5년 후의 이모의 나이 구하기	20 %

역사 속 수학 P. 94

답 **객실: 8개, 손님: 63명**

객실 수를 x개, 손님 수를 y명이라고 하자.

한 방에 7명씩 채워서 들어가면 7명이 남으므로

$y=7x+7 \quad \cdots \text{㉠}$

한 방에 9명씩 채워서 들어가면 방 하나가 남으므로

$y=9(x-1) \quad \cdots \text{㉡}$

㉠을 ㉡에 대입하면 $7x+7=9(x-1)$

$-2x=-16 \quad \therefore x=8$

$x=8$을 ㉠에 대입하면 $y=56+7=63$

따라서 객실 수는 8개, 손님 수는 63명이다.

1 함수

P. 98

개념 확인   표는 풀이 참조   (1) 함수이다.   (2) 함수가 아니다.

(1) (빵 전체의 가격)＝(빵 1개의 가격)×(빵의 개수)이므로

x	1	2	3	4	…
y	500	1000	1500	2000	…

x의 값이 변함에 따라 y의 값이 오직 하나씩 대응하므로 y는 x의 함수이다.

(2)

x	1	2	3	4	…
y	1	1, 2	1, 3	1, 2, 4	…

$x=2$일 때, y의 값이 1, 2의 2개이므로 x의 값 하나에 y의 값이 오직 하나씩 대응하지 않는다.
따라서 y는 x의 함수가 아니다.

필수 문제 1   (1) ×   (2) ○   (3) ×   (4) ○   (5) ○

(1)

x	1	2	3	4	…
y	없다.	1	1	1, 3	…

$x=1$일 때, y의 값이 없으므로 x의 값 하나에 y의 값이 오직 하나씩 대응하지 않는다.
따라서 y는 x의 함수가 아니다.

(2)

x	1	2	3	4	…
y	1	2	3	2	…

x의 값이 변함에 따라 y의 값이 오직 하나씩 대응하므로 y는 x의 함수이다.

(3)

x	1	2	3	…
y	1, 2, 3, …	2, 4, 6, …	3, 6, 9, …	…

x의 각 값에 대응하는 y의 값이 2개 이상이므로 x의 값 하나에 y의 값이 오직 하나씩 대응하지 않는다.
따라서 y는 x의 함수가 아니다.

(4) (정삼각형의 둘레의 길이)＝3×(한 변의 길이)이므로

x	1	2	3	4	…
y	3	6	9	12	…

x의 값이 변함에 따라 y의 값이 오직 하나씩 대응하므로 y는 x의 함수이다.

참고 $y=3x$ ⇨ 정비례 관계이므로 함수이다.

(5) (평행사변형의 넓이)＝(밑변의 길이)×(높이)이므로

x	1	2	3	…	24
y	24	12	8	…	1

x의 값이 변함에 따라 y의 값이 오직 하나씩 대응하므로 y는 x의 함수이다.

참고 $xy=24$, 즉 $y=\dfrac{24}{x}$ ⇨ 반비례 관계이므로 함수이다.

1-1   ㄱ, ㄷ, ㄹ

ㄱ.

x	1	2	3	4	…
y	1	2	0	1	…

x의 값이 변함에 따라 y의 값이 오직 하나씩 대응하므로 y는 x의 함수이다.

ㄴ.

x	1	2	3	…
y	1, 2, 3, …	1, 3, 5, …	1, 2, 4, …	…

x의 각 값에 대응하는 y의 값이 2개 이상이므로 x의 값 하나에 y의 값이 오직 하나씩 대응하지 않는다.
즉, y는 x의 함수가 아니다.

ㄷ. 200－(마신 우유의 양)＝(남은 우유의 양)이므로

x	1	2	3	4	…
y	199	198	197	196	…

x의 값이 변함에 따라 y의 값이 오직 하나씩 대응하므로 y는 x의 함수이다.

ㄹ.

x	1	2	3	4	…
y	8	16	24	32	…

x의 값이 변함에 따라 y의 값이 오직 하나씩 대응하므로 y는 x의 함수이다.

따라서 y가 x의 함수인 것은 ㄱ, ㄷ, ㄹ이다.

참고 ㄷ. $y=200-x$ ⇨ $y=$(x에 대한 일차식)이므로 함수이다.
ㄹ. $y=8x$ ⇨ 정비례 관계이므로 함수이다.

P. 99

개념 확인 -6, 6, 3

함수 $f(x)=\dfrac{6}{x}$에

$x=-1$을 대입하면 $f(-1)=\dfrac{6}{-1}=-6$

$x=1$을 대입하면 $f(1)=\dfrac{6}{1}=6$

$x=2$를 대입하면 $f(2)=\dfrac{6}{2}=3$

필수 문제 2   (1) $f(2)=6$, $f(-3)=-9$
          (2) $f(2)=-4$, $f(-3)=\dfrac{8}{3}$

(1) $f(2)=3×2=6$, $f(-3)=3×(-3)=-9$

(2) $f(2)=-\dfrac{8}{2}=-4$, $f(-3)=-\dfrac{8}{-3}=\dfrac{8}{3}$

2-1 (1) -20 (2) 2 (3) -6 (4) 1

(1) $f(4)=-5\times4=-20$

(2) $2f\left(-\dfrac{1}{5}\right)=2\times(-5)\times\left(-\dfrac{1}{5}\right)=2$

(3) $g(-2)=\dfrac{12}{-2}=-6$

(4) $\dfrac{1}{4}g(3)=\dfrac{1}{4}\times\dfrac{12}{3}=1$

2-2 1

$5=2\times2+1$이므로

$f(5)=(5$를 2로 나눈 나머지$)=1$

$10=2\times5$이므로

$f(10)=(10$을 2로 나눈 나머지$)=0$

$\therefore f(5)+f(10)=1+0=1$

STEP 1 쏙쏙 개념 익히기   P. 100

1 (1) 풀이 참조 (2) 함수이다.
2 ② **3** ④ **4** 2
5 -12 **6** 5

1 (1)

x	1	2	3	4	5	⋯
y	19	18	17	16	15	⋯

(2) (1)에서 x의 값이 변함에 따라 y의 값이 오직 하나씩 대응하므로 y는 x의 함수이다.

2 ①

x	1	2	3	4	⋯
y	49	48	47	46	⋯

x의 값이 변함에 따라 y의 값이 오직 하나씩 대응하므로 y는 x의 함수이다.

②

x	1	2	3	⋯
y	1	1, 2, 3	1, 2, 3, 4, 5	⋯

$x=2$일 때, y의 값이 1, 2, 3의 3개이므로 x의 값 하나에 y의 값이 오직 하나씩 대응하지 않는다.

즉, y는 x의 함수가 아니다.

③

x	1	2	3	4	⋯
y	150	300	450	600	⋯

x의 값이 변함에 따라 y의 값이 오직 하나씩 대응하므로 y는 x의 함수이다.

④

x	1	2	3	4	⋯
y	2π	4π	6π	8π	⋯

x의 값이 변함에 따라 y의 값이 오직 하나씩 대응하므로 y는 x의 함수이다.

⑤

x	1	2	3	4	⋯
y	5	10	15	20	⋯

x의 값이 변함에 따라 y의 값이 오직 하나씩 대응하므로 y는 x의 함수이다.

따라서 y가 x의 함수가 아닌 것은 ②이다.

3 ① $f(-8)=-\dfrac{6}{-8}=\dfrac{3}{4}$

② $f(-2)=-\dfrac{6}{-2}=3$

③ $f(-1)=-\dfrac{6}{-1}=6$

④ $f\left(\dfrac{1}{2}\right)=(-6)\div\dfrac{1}{2}=(-6)\times2=-12$

⑤ $f(4)+f(-3)=-\dfrac{6}{4}+\left(-\dfrac{6}{-3}\right)=-\dfrac{3}{2}+2=\dfrac{1}{2}$

따라서 옳지 않은 것은 ④이다.

4 $f(-2)=-4\times(-2)=8$ $\therefore a=8$

$f(b)=-4b=-1$ $\therefore b=\dfrac{1}{4}$

$\therefore ab=8\times\dfrac{1}{4}=2$

5 $f(2)=\dfrac{a}{2}=-6$ $\therefore a=-12$

6 2의 약수는 1, 2의 2개이므로 $f(2)=2$

4의 약수는 1, 2, 4의 3개이므로 $f(4)=3$

$\therefore f(2)+f(4)=2+3=5$

---

2 일차함수와 그 그래프

P. 101

필수 문제 1 ㄱ, ㄹ

ㄴ. 7은 일차식이 아니므로 $y=7$은 일차함수가 아니다.

ㄷ. $y=5(x-1)-5x$에서 $y=-5$이고, -5는 일차식이 아니므로 $y=-5$는 일차함수가 아니다.

ㅁ. $y=x(x-3)$에서 $y=x^2-3x$

즉, $y=(x$에 대한 이차식$)$이므로 일차함수가 아니다.

ㅂ. $\dfrac{1}{x}-2$는 x가 분모에 있으므로 일차식이 아니다.

즉, $y=\dfrac{1}{x}-2$는 일차함수가 아니다.

따라서 일차함수인 것은 ㄱ, ㄹ이다.

1-1 ③, ④

① $x+y=1$에서 $y=-x+1$이므로 일차함수이다.

② $y=\dfrac{x-2}{4}$에서 $y=\dfrac{1}{4}x-\dfrac{1}{2}$이므로 일차함수이다.

③ $xy=8$에서 $y=\dfrac{8}{x}$이고, $\dfrac{8}{x}$은 x가 분모에 있으므로 일차식이 아니다. 즉, $y=\dfrac{8}{x}$은 일차함수가 아니다.

④ $y=x-(3+x)$에서 $y=-3$이고, -3은 일차식이 아니므로 $y=-3$은 일차함수가 아니다.

⑤ $y=x^2+x(6-x)$에서 $y=6x$이므로 일차함수이다.

따라서 y가 x의 일차함수가 아닌 것은 ③, ④이다.

1-2 (1) $y=x+32$ (2) $y=\pi x^2$

(3) $y=\dfrac{40}{x}$ (4) $y=-x+24$

일차함수인 것: (1), (4)

(1) $y=x+32$이므로 일차함수이다.

(2) $y=\pi x^2$에서 $y=\pi x^2$은 $y=(x$에 대한 이차식)이므로 일차함수가 아니다.

(3) $y=\dfrac{40}{x}$이고, $\dfrac{40}{x}$은 x가 분모에 있으므로 일차식이 아니다. 즉, $y=\dfrac{40}{x}$은 일차함수가 아니다.

(4) $x+y=24$에서 $y=-x+24$이므로 일차함수이다.

따라서 일차함수인 것은 (1), (4)이다.

필수 문제 2 (1) 7, -5 (2) -9, 1

(1) $f(-2)=(-3)\times(-2)+1=7$

$f(2)=(-3)\times 2+1=-5$

(2) $f(-2)=\dfrac{5}{2}\times(-2)-4=-9$

$f(2)=\dfrac{5}{2}\times 2-4=1$

P. 102

개념 확인 (1) (차례로) -1, 1, 3, 5, 7

(2)

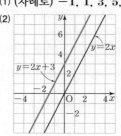

필수 문제 3 (1) 1, 그래프는 풀이 참조
(2) -2, 그래프는 풀이 참조

(1) $y=-x+1$의 그래프는 $y=-x$의 그래프를 y축의 방향으로 1만큼 평행이동한 그래프와 같다.

(2) $y=-x-2$의 그래프는 $y=-x$의 그래프를 y축의 방향으로 -2만큼 평행이동한 그래프와 같다.

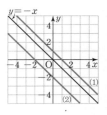

필수 문제 4 (1) $y=6x+3$ (2) $y=-\dfrac{1}{2}x-1$

(2) $y=-\dfrac{1}{2}x+4$ $\xrightarrow[\text{$-5$만큼 평행이동}]{\text{$y$축의 방향으로}}$ $y=-\dfrac{1}{2}x+4\boxed{-5}$

$\therefore y=-\dfrac{1}{2}x-1$

4-1 (1) 5 (2) -8

(1) $y=3x+7$의 그래프가 $y=3x+2$의 그래프를 y축의 방향으로 a만큼 평행이동한 것이라고 하면

$2+a=7$ $\therefore a=5$

(2) $y=3x-6$의 그래프가 $y=3x+2$의 그래프를 y축의 방향으로 a만큼 평행이동한 것이라고 하면

$2+a=-6$ $\therefore a=-8$

STEP 1 쏙쏙 **개념 익히기** P. 103

1 ㄱ, ㄴ	**2** 15	**3** -11
4 제4사분면	**5** ④	**6** 3

1 ㄱ. $y=3000+5x$이므로 일차함수이다.

ㄴ. $y=200-9x$이므로 일차함수이다.

ㄷ. $\dfrac{1}{2}xy=10$에서 $y=\dfrac{20}{x}$이고, $\dfrac{20}{x}$은 x가 분모에 있으므로 일차식이 아니다. 즉, $y=\dfrac{20}{x}$은 일차함수가 아니다.

ㄹ. $xy=30$에서 $y=\dfrac{30}{x}$이고, $\dfrac{30}{x}$은 x가 분모에 있으므로 일차식이 아니다. 즉, $y=\dfrac{30}{x}$은 일차함수가 아니다.

따라서 y가 x의 일차함수인 것은 ㄱ, ㄴ이다.

2 $f(2)=4\times 2+1=9$

$f(-1)=4\times(-1)+1=-3$

$\therefore f(2)-2f(-1)=9-2\times(-3)=15$

3 $f(1)=a-2=1$이므로 $a=3$

따라서 $f(x)=3x-2$이므로

$f(-3)=3\times(-3)-2=-11$

4 $y=\dfrac{1}{2}x$의 그래프를 y축의 방향으로

3만큼 평행이동한 그래프는 오른쪽
그림과 같으므로 제4사분면을 지나
지 않는다.

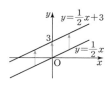

5 $y=-2x+3$에 주어진 점의 좌표를 각각 대입하면

① $7=-2\times(-2)+3$ ② $5=-2\times(-1)+3$

③ $2=-2\times\dfrac{1}{2}+3$ ④ $3\ne-2\times3+3$

⑤ $-7=-2\times5+3$

따라서 $y=-2x+3$의 그래프 위의 점이 아닌 것은 ④이다.

6 $y=-\dfrac{2}{3}x-1$의 그래프를 y축의 방향으로 -2만큼 평행이

동하면 $y=-\dfrac{2}{3}x-1-2$ $\therefore y=-\dfrac{2}{3}x-3$

$y=-\dfrac{2}{3}x-3$의 그래프가 점 $(k,-5)$를 지나므로

$-5=-\dfrac{2}{3}k-3,\ \dfrac{2}{3}k=2$ $\therefore k=3$

P. 104

개념 확인   (1) $(-3,\,0)$ (2) $(0,\,2)$ (3) x절편: -3, y절편: 2

필수 문제 5   (1) $-2,\,3$ (2) $3,\,1$

　(1) x축과 만나는 점의 좌표: $(-2,\,0)$

　　y축과 만나는 점의 좌표: $(0,\,3)$

　　따라서 x절편은 -2, y절편은 3이다.

　(2) x축과 만나는 점의 좌표: $(3,\,0)$

　　y축과 만나는 점의 좌표: $(0,\,1)$

　　따라서 x절편은 3, y절편은 1이다.

5-1   (1) $4,\,3$ (2) $0,\,0$ (3) $5,\,-2$

　(1) x축과 만나는 점의 좌표: $(4,\,0)$

　　y축과 만나는 점의 좌표: $(0,\,3)$

　　따라서 x절편은 4, y절편은 3이다.

　(2) x축, y축과 만나는 점의 좌표가 모두 $(0,\,0)$이므로

　　x절편, y절편은 모두 0이다.

　(3) x축과 만나는 점의 좌표: $(5,\,0)$

　　y축과 만나는 점의 좌표: $(0,\,-2)$

　　따라서 x절편은 5, y절편은 -2이다.

필수 문제 6   (1) x절편: $\dfrac{3}{4}$, y절편: 3 (2) x절편: 8, y절편: -4

　(1) $y=0$일 때, $0=-4x+3$ $\therefore x=\dfrac{3}{4}$

　　$x=0$일 때, $y=3$

　　따라서 x절편은 $\dfrac{3}{4}$, y절편은 3이다.

　(2) $y=0$일 때, $0=\dfrac{1}{2}x-4$ $\therefore x=8$

　　$x=0$일 때, $y=-4$

　　따라서 x절편은 8, y절편은 -4이다.

6-1   (1) x절편: 2, y절편: 2

　　(2) x절편: -15, y절편: 6

　　(3) x절편: -4, y절편: -8

　(1) $y=0$일 때, $0=-x+2$ $\therefore x=2$

　　$x=0$일 때, $y=2$

　　따라서 x절편은 2, y절편은 2이다.

　(2) $y=0$일 때, $0=\dfrac{2}{5}x+6$ $\therefore x=-15$

　　$x=0$일 때, $y=6$

　　따라서 x절편은 -15, y절편은 6이다.

　(3) $y=0$일 때, $0=-2x-8$ $\therefore x=-4$

　　$x=0$일 때, $y=-8$

　　따라서 x절편은 -4, y절편은 -8이다.

P. 105

필수 문제 7   ❶ $4,\,3$ ❷ $4,\,3$

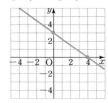

　(1) $y=0$일 때, $0=-\dfrac{3}{4}x+3$ $\therefore x=4$

　　$x=0$일 때, $y=3$

　　따라서 x절편은 4, y절편은 3이다.

7-1

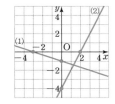

　(1) $y=0$일 때, $0=-\dfrac{1}{3}x-1$ $\therefore x=-3$

　　$x=0$일 때, $y=-1$

　　따라서 x절편이 -3, y절편이 -1이므로 두 점

　　$(-3,\,0)$, $(0,\,-1)$을 지나는 직선을 그린다.

　(2) $y=0$일 때, $0=2x-4$ $\therefore x=2$

　　$x=0$일 때, $y=-4$

　　따라서 x절편이 2, y절편이 -4이므로 두 점 $(2,\,0)$,

　　$(0,\,-4)$를 지나는 직선을 그린다.

$y=2x+4$의 그래프의 x절편은 -2,

y절편은 4이므로 그래프를 그리면 오른

쪽 그림과 같다.

따라서 구하는 도형의 넓이는

$\dfrac{1}{2}\times 2\times 4=4$

참고   일차함수의 그래프와 x축, y축으로

둘러싸인 삼각형의 넓이는

➡ $\dfrac{1}{2}\times \overline{\text{OA}}\times \overline{\text{OB}}$

$=\dfrac{1}{2}\times |x$절편$|\times |y$절편$|$

8-1   **27**

$y=-\dfrac{2}{3}x+6$의 그래프의 x절편은

9, y절편은 6이므로 그래프를 그리

면 오른쪽 그림과 같다.

따라서 구하는 도형의 넓이는

$\dfrac{1}{2}\times 9\times 6=27$

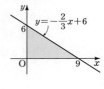

STEP 1   **쏙쏙 개념 익히기**   **P. 106**

1   (1) 2, 3   (2) -4, 4   (3) 3, -2 (4) -2, -1

2 $-\dfrac{1}{3}$ **3**   (1) -3 (2) $\dfrac{1}{3}$ **4**   A$(5, 0)$

5   (1) 3, -4

     (2) -2, 2

     (3) 6, 3

     (4) -2, -4

6 $\dfrac{1}{2}$

---

1   (1) x축과 만나는 점의 좌표: $(2, 0)$

     y축과 만나는 점의 좌표: $(0, 3)$

     따라서 x절편은 2, y절편은 3이다.

   (2) x축과 만나는 점의 좌표: $(-4, 0)$

     y축과 만나는 점의 좌표: $(0, 4)$

     따라서 x절편은 -4, y절편은 4이다.

   (3) x축과 만나는 점의 좌표: $(3, 0)$

     y축과 만나는 점의 좌표: $(0, -2)$

     따라서 x절편은 3, y절편은 -2이다.

   (4) x축과 만나는 점의 좌표: $(-2, 0)$

     y축과 만나는 점의 좌표: $(0, -1)$

     따라서 x절편은 -2, y절편은 -1이다.

---

2 $y=\dfrac{3}{2}x$의 그래프를 y축의 방향으로 -1만큼 평행이동하면

$y=\dfrac{3}{2}x-1$

$y=0$일 때, $0=\dfrac{3}{2}x-1$ $\therefore x=\dfrac{2}{3}$

$x=0$일 때, $y=-1$

따라서 x절편은 $\dfrac{2}{3}$, y절편은 -1이므로 그 합은

$\dfrac{2}{3}+(-1)=-\dfrac{1}{3}$

3   (1) y절편이 -3이므로 $b=-3$

   (2) x절편이 -3이면 $y=ax+1$의 그래프가 점 $(-3, 0)$을

     지나므로

     $0=-3a+1$ $\therefore a=\dfrac{1}{3}$

4 $y=-\dfrac{3}{5}x+b$의 그래프의 y절편이 3이므로 $b=3$

즉, $y=-\dfrac{3}{5}x+3$에 $y=0$을 대입하면

$0=-\dfrac{3}{5}x+3$ $\therefore x=5$

따라서 점 A의 좌표는 $(5, 0)$이다.

5   (1) $y=0$일 때, $0=\dfrac{4}{3}x-4$ $\therefore x=3$

     $x=0$일 때, $y=-4$

     즉, x절편은 3, y절편은 -4이므로 그래프는 두 점

     $(3, 0)$, $(0, -4)$를 지나는 직선이다.

   (2) $y=0$일 때, $0=x+2$ $\therefore x=-2$

     $x=0$일 때, $y=2$

     즉, x절편은 -2, y절편은 2이므로 그래프는 두 점

     $(-2, 0)$, $(0, 2)$를 지나는 직선이다.

   (3) $y=0$일 때, $0=-\dfrac{1}{2}x+3$ $\therefore x=6$

     $x=0$일 때, $y=3$

     즉, x절편은 6, y절편은 3이므로 그래프는 두 점 $(6, 0)$,

     $(0, 3)$을 지나는 직선이다.

   (4) $y=0$일 때, $0=-2x-4$ $\therefore x=-2$

     $x=0$일 때, $y=-4$

     즉, x절편은 -2, y절편은 -4이므로 그래프는 두 점

     $(-2, 0)$, $(0, -4)$를 지나는 직선이다.

6 $y=ax-2$의 그래프의 y절편은 -2이므로

B$(0, -2)$ $\therefore \overline{\text{OB}}=2$

즉, $\triangle \text{AOB}=\dfrac{1}{2}\times \overline{\text{OA}}\times 2=4$이므로

$\overline{\text{OA}}=4$ $\therefore$ A$(4, 0)$

따라서 $y=ax-2$의 그래프가 점 $(4, 0)$을 지나므로

$0=4a-2$, $4a=2$ $\therefore a=\dfrac{1}{2}$

개념 확인 $-\dfrac{3}{4}$, 3

필수 문제 9 (1) $\dfrac{4}{3}$ (2) $-\dfrac{1}{2}$

(1) 그래프가 두 점 $(-4, 1)$, $(-1, 5)$를 지나므로 x의 값이 3만큼 증가할 때, y의 값은 4만큼 증가한다.

∴ (기울기)$=\dfrac{4}{3}$

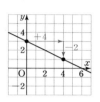

(2) 그래프가 두 점 $(0, 3)$, $(4, 1)$을 지나므로 x의 값이 4만큼 증가할 때, y의 값은 2만큼 감소한다.

∴ (기울기)$=\dfrac{-2}{4}=-\dfrac{1}{2}$

9-1 (1) 1 (2) -2 (3) $-\dfrac{2}{3}$

(1) 그래프가 두 점 $(0, -3)$, $(3, 0)$을 지나므로 x의 값이 3만큼 증가할 때, y의 값은 3만큼 증가한다.

∴ (기울기)$=\dfrac{3}{3}=1$

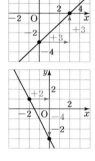

(2) 그래프가 두 점 $(-2, 1)$, $(0, -3)$을 지나므로 x의 값이 2만큼 증가할 때, y의 값은 4만큼 감소한다.

∴ (기울기)$=\dfrac{-4}{2}=-2$

(3) 그래프가 두 점 $(-2, 1)$, $(1, -1)$을 지나므로 x의 값이 3만큼 증가할 때, y의 값은 2만큼 감소한다.

∴ (기울기)$=\dfrac{-2}{3}=-\dfrac{2}{3}$

필수 문제 10 (1) -4 (2) 3 (3) -2

(2) (기울기)$=\dfrac{(y\text{의 값의 증가량})}{(x\text{의 값의 증가량})}=\dfrac{6}{2}=3$

(3) (x의 값의 증가량)$=3-1=2$이므로

(기울기)$=\dfrac{(y\text{의 값의 증가량})}{(x\text{의 값의 증가량})}=\dfrac{-4}{2}=-2$

10-1 (1) ㄴ (2) ㄹ

(1) (기울기)$=\dfrac{(y\text{의 값의 증가량})}{(x\text{의 값의 증가량})}=\dfrac{-2}{8}=-\dfrac{1}{4}$

따라서 기울기가 $-\dfrac{1}{4}$인 것은 ㄴ이다.

(2) (x의 값의 증가량)$=2-(-1)=3$이므로

(기울기)$=\dfrac{(y\text{의 값의 증가량})}{(x\text{의 값의 증가량})}=\dfrac{24}{3}=8$

따라서 기울기가 8인 것은 ㄹ이다.

10-2 (1) (차례로) 2, 4 (2) (차례로) $-\dfrac{1}{2}$, -2

(1) (기울기)$=\dfrac{(y\text{의 값의 증가량})}{2}=2$

∴ (y의 값의 증가량)$=4$

(2) (기울기)$=\dfrac{(y\text{의 값의 증가량})}{4}=-\dfrac{1}{2}$

∴ (y의 값의 증가량)$=-2$

필수 문제 11 -1

두 점 $(-1, 4)$, $(2, 1)$을 지나므로

(기울기)$=\dfrac{1-4}{2-(-1)}=-1$

11-1 (1) 3 (2) $-\dfrac{5}{3}$

(1) 두 점 $(1, 2)$, $(3, 8)$을 지나므로

(기울기)$=\dfrac{8-2}{3-1}=3$

(2) 두 점 $(-2, 1)$, $(1, -4)$를 지나므로

(기울기)$=\dfrac{-4-1}{1-(-2)}=-\dfrac{5}{3}$

11-2 2

x절편이 -2이고, y절편이 4이므로 그래프는 두 점 $(-2, 0)$, $(0, 4)$를 지난다.

∴ (기울기)$=\dfrac{4-0}{0-(-2)}=2$

필수 문제 12 ❶ 2, 2 ❷ $\dfrac{3}{2}$, 3, 5

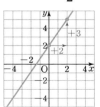

12-1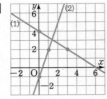

(1) $y=-\dfrac{2}{3}x+4$의 그래프는 y절편이 4이므로 점 $(0, 4)$를

지난다. 이때 기울기가 $-\dfrac{2}{3}$이므로 점 $(0, 4)$에서 x의

값이 3만큼 증가하고, y의 값이 2만큼 감소한 점 $(3, 2)$
를 지난다.

따라서 두 점 $(0, 4)$, $(3, 2)$를 지나는 직선을 그린다.

(2) $y=3x-1$의 그래프는 y절편이 -1이므로 점 $(0, -1)$
을 지난다. 이때 기울기가 3이므로 점 $(0, -1)$에서
x의 값이 1만큼, y의 값이 3만큼 증가한 점 $(1, 2)$를
지난다.

따라서 두 점 $(0, -1)$, $(1, 2)$를 지나는 직선을 그린다.

12-2 ①

$y=-2x+1$의 그래프는 y절편이 1이므로 점 $(0, 1)$을 지
난다. 이때 기울기가 -2이므로 점 $(0, 1)$에서 x의 값이
1만큼 증가하고, y의 값이 2만큼 감소한 점 $(1, -1)$을 지
난다.

따라서 $y=-2x+1$의 그래프는 두 점 $(0, 1)$, $(1, -1)$
을 지나는 ①이다.

---

3 $y=f(x)$의 그래프가 두 점 $(0, 1)$, $(2, 5)$를 지나므로

$m=\dfrac{5-1}{2-0}=2$

$y=g(x)$의 그래프가 두 점 $(2, 5)$, $(7, 0)$을 지나므로

$n=\dfrac{0-5}{7-2}=-1$

$\therefore m+n=2+(-1)=1$

4 두 점 $(-4, k)$, $(3, 15)$를 지나므로

(기울기)$=\dfrac{15-k}{3-(-4)}=3$에서 $\dfrac{15-k}{7}=3$

$15-k=21$ $\quad\therefore k=-6$

5 세 점이 한 직선 위에 있으므로 두 점 $\mathrm{A}(-3, -2)$, $\mathrm{B}(1, 0)$
을 지나는 직선의 기울기와 두 점 $\mathrm{B}(1, 0)$, $\mathrm{C}(3, m)$을 지
나는 직선의 기울기는 같다.

즉, $\dfrac{0-(-2)}{1-(-3)}=\dfrac{m-0}{3-1}$이므로

$\dfrac{1}{2}=\dfrac{m}{2}$ $\quad\therefore m=1$

참고 서로 다른 세 점 A, B, C가 한 직선 위에 있다.

➡ 세 직선 AB, BC, AC는 모두 같은 직선이다.

➡ (직선 AB의 기울기)=(직선 BC의 기울기)
　　　　　　　　　 =(직선 AC의 기울기)

6 세 점이 한 직선 위에 있으므로 두 점 $(0, 3)$, $(1, 2)$를 지나
는 직선의 기울기와 두 점 $(1, 2)$, $(-5, k)$를 지나는 직선
의 기울기는 같다.

즉, $\dfrac{2-3}{1-0}=\dfrac{k-2}{-5-1}$이므로

$6=k-2$ $\quad\therefore k=8$

STEP 1 쏙쏙 개념 익히기　　　　　　　　　**P. 110**

1 ③	**2** (1) -2 (2) -4
3 1	**4** -6　　　**5** 1
6 8	

1 (x의 값의 증가량)$=7-(-2)=9$이므로

(기울기)$=\dfrac{(y\text{의 값의 증가량})}{(x\text{의 값의 증가량})}=\dfrac{3}{9}=\dfrac{1}{3}$

2 (1) $a=$(기울기)$=\dfrac{(y\text{의 값의 증가량})}{(x\text{의 값의 증가량})}=\dfrac{-12}{6}=-2$

(2) (x의 값의 증가량)$=5-3=2$이므로

(기울기)$=\dfrac{(y\text{의 값의 증가량})}{2}=-2$

$\therefore (y\text{의 값의 증가량})=-4$

～3 일차함수의 그래프의 성질과 식

P. 111

필수 문제 1 (1) ㄱ, ㄷ, ㅁ (2) ㄴ, ㄹ (3) ㄱ, ㄹ (4) ㄹ

(1) 오른쪽 위로 향하는 직선은 기울기가 양수인 것이므로
ㄱ, ㄷ, ㅁ이다.

(2) x의 값이 증가할 때, y의 값은 감소하는 직선은 기울기
가 음수인 것이므로 ㄴ, ㄹ이다.

(3) y축과 음의 부분에서 만나는 직선은 y절편이 음수인 것
이므로 ㄱ, ㄹ이다.

(4) y축에 가장 가까운 직선은 기울기의 절댓값이 가장 큰
것이므로 ㄹ이다.

필수 문제 2 $a>0$, $b<0$

$y=ax+b$의 그래프가 오른쪽 위로 향하므로 기울기가 양수이다.   ∴ $a>0$

또 y축과 음의 부분에서 만나므로 y절편이 음수이다.

∴ $b<0$

2-1 $a<0$, $b<0$

$y=ax-b$의 그래프가 오른쪽 아래로 향하므로 기울기가 음수이다.   ∴ $a<0$

또 y축과 양의 부분에서 만나므로 y절편이 양수이다.

즉, $-b>0$에서 $b<0$

P. 112

필수 문제 3 (1) ㄴ, ㄹ (2) ㅁ

(1) 기울기가 -2인 것은 ㄴ, ㄹ이다.

(2) ㅁ. $y=-2(x+2)$에서 $y=-2x-4$

즉, 기울기와 y절편이 각각 같으므로 일치한다.

3-1 ③

주어진 일차함수의 그래프의 기울기는 $\dfrac{1}{2}$이고, y절편은 -1이다.

이 그래프와 평행한 것은 기울기는 같고, y절편은 다른 ③이다.

참고 ④ $y=\dfrac{1}{2}x-1$의 그래프는 주어진 일차함수의 그래프와 기울기가 같지만, y절편도 같으므로 평행하지 않고 일치한다.

필수 문제 4 (1) $a=-3$, $b\neq-2$ (2) $a=-3$, $b=-2$

(1) $y=ax-2$와 $y=-3x+b$의 그래프가 서로 평행하면 기울기는 같고 y절편은 다르므로 $a=-3$, $b\neq-2$

(2) $y=ax-2$와 $y=-3x+b$의 그래프가 일치하면 기울기와 y절편이 각각 같으므로

$a=-3$, $b=-2$

4-1 -6

$y=-ax+5$와 $y=6x-7$의 그래프가 서로 평행하면 기울기가 같으므로

$-a=6$ ∴ $a=-6$

4-2 4

$y=2x+b$의 그래프를 y축의 방향으로 -3만큼 평행이동하면 $y=2x+b-3$

따라서 $y=2x+b-3$과 $y=ax-1$의 그래프가 일치하므로

$2=a$, $b-3=-1$ ∴ $a=2$, $b=2$

∴ $a+b=2+2=4$

STEP 1 쏙쏙 개념 익히기   P. 113

1 (1) ㄱ, ㄴ (2) ㄷ, ㄹ (3) ㄱ, ㄹ

2 (1) ㉢, ㉣ (2) ㉠, ㉡ (3) ㉢ (4) ㉡ (5) ㉡

3 (1) $a<0$, $b<0$ (2) $a>0$, $b<0$

4 -4 **5** ⑤

1 (1) 그래프가 오른쪽 아래로 향하면 기울기가 음수이므로 ㄱ, ㄴ이다.

(2) x의 값이 증가할 때, y의 값도 증가하면 기울기가 양수이므로 ㄷ, ㄹ이다.

(3) y축과 양의 부분에서 만나면 y절편이 양수이므로 ㄱ, ㄹ이다.

2 (1) 오른쪽 위로 향하는 직선이므로 ㉢, ㉣이다.

(2) 오른쪽 아래로 향하는 직선이므로 ㉠, ㉡이다.

(3) 기울기가 가장 큰 직선은 $a>0$인 직선 중에서 y축에 가장 가까운 것이므로 ㉢이다.

(4) 기울기가 가장 작은 직선은 $a<0$인 직선 중에서 y축에 가장 가까운 것이므로 ㉡이다.

(5) a의 절댓값이 가장 큰 직선은 y축에 가장 가까운 것이므로 ㉡이다.

3 $y=-ax+b$의 그래프의 기울기는 $-a$, y절편은 b이다.

(1) (기울기)>0, (y절편)<0이므로

$-a>0$, $b<0$ ∴ $a<0$, $b<0$

(2) (기울기)<0, (y절편)<0이므로

$-a<0$, $b<0$ ∴ $a>0$, $b<0$

4 $y=ax+5$와 $y=-3x+\dfrac{1}{2}$의 그래프가 만나지 않으려면, 서로 평행해야 하므로 $a=-3$

즉, $y=-3x+5$의 그래프가 점 $(2, b)$를 지나므로

$b=-6+5=-1$

∴ $a+b=-3+(-1)=-4$

5 ① $y=x+7$에 $x=-3$, $y=4$를 대입하면

$4=-3+7$이므로 점 $(-3, 4)$를 지난다.

②, ④ $y=x+7$의 그래프의 x절편은 -7, y절편은 7이므로 그래프는 오른쪽 그림과 같다.

즉, 제1, 2, 3사분면을 지난다.

③ $y=x+7$과 $y=x$의 그래프는 기울기가 같으므로 서로 평행하다.

⑤ (기울기)$=1>0$이므로 x의 값이 증가할 때, y의 값도 증가한다.

따라서 옳지 않은 것은 ⑤이다.

필수 문제 5 (1) $y=3x-5$ (2) $y=-\dfrac{1}{2}x-3$

(1) 기울기가 3이고, y절편이 -5이므로 $y=3x-5$

(2) $y=-\dfrac{1}{2}x$의 그래프와 평행하므로 (기울기)$=-\dfrac{1}{2}$

점 $(0,\ -3)$을 지나므로 (y절편)$=-3$

∴ $y=-\dfrac{1}{2}x-3$

5-1 (1) $y=-6x+\dfrac{1}{4}$ (2) $y=\dfrac{2}{3}x-7$

(3) $y=-4x+3$ (4) $y=\dfrac{1}{2}x+1$

(1) 기울기가 -6이고, y절편이 $\dfrac{1}{4}$이므로 $y=-6x+\dfrac{1}{4}$

(2) $y=\dfrac{2}{3}x+1$의 그래프와 평행하므로 (기울기)$=\dfrac{2}{3}$

이때 y절편이 -7이므로 $y=\dfrac{2}{3}x-7$

(3) 기울기가 -4이고,

$y=2x+3$의 그래프와 y축 위에서 만나므로 (y절편)$=3$

∴ $y=-4x+3$

(4) (기울기)$=\dfrac{(y\text{의 값의 증가량})}{(x\text{의 값의 증가량})}=\dfrac{1}{2}$

점 $(0,\ 1)$을 지나므로 (y절편)$=1$

∴ $y=\dfrac{1}{2}x+1$

5-2 -4

오른쪽 그림에서

(기울기)$=\dfrac{(y\text{의 값의 증가량})}{(x\text{의 값의 증가량})}=\dfrac{1}{2}$

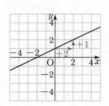

이때 y절편이 -8이므로

$y=\dfrac{1}{2}x-8$

따라서 $a=\dfrac{1}{2}$, $b=-8$이므로

$ab=\dfrac{1}{2}\times(-8)=-4$

필수 문제 6 (1) $y=-2x+1$ (2) $y=3x-1$

(1) $y=-2x+b$로 놓고, 이 식에 $x=1$, $y=-1$을 대입하면

$-1=-2+b$ ∴ $b=1$

∴ $y=-2x+1$

(2) x절편이 $\dfrac{1}{3}$이므로 점 $\left(\dfrac{1}{3},\ 0\right)$을 지난다.

즉, $y=3x+b$로 놓고, 이 식에 $x=\dfrac{1}{3}$, $y=0$을 대입하면

$0=1+b$ ∴ $b=-1$

∴ $y=3x-1$

6-1 (1) $y=5x+6$ (2) $y=-x+2$ (3) $y=-\dfrac{4}{3}x+3$

(1) $y=5x+b$로 놓고, 이 식에 $x=-2$, $y=-4$를 대입하면

$-4=5\times(-2)+b$ ∴ $b=6$

∴ $y=5x+6$

(2) $y=-x-3$의 그래프와 평행하므로 기울기가 -1이고,

x절편이 2이므로 점 $(2,0)$을 지난다.

즉, $y=-x+b$로 놓고,

이 식에 $x=2$, $y=0$을 대입하면

$0=-2+b$ ∴ $b=2$

∴ $y=-x+2$

(3) (기울기)$=\dfrac{(y\text{의 값의 증가량})}{(x\text{의 값의 증가량})}=\dfrac{-4}{3}=-\dfrac{4}{3}$이므로

$y=-\dfrac{4}{3}x+b$로 놓고,

이 식에 $x=3$, $y=-1$을 대입하면

$-1=-4+b$ ∴ $b=3$

∴ $y=-\dfrac{4}{3}x+3$

6-2 $\dfrac{1}{2}$

오른쪽 그림에서

(기울기)$=\dfrac{(y\text{의 값의 증가량})}{(x\text{의 값의 증가량})}$

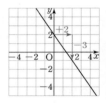

$=\dfrac{-3}{2}=-\dfrac{3}{2}$

∴ $a=-\dfrac{3}{2}$

즉, $y=-\dfrac{3}{2}x+b$로 놓고,

이 식에 $x=-4$, $y=8$을 대입하면

$8=6+b$ ∴ $b=2$

∴ $a+b=-\dfrac{3}{2}+2=\dfrac{1}{2}$

필수 문제 7 $y=2x-3$

(기울기)$=\dfrac{1-(-5)}{2-(-1)}=2$이므로

$y=2x+b$로 놓고, 이 식에 $x=2$, $y=1$을 대입하면

$1=4+b$ ∴ $b=-3$

∴ $y=2x-3$

7-1 (1) $y=2x-2$ (2) $y=-\dfrac{6}{5}x+\dfrac{7}{5}$

(1) (기울기)$=\dfrac{4-0}{3-1}=2$이므로

$y=2x+b$로 놓고,

이 식에 $x=1$, $y=0$을 대입하면

$0=2+b$ $\therefore b=-2$

$\therefore y=2x-2$

(2) (기울기)$=\dfrac{5-(-1)}{-3-2}=-\dfrac{6}{5}$이므로

$y=-\dfrac{6}{5}x+b$로 놓고,

이 식에 $x=2$, $y=-1$을 대입하면

$-1=-\dfrac{12}{5}+b$ $\therefore b=\dfrac{7}{5}$

$\therefore y=-\dfrac{6}{5}x+\dfrac{7}{5}$

필수 문제 8 (1) 1 (2) $y=x+1$

(1) 주어진 직선이 두 점 $(-2, -1)$, $(2, 3)$을 지나므로

(기울기)$=\dfrac{3-(-1)}{2-(-2)}=1$

(2) 기울기가 1이므로 $y=x+b$로 놓고,

이 식에 $x=2$, $y=3$을 대입하면

$3=2+b$ $\therefore b=1$

$\therefore y=x+1$

8-1 $y=\dfrac{4}{3}x-\dfrac{1}{3}$

주어진 직선이 두 점 $(1, 1)$, $(4, 5)$를 지나므로

(기울기)$=\dfrac{5-1}{4-1}=\dfrac{4}{3}$

즉, $y=\dfrac{4}{3}x+b$로 놓고,

이 식에 $x=1$, $y=1$을 대입하면

$1=\dfrac{4}{3}+b$ $\therefore b=-\dfrac{1}{3}$

$\therefore y=\dfrac{4}{3}x-\dfrac{1}{3}$

P. 117

필수 문제 9 $y=\dfrac{2}{5}x-2$

두 점 $(5, 0)$, $(0, -2)$를 지나는 직선이므로

(기울기)$=\dfrac{-2-0}{0-5}=\dfrac{2}{5}$, ($y$절편)$=-2$

$\therefore y=\dfrac{2}{5}x-2$

9-1 (1) $y=\dfrac{3}{2}x+3$ (2) $y=-\dfrac{1}{4}x-1$

(1) 두 점 $(-2, 0)$, $(0, 3)$을 지나는 직선이므로

(기울기)$=\dfrac{3-0}{0-(-2)}=\dfrac{3}{2}$, ($y$절편)$=3$

$\therefore y=\dfrac{3}{2}x+3$

(2) 두 점 $(-4, 0)$, $(0, -1)$을 지나는 직선이므로

(기울기)$=\dfrac{-1-0}{0-(-4)}=-\dfrac{1}{4}$, ($y$절편)$=-1$

$\therefore y=-\dfrac{1}{4}x-1$

9-2 $y=-\dfrac{3}{2}x-3$

$y=2x+4$의 그래프와 x축 위에서 만나므로 x절편이 같다.

즉, x절편이 -2, y절편이 -3이므로 두 점 $(-2, 0)$, $(0, -3)$을 지난다.

따라서 (기울기)$=\dfrac{-3-0}{0-(-2)}=-\dfrac{3}{2}$, ($y$절편)$=-3$이므로

$y=-\dfrac{3}{2}x-3$

필수 문제 10 (1) $\dfrac{2}{3}$ (2) $y=\dfrac{2}{3}x-2$

(1) 오른쪽 그림에서

(기울기)$=\dfrac{(y\text{의 값의 증가량})}{(x\text{의 값의 증가량})}$

$=\dfrac{2}{3}$

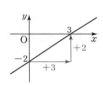

다른 풀이

주어진 직선이 두 점 $(3, 0)$, $(0, -2)$를 지나므로

(기울기)$=\dfrac{-2-0}{0-3}=\dfrac{2}{3}$

(2) 기울기가 $\dfrac{2}{3}$이고, y절편이 -2이므로

$y=\dfrac{2}{3}x-2$

10-1 $y=-\dfrac{5}{3}x-5$

오른쪽 그림에서

(기울기)$=\dfrac{(y\text{의 값의 증가량})}{(x\text{의 값의 증가량})}$

$=\dfrac{-5}{3}=-\dfrac{5}{3}$

이때 y절편은 -5이므로 $y=-\dfrac{5}{3}x-5$

다른 풀이

주어진 직선이 두 점 $(-3, 0)$, $(0, -5)$를 지나므로

(기울기)$=\dfrac{-5-0}{0-(-3)}=-\dfrac{5}{3}$, ($y$절편)$=-5$

$\therefore y=-\dfrac{5}{3}x-5$

1 (1) $y=\dfrac{1}{2}x-4$　(2) $y=x-2$　　**2** 1

3 (1) $y=-x-1$　(2) $y=-\dfrac{3}{4}x+3$

4 3

5 (1) $y=-4x+12$　(2) $y=-\dfrac{7}{5}x+7$

6 $\dfrac{17}{5}$

---

1 (1) 기울기가 $\dfrac{1}{2}$이고, $y=-\dfrac{1}{3}x-4$의 그래프와 y축 위에서
　　만나므로 y절편은 -4이다.
　　$\therefore y=\dfrac{1}{2}x-4$

　(2) $y=x+3$의 그래프와 평행하므로 기울기는 1이고,
　　점 $(0,\ -2)$를 지나므로 y절편은 -2이다.
　　$\therefore y=x-2$

2 기울기가 -2, y절편이 3이므로 $y=-2x+3$
　이 식에 $x=-\dfrac{1}{2}a$, $y=4a$를 대입하면
　$4a=a+3,\ 3a=3$　　$\therefore a=1$

3 (1) (기울기)$=\dfrac{-5}{5}=-1$이므로
　　$y=-x+b$로 놓고, 이 식에 $x=2$, $y=-3$을 대입하면
　　$-3=-2+b$　　$\therefore b=-1$
　　$\therefore y=-x-1$

　(2) 기울기는 $-\dfrac{3}{4}$이고, 점 $(4,\ 0)$을 지나므로
　　$y=-\dfrac{3}{4}x+b$로 놓고, 이 식에 $x=4$, $y=0$을 대입하면
　　$0=-3+b$　　$\therefore b=3$
　　$\therefore y=-\dfrac{3}{4}x+3$

4 두 점 $(8,\ 0)$, $(-4,\ -8)$을 지나는 직선과 평행하므로
　(기울기)$=\dfrac{-8-0}{-4-8}=\dfrac{2}{3}$
　즉, $y=\dfrac{2}{3}x+b$로 놓고, 이 식에 $x=3$, $y=5$를 대입하면
　$5=2+b$　　$\therefore b=3$
　$\therefore y=\dfrac{2}{3}x+3$
　따라서 이 그래프의 y절편은 3이다.

5 (1) 두 점 $(2,\ 4)$, $(3,\ 0)$을 지나므로
　　(기울기)$=\dfrac{0-4}{3-2}=-4$
　　$y=-4x+b$로 놓고, 이 식에 $x=3$, $y=0$을 대입하면
　　$0=-12+b$　　$\therefore b=12$
　　$\therefore y=-4x+12$

---

　(2) 두 점 $(5,\ 0)$, $(0,\ 7)$을 지나므로
　　(기울기)$=\dfrac{7-0}{0-5}=-\dfrac{7}{5}$, $(y$절편$)=7$
　　$\therefore y=-\dfrac{7}{5}x+7$

6 오른쪽 그림에서
　(기울기)$=\dfrac{(y의\ 값의\ 증가량)}{(x의\ 값의\ 증가량)}$

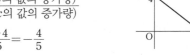

　　$=\dfrac{-4}{5}=-\dfrac{4}{5}$
　$(y$절편$)=4$
　$\therefore y=-\dfrac{4}{5}x+4$
　이 식에 $x=\dfrac{3}{4}$, $y=k$를 대입하면
　$k=-\dfrac{3}{5}+4=\dfrac{17}{5}$

다른 풀이
　x절편이 5, y절편이 4이므로 두 점 $(5,\ 0)$, $(0,\ 4)$를 지난다.
　(기울기)$=\dfrac{4-0}{0-5}=-\dfrac{4}{5}$, $(y$절편$)=4$이므로
　$y=-\dfrac{4}{5}x+4$
　이 식에 $x=\dfrac{3}{4}$, $y=k$를 대입하면
　$k=-\dfrac{3}{5}+4=\dfrac{17}{5}$

---

4 일차함수의 활용

P. 119

필수 문제 1 (1) $y=50+2x$　(2) $90\ cm$
　(1) 처음 물의 높이가 $50\ cm$이고, 물의 높이가 매분 $2\ cm$
　　씩 높아지므로 $y=50+2x$
　(2) $y=50+2x$에 $x=20$을 대입하면
　　$y=50+40=90$
　　따라서 20분 후에 물의 높이는 $90\ cm$이다.

1-1 (1) $y=331+0.6x$　(2) $30\,℃$
　(1) 처음 소리의 속력이 초속 $331\ m$이고, 기온이 $1\,℃$씩 올
　　라갈 때마다 소리의 속력이 초속 $0.6\ m$씩 증가하므로
　　$y=331+0.6x$
　(2) $y=331+0.6x$에 $y=349$를 대입하면
　　$349=331+0.6x,\ 0.6x=18$　　$\therefore x=30$
　　따라서 소리의 속력이 초속 $349\ m$일 때의 기온은 $30\,℃$
　　이다.

필수 문제 2 (1) $y=24-3x$ (2) **5시간 후**

   (1) 2시간에 $6\,\text{cm}$씩 타므로 1시간에 $3\,\text{cm}$씩 탄다.
     이때 처음 양초의 길이가 $24\,\text{cm}$이므로
     $y=24-3x$
   (2) $y=24-3x$에 $y=9$를 대입하면
     $9=24-3x$, $3x=15$ $\therefore x=5$
     따라서 남은 양초의 길이가 $9\,\text{cm}$가 되는 것은 5시간 후이다.

2-1 (1) $y=100-0.4x$ (2) **40분 후**

   (1) 10분마다 물의 온도가 $4\,°\text{C}$씩 낮아지므로
     1분마다 물의 온도가 $0.4\,°\text{C}$씩 낮아진다.
     이때 처음 물의 온도가 $100\,°\text{C}$이므로
     $y=100-0.4x$
   (2) $y=100-0.4x$에 $y=84$를 대입하면
     $84=100-0.4x$, $0.4x=16$ $\therefore x=40$
     따라서 물의 온도가 $84\,°\text{C}$가 되는 것은 40분 후이다.

 STEP 1 쏙쏙 개념 익히기   P. 120

1 (1) $y=30+\dfrac{1}{3}x$ (2) $35\,\text{cm}$		**2** $20\,°\text{C}$	
3 3분 후	**4** $800\,\text{cm}^2$	**5** 6초 후	

1 (1) $3\,\text{g}$인 물체를 매달 때마다 용수철의 길이가 $1\,\text{cm}$씩 늘어나므로 $1\,\text{g}$인 물체를 매달 때마다 용수철의 길이가 $\dfrac{1}{3}\,\text{cm}$씩 늘어난다.
     이때 처음 용수철의 길이가 $30\,\text{cm}$이므로
     $y=30+\dfrac{1}{3}x$
   (2) $y=30+\dfrac{1}{3}x$에 $x=15$를 대입하면
     $y=30+5=35$
     따라서 무게가 $15\,\text{g}$인 추를 매달았을 때의 용수철의 길이는 $35\,\text{cm}$이다.

2 물의 온도가 36분 동안 $45\,°\text{C}$만큼 낮아졌으므로
   1분마다 물의 온도가 $\dfrac{45}{36}=\dfrac{5}{4}(°\text{C})$만큼 낮아진다.
   이때 처음 물의 온도가 $45\,°\text{C}$이므로
   $y=45-\dfrac{5}{4}x$
   이 식에 $x=20$을 대입하면 $y=45-25=20$
   따라서 냉동실에 넣은 지 20분 후에 물의 온도는 $20\,°\text{C}$이다.

3 주어진 직선이 두 점 $(0,\ 600)$, $(4,\ 0)$을 지나므로
   (기울기)$=\dfrac{0-600}{4-0}=-150$, (y절편)$=600$
   $\therefore y=-150x+600$
   이 식에 $y=150$을 대입하면 $150=-150x+600$
   $150x=450$ $\therefore x=3$
   따라서 용량이 $150\,\text{MB}$ 남아 있을 때는 3분 후이다.

[다른 풀이]
   4분 동안 $600\,\text{MB}$가 내려받아지므로
   1분마다 $150\,\text{MB}$가 내려받아진다.
   이때 내려받을 전체 용량이 $600\,\text{MB}$이므로
   $y=600-150x$

4 점 P가 1초에 $5\,\text{cm}$씩 움직이므로
   x초 후에는 $\overline{\text{BP}}=5x\,\text{cm}$
   $\triangle \text{ABP}=\dfrac{1}{2}\times 5x\times 40=100x(\text{cm}^2)$ $\therefore y=100x$
   이 식에 $x=8$을 대입하면 $y=800$
   따라서 8초 후의 $\triangle \text{ABP}$의 넓이는 $800\,\text{cm}^2$이다.

5 점 P가 1초에 $2\,\text{cm}$씩 움직이므로
   x초 후에는 $\overline{\text{BP}}=2x\,\text{cm}$, $\overline{\text{PC}}=\overline{\text{BC}}-\overline{\text{BP}}=16-2x(\text{cm})$
   (사각형 APCD의 넓이)$=\dfrac{1}{2}\times\{16+(16-2x)\}\times 12$
                         $=-12x+192(\text{cm}^2)$
   $\therefore y=-12x+192$
   이 식에 $y=120$을 대입하면 $120=-12x+192$
   $12x=72$ $\therefore x=6$
   따라서 사각형 APCD의 넓이가 $120\,\text{cm}^2$가 되는 것은 6초 후이다.

STEP 2 탄탄 단원 다지기   P. 121~123

1 ㄴ, ㅁ	**2** 4800	**3** 3개	**4** 4	**5** ②, ⑤
6 3	**7** x절편: 3, y절편: -1		**8** -2	
9 $-\dfrac{5}{2}$	**10** ⑤	**11** -3	**12** ③	**13** 15
14 ③	**15** $a=-2$, $b\ne 1$		**16** ②, ⑤	
17 (1) $(0,\ -2)$ (2) 5 (3) $\dfrac{1}{4}$ (4) $\dfrac{1}{4}\le a\le 5$				**18** ②
19 4	**20** $y=\dfrac{2}{3}x-2$		**21** 150분 후	
22 ㄱ, ㄹ				

1

x	-1	-2	-3	-4	$\cdots$
y	1	2	3	4	$\cdots$

ㄱ.

x의 값이 변함에 따라 y의 값이 오직 하나씩 대응하므로
y는 x의 함수이다.

x	1	2	3	4	$\cdots$
y	없다.	없다.	1	2	$\cdots$

ㄴ.

$x=1$일 때, y의 값이 없으므로 x의 값 하나에 y의 값이
오직 하나씩 대응하지 않는다.
즉, y는 x의 함수가 아니다.

ㄷ. $y=\dfrac{15}{x}$ ⇨ 반비례 관계이므로 함수이다.

ㄹ. $y=7x$ ⇨ 정비례 관계이므로 함수이다.

ㅁ. 둘레의 길이가 8 cm인 직사각형은
　가로의 길이: 1 cm, 세로의 길이: 3 cm ⇨ 넓이: 3 cm²
　가로의 길이: 2 cm, 세로의 길이: 2 cm ⇨ 넓이: 4 cm²
　　　　　⋮
따라서 $x=8$일 때, y의 값이 2개 이상이므로 x의 값 하나에 y의 값이 오직 하나씩 대응하지 않는다.
즉, y는 x의 함수가 아니다.
따라서 y가 x의 함수가 아닌 것은 ㄴ, ㅁ이다.

2 $y=\left(1-\dfrac{20}{100}\right)x$, 즉 $y=\dfrac{4}{5}x$이므로

$f(x)=\dfrac{4}{5}x$

$\therefore f(6000)=\dfrac{4}{5}\times 6000=4800$

3 ㄷ. $\dfrac{5}{x}$는 x가 분모에 있으므로 일차식이 아니다.

즉, $y=\dfrac{5}{x}$는 일차함수가 아니다.

ㄹ. $y=2$에서 2는 일차식이 아니므로 $y=2$는 일차함수가 아니다.

ㅁ. $y=x^2+x$는 $y=(x$에 대한 이차식$)$이므로 일차함수가 아니다.

ㅂ. $y=-3x-2$이므로 일차함수이다.
따라서 y가 x의 일차함수인 것은 ㄱ, ㄴ, ㅂ의 3개이다.

4 $f(10)=-\dfrac{2}{5}\times 10+3=-1$　　$\therefore a=-1$

$f(b)=-\dfrac{2}{5}b+3=1$이므로

$-\dfrac{2}{5}b=-2$　　$\therefore b=5$

$\therefore a+b=-1+5=4$

5 ② $y=-3x$ $\xrightarrow[\;-2만큼\ 평행이동\;]{y축의\ 방향으로}$ $y=-3x-2$

⑤ $y=-3x$ $\xrightarrow[\;7만큼\ 평행이동\;]{y축의\ 방향으로}$ $y=-3x+7$

6 $y=5x+6$의 그래프를 y축의 방향으로 b만큼 평행이동하면
$y=5x+6+b$
따라서 $y=5x+6+b$와 $y=ax+4$가 같으므로
$5=a$, $6+b=4$
$\therefore a=5$, $b=-2$
$\therefore a+b=5+(-2)=3$

7 $y=ax-3a$의 그래프가 점 $(9, 2)$를 지나므로

$2=9a-3a$, $6a=2$　　$\therefore a=\dfrac{1}{3}$

$\therefore y=\dfrac{1}{3}x-1$

$y=0$일 때, $0=\dfrac{1}{3}x-1$　　$\therefore x=3$

$x=0$일 때, $y=-1$
따라서 x절편은 3, y절편은 -1이다.

8 $y=\dfrac{1}{2}x+1$과 $y=-x+a$의 그래프가 x축 위에서 만나므로
두 그래프의 x절편은 같다.

$y=\dfrac{1}{2}x+1$에 $y=0$을 대입하면

$0=\dfrac{1}{2}x+1$　　$\therefore x=-2$

즉, $y=-x+a$의 그래프의 x절편이 -2이므로
$y=-x+a$에 $x=-2$, $y=0$을 대입하면
$0=2+a$　　$\therefore a=-2$

9 오른쪽 그림에서
((1)의 y절편)$=-1$

((2)의 기울기)$=\dfrac{(y의\ 값의\ 증가량)}{(x의\ 값의\ 증가량)}$

$=\dfrac{-3}{2}=-\dfrac{3}{2}$

따라서 구하는 합은 $-1+\left(-\dfrac{3}{2}\right)=-\dfrac{5}{2}$

10 $(x$의 값의 증가량$)=1-(-2)=3$이므로

$(기울기)=\dfrac{(y의\ 값의\ 증가량)}{3}=\dfrac{7}{3}$

$\therefore (y의\ 값의\ 증가량)=7$

11 세 점이 한 직선 위에 있으므로 두 점 $(-1, 2)$, $(2, 8)$을 지나는 직선의 기울기와 두 점 $(2, 8)$, $(a, a+1)$을 지나는 직선의 기울기는 같다.

즉, $\dfrac{8-2}{2-(-1)}=\dfrac{(a+1)-8}{a-2}$이므로

$2=\dfrac{a-7}{a-2}$, $2(a-2)=a-7$

$2a-4=a-7$　　$\therefore a=-3$

12 $y=\dfrac{1}{2}x-3$의 그래프의 x절편은 6, y절편은 -3이므로 그래프는 ③이다.

> **다른 풀이**
>
> $y=\dfrac{1}{2}x-3$의 그래프의 y절편이 -3이므로 점 $(0,\,-3)$을 지난다. 이때 기울기가 $\dfrac{1}{2}\left(=\dfrac{3}{6}\right)$이므로 점 $(0,\,-3)$에서 x의 값이 6만큼, y의 값이 3만큼 증가한 점 $(6,\,0)$을 지난다. 따라서 그 그래프는 ③이다.

13 $y=-2x-6$의 그래프의 x절편은 -3, y절편은 -6이고, $y=3x-6$의 그래프의 x절편은 2, y절편은 -6이다. 따라서 두 그래프는 오른쪽 그림과 같으므로 구하는 도형의 넓이는

$\dfrac{1}{2}\times 5\times 6=15$

14 주어진 그림에서 $y=ax+b$의 그래프가 오른쪽 위로 향하는 직선이므로 (기울기)$=a>0$
y축과 양의 부분에서 만나므로 (y절편)$=b>0$
즉, $y=-bx+ab$의 그래프에서
(기울기)$=-b<0$, (y절편)$=ab>0$
따라서 $y=-bx+ab$의 그래프는 오른쪽 그림과 같으므로 제3사분면을 지나지 않는다.

15 $y=ax+1$과 $y=-2x+b$의 그래프가 서로 평행하려면 기울기는 같고 y절편은 달라야 하므로
$a=-2$, $b\neq 1$

16 ① $y=-2x+3$에 $x=-2$, $y=3$을 대입하면
$3\neq -2\times(-2)+3$이므로 점 $(-2,\,3)$을 지나지 않는다.

②, ③ $y=-2x+3$의 그래프의 x절편은 $\dfrac{3}{2}$, y절편은 3이므로 그래프는 오른쪽 그림과 같다. 즉, 제1, 2, 4사분면을 지난다.

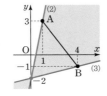

④ 기울기가 $-2\left(=\dfrac{-2}{1}\right)$이므로 x의 값이 1만큼 증가할 때, y의 값은 2만큼 감소한다.
따라서 옳은 것은 ②, ⑤이다.

17 (1) $y=ax-2$의 그래프는 y절편이 -2이므로 항상 점 $(0,\,-2)$를 지난다.

(2) $y=ax-2$의 그래프가 $\overline{\text{AB}}$와 만나면서 기울기가 가장 클 때는 점 $\text{A}(1,\,3)$을 지날 때이므로
$3=a-2$ $\therefore a=5$

(3) $y=ax-2$의 그래프가 $\overline{\text{AB}}$와 만나면서 기울기가 가장 작을 때는 점 $\text{B}(4,\,-1)$을 지날 때이므로
$-1=4a-2$ $\therefore a=\dfrac{1}{4}$

18 오른쪽 그림에서
(기울기)$=\dfrac{(y\text{의 값의 증가량})}{(x\text{의 값의 증가량})}$
$=\dfrac{-5}{4}=-\dfrac{5}{4}$

이때 y절편이 4이므로 $y=-\dfrac{5}{4}x+4$

$y=-\dfrac{5}{4}x+4$에 $y=0$을 대입하면

$0=-\dfrac{5}{4}x+4$ $\therefore x=\dfrac{16}{5}$

따라서 x축과 만나는 점의 좌표는 $\left(\dfrac{16}{5},\,0\right)$이다.

19 주어진 직선이 두 점 $(-1,\,-5)$, $(2,\,1)$을 지나므로
(기울기)$=\dfrac{1-(-5)}{2-(-1)}=2$
$y=2x+k$로 놓고, 이 식에 $x=2$, $y=1$을 대입하면
$1=4+k$ $\therefore k=-3$
$\therefore y=2x-3$ $\cdots$ ㉠
또 $y=ax+b$의 그래프를 y축의 방향으로 -1만큼 평행이동하면 $y=ax+b-1$ $\cdots$ ㉡
이때 ㉠, ㉡의 그래프가 일치하므로
$2=a$, $-3=b-1$ $\therefore a=2$, $b=-2$
$\therefore a-b=2-(-2)=4$

20 y절편이 -2이므로 점 $(0,\,-2)$를 지난다.
즉, 두 점 $(0,\,-2)$, $(6,\,2)$를 지나므로
(기울기)$=\dfrac{2-(-2)}{6-0}=\dfrac{2}{3}$
$\therefore y=\dfrac{2}{3}x-2$

> **다른 풀이**
>
> y절편이 -2이므로 $y=ax-2$로 놓고, 이 식에 $x=6$, $y=2$를 대입하면 $2=6a-2$
> $6a=4$ $\therefore a=\dfrac{2}{3}$
> $\therefore y=\dfrac{2}{3}x-2$

21 기차가 1분에 $2\,\text{km}$씩 달리므로
x분 후에 기차와 A역 사이의 거리는 $2x\,\text{km}$이고,
기차와 B역 사이의 거리는 $(400-2x)\,\text{km}$이다.
$\therefore y=400-2x$
이 식에 $y=100$을 대입하면 $100=400-2x$
$2x=300$ $\therefore x=150$
따라서 B역에서 $100\,\text{km}$ 떨어진 지점을 지나는 것은 출발한 지 150분 후이다.

22 ㄴ. 1 L의 휘발유로 16 km를 이동할 수 있으므로

1 km를 이동하는 데 필요한 휘발유의 양은 $\frac{1}{16}$ L이다.

즉, 2 km를 이동하는 데 필요한 휘발유의 양은 $\frac{1}{8}$ L이다.

ㄷ. 자동차에 40 L의 휘발유가 들어 있으므로

$$y=40-\frac{1}{16}x$$

ㄹ. $y=40-\frac{1}{16}x$에 $y=34$를 대입하면

$$34=40-\frac{1}{16}x, \quad \frac{1}{16}x=6 \quad \therefore \ x=96$$

즉, 남은 휘발유의 양이 34 L일 때, 이 자동차가 이동한 거리는 96 km이다.

따라서 옳은 것은 ㄱ, ㄹ이다.

 STEP 3 쓱쓱 **서술형 완성하기**　　　　　P. 124~125

〈과정은 풀이 참조〉

따라 해보자 유제 1 　10

유제 2 　1096 m

연습해 보자 1 　-12

2 　풀이 참조

3 　$a=5, \ b=10$

4 　(1) $y=3x+1$　(2) 301개

따라 해보자

유제 1 **[1단계]** $y=5x-3$의 그래프를 y축의 방향으로 k만큼 평행이동하면

$$y=5x-3+k \qquad \cdots (\text{i})$$

[2단계] $y=5x-3+k$의 그래프가 점 $(-1, 2)$를 지나므로

$$2=-5-3+k \qquad \therefore \ k=10 \qquad \cdots (\text{ii})$$

채점 기준	비율
(i) 평행이동한 그래프가 나타내는 식 구하기	50 %
(ii) k의 값 구하기	50 %

유제 2 **[1단계]** 고도가 274 m씩 높아질 때마다 물이 끓는 온도가 1 °C씩 낮아지므로 고도가 1 m씩 높아질 때마다 물이 끓는 온도는 $\frac{1}{274}$ °C씩 낮아진다. $\cdots (\text{i})$

[2단계] 고도가 0 m인 평지에서 물이 끓는 온도가 100 °C이므로 $y=100-\frac{1}{274}x$ $\cdots (\text{ii})$

[3단계] $y=100-\frac{1}{274}x$에 $y=96$을 대입하면

$$96=100-\frac{1}{274}x \qquad \therefore \ x=1096$$

따라서 물이 끓는 온도가 96 °C인 곳의 고도는 1096 m이다. $\cdots (\text{iii})$

채점 기준	비율
(i) 고도가 1 m씩 높아질 때마다 낮아지는 온도 구하기	30 %
(ii) y를 x에 대한 식으로 나타내기	40 %
(iii) 물이 끓는 온도가 96 °C인 곳의 고도 구하기	30 %

연습해 보자

1 $f(3)=3a+2=14$이므로 $3a=12$ $\quad \therefore \ a=4$ $\quad \cdots (\text{i})$

즉, $f(x)=4x+2$에서

$$f(-1)=4\times(-1)+2=-2$$
$$f(2)=4\times2+2=10$$
$$\therefore \ f(-1)-f(2)=-2-10=-12 \qquad \cdots (\text{ii})$$

채점 기준	비율
(i) a의 값 구하기	50 %
(ii) $f(-1)-f(2)$의 값 구하기	50 %

2 $y=\frac{5}{3}x-4$의 그래프는 y절편이 -4이므로 점 $(0, -4)$를 지난다. $\cdots (\text{i})$

이때 기울기가 $\frac{5}{3}$이므로 점 $(0, -4)$에서 x의 값이 3만큼, y의 값이 5만큼 증가한 점 $(3, 1)$을 지난다.

따라서 두 점 $(0, -4)$, $(3, 1)$을 지나는 직선을 그리면 오른쪽 그림과 같다. $\cdots (\text{ii})$

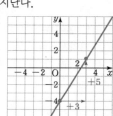

채점 기준	비율
(i) y절편을 이용하여 그래프 위의 점 찾기	50 %
(ii) 기울기를 이용하여 그래프 그리기	50 %

3 ㈎에서 $y=ax+b$의 그래프는 $y=4x+8$의 그래프와 x절편이 같다.

$y=4x+8$에 $y=0$을 대입하면

$$0=4x+8 \qquad \therefore \ x=-2$$

즉, $y=ax+b$의 그래프의 x절편은 -2이다. $\cdots (\text{i})$

㈏에서 $y=ax+b$의 그래프는 $y=-2x+10$의 그래프와 y절편이 같다.

즉, $y=ax+b$의 그래프의 y절편은 10이다. $\cdots (\text{ii})$

따라서 $y=ax+b$의 그래프가 두 점 $(-2, 0)$, $(0, 10)$을 지나므로

$$a=(\text{기울기})=\frac{10-0}{0-(-2)}=5$$
$$b=(y\text{절편})=10 \qquad \cdots (\text{iii})$$

채점 기준	비율
(i) $y=ax+b$의 그래프의 x절편 구하기	30 %
(ii) $y=ax+b$의 그래프의 y절편 구하기	30 %
(iii) a, b의 값 구하기	40 %

4 (1) 첫 번째 정사각형을 만드는 데 성냥개비가 4개 필요하고, 첫 번째 정사각형에 정사각형을 한 개씩 이어 붙일 때마다 성냥개비가 3개씩 더 필요하다.

이때 첫 번째 정사각형을 뺀 나머지 정사각형은 $(x-1)$개이므로

$y=4+3(x-1)$ $\therefore y=3x+1$ … (ⅰ)

(2) $y=3x+1$에 $x=100$을 대입하면

$y=300+1=301$

따라서 100개의 정사각형을 만드는 데 필요한 성냥개비의 개수는 301개이다.   … (ⅱ)

채점 기준	비율
(ⅰ) y를 x에 대한 식으로 나타내기	50 %
(ⅱ) 100개의 정사각형을 만드는 데 필요한 성냥개비의 개수 구하기	50 %

과학 속 수학   P. 126

답 **36초 후**

주어진 직선이 두 점 $(0, 180)$, $(10, 130)$을 지나므로

$(기울기)=\dfrac{130-180}{10-0}=-5,$

$(y절편)=180$

$\therefore y=-5x+180$

낙하산이 지면에 도착할 때는 높이가 0 m일 때이므로

$y=-5x+180$에 $y=0$을 대입하면

$0=-5x+180,\ 5x=180$

$\therefore x=36$

따라서 낙하산은 36초 후에 지면에 도착한다.

⌐1 일차함수와 일차방정식

P. 130~131

개념 확인 (1) $y=-x+3$ (2) $y=3x+5$
(3) $y=\dfrac{1}{2}x-2$ (4) $y=-3x-\dfrac{1}{2}$

(3) $x-2y-4=0$에서 y를 x에 대한 식으로 나타내면
$2y=x-4$ $\quad \therefore y=\dfrac{1}{2}x-2$

(4) $6x+2y=-1$에서 y를 x에 대한 식으로 나타내면
$2y=-6x-1$ $\quad \therefore y=-3x-\dfrac{1}{2}$

필수 문제 1 (1) $1,\ -7,\ 7$ (2) $\dfrac{3}{4},\ 4,\ -3$

(1) $x-y+7=0$에서 y를 x에 대한 식으로 나타내면
$y=x+7$ $\quad \cdots \bigcirc$
$\bigcirc$에 $y=0$을 대입하면
$0=x+7$ $\quad \therefore x=-7$
따라서 기울기는 1, x절편은 -7, y절편은 7이다.

(2) $3x-4y-12=0$에서 y를 x에 대한 식으로 나타내면
$4y=3x-12$ $\quad \therefore y=\dfrac{3}{4}x-3$ $\quad \cdots \bigcirc$
$\bigcirc$에 $y=0$을 대입하면
$0=\dfrac{3}{4}x-3$ $\quad \therefore x=4$
따라서 기울기는 $\dfrac{3}{4}$, x절편은 4, y절편은 -3이다.

1-1 (1) x절편: 2, y절편: 5 (2) 풀이 참조

(1) $5x+2y-10=0$에서 y를 x에 대한 식으로 나타내면
$2y=-5x+10$ $\quad \therefore y=-\dfrac{5}{2}x+5$ $\quad \cdots \bigcirc$
$\bigcirc$에 $y=0$을 대입하면
$0=-\dfrac{5}{2}x+5$ $\quad \therefore x=2$
따라서 x절편은 2, y절편은 5이다.

(2) x절편이 2, y절편이 5이므로
두 점 $(2, 0)$, $(0, 5)$를 지나는
직선을 그리면 오른쪽 그림과
같다.

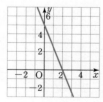

1-2 ④

$3x-2y=2$에서 y를 x에 대한 식으로 나타내면
$2y=3x-2$ $\quad \therefore y=\dfrac{3}{2}x-1$

① $3x-2y=2$에 $x=2$, $y=1$을 대입하면
$3\times2-2\times1\neq2$이므로 점 $(2, 1)$을 지나지 않는다.
② $y=3x+1$의 그래프와 기울기가 다르므로 평행하지 않다.

③, ④ $y=\dfrac{3}{2}x-1$의 그래프의 x절편은
$\dfrac{2}{3}$, y절편은 -1이므로 그래프는 오른쪽
그림과 같다.
즉, 제2사분면을 지나지 않는다.

⑤ 기울기가 $\dfrac{3}{2}\left(=\dfrac{6}{4}\right)$이므로 x의 값이 4만큼 증가할 때,
y의 값은 6만큼 증가한다.
따라서 옳은 것은 ④이다.

1-3 -6

$3x-4y+6=0$에 $x=a$, $y=-3$을 대입하면
$3a+12+6=0,\ 3a=-18$ $\quad \therefore a=-6$

필수 문제 2 $a=8,\ b=1$

$ax-2y+b=0$에서 y를 x에 대한 식으로 나타내면
$2y=ax+b$ $\quad \therefore y=\dfrac{a}{2}x+\dfrac{b}{2}$
이 그래프의 기울기가 4, y절편이 $\dfrac{1}{2}$이므로
$\dfrac{a}{2}=4,\ \dfrac{b}{2}=\dfrac{1}{2}$ $\quad \therefore a=8,\ b=1$

2-1 -6

$ax+by+6=0$에서 y를 x에 대한 식으로 나타내면
$by=-ax-6$ $\quad \therefore y=-\dfrac{a}{b}x-\dfrac{6}{b}$
이 그래프가 $y=-2x+7$의 그래프와 평행하므로 기울기는
-2이고, y절편이 3이므로
$-\dfrac{a}{b}=-2,\ -\dfrac{6}{b}=3$ $\quad \therefore a=-4,\ b=-2$
$\therefore a+b=-4+(-2)=-6$

P. 132

개념 확인

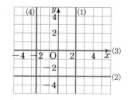

(1) $x-2=0$에서 $x=2$
(2) $2y+6=0$에서 $2y=-6$ $\quad \therefore y=-3$
(4) $2x+5=0$에서 $2x=-5$ $\quad \therefore x=-\dfrac{5}{2}$

필수 문제 3 (1) $y=-5$ (2) $x=2$

(1) x축에 평행하므로 직선 위의 점들의 y좌표는 모두 -5로 같다.
따라서 구하는 직선의 방정식은 $y=-5$이다.

(2) y축에 평행하므로 직선 위의 점들의 x좌표는 모두 2로 같다.
따라서 구하는 직선의 방정식은 $x=2$이다.

3-1 (1) $x=-3$ (2) $x=3$ (3) $y=-1$ (4) $y=4$

(1) y축에 평행하므로 직선 위의 점들의 x좌표는 모두 -3으로 같다.
따라서 구하는 직선의 방정식은 $x=-3$이다.

(2) x축에 수직이므로 직선 위의 점들의 x좌표는 모두 3으로 같다.
따라서 구하는 직선의 방정식은 $x=3$이다.

(3) y축에 수직이므로 직선 위의 점들의 y좌표는 모두 -1로 같다.
따라서 구하는 직선의 방정식은 $y=-1$이다.

(4) 한 직선 위의 두 점의 y좌표가 같으므로 그 직선 위의 점들의 y좌표는 모두 4로 같다.
따라서 구하는 직선의 방정식은 $y=4$이다.

필수 문제 4 5

y축에 평행한 직선 위의 점들은 x좌표가 모두 같으므로
$a=5$

4-1 -4

x축에 평행한 직선 위의 점들은 y좌표가 모두 같으므로
$a-3=2a+1$ ∴ $a=-4$

STEP 1 쏙쏙 개념 익히기 P. 133~134

1 ㄱ, ㄹ, ㅁ **2** ④ **3** ①, ④
4 10
5 (1) ㅁ, ㅂ (2) ㄱ, ㄷ (3) ㄱ, ㄷ (4) ㅁ, ㅂ
6 -5 **7** (1) ㄴ (2) ㄱ (3) ㄷ (4) ㅂ
8 ③ **9** $a<0$, $b<0$

---

1 $2x-y=1$에 주어진 점의 좌표를 각각 대입하면

ㄱ. $2\times0-(-1)=1$ ㄴ. $2\times\left(-\dfrac{1}{2}\right)-0\neq1$

ㄷ. $2\times2-1\neq1$ ㄹ. $2\times5-9=1$

ㅁ. $2\times\dfrac{4}{3}-\dfrac{5}{3}=1$ ㅂ. $2\times1-(-2)\neq1$

따라서 $2x-y=1$의 그래프가 지나는 점은 ㄱ, ㄹ, ㅁ이다.

---

2 $x+2y+6=0$에서 y를 x에 대한 식으로 나타내면

$2y=-x-6$ ∴ $y=-\dfrac{1}{2}x-3$

따라서 $y=-\dfrac{1}{2}x-3$의 그래프는 x절편이 -6, y절편이 -3이므로 ④이다.

3 $3x+4y-8=0$에서 y를 x에 대한 식으로 나타내면

$4y=-3x+8$ ∴ $y=-\dfrac{3}{4}x+2$

①, ③ x절편은 $\dfrac{8}{3}$, y절편은 2이므로 그래프는 오른쪽 그림과 같다. 즉, 제1, 2, 4사분면을 지난다.

② (기울기)$=-\dfrac{3}{4}<0$이므로 오른쪽 아래로 향하는 직선이다.

④ 기울기가 $-\dfrac{3}{4}\left(=\dfrac{-6}{8}\right)$이므로 x의 값이 8만큼 증가할 때, y의 값은 6만큼 감소한다.

⑤ $y=-\dfrac{3}{4}x-6$의 그래프와 기울기는 같고 y절편은 다르므로 만나지 않는다.

따라서 옳지 않은 것은 ①, ④이다.

4 $5x+2y+10=0$에서 y를 x에 대한 식으로 나타내면

$2y=-5x-10$ ∴ $y=-\dfrac{5}{2}x-5$

$ax+4y-3=0$에서 y를 x에 대한 식으로 나타내면

$4y=-ax+3$ ∴ $y=-\dfrac{a}{4}x+\dfrac{3}{4}$

이 두 그래프가 서로 평행하므로 기울기는 같고 y절편은 달라야 한다.

따라서 $-\dfrac{5}{2}=-\dfrac{a}{4}$이므로 $a=10$

5 각 일차방정식을 $x=(\text{수})$ 또는 $y=(\text{수})$ 또는 $y=(x에 대한 식)$ 꼴로 나타내면

ㄱ. $x=\dfrac{4}{3}$ ㄴ. $y=\dfrac{2}{3}x$

ㄷ. $x=-\dfrac{7}{3}$ ㄹ. $y=-3x+1$

ㅁ. $y=-3$ ㅂ. $y=1$

(1), (4) x축에 평행한(y축에 수직인) 직선은 $y=(\text{수})$ 꼴이므로 ㅁ, ㅂ이다.

(2), (3) y축에 평행한(x축에 수직인) 직선은 $x=(\text{수})$ 꼴이므로 ㄱ, ㄷ이다.

6 y축에 수직인 직선 위의 점들은 y좌표가 모두 같으므로

$a-4=3a+6$, $-2a=10$

∴ $a=-5$

7 (1) x축에 평행하므로 직선 위의 점들의 y좌표가 모두 7로 같다.

∴ $y=7$, 즉 $y-7=0$

(2) 두 점의 x좌표가 2로 같으면 직선 위의 점들의 x좌표가 모두 2로 같다.

∴ $x=2$, 즉 $x-2=0$

(3) $2x-y+5=0$에서 y를 x에 대한 식으로 나타내면

$y=2x+5$

이 그래프와 y축 위에서 만나므로 y절편이 5이다.

이때 기울기가 -1이므로 $y=-x+5$

∴ $x+y-5=0$

(4) (기울기)$=\dfrac{2-(-2)}{-6-0}=-\dfrac{2}{3}$, ($y$절편)$=-2$이므로

$y=-\dfrac{2}{3}x-2$ ∴ $2x+3y+6=0$

8 $ax+y+b=0$에서 y를 x에 대한 식으로 나타내면

$y=-ax-b$

이때 주어진 그림에서

(기울기)$=-a<0$, (y절편)$=-b>0$이므로

$a>0$, $b<0$

9 $ax-by+1=0$에서 y를 x에 대한 식으로 나타내면

$by=ax+1$ ∴ $y=\dfrac{a}{b}x+\dfrac{1}{b}$

이때 주어진 그림에서

(기울기)$=\dfrac{a}{b}>0$, (y절편)$=\dfrac{1}{b}<0$이므로

$a<0$, $b<0$

2 일차함수의 그래프와 연립일차방정식

P. 135

개념 확인   (1) $x=1$, $y=2$ (2) $x=1$, $y=-3$

두 일차방정식의 그래프의 교점의 좌표는 연립방정식의 해와 같다.

필수 문제 1   (1) $(3, -5)$ (2) $(2, 4)$

(1) 연립방정식 $\begin{cases} x-y=8 \\ x+y=-2 \end{cases}$를 풀면 $x=3$, $y=-5$이므로

두 일차방정식의 그래프의 교점의 좌표는 $(3, -5)$이다.

(2) 연립방정식 $\begin{cases} x+2y=10 \\ 2x-y=0 \end{cases}$을 풀면 $x=2$, $y=4$이므로

두 일차방정식의 그래프의 교점의 좌표는 $(2, 4)$이다.

1-1   4

연립방정식 $\begin{cases} 2x-y=5 \\ 3x+2y=11 \end{cases}$을 풀면 $x=3$, $y=1$이므로

두 직선의 교점의 좌표는 $(3, 1)$이다.

따라서 $a=3$, $b=1$이므로 $a+b=3+1=4$

필수 문제 2 $a=2$, $b=-4$

두 그래프의 교점의 좌표가 $(-2, 1)$이므로

주어진 연립방정식의 해는 $x=-2$, $y=1$이다.

$ax+y=-3$에 $x=-2$, $y=1$을 대입하면

$-2a+1=-3$, $-2a=-4$ ∴ $a=2$

$x-2y=b$에 $x=-2$, $y=1$을 대입하면

$-2-2=b$ ∴ $b=-4$

2-1   3

두 그래프의 교점의 좌표가 $(1, -2)$이므로

연립방정식 $\begin{cases} ax+y-2=0 \\ 4x-by-6=0 \end{cases}$의 해는 $x=1$, $y=-2$이다.

$ax+y-2=0$에 $x=1$, $y=-2$를 대입하면

$a-2-2=0$ ∴ $a=4$

$4x-by-6=0$에 $x=1$, $y=-2$를 대입하면

$4+2b-6=0$, $2b=2$ ∴ $b=1$

∴ $a-b=4-1=3$

P. 136

개념 확인   (1) 풀이 참조   (2) 해가 없다.

(1) $x+y=5$에서 $y=-x+5$

$x+y=2$에서 $y=-x+2$

이 두 그래프를 그리면 오른쪽 그림과 같다.

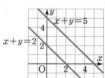

(2) (1)의 그림에서 두 그래프는 서로 평행하므로 교점이 없다.

따라서 주어진 연립방정식의 해는 없다.

필수 문제 3   2

$2x+y=b$에서 $y=-2x+b$

$ax+2y=-4$에서 $y=-\dfrac{a}{2}x-2$

연립방정식의 해가 무수히 많으려면 두 그래프가 일치해야 하므로 기울기와 y절편이 각각 같아야 한다.

즉, $-2=-\dfrac{a}{2}$, $b=-2$이므로 $a=4$, $b=-2$

∴ $a+b=4+(-2)=2$

다른 풀이

연립방정식 $\begin{cases} 2x+y=b \\ ax+2y=-4 \end{cases}$의 해가 무수히 많으므로

$\dfrac{2}{a}=\dfrac{1}{2}=\dfrac{b}{-4}$ ∴ $a=4$, $b=-2$ ∴ $a+b=2$

답 **41그릇**

총수입에 대한 직선이 두 점 $(0, 0)$, $(60, 90000)$을 지나므로

$(기울기) = \dfrac{90000 - 0}{60 - 0} = 1500$ $\therefore y = 1500x$

총비용에 대한 직선이 두 점 $(0, 12000)$, $(30, 48000)$을 지나므로

$(기울기) = \dfrac{48000 - 12000}{30 - 0} = 1200$, $(y절편) = 12000$

$\therefore y = 1200x + 12000$

즉, 연립방정식 $\begin{cases} y = 1500x \\ y = 1200x + 12000 \end{cases}$ 을 풀면 $x = 40$, $y = 60000$

이므로 두 직선의 교점의 좌표는 $(40, 60000)$이다.

따라서 빙수를 41그릇 이상 팔아야 한다.

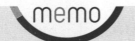

유형편
파워

1 유리수와 순환소수

유형 **1~16** P. 6~15

1 ③ **2** ② **3** ㄷ, ㄹ **4** ④ **5** ⑤
6 8 **7** ⑤ **8** ④ **9** ① **10** 3
11 0 **12** 66 **13** 7
14 $a=5^2$, $b=325$, $c=0.325$ **15** 30 **16** ③
17 ㄱ, ㄹ, ㅂ **18** D **19** 3개 **20** 38개
21 ③ **22** 9 **23** 4개 **24** 90 **25** 91
26 78 **27** ⑤ **28** ④ **29** ⑤ **30** ④
31 $p=9$, $q=16$ **32** $x=36$, $y=5$ **33** 27
34 ④ **35** ④ **36** 7, 9
37 100, 100, 99, 99, $\frac{4}{33}$ **38** ④ **39** $\frac{116}{75}$
40 ①, ⑤, ⑥ **41** ⑤ **42** ①, ⑤ **43** $\frac{45}{7}$
44 5 **45** $\frac{139}{60}$ **46** 27 **47** (1) 90, 61 (2) $\frac{61}{90}$
48 4 **49** $0.1\dot{2}$ **50** ① **51** $0.6\dot{2}$
52 $a=7$, $b=5$ **53** 5 **54** ④ **55** ②, ④
56 165 **57** (1) > (2) < (3) < (4) < **58** ④
59 ㄴ, ㄷ, ㄱ, ㄹ **60** ②, ⑤ **61** ②, ④, ⑦
62 ㄹ, ㅁ **63** ③, ⑤ **64** 1

단원 마무리

P. 16~19

1 ④ **2** 7 **3** ⑤ **4** ② **5** 63
6 ⑤ **7** ③ **8** ④ **9** ①, ④ **10** 212
11 ㄷ **12** ③, ④ **13** 4개 **14** ④ **15** ①
16 ③ **17** ⑤ **18** $0.\dot{4}$ **19** $0.1\dot{7}$ **20** $2.\dot{7}\dot{2}$
21 ⑤ **22** 97 **23** 6개 **24** $0.3\dot{6}$

2 식의 계산

유형 **1~9** P. 22~26

1 ④ **2** (1) 1 (2) 5 **3** ③ **4** 10
5 ②, ⑤ **6** 3 **7** ④ **8** 4 **9** ㄴ, ㄷ
10 (1) $\frac{1}{a^5}$ (2) 2^6 **11** 3 **12** 6 **13** ⑤
14 ③ **15** $x=12$, $y=8$, $z=4$ **16** 17
17 ㄷ, ㄹ, ㅂ **18** ④ **19** ③ **20** 22
21 (1) 3 (2) 4 **22** 2 **23** 2^{12}마리
24 31.25배 **25** 2^{13}개 **26** 52 **27** 8
28 $\frac{1}{8}$ **29** 3 **30** ② **31** ④ **32** ①
33 ② **34** ④ **35** 10 **36** 5자리 **37** 6, 7

유형 **10~14** P. 27~29

38 (1) $15x^2y^3$ (2) $-4x^6y^5$ (3) $-16a^7b^8$ (4) $12x^{11}y^8$
39 142 **40** 13 **41** ㄱ, ㄹ **42** ④
43 (1) $-\frac{5x}{2y^4}$ (2) $\frac{3}{2}x^3y^8$ **44** 2
45 (1) $2x^2y$ (2) $6ab^2$ (3) $\frac{1}{4}ab^3$ (4) x^3y^5 **46** ④
47 40 **48** (1) $-3x^4$ (2) $\frac{3}{4}xy^4$ (3) $15x^6y$
49 $\frac{1}{7}x^6y^4$ **50** $-\frac{9}{2}x^9y^8$ **51** $5a^8b^6$ **52** $4a^3b^3$
53 ② **54** $\frac{25}{8}\pi ab^2$ **55** ③ **56** $2b^5$
57 $2x^3y$ **58** $3a^4b^3$

59 (1) $2x-5$ (2) $2x-y$ **60** 1   **61** $-\dfrac{7}{6}$

62 ①   **63** ③   **64** ④   **65** 1   **66** 2

67 $x+8y$ **68** 14   **69** 7   **70** ②

71 $-6a^2+3a-10$ **72** ②   **73** $a+4b$

74 (1) $-3x+2y-3$ (2) $-5x+y-1$

75 $-4x^2-10x-3$ **76** $7x^2-4x-3$ **77** ④

78 x^2+3x-2 **79** $3x-y$ **80** ⑤   **81** ③

82 -11 **83** ㄷ, ㄹ   **84** ⑤   **85** $4a-2b+3$

86 $\dfrac{16}{b}+\dfrac{24}{a}$ **87** ⑤   **88** $-xy^2+2y^2$

89 $-\dfrac{16x^6}{y}+8x^5$ **90** 5   **91** $3x^2y+xy^2+xy$

92 $18x^2y-12xy^2$ **93** ③   **94** a^2+3ab

95 ②   **96** $4a^2-b^2$ **97** $3x-y$ **98** ④

99 $\left(\dfrac{4}{9}a+\dfrac{1}{3}b\right)$원

단원 마무리   P. 36~39

1 ③   **2** 10   **3** 12   **4** 11   **5** ④

6 ③   **7** ⑤   **8** 13   **9** ①, ④   **10** ②

11 7   **12** $2x^2+7xy-y^2$ **13** $15a-9b$

14 ①   **15** $7x+5y+8$ **16** ③   **17** ②

18 5   **19** ④   **20** ⑤   **21** 14   **22** $-4x^8y$

23 $\dfrac{1}{2}x^4y$ **24** ③   **25** $12a^3-16a^2b$ **26** $\dfrac{3}{2}b+\dfrac{1}{2}$

27 18   **28** $6a^2b^4$ **29** $22a^2+7a$

---

3 일차부등식

1 ③, ⑤   **2** ③   **3** $1+2x\le13$ **4** ③, ④

5 ④   **6** ⑤   **7** 4개   **8** ④   **9** ⑤

10 ③   **11** $\le$ **12** ④   **13** ③   **14** ④

15 ⑤   **16** ①   **17** $-3<x<1$

18 $1\le A<11$

---

19 ④   **20** ⑤   **21** $a\ne7$ **22** ①   **23** ④

24 ⑤   **25** 3개   **26** ②   **27** ②   **28** 3

29 (1) $x\ge2$ (2) $x<-1$ **30** 1, 2, 3, 4

31 ④   **32** 8   **33** -6 **34** 8개   **35** ①

36 ①   **37** ④   **38** $x\le-\dfrac{3}{a}$ **39** $x<-2$

40 3   **41** 3   **42** 1   **43** 8   **44** ⑤

45 7   **46** 3   **47** ④   **48** $10<a\le16$

49 $1\le a<\dfrac{3}{2}$ **50** $a\le4$

---

51 ③   **52** 57   **53** 91점   **54** 8 cm   **55** 13 cm

56 ⑤   **57** 7개   **58** ③   **59** 6자루   **60** 16년 후

61 9개월 후   **62** 12번   **63** 140분   **64** 24명

65 ⑤   **66** 8개   **67** 17편   **68** 25명   **69** 4 km

70 ⑤   **71** 5 km   **72** 0.8 km   **73** 2 km

74 ④   **75** ③   **76** ②   **77** 12000원

78 2749   **79** 28

단원 마무리   P. 54~57

1 ⑤   **2** ⑤   **3** ②   **4** 7   **5** ④

6 7   **7** ③   **8** $x>8$,

9 ㄱ   **10** ⑤   **11** ③   **12** ②   **13** 4개

14 18장   **15** ④   **16** ②, ④   **17** ②   **18** ③

19 -1 **20** ②   **21** 37명   **22** 1 km   **23** 250 g

24 $x<-1$ **25** $9\le a<\dfrac{23}{2}$ **26** 2 cm

4 연립일차방정식

유형 1~3
P. 60~61

1 ③, ④ **2** ⑤ **3** ③ **4** ④ **5** ②
6 3개
7 (1) $500x+1000y=7000$
　 (2) $(2, 6)$, $(4, 5)$, $(6, 4)$, $(8, 3)$, $(10, 2)$, $(12, 1)$
8 -2 **9** -3 **10** 12 **11** 7

유형 4~5
P. 61~62

12 ④ **13** ② **14** $\begin{cases} 3x-y=5 \\ 2x-4=y \end{cases}$ **15** 4
16 -7 **17** 6 **18** ④

유형 6~17
P. 62~69

19 7 **20** (1) $x=-1$, $y=-1$ (2) $x=-1$, $y=2$
21 20 **22** 1 **23** ④ **24** ④ **25** 8
26 2 **27** ② **28** 10 **29** ①
30 (1) $x=1$, $y=1$ (2) $x=5$, $y=1$ **31** ⑤
32 15 **33** -3 **34** 5 **35** ④ **36** 3
37 -2 **38** (1) $x=0$, $y=0$ (2) $x=-3$, $y=4$
39 ② **40** $a=3$, $b=6$ **41** $x=11$, $y=-9$
42 3 **43** -1 **44** ③ **45** -3 **46** $\frac{5}{2}$
47 ⑤ **48** -2 **49** 8 **50** 2 **51** 1
52 -2 **53** $a=2$, $b=-\frac{5}{2}$ **54** 10 **55** 2
56 ④ **57** $x=-1$, $y=-1$ **58** ④ **59** -3
60 6 **61** ③ **62** $-\frac{9}{4}$ **63** $a=6$, $b\neq-\frac{1}{2}$

유형 18~29
P. 69~76

64 ② **65** 67 **66** 83
67 13명 **68** 우유: 4개, 요구르트: 5개 **69** ⑤
70 형: 18세, 동생: 14세 **71** 38세
72 이모: 41세, 세희: 9세 **73** 28세
74 긴 끈: 21 cm, 짧은 끈: 13 cm
75 35 cm² **76** 4 cm **77** 20 cm **78** 15개 **79** ④
80 17회 **81** 90대 **82** 구미호: 9마리, 붕조: 7마리
83 남학생: 18명, 여학생: 12명 **84** 16명 **85** 16명
86 9000원 **87** ④ **88** 10 km **89** ③
90 9분 후 **91** ③ **92** 160 m
93 시속 15 km **94** 120 m
95 남학생: 392명, 여학생: 630명 **96** 280명
97 18400원 **98** 18일 **99** 6일 **100** ⑤
101 ⑤ **102** 114 g **103** 100 g **104** 100 g **105** 50 g
106 ② **107** 12 **108** $\frac{1}{2}$

단원 마무리
P. 77~79

1 ③ **2** 3개 **3** -7 **4** ④
5 $m=1$, $n=-8$ **6** ④ **7** -5
8 $x=3$, $y=-1$ **9** $x=5$, $y=-5$ **10** 14
11 3 cm **12** 18마리 **13** 7 **14** -1 **15** 4
16 ⑤ **17** 693 **18** 4자루 **19** 16번 **20** 5 km
21 -9 **22** 67만 원 **23** 2분

5 일차함수와 그 그래프

유형 1~2 · P. 82

1 ⑤ **2** ④ **3** ② **4** 3 **5** 2
6 3

유형 3~12 · P. 83~88

7 ㄴ, ㅁ **8** ③, ④, ⑦ **9** ② **10** ⑤
11 9 **12** −10 **13** 3 **14** ④ **15** ②
16 −4 **17** ④ **18** −3 **19** ③ **20** −3
21 4 **22** 1 **23** 2 **24** ⑤ **25** 5
26 $\dfrac{5}{3}$ **27** 6 **28** 8 **29** ④ **30** −6
31 −1 **32** ③ **33** ① **34** ① **35** 6
36 −5 **37** 7 **38** 1 **39** $-\dfrac{4}{3}$ **40** 24
41 0 **42** 제4사분면 **43**

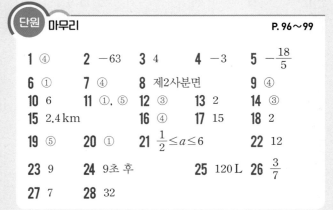

44 ① **45** 8 **46** $\dfrac{5}{12}$ **47** 5 **48** $\dfrac{8}{5}$

유형 13~20 · P. 89~94

49 ②, ③ **50** (1) ㄷ (2) ㄱ (3) ㄹ
51 ③ **52** ㄱ, ㄷ **53** ④
54 ①, ③, ⑤, ⑦ **55** ③
56 (1) ④, ⑤ (2) ①, ②, ③ (3) ③, ④ (4) ①, ②, ⑤
57 $a<0,\ b>0$ **58** ⑤ **59** ①
60 제2사분면 **61** ④ **62** ④ **63** ①
64 2 **65** ④ **66** $-\dfrac{1}{5}$ **67** 8
68 $-\dfrac{3}{2}\le a<0$ 또는 $0<a\le\dfrac{1}{3}$ **69** $\dfrac{1}{4}\le a\le 3$
70 −6 **71** 1 **72** ⑤ **73** $y=\dfrac{4}{3}x+5$
74 ⑤ **75** ② **76** $y=-3x+3$ **77** ②
78 ① **79** $y=\dfrac{1}{2}x-1$ **80** 10 **81** 4
82 ④ **83** $y=-2x-2$ **84** 6

유형 21 · P. 94~95

85 ③ **86** −12 ℃ **87** 9 km
88 49000원 **89** (1) $y=-6x+60$ (2) 4초 후
90 35 L **91** 은수 **92** $y=\dfrac{5}{2}x-8$

단원 마무리 · P. 96~99

1 ④ **2** −63 **3** 4 **4** −3 **5** $-\dfrac{18}{5}$
6 ① **7** ④ **8** 제2사분면 **9** ④
10 6 **11** ①, ⑤ **12** ③ **13** 2 **14** ③
15 2.4 km **16** ④ **17** 15 **18** 2
19 ⑤ **20** ① **21** $\dfrac{1}{2}\le a\le 6$ **22** 12
23 9 **24** 9초 후 **25** 120 L **26** $\dfrac{3}{7}$
27 7 **28** 32

6 일차함수와 일차방정식의 관계

유형 1~5　　　　　　　　　P. 102~104

1 ⑤　　**2** ②　　**3** -9　　**4** ②　　**5** ④
6 1　　**7** 16　　**8** 4　　**9** 2　　**10** ④
11 -2　　**12** $a<0, b<0$　　**13** ③　　**14** ㄴ
15 ④　　**16** 12　　**17** ①　　**18** $y=3x+7$
19 (1) $y=5$　(2) $x=-2$　(3) $x=8$　(4) $y=-6$
20 3　　**21** $a=-\dfrac{1}{3}, b=0$　　**22** 6

유형 6~13　　　　　　　　　P. 105~109

23 ④　　**24** ②　　**25** -3　　**26** -2　　**27** 2
28 2　　**29** $a=1, b=2$　　**30** $y=-2$
31 ②　　**32** 2　　**33** -4　　**34** 3
35 (1) $-3, 5$　(2) 1　(3) $-3, 1, 5$
36 (1) A: $y=-9x+45$, B: $y=-3x+27$　(2) 3분 후
37 18 km　　**38** 5　　**39** 6　　**40** 3
41 4　　**42** $\dfrac{49}{2}$　　**43** 8　　**44** ②
45 $y=x+1$　　**46** ④　　**47** -3
48 $a=6, b=-2$　　**49** ④　　**50** -30

단원 마무리

P. 110~112

1 ②, ⑤　　**2** ③　　**3** 10　　**4** ㄱ, ㄹ　　**5** $y=-7$
6 $y=-2x+2$　　　　　　$x=2, y=-2$

7 -1　　**8** ⑤　　**9** 2　　**10** ②　　**11** 6
12 $\dfrac{1}{2}$　　**13** 제1, 2, 3사분면　　**14** 3　　**15** 2
16 오후 3시　　**17** 24　　**18** $\dfrac{4}{3}$
19 $3x-y-12=0$　　**20** 20　　**21** 7 : 2

유형편

파워

1 답 ③

ㄴ. $\pi=3.141592\cdots$이므로 무한소수이다.

따라서 유한소수는 ㄱ, ㄹ, ㅁ의 3개이다.

2 답 ②

① $\dfrac{1}{2}=0.5$　　　　　② $\dfrac{2}{3}=0.666\cdots$

③ $-\dfrac{8}{5}=-1.6$　　　④ $\dfrac{7}{8}=0.875$

⑤ $\dfrac{13}{20}=0.65$

따라서 무한소수가 되는 것은 ②이다.

3 답 ㄷ, ㄹ

ㄷ. $\dfrac{10}{9}=1.111\cdots$이므로 무한소수이다.

ㄹ. $\dfrac{7}{16}=0.4375$이므로 유한소수이다.

4 답 ④

각 순환소수의 순환마디를 구하면 다음과 같다.

① 90　　② 58　　③ 67　　④ 022　　⑤ 341

따라서 바르게 연결된 것은 ④이다.

5 답 ⑤

① $\dfrac{1}{6}=0.1666\cdots$이므로 순환마디는 6이다.

② $\dfrac{8}{3}=2.666\cdots$이므로 순환마디는 6이다.

③ $\dfrac{11}{12}=0.91666\cdots$이므로 순환마디는 6이다.

④ $\dfrac{7}{15}=0.4666\cdots$이므로 순환마디는 6이다.

⑤ $\dfrac{19}{30}=0.6333\cdots$이므로 순환마디는 3이다.

따라서 순환마디가 나머지 넷과 다른 하나는 ⑤이다.

6 답 8

$\dfrac{5}{11}=0.454545\cdots$이므로 순환마디는 45이고, 순환마디를
이루는 숫자는 2개이다.　　∴ $a=2$

$\dfrac{4}{13}=0.307692307692\cdots$이므로 순환마디는 307692이고,
순환마디를 이루는 숫자는 6개이다.　　∴ $b=6$

∴ $a+b=2+6=8$

7 답 ⑤

① $0.217217217\cdots=0.\dot{2}1\dot{7}$

② $1.231231231\cdots=1.\dot{2}3\dot{1}$

③ $0.666\cdots=0.\dot{6}$

④ $1.1020202\cdots=1.1\dot{0}\dot{2}$

따라서 옳은 것은 ⑤이다.

8 답 ④

$\dfrac{18}{55}=0.3272727\cdots=0.3\dot{2}\dot{7}$

9 답 ①

$\dfrac{4}{3}=1.333\cdots=1.\dot{3}$이므로 3에 대응하는 음인 '파'를 반복하
여 연주한다.

따라서 연주하는 음을 나타낸 것은 ①이다.

10 답 3

$0.0\dot{5}27\dot{3}$의 순환마디를 이루는 숫자는 0, 5, 2, 7, 3의 5개
이다.

이때 $100=5\times20$이므로 소수점 아래 100번째 자리의 숫자
는 순환마디의 다섯 번째 숫자인 3이다.

11 답 0

$\dfrac{4}{37}=0.108108108\cdots=0.\dot{1}0\dot{8}$이므로 순환마디를 이루는 숫
자는 1, 0, 8의 3개이다.　　　　　　　　　　　　　… (i)

이때 $35=3\times11+2$이므로 소수점 아래 35번째 자리의 숫
자는 순환마디의 두 번째 숫자인 0이다.　　　　　… (ii)

채점 기준	비율
(i) 순환마디를 이루는 숫자의 개수 구하기	50 %
(ii) 소수점 아래 35번째 자리의 숫자 구하기	50 %

12 답 66

$\dfrac{11}{13}=0.846153846153\cdots=0.\dot{8}4615\dot{3}$이므로 순환마디를 이
루는 숫자는 8, 4, 6, 1, 5, 3의 6개이다.

이때 $14=6\times2+2$이므로 순환마디가 2번 반복된다.

∴ $a_1+a_2+a_3+\cdots+a_{14}$

$=(8+4+6+1+5+3)\times2+8+4$

$=66$

13 답 7

$2.3\dot{7}1\dot{4}$의 순환마디를 이루는 숫자는 7, 1, 4의 3개이고, 소
수점 아래 두 번째 자리에서부터 순환마디가 반복되므로 순
환하지 않는 숫자는 3의 1개이다.

이때 $50=1+3\times16+1$이므로 소수점 아래 50번째 자리의
숫자는 순환마디의 첫 번째 숫자인 7이다.

14 답 $a=5^2$, $b=325$, $c=0.325$

$\dfrac{13}{40}=\dfrac{13}{2^3\times5}=\dfrac{13\times5^2}{2^3\times5\times5^2}=\dfrac{325}{10^3}=\dfrac{325}{1000}=0.325$

15 답 **30**

$$\frac{7}{25}=\frac{7}{5^2}=\frac{7\times2^2}{5^2\times2^2}=\frac{28}{10^2}=\frac{280}{10^3}=\frac{2800}{10^4}=\cdots$$

따라서 $a=28$, $n=2$일 때, $a+n$의 값이 가장 작으므로 구하는 수는 $28+2=30$

16 답 **③**

① $\dfrac{1}{12}=\dfrac{1}{2^2\times3}$ ② $\dfrac{5}{21}=\dfrac{5}{3\times7}$

③ $\dfrac{3}{30}=\dfrac{1}{10}=\dfrac{1}{2\times5}$ ④ $\dfrac{18}{42}=\dfrac{3}{7}$

⑤ $\dfrac{9}{51}=\dfrac{3}{17}$

따라서 유한소수로 나타낼 수 있는 것은 ③이다.

17 답 **ㄱ, ㄹ, ㅂ**

ㄱ. $\dfrac{3}{14}=\dfrac{3}{2\times7}$ ㄴ. $\dfrac{13}{20}=\dfrac{13}{2^2\times5}$

ㄷ. $\dfrac{9}{48}=\dfrac{3}{16}=\dfrac{3}{2^4}$ ㄹ. $\dfrac{15}{54}=\dfrac{5}{18}=\dfrac{5}{2\times3^2}$

ㅁ. $\dfrac{24}{75}=\dfrac{8}{25}=\dfrac{8}{5^2}$ ㅂ. $\dfrac{105}{132}=\dfrac{35}{44}=\dfrac{35}{2^2\times11}$

따라서 순환소수로만 나타낼 수 있는 것은 ㄱ, ㄹ, ㅂ이다.

18 답 **D**

각 선수의 타율은 다음과 같다.

A: $\dfrac{4}{25}=\dfrac{4}{5^2}$ B: $\dfrac{9}{24}=\dfrac{3}{8}=\dfrac{3}{2^3}$

C: $\dfrac{11}{20}=\dfrac{11}{2^2\times5}$ D: $\dfrac{8}{15}=\dfrac{8}{3\times5}$

따라서 타율을 유한소수로 나타낼 수 없는 선수는 D이다.

19 답 **3개**

$\dfrac{1}{7}=\dfrac{5}{35}$, $\dfrac{4}{5}=\dfrac{28}{35}$이므로 $\dfrac{1}{7}$과 $\dfrac{4}{5}$ 사이에 있는 분모가 35인

분수는 $\dfrac{6}{35}$, $\dfrac{7}{35}$, $\cdots$, $\dfrac{27}{35}$이다.

이 중 유한소수로 나타낼 수 있는 분수를 $\dfrac{A}{35}$라고 하면

$\dfrac{A}{35}=\dfrac{A}{5\times7}$에서 A는 7의 배수이어야 한다.

따라서 구하는 분수는 $\dfrac{7}{35}$, $\dfrac{14}{35}$, $\dfrac{21}{35}$의 3개이다.

20 답 **38개**

주어진 분수 중 유한소수로 나타낼 수 있는 분수, 즉 분모의 소인수가 2 또는 5뿐인 분수는 $\dfrac{1}{2}$, $\dfrac{1}{4}=\dfrac{1}{2^2}$, $\dfrac{1}{5}$, $\dfrac{1}{8}=\dfrac{1}{2^3}$,

$\dfrac{1}{10}=\dfrac{1}{2\times5}$, $\dfrac{1}{16}=\dfrac{1}{2^4}$, $\dfrac{1}{20}=\dfrac{1}{2^2\times5}$, $\dfrac{1}{25}=\dfrac{1}{5^2}$, $\dfrac{1}{32}=\dfrac{1}{2^5}$,

$\dfrac{1}{40}=\dfrac{1}{2^3\times5}$, $\dfrac{1}{50}=\dfrac{1}{2\times5^2}$의 11개이다.

따라서 순환소수로만 나타낼 수 있는 분수의 개수는 $49-11=38$(개)

21 답 **③**

$\dfrac{13}{60}\times x=\dfrac{13}{2^2\times3\times5}\times x$가 유한소수가 되려면 x는 3의 배수 이어야 한다.

따라서 x의 값이 될 수 없는 것은 ③ 13이다.

22 답 **9**

$\dfrac{15}{216}=\dfrac{5}{72}=\dfrac{5}{2^3\times3^2}$에 자연수를 곱하여 유한소수가 되게 하려면 그 자연수는 3^2, 즉 9의 배수이어야 한다.

따라서 구하는 가장 작은 자연수는 9이다.

23 답 **4개**

$\dfrac{a}{2\times3\times5^2\times7}$가 유한소수가 되려면 a는 3과 7의 공배수, 즉 21의 배수이어야 한다.

따라서 a의 값이 될 수 있는 100 이하의 자연수는 21, 42, 63, 84의 4개이다.

24 답 **90**

㈎에서 x는 3^2, 즉 9의 배수이어야 한다.

㈏에서 x는 6의 배수 중 두 자리의 자연수이어야 한다.

따라서 x의 값은 9와 6의 공배수, 즉 18의 배수 중 두 자리의 자연수이므로 구하는 가장 큰 수는 90이다.

25 답 **91**

두 분수 $\dfrac{x}{2^3\times13}$, $\dfrac{x}{2^2\times5^3\times7}$가 모두 유한소수가 되려면 x는 13과 7의 공배수, 즉 91의 배수이어야 한다.

따라서 x의 값이 될 수 있는 가장 작은 자연수는 91이다.

26 답 **78**

$\dfrac{n}{15}=\dfrac{n}{3\times5}$, $\dfrac{n}{104}=\dfrac{n}{2^3\times13}$ $\cdots$ (i)

두 분수가 모두 유한소수가 되려면 n은 3과 13의 공배수, 즉 39의 배수이어야 한다. $\cdots$ (ii)

따라서 n의 값이 될 수 있는 가장 큰 두 자리의 자연수는 78이다. $\cdots$ (iii)

채점 기준	비율
(i) 두 분수의 분모를 소인수분해하기	40 %
(ii) 자연수 n의 조건 구하기	40 %
(iii) n의 값이 될 수 있는 가장 큰 두 자리의 자연수 구하기	20 %

27 답 **⑤**

$\dfrac{17}{102}=\dfrac{1}{6}=\dfrac{1}{2\times3}$, $\dfrac{21}{165}=\dfrac{7}{55}=\dfrac{7}{5\times11}$

두 분수에 자연수 x를 곱하여 모두 유한소수가 되게 하려면 x는 3과 11의 공배수, 즉 33의 배수이어야 한다.

따라서 x의 값이 될 수 있는 가장 작은 자연수는 33이다.

28 답 ④

$\dfrac{6}{2^3 \times 5 \times x} = \dfrac{3}{2^2 \times 5 \times x}$ 이므로 x에 주어진 수를 각각 대입하면

① $\dfrac{3}{2^2 \times 5 \times 4} = \dfrac{3}{2^4 \times 5}$ ② $\dfrac{3}{2^2 \times 5 \times 5} = \dfrac{3}{2^2 \times 5^2}$

③ $\dfrac{3}{2^2 \times 5 \times 6} = \dfrac{1}{2^3 \times 5}$ ④ $\dfrac{3}{2^2 \times 5 \times 7}$

⑤ $\dfrac{3}{2^2 \times 5 \times 8} = \dfrac{3}{2^5 \times 5}$

따라서 x의 값이 될 수 없는 것은 ④이다.

29 답 ⑤

$\dfrac{21}{2^2 \times 3 \times x} = \dfrac{7}{2^2 \times x}$ 이 유한소수가 되려면 x는 소인수가 2나 5로만 이루어진 수 또는 7의 약수 또는 이들의 곱으로 이루어진 수이어야 한다.

따라서 x의 값이 될 수 있는 10 이하의 자연수는 1, 2, 4, 5, 7, 8, 10의 7개이다.

30 답 ④

$ax = 18$에서 $x = \dfrac{18}{a}$ 이므로 a에 주어진 수를 각각 대입하면

① $\dfrac{18}{21} = \dfrac{6}{7}$ ② $\dfrac{18}{28} = \dfrac{9}{14} = \dfrac{9}{2 \times 7}$

③ $\dfrac{18}{35} = \dfrac{18}{5 \times 7}$ ④ $\dfrac{18}{48} = \dfrac{3}{8} = \dfrac{3}{2^3}$

⑤ $\dfrac{18}{52} = \dfrac{9}{26} = \dfrac{9}{2 \times 13}$

따라서 a의 값이 될 수 있는 것은 ④이다.

31 답 $p=9$, $q=16$

$\dfrac{p}{48} = \dfrac{p}{2^4 \times 3}$ 가 유한소수가 되려면 p는 3의 배수이어야 한다.

이때 $6 < p < 12$이므로 $p=9$

따라서 $\dfrac{9}{48} = \dfrac{3}{16}$ 이므로 $q=16$

32 답 $x=36$, $y=5$

$\dfrac{x}{180} = \dfrac{x}{2^2 \times 3^2 \times 5}$ 가 유한소수가 되려면 x는 3^2, 즉 9의 배수이어야 한다.

이때 $20 \le x \le 40$이므로 $x=27$, 36

(i) $x=27$일 때, $\dfrac{27}{2^2 \times 3^2 \times 5} = \dfrac{3}{20}$

(ii) $x=36$일 때, $\dfrac{36}{2^2 \times 3^2 \times 5} = \dfrac{1}{5}$

따라서 (i), (ii)에 의해 $x=36$, $y=5$

33 답 27

$\dfrac{x}{350} = \dfrac{x}{2 \times 5^2 \times 7}$ 가 유한소수가 되려면 x는 7의 배수이어야 한다.

또 $\dfrac{x}{350}$ 를 기약분수로 나타내면 $\dfrac{11}{y}$ 이므로 x는 11의 배수이어야 한다.

즉, x는 7과 11의 공배수, 즉 77의 배수이면서 두 자리의 자연수이므로

$x=77$ ··· (i)

이때 $\dfrac{77}{350} = \dfrac{11}{50}$ 이므로

$y=50$ ··· (ii)

∴ $x-y = 77-50 = 27$ ··· (iii)

채점 기준	비율
(i) x의 값 구하기	50 %
(ii) y의 값 구하기	30 %
(iii) $x-y$의 값 구하기	20 %

34 답 ③

$\dfrac{x}{45} = \dfrac{x}{3^2 \times 5}$ 가 순환소수가 되려면 x는 3^2, 즉 9의 배수가 아니어야 한다.

따라서 x의 값이 될 수 없는 것은 ③ 18이다.

35 답 ④

$\dfrac{7}{2^3 \times 5 \times x}$ 이 순환소수가 되려면 기약분수로 나타냈을 때, 분모에 2 또는 5 이외의 소인수가 있어야 한다.

이때 x는 2와 5 이외의 소인수를 갖는 한 자리의 자연수이므로 $x=3$, 6, 7, 9

그런데 $x=7$이면 $\dfrac{7}{2^3 \times 5 \times 7} = \dfrac{1}{2^3 \times 5}$ 이므로 유한소수가 된다.

따라서 x의 값이 될 수 있는 한 자리의 자연수는 3, 6, 9이 므로 구하는 합은 $3+6+9 = 18$

36 답 7, 9

$\dfrac{12}{100a} = \dfrac{3}{25a} = \dfrac{3}{5^2 \times a}$ 이 순환소수가 되려면 기약분수로 나타냈을 때, 분모에 2 또는 5 이외의 소인수가 있어야 한다.

이때 a는 2와 5 이외의 소인수를 갖는 한 자리의 자연수이므로 $a=3$, 6, 7, 9

그런데 $a=3$이면 $\dfrac{3}{5^2 \times 3} = \dfrac{1}{5^2}$, $a=6$이면 $\dfrac{3}{5^2 \times 6} = \dfrac{1}{2 \times 5^2}$ 이므로 유한소수가 된다.

따라서 a의 값이 될 수 있는 한 자리의 자연수는 7, 9이다.

37 답 100, 100, 99, 99, $\dfrac{4}{33}$

$0.1\dot{2}$를 x라고 하면

$x = 0.121212\cdots$ ··· ㉠

㉠의 양변에 $\boxed{100}$ 을 곱하면

$\boxed{100}\,x = 12.121212\cdots$ ··· ㉡

ⓛ에서 ㉠을 변끼리 빼면

$99\ x=12$ ∴ $x=\dfrac{12}{99}=\dfrac{4}{33}$

38 답 ④

$x=0.4\dot{3}\dot{7}=0.4373737\cdots$이므로

$$\begin{array}{r} 1000x=437.373737\cdots \\ -)\quad 10x=\quad 4.373737\cdots \\ \hline 990x=433 \end{array}$$ ∴ $x=\dfrac{433}{990}$

따라서 가장 편리한 식은 ④ $1000x-10x$이다.

39 답 $\dfrac{116}{75}$

$1.54\dot{6}$을 x라고 하면

$x=1.54666\cdots$ ⋯ ㉠

㉠의 양변에 1000을 곱하면

$1000x=1546.666\cdots$ ⋯ ㉡ ⋯ (ⅰ)

㉠의 양변에 100을 곱하면

$100x=154.666\cdots$ ⋯ ㉢ ⋯ (ⅱ)

㉡에서 ㉢을 변끼리 빼면 $900x=1392$

∴ $x=\dfrac{1392}{900}=\dfrac{116}{75}$ ⋯ (ⅲ)

채점 기준	비율
(ⅰ) ㉠의 양변에 1000을 곱하기	30 %
(ⅱ) ㉠의 양변에 100을 곱하기	30 %
(ⅲ) 순환소수를 기약분수로 나타내기	40 %

40 답 ①, ⑤, ⑥

①, ② 순환마디는 45이고, 순환마디를 이루는 숫자는 4, 5의 2개이다.

⑤ $x=0.2+0.0\dot{4}\dot{5}$

⑥, ⑦
$$\begin{array}{r} 1000x=245.454545\cdots \\ -)\quad 10x=\quad 2.454545\cdots \\ \hline 990x=243 \end{array}$$ ∴ $x=\dfrac{243}{990}=\dfrac{27}{110}$

따라서 옳지 않은 것은 ①, ⑤, ⑥이다.

41 답 ⑤

⑤ $1.2\dot{5}=\dfrac{125-12}{90}$

42 답 ①, ⑤

① $3.\dot{8}=\dfrac{38-3}{9}=\dfrac{35}{9}$ ② $0.\dot{2}\dot{4}=\dfrac{24}{99}=\dfrac{8}{33}$

③ $0.0\dot{1}=\dfrac{1}{90}$ ④ $0.\dot{5}\dot{0}=\dfrac{50}{99}$

⑤ $4.\dot{4}\dot{2}=\dfrac{442-44}{90}=\dfrac{398}{90}=\dfrac{199}{45}$

따라서 옳은 것은 ①, ⑤이다.

43 답 $\dfrac{45}{7}$

$0.\dot{6}=\dfrac{6}{9}=\dfrac{2}{3}$이므로 $a=\dfrac{3}{2}$

$0.2\dot{3}=\dfrac{23-2}{90}=\dfrac{21}{90}=\dfrac{7}{30}$이므로 $b=\dfrac{30}{7}$

∴ $ab=\dfrac{3}{2}\times\dfrac{30}{7}=\dfrac{45}{7}$

44 답 5

$0.8333\cdots=0.8\dot{3}=\dfrac{83-8}{90}=\dfrac{75}{90}=\dfrac{5}{6}$

∴ $x=5$

45 답 $\dfrac{139}{60}$

$2+0.3+0.01+0.006+0.0006+0.00006+\cdots$
$=2.31666\cdots=2.31\dot{6}$
$=\dfrac{2316-231}{900}=\dfrac{2085}{900}=\dfrac{139}{60}$

46 답 27

$\dfrac{1}{3}\times\left(\dfrac{1}{10}+\dfrac{1}{100}+\dfrac{1}{1000}+\cdots\right)$
$=\dfrac{1}{3}\times(0.1+0.01+0.001+\cdots)$
$=\dfrac{1}{3}\times0.111\cdots=\dfrac{1}{3}\times0.\dot{1}=\dfrac{1}{3}\times\dfrac{1}{9}=\dfrac{1}{27}$

∴ $a=27$

47 답 (1) 90, 61 (2) $\dfrac{61}{90}$

(1) 정민이는 분모를 제대로 보았으므로

$1.7\dot{8}=\dfrac{178-17}{90}=\dfrac{161}{90}$에서 처음 기약분수의 분모는 90이다. ⋯ (ⅰ)

수정이는 분자를 제대로 보았으므로

$0.\dot{6}\dot{1}=\dfrac{61}{99}$에서 처음 기약분수의 분자는 61이다. ⋯ (ⅱ)

(2) (1)에서 처음 기약분수는 $\dfrac{61}{90}$이다. ⋯ (ⅲ)

채점 기준	비율
(ⅰ) 처음 기약분수의 분모 구하기	40 %
(ⅱ) 처음 기약분수의 분자 구하기	40 %
(ⅲ) 처음 기약분수 구하기	20 %

48 답 4

민수는 분자를 제대로 보았으므로

$0.1\dot{4}=\dfrac{14-1}{90}=\dfrac{13}{90}$에서 $b=13$

정희는 분모를 제대로 보았으므로

$1.\dot{5}=\dfrac{15-1}{9}=\dfrac{14}{9}$에서 $a=9$

∴ $b-a=13-9=4$

49 답 $0.1\dot{2}$

시우는 분모를 제대로 보았으므로

$1.6\dot{5}=\dfrac{165-16}{90}=\dfrac{149}{90}$에서 처음 기약분수의 분모는 90이다.

솔이는 분자를 제대로 보았으므로

$1.\dot{2}=\dfrac{12-1}{9}=\dfrac{11}{9}$에서 처음 기약분수의 분자는 11이다.

따라서 처음 기약분수는 $\dfrac{11}{90}$이므로

$\dfrac{11}{90}=0.1222\cdots=0.1\dot{2}$

50 답 ①

$0.\dot{3}4\dot{7}=\dfrac{347}{999}=347\times\dfrac{1}{999}=347\times\square$

$\therefore \square=\dfrac{1}{999}=0.001001001\cdots=0.\dot{0}0\dot{1}$

51 답 $0.6\dot{2}$

$\dfrac{19}{30}=x+0.0\dot{1}$에서 $\dfrac{19}{30}=x+\dfrac{1}{90}$

$\therefore x=\dfrac{19}{30}-\dfrac{1}{90}=\dfrac{57}{90}-\dfrac{1}{90}=\dfrac{56}{90}=0.6222\cdots=0.6\dot{2}$

52 답 $a=7,\ b=5$

$2.4\dot{8}=\dfrac{248-24}{90}=\dfrac{224}{90}=\dfrac{112}{45}$

$1.\dot{7}=\dfrac{17-1}{9}=\dfrac{16}{9}$

즉, $\dfrac{112}{45}\times\dfrac{b}{a}=\dfrac{16}{9}$이므로

$\dfrac{b}{a}=\dfrac{16}{9}\times\dfrac{45}{112}=\dfrac{5}{7}$

$\therefore a=7,\ b=5$

53 답 5

어떤 양수를 x라고 하면

$5.\dot{6}x-5.6x=0.\dot{3}$이므로

$\dfrac{51}{9}x-\dfrac{56}{10}x=\dfrac{3}{9},\ \dfrac{17}{3}x-\dfrac{28}{5}x=\dfrac{1}{3}$

$85x-84x=5$ $\therefore x=5$

54 답 ④

$0.3\dot{8}=\dfrac{38-3}{90}=\dfrac{35}{90}=\dfrac{7}{18}$이므로 $\dfrac{7}{18}\times a$가 자연수가 되려면

a는 18의 배수이어야 한다.

따라서 a의 값이 될 수 있는 가장 작은 자연수는 18이다.

55 답 ②, ④

$0.5\dot{6}=\dfrac{56-5}{90}=\dfrac{51}{90}=\dfrac{17}{30}=\dfrac{17}{2\times3\times5}$이므로

$\dfrac{17}{2\times3\times5}\times x$가 유한소수가 되려면 x는 3의 배수이어야 한다.

따라서 x의 값이 될 수 없는 것은 ② 5, ④ 7이다.

56 답 165

$0.\dot{1}\dot{5}=\dfrac{15}{99}=\dfrac{5}{33}$이므로 n은 $33\times5\times$(자연수)^2 꼴이어야 한다.

따라서 n의 값이 될 수 있는 가장 작은 자연수는

$33\times5\times1^2=165$

57 답 (1) $>$ (2) $<$ (3) $<$ (4) $<$

(1) $0.\dot{3}\dot{2}=0.323232\cdots$이므로 $0.\dot{3}\dot{2}>0.32$

(2) $0.\dot{4}\dot{0}=0.404040\cdots,\ 0.\dot{4}=0.444\cdots$이므로 $0.\dot{4}\dot{0}<0.\dot{4}$

(3) $0.\dot{4}\dot{7}=\dfrac{47}{99}$이므로 $0.\dot{4}\dot{7}<\dfrac{47}{90}$

(4) $1.\dot{6}=\dfrac{16-1}{9}=\dfrac{15}{9}$이므로 $1.\dot{6}<\dfrac{16}{9}$

다른 풀이

(4) $1.\dot{6}=1.666\cdots,\ \dfrac{16}{9}=1.777\cdots$이므로 $1.\dot{6}<\dfrac{16}{9}$

58 답 ④

① $0.1\dot{7}\dot{4}=0.1747474\cdots,\ 0.\dot{1}7\dot{4}=0.174174174\cdots$이므로

$\quad 0.1\dot{7}\dot{4}>0.\dot{1}7\dot{4}$

② $3.\dot{8}=\dfrac{38-3}{9}=\dfrac{35}{9}$

③ $\dfrac{1}{2}=0.5,\ 0.\dot{5}=0.555\cdots$이므로 $\dfrac{1}{2}<0.\dot{5}$

④ $0.\dot{1}\dot{0}=\dfrac{10}{99},\ \dfrac{1}{11}=\dfrac{9}{99}$이므로 $0.\dot{1}\dot{0}>\dfrac{1}{11}$

⑤ $0.5\dot{2}=0.5222\cdots,\ \dfrac{52}{99}=0.525252\cdots$이므로

$\quad 0.5\dot{2}<\dfrac{52}{99}$

따라서 옳지 않은 것은 ④이다.

다른 풀이

④ $0.\dot{1}\dot{0}=0.101010\cdots,\ \dfrac{1}{11}=0.090909\cdots$이므로 $0.\dot{1}\dot{0}>\dfrac{1}{11}$

59 답 ㄴ, ㄷ, ㄱ, ㄹ

ㄱ. $2.5696969\cdots$

ㄴ. 2.569

ㄷ. $2.569569569\cdots$

ㄹ. $2.56999\cdots$

따라서 가장 작은 것부터 차례로 나열하면 ㄴ, ㄷ, ㄱ, ㄹ이다.

60 답 ②, ⑤

① 정수가 아닌 유리수

② $\pi=3.141592\cdots$ ⇨ 순환소수가 아닌 무한소수

③ 유한소수

④ 순환소수

⑤ 순환소수가 아닌 무한소수

따라서 유리수가 아닌 것은 ②, ⑤이다.

참고 ⑤ $0.101001000\cdots$은 수가 나열되는 규칙이 있어도 일정한 숫자의 배열이 되풀이되는 것은 아니므로 순환소수가 아니다.

61 답 ②, ④, ⑦

② 순환소수가 아닌 무한소수는 유리수가 아니다.

④ 모든 유한소수는 유리수이다.

⑦ 순환소수가 아닌 무한소수는 $\dfrac{(정수)}{(0이\ 아닌\ 정수)}$ 꼴로 나타낼 수 없다.

62 답 ㄹ, ㅁ

ㄱ. 모든 순환소수는 유리수이다.

ㄴ. $\dfrac{1}{3}$ 은 유리수이지만, 유한소수로 나타낼 수 없다.

ㄷ. 무한소수 중에는 순환소수가 아닌 무한소수도 있다.

63 답 ③, ⑤

① 주어진 나눗셈에서 $3x=81$ $\therefore x=27$

② $\dfrac{85}{27}=3.148148148\cdots=3.\dot{1}4\dot{8}$ 이므로 순환소수이고, 순환마디는 소수점 아래 첫 번째 자리부터 시작한다.

③ 순환마디를 이루는 숫자는 1, 4, 8의 3개이다.

④ $80=3\times26+2$ 이므로 소수점 아래 80번째 자리의 숫자는 순환마디의 두 번째 숫자인 4이다.

⑤ 순환마디를 이루는 숫자의 합은 $1+4+8=13$

따라서 옳은 것은 ③, ⑤이다.

64 답 **1**

$a=\dfrac{15}{11}=1.363636\cdots=1.\dot{3}\dot{6}$ 이므로 $a=b$

$\therefore a ◎ b=0$

$c=2.53\dot{9}3\dot{9}\cdots$, $d=2.5\dot{3}95\dot{9}\cdots 539539\cdots$ 이므로 $c<d$

$\therefore c ◎ d=-1$

$\therefore (a ◎ b) ◎ (c ◎ d)=0 ◎ (-1)=1$

단원 마무리 P. 16~19

1 ④	2 7	3 ⑤	4 ②	5 63
6 ⑤	7 ③	8 ④	9 ①, ④	10 212
11 ㄷ	12 ③, ④	13 4개	14 ④	15 ①
16 ③	17 ⑤	18 0.$\dot{4}$	19 0.$1\dot{7}$	20 2.$7\dot{2}$
21 ⑤	22 97	23 6개	24 0.$3\dot{6}$	

1 ④ $2.042042042\cdots=2.\dot{0}4\dot{2}$

2 $\dfrac{11}{27}=0.407407407\cdots=0.\dot{4}0\dot{7}$ 이므로 순환마디를 이루는 숫자는 4, 0, 7의 3개이다. $\therefore a=3$

이때 $100=3\times33+1$ 이므로 소수점 아래 100번째 자리의 숫자는 순환마디의 첫 번째 숫자인 4이다. $\therefore b=4$

$\therefore a+b=3+4=7$

3 ① $\dfrac{121}{22}=\dfrac{11}{2}$

② $\dfrac{42}{2\times5^2\times7}=\dfrac{3}{5^2}$

③ $\dfrac{39}{2^4\times3\times5}=\dfrac{13}{2^4\times5}$

④ $\dfrac{102}{3\times5^2\times17}=\dfrac{2}{5^2}$

⑤ $\dfrac{9}{2^2\times3^3\times5}=\dfrac{1}{2^2\times3\times5}$

따라서 유한소수로 나타낼 수 없는 것은 ⑤이다.

4 $\dfrac{13}{360}\times A=\dfrac{13}{2^3\times3^2\times5}\times A$ 가 유한소수가 되려면 A는 3^2, 즉 9의 배수이어야 한다.

따라서 A의 값이 될 수 있는 가장 작은 두 자리의 자연수는 18이다.

5 $\dfrac{10}{72}=\dfrac{5}{36}=\dfrac{5}{2^2\times3^2}$, $\dfrac{11}{42}=\dfrac{11}{2\times3\times7}$ ⋯ (i)

두 분수에 자연수 n을 곱하여 모두 유한소수가 되게 하려면 n은 3^2과 7의 공배수, 즉 63의 배수이어야 한다. ⋯ (ii)

따라서 n의 값이 될 수 있는 가장 작은 자연수는 63이다. ⋯ (iii)

채점 기준	비율
(i) 두 분수의 분모를 소인수분해하기	40 %
(ii) 자연수 n의 조건 구하기	40 %
(iii) n의 값이 될 수 있는 가장 작은 자연수 구하기	20 %

6 $\dfrac{15}{10\times x}=\dfrac{3}{2\times x}$ 이 유한소수가 되려면 x는 소인수가 2나 5로만 이루어진 수 또는 3의 약수 또는 이들의 곱으로 이루어진 수이어야 한다.

따라서 한 자리의 자연수 x는 1, 2, 3, 4, 5, 6, 8이므로 그 합은 $1+2+3+4+5+6+8=29$

7 $x=1.\dot{3}0\dot{6}=1.306306306\cdots$ 이므로

$1000x=1306.306306306\cdots$
$-)\ \ \ \ \ \ x=\ \ \ \ \ \ 1.306306306\cdots$
$999x=1305$

$\therefore x=\dfrac{1305}{999}=\dfrac{145}{111}$

따라서 가장 편리한 식은 ③ $1000x-x$ 이다.

8 $1.363636\cdots=1.\dot{3}\dot{6}=\dfrac{136-1}{99}=\dfrac{135}{99}=\dfrac{15}{11}$

$\therefore a=15$

$0.7\dot{2}=\dfrac{72-7}{90}=\dfrac{65}{90}=\dfrac{13}{18}$

$\therefore b=18$

$\therefore a+b=15+18=33$

9 ① x는 순환소수이므로 유리수이다.

③ $x=4.545454\cdots$, $4.5\dot{4}=4.5444\cdots$이므로 $x>4.5\dot{4}$

④ $x=4.\dot{5}\dot{4}=\dfrac{454-4}{99}=\dfrac{450}{99}=\dfrac{50}{11}$

⑤ $x=4.545454\cdots$이므로 $100x=454.545454\cdots$

∴ $100x-x=450$

따라서 옳지 않은 것은 ①, ④이다.

10 $0.6\dot{5}=\dfrac{65-6}{90}=\dfrac{59}{90}=59\times\dfrac{1}{90}=59\times0.0\dot{1}$

∴ $a=59$ ⋯ (i)

$0.2\dot{7}\dot{3}=\dfrac{273-2}{990}=\dfrac{271}{990}=271\times\dfrac{1}{990}=271\times0.00\dot{1}$

∴ $b=271$ ⋯ (ii)

∴ $b-a=271-59=212$ ⋯ (iii)

채점 기준	비율
(i) a의 값 구하기	40%
(ii) b의 값 구하기	40%
(iii) $b-a$의 값 구하기	20%

11 ㄱ. 0.351

ㄴ. 0.35111⋯

ㄷ. 0.3515151⋯

ㄹ. 0.351351351⋯

따라서 가장 큰 수는 ㄷ이다.

12 ③ 순환소수가 아닌 무한소수는 $\dfrac{b}{a}$ (a, b는 정수, $a\neq0$) 꼴로 나타낼 수 없다.

④ $\dfrac{1}{3}=0.333\cdots$에서 $\dfrac{1}{3}$은 기약분수이지만, 유한소수로 나타낼 수 없다.

13 $a_1=\dfrac{1}{15}$, $a_2=\dfrac{2}{15}$, $a_3=\dfrac{3}{15}$, ⋯, $a_{14}=\dfrac{14}{15}$

이 중 유한소수로 나타낼 수 있는 분수를 $\dfrac{x}{15}$라고 하면

$\dfrac{x}{15}=\dfrac{x}{3\times5}$에서 x는 3의 배수이어야 한다.

따라서 유한소수로 나타낼 수 있는 것은 $\dfrac{3}{15}$, $\dfrac{6}{15}$, $\dfrac{9}{15}$, $\dfrac{12}{15}$ 의 4개이다.

14 $\dfrac{k}{70}=\dfrac{k}{2\times5\times7}$가 유한소수가 되려면 k는 7의 배수이어야 한다.

따라서 k의 값이 될 수 있는 50 미만의 자연수는 7, 14, 21, 28, 35, 42, 49의 7개이다.

15 $\dfrac{x}{150}=\dfrac{x}{2\times3\times5^2}$가 유한소수가 되려면 x는 3의 배수이어야 한다.

이때 $10<x<20$이므로 $x=12$, 15, 18

(i) $x=12$일 때, $\dfrac{12}{2\times3\times5^2}=\dfrac{2}{25}$

(ii) $x=15$일 때, $\dfrac{15}{2\times3\times5^2}=\dfrac{1}{10}$

(iii) $x=18$일 때, $\dfrac{18}{2\times3\times5^2}=\dfrac{3}{25}$

따라서 (i)~(iii)에 의해 $x=15$, $y=10$

∴ $x-y=15-10=5$

16 $\dfrac{33}{2\times5^2\times x}$이 순환소수가 되려면 기약분수로 나타냈을 때, 분모에 2 또는 5 이외의 소인수가 있어야 한다.

이때 x는 2와 5 이외의 소인수를 갖는 두 자리의 자연수이므로 $x=11$, 12, 13, 14, ⋯

그런데 $x=11$이면 $\dfrac{33}{2\times5^2\times11}=\dfrac{3}{2\times5^2}$,

$x=12$이면 $\dfrac{33}{2\times5^2\times12}=\dfrac{11}{2^3\times5^2}$이므로 유한소수가 된다.

따라서 x의 값이 될 수 있는 가장 작은 두 자리의 자연수는 13이다.

17 $10.\dot{0}\dot{9}=\dfrac{1009-10}{99}=\dfrac{999}{99}=\dfrac{111}{11}$

따라서 처음 기약분수는 $\dfrac{11}{111}$이므로

$\dfrac{11}{111}=0.099099099\cdots=0.\dot{0}9\dot{9}$

18 $x=\dfrac{2}{3}\times(0.6+0.06+0.006+\cdots)$

$=\dfrac{2}{3}\times0.666\cdots=\dfrac{2}{3}\times0.\dot{6}$

$=\dfrac{2}{3}\times\dfrac{6}{9}=\dfrac{4}{9}=0.\dot{4}$

19 준희는 분자를 제대로 보았으므로

$0.1\dot{8}=\dfrac{18-1}{90}=\dfrac{17}{90}$에서 처음 기약분수의 분자는 17이다. ⋯ (i)

세원이는 분모를 제대로 보았으므로

$0.\dot{3}\dot{7}=\dfrac{37}{99}$에서 처음 기약분수의 분모는 99이다. ⋯ (ii)

따라서 처음 기약분수는 $\dfrac{17}{99}$이므로

$\dfrac{17}{99}=0.171717\cdots=0.\dot{1}\dot{7}$ ⋯ (iii)

채점 기준	비율
(i) 처음 기약분수의 분자 구하기	30%
(ii) 처음 기약분수의 분모 구하기	30%
(iii) 처음 기약분수를 순환소수로 나타내기	40%

20 $0.\dot{5}x-1.\dot{3}=0.\dot{1}\dot{8}$에서 $\dfrac{5}{9}x-\dfrac{12}{9}=\dfrac{18}{99}$

$55x-132=18$, $55x=150$

$\therefore x=\dfrac{150}{55}=2.727272\cdots=2.\dot{7}\dot{2}$

21 $0.0\dot{6}=\dfrac{6}{90}=\dfrac{1}{15}=\dfrac{1}{3\times5}$

따라서 곱할 수 있는 자연수는 3의 배수이므로 이 중에서 가장 큰 두 자리의 자연수는 99이다.

22 $\dfrac{41}{55}=\dfrac{a_1}{10}+\dfrac{a_2}{10^2}+\dfrac{a_3}{10^3}+\cdots$

$=0.a_1+0.0a_2+0.00a_3=0.a_1a_2a_3\cdots$

이때 $\dfrac{41}{55}=0.7454545\cdots=0.7\dot{4}\dot{5}$이므로

$a_1=7$, $a_2=a_4=a_6=\cdots=a_{20}=4$,

$a_3=a_5=a_7=\cdots=a_{21}=5$

즉, 순환마디를 이루는 숫자는 4, 5의 2개이고,

$21=1+2\times10$이므로 소수점 아래 21번째 자리까지 순환마디가 10번 반복된다.

$\therefore a_1+a_2+a_3+\cdots+a_{21}=7+(4+5)\times10$

$=7+90=97$

23 (나)에서 $\dfrac{x}{176}=\dfrac{x}{2^4\times11}$가 유한소수가 되려면 x는 11의 배수이어야 한다.

(다)에서 $\dfrac{x}{150}=\dfrac{x}{2\times3\times5^2}$가 순환소수가 되려면 x는 3의 배수가 아니어야 한다.

따라서 11의 배수이고 3의 배수가 아니면서 $1\leq x\leq100$인 자연수 x는 11, 22, 44, 55, 77, 88의 6개이다.

24 $0.\dot{a}\dot{b}=\dfrac{10a+b}{99}$, $0.\dot{b}\dot{a}=\dfrac{10b+a}{99}$, $0.\dot{8}=\dfrac{8}{9}$이므로

$0.\dot{a}\dot{b}+0.\dot{b}\dot{a}=0.\dot{8}$에서 $\dfrac{10a+b}{99}+\dfrac{10b+a}{99}=\dfrac{8}{9}$

$(10a+b)+(10b+a)=88$

$11a+11b=88$

$\therefore a+b=8$

이때 두 자연수 a, b는 10보다 작은 짝수이고, $a>b$이므로

$a=6$, $b=2$

$\therefore 0.\dot{a}\dot{b}-0.\dot{b}\dot{a}=0.\dot{6}\dot{2}-0.\dot{2}\dot{6}$

$=\dfrac{62}{99}-\dfrac{26}{99}=\dfrac{36}{99}=0.\dot{3}\dot{6}$

2. 식의 계산

1 답 ④

① $x^4 \times x^3 = x^{4+3} = x^7$

② $a \times a \times a = a^{1+1+1} = a^3$

③ $a \times a^3 \times a^5 = a^{1+3+5} = a^9$

④ $a^2 \times b^4 \times a^8 = a^{2+8} b^4 = a^{10} b^4$

⑤ $x^3 \times y \times x^4 \times y^5 = x^{3+4} y^{1+5} = x^7 y^6$

따라서 옳은 것은 ④이다.

2 답 (1) **1** (2) **5**

(1) $x^6 \times x^{\square} = x^{6+\square} = x^7$이므로

$6 + \square = 7$ ∴ $\square = 1$

(2) $3^{\square} \times 27 = 3^{\square} \times 3^3 = 3^{\square+3} = 3^8$이므로

$\square + 3 = 8$ ∴ $\square = 5$

3 답 ③

$ab = 2^x \times 2^y = 2^{x+y} = 2^6 = 64$

4 답 **10**

$40 \times 50 \times 60 \times 70$

$= (2^3 \times 5) \times (2 \times 5^2) \times (2^2 \times 3 \times 5) \times (2 \times 5 \times 7)$ ··· (i)

$= 2^{3+1+2+1} \times 3 \times 5^{1+2+1+1} \times 7$

$= 2^7 \times 3 \times 5^5 \times 7$

따라서 $a=7$, $b=1$, $c=5$, $d=1$이므로 ··· (ii)

$a-b+c-d = 7-1+5-1 = 10$ ··· (iii)

채점 기준	비율
(i) 40, 50, 60, 70을 소인수분해하기	40 %
(ii) a, b, c, d의 값 구하기	40 %
(iii) $a-b+c-d$의 값 구하기	20 %

5 답 ②, ⑤

① $(a^2)^4 = a^{2 \times 4} = a^8$

② $x \times (x^4)^3 = x \times x^{4 \times 3} = x \times x^{12} = x^{13}$

③ $(3^3)^2 \times 3^4 \times (3^2)^5 = 3^{3 \times 2} \times 3^4 \times 3^{2 \times 5} = 3^6 \times 3^4 \times 3^{10} = 3^{20}$

④ $(a^2)^6 \times (b^5)^3 \times a^6 = a^{2 \times 6} \times b^{5 \times 3} \times a^6 = a^{12} \times b^{15} \times a^6$

$\qquad = a^{12} \times a^6 \times b^{15} = a^{18} b^{15}$

⑤ $(x^6)^3 \times y^4 \times x \times (y^7)^2 = x^{6 \times 3} \times y^4 \times x \times y^{7 \times 2}$

$\qquad = x^{18} \times y^4 \times x \times y^{14}$

$\qquad = x^{18} \times x \times y^4 \times y^{14} = x^{19} y^{18}$

따라서 옳지 않은 것은 ②, ⑤이다.

6 답 **3**

$a^3 \times (a^{\square})^5 = a^3 \times a^{\square \times 5} = a^{3+\square \times 5} = a^{18}$이므로

$3 + \square \times 5 = 18$, $\square \times 5 = 15$ ∴ $\square = 3$

7 답 ④

$9^6 \times 25^3 = (3^2)^6 \times (5^2)^3 = 3^{12} \times 5^6$이므로 $a=12$, $b=6$

∴ $a+b = 12+6 = 18$

8 답 **4**

$8^{x+3} = (2^3)^{x+3} = 2^{3x+9} = 2^{21}$이므로

$3x+9 = 21$, $3x = 12$ ∴ $x = 4$

9 답 ㄴ, ㄷ

ㄱ. $2^3 \div 2^3 = 1$

ㄴ. $x^{12} \div x^4 = x^{12-4} = x^8$

ㄷ. $a^9 \div a^8 \div a^2 = a^{9-8} \div a^2 = a \div a^2 = \dfrac{1}{a^{2-1}} = \dfrac{1}{a}$

ㄹ. $3^7 \div 3^3 \div 3 = 3^{7-3-1} = 3^3 = 27$

따라서 옳은 것은 ㄴ, ㄷ이다.

10 답 (1) $\dfrac{1}{a^5}$ (2) 2^6

(1) $(a^4)^4 \div a^6 \div (a^5)^3 = a^{16} \div a^6 \div a^{15} = a^{16-6} \div a^{15}$

$\qquad = a^{10} \div a^{15} = \dfrac{1}{a^{15-10}} = \dfrac{1}{a^5}$

(2) $16^5 \div 4^7 = (2^4)^5 \div (2^2)^7 = 2^{20} \div 2^{14} = 2^{20-14} = 2^6$

11 답 **3**

$x^{15} \div (x^3)^a \div x^4 = x^{15-3a-4} = x^{11-3a} = x^2$이므로

$11-3a = 2$, $-3a = -9$ ∴ $a = 3$

12 답 **6**

$\dfrac{5^{x+5}}{5^{2x-3}} = 25 = 5^2$에서 $x+5 > 2x-3$이므로

$\dfrac{5^{x+5}}{5^{2x-3}} = 5^{(x+5)-(2x-3)} = 5^{-x+8} = 5^2$

따라서 $-x+8 = 2$이므로 $x = 6$

13 답 ⑤

① $(x^2 y^3)^3 = (x^2)^3 (y^3)^3 = x^6 y^9$

② $(-3x)^2 = (-3)^2 x^2 = 9x^2$

③ $\left(-\dfrac{2y}{x}\right)^3 = \dfrac{(-2)^3 y^3}{x^3} = -\dfrac{8y^3}{x^3}$

④ $(xyz^2)^3 = x^3 y^3 (z^2)^3 = x^3 y^3 z^6$

⑤ $\left(\dfrac{y^3}{3x}\right)^2 = \dfrac{(y^3)^2}{3^2 x^2} = \dfrac{y^6}{9x^2}$

따라서 옳은 것은 ⑤이다.

14 답 ③

$\left(\dfrac{2x^3}{y^2}\right)^a = \dfrac{2^a x^{3a}}{y^{2a}} = \dfrac{bx^6}{y^c}$이므로 $2^a = b$, $3a = 6$, $2a = c$

∴ $a = 2$, $b = 2^2 = 4$, $c = 2 \times 2 = 4$

∴ $a+b+c = 2+4+4 = 10$

15 답 $x=12,\ y=8,\ z=4$

$504^4=(2^3\times3^2\times7)^4=2^{12}\times3^8\times7^4$이므로
$x=12,\ y=8,\ z=4$

16 답 **17**

$(x^ay^bz^c)^d=x^{ad}y^{bd}z^{cd}=x^{12}y^{24}z^{30}$이므로
$ad=12,\ bd=24,\ cd=30$ ··· ㉠
㉠을 만족시키는 d의 값 중 가장 큰 자연수는 12, 24, 30의
최대공약수이므로 $d=6$
$d=6$을 ㉠에 대입하면
$a=2,\ b=4,\ c=5$
$\therefore a+b+c+d=2+4+5+6=17$

17 답 ㄷ, ㄹ, ㅂ

ㄱ. $x^2\times x^4=x^6$
ㄴ. $x^{12}\div x^2=x^{10}$
ㄷ. $(x^2)^2\times x=x^4\times x=x^5$
ㄹ. $a^3\times b^3=a^3b^3=(ab)^3$
ㅁ. $(-2x^2y)^3=-8x^6y^3$
ㅂ. $-\left(\dfrac{2}{a}\right)^2=-\dfrac{4}{a^2}$

따라서 옳은 것은 ㄷ, ㄹ, ㅂ이다.

18 답 ④

$a^{10}\div a^5\div a^3=a^5\div a^3=a^2$
① $a^{10}\times a^5\div a^3=a^{15}\div a^3=a^{12}$
② $a^{10}\div a^5\times a^3=a^5\times a^3=a^8$
③ $a^{10}\div(a^5\div a^3)=a^{10}\div a^2=a^8$
④ $a^{10}\div(a^5\times a^3)=a^{10}\div a^8=a^2$
⑤ $a^{10}\times(a^5\div a^3)=a^{10}\times a^2=a^{12}$
따라서 $a^{10}\div a^5\div a^3$과 같은 것은 ④이다.

19 답 ③

① $x^{\square}\times x^2=x^{\square+2}=x^8$이므로
　$\square+2=8$　$\therefore \square=6$
② $(x^{\square})^5=x^{\square\times5}=x^{30}$이므로
　$\square\times5=30$　$\therefore \square=6$
③ $x^{\square}\div x^2=x^{\square-2}=x^5$이므로
　$\square-2=5$　$\therefore \square=7$
④ $(xy^{\square})^3=x^3y^{\square\times3}=x^3y^{15}$이므로
　$\square\times3=15$　$\therefore \square=5$
⑤ $\left(-\dfrac{y^5}{x^{\square}}\right)^2=\dfrac{y^{10}}{x^{\square\times2}}=\dfrac{y^{10}}{x^8}$이므로
　$\square\times2=8$　$\therefore \square=4$
따라서 $\square$ 안에 알맞은 자연수가 가장 큰 것은 ③이다.

20 답 **22**

$(25^3)^2=25^6=(5^2)^6=5^{12}$　$\therefore a=12$ ··· (i)
$\dfrac{15^{20}}{45^{10}}=\dfrac{(3\times5)^{20}}{(3^2\times5)^{10}}=\dfrac{3^{20}\times5^{20}}{3^{20}\times5^{10}}=5^{10}$　$\therefore b=10$ ··· (ii)
$\therefore a+b=12+10=22$ ··· (iii)

채점 기준	비율
(i) a의 값 구하기	40 %
(ii) b의 값 구하기	40 %
(iii) $a+b$의 값 구하기	20 %

21 답 (1) **3** (2) **4**

(1) $3^9\div27^4\times9^2=3^9\div(3^3)^4\times(3^2)^2$
　$\qquad=3^9\div3^{12}\times3^4=\dfrac{1}{3^3}\times3^4=3$
(2) $(0.5)^{100}\times2^{102}=(0.5)^{100}\times2^{100}\times2^2$
　$\qquad=(0.5\times2)^{100}\times2^2$
　$\qquad=1^{100}\times4=4$

22 답 **2**

$64\times(2^{2x-1})^2\div4^5=2^6\times(2^{2x-1})^2\div(2^2)^5$
　$\qquad=2^6\times2^{4x-2}\div2^{10}$
　$\qquad=2^{6+(4x-2)-10}$
　$\qquad=2^{4x-6}=2^2$
즉, $4x-6=2$이므로 $4x=8$　$\therefore x=2$

23 답 2^{12}마리

세균의 수가 1시간마다 2배씩 증가하므로 10시간 후에는
$\underbrace{2\times2\times2\times\cdots\times2}_{10개}=2^{10}$(배)가 된다.

따라서 세균 4마리가 10시간 후에는
$4\times2^{10}=2^2\times2^{10}=2^{12}$(마리)가 된다.

24 답 **31.25배**

$(12.5\times10^8)\div(4\times10^7)=\dfrac{12.5\times10^8}{4\times10^7}=\dfrac{12.5\times10}{4}$
　$\qquad=\dfrac{125}{4}=31.25$(배)

25 답 2^{13}개

$1\,\mathrm{GiB}=2^{10}\,\mathrm{MiB}=2^{10}\times2^{10}\,\mathrm{KiB}=2^{20}\,\mathrm{KiB}$
$128\,\mathrm{KiB}=2^7\,\mathrm{KiB}$
따라서 저장할 수 있는 자료의 최대 개수는
$2^{20}\div2^7=2^{13}$(개)

26 답 **52**

$4^5\times4^5\times4^5\times4^5=(4^5)^4=4^{20}=(2^2)^{20}=2^{40}$　$\therefore a=40$
$4^5+4^5+4^5+4^5=4\times4^5=4^6=(2^2)^6=2^{12}$　$\therefore b=12$
$\therefore a+b=40+12=52$

27 답 **8**

$3 \times (25^2 + 25^2 + 25^2) = 3 \times (3 \times 25^2) = 3^2 \times (5^2)^2 = 3^2 \times 5^4$

따라서 $x = 2$, $y = 4$이므로

$xy = 2 \times 4 = 8$

28 답 $\dfrac{1}{8}$

$\dfrac{2^6 + 2^6}{16^2 + 16^2 + 16^2 + 16^2} = \dfrac{2 \times 2^6}{4 \times 16^2} = \dfrac{2^7}{2^2 \times (2^4)^2}$

$= \dfrac{2^7}{2^{10}} = \dfrac{1}{2^3} = \dfrac{1}{8}$

29 답 **3**

$3^{x+2} + 3^{x+1} + 3^x = 3^2 \times 3^x + 3 \times 3^x + 3^x$

$= (3^2 + 3 + 1) \times 3^x$

$= 13 \times 3^x$

즉, $13 \times 3^x = 351$이므로

$3^x = 27$, $3^x = 3^3$ $\quad \therefore x = 3$

30 답 ②

$16^3 = (2^4)^3 = 2^{12} = (2^3)^4 = a^4$

31 답 ④

$20^6 = (2^2 \times 5)^6 = (2^2)^6 \times 5^6 = 2^{12} \times 5^6$

$= (2^4)^3 \times (5^2)^3 = A^3 B^3$

32 답 ①

$a = 2^{x+2} = 2^x \times 2^2$이므로 $2^x = \dfrac{1}{4}a$

$\therefore 8^x = (2^3)^x = (2^x)^3 = \left(\dfrac{1}{4}a\right)^3 = \dfrac{1}{64}a^3$

33 답 ②

$a = 2^{x-1} = 2^x \div 2$이므로 $2^x = 2a$

$b = 3^{x+1} = 3^x \times 3$이므로 $3^x = \dfrac{1}{3}b$

$\therefore 6^x = (2 \times 3)^x = 2^x \times 3^x = 2a \times \dfrac{1}{3}b = \dfrac{2}{3}ab$

34 답 ④

$2^6 \times 3^3 \times 5^5 = 2 \times \underline{2^5} \times 3^3 \times \underline{5^5} = 2 \times 3^3 \times (2 \times 5)^5$

$= 54 \times 10^5 = 5400000$
$\qquad\qquad\qquad \underset{\underline{\text{5개}}}{}$

따라서 $2^6 \times 3^3 \times 5^5$은 7자리의 자연수이다.

35 답 **10**

$(8^2 \times 8^2)(5^8 + 5^8 + 5^8)$

$= 8^4 \times (3 \times 5^8) = (2^3)^4 \times 3 \times 5^8$

$= 2^{12} \times 3 \times 5^8 = 2^4 \times \underline{2^8} \times 3 \times \underline{5^8}$

$= 2^4 \times 3 \times (2 \times 5)^8 = 48 \times 10^8 = 4800\cdots0$
$\qquad\qquad\qquad\qquad\qquad\qquad \underset{\underline{\text{8개}}}{}$

따라서 $(8^2 \times 8^2)(5^8 + 5^8 + 5^8)$은 10자리의 자연수이므로

$n = 10$

36 답 **5자리**

$\dfrac{5^{11} \times 6^7}{15^7} = \dfrac{5^{11} \times (2 \times 3)^7}{(3 \times 5)^7} = \dfrac{5^{11} \times 2^7 \times 3^7}{3^7 \times 5^7}$

$= 2^7 \times 5^4$ $\qquad\qquad\qquad \cdots$ (i)

$= 2^3 \times \underline{2^4} \times \underline{5^4} = 2^3 \times (2 \times 5)^4$

$= 8 \times 10^4 = 80000$ $\qquad \cdots$ (ii)
$\qquad\qquad \underset{\underline{\text{4개}}}{}$

따라서 $\dfrac{5^{11} \times 6^7}{15^7}$은 5자리의 자연수이다. $\qquad \cdots$ (iii)

채점 기준	비율
(i) $\dfrac{5^{11} \times 6^7}{15^7}$을 간단히 하기	40 %
(ii) $\dfrac{5^{11} \times 6^7}{15^7}$을 $a \times 10^n$ 꼴로 나타내기	40 %
(iii) $\dfrac{5^{11} \times 6^7}{15^7}$이 몇 자리의 자연수인지 구하기	20 %

37 답 **6, 7**

$\dfrac{3^k}{2^2 \times 3^3 \times 5^2} \times 10^3 = \dfrac{3^k}{3^3 \times (2 \times 5)^2} \times 10^3$

$= \dfrac{3^k}{3^3 \times 10^2} \times 10^3 = \dfrac{3^k}{3^3} \times 10$

이때 $\dfrac{3^k}{3^3} \times 10$이 세 자리의 자연수이므로 $\dfrac{3^k}{3^3}$은 두 자리의 자연수이다.

따라서 $\dfrac{3^k}{3^3}$이 될 수 있는 수는 $27\left(= \dfrac{3^6}{3^3}\right)$, $81\left(= \dfrac{3^7}{3^3}\right)$이므로 k의 값이 될 수 있는 자연수는 6, 7이다.

유형 **10~14** P. 27~29

38 답 (1) $15x^2y^3$ (2) $-4x^6y^5$ (3) $-16a^7b^8$ (4) $12x^{11}y^8$

(3) $(-4a^2b)^2 \times (-ab^2)^3 = 16a^4b^2 \times (-a^3b^6)$

$= -16a^7b^8$

(4) $x^2y \times \dfrac{3}{4}xy^3 \times (-2x^2y)^4 = x^2y \times \dfrac{3}{4}xy^3 \times 16x^8y^4$

$= 12x^{11}y^8$

39 답 **142**

$(2xy^3)^2 \times (-3x^2y)^3 \times (-x^2y^2)^4$

$= 4x^2y^6 \times (-27x^6y^3) \times x^8y^8$

$= -108x^{16}y^{17} = ax^by^c$

따라서 $a = -108$, $b = 16$, $c = 17$이므로

$a + 5b + 10c = -108 + 5 \times 16 + 10 \times 17 = 142$

40 답 **13**

$8x^2y^A \times (-x^3y^4)^B = 8x^2y^A \times (-1)^B x^{3B} y^{4B}$

$= 8 \times (-1)^B \times x^{2+3B} y^{A+4B} = Cx^8y^{11}$

즉, $8 \times (-1)^B = C$, $2 + 3B = 8$, $A + 4B = 11$이므로

$2 + 3B = 8$에서 $3B = 6$ $\quad \therefore B = 2$

$A + 4B = 11$에서 $A + 8 = 11$ $\quad \therefore A = 3$

$8 \times (-1)^B = C$에서 $8 \times (-1)^2 = C$ $\quad \therefore C = 8$

$\therefore A + B + C = 3 + 2 + 8 = 13$

41 답 ㄱ, ㄹ

ㄱ. $20x^5 \div 5x^2 = \dfrac{20x^5}{5x^2} = 4x^3$

ㄴ. $(-5a^3)^2 \div 10a^3b = \dfrac{25a^6}{10a^3b} = \dfrac{5a^3}{2b}$

ㄷ. $16a^7 \div \dfrac{4}{3}a^3 = 16a^7 \times \dfrac{3}{4a^3} = 12a^4$

ㄹ. $(-4x^3y)^2 \div \dfrac{8}{3}x^2y^2 = 16x^6y^2 \times \dfrac{3}{8x^2y^2} = 6x^4$

따라서 옳은 것은 ㄱ, ㄹ이다.

42 답 ④

$A = 8x^3y^5 \div (-2xy^2)^2 = \dfrac{8x^3y^5}{4x^2y^4} = 2xy$

$B = 6x^9y^4 \div \dfrac{3}{2}x^2y = 6x^9y^4 \times \dfrac{2}{3x^2y} = 4x^7y^3$

$\therefore B \div A = 4x^7y^3 \div 2xy = \dfrac{4x^7y^3}{2xy} = 2x^6y^2$

43 답 (1) $-\dfrac{5x}{2y^4}$ (2) $\dfrac{3}{2}x^3y^8$

(1) $(-20x^4y) \div 4xy^2 \div 2x^2y^3 = (-20x^4y) \times \dfrac{1}{4xy^2} \times \dfrac{1}{2x^2y^3}$

$\qquad\qquad = -\dfrac{5x}{2y^4}$

(2) $2x^7y^9 \div \left(-\dfrac{2x^2}{3}\right)^2 \div 3y = 2x^7y^9 \div \dfrac{4x^4}{9} \div 3y$

$\qquad\qquad = 2x^7y^9 \times \dfrac{9}{4x^4} \times \dfrac{1}{3y} = \dfrac{3}{2}x^3y^8$

44 답 2

$(-3x^2y^a)^2 \div bx^2y = \dfrac{9x^4y^{2a}}{bx^2y} = \dfrac{9}{b}x^2y^{2a-1} = -9x^2y^5$

즉, $\dfrac{9}{b} = -9$, $2a-1=5$이므로 $a=3$, $b=-1$

$\therefore a+b = 3+(-1) = 2$

45 답 (1) $2x^2y$ (2) $6ab^2$ (3) $\dfrac{1}{4}ab^3$ (4) x^3y^5

(1) $2x^2y^2 \times (x^2)^2 \div x^4y = 2x^2y^2 \times x^4 \times \dfrac{1}{x^4y}$

$\qquad\qquad = 2x^2y$

(2) $4a^2b^2 \div 2a^3b \times 3a^2b = 4a^2b^2 \times \dfrac{1}{2a^3b} \times 3a^2b$

$\qquad\qquad = 6ab^2$

(3) $(-ab^2)^3 \times \left(\dfrac{a^2}{2}\right)^2 \div \{-(a^2b)^3\}$

$\qquad = (-a^3b^6) \times \dfrac{a^4}{4} \div (-a^6b^3)$

$\qquad = (-a^3b^6) \times \dfrac{a^4}{4} \times \left(-\dfrac{1}{a^6b^3}\right) = \dfrac{1}{4}ab^3$

(4) $\dfrac{1}{3}x^2y \div \dfrac{4}{3}xy^2 \times (-2xy^3)^2 = \dfrac{1}{3}x^2y \times \dfrac{3}{4xy^2} \times 4x^2y^6$

$\qquad\qquad = x^3y^5$

46 답 ④

$4x^2y^3 \times 2xy \div x^5y^3 = 4x^2y^3 \times 2xy \times \dfrac{1}{x^5y^3}$

$\qquad\qquad = \dfrac{8y}{x^2} = \dfrac{8 \times 3}{(-2)^2} = 6$

47 답 40

$(-3x^2y)^A \div 6xy^B \times 8x^2y^3$

$= (-3)^A x^{2A}y^A \times \dfrac{1}{6xy^B} \times 8x^2y^3$

$= (-3)^A \times \dfrac{4}{3} \times x^{2A+1}y^{A+3-B}$ 　　　　　$\cdots$ (i)

$= Cx^7y^5$

즉, $(-3)^A \times \dfrac{4}{3} = C$, $2A+1=7$, $A+3-B=5$이므로

$2A+1=7$에서 $2A=6$　　$\therefore A=3$

$A+3-B=5$에서 $3+3-B=5$　　$\therefore B=1$

$(-3)^A \times \dfrac{4}{3} = C$에서 $(-3)^3 \times \dfrac{4}{3} = C$　　$\therefore C=-36$

$\qquad\qquad\qquad\qquad\qquad\qquad\qquad\qquad \cdots$ (ii)

$\therefore A+B-C = 3+1-(-36) = 40$ 　　　$\cdots$ (iii)

채점 기준	비율
(i) 좌변 간단히 하기	50 %
(ii) A, B, C의 값 구하기	30 %
(iii) $A+B-C$의 값 구하기	20 %

48 답 (1) $-3x^4$ (2) $\dfrac{3}{4}xy^4$ (3) $15x^6y$

(1) $4x^2 \times \boxed{} = -12x^6$에서

$\qquad \boxed{} = (-12x^6) \div 4x^2 = \dfrac{-12x^6}{4x^2} = -3x^4$

(2) $\boxed{} \div \left(-\dfrac{3}{8}xy^2\right) = -2y^2$에서

$\qquad \boxed{} = (-2y^2) \times \left(-\dfrac{3}{8}xy^2\right) = \dfrac{3}{4}xy^4$

(3) $5x^7y^4 \div \boxed{} = \dfrac{1}{3}xy^3$에서

$\qquad 5x^7y^4 \times \dfrac{1}{\boxed{}} = \dfrac{1}{3}xy^3$

$\qquad \therefore \boxed{} = 5x^7y^4 \div \dfrac{1}{3}xy^3$

$\qquad\qquad = 5x^7y^4 \times \dfrac{3}{xy^3}$

$\qquad\qquad = 15x^6y$

49 답 $\dfrac{1}{7}x^6y^4$

$49x^2y^3 \times A \div (-xy)^2 = 7x^6y^5$에서

$A = 7x^6y^5 \div 49x^2y^3 \times (-xy)^2$

$\qquad = 7x^6y^5 \times \dfrac{1}{49x^2y^3} \times x^2y^2$

$\qquad = \dfrac{1}{7}x^6y^4$

50 답 $-\dfrac{9}{2}x^9y^8$

$(3x^2y)^2\div\boxed{}\times(-6x^6y^7)=12xy$에서

$9x^4y^2\times\dfrac{1}{\boxed{}}\times(-6x^6y^7)=12xy$

$\therefore \boxed{}=9x^4y^2\times(-6x^6y^7)\div12xy$

$\qquad\qquad=9x^4y^2\times(-6x^6y^7)\times\dfrac{1}{12xy}=-\dfrac{9}{2}x^9y^8$

51 답 $5a^8b^6$

어떤 식을 A라고 하면 $(a^3b^2)^2\div A=\dfrac{a^4b^2}{5}$

$a^6b^4\times\dfrac{1}{A}=\dfrac{a^4b^2}{5}$

$\therefore A=a^6b^4\div\dfrac{a^4b^2}{5}=a^6b^4\times\dfrac{5}{a^4b^2}=5a^2b^2$

따라서 바르게 계산한 식은

$a^6b^4\times5a^2b^2=5a^8b^6$

52 답 $4a^3b^3$

(삼각형의 넓이)$=\dfrac{1}{2}\times4ab^2\times2a^2b=4a^3b^3$

53 답 ②

(사각뿔의 부피)$=\dfrac{1}{3}\times(2xy\times3yz)\times5xz$

$\qquad\qquad\qquad=10x^2y^2z^2$

54 답 $\dfrac{25}{8}\pi ab^2$

$\triangle ABC$를 $\overline{AC}$를 축으로 하여 1회전 시
킬 때 생기는 회전체는 오른쪽 그림과 같
은 원뿔이므로 $\qquad\qquad\cdots$ (ⅰ)

(회전체의 부피)

$=\dfrac{1}{3}\times\left\{\pi\times\left(\dfrac{5}{4}b\right)^2\right\}\times6a\qquad\cdots$ (ⅱ)

$=\dfrac{1}{3}\times\pi\times\dfrac{25}{16}b^2\times6a$

$=\dfrac{25}{8}\pi ab^2\qquad\qquad\qquad\cdots$ (ⅲ)

채점 기준	비율
(ⅰ) 회전체가 원뿔임을 설명하기	30 %
(ⅱ) 회전체의 부피를 구하는 식 세우기	30 %
(ⅲ) 회전체의 부피 구하기	40 %

55 답 ③

(직육면체 A의 부피)$=(3ab^2\times ab^4)\times8a^3=24a^5b^6$

(직육면체 B의 부피)$=(a^2b\times2ab^2)\times9a^2b^3=18a^5b^6$

따라서 직육면체 A의 부피는 직육면체 B의 부피의

$24a^5b^6\div18a^5b^6=\dfrac{24a^5b^6}{18a^5b^6}=\dfrac{4}{3}$(배)

56 답 $2b^5$

(넓이)$=8a^2b\times$(세로의 길이)$=(4ab^3)^2$이므로

(세로의 길이)$=(4ab^3)^2\div8a^2b=\dfrac{16a^2b^6}{8a^2b}=2b^5$

57 답 $2x^3y$

(부피)$=\dfrac{1}{2}\times10x\times8y\times$(높이)$=80x^4y^2$이므로

$40xy\times$(높이)$=80x^4y^2$

$\therefore$ (높이)$=80x^4y^2\div40xy=\dfrac{80x^4y^2}{40xy}=2x^3y$

58 답 $3a^4b^3$

(직사각형의 넓이)$=3a^3b^4\times4a^2b=12a^5b^5$

이때 직사각형과 평행사변형의 넓이가 서로 같으므로

(평행사변형의 넓이)$=4ab^2\times$(높이)$=12a^5b^5$

$\therefore$ (높이)$=12a^5b^5\div4ab^2=\dfrac{12a^5b^5}{4ab^2}=3a^4b^3$

유형 15~24   P.30~35

59 답 (1) $2x-5$ (2) $2x-y$

(1) $(5x-7)+(-3x+2)=5x-7-3x+2$

$\qquad\qquad\qquad\qquad=2x-5$

(2) $(4x-6y)-(2x-5y)=4x-6y-2x+5y$

$\qquad\qquad\qquad\qquad\quad=2x-y$

60 답 1

$(3a-2b+3)+2(a-b+1)=3a-2b+3+2a-2b+2$

$\qquad\qquad\qquad\qquad\qquad\quad=5a-4b+5$

따라서 b의 계수는 -4, 상수항은 5이므로 그 합은

$(-4)+5=1$

61 답 $-\dfrac{7}{6}$

$\dfrac{2x+y}{3}-\dfrac{x-2y}{2}=\dfrac{2(2x+y)-3(x-2y)}{6}$

$\qquad\qquad\qquad\quad=\dfrac{4x+2y-3x+6y}{6}$

$\qquad\qquad\qquad\quad=\dfrac{x+8y}{6}=\dfrac{1}{6}x+\dfrac{4}{3}y$

따라서 $a=\dfrac{1}{6}$, $b=\dfrac{4}{3}$이므로

$a-b=\dfrac{1}{6}-\dfrac{4}{3}=-\dfrac{7}{6}$

62 답 ①

$-3(3A-B)+(5A-2B)=-9A+3B+5A-2B$

$\qquad\qquad\qquad\qquad\quad=-4A+B$

$\qquad\qquad\qquad\qquad\quad=-4(x+3y)+(-2x+5y)$

$\qquad\qquad\qquad\qquad\quad=-4x-12y-2x+5y$

$\qquad\qquad\qquad\qquad\quad=-6x-7y$

63 답 ③

① $x^2+5x-x^2+2=5x+2 \Rightarrow x$에 대한 일차식

② $x^2+4x-(x^2+3)=4x-3 \Rightarrow x$에 대한 일차식

③ $2x^2-5x+3+5x=2x^2+3 \Rightarrow x$에 대한 이차식

④ x 또는 y에 대한 일차식

⑤ x^2이 분모에 있으므로 다항식(이차식)이 아니다.

따라서 x에 대한 이차식인 것은 ③이다.

64 답 ④

$(a^2-2a+4)-(-3a^2-5a+1)$

$=a^2-2a+4+3a^2+5a-1$

$=4a^2+3a+3$

65 답 **1**

$3(2x^2+4x-1)-(-4x^2+3x+5)$

$=6x^2+12x-3+4x^2-3x-5$

$=10x^2+9x-8$

따라서 x의 계수는 9, 상수항은 -8이므로 그 합은

$9+(-8)=1$

66 답 **2**

$(5x^2-3x+a)+2(ax^2+2x-1)$

$=5x^2-3x+a+2ax^2+4x-2$

$=(2a+5)x^2+x+(a-2)$

즉, x^2의 계수가 $2a+5$, 상수항이 $a-2$이므로

$(2a+5)+(a-2)=9$, $3a=6$ ∴ $a=2$

67 답 $x+8y$

$7x-[3x-\{4y-(3x-4y)\}]$

$=7x-\{3x-(4y-3x+4y)\}$

$=7x-\{3x-(-3x+8y)\}$

$=7x-(3x+3x-8y)$

$=7x-(6x-8y)$

$=7x-6x+8y$

$=x+8y$

68 답 **14**

$5x^2+2x-\{3x^2+1-3(4x+9)\}$

$=5x^2+2x-(3x^2+1-12x-27)$

$=5x^2+2x-(3x^2-12x-26)$

$=5x^2+2x-3x^2+12x+26$

$=2x^2+14x+26$ ··· (i)

따라서 $a=2$, $b=14$, $c=26$이므로   ··· (ii)

$a-b+c=2-14+26=14$ ··· (iii)

채점 기준	비율
(i) 주어진 식 계산하기	60 %
(ii) a, b, c의 값 구하기	20 %
(iii) $a-b+c$의 값 구하기	20 %

69 답 **7**

$4a-\{a+5b-(2a-b)\}$

$=4a-(a+5b-2a+b)$

$=4a-(-a+6b)$

$=4a+a-6b$

$=5a-6b$

$=5\times5-6\times3$

$=7$

70 답 ②

$(3x-2y+6)-\boxed{}=5x-6y+7$에서

$\boxed{}=(3x-2y+6)-(5x-6y+7)$

$=3x-2y+6-5x+6y-7$

$=-2x+4y-1$

71 답 $-6a^2+3a-10$

$2(2a^2+5)+A=-2a^2+3a$에서

$4a^2+10+A=-2a^2+3a$

∴ $A=(-2a^2+3a)-(4a^2+10)$

$=-2a^2+3a-4a^2-10$

$=-6a^2+3a-10$

72 답 ②

$(4x^2+3x-2)+A=x^2-2x+1$에서

$A=(x^2-2x+1)-(4x^2+3x-2)$

$=x^2-2x+1-4x^2-3x+2$

$=-3x^2-5x+3$

$(3x^2-x-5)-B=5x^2+4x+3$에서

$B=(3x^2-x-5)-(5x^2+4x+3)$

$=3x^2-x-5-5x^2-4x-3$

$=-2x^2-5x-8$

∴ $A-B=(-3x^2-5x+3)-(-2x^2-5x-8)$

$=-3x^2-5x+3+2x^2+5x+8$

$=-x^2+11$

73 답 $a+4b$

$7a-\{3a-4b-(2a+b-\boxed{})\}$

$=7a-(3a-4b-2a-b+\boxed{})$

$=7a-(a-5b+\boxed{})$

$=7a-a+5b-\boxed{}$

$=6a+5b-\boxed{}$

따라서 $6a+5b-\boxed{}=5a+b$이므로

$\boxed{}=(6a+5b)-(5a+b)$

$=6a+5b-5a-b$

$=a+4b$

74 답 (1) $-3x+2y-3$ (2) $-5x+y-1$

(1) 어떤 식을 A라고 하면
$$A-(-2x-y+2)=-x+3y-5$$
$$\therefore A=(-x+3y-5)+(-2x-y+2)$$
$$=-3x+2y-3$$
(2) 바르게 계산한 식은
$$(-3x+2y-3)+(-2x-y+2)=-5x+y-1$$

75 답 $-4x^2-10x-3$

어떤 식을 A라고 하면
$$A+(x^2+4x+5)=-2x^2-2x+7$$
$$\therefore A=(-2x^2-2x+7)-(x^2+4x+5)$$
$$=-2x^2-2x+7-x^2-4x-5$$
$$=-3x^2-6x+2 \qquad \cdots \text{(i)}$$
따라서 바르게 계산한 식은
$$(-3x^2-6x+2)-(x^2+4x+5)$$
$$=-3x^2-6x+2-x^2-4x-5$$
$$=-4x^2-10x-3 \qquad \cdots \text{(ii)}$$

채점 기준	비율
(i) 어떤 식 구하기	50 %
(ii) 바르게 계산한 식 구하기	50 %

76 답 $7x^2-4x-3$

어떤 식을 A라고 하면
$$(2x^2-x-3)-A=-3x^2+2x-3$$
$$\therefore A=(2x^2-x-3)-(-3x^2+2x-3)$$
$$=2x^2-x-3+3x^2-2x+3$$
$$=5x^2-3x$$
따라서 바르게 계산한 식은
$$(2x^2-x-3)+(5x^2-3x)=7x^2-4x-3$$

77 답 ④

① $(-2a+3b)+(3a-b+6)=a+2b+6$
② $(a+5b-1)+(4a+2b)=5a+7b-1$
③ $(-2a+3b)-(a+5b-1)=-2a+3b-a-5b+1$
$$=-3a-2b+1$$
④ $(3a-b+6)-(4a+2b)=3a-b+6-4a-2b$
$$=-a-3b+6$$
⑤ ③+④$=(-3a-2b+1)+(-a-3b+6)$
$$=-4a-5b+7$$

다른 풀이

⑤ ①-②$=(a+2b+6)-(5a+7b-1)$
$$=a+2b+6-5a-7b+1=-4a-5b+7$$

78 답 x^2+3x-2

$x^2-x+5=2x^2+2x+3-$㉮이므로
㉮$=(2x^2+2x+3)-(x^2-x+5)$
$$=2x^2+2x+3-x^2+x-5$$
$$=x^2+3x-2$$

79 답 $3x-y$

직육면체를 만들었을 때, 마주 보는 두 면에 적혀 있는 두 다항식은 각각 A와 $2x-8y$, $4x+2y$와 $x-11y$이다.
이때 $(4x+2y)+(x-11y)=5x-9y$이므로
$$A+(2x-8y)=5x-9y$$
$$\therefore A=(5x-9y)-(2x-8y)$$
$$=5x-9y-2x+8y=3x-y$$

80 답 ⑤

① $2a(4a-3)=8a^2-6a$
② $-3b(a-b)=-3ab+3b^2$
③ $(a+b)4b=4ab+4b^2$
④ $(2x-y)(-2y)=-4xy+2y^2$
따라서 식을 바르게 전개한 것은 ⑤이다.

81 답 ③

$$2x\left(\frac{1}{2}x^2-5x-3\right)=x^3-10x^2-6x$$
따라서 $a=1$, $b=-10$, $c=-6$이므로
$$a-b-c=1-(-10)-(-6)=17$$

82 답 -11

$2x(5x-y)=10x^2-2xy$이므로 x^2의 계수는 10이다.
$$\therefore a=10$$
$-3y(x^2-7x-2)=-3x^2y+21xy+6y$이므로 xy의 계수는 21이다.
$$\therefore b=21$$
$$\therefore a-b=10-21=-11$$

83 답 ㄷ, ㄹ

ㄱ. $(3ax-6ay)\div 3a=\dfrac{3ax-6ay}{3a}=x-2y$

ㄴ. $(-12x^2y^3+6xy)\div(-2xy)=\dfrac{-12x^2y^3+6xy}{-2xy}$
$$=6xy^2-3$$

ㄷ. $(5ab^2-a^2)\div \dfrac{1}{4}a=(5ab^2-a^2)\times \dfrac{4}{a}=20b^2-4a$

ㄹ. $(-xy+10y^2)\div\left(-\dfrac{1}{2}xy\right)=(-xy+10y^2)\times\left(-\dfrac{2}{xy}\right)$
$$=2-\dfrac{20y}{x}$$

따라서 옳은 것은 ㄷ, ㄹ이다.

84 답 ⑤

$(6x^2y-4xy+8y)\div(-2y)=\dfrac{6x^2y-4xy+8y}{-2y}$
$$=-3x^2+2x-4$$
따라서 $a=-3$, $b=2$, $c=-4$이므로
$$abc=-3\times 2\times(-4)=24$$

85 답 $4a-2b+3$

$\square \times \dfrac{1}{4}ab = a^2b - \dfrac{1}{2}ab^2 + \dfrac{3}{4}ab$ 에서

$\square = \left(a^2b - \dfrac{1}{2}ab^2 + \dfrac{3}{4}ab\right) \div \dfrac{1}{4}ab$

$\quad\; = \left(a^2b - \dfrac{1}{2}ab^2 + \dfrac{3}{4}ab\right) \times \dfrac{4}{ab}$

$\quad\; = 4a - 2b + 3$

86 답 $\dfrac{16}{b} + \dfrac{24}{a}$

어떤 다항식을 A라고 하면

$A \times \left(-\dfrac{1}{2}ab\right) = 4a^2b + 6ab^2$

$\therefore A = (4a^2b + 6ab^2) \div \left(-\dfrac{1}{2}ab\right)$

$\qquad = (4a^2b + 6ab^2) \times \left(-\dfrac{2}{ab}\right) = -8a - 12b$

따라서 바르게 계산한 식은

$(-8a - 12b) \div \left(-\dfrac{1}{2}ab\right)$

$= (-8a - 12b) \times \left(-\dfrac{2}{ab}\right)$

$= \dfrac{16}{b} + \dfrac{24}{a}$

87 답 ⑤

$\dfrac{8x^2y - 4xy^2}{2xy} - \dfrac{2xy - 3y^2}{y}$

$= 4x - 2y - (2x - 3y)$

$= 4x - 2y - 2x + 3y$

$= 2x + y$

88 답 $-xy^2 + 2y^2$

$(6x^2y^2 - 12xy^2) \div 3x - (30y - 15xy) \times \left(-\dfrac{1}{5}y\right)$

$= \dfrac{6x^2y^2 - 12xy^2}{3x} + 6y^2 - 3xy^2$

$= 2xy^2 - 4y^2 + 6y^2 - 3xy^2$

$= -xy^2 + 2y^2$

89 답 $-\dfrac{16x^6}{y} + 8x^5$

$(4x^2y - 2xy^2) \div 2x^2y^5 \times (-2x^2y)^3$

$= (4x^2y - 2xy^2) \times \dfrac{1}{2x^2y^5} \times (-8x^6y^3)$

$= \left(\dfrac{2}{y^4} - \dfrac{1}{xy^3}\right) \times (-8x^6y^3)$

$= -\dfrac{16x^6}{y} + 8x^5$

90 답 5

$7a - \{2b + (15a^2 - 3ab) \div 5a\}$

$= 7a - \left(2b + \dfrac{15a^2 - 3ab}{5a}\right)$

$= 7a - \left(2b + 3a - \dfrac{3}{5}b\right)$

$= 7a - \left(3a + \dfrac{7}{5}b\right)$

$= 7a - 3a - \dfrac{7}{5}b$

$= 4a - \dfrac{7}{5}b \qquad\qquad \cdots\text{(i)}$

$= 4 \times 3 - \dfrac{7}{5} \times 5 = 5 \qquad \cdots\text{(ii)}$

채점 기준	비율
(i) 주어진 식 간단히 하기	70 %
(ii) 주어진 식의 값 구하기	30 %

91 답 $3x^2y + xy^2 + xy$

(사다리꼴의 넓이)

$= \dfrac{1}{2} \times \{(4x - y) + (2x + 3y + 2)\} \times xy$

$= \dfrac{1}{2} \times (6x + 2y + 2) \times xy$

$= 3x^2y + xy^2 + xy$

92 답 $18x^2y - 12xy^2$

(직육면체의 부피) $= (2x \times 3y) \times (3x - 2y)$

$\qquad\qquad\qquad\quad\;\, = 6xy \times (3x - 2y)$

$\qquad\qquad\qquad\quad\;\, = 18x^2y - 12xy^2$

93 답 ③

(원기둥의 겉넓이)

$= (밑넓이) \times 2 + (옆넓이)$

$= \{\pi \times (2a)^2\} \times 2 + (2\pi \times 2a) \times (12a - 3ab)$

$= \pi \times 4a^2 \times 2 + 4\pi a \times (12a - 3ab)$

$= 8\pi a^2 + 48\pi a^2 - 12\pi a^2 b$

$= 56\pi a^2 - 12\pi a^2 b$

94 답 $a^2 + 3ab$

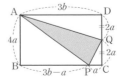

$\triangle APQ$

$= (직사각형\ ABCD의\ 넓이) - \triangle ABP - \triangle PCQ - \triangle AQD$

$= 3b \times 4a - \dfrac{1}{2} \times (3b - a) \times 4a - \dfrac{1}{2} \times a \times 2a - \dfrac{1}{2} \times 3b \times 2a$

$= 12ab - 6ab + 2a^2 - a^2 - 3ab$

$= a^2 + 3ab$

95 답 ②

(넓이)$=2a^2b\times$(세로의 길이)$=6a^4b^3+8a^3b^2$이므로

(세로의 길이)$=(6a^4b^3+8a^3b^2)\div2a^2b$

$$=\frac{6a^4b^3+8a^3b^2}{2a^2b}=3a^2b^2+4ab$$

96 답 $4a^2-b^2$

(부피)$=\dfrac{1}{3}\times\{\pi\times(6a)^2\}\times$(높이)$=48\pi a^4-12\pi a^2b^2$이므로

$12\pi a^2\times$(높이)$=48\pi a^4-12\pi a^2b^2$

$\therefore$ (높이)$=(48\pi a^4-12\pi a^2b^2)\div12\pi a^2$

$$=\frac{48\pi a^4-12\pi a^2b^2}{12\pi a^2}=4a^2-b^2$$

97 답 $3x-y$

$3x\times5\times$(큰 직육면체의 높이)$=15x^2+30xy$이므로

$15x\times$(큰 직육면체의 높이)$=15x^2+30xy$

$\therefore$ (큰 직육면체의 높이)$=(15x^2+30xy)\div15x$

$$=\frac{15x^2+30xy}{15x}=x+2y$$

$x\times5\times$(작은 직육면체의 높이)$=10x^2-15xy$이므로

$5x\times$(작은 직육면체의 높이)$=10x^2-15xy$

$\therefore$ (작은 직육면체의 높이)$=(10x^2-15xy)\div5x$

$$=\frac{10x^2-15xy}{5x}=2x-3y$$

$\therefore h=(x+2y)+(2x-3y)=3x-y$

98 답 ④

① $a^4\times a^8=a^{12}$

② $a^4\div a^8=\dfrac{1}{a^4}$

③ $\underbrace{a^4\times a^4\times\cdots\times a^4}_{9개}=a^{36}$

⑤ $a^4\div a^4=1$

따라서 식을 간단히 한 결과로 나올 수 없는 것은 ④이다.

참고 $a^{36}=(a^{12})^3$임을 알면 ①을 통해 ③을 쉽게 알 수 있다.

99 답 $\left(\dfrac{4}{9}a+\dfrac{1}{3}b\right)$원

	어른	청소년	어린이
지난 한 달 동안 입장료의 합(원)	$a\times n=an$	$b\times\dfrac{3}{2}n=\dfrac{3}{2}bn$	$\dfrac{a}{2}\times2n=an$

위의 표에서 입장료의 총액은

$an+\dfrac{3}{2}bn+an=2an+\dfrac{3}{2}bn$(원)이고,

전체 입장객 수는 $n+\dfrac{3}{2}n+2n=\dfrac{9}{2}n$(명)이므로

지난 한 달 동안의 1인당 입장료의 평균은

$\left(2an+\dfrac{3}{2}bn\right)\div\dfrac{9}{2}n=\left(2an+\dfrac{3}{2}bn\right)\times\dfrac{2}{9n}$

$$=\frac{4}{9}a+\frac{1}{3}b\text{(원)}$$

단원 **마무리** P. 36~39

1 ③	**2** 10	**3** 12	**4** 11	**5** ④
6 ③	**7** ⑤	**8** 13	**9** ①, ④	**10** ②
11 7	**12** $2x^2+7xy-y^2$		**13** $15a-9b$	
14 ①	**15** $7x+5y+8$		**16** ③	**17** ②
18 5	**19** ④	**20** ⑤	**21** 14	**22** $-4x^8y$
23 $\dfrac{1}{2}x^4y$	**24** ③		**25** $12a^3-16a^2b$	**26** $\dfrac{3}{2}b+\dfrac{1}{2}$
27 18	**28** $6a^2b^4$	**29** $22a^2+7a$		

1 $2^4\times32=2^4\times2^5=2^9$

$\therefore x=9$

2 $(a^4)^2\times(a^2)^m=a^8\times a^{2m}=a^{8+2m}=a^{24}$이므로

$8+2m=24,\ 2m=16$

$\therefore m=8$

$(b^n)^4\div b^{10}=b^{4n}\div b^{10}=\dfrac{1}{b^{10-4n}}=\dfrac{1}{b^2}$이므로

$10-4n=2,\ -4n=-8$

$\therefore n=2$

$\therefore m+n=8+2=10$

3 $4^3\times6^7\div9^3=(2^2)^3\times(2\times3)^7\div(3^2)^3$

$$=2^6\times2^7\times3^7\div3^6$$

$$=2^{13}\times3$$

따라서 $a=13,\ b=1$이므로

$a-b=13-1=12$

4 $\left(\dfrac{az^b}{xy^c}\right)^3=\dfrac{a^3z^{3b}}{x^3y^{3c}}=\dfrac{27z^9}{x^dy^6}$이므로

$a^3=27,\ 3b=9,\ 3=d,\ 3c=6$

따라서 $a=3,\ b=3,\ c=2,\ d=3$이므로

$a+b+c+d=3+3+2+3=11$

5 ① $(a^5)^2\times a^6=a^{10}\times a^6=a^{16}$

② $a^{20}\div a\div a^3=a^{19}\div a^3=a^{16}$

③ $a^8\times a^{13}\div a^5=a^{21}\div a^5=a^{16}$

④ $a^{15}\div(a^3\times a^4)=a^{15}\div a^7=a^8$

⑤ $(2a^3)^6\div a^5\times\left(\dfrac{a}{4}\right)^3=2^6a^{18}\div a^5\times\dfrac{a^3}{(2^2)^3}$

$$=2^6a^{13}\times\frac{a^3}{2^6}$$

$$=a^{16}$$

따라서 나머지 넷과 다른 하나는 ④이다.

6 $27^7=(3^3)^7=3^{21}=3^{1+4\times5}$

$$=3\times(3^4)^5=3A^5$$

7

① $3a^2 \times (2ab)^2 = 3a^2 \times 4a^2b^2 = 12a^4b^2$

② $(-4ab) \div \dfrac{1}{5}b = (-4ab) \times \dfrac{5}{b} = -20a$

③ $2ab^2 \div 3ab \times 9ab^3 = 2ab^2 \times \dfrac{1}{3ab} \times 9ab^3 = 6ab^4$

④ $8a^2b^3 \times \left(-\dfrac{1}{2}b\right) \div \dfrac{5}{2}a^2b = 8a^2b^3 \times \left(-\dfrac{1}{2}b\right) \times \dfrac{2}{5a^2b}$
$\qquad = -\dfrac{8}{5}b^3$

⑤ $24x^2y^2 \div (-4xy^2)^2 \times 2x^2y^3 = 24x^2y^2 \div 16x^2y^4 \times 2x^2y^3$
$\qquad = 24x^2y^2 \times \dfrac{1}{16x^2y^4} \times 2x^2y^3$
$\qquad = 3x^2y$

따라서 옳은 것은 ⑤이다.

8

$(-2x^3y^a)^3 \times (xy^5)^b = -8x^9y^{3a} \times x^b y^{5b}$
$\qquad = -8x^{9+b}y^{3a+5b} = cx^{12}y^{21}$

즉, $-8 = c$, $9 + b = 12$, $3a + 5b = 21$이므로

$9 + b = 12$에서 $b = 3$

$3a + 5b = 21$에서 $3a + 15 = 21$, $3a = 6$ $\therefore a = 2$

$\therefore a + b - c = 2 + 3 - (-8) = 13$

9

② $\left(3 - \dfrac{1}{x}\right) + \left(\dfrac{1}{x} + 3\right) = 6$

$\Rightarrow$ 다항식(이차식)이 아니다.

③ $2(2 - 5x + 3x^2) - 3(2x^2 + 4x - 3)$
$\quad = 4 - 10x + 6x^2 - 6x^2 - 12x + 9$
$\quad = -22x + 13$

$\Rightarrow x$에 대한 일차식

④ $\left(\dfrac{1}{3}x^2 + 5x - 3\right) - \left(-3 - 5x - \dfrac{1}{3}x^2\right)$
$\quad = \dfrac{1}{3}x^2 + 5x - 3 + 3 + 5x + \dfrac{1}{3}x^2$
$\quad = \dfrac{2}{3}x^2 + 10x$

$\Rightarrow x$에 대한 이차식

⑤ $\left(6 - \dfrac{1}{x^2}\right) - \left(\dfrac{1}{x^2} + 8\right) = 6 - \dfrac{1}{x^2} - \dfrac{1}{x^2} - 8 = -\dfrac{2}{x^2} - 2$

$\Rightarrow x^2$이 분모에 있으므로 다항식(이차식)이 아니다.

따라서 이차식은 ①, ④이다.

10

$\dfrac{2x^2 - 5x + 4}{3} - \dfrac{x^2 + 3x + 1}{2}$

$= \dfrac{2(2x^2 - 5x + 4) - 3(x^2 + 3x + 1)}{6}$

$= \dfrac{4x^2 - 10x + 8 - 3x^2 - 9x - 3}{6}$

$= \dfrac{x^2 - 19x + 5}{6} = \dfrac{1}{6}x^2 - \dfrac{19}{6}x + \dfrac{5}{6}$

따라서 x의 계수는 $-\dfrac{19}{6}$, 상수항은 $\dfrac{5}{6}$이므로 그 합은

$-\dfrac{19}{6} + \dfrac{5}{6} = -\dfrac{14}{6} = -\dfrac{7}{3}$

11

$2x - y - [\{3x - (x + y + 1)\} - \{x - (3y - 2)\}]$
$= 2x - y - \{(3x - x - y - 1) - (x - 3y + 2)\}$
$= 2x - y - (2x - y - 1 - x + 3y - 2)$
$= 2x - y - (x + 2y - 3)$
$= 2x - y - x - 2y + 3$
$= x - 3y + 3$ $\cdots$ (i)

따라서 $a = 1$, $b = -3$, $c = 3$이므로 $\cdots$ (ii)

$a - b + c = 1 - (-3) + 3 = 7$ $\cdots$ (iii)

채점 기준	비율
(i) 주어진 식 계산하기	60 %
(ii) a, b, c의 값 구하기	20 %
(iii) $a - b + c$의 값 구하기	20 %

12

어떤 식을 A라고 하면

$(-3x^2 + 5xy + 2y^2) + A = -8x^2 + 3xy + 5y^2$

$\therefore A = (-8x^2 + 3xy + 5y^2) - (-3x^2 + 5xy + 2y^2)$
$\qquad = -8x^2 + 3xy + 5y^2 + 3x^2 - 5xy - 2y^2$
$\qquad = -5x^2 - 2xy + 3y^2$

따라서 바르게 계산한 식은

$(-3x^2 + 5xy + 2y^2) - (-5x^2 - 2xy + 3y^2)$
$= -3x^2 + 5xy + 2y^2 + 5x^2 + 2xy - 3y^2$
$= 2x^2 + 7xy - y^2$

13

$A = (16a^2b - 20a^3) \div (-4a^2)$

$\quad = \dfrac{16a^2b - 20a^3}{-4a^2} = -4b + 5a$

$B = (8a^2b - 4ab^2) \div \dfrac{4}{5}ab$

$\quad = (8a^2b - 4ab^2) \times \dfrac{5}{4ab} = 10a - 5b$

$\therefore A + B = (-4b + 5a) + (10a - 5b) = 15a - 9b$

14

$\dfrac{3}{2}x\left(x - \dfrac{1}{5}y\right) - \dfrac{2}{3}x^2(3x + y) \div \dfrac{4}{3}x$

$= \dfrac{3}{2}x^2 - \dfrac{3}{10}xy - \left(2x^3 + \dfrac{2}{3}x^2y\right) \times \dfrac{3}{4x}$

$= \dfrac{3}{2}x^2 - \dfrac{3}{10}xy - \dfrac{3}{2}x^2 - \dfrac{1}{2}xy$

$= -\dfrac{4}{5}xy$

15

(삼각형의 둘레의 길이) $= (4x + 3) + 7y + (3x - 2y + 5)$
$\qquad = 7x + 5y + 8$

16

$8^x \times 2^{2x} = (2^3)^x \times 2^{2x} = 2^{3x} \times 2^{2x} = 2^{3x+2x} = 2^{5x}$

$32 \times 4^{x+2} = 2^5 \times (2^2)^{x+2} = 2^5 \times 2^{2x+4} = 2^{2x+9}$

즉, $2^{5x} = 2^{2x+9}$이므로 $5x = 2x + 9$

$3x = 9$ $\therefore x = 3$

17 $9^{12} \times 3^{16} \div 27^5 = (3^2)^{12} \times 3^{16} \div (3^3)^5 = 3^{24} \times 3^{16} \div 3^{15} = 3^{25}$

3의 거듭제곱을 나열하면 다음과 같다.

$$\begin{array}{ccccc} & \times 3 & \times 3 & \times 3 & \times 3 \\ 3 & 9 & 27 & 81 & 243 \quad \cdots \end{array}$$

즉, 일의 자리의 숫자가 3, 9, 7, 1의 순서로 반복된다.

이때 $25 = 4 \times 6 + 1$이므로 3^{25}의 일의 자리의 숫자는 3이다.

18 $2\,L = 2 \times 10^3\,mL$이므로 컵 한 개에 들어 있는 우유의 양은

$$\frac{2 \times 10^3}{4} = \frac{2 \times (2 \times 5)^3}{2^2} = \frac{2 \times 2^3 \times 5^3}{2^2} = 2^2 \times 5^3 \,(mL)$$

따라서 $p = 2$, $q = 3$이므로 $p + q = 2 + 3 = 5$

19
$$\frac{3^6 + 3^6 + 3^6 + 3^6}{8^4 + 8^4 + 8^4} \times \frac{2^5 + 2^5 + 2^5}{9^2 + 9^2} = \frac{4 \times 3^6}{3 \times 8^4} \times \frac{3 \times 2^5}{2 \times 9^2}$$
$$= \frac{2^2 \times 3^6}{3 \times (2^3)^4} \times \frac{3 \times 2^5}{2 \times (3^2)^2}$$
$$= \frac{2^2 \times 3^6}{3 \times 2^{12}} \times \frac{2^5 \times 3}{2 \times 3^4}$$
$$= \frac{3^2}{2^6} = \frac{9}{64}$$

20
$$\frac{3^{3x}}{3^{7x} + 3^{5x}} = \frac{3^{3x}}{3^{3x} \times 3^{4x} + 3^{3x} \times 3^{2x}} = \frac{3^{3x}}{3^{3x} \times (3^{4x} + 3^{2x})}$$
$$= \frac{1}{3^{4x} + 3^{2x}} = \frac{1}{(3^{2x})^2 + 3^{2x}} = \frac{1}{a^2 + a}$$

21
$$2^4 \times 15^3 = 2^4 \times (3 \times 5)^3 = 2^4 \times 3^3 \times 5^3$$
$$= 2 \times \underline{2^3} \times 3^3 \times \underline{5^3} = 2 \times 3^3 \times (2 \times 5)^3$$
$$= 2 \times 3^3 \times 10^3 = 54 \times 10^3 = 54\underline{000}_{\;3개}$$

즉, $2^4 \times 15^3$은 5자리의 자연수이므로 $a = 5$

또 각 자리의 숫자의 합은

$5 + 4 + 0 \times 3 = 9$이므로 $b = 9$

$\therefore a + b = 5 + 9 = 14$

22 $0.\dot{6} = \frac{6}{9} = \frac{2}{3}$,

$0.\dot{1}\dot{2} = \frac{12}{99} = \frac{4}{33}$,

$1.\dot{0}\dot{9} = \frac{109 - 1}{99} = \frac{108}{99} = \frac{12}{11}$이므로

$(0.\dot{6}x^4 y)^2 \div 0.\dot{1}\dot{2}x^3 y^2 \times (-1.\dot{0}\dot{9}x^3 y)$

$= \left(\frac{2}{3}x^4 y\right)^2 \div \frac{4}{33}x^3 y^2 \times \left(-\frac{12}{11}x^3 y\right)$

$= \frac{4}{9}x^8 y^2 \times \frac{33}{4x^3 y^2} \times \left(-\frac{12}{11}x^3 y\right) = -4x^8 y$

23 주어진 순서대로 식을 세우면

$A \times 4xy^2 \div 2x^3 y = x^2 y^2$

$\therefore A = x^2 y^2 \times 2x^3 y \div 4xy^2$

$\quad = x^2 y^2 \times 2x^3 y \times \dfrac{1}{4xy^2} = \dfrac{1}{2}x^4 y$

24 $8a - [5b - a - \{3a - (\boxed{} + 4b)\}]$

$= 8a - \{5b - a - (3a - \boxed{} - 4b)\}$

$= 8a - (5b - a - 3a + \boxed{} + 4b)$

$= 8a - (-4a + 9b + \boxed{})$

$= 8a + 4a - 9b - \boxed{}$

$= 12a - 9b - \boxed{}$

따라서 $12a - 9b - \boxed{} = 9a - 7b$이므로

$\boxed{} = (12a - 9b) - (9a - 7b)$

$\quad = 12a - 9b - 9a + 7b$

$\quad = 3a - 2b$

25 어떤 다항식을 A라고 하면

$A \div 2a = 3a - 4b$

$\therefore A = (3a - 4b) \times 2a$

$\quad = 6a^2 - 8ab \qquad \cdots (\text{i})$

따라서 바르게 계산한 식은

$(6a^2 - 8ab) \times 2a = 12a^3 - 16a^2 b \qquad \cdots (\text{ii})$

채점 기준	비율
(i) 어떤 다항식 구하기	50 %
(ii) 바르게 계산한 식 구하기	50 %

26 삼각기둥 모양의 그릇에 들어 있는 물의 부피는

$\left\{\dfrac{1}{2} \times 2a \times (3b + 1)\right\} \times 3a$

$= (3ab + a) \times 3a$

$= 9a^2 b + 3a^2$

즉, 직육면체 모양의 그릇으로 옮겨진 물의 부피는

$3a \times 2a \times (\text{높이}) = 9a^2 b + 3a^2$

$6a^2 \times (\text{높이}) = 9a^2 b + 3a^2$

$\therefore (\text{높이}) = (9a^2 b + 3a^2) \div 6a^2$

$\quad = \dfrac{9a^2 b + 3a^2}{6a^2}$

$\quad = \dfrac{3}{2}b + \dfrac{1}{2}$

27 $2^a \times b$에서 b는 홀수이므로 2를 소인수로 갖지 않는다.

이때 주어진 식의 좌변에서 홀수들의 곱인

$1 \times 3 \times 5 \times \cdots \times 19$는 2를 소인수로 갖지 않으므로

a는 짝수들의 곱인 $2 \times 4 \times 6 \times \cdots \times 20$을 소인수분해했을 때

의 2의 거듭제곱의 지수와 같다.

따라서 2, 4, 6, $\cdots$, 20을 각각 소인수분해하면

$2 = 2$, $4 = 2^2$, $6 = 2 \times 3$, $8 = 2^3$, $10 = 2 \times 5$, $12 = 2^2 \times 3$,

$14 = 2 \times 7$, $16 = 2^4$, $18 = 2 \times 3^2$, $20 = 2^2 \times 5$이므로

$1 \times 2 \times 3 \times \cdots \times 20 = 2^{1+2+1+3+1+2+1+4+1+2} \times b$

$\qquad\qquad\qquad\quad = 2^{18} \times b$

$\therefore a = 18$

28 $\overline{AB}$를 축으로 하여 1회전 시킬 때 생기는 회전체는 오른쪽 그림과 같은 원기둥이므로

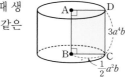

$$V_1 = \pi \times \left(\frac{1}{2}a^2b\right)^2 \times 3a^4b^5$$

$$= \pi \times \frac{1}{4}a^4b^2 \times 3a^4b^5$$

$$= \frac{3}{4}\pi a^8b^7$$

$\overline{BC}$를 축으로 하여 1회전 시킬 때 생기는 회전체는 오른쪽 그림과 같은 원기둥이므로

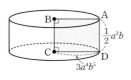

$$V_2 = \pi \times (3a^4b^5)^2 \times \frac{1}{2}a^2b$$

$$= \pi \times 9a^8b^{10} \times \frac{1}{2}a^2b = \frac{9}{2}\pi a^{10}b^{11}$$

$$\therefore \frac{V_2}{V_1} = \frac{9}{2}\pi a^{10}b^{11} \div \frac{3}{4}\pi a^8b^7$$

$$= \frac{9}{2}\pi a^{10}b^{11} \times \frac{4}{3\pi a^8b^7} = 6a^2b^4$$

29 오른쪽 그림에서 직사각형 ㉠, ㉡, ㉢의 각 변의 길이를 구하면

(㉠의 가로의 길이)
$= (6a+4) - 2a = 4a+4$

(㉡의 가로의 길이)
$= (4a+4) - 3 = 4a+1$

(㉡, ㉢의 세로의 길이)$= 5a - a - a = 3a$

∴ (색칠한 세 직사각형의 넓이의 합)

$= (㉠의 넓이) + (㉡의 넓이) + (㉢의 넓이)$

$= (4a+4) \times a + (4a+1) \times 3a + 2a \times 3a$

$= (4a^2 + 4a) + (12a^2 + 3a) + 6a^2$

$= 22a^2 + 7a$

유형 1~4　　　　P. 42~44

1　답 ③, ⑤

①, ④ 등식　　②다항식

따라서 부등식인 것은 ③, ⑤이다.

2　답 ③

③ $h \leq 5.5$

3　답 $1+2x \leq 13$

(상자의 무게)+(물건의 무게)$\leq 13(\mathrm{kg})$이므로

$1+2x \leq 13$

4　답 ③, ④

각 부등식에 $x=3$을 대입하면

① $x+4<7$에서 $3+4=7$ (거짓)

② $4x-3 \leq 6$에서 $4 \times 3-3>6$ (거짓)

③ $1-3x>-10$에서 $1-3 \times 3>-10$ (참)

④ $2x-1 \geq 5$에서 $2 \times 3-1=5$ (참)

⑤ $\dfrac{x-2}{2}<0$에서 $\dfrac{3-2}{2}>0$ (거짓)

따라서 참인 부등식은 ③, ④이다.

5　답 ④

각 부등식에 [　] 안의 수를 대입하면

① $3x-3<7-2x$에서 $3 \times 1-3<7-2 \times 1$ (참)

② $5-x \leq x-3$에서 $5-4=4-3$ (참)

③ $2x+3<0$에서 $2 \times (-2)+3<0$ (참)

④ $5(1-2x) \leq 10$에서 $5 \times \{1-2 \times (-1)\}>10$ (거짓)

⑤ $2x-3>5+x$에서 $2 \times 10-3>5+10$ (참)

따라서 [　] 안의 수가 주어진 부등식의 해가 아닌 것은 ④
이다.

6　답 ⑤

부등식 $7-2x \leq 5$에서

$x=-1$일 때, $7-2 \times (-1)>5$ (거짓)

$x=0$일 때, $7-2 \times 0>5$ (거짓)

$x=1$일 때, $7-2 \times 1=5$ (참)

$x=2$일 때, $7-2 \times 2<5$ (참)

따라서 주어진 부등식의 해는 1, 2이다.

7　답 4개

부등식 $2x+3>12$에서

$x=1$일 때, $2 \times 1+3<12$ (거짓)

$x=2$일 때, $2 \times 2+3<12$ (거짓)

$x=3$일 때, $2 \times 3+3<12$ (거짓)

$x=4$일 때, $2 \times 4+3<12$ (거짓)

$x=5$일 때, $2 \times 5+3>12$ (참)

$x=8$일 때, $2 \times 8+3>12$ (참)

따라서 주어진 부등식의 해는 5, 6, 7, 8의 4개이다.

8　답 ④

① $a>b$에서 $2a>2b$

② $a>b$에서 $a-4>b-4$

③ $a>b$에서 $3a>3b$이므로 $3a+2>3b+2$

④ $a>b$에서 $-\dfrac{a}{6}<-\dfrac{b}{6}$이므로 $2-\dfrac{a}{6}<2-\dfrac{b}{6}$

⑤ $a>b$에서 $a \div (-7)<b \div (-7)$

따라서 옳은 것은 ④이다.

9　답 ⑤

① $a+3<b+3$에서 $a<b$

② $-a+\dfrac{2}{3}>-b+\dfrac{2}{3}$에서 $-a>-b$이므로 $a<b$

③ $2a-1<2b-1$에서 $2a<2b$이므로 $a<b$

④ $\dfrac{a}{3}-2<\dfrac{b}{3}-2$에서 $\dfrac{a}{3}<\dfrac{b}{3}$이므로 $a<b$

⑤ $-3a+1<-3b+1$에서 $-3a<-3b$이므로 $a>b$

따라서 부등호의 방향이 나머지 넷과 다른 하나는 ⑤이다.

10　답 ③

① $-6a-2<-6b-2$에서 $-6a<-6b$이므로 $a>b$

② $a>b$에서 $-4a<-4b$

③ $a>b$에서 $5a>5b$이므로 $5a-3>5b-3$

④ $a>b$에서 $a+1>b+1$이므로 $\dfrac{a+1}{7}>\dfrac{b+1}{7}$

⑤ $a>b$에서 $-\dfrac{a}{2}<-\dfrac{b}{2}$이므로 $3-\dfrac{a}{2}<3-\dfrac{b}{2}$

따라서 옳은 것은 ③이다.

11　답 $\leq$

$3a-9 \geq 9b+3$의 양변에 9를 더하면

$3a \geq 9b+12$　　$\cdots$ ㉠

㉠의 양변을 3으로 나누면

$a \geq 3b+4$　　$\cdots$ ㉡

㉡의 양변에 -2를 곱하면

$-2a \leq -6b-8$

12　답 ④

① $a>b$에서 $-2a<-2b$

② $a>b$에서 $a-b>b-b$이므로 $a-b>0$

③ $a>b$에서 $3a>3b$이므로 $3a-c>3b-c$

④ $c>0$이면 $\dfrac{a}{c}>\dfrac{b}{c}$, $c<0$이면 $\dfrac{a}{c}<\dfrac{b}{c}$

⑤ $a>0$이므로 $a>b$의 양변에 a를 곱하면 $a^2>ab$

따라서 옳지 않은 것은 ④이다.

13 답 ③

① $a=1$, $b=-2$이면 $1>-2$이지만 $1^2<(-2)^2$이다.

② $c<0$이면 $ac>bc$에서 $a<b$

③ $c^2>0$이므로 $\dfrac{a}{c^2}>\dfrac{b}{c^2}$에서 $a>b$

④ $a=2$, $b=-1$, $c=1$이면 $\dfrac{1}{2}>-1$이지만 $2>-1$이다.

⑤ $a>b$에서 $-a<-b$이므로 $-a+7<-b+7$

따라서 항상 옳은 것은 ③이다.

14 답 ④

주어진 그림에서 $d<c<0<a<b$

① $a<b$이므로 $a+d<b+d$

② $d<b$이고, $c<0$이므로 $cd>bc$

③ $d<b$이므로 $d-a<b-a$

④ $d<c$이고, $a>0$이므로 $ad<ac$

⑤ $c<b$이고, $d<0$이므로 $\dfrac{c}{d}>\dfrac{b}{d}$

따라서 옳은 것은 ④이다.

15 답 ⑤

$x\leq3$의 양변에 -4를 곱하면 $-4x\geq-12$ ··· ㉠

㉠의 양변에 3을 더하면 $3-4x\geq-9$ $\therefore A\geq-9$

16 답 ①

$-1\leq x<2$의 각 변에 -2를 곱하면

$2\geq-2x>-4$, 즉 $-4<-2x\leq2$ ··· ㉠

㉠의 각 변에 1을 더하면 $-3<-2x+1\leq3$

따라서 $-2x+1$의 값이 될 수 없는 것은 ① -3이다.

17 답 $-3<x<1$

$-6<4x+6<10$의 각 변에서 6을 빼면

$-12<4x<4$ ··· ㉠

㉠의 각 변을 4로 나누면 $-3<x<1$

18 답 $1\leq A<11$

$-7<3x+2\leq8$의 각 변에서 2를 빼면

$-9<3x\leq6$ ··· ㉠

㉠의 각 변을 3으로 나누면

$-3<x\leq2$ ··· ㉡

㉡의 각 변에 -2를 곱하면 $6>-2x\geq-4$

즉, $-4\leq-2x<6$ ··· ㉢

㉢의 각 변에 5를 더하면 $1\leq5-2x<11$

$\therefore 1\leq A<11$

유형 5~12 P. 44~48

19 답 ④

① $10x=5-(x-2)$는 등식이다. ⇨ 일차부등식이 아니다.

② $3x+2>1+3x$에서 $1>0$ ⇨ 일차부등식이 아니다.

③ $2x-3\leq2+x^2$에서 $-x^2+2x-5\leq0$

　　⇨ 일차부등식이 아니다.

④ $2(x-3)\geq-6+x$에서 $x\geq0$ ⇨ 일차부등식이다.

⑤ $\dfrac{1}{x}+2x>3$에서 $\dfrac{1}{x}+2x-3>0$ ⇨ 일차부등식이 아니다.

　　└→ 분모에 x가 있으므로 다항식이 아니다.

따라서 일차부등식인 것은 ④이다.

20 답 ⑤

① $2x-3<15$ $\therefore 2x-18<0$

② $600\times5+4x\leq9000$ $\therefore 4x-6000\leq0$

③ $\dfrac{x}{50}\geq\dfrac{30}{60}$ $\therefore \dfrac{x}{50}-\dfrac{1}{2}\geq0$

④ $2+0.7x\geq10$ $\therefore 0.7x-8\geq0$

⑤ $\pi x^2\leq35$ $\therefore \pi x^2-35\leq0$

따라서 일차부등식이 아닌 것은 ⑤이다.

21 답 $a\neq7$

$5x-3\leq ax-2x+7$에서 $(7-a)x-10\leq0$

이 식이 x에 대한 일차부등식이 되려면

$7-a\neq0$ $\therefore a\neq7$

22 답 ①

$3x-9>5x+1$에서 $-2x>10$ $\therefore x<-5$

23 답 ④

① $5x-4>-2x+3$에서 $7x>7$ $\therefore x>1$

② $-3x+3<-x+1$에서 $-2x<-2$ $\therefore x>1$

③ $2x-7>x-6$에서 $x>1$

④ $x-5>2x-6$에서 $-x>-1$ $\therefore x<1$

⑤ $3x+5>-x+9$에서 $4x>4$ $\therefore x>1$

따라서 해가 나머지 넷과 다른 하나는 ④이다.

24 답 ⑤

$10-2x\geq-11+5x$에서 $-7x\geq-21$ $\therefore x\leq3$

따라서 해를 수직선 위에 바르게 나타낸 것은 ⑤이다.

25 답 3개

$5x-6<2x+4$에서 $3x<10$

$\therefore x<\dfrac{10}{3}\left(=3\dfrac{1}{3}\right)$

따라서 주어진 부등식을 만족시키는 자연수 x는 1, 2, 3의 3개이다.

26 답 ②

$7x-2(x-8)>2(3x+1)$에서

$7x-2x+16>6x+2$

$-x>-14$ $\therefore x<14$

27 답 ②

$-3(2x+5)<-2x-7$에서 $-6x-15<-2x-7$

$-4x<8$ ∴ $x>-2$

따라서 해를 수직선 위에 바르게 나타낸 것은 ②이다.

28 답 3

$2(x+1)-3\geq3(2x-1)-7$에서

$2x+2-3\geq6x-3-7$

$-4x\geq-9$ ∴ $x\leq\dfrac{9}{4}\left(=2\dfrac{1}{4}\right)$ … (i)

따라서 주어진 부등식을 만족시키는 자연수 x는 1, 2이므로
구하는 합은 $1+2=3$ … (ii)

채점 기준	비율
(i) 일차부등식 풀기	60 %
(ii) 일차부등식을 만족시키는 모든 자연수 x의 값의 합 구하기	40 %

29 답 (1) $x\geq2$ (2) $x<-1$

(1) $0.9x-1\geq1.4-0.3x$의 양변에 10을 곱하면

$9x-10\geq14-3x$, $12x\geq24$ ∴ $x\geq2$

(2) $\dfrac{1}{2}x+\dfrac{3}{4}<\dfrac{1}{3}x+\dfrac{7}{12}$의 양변에 12를 곱하면

$6x+9<4x+7$, $2x<-2$ ∴ $x<-1$

30 답 1, 2, 3, 4

$0.2(3-x)+1.5\geq0.5x-0.7$의 양변에 10을 곱하면

$2(3-x)+15\geq5x-7$

$6-2x+15\geq5x-7$

$-7x\geq-28$ ∴ $x\leq4$

따라서 주어진 부등식을 만족시키는 자연수 x의 값은 1, 2,
3, 4이다.

31 답 ④

$\dfrac{5x-3}{2}\leq\dfrac{5x+1}{6}$의 양변에 6을 곱하면

$3(5x-3)\leq5x+1$, $15x-9\leq5x+1$

$10x\leq10$ ∴ $x\leq1$

따라서 해를 수직선 위에 바르게 나타낸 것은 ④이다.

32 답 8

$\dfrac{x+6}{4}-\dfrac{2x-1}{5}<2$의 양변에 20을 곱하면

$5(x+6)-4(2x-1)<40$

$5x+30-8x+4<40$

$-3x<6$ ∴ $x>-2$

$0.4x-1.5>0.8x+2.5$의 양변에 10을 곱하면

$4x-15>8x+25$, $-4x>40$ ∴ $x<-10$

따라서 $a=-2$, $b=-10$이므로

$a-b=-2-(-10)=8$

33 답 -6

$\dfrac{2}{5}x-0.2x<2+\dfrac{x}{2}$에서 $\dfrac{2}{5}x-\dfrac{1}{5}x<2+\dfrac{x}{2}$

이 식의 양변에 10을 곱하면 $4x-2x<20+5x$

$-3x<20$ ∴ $x>-\dfrac{20}{3}\left(=-6\dfrac{2}{3}\right)$

따라서 주어진 부등식을 만족시키는 x의 값 중 가장 작은 정수
는 -6이다.

34 답 8개

$0.4(2x+3)+1>\dfrac{2x-1}{5}+\dfrac{2}{3}x$에서

$\dfrac{2}{5}(2x+3)+1>\dfrac{2x-1}{5}+\dfrac{2}{3}x$

이 식의 양변에 15를 곱하면

$6(2x+3)+15>3(2x-1)+10x$

$12x+18+15>6x-3+10x$

$-4x>-36$ ∴ $x<9$

따라서 주어진 부등식을 만족시키는 자연수 x는 1, 2, 3, …,
8의 8개이다.

35 답 ①

$0.5x+\dfrac{7}{6}\geq1.\dot{3}x+2$에서 $\dfrac{1}{2}x+\dfrac{7}{6}\geq\dfrac{4}{3}x+2$

이 식의 양변에 6을 곱하면 $3x+7\geq8x+12$

$-5x\geq5$ ∴ $x\leq-1$

36 답 ①

$5+ax>1$에서 $ax>-4$ … ㉠

이때 $a<0$이므로 ㉠의 양변을 a로 나누면

$\dfrac{ax}{a}<\dfrac{-4}{a}$ ∴ $x<-\dfrac{4}{a}$

37 답 ④

$-ax-2a\geq0$에서 $-ax\geq2a$ … ㉠

이때 $a>0$에서 $-a<0$이므로

㉠의 양변을 $-a$로 나누면

$\dfrac{-ax}{-a}\leq\dfrac{2a}{-a}$ ∴ $x\leq-2$

38 답 $x\leq-\dfrac{3}{a}$

$5ax+3\leq7ax+9$에서 $-2ax\leq6$ … ㉠

이때 $a<0$에서 $-2a>0$이므로

㉠의 양변을 $-2a$로 나누면

$\dfrac{-2ax}{-2a}\leq\dfrac{6}{-2a}$ ∴ $x\leq-\dfrac{3}{a}$

39 답 $x<-2$

$(a-1)x+2a-2>0$에서 $(a-1)x>-2a+2$

$(a-1)x>-2(a-1)$ … ㉠

이때 $a<1$에서 $a-1<0$이므로

㉠의 양변을 $a-1$로 나누면

$$\frac{(a-1)x}{a-1}<\frac{-2(a-1)}{a-1} \qquad \therefore x<-2$$

40 답 **3**

$7-2x\geq a$에서 $-2x\geq a-7 \qquad \therefore x\leq -\frac{a-7}{2}$

이때 주어진 부등식의 해가 $x\leq 2$이므로

$-\frac{a-7}{2}=2,\ a-7=-4 \qquad \therefore a=3$

41 답 **3**

$2(x-3)<5(x+a)-9$에서 $2x-6<5x+5a-9$

$-3x<5a-3 \qquad \therefore x>-\frac{5a-3}{3}$

이때 주어진 부등식의 해가 $x>-4$이므로

$-\frac{5a-3}{3}=-4,\ 5a-3=12$

$5a=15 \qquad \therefore a=3$

42 답 **1**

$ax-3<3x-7$에서 $(a-3)x<-4 \qquad \cdots ㉠$

이때 주어진 부등식의 해가 $x>2$이므로

$a-3<0 \qquad\qquad\qquad\qquad \cdots(\mathrm{i})$

따라서 ㉠에서 $x>-\frac{4}{a-3}$이므로

$-\frac{4}{a-3}=2 \qquad\qquad\qquad\qquad \cdots(\mathrm{ii})$

$-4=2(a-3),\ -4=2a-6$

$-2a=-2 \qquad \therefore a=1 \qquad\qquad \cdots(\mathrm{iii})$

채점 기준	비율
(ⅰ) 일차부등식을 간단히 하고, x의 계수의 부호 결정하기	40 %
(ⅱ) a에 대한 식 세우기	40 %
(ⅲ) a의 값 구하기	20 %

43 답 **8**

주어진 그림에서 해는 $x<1$이다.

$5x+3<a-bx$에서 $(5+b)x<a-3 \qquad \cdots ㉠$

이때 부등식의 해가 $x<1$이므로 $5+b>0$

따라서 ㉠에서 $x<\frac{a-3}{5+b}$이므로 $\frac{a-3}{5+b}=1$

$a-3=5+b \qquad \therefore a-b=8$

44 답 **⑤**

$3(x+1)-5x>-x+6$에서 $3x+3-5x>-x+6$

$-x>3 \qquad \therefore x<-3$

$2x-6<-x-3a$에서 $3x<-3a+6$

$\therefore x<-a+2$

따라서 $-a+2=-3$이므로

$-a=-5 \qquad \therefore a=5$

45 답 **7**

$\frac{1}{3}x+1<\frac{x+3}{4}$의 양변에 12를 곱하면

$4x+12<3(x+3),\ 4x+12<3x+9$

$\therefore x<-3$

$5x+a<-2+2x$에서 $3x<-a-2$

$\therefore x<\frac{-a-2}{3}$

따라서 $\frac{-a-2}{3}=-3$이므로

$-a-2=-9,\ -a=-7 \qquad \therefore a=7$

46 답 **3**

$\frac{x-3}{2}-\frac{2x+1}{3}\geq -\frac{5}{6}$의 양변에 6을 곱하면

$3(x-3)-2(2x+1)\geq -5,\ 3x-9-4x-2\geq -5$

$-x\geq 6 \qquad \therefore x\leq -6$

$0.2(x-a)\geq 0.5x+1.2$의 양변에 10을 곱하면

$2(x-a)\geq 5x+12,\ 2x-2a\geq 5x+12$

$-3x\geq 2a+12 \qquad \therefore x\leq -\frac{2a+12}{3}$

따라서 $-\frac{2a+12}{3}=-6$이므로

$2a+12=18,\ 2a=6 \qquad \therefore a=3$

47 답 **④**

$\frac{a-x}{4}\geq 3-x$의 양변에 4를 곱하면 $a-x\geq 12-4x$

$3x\geq 12-a \qquad \therefore x\geq \frac{12-a}{3}$

이때 주어진 부등식의 해 중 가장 작은 수가 3이므로

$\frac{12-a}{3}=3,\ 12-a=9 \qquad \therefore a=3$

48 답 $\mathbf{10<a\leq 16}$

$2(3x-1)<a$에서 $6x-2<a$

$6x<a+2 \qquad \therefore x<\frac{a+2}{6} \qquad \cdots ㉠$

㉠을 만족시키는 자연수 x가 1, 2뿐
이므로 오른쪽 그림에서

$2<\frac{a+2}{6}\leq 3,\ 12<a+2\leq 18$

$\therefore 10<a\leq 16$

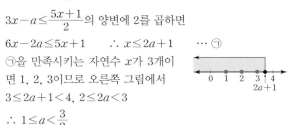

49 답 $\mathbf{1\leq a<\dfrac{3}{2}}$

$3x-a\leq \frac{5x+1}{2}$의 양변에 2를 곱하면

$6x-2a\leq 5x+1 \qquad \therefore x\leq 2a+1 \qquad \cdots ㉠$

㉠을 만족시키는 자연수 x가 3개이
면 1, 2, 3이므로 오른쪽 그림에서

$3\leq 2a+1<4,\ 2\leq 2a<3$

$\therefore 1\leq a<\frac{3}{2}$

50 답 $a \leq 4$

$a - 2x > 5x - 3$에서 $-7x > -3 - a$

$\therefore x < \dfrac{3+a}{7}$ ··· ㉠

㉠을 만족시키는 자연수 x가 없으
므로 오른쪽 그림에서

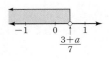

$\dfrac{3+a}{7} \leq 1$, $3 + a \leq 7$ $\therefore a \leq 4$

유형 **13～20** P. 49～53

51 답 ③

어떤 수를 x라고 하면

$2x - 10 \leq 30$, $2x \leq 40$ $\therefore x \leq 20$

따라서 어떤 수 중 가장 큰 수는 20이다.

52 답 57

연속하는 세 자연수를 $x-1$, x, $x+1$이라고 하면

$(x-1) + x + (x+1) > 54$

$3x > 54$ $\therefore x > 18$

따라서 가장 작은 세 자연수는 18, 19, 20이므로 그 합은

$18 + 19 + 20 = 57$

53 답 91점

5회째 시험에서 x점을 받는다고 하면

$\dfrac{87 + 88 + 89 + 85 + x}{5} \geq 88$

$x + 349 \geq 440$ $\therefore x \geq 91$

따라서 5회째 시험에서 91점 이상을 받아야 한다.

54 답 8 cm

사다리꼴의 아랫변의 길이를 x cm라고 하면

$\dfrac{1}{2} \times (6 + x) \times 4 \geq 28$, $12 + 2x \geq 28$

$2x \geq 16$ $\therefore x \geq 8$

따라서 아랫변의 길이는 8 cm 이상이어야 한다.

55 답 13 cm

직사각형의 가로의 길이를 x cm라고 하면

$2(x + 18) \leq 62$, $x + 18 \leq 31$ $\therefore x \leq 13$

따라서 직사각형의 가로의 길이는 최대 13 cm이어야 한다.

56 답 ⑤

원뿔의 높이를 x cm라고 하면

$\dfrac{1}{3} \times (\pi \times 5^2) \times x \geq 125\pi$

$\dfrac{25}{3}\pi x \geq 125\pi$ $\therefore x \geq 15$

따라서 원뿔의 높이는 15 cm 이상이어야 한다.

57 답 7개

아이스크림을 x개 산다고 하면

$900x + 200 \leq 6500$

$900 \leq 6300$ $\therefore x \leq 7$

따라서 아이스크림은 최대 7개까지 살 수 있다.

58 답 ③

한 번에 x개의 상자를 운반한다고 하면

$60 \times 2 + 45x \leq 750$

$45x \leq 630$ $\therefore x \leq 14$

따라서 한 번에 최대 14개의 상자를 운반할 수 있다.

59 답 6자루

연필을 x자루 산다고 하면 형광펜은 $(20 - x)$자루 살 수 있으므로

$400x + 250(20 - x) \leq 6000$

$400x + 5000 - 250x \leq 6000$

$150x \leq 1000$ $\therefore x \leq \dfrac{20}{3}\left(= 6\dfrac{2}{3}\right)$

따라서 연필은 최대 6자루까지 살 수 있다.

60 답 16년 후

x년 후의 아버지의 나이는 $(46 + x)$세, 딸의 나이는 $(15 + x)$세이므로

$46 + x \leq 2(15 + x)$, $46 + x \leq 30 + 2x$

$-x \leq -16$ $\therefore x \geq 16$

따라서 16년 후부터 아버지의 나이가 딸의 나이의 2배 이하가 된다.

61 답 9개월 후

동생의 예금액이 x개월 후부터 형의 예금액보다 많아진다고 하면

x개월 후의 형의 예금액은 $(52000 + 3000x)$원,
동생의 예금액은 $(40000 + 4500x)$원이므로

$52000 + 3000x < 40000 + 4500x$

$-1500x < -12000$ $\therefore x > 8$

따라서 동생의 예금액이 형의 예금액보다 많아지는 것은 9개월 후부터이다.

62 답 12번

진희가 경호보다 큰 수를 x번 뽑았다고 하면 경호는 진희보다 큰 수를 $(20 - x)$번 뽑았으므로

(진희의 점수) $= 5x - 2(20 - x) = 7x - 40$(점)

(경호의 점수) $= 5(20 - x) - 2x = -7x + 100$(점)

이때 진희의 점수는 경호의 점수보다 20점 이상 높으므로

$7x - 40 \geq -7x + 100 + 20$

$14x \geq 160$ $\therefore x \geq \dfrac{80}{7}\left(= 11\dfrac{3}{7}\right)$

따라서 진희는 경호보다 큰 수를 12번 이상 뽑아야 한다.

63 답 **140분**

x분 동안 주차한다고 하면 1분마다 50원씩 요금이 추가되는
주차 시간은 $(x-30)$분이므로

$2500+50(x-30)\leq8000$

$2500+50x-1500\leq8000$

$50x\leq7000$ $\therefore x\leq140$

따라서 최대 140분 동안 주차할 수 있다.

64 답 **24명**

미술관에 x명이 입장한다고 하면 1인당 입장료가 500원인
관람객은 $(x-5)$명이므로

$2000\times5+500(x-5)<20000$ $\cdots$ (i)

$10000+500x-2500<20000$

$500x<12500$ $\therefore x<25$ $\cdots$ (ii)

따라서 최대 24명까지 입장할 수 있다. $\cdots$ (iii)

채점 기준	비율
(i) 일차부등식 세우기	40 %
(ii) 일차부등식 풀기	40 %
(iii) 최대 몇 명까지 입장할 수 있는지 구하기	20 %

65 답 **③**

증명사진을 x장 뽑는다고 하면 추가 비용이 드는 사진은
$(x-6)$장이므로

$8000+400(x-6)\leq750x$

$8000+400x-2400\leq750x$

$-350x\leq-5600$ $\therefore x\geq16$

따라서 증명사진을 최소 16장 뽑아야 한다.

66 답 **8개**

물건을 x개 산다고 하면

$1000x>600x+3000$

$400x>3000$ $\therefore x>\dfrac{15}{2}\left(=7\dfrac{1}{2}\right)$

따라서 물건을 최소 8개 사야 인터넷 쇼핑몰을 이용하는 것
이 유리하다.

67 답 **17편**

1년에 영화를 x편 내려받는다고 하면

$1500x>8000+1000x,\ 500x>8000$ $\therefore x>16$

따라서 1년에 최소 17편의 영화를 내려받는 경우에 회원 가
입을 하는 것이 유리하다.

68 답 **25명**

공연장에 x명이 입장한다고 하면

$9000x>9000\times\left(1-\dfrac{20}{100}\right)\times30$ $\therefore x>24$

따라서 25명 이상부터 30명의 단체 입장권을 사는 것이 유
리하다.

69 답 **4 km**

x km 떨어진 곳까지 올라갔다 내려온다고 하면

$\dfrac{x}{2}+\dfrac{x}{3}\leq3\dfrac{20}{60},\ \dfrac{x}{2}+\dfrac{x}{3}\leq\dfrac{10}{3}$

$3x+2x\leq20,\ 5x\leq20$ $\therefore x\leq4$

따라서 최대 4 km 떨어진 곳까지 올라갔다 내려올 수 있다.

70 답 **⑤**

갈 때 걸은 거리를 x km라고 하면 돌아올 때 걸은 거리는
$(x+2)$ km이므로

$\dfrac{x}{2}+\dfrac{x+2}{4}\leq5,\ 2x+x+2\leq20$

$3x\leq18$ $\therefore x\leq6$

따라서 최대 6 km 떨어진 곳까지 갔다 왔다.

71 답 **5 km**

시속 5 km로 걸어간 거리를 x km라고 하면 시속 4 km로
걸어간 거리는 $(13-x)$ km이므로

$\dfrac{x}{5}+\dfrac{13-x}{4}\leq3,\ 4x+5(13-x)\leq60$

$4x+65-5x\leq60,\ -x\leq-5$

$\therefore x\geq5$

따라서 A 지점에서부터 최소 5 km의 거리를 시속 5 km로
걸어야 한다.

72 답 **0.8 km**

늦지 않게 등교하는 데 걸리는 최대 시간은 8시 5분부터 8시
30분까지의 25분이다.

걸어간 거리를 x m라고 하면 뛰어간 거리는 $(2600-x)$ m
이므로

$\dfrac{x}{50}+\dfrac{2600-x}{200}\leq25,\ 4x+2600-x\leq5000$

$3x\leq2400$ $\therefore x\leq800$

따라서 걸어간 거리는 최대 800 m, 즉 0.8 km이다.

73 답 **2 km**

버스 터미널에서 상점까지의 거리를 x km라고 하면

$\dfrac{x}{4}+\dfrac{15}{60}+\dfrac{x}{4}\leq1\dfrac{15}{60}$ $\cdots$ (i)

$\dfrac{x}{4}+\dfrac{1}{4}+\dfrac{x}{4}\leq\dfrac{5}{4}$

$x+1+x\leq5$

$2x\leq4$ $\therefore x\leq2$ $\cdots$ (ii)

따라서 버스 터미널에서 최대 2 km 떨어진 곳에 있는 상점
까지 다녀올 수 있다. $\cdots$ (iii)

채점 기준	비율
(i) 일차부등식 세우기	40 %
(ii) 일차부등식 풀기	40 %
(iii) 최대 몇 km 떨어진 곳에 있는 상점까지 다녀올 수 있는지 구하기	20 %

74 답 ④

상호와 연지가 x시간 동안 걷는다고 하면

$5x+3x \geq 4$, $8x \geq 4$ ∴ $x \geq \dfrac{1}{2}$

따라서 상호와 연지는 $\dfrac{1}{2}$시간, 즉 30분 이상 걸어야 한다.

75 답 ③

과자의 정가를 x원이라고 하면

$\left(1-\dfrac{10}{100}\right)x - 400 \geq 50$

$\dfrac{90}{100}x \geq 450$ ∴ $x \geq 500$

따라서 정가를 최소 500원으로 정하면 된다.

76 답 ②

손수건의 정가를 x원이라고 하면

$\left(1-\dfrac{20}{100}\right)x - 1000 \geq 1000 \times \dfrac{60}{100}$

$\dfrac{80}{100}x - 1000 \geq 600$, $\dfrac{80}{100}x \geq 1600$

∴ $x \geq 2000$

따라서 정가를 최소 2000원으로 정하면 된다.

77 답 12000원

물건의 원가를 x원이라고 하면

$\left\{\left(1+\dfrac{30}{100}\right)x - 1200\right\} - x \geq \dfrac{20}{100}x$

$\dfrac{13}{10}x - 1200 - x \geq \dfrac{1}{5}x$, $13x - 12000 - 10x \geq 2x$

∴ $x \geq 12000$

따라서 원가는 12000원 이상이다.

78 답 2749

(i) $4x-4 \leq 3x-2$에서 $x \leq 2$

즉, 천의 자리의 숫자는 x의 값 중 가장 큰 수인 2이다.

(ii) $2(x+7) \leq 5(x-1)$에서 $2x+14 \leq 5x-5$

$-3x \leq -19$ ∴ $x \geq \dfrac{19}{3}\left(=6\dfrac{1}{3}\right)$

즉, 백의 자리의 숫자는 x의 값 중 가장 작은 자연수인 7이다.

(iii) $\dfrac{1}{6}x - 1 > \dfrac{1}{2}x - \dfrac{5}{2}$의 양변에 6을 곱하면

$x - 6 > 3x - 15$, $-2x > -9$ ∴ $x < \dfrac{9}{2}\left(=4\dfrac{1}{2}\right)$

즉, 십의 자리의 숫자는 x의 값 중 가장 큰 정수인 4이다.

(iv) $0.1x - 0.18 > 0.05x + 0.22$의 양변에 100을 곱하면

$10x - 18 > 5x + 22$, $5x > 40$ ∴ $x > 8$

즉, 일의 자리의 숫자는 x의 값 중 한 자리의 자연수인 9이다.

(i)~(iv)에 의해 유미의 자물쇠의 비밀번호는 2749이다.

79 답 28

$x - a \leq \dfrac{1-3x}{2}$에서 $2x - 2a \leq 1 - 3x$

$5x \leq 2a+1$ ∴ $x \leq \dfrac{2a+1}{5}$ ··· ㉠

㉠을 만족시키는 x의 값 중 9와 서로소인 자연수의 개수가 4개이면 1, 2, 4, 5이므로 오른쪽 그림에서

$5 \leq \dfrac{2a+1}{5} < 7$, $25 \leq 2a+1 < 35$

$24 \leq 2a < 34$ ∴ $12 \leq a < 17$

따라서 $m=16$, $n=12$이므로

$m+n = 16+12 = 28$

단원 마무리

P. 54~57

1 ⑤	2 ⑤	3 ②	4 7	5 ④
6 7	7 ③	8 $x>8$, 그림은 풀이 참조		
9 ㉠	10 ⑤	11 ③	12 ⑤	13 4개
14 18장	15 ④	16 ②, ④	17 ②	18 ③
19 −1	20 ②	21 37명	22 1 km	23 250 g
24 $x<-1$		25 $9 \leq a < \dfrac{23}{2}$		26 2 cm

1 ⑤ $2(8+x) \leq 26$

2 각 부등식에 $x=-3$을 대입하면

ㄱ. $x+1 > -4$에서 $-3+1 > -4$ (참)

ㄴ. $4+2x \leq -2$에서 $4+2\times(-3) = -2$ (참)

ㄷ. $x < 3-x$에서 $-3 < 3-(-3)$ (참)

ㄹ. $x-1 \geq 3x+2$에서 $-3-1 > 3\times(-3)+2$ (참)

따라서 참인 부등식은 ㄱ, ㄴ, ㄷ, ㄹ이다.

3 ② $a > b$이면 $a-4 > b-4$

4 $-2 \leq x < 1$의 각 변에 -3을 곱하면

$6 \geq -3x > -3$, 즉 $-3 < -3x \leq 6$ ··· ㉠

㉠의 각 변에 2를 더하면 $-1 < -3x+2 \leq 8$

따라서 $a=-1$, $b=8$이므로

$a+b = -1+8 = 7$

5 ① $8x < 11$에서 $8x - 11 < 0$ ⇨ 일차부등식이다.

② $-2 \leq x+4$에서 $-x-6 \leq 0$ ⇨ 일차부등식이다.

③ $5x+2 < 3-5x$에서 $10x-1 < 0$ ⇨ 일차부등식이다.

④ $2x-1 \leq 2(x+3)$에서 $-7 \leq 0$ ⇨ 일차부등식이 아니다.

⑤ $x(x+1) \geq x^2+5$에서 $x-5 \geq 0$ ⇨ 일차부등식이다.

따라서 일차부등식이 아닌 것은 ④이다.

6 $6x-2 \leq 8+4x$에서 $2x \leq 10$ $\quad \therefore x \leq 5$

$3-4x < 3x+17$에서 $-7x < 14$ $\quad \therefore x > -2$

따라서 $a=5$, $b=-2$이므로

$a-b=5-(-2)=7$

7 $3(x-3)+10 \leq 2(2x+1)$에서

$3x-9+10 \leq 4x+2$

$-x \leq 1$ $\quad \therefore x \geq -1$

따라서 해를 수직선 위에 바르게 나타낸 것은 ③이다.

8 $0.8x-1 > 0.5x+1.4$의 양변에 10을 곱하면

$8x-10 > 5x+14$

$3x > 24$ $\quad \therefore x > 8$ $\qquad \cdots$ (i)

이 해를 수직선 위에 나타내면 오른쪽

그림과 같다. $\qquad \cdots$ (ii)

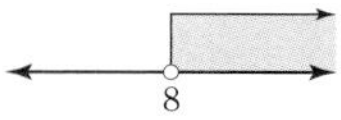

채점 기준	비율
(i) 일차부등식의 해 구하기	70 %
(ii) 일차부등식의 해를 수직선 위에 나타내기	30 %

9 $\frac{1}{5}(x-3)-x \geq -\frac{7}{3}+\frac{2}{5}x$의 양변에 15를 곱하면

$3(x-3)-15x \geq -35+6x$ $\qquad \cdots$ ㉠

$3x-9-15x \geq -35+6x$ $\qquad \cdots$ ㉡

$3x-15x-6x \geq -35+9$ $\qquad \cdots$ ㉢

$-18x \geq -26$ $\qquad \cdots$ ㉣

$\therefore x \leq \frac{13}{9}$ $\qquad \cdots$ ㉤

따라서 처음으로 틀린 곳은 ㉠이다.

10 주어진 그림에서 해는 $x < \frac{5}{3}$이다.

① $x > 4-2x$에서 $3x > 4$ $\quad \therefore x > \frac{4}{3}$

② $2x-2(2x+2) > 5+x$에서 $2x-4x-4 > 5+x$

$-3x > 9$ $\quad \therefore x < -3$

③ $0.1x > 0.5-0.15x$의 양변에 100을 곱하면

$10x > 50-15x$, $25x > 50$ $\quad \therefore x > 2$

④ $\frac{1}{3}x+\frac{3}{2} > x-\frac{5}{6}$의 양변에 6을 곱하면

$2x+9 > 6x-5$, $-4x > -14$ $\quad \therefore x < \frac{7}{2}$

⑤ $\frac{3}{2}+\frac{x-1}{4} > x$의 양변에 4를 곱하면

$6+x-1 > 4x$, $-3x > -5$ $\quad \therefore x < \frac{5}{3}$

따라서 해를 수직선 위에 나타냈을 때, 주어진 그림과 같은 것은 ⑤이다.

11 연속하는 두 짝수를 x, $x+2$라고 하면

$7x-12 > 3(x+2)$, $7x-12 > 3x+6$

$4x > 18$ $\quad \therefore x > \frac{9}{2}\left(=4\frac{1}{2}\right)$

따라서 가장 작은 두 짝수는 6, 8이므로 그 합은

$6+8=14$

12 백합을 x송이 산다고 하면 장미는 $(15-x)$송이 살 수 있으므로

$600(15-x)+1000x \leq 13000$

$9000-600x+1000x \leq 13000$

$400x \leq 4000$ $\quad \therefore x \leq 10$

따라서 백합은 최대 10송이까지 살 수 있다.

13 도희가 다솜이에게 사탕을 x개 준다고 하면

$35-x > 3(5+x)$, $35-x > 15+3x$

$-4x > -20$ $\quad \therefore x < 5$

따라서 도희는 다솜이에게 사탕을 최대 4개 줄 수 있다.

14 복사를 x장 한다고 하면 추가 비용이 드는 복사지는

$(x-8)$장이므로

$1000+80(x-8) \leq 100x$, $1000+80x-640 \leq 100x$

$-20x \leq -360$ $\quad \therefore x \geq 18$

따라서 복사를 18장 이상 해야 한다.

15 $-2x+5=1$의 해인 $x=2$를 각 부등식에 대입하면

① $x+1 \leq 2$에서 $2+1 > 2$ (거짓)

② $4x-5 < -1$에서 $4 \times 2-5 > -1$ (거짓)

③ $6-2x > 2$에서 $6-2 \times 2=2$ (거짓)

④ $2x-2 \leq x$에서 $2 \times 2-2=2$ (참)

⑤ $3x-4 \leq x-1$에서 $3 \times 2-4 > 2-1$ (거짓)

따라서 방정식 $-2x+5=1$을 만족시키는 x의 값이 해가 되는 부등식은 ④이다.

16 ① $a=-2$, $b=1$일 때, $-2 < 1$이지만 $(-2)^2 > 1^2$

② $a < b$에서 $b-a > 0$이고, $c < 0$이므로 $b-a > c$

③ $a < b$이고, $c < 0$이므로 $\frac{a}{c} > \frac{b}{c}$

④ $c < b$이고, $a < 0$이므로 $ac > ab$

⑤ $a < b$이고, $c < 0$이므로 $ac > bc$

따라서 항상 옳은 것은 ②, ④이다.

17 $-1 < 2x-5 \leq 11$의 각 변에 5를 더하면

$4 < 2x \leq 16$ $\qquad \cdots$ ㉠

㉠의 각 변을 2로 나누면

$2 < x \leq 8$ $\qquad \cdots$ ㉡

㉡의 각 변에 $-\frac{1}{2}$을 곱하면 $-1 > -\frac{1}{2}x \geq -4$

즉, $-4 \leq -\frac{1}{2}x < -1$ $\qquad \cdots$ ㉢

㉢의 각 변에 8을 더하면 $4 \leq -\frac{1}{2}x+8 < 7$

따라서 $M=6$, $m=4$이므로

$M+m=6+4=10$

18 $4-2ax>0$에서 $-2ax>-4$ $\quad\cdots$ ㉠

$a<0$에서 $-2a>0$이므로 ㉠의 양변을 $-2a$로 나누면

$\dfrac{-2ax}{-2a}>\dfrac{-4}{-2a}$ $\qquad\therefore x>\dfrac{2}{a}$

19 $\dfrac{x-2}{3}>\dfrac{1}{6}-\dfrac{3x-2}{2}$의 양변에 6을 곱하면

$2(x-2)>1-3(3x-2)$

$2x-4>1-9x+6,\ 11x>11$

$\therefore x>1$ $\qquad\qquad\qquad\qquad\cdots$ (i)

$0.2(x-a)<0.3x+0.1$의 양변에 10을 곱하면

$2(x-a)<3x+1$

$2x-2a<3x+1,\ -x<2a+1$

$\therefore x>-2a-1$ $\qquad\qquad\qquad\cdots$ (ii)

따라서 $-2a-1=1$이므로

$-2a=2$ $\qquad\therefore a=-1$ $\qquad\cdots$ (iii)

채점 기준	비율
(i) 일차부등식 $\dfrac{x-2}{3}>\dfrac{1}{6}-\dfrac{3x-2}{2}$ 풀기	40 %
(ii) 일차부등식 $0.2(x-a)<0.3x+0.1$의 해를 a를 사용하여 나타내기	40 %
(iii) a의 값 구하기	20 %

20 $3x-5\geq6x+2a$에서 $-3x\geq2a+5$

$\therefore x\leq-\dfrac{2a+5}{3}$ $\qquad\cdots$ ㉠

㉠을 만족시키는 자연수 x가 없으므로 오른쪽 그림에서

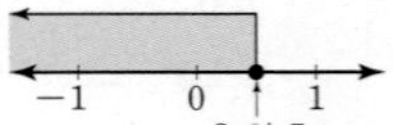

$-\dfrac{2a+5}{3}<1,\ 2a+5>-3$

$2a>-8$ $\qquad\therefore a>-4$

21 전시회에 x명이 입장한다고 하면

$8000x>8000\times\left(1-\dfrac{10}{100}\right)\times40$ $\qquad\therefore x>36$

따라서 37명 이상부터 40명의 단체 입장권을 사는 것이 유리하다.

22 역에서 식당까지의 거리를 $x\,$km라고 하면

$\dfrac{x}{3}+\dfrac{20}{60}+\dfrac{x}{4}\leq\dfrac{55}{60},\ \dfrac{x}{3}+\dfrac{1}{3}+\dfrac{x}{4}\leq\dfrac{11}{12}$

$4x+4+3x\leq11,\ 7x\leq7$ $\qquad\therefore x\leq1$

따라서 역에서 최대 $1\,$km 이내에 있는 식당까지 다녀올 수 있다.

23 식품 A를 $x\,$g 섭취한다고 하면 식품 B는 $(400-x)\,$g 섭취하게 된다. 이때 식품 A $1\,$g의 지방의 양은 $\dfrac{18}{100}\,$g,

식품 B $1\,$g의 지방의 양은 $\dfrac{6}{100}\,$g이므로

$\dfrac{18}{100}\times x+\dfrac{6}{100}\times(400-x)\leq54$

$18x+6(400-x)\leq5400$

$18x+2400-6x\leq5400$

$12x\leq3000$ $\qquad\therefore x\leq250$

따라서 식품 A는 최대 $250\,$g을 섭취할 수 있다.

24 $a-3>2(a-1)$에서 $a-3>2a-2$

$-a>1$ $\qquad\therefore a<-1$ $\qquad\qquad\cdots$ ㉠

$ax+1>-x-a$에서 $(a+1)x>-(a+1)$ $\qquad\cdots$ ㉡

이때 ㉠에서 $a+1<0$이므로

㉡의 양변을 $a+1$로 나누면

$\dfrac{(a+1)x}{a+1}<\dfrac{-(a+1)}{a+1}$ $\qquad\therefore x<-1$

25 $\dfrac{5x-2}{2}>a$에서 $5x-2>2a$

$5x>2a+2$ $\qquad\therefore x>\dfrac{2a+2}{5}$ $\qquad\cdots$ ㉠

㉠을 만족시키는 가장 작은 정수 x가 5이므로 오른쪽 그림에서

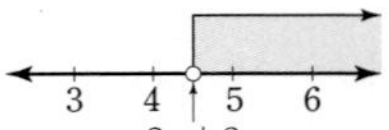

$4\leq\dfrac{2a+2}{5}<5,\ 20\leq2a+2<25$

$18\leq2a<23$ $\qquad\therefore 9\leq a<\dfrac{23}{2}$

26 (사다리꼴 ABCD의 넓이)$=\dfrac{1}{2}\times(2+10)\times8$

$\qquad\qquad\qquad\qquad\qquad\quad=48\,(\text{cm}^2)$

$\overline{BP}=x\,$cm라고 하면 $\overline{PC}=(8-x)\,$cm이므로

$\triangle\text{APD}=$(사다리꼴 ABCD의 넓이)$-\triangle\text{ABP}-\triangle\text{DPC}$

$\qquad\quad=48-\dfrac{1}{2}\times x\times2-\dfrac{1}{2}\times(8-x)\times10$

$\qquad\quad=48-x-40+5x$

$\qquad\quad=4x+8\,(\text{cm}^2)$

이때 $\triangle$APD의 넓이가 사다리꼴 ABCD의 넓이의 $\dfrac{1}{3}$ 이하이므로

$4x+8\leq\dfrac{1}{3}\times48,\ 4x\leq8$ $\qquad\therefore x\leq2$

따라서 선분 BP의 길이는 최대 $2\,$cm까지 될 수 있다.

유형 1~3 P. 60~61

1 답 ③, ④
① $-8x+4y+3=0$이므로 미지수가 2개인 일차방정식이다.
③ x, y가 분모에 있으므로 일차방정식이 아니다.
④ $2y-9=0$이므로 미지수가 1개인 일차방정식이다.
⑤ $-6x+y-2=0$이므로 미지수가 2개인 일차방정식이다.
따라서 미지수가 2개인 일차방정식이 아닌 것은 ③, ④이다.

2 답 ⑤
⑤ $\dfrac{x}{3}+\dfrac{y}{5}=2$

3 답 ③
$ax^2-3x+2y=4x^2+by-5$에서
$(a-4)x^2-3x+(2-b)y+5=0$
이 식이 미지수가 2개인 일차방정식이 되려면
$a-4=0$, $2-b\neq0$ ∴ $a=4$, $b\neq2$

4 답 ④
$x=2$, $y=-1$을 주어진 일차방정식에 각각 대입하면
① $2\times2-3\times(-1)-2\neq0$
② $2+2\times(-1)\neq3$
③ $2\times2-5\times(-1)\neq-3$
④ $2\times2-(-1)=5$
⑤ $3\times2+4\times(-1)\neq-2$
따라서 $(2, -1)$이 해인 것은 ④이다.

5 답 ②
주어진 순서쌍의 x, y의 값을 $5x-3y=1$에 각각 대입하면
① $5\times(-1)-3\times(-2)=1$
② $5\times\left(-\dfrac{1}{2}\right)-3\times\left(-\dfrac{1}{2}\right)\neq1$
③ $5\times1-3\times\dfrac{4}{3}=1$
④ $5\times2-3\times3=1$
⑤ $5\times5-3\times8=1$
따라서 $5x-3y=1$의 해가 아닌 것은 ②이다.

6 답 3개
$4x+y=13$에 $x=1$, 2, 3, 4, $\cdots$를 차례로 대입하여 y의 값을 구하면

x	1	2	3	4	$\cdots$
y	9	5	1	-3	$\cdots$

그런데 x, y의 값이 자연수이므로 구하는 해는
$(1, 9)$, $(2, 5)$, $(3, 1)$의 3개이다.

7 답 ⑴ $500x+1000y=7000$
⑵ $(2, 6)$, $(4, 5)$, $(6, 4)$, $(8, 3)$, $(10, 2)$, $(12, 1)$
⑴ (연필의 전체 가격)+(볼펜의 전체 가격)=7000(원)이므로
$500x+1000y=7000$
⑵ $500x+1000y=7000$, 즉 $x+2y=14$에 $y=1$, 2, 3, $\cdots$을 차례로 대입하여 x의 값도 자연수인 해를 구하면
$(12, 1)$, $(10, 2)$, $(8, 3)$, $(6, 4)$, $(4, 5)$, $(2, 6)$이다.

8 답 -2
$x=-1$, $y=3$을 $x+ay=-7$에 대입하면
$-1+3a=-7$, $3a=-6$ ∴ $a=-2$

9 답 -3
$x=a$, $y=3a$를 $2x+y=-15$에 대입하면
$2a+3a=-15$, $5a=-15$ ∴ $a=-3$

10 답 12
$x=2$, $y=a$를 $x+2y=10$에 대입하면
$2+2a=10$, $2a=8$ ∴ $a=4$ $\cdots$ (i)
$x=b$, $y=1$을 $x+2y=10$에 대입하면
$b+2=10$ ∴ $b=8$ $\cdots$ (ii)
∴ $a+b=4+8=12$ $\cdots$ (iii)

채점 기준	비율
(i) a의 값 구하기	40 %
(ii) b의 값 구하기	40 %
(iii) $a+b$의 값 구하기	20 %

11 답 7
$x=2$, $y=4$를 $3x-5y-a=0$에 대입하면
$6-20-a=0$ ∴ $a=-14$
따라서 $y=7$을 $3x-5y+14=0$에 대입하면
$3x-35+14=0$, $3x=21$ ∴ $x=7$

유형 4~5 P. 61~62

12 답 ④
(음료수 4캔의 가격)+(과자 3봉지의 가격)=7800(원)이므로
$4x+3y=7800$
(과자 한 봉지의 가격)=(음료수 한 캔의 가격)-200(원)이므로 $y=x-200$
따라서 연립방정식으로 나타내면 $\begin{cases} 4x+3y=7800 \\ y=x-200 \end{cases}$

13 답 ②

$x=-1$, $y=2$를 주어진 연립방정식에 각각 대입하면

① $\begin{cases} 2\times(-1)+2=0 \\ -1-2\times2\neq3 \end{cases}$

② $\begin{cases} -1+2=1 \\ -3\times(-1)+4\times2=11 \end{cases}$

③ $\begin{cases} -1+4\times2=7 \\ 2\times(-1)-5\times2\neq1 \end{cases}$

④ $\begin{cases} -1-2\neq4 \\ -1-2\times2=-5 \end{cases}$

⑤ $\begin{cases} -4\times(-1)-5\times2\neq-14 \\ 3\times(-1)+2\times2=1 \end{cases}$

따라서 $x=-1$, $y=2$가 해인 것은 ②이다.

14 답 $\begin{cases} 3x-y=5 \\ 2x-4=y \end{cases}$

$x=1$, $y=-2$를 주어진 방정식에 각각 대입하면

ㄱ. $1+3\times(-2)\neq-1$ ㄴ. $3\times1-(-2)=5$

ㄷ. $-5\times1-2\times(-2)\neq1$ ㄹ. $2\times1-4=-2$

따라서 해가 $x=1$, $y=-2$인 두 방정식을 한 쌍의 연립방

정식으로 나타내면 $\begin{cases} 3x-y=5 \\ 2x-4=y \end{cases}$

15 답 4

$x=1$, $y=4$를 $2x+ay=6$에 대입하면

$2+4a=6$, $4a=4$ $\therefore a=1$

$x=1$, $y=4$를 $bx-2y=-5$에 대입하면

$b-8=-5$ $\therefore b=3$

$\therefore a+b=1+3=4$

16 답 -7

$x=-6$, $y=b$를 $-2x+7y=5$에 대입하면

$12+7b=5$, $7b=-7$ $\therefore b=-1$

따라서 $x=-6$, $y=-1$을 $x+2y=a$에 대입하면

$-6-2=a$ $\therefore a=-8$

$\therefore a-b=-8-(-1)=-7$

17 답 6

$y=-4$를 $3x-2y=5$에 대입하면

$3x+8=5$, $3x=-3$ $\therefore x=-1$

따라서 $x=-1$, $y=-4$를 $ax-y=-2$에 대입하면

$-a+4=-2$ $\therefore a=6$

18 답 ④

연립방정식 $\begin{cases} -x+4y=-6 \\ bx-y=11 \end{cases}$의 해가 $(a+3, a)$이므로

$x=a+3$, $y=a$를 $-x+4y=-6$에 대입하면

$-(a+3)+4a=-6$, $3a=-3$ $\therefore a=-1$

따라서 $x=2$, $y=-1$을 $bx-y=11$에 대입하면

$2b+1=11$, $2b=10$ $\therefore b=5$

$\therefore a+b=-1+5=4$

19 답 7

ⓛ을 ㉠에 대입하면

$2(y-1)+5y=12$, $7y=14$

$\therefore a=7$

20 답 (1) $x=-1$, $y=-1$ (2) $x=-1$, $y=2$

(1) $\begin{cases} 7x-3y=-4 & \cdots ㉠ \\ 3y=2x-1 & \cdots ㉡ \end{cases}$

ⓛ을 ㉠에 대입하면 $7x-(2x-1)=-4$

$5x=-5$ $\therefore x=-1$

$x=-1$을 ㉡에 대입하면 $3y=-2-1$

$3y=-3$ $\therefore y=-1$

(2) $\begin{cases} x+4y=7 & \cdots ㉠ \\ 2x+3y=4 & \cdots ㉡ \end{cases}$

㉠에서 $x=-4y+7$ $\cdots ㉢$

㉢을 ㉡에 대입하면 $2(-4y+7)+3y=4$

$-5y=-10$ $\therefore y=2$

$y=2$를 ㉢에 대입하면 $x=-8+7=-1$

21 답 20

$\begin{cases} y=-x+6 & \cdots ㉠ \\ x+2y=10 & \cdots ㉡ \end{cases}$

㉠을 ㉡에 대입하면 $x+2(-x+6)=10$

$-x=-2$ $\therefore x=2$

$x=2$를 ㉠에 대입하면 $y=-2+6=4$

$\therefore x^2+y^2=2^2+4^2=20$

22 답 1

$\begin{cases} y=2x-1 & \cdots ㉠ \\ 3x+2y=12 & \cdots ㉡ \end{cases}$

㉠을 ㉡에 대입하면 $3x+2(2x-1)=12$

$7x=14$ $\therefore x=2$

$x=2$를 ㉠에 대입하면 $y=4-1=3$

따라서 $x=2$, $y=3$을 $5x-3y-k=0$에 대입하면

$10-9-k=0$ $\therefore k=1$

23 답 ④

x를 없애려면 x의 계수의 절댓값을 같게 한 후 x의 계수의

부호가 같으므로 변끼리 빼면 된다.

즉, x를 없애기 위해 필요한 식은 $㉠\times4-㉡\times3$

24 답 ④

① $\begin{cases} x+y=-3 & \cdots \ ⊙ \\ 2x-y=6 & \cdots \ ⓒ \end{cases}$

⊙+ⓒ을 하면 $3x=3$ ∴ $x=1$

$x=1$을 ⊙에 대입하면 $1+y=-3$ ∴ $y=-4$

② $\begin{cases} 5x+y=1 & \cdots \ ⊙ \\ 6x+2y=-2 & \cdots \ ⓒ \end{cases}$

⊙×2-ⓒ을 하면 $4x=4$ ∴ $x=1$

$x=1$을 ⊙에 대입하면 $5+y=1$ ∴ $y=-4$

③ $\begin{cases} x-2y=9 & \cdots \ ⊙ \\ 2x+3y=-10 & \cdots \ ⓒ \end{cases}$

⊙×2-ⓒ을 하면 $-7y=28$ ∴ $y=-4$

$y=-4$를 ⊙에 대입하면 $x+8=9$ ∴ $x=1$

④ $\begin{cases} 2x+y=4 & \cdots \ ⊙ \\ x-2y=7 & \cdots \ ⓒ \end{cases}$

⊙-ⓒ×2를 하면 $5y=-10$ ∴ $y=-2$

$y=-2$를 ⓒ에 대입하면 $x+4=7$ ∴ $x=3$

⑤ $\begin{cases} -x+y=-5 & \cdots \ ⊙ \\ 3y+2x=-10 & \cdots \ ⓒ \end{cases}$

⊙×2+ⓒ을 하면 $5y=-20$ ∴ $y=-4$

$y=-4$를 ⊙에 대입하면 $-x-4=-5$ ∴ $x=1$

따라서 해가 나머지 넷과 다른 하나는 ④이다.

25 답 8

$\begin{cases} 5x-3y=-8 & \cdots \ ⊙ \\ -3x+2y=6 & \cdots \ ⓒ \end{cases}$

⊙×2+ⓒ×3을 하면 $x=2$

$x=2$를 ⓒ에 대입하면 $-6+2y=6$

$2y=12$ ∴ $y=6$

따라서 $a=2$, $b=6$이므로

$a+b=2+6=8$

26 답 2

$\begin{cases} 5x+4y=10 & \cdots \ ⊙ \\ 7x+2y=-4 & \cdots \ ⓒ \end{cases}$

⊙-ⓒ×2를 하면 $-9x=18$ ∴ $x=-2$

$x=-2$를 ⊙에 대입하면 $-10+4y=10$

$4y=20$ ∴ $y=5$

따라서 $x=-2$, $y=5$를 $2x+ay=6$에 대입하면

$-4+5a=6$, $5a=10$ ∴ $a=2$

27 답 ②

주어진 연립방정식을 정리하면

$\begin{cases} -x-8y=5 & \cdots \ ⊙ \\ 2x+3y=3 & \cdots \ ⓒ \end{cases}$

⊙×2+ⓒ을 하면 $-13y=13$ ∴ $y=-1$

$y=-1$을 ⊙에 대입하면 $-x+8=5$ ∴ $x=3$

따라서 $a=3$, $b=-1$이므로

$a-b=3-(-1)=4$

28 답 10

주어진 연립방정식을 정리하면

$\begin{cases} 3x+2y=11 & \cdots \ ⊙ \\ x+4y=-3 & \cdots \ ⓒ \end{cases}$

⊙-ⓒ×3을 하면 $-10y=20$ ∴ $y=-2$

$y=-2$를 ⓒ에 대입하면 $x-8=-3$ ∴ $x=5$

따라서 $x=5$, $y=-2$를 $x-2y+1=a$에 대입하면

$5+4+1=a$ ∴ $a=10$

29 답 ①

$(x+4):(1-y)=3:2$에서 $2(x+4)=3(1-y)$

$2x+8=3-3y$ ∴ $2x+3y=-5$

$3(x+y)-4y=-2$에서 $3x+3y-4y=-2$

∴ $3x-y=-2$

즉, $\begin{cases} 2x+3y=-5 & \cdots \ ⊙ \\ 3x-y=-2 & \cdots \ ⓒ \end{cases}$

⊙+ⓒ×3을 하면 $11x=-11$ ∴ $x=-1$

$x=-1$을 ⓒ에 대입하면 $-3-y=-2$

$-y=1$ ∴ $y=-1$

30 답 (1) $x=1$, $y=1$ (2) $x=5$, $y=1$

(1) $\begin{cases} -0.3x+0.4y=0.1 & \cdots \ ⊙ \\ 0.03x+0.1y=0.13 & \cdots \ ⓒ \end{cases}$

⊙×10을 하면 $-3x+4y=1$ $\cdots \ ⓒ$

ⓒ×100을 하면 $3x+10y=13$ $\cdots \ ⓔ$

ⓒ+ⓔ을 하면 $14y=14$ ∴ $y=1$

$y=1$을 ⓔ에 대입하면 $3x+10=13$

$3x=3$ ∴ $x=1$

(2) $\begin{cases} \dfrac{x}{2}-\dfrac{y}{3}=\dfrac{13}{6} & \cdots \ ⊙ \\ \dfrac{x}{3}-y=\dfrac{2}{3} & \cdots \ ⓒ \end{cases}$

⊙×6을 하면 $3x-2y=13$ $\cdots \ ⓒ$

ⓒ×3을 하면 $x-3y=2$ $\cdots \ ⓔ$

ⓒ-ⓔ×3을 하면 $7y=7$ ∴ $y=1$

$y=1$을 ⓔ에 대입하면 $x-3=2$ ∴ $x=5$

31 답 ⑤

$\begin{cases} 0.4x-0.2y=0.2 & \cdots \ ⊙ \\ \dfrac{7}{6}x-\dfrac{2}{3}y=-1 & \cdots \ ⓒ \end{cases}$

⊙×10을 하면 $4x-2y=2$ $\cdots \ ⓒ$

ⓒ×6을 하면 $7x-4y=-6$ $\cdots \ ⓔ$

ⓒ×2-ⓔ을 하면 $x=10$

$x=10$을 ⓒ에 대입하면 $40-2y=2$

$-2y=-38$ ∴ $y=19$

32 답 15

$\begin{cases} 0.3(x+y)-0.1y=1.9 & \cdots \ ⊙ \\ \dfrac{2}{3}x+\dfrac{3}{5}y=5 & \cdots \ ⓒ \end{cases}$

$\bigcirc \times 10$을 하면 $3(x+y)-y=19$

$\therefore 3x+2y=19$ $\cdots$ $\bigcirc$

$\bigcirc \times 15$를 하면 $10x+9y=75$ $\cdots$ $\textcircled{e}$

$\bigcirc \times 10 - \textcircled{e} \times 3$을 하면 $-7y=-35$ $\therefore y=5$

$y=5$를 $\bigcirc$에 대입하면 $3x+10=19$

$3x=9$ $\therefore x=3$

$\therefore xy=3\times 5=15$

---

33 답 -3

$\begin{cases} \dfrac{x}{5}+0.3y=0.5 & \cdots \ \bigcirc \\ 0.6x-\dfrac{y}{2}=-1.3 & \cdots \ \bigcirc \end{cases}$

$\bigcirc \times 10$을 하면 $2x+3y=5$ $\cdots$ $\textcircled{c}$

$\bigcirc \times 10$을 하면 $6x-5y=-13$ $\cdots$ $\textcircled{e}$

$\textcircled{c} \times 3 - \textcircled{e}$을 하면 $14y=28$ $\therefore y=2$

$y=2$를 $\textcircled{c}$에 대입하면 $2x+6=5$

$2x=-1$ $\therefore x=-\dfrac{1}{2}$

따라서 $x=-\dfrac{1}{2}$, $y=2$를 $2x-y=k$에 대입하면

$-1-2=k$ $\therefore k=-3$

---

34 답 5

$\begin{cases} \dfrac{x}{6}-\dfrac{y-1}{3}=\dfrac{5}{2} & \cdots \ \bigcirc \\ (x+7):2=(-y-2):3 & \cdots \ \bigcirc \end{cases}$

$\bigcirc \times 6$을 하면 $x-2(y-1)=15$

$\therefore x-2y=13$ $\cdots$ $\textcircled{c}$

$\bigcirc$에서 $3(x+7)=2(-y-2)$, $3x+21=-2y-4$

$\therefore 3x+2y=-25$ $\cdots$ $\textcircled{e}$

$\textcircled{c}+\textcircled{e}$을 하면 $4x=-12$ $\therefore x=-3$

$x=-3$을 $\textcircled{c}$에 대입하면 $-3-2y=13$

$-2y=16$ $\therefore y=-8$ $\cdots$ (i)

따라서 $a=-3$, $b=-8$이므로

$a-b=-3-(-8)=5$ $\cdots$ (ii)

채점 기준	비율
(i) 연립방정식 풀기	70 %
(ii) $a-b$의 값 구하기	30 %

---

35 답 ④

$\begin{cases} 0.\dot{2}x-1.\dot{3}y=-0.0\dot{8} \\ 0.\dot{1}x+1.\dot{1}y=0.\dot{6} \end{cases}$에서 $\begin{cases} \dfrac{2}{9}x-\dfrac{4}{3}y=-\dfrac{4}{45} & \cdots \ \bigcirc \\ \dfrac{1}{9}x+\dfrac{10}{9}y=\dfrac{2}{3} & \cdots \ \bigcirc \end{cases}$

$\bigcirc \times 45$를 하면 $10x-60y=-4$ $\cdots$ $\textcircled{c}$

$\bigcirc \times 9$를 하면 $x+10y=6$ $\cdots$ $\textcircled{e}$

$\textcircled{c}+\textcircled{e} \times 6$을 하면 $16x=32$ $\therefore x=2$

$x=2$를 $\textcircled{e}$에 대입하면 $2+10y=6$

$10y=4$ $\therefore y=\dfrac{2}{5}$

---

36 답 3

주어진 방정식을 연립방정식으로 나타내면

$\begin{cases} x-4y+11=-6x+10 & \cdots \ \bigcirc \\ -6x+10=-x+y+3 & \cdots \ \bigcirc \end{cases}$ $\cdots$ (i)

$\bigcirc$을 정리하면 $7x-4y=-1$ $\cdots$ $\textcircled{c}$

$\bigcirc$을 정리하면 $-5x-y=-7$ $\cdots$ $\textcircled{e}$

$\textcircled{c}-\textcircled{e} \times 4$를 하면 $27x=27$ $\therefore x=1$

$x=1$을 $\textcircled{e}$에 대입하면 $-5-y=-7$ $\therefore y=2$ $\cdots$ (ii)

따라서 $m=1$, $n=2$이므로

$m+n=1+2=3$ $\cdots$ (iii)

채점 기준	비율
(i) 주어진 방정식을 연립방정식으로 나타내기	20 %
(ii) 연립방정식 풀기	50 %
(iii) $m+n$의 값 구하기	30 %

---

37 답 -2

주어진 방정식을 연립방정식으로 나타내면

$\begin{cases} x+2y+5=7 & \cdots \ \bigcirc \\ 2x+y-3=7 & \cdots \ \bigcirc \end{cases}$

$\bigcirc$을 정리하면 $x+2y=2$ $\cdots$ $\textcircled{c}$

$\bigcirc$을 정리하면 $2x+y=10$ $\cdots$ $\textcircled{e}$

$\textcircled{c} \times 2 - \textcircled{e}$을 하면 $3y=-6$ $\therefore y=-2$

$y=-2$를 $\textcircled{c}$에 대입하면 $x-4=2$ $\therefore x=6$

따라서 $x=6$, $y=-2$를 $2x-ay=8$에 대입하면

$12+2a=8$, $2a=-4$ $\therefore a=-2$

---

38 답 (1) $x=0$, $y=0$ (2) $x=-3$, $y=4$

(1) 주어진 방정식을 연립방정식으로 나타내면

$\begin{cases} \dfrac{x+y}{3}=\dfrac{x}{5} & \cdots \ \bigcirc \\ \dfrac{x+y}{4}=\dfrac{x}{5} & \cdots \ \bigcirc \end{cases}$

$\bigcirc \times 15$를 하면 $5(x+y)=3x$

$\therefore 2x+5y=0$ $\cdots$ $\textcircled{c}$

$\bigcirc \times 20$을 하면 $5(x+y)=4x$

$\therefore x+5y=0$ $\cdots$ $\textcircled{e}$

$\textcircled{c}-\textcircled{e}$을 하면 $x=0$

$x=0$을 $\textcircled{c}$에 대입하면 $y=0$

(2) 주어진 방정식을 연립방정식으로 나타내면

$\begin{cases} \dfrac{y-2}{2}=-0.4x+0.2y-1 & \cdots \ \bigcirc \\ \dfrac{y-2}{2}=\dfrac{x+y+4}{5} & \cdots \ \bigcirc \end{cases}$

$\bigcirc \times 10$를 하면 $5(y-2)=-4x+2y-10$

$\therefore 4x+3y=0$ $\cdots$ $\textcircled{c}$

$\bigcirc \times 10$을 하면 $5(y-2)=2(x+y+4)$

$\therefore 2x-3y=-18$ $\cdots$ $\textcircled{e}$

$\textcircled{c}+\textcircled{e}$을 하면 $6x=-18$ $\therefore x=-3$

$x=-3$을 $\textcircled{c}$에 대입하면 $-12+3y=0$

$3y=12$ $\therefore y=4$

39 답 ②

$x=2$, $y=-1$을 주어진 연립방정식에 대입하면

$\begin{cases} 2a-b=4 \\ 2b+a=-3 \end{cases}$, 즉 $\begin{cases} 2a-b=4 & \cdots \text{㉠} \\ a+2b=-3 & \cdots \text{㉡} \end{cases}$

㉠×2+㉡을 하면 $5a=5$ $\therefore a=1$

$a=1$을 ㉠에 대입하면 $2-b=4$ $\therefore b=-2$

$\therefore a+b=1-2=-1$

40 답 $a=3$, $b=6$

$x=2$, $y=b$를 주어진 연립방정식에 대입하면

$\begin{cases} 2a+b=12 \\ -8+3b=3a+1 \end{cases}$, 즉 $\begin{cases} 2a+b=12 & \cdots \text{㉠} \\ a-b=-3 & \cdots \text{㉡} \end{cases}$ $\cdots$ (i)

㉠+㉡을 하면 $3a=9$ $\therefore a=3$

$a=3$을 ㉠에 대입하면 $6+b=12$ $\therefore b=6$ $\cdots$ (ii)

채점 기준	비율
(i) a, b에 대한 연립방정식으로 나타내기	50 %
(ii) a, b의 값 구하기	50 %

41 답 $x=11$, $y=-9$

$\begin{cases} x+2y=10 & \cdots \text{㉠} \\ 2x-3y=-1 & \cdots \text{㉡} \end{cases}$

㉠×2-㉡을 하면 $7y=21$ $\therefore y=3$

$y=3$을 ㉠에 대입하면 $x+6=10$ $\therefore x=4$

즉, $a=4$, $b=3$이므로 연립방정식

$\begin{cases} ax+by=17 \\ bx+ay=-3 \end{cases}$에 대입하면 $\begin{cases} 4x+3y=17 & \cdots \text{㉢} \\ 3x+4y=-3 & \cdots \text{㉣} \end{cases}$

㉢×3-㉣×4를 하면 $-7y=63$ $\therefore y=-9$

$y=-9$를 ㉣에 대입하면 $3x-36=-3$

$3x=33$ $\therefore x=11$

42 답 3

$x=-1$, $y=2$를 주어진 방정식에 대입하면

$-a-2b-6=-2a-6b=-10$이므로

이를 연립방정식으로 나타내면

$\begin{cases} -a-2b-6=-10 \\ -2a-6b=-10 \end{cases}$, 즉 $\begin{cases} a+2b=4 & \cdots \text{㉠} \\ a+3b=5 & \cdots \text{㉡} \end{cases}$

㉠-㉡을 하면 $-b=-1$ $\therefore b=1$

$b=1$을 ㉠에 대입하면 $a+2=4$ $\therefore a=2$

$\therefore a+b=2+1=3$

43 답 -1

주어진 연립방정식의 해는 세 방정식을 모두 만족시키므로

연립방정식 $\begin{cases} 2x+y=-3 & \cdots \text{㉠} \\ x-y=6 & \cdots \text{㉡} \end{cases}$의 해와 같다.

㉠+㉡을 하면 $3x=3$ $\therefore x=1$

$x=1$을 ㉡에 대입하면 $1-y=6$ $\therefore y=-5$

따라서 $x=1$, $y=-5$를 $ax-3y=14$에 대입하면

$a+15=14$ $\therefore a=-1$

44 답 ③

주어진 연립방정식의 해는 세 방정식을 모두 만족시키므로

연립방정식 $\begin{cases} 3x+y=14 & \cdots \text{㉠} \\ y=4x & \cdots \text{㉡} \end{cases}$의 해와 같다.

㉡을 ㉠에 대입하면 $3x+4x=14$

$7x=14$ $\therefore x=2$

$x=2$를 ㉡에 대입하면 $y=8$

따라서 $x=2$, $y=8$을 $2x+ay=8$에 대입하면

$4+8a=8$, $8a=4$ $\therefore a=\dfrac{1}{2}$

45 답 -3

주어진 연립방정식의 해는 세 방정식을 모두 만족시키므로

연립방정식 $\begin{cases} 2x-3y=-1 & \cdots \text{㉠} \\ x+5y=-7 & \cdots \text{㉡} \end{cases}$의 해와 같다.

㉠-㉡×2를 하면 $-13y=13$ $\therefore y=-1$

$y=-1$을 ㉡에 대입하면 $x-5=-7$ $\therefore x=-2$

따라서 $x=-2$, $y=-1$을 $ax-3y=9$에 대입하면

$-2a+3=9$, $-2a=6$ $\therefore a=-3$

46 답 $\dfrac{5}{2}$

주어진 연립방정식의 해는 세 방정식을 모두 만족시키므로

연립방정식 $\begin{cases} \dfrac{x}{2}-\dfrac{y}{6}=-\dfrac{3}{2} & \cdots \text{㉠} \\ 0.3x-0.2y=-0.6 & \cdots \text{㉡} \end{cases}$의 해와 같다.

㉠×6을 하면 $3x-y=-9$ $\cdots \text{㉢}$

㉡×10을 하면 $3x-2y=-6$ $\cdots \text{㉣}$

㉢-㉣을 하면 $y=-3$

$y=-3$을 ㉢에 대입하면 $3x+3=-9$

$3x=-12$ $\therefore x=-4$

따라서 $x=-4$, $y=-3$을 $2(y-ax)=5-3y$에 대입하면

$2(-3+4a)=5+9$, $8a=20$ $\therefore a=\dfrac{5}{2}$

47 답 ⑤

y의 값이 x의 값의 3배이므로 $y=3x$

$\begin{cases} x-y=-4 & \cdots \text{㉠} \\ y=3x & \cdots \text{㉡} \end{cases}$

㉡을 ㉠에 대입하면 $x-3x=-4$

$-2x=-4$ $\therefore x=2$

$x=2$를 ㉡에 대입하면 $y=6$

따라서 $x=2$, $y=6$을 $2x-3y=-11+a$에 대입하면

$4-18=-11+a$ $\therefore a=-3$

48 답 -2

x와 y의 값의 합이 2이므로 $x+y=2$ $\cdots$ (i)

$\begin{cases} 5x-4y=19 & \cdots \text{㉠} \\ x+y=2 & \cdots \text{㉡} \end{cases}$

㉠+㉡×4를 하면 $9x=27$ $\therefore x=3$

$x=3$을 ㉡에 대입하면 $3+y=2$ $\therefore y=-1$ $\cdots$ (ii)

따라서 $x=3$, $y=-1$을 $ax+5y=-11$에 대입하면

$3a-5=-11$, $3a=-6$ $\therefore a=-2$ ··· (iii)

채점 기준	비율
(i) 해의 조건을 식으로 나타내기	20 %
(ii) 연립방정식 해 구하기	50 %
(iii) a의 값 구하기	30 %

49 답 8

y의 값이 x의 값보다 3만큼 작으므로 $y=x-3$

$\begin{cases} 0.2x+0.7y=2.4 & \cdots \text{㉠} \\ y=x-3 & \cdots \text{㉡} \end{cases}$

㉠$\times10$을 하면 $2x+7y=24$ ··· ㉢

㉡을 ㉢에 대입하면 $2x+7(x-3)=24$

$9x=45$ $\therefore x=5$

$x=5$를 ㉡에 대입하면 $y=5-3=2$

따라서 $x=5$, $y=2$를 $\dfrac{2}{5}x+y=\dfrac{a}{2}$에 대입하면

$2+2=\dfrac{a}{2}$ $\therefore a=8$

50 답 2

x와 y의 값의 비가 $2:3$이므로

$x:y=2:3$ $\therefore 3x=2y$

$\begin{cases} x+2y=16 & \cdots \text{㉠} \\ 3x=2y & \cdots \text{㉡} \end{cases}$

㉡을 ㉠에 대입하면 $x+3x=16$

$4x=16$ $\therefore x=4$

$x=4$를 ㉡에 대입하면 $12=2y$ $\therefore y=6$

따라서 $x=4$, $y=6$을 $2x-y=a$에 대입하면

$8-6=a$ $\therefore a=2$

51 답 1

$\begin{cases} y=9-x & \cdots \text{㉠} \\ 2x-3y=-7 & \cdots \text{㉡} \end{cases}$

㉠을 ㉡에 대입하면 $2x-3(9-x)=-7$

$5x=20$ $\therefore x=4$

$x=4$를 ㉠에 대입하면 $y=9-4=5$

$x=4$, $y=5$를 $ax+y=-3$에 대입하면

$4a+5=-3$, $4a=-8$ $\therefore a=-2$

$x=4$, $y=5$를 $2x-y=b$에 대입하면

$8-5=b$ $\therefore b=3$

$\therefore a+b=-2+3=1$

52 답 -2

네 일차방정식이 한 쌍의 공통인 해를 가지므로

$\begin{cases} x+3y=5 & \cdots \text{㉠} \\ 3x+2y=-6 & \cdots \text{㉡} \end{cases}$의 해는 네 일차방정식을 모두 만족

시킨다. ··· (i)

㉠$\times3-$㉡을 하면 $7y=21$ $\therefore y=3$

$y=3$을 ㉠에 대입하면 $x+9=5$ $\therefore x=-4$ ··· (ii)

$x=-4$, $y=3$을 $ax-3y=7$에 대입하면

$-4a-9=7$, $-4a=16$ $\therefore a=-4$

$x=-4$, $y=3$을 $-2x+by=2$에 대입하면

$8+3b=2$, $3b=-6$ $\therefore b=-2$ ··· (iii)

$\therefore a-b=-4-(-2)=-2$ ··· (iv)

채점 기준	비율
(i) 네 일차방정식의 해가 서로 같음을 이용하여 연립방정식 세우기	20 %
(ii) 연립방정식 풀기	40 %
(iii) a, b의 값 구하기	30 %
(iv) $a-b$의 값 구하기	10 %

53 답 $a=2$, $b=-\dfrac{5}{2}$

$\begin{cases} \dfrac{x-2}{5}-\dfrac{y+1}{2}=-1 & \cdots \text{㉠} \\ 0.05x+0.3y=0.4 & \cdots \text{㉡} \end{cases}$

㉠$\times10$을 하면 $2(x-2)-5(y+1)=-10$

$\therefore 2x-5y=-1$ ··· ㉢

㉡$\times100$을 하면 $5x+30y=40$

$\therefore x+6y=8$ ··· ㉣

㉢$-$㉣$\times2$를 하면 $-17y=-17$ $\therefore y=1$

$y=1$을 ㉣에 대입하면 $x+6=8$ $\therefore x=2$

$x=2$, $y=1$을 $ax-y=3$에 대입하면

$2a-1=3$, $2a=4$ $\therefore a=2$

$x=2$, $y=1$을 $x+2by=-3$에 대입하면

$2+2b=-3$, $2b=-5$ $\therefore b=-\dfrac{5}{2}$

54 답 10

$\begin{cases} x-2y=-5 & \cdots \text{㉠} \\ 3x-y=-5 & \cdots \text{㉡} \end{cases}$

㉠$-$㉡$\times2$를 하면 $-5x=5$ $\therefore x=-1$

$x=-1$을 ㉡에 대입하면 $-3-y=-5$ $\therefore y=2$

$x=-1$, $y=2$를 $ax-by=1$에 대입하면

$-a-2b=1$ ··· ㉢

$x=-1$, $y=2$를 $-ax+2by=5$에 대입하면

$a+4b=5$ ··· ㉣

㉢$+$㉣을 하면 $2b=6$ $\therefore b=3$

$b=3$을 ㉣에 대입하면 $a+12=5$ $\therefore a=-7$

$\therefore b-a=3-(-7)=10$

55 답 2

연립방정식 $\begin{cases} ax+by=4 \\ bx-ay=3 \end{cases}$에서 a와 b를 바꾸어 놓은 연립방

정식 $\begin{cases} bx+ay=4 \\ ax-by=3 \end{cases}$의 해가 $x=2$, $y=1$이므로 이를 각 일차

방정식에 대입하면

$$\begin{cases} 2b+a=4 \\ 2a-b=3 \end{cases} \text{즉} \begin{cases} a+2b=4 & \cdots \text{㉠} \\ 2a-b=3 & \cdots \text{㉡} \end{cases}$$

㉠$+$㉡$\times 2$를 하면 $5a=10$ $\therefore a=2$

$a=2$를 ㉡에 대입하면 $4-b=3$ $\therefore b=1$

$\therefore ab=2\times 1=2$

56 답 ④

$2x-y=-3$의 -3을 a로 잘못 보았다고 하면

$2x-y=a$ $\cdots$ ㉠

$y=2$를 $3x-5y=2$에 대입하면

$3x-10=2,\ 3x=12$ $\therefore x=4$

따라서 $x=4,\ y=2$를 ㉠에 대입하면

$8-2=a$ $\therefore a=6$

57 답 $x=-1,\ y=-1$

$x=3,\ y=2$는 $bx-4y=1$의 해이므로

$3b-8=1,\ 3b=9$ $\therefore b=3$

$x=8,\ y=2$는 $x+ay=2$의 해이므로

$8+2a=2,\ 2a=-6$ $\therefore a=-3$

따라서 처음 연립방정식은 $\begin{cases} x-3y=2 & \cdots \text{㉠} \\ 3x-4y=1 & \cdots \text{㉡} \end{cases}$

㉠$\times 3-$㉡을 하면 $-5y=5$ $\therefore y=-1$

$y=-1$을 ㉠에 대입하면 $x+3=2$ $\therefore x=-1$

58 답 ④

각 연립방정식에서 두 일차방정식의 x의 계수 또는 y의 계수를 같게 하면

ㄱ. $\begin{cases} 3x+6y=3 \\ 3x+6y=5 \end{cases}$ ㄴ. $\begin{cases} 4x+2y=6 \\ 4x+2y=6 \end{cases}$

ㄷ. $\begin{cases} 2x+y=13 \\ -3x+y=-8 \end{cases}$ ㄹ. $\begin{cases} \dfrac{x}{2}-2y=-8 \\ \dfrac{x}{2}-2y=-8 \end{cases}$

따라서 해가 무수히 많은 연립방정식은 두 일차방정식이 일치하는 연립방정식이므로 ㄴ, ㄹ이다.

59 답 -3

$$\begin{cases} x-4y=-3 & \cdots \text{㉠} \\ 2x+(a-5)y=-6 & \cdots \text{㉡} \end{cases}$$

㉠$\times 2$를 하면 $2x-8y=-6$ $\cdots$ ㉢

이때 해가 무수히 많으려면 ㉡과 ㉢이 일치해야 하므로

$a-5=-8$ $\therefore a=-3$

60 답 6

$$\begin{cases} ax+y=2 & \cdots \text{㉠} \\ 3x-4y=b & \cdots \text{㉡} \end{cases}$$

㉠$\times(-4)$를 하면 $-4ax-4y=-8$ $\cdots$ ㉢

이때 해가 무수히 많으려면 ㉡과 ㉢이 일치해야 하므로

$3=-4a,\ b=-8$ $\therefore a=-\dfrac{3}{4},\ b=-8$

$\therefore ab=-\dfrac{3}{4}\times(-8)=6$

61 답 ③

각 연립방정식에서 두 일차방정식의 x의 계수를 같게 하면

① $\begin{cases} 4x+6y=8 \\ 4x+6y=8 \end{cases}$ ② $\begin{cases} 4x+2y=10 \\ 4x-2y=10 \end{cases}$

③ $\begin{cases} 2x+8y=16 \\ 2x+8y=10 \end{cases}$ ④ $\begin{cases} 3x-9y=18 \\ 3x-9y=18 \end{cases}$

⑤ $\begin{cases} 4x-6y=8 \\ 4x+6y=8 \end{cases}$

따라서 해가 없는 연립방정식은 두 일차방정식의 $x,\ y$의 계수는 각각 같고, 상수항은 다른 연립방정식이므로 ③이다.

62 답 $-\dfrac{9}{4}$

$$\begin{cases} ax+3y=4 & \cdots \text{㉠} \\ -3x+4y=1 & \cdots \text{㉡} \end{cases}$$

㉠$\times 4$를 하면 $4ax+12y=16$ $\cdots$ ㉢

㉡$\times 3$을 하면 $-9x+12y=3$ $\cdots$ ㉣

이때 해가 없으려면 ㉢과 ㉣의 $x,\ y$의 계수는 각각 같고, 상수항은 달라야 하므로

$4a=-9$ $\therefore a=-\dfrac{9}{4}$

63 답 $a=6,\ b\neq-\dfrac{1}{2}$

$$\begin{cases} ax-4y=1 & \cdots \text{㉠} \\ -3x+2y=b & \cdots \text{㉡} \end{cases}$$

㉡$\times(-2)$를 하면 $6x-4y=-2b$ $\cdots$ ㉢

이때 해가 없으려면 ㉠과 ㉢의 $x,\ y$의 계수는 각각 같고, 상수항은 달라야 하므로

$a=6,\ 1\neq-2b$ $\therefore a=6,\ b\neq-\dfrac{1}{2}$

유형 18~28 P.69~76

64 답 ②

큰 수를 x, 작은 수를 y라고 하면

$$\begin{cases} x+y=84 & \cdots \text{㉠} \\ 2x-y=48 & \cdots \text{㉡} \end{cases}$$

㉠$+$㉡을 하면 $3x=132$ $\therefore x=44$

$x=44$를 ㉠에 대입하면 $44+y=84$ $\therefore y=40$

따라서 두 수의 차는 $44-40=4$

65 답 **67**

처음 수의 십의 자리의 숫자가 a, 일의 자리의 숫자가 b이므로

$$\begin{cases} a+b=13 \\ 10b+a=(10a+b)+9 \end{cases}$$

즉, $\begin{cases} a+b=13 & \cdots \text{㉠} \\ a-b=-1 & \cdots \text{㉡} \end{cases}$ $\qquad \cdots$ (i)

㉠+㉡을 하면 $2a=12$ $\quad \therefore a=6$

$a=6$을 ㉠에 대입하면

$6+b=13$ $\quad \therefore b=7$ $\qquad \cdots$ (ii)

따라서 처음 수는 67이다. $\qquad \cdots$ (iii)

채점 기준	비율
(i) 연립방정식 세우기	40 %
(ii) 연립방정식 풀기	40 %
(iii) 처음 수 구하기	20 %

66 답 **83**

처음 수의 십의 자리의 숫자를 x, 일의 자리의 숫자를 y라고 하면

$$\begin{cases} x=2y+2 \\ 10y+x=(10x+y)-45 \end{cases}$$ 즉 $\begin{cases} x-2y=2 & \cdots \text{㉠} \\ x-y=5 & \cdots \text{㉡} \end{cases}$

㉠-㉡을 하면 $-y=-3$ $\therefore y=3$

$y=3$을 ㉡에 대입하면 $x-3=5$ $\quad \therefore x=8$

따라서 처음 수는 83이다.

67 답 **13명**

입장한 어른의 수를 x명, 어린이의 수를 y명이라고 하면

$$\begin{cases} x+y=15 \\ 1000x+500y=8500 \end{cases}$$ 즉 $\begin{cases} x+y=15 & \cdots \text{㉠} \\ 2x+y=17 & \cdots \text{㉡} \end{cases}$

㉠-㉡을 하면 $-x=-2$ $\quad \therefore x=2$

$x=2$를 ㉠에 대입하면 $2+y=15$ $\quad \therefore y=13$

따라서 입장한 어린이의 수는 13명이다.

68 답 **우유: 4개, 요구르트: 5개**

우유를 x개, 요구르트를 y개 샀다고 하면

$$\begin{cases} x+y=9 \\ 500x+300y+200=3700 \end{cases}$$ 즉 $\begin{cases} x+y=9 & \cdots \text{㉠} \\ 5x+3y=35 & \cdots \text{㉡} \end{cases}$

㉠×3-㉡을 하면 $-2x=-8$ $\quad \therefore x=4$

$x=4$를 ㉠에 대입하면 $4+y=9$ $\quad \therefore y=5$

따라서 우유를 4개, 요구르트를 5개 샀다.

69 답 **⑤**

연필 한 자루의 가격을 x원, 색연필 한 자루의 가격을 y원이라고 하면

$$\begin{cases} 4x+3y=5700 & \cdots \text{㉠} \\ 3x+5y=6200 & \cdots \text{㉡} \end{cases}$$

㉠×3-㉡×4를 하면 $-11y=-7700$ $\quad \therefore y=700$

$y=700$을 ㉠에 대입하면 $4x+2100=5700$

$4x=3600$ $\quad \therefore x=900$

따라서 연필 한 자루의 가격은 900원이다.

70 답 **형: 18세, 동생: 14세**

현재 형의 나이를 x세, 동생의 나이를 y세라고 하면

$$\begin{cases} x+y=32 & \cdots \text{㉠} \\ x=y+4 & \cdots \text{㉡} \end{cases}$$

㉡을 ㉠에 대입하면 $(y+4)+y=32$

$2y=28$ $\quad \therefore y=14$

$y=14$를 ㉡에 대입하면 $x=14+4=18$

따라서 현재 형의 나이는 18세, 동생의 나이는 14세이다.

71 답 **38세**

현재 아버지의 나이를 x세, 딸의 나이를 y세라고 하면

$$\begin{cases} x+y=50 \\ x+10=2(y+10)+4 \end{cases}$$ 즉 $\begin{cases} x+y=50 & \cdots \text{㉠} \\ x-2y=14 & \cdots \text{㉡} \end{cases}$

㉠-㉡을 하면 $3y=36$ $\quad \therefore y=12$

$y=12$를 ㉠에 대입하면 $x+12=50$ $\quad \therefore x=38$

따라서 현재 아버지의 나이는 38세이다.

72 답 **이모: 41세, 세희: 9세**

현재 이모의 나이를 x세, 세희의 나이를 y세라고 하면

$$\begin{cases} x-y=32 \\ x+15=3(y+15)-6 \end{cases}$$ 즉 $\begin{cases} x-y=32 & \cdots \text{㉠} \\ x-3y=24 & \cdots \text{㉡} \end{cases}$

㉠-㉡을 하면 $2y=8$ $\quad \therefore y=4$

$y=4$를 ㉠에 대입하면 $x-4=32$ $\quad \therefore x=36$

따라서 5년 후의 이모의 나이는 $36+5=41$(세), 세희의 나이는 $4+5=9$(세)이다.

73 답 **28세**

현재 삼촌의 나이를 x세, 동재의 나이를 y세라고 하면

$$\begin{cases} x=3y \\ x+9=2(y+9)+5 \end{cases}$$ 즉 $\begin{cases} x=3y & \cdots \text{㉠} \\ x-2y=14 & \cdots \text{㉡} \end{cases}$

㉠을 ㉡에 대입하면 $3y-2y=14$ $\quad \therefore y=14$

$y=14$를 ㉠에 대입하면 $x=42$

따라서 현재 삼촌의 나이는 42세, 동재의 나이는 14세이므로 구하는 차는 $42-14=28$(세)

74 답 **긴 끈: 21 cm, 짧은 끈: 13 cm**

긴 끈의 길이를 x cm, 짧은 끈의 길이를 y cm라고 하면

$$\begin{cases} x+y=34 & \cdots \text{㉠} \\ x=2y-5 & \cdots \text{㉡} \end{cases}$$

㉡을 ㉠에 대입하면 $(2y-5)+y=34$

$3y=39$ $\quad \therefore y=13$

$y=13$을 ㉡에 대입하면 $x=26-5=21$

따라서 긴 끈의 길이는 21 cm, 짧은 끈의 길이는 13 cm이다.

75 답 **35 cm²**

가로의 길이를 x cm, 세로의 길이를 y cm라고 하면

$$\begin{cases} x=y+2 \\ 2(x+y)=24 \end{cases}$$ 즉 $\begin{cases} x=y+2 & \cdots \text{㉠} \\ x+y=12 & \cdots \text{㉡} \end{cases}$

㉠을 ㉡에 대입하면 $(y+2)+y=12$

$2y=10$ $\quad \therefore y=5$

$y=5$를 ㉠에 대입하면 $x=5+2=7$

따라서 직사각형의 넓이는 $7×5=35(\text{cm}^2)$

76 답 **4 cm**

윗변의 길이를 x cm, 아랫변의 길이를 y cm라고 하면

$\begin{cases} x=y-4 \\ \dfrac{1}{2}×(x+y)×6=36 \end{cases}$, 즉 $\begin{cases} x=y-4 & \cdots ㉠ \\ x+y=12 & \cdots ㉡ \end{cases}$

㉠을 ㉡에 대입하면 $(y-4)+y=12$

$2y=16$ $\therefore y=8$

$y=8$을 ㉠에 대입하면 $x=8-4=4$

따라서 윗변의 길이는 4 cm이다.

77 답 **20 cm**

타일 한 장의 긴 변의 길이를 x cm, 짧은 변의 길이를 y cm라고 하면

$\begin{cases} 2x=3y \\ 4x+5y=44 \end{cases}$, 즉 $\begin{cases} 2x-3y=0 & \cdots ㉠ \\ 4x+5y=44 & \cdots ㉡ \end{cases}$

㉠×2-㉡을 하면 $-11y=-44$ $\therefore y=4$

$y=4$를 ㉠에 대입하면 $2x-12=0$

$2x=12$ $\therefore x=6$

따라서 타일 한 장의 둘레의 길이는

$2×(6+4)=20(\text{cm})$

78 답 **15개**

지민이가 맞힌 문제 수를 x개, 틀린 문제 수를 y개라고 하면

$\begin{cases} x+y=20 \\ 4x-2y=50 \end{cases}$, 즉 $\begin{cases} x+y=20 & \cdots ㉠ \\ 2x-y=25 & \cdots ㉡ \end{cases}$

㉠+㉡을 하면 $3x=45$ $\therefore x=15$

$x=15$를 ㉠에 대입하면 $15+y=20$ $\therefore y=5$

따라서 지민이가 맞힌 문제 수는 15개이다.

79 답 **④**

현아가 이긴 횟수를 x회, 진 횟수를 y회라고 하면

$\begin{cases} x+y=20 & \cdots ㉠ \\ 2x-y=22 & \cdots ㉡ \end{cases}$

㉠+㉡을 하면 $3x=42$ $\therefore x=14$

$x=14$를 ㉠에 대입하면 $14+y=20$ $\therefore y=6$

따라서 현아가 이긴 횟수는 14회이다.

80 답 **17회**

지수가 이긴 횟수를 x회, 진 횟수를 y회라고 하면

재희가 이긴 횟수는 y회, 진 횟수는 x회이므로

$\begin{cases} 3x-2y=29 \\ 3y-2x=-1 \end{cases}$ 즉 $\begin{cases} 3x-2y=29 & \cdots ㉠ \\ -2x+3y=-1 & \cdots ㉡ \end{cases}$

㉠×2+㉡×3을 하면 $5y=55$ $\therefore y=11$

$y=11$을 ㉡에 대입하면 $-2x+33=-1$

$-2x=-34$ $\therefore x=17$

따라서 지수가 이긴 횟수는 17회이다.

81 답 **90대**

오토바이의 수를 x대, 자동차의 수를 y대라고 하면

$\begin{cases} x+y=100 \\ 2x+4y=380 \end{cases}$, 즉 $\begin{cases} x+y=100 & \cdots ㉠ \\ x+2y=190 & \cdots ㉡ \end{cases}$

㉠-㉡을 하면 $-y=-90$ $\therefore y=90$

$y=90$을 ㉠에 대입하면 $x+90=100$ $\therefore x=10$

따라서 자동차의 수는 90대이다.

82 답 **구미호: 9마리, 붕조: 7마리**

구미호의 수를 x마리, 붕조의 수를 y마리라고 하면

$\begin{cases} x+9y=72 & \cdots ㉠ \\ 9x+y=88 & \cdots ㉡ \end{cases}$

㉠×9-㉡을 하면 $80y=560$ $\therefore y=7$

$y=7$을 ㉠에 대입하면 $x+63=72$ $\therefore x=9$

따라서 구미호는 9마리, 붕조는 7마리이다.

83 답 **남학생: 18명, 여학생: 12명**

남학생 수를 x명, 여학생 수를 y명이라고 하면

$\begin{cases} x+y=30 \\ \dfrac{75x+85y}{30}=79 \end{cases}$, 즉 $\begin{cases} x+y=30 & \cdots ㉠ \\ 15x+17y=474 & \cdots ㉡ \end{cases}$ $\cdots$ (i)

㉠×15-㉡을 하면 $-2y=-24$ $\therefore y=12$

$y=12$를 ㉠에 대입하면 $x+12=30$ $\therefore x=18$ $\cdots$ (ii)

따라서 남학생 수는 18명, 여학생 수는 12명이다. $\cdots$ (iii)

채점 기준	비율
(i) 연립방정식 세우기	40 %
(ii) 연립방정식 풀기	40 %
(iii) 남학생 수와 여학생 수 구하기	20 %

84 답 **16명**

남자 회원을 x명, 여자 회원을 y명이라고 하면

$\begin{cases} x+y=40 \\ \dfrac{x}{3}+\dfrac{y}{4}=12 \end{cases}$, 즉 $\begin{cases} x+y=40 & \cdots ㉠ \\ 4x+3y=144 & \cdots ㉡ \end{cases}$

㉠×3-㉡을 하면 $-x=-24$ $\therefore x=24$

$x=24$를 ㉠에 대입하면 $24+y=40$ $\therefore y=16$

따라서 여자 회원 수는 16명이다.

85 답 **16명**

B 지점에서 탄 승객 수를 x명, 내린 승객 수를 y명이라고 하면

$\begin{cases} 40+x-y=36 \\ 800y+600x+1200(40-y)=47600 \end{cases}$

즉, $\begin{cases} x-y=-4 & \cdots ㉠ \\ 3x-2y=-2 & \cdots ㉡ \end{cases}$

㉠×2-㉡을 하면 $-x=-6$ $\therefore x=6$

$x=6$을 ㉠에 대입하면 $6-y=-4$ $\therefore y=10$

따라서 B 지점에서 탄 승객 수와 내린 승객 수의 합은

$6+10=16(\text{명})$

B 지점에서 탄 승객 수를 x명, 내린 승객 수를 y명이라고 하면
$$\begin{cases} 40+x-y=36 \\ 800y+600x+1200(36-x)=47600 \end{cases}$$
즉, $\begin{cases} x-y=-4 & \cdots \text{㉠} \\ -3x+4y=22 & \cdots \text{㉡} \end{cases}$
㉠×3+㉡을 하면 $y=10$
$y=10$을 ㉠에 대입하면 $x-10=-4$ $\therefore x=6$

86 **답** **9000원**
종수와 은혜가 받은 용돈을 각각 $5x$원, $3x$원(x는 자연수)
이라 하고, 사용한 용돈을 각각 $3y$원, y원(y는 자연수)이라
고 하면
$$\begin{cases} 5x-3y=3000 & \cdots \text{㉠} \\ 3x-y=5000 & \cdots \text{㉡} \end{cases}$$
㉠－㉡×3을 하면 $-4x=-12000$ $\therefore x=3000$
$x=3000$을 ㉡에 대입하면
$9000-y=5000$ $\therefore y=4000$
따라서 지난주에 은혜가 받은 용돈은
$3x=3\times3000=9000$(원)

두 사람이 지난주에 받은 용돈의 총합을 x원, 사용한 용돈의
총합을 y원이라고 하면
$$\begin{cases} \dfrac{5}{8}x-\dfrac{3}{4}y=3000 \\ \dfrac{3}{8}x-\dfrac{1}{4}y=5000 \end{cases}, \; 즉 \begin{cases} 5x-6y=24000 & \cdots \text{㉠} \\ 3x-2y=40000 & \cdots \text{㉡} \end{cases}$$
㉠－㉡×3을 하면 $-4x=-96000$ $\therefore x=24000$
$x=24000$을 ㉡에 대입하면 $72000-2y=40000$
$-2y=-32000$ $\therefore y=16000$
따라서 지난주에 은혜가 받은 용돈은
$\dfrac{3}{8}x=\dfrac{3}{8}\times24000=9000$(원)

87 **답** **④**

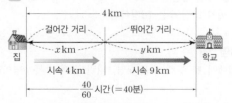

(걸어간 거리)＋(뛰어간 거리)＝4(km)이므로
$x+y=4$
오전 7시 20분부터 오전 8시까지 총 40분, 즉 $\dfrac{40}{60}$시간이 걸
렸으므로 $\dfrac{x}{4}+\dfrac{y}{9}=\dfrac{40}{60}$
따라서 연립방정식을 세우면 $\begin{cases} x+y=4 \\ \dfrac{x}{4}+\dfrac{y}{9}=\dfrac{40}{60} \end{cases}$

88 **답** **10 km**
올라간 거리를 x km, 내려온 거리를 y km라고 하면
$$\begin{cases} x+y=19 \\ \dfrac{x}{3}+\dfrac{y}{5}=5 \end{cases}, \; 즉 \begin{cases} x+y=19 & \cdots \text{㉠} \\ 5x+3y=75 & \cdots \text{㉡} \end{cases} \quad \cdots (\text{i})$$
㉠×3－㉡을 하면 $-2x=-18$ $\therefore x=9$
$x=9$를 ㉠에 대입하면
$9+y=19$ $\therefore y=10$ $\quad\cdots(\text{ii})$
따라서 내려온 거리는 10 km이다. $\quad\cdots(\text{iii})$

채점 기준	비율
(i) 연립방정식 세우기	40 %
(ii) 연립방정식 풀기	40 %
(iii) 내려온 거리 구하기	20 %

89 **답** **③**
$$\begin{cases} 3a+2b=420 & \cdots \text{㉠} \\ a=b+40 & \cdots \text{㉡} \end{cases}$$
㉡을 ㉠에 대입하면 $3(b+40)+2b=420$
$5b=300$ $\therefore b=60$
$b=60$을 ㉡에 대입하면 $a=60+40=100$
$\therefore a+b=100+60=160$

90 **답** **9분 후**
지영이가 출발한 지 x분 후, 지호가 출발한 지 y분 후에 두
사람이 만난다고 하면
$$\begin{cases} x=y+27 \\ 50x=200y \end{cases}, \; 즉 \begin{cases} x=y+27 & \cdots \text{㉠} \\ x=4y & \cdots \text{㉡} \end{cases}$$
㉡을 ㉠에 대입하면 $4y=y+27$, $3y=27$ $\therefore y=9$
$y=9$를 ㉡에 대입하면 $x=36$
따라서 두 사람이 만나는 것은 지호가 출발한 지 9분 후이다.

91 **답** **③**
태리의 속력을 분속 x m, 지수의 속력을 분속 y m라고 하면
호수의 둘레의 길이는 2 km, 즉 2000 m이므로
$$\begin{cases} 20x+20y=2000 \\ 50x-50y=2000 \end{cases}, \; 즉 \begin{cases} x+y=100 & \cdots \text{㉠} \\ x-y=40 & \cdots \text{㉡} \end{cases}$$
㉠＋㉡을 하면 $2x=140$ $\therefore x=70$
$x=70$을 ㉠에 대입하면 $70+y=100$ $\therefore y=30$
따라서 태리의 속력은 분속 70 m, 지수의 속력은 분속 30 m
이다.

92 **답** **160 m**
정아와 세원이가 만날 때까지 정아가 걸은 거리를 x m, 세원
이가 걸은 거리를 y m라고 하면
$$\begin{cases} x+y=800 \\ \dfrac{x}{60}=\dfrac{y}{40} \end{cases}, \; 즉 \begin{cases} x+y=800 & \cdots \text{㉠} \\ 2x-3y=0 & \cdots \text{㉡} \end{cases}$$
㉠×2－㉡을 하면 $5y=1600$ $\therefore y=320$

$y=320$을 ㉠에 대입하면 $x+320=800$ $\therefore x=480$
따라서 정아는 세원이보다 $480-320=160$ (m)를 더 걸었다.

93 답 **시속 15 km**
정지한 물에서의 배의 속력을 시속 x km, 강물의 속력을 시속 y km라고 하면

	강을 거슬러 올라갈 때	강을 따라 내려올 때
속력	시속 $(x-y)$ km	시속 $(x+y)$ km
시간	2시간	1시간
거리	20 km	20 km

올라갈 때의 속력은 시속 $(x-y)$ km, 내려올 때의 속력은 시속 $(x+y)$ km이므로
$\begin{cases} (x-y)\times 2=20 \\ (x+y)\times 1=20 \end{cases}$, 즉 $\begin{cases} x-y=10 & \cdots ㉠ \\ x+y=20 & \cdots ㉡ \end{cases}$
㉠+㉡을 하면 $2x=30$ $\therefore x=15$
$x=15$를 ㉡에 대입하면 $15+y=20$ $\therefore y=5$
따라서 정지한 물에서의 배의 속력은 시속 15 km이다.

94 답 **120 m**
기차의 길이를 x m, 기차의 속력을 초속 y m라고 하면
길이가 800 m인 터널을 완전히 통과할 때까지 달린 거리는 $(800+x)$ m이고, 길이가 400 m인 다리를 완전히 통과할 때까지 달린 거리는 $(400+x)$ m이므로
$\begin{cases} 800+x=23y \\ 400+x=13y \end{cases}$, 즉 $\begin{cases} x-23y=-800 & \cdots ㉠ \\ x-13y=-400 & \cdots ㉡ \end{cases}$
㉠-㉡을 하면 $-10y=-400$ $\therefore y=40$
$y=40$을 ㉡에 대입하면 $x-520=-400$ $\therefore x=120$
따라서 기차의 길이는 120 m이다.

95 답 **남학생: 392명, 여학생: 630명**
작년의 남학생 수를 x명, 여학생 수를 y명이라고 하면
$\begin{cases} x+y=1000 \\ -\dfrac{2}{100}x+\dfrac{5}{100}y=22 \end{cases}$, 즉 $\begin{cases} x+y=1000 & \cdots ㉠ \\ -2x+5y=2200 & \cdots ㉡ \end{cases}$
㉠$\times 2$+㉡을 하면 $7y=4200$ $\therefore y=600$
$y=600$을 ㉠에 대입하면 $x+600=1000$ $\therefore x=400$
따라서 올해의 남학생 수는 $400-\dfrac{2}{100}\times 400=392$(명),
여학생 수는 $600+\dfrac{5}{100}\times 600=630$(명)

96 답 **280명**
작년의 여자 지원자 수를 x명, 남자 지원자 수를 y명이라고 하면
$\begin{cases} x+y=500 \\ \dfrac{15}{100}x-\dfrac{10}{100}y=20 \end{cases}$, 즉 $\begin{cases} x+y=500 & \cdots ㉠ \\ 3x-2y=400 & \cdots ㉡ \end{cases}$
㉠$\times 2$+㉡을 하면 $5x=1400$ $\therefore x=280$
$x=280$을 ㉠에 대입하면 $280+y=500$ $\therefore y=220$
따라서 작년의 여자 지원자 수는 280명이다.

97 답 **18400원**
A 상품의 원가를 x원, B 상품의 원가를 y원이라고 하면
$\begin{cases} x+y=28000 \\ \dfrac{15}{100}x+\dfrac{20}{100}y=4800 \end{cases}$, 즉 $\begin{cases} x+y=28000 & \cdots ㉠ \\ 3x+4y=96000 & \cdots ㉡ \end{cases}$
㉠$\times 3$-㉡을 하면 $-y=-12000$ $\therefore y=12000$
$y=12000$을 ㉠에 대입하면
$x+12000=28000$ $\therefore x=16000$
따라서 A 상품의 판매 가격은
$\left(1+\dfrac{15}{100}\right)\times 16000=18400$(원)

98 답 **18일**
전체 일의 양을 1이라 하고, 민지, 원호가 하루에 할 수 있는 일의 양을 각각 x, y라고 하면
$\begin{cases} 3x+12y=1 \\ 6(x+y)=1 \end{cases}$, 즉 $\begin{cases} 3x+12y=1 & \cdots ㉠ \\ 6x+6y=1 & \cdots ㉡ \end{cases}$
㉠-㉡$\times 2$를 하면 $-9x=-1$ $\therefore x=\dfrac{1}{9}$
$x=\dfrac{1}{9}$을 ㉠에 대입하면 $\dfrac{1}{3}+12y=1$
$12y=\dfrac{2}{3}$ $\therefore y=\dfrac{1}{18}$
따라서 원호가 혼자 하면 작업을 완성하는 데 18일이 걸린다.

참고 원호가 하루에 할 수 있는 일의 양은 $\dfrac{1}{18}$이므로
$\dfrac{1}{18}\times$(일한 날수)$=1$에서 (일한 날수)$=18$(일)이다.

99 답 **6일**
전체 일의 양을 1이라 하고, A, B가 하루에 할 수 있는 일의 양을 각각 x, y라고 하면
$\begin{cases} 3x+9y=1 & \cdots ㉠ \\ 4x+6y=1 & \cdots ㉡ \end{cases}$
㉠$\times 4$-㉡$\times 3$을 하면 $18y=1$ $\therefore y=\dfrac{1}{18}$
$y=\dfrac{1}{18}$을 ㉠에 대입하면 $3x+\dfrac{1}{2}=1$
$3x=\dfrac{1}{2}$ $\therefore x=\dfrac{1}{6}$
따라서 A가 혼자 하여 일을 마치려면 6일이 걸린다.

100 답 **⑤**
물탱크에 물이 가득 찼을 때의 물의 양을 1이라 하고, A, B 호스로 1시간 동안 뺄 수 있는 물의 양을 각각 x, y라고 하면
$\begin{cases} 2x+5y=1 & \cdots ㉠ \\ 4x+4y=1 & \cdots ㉡ \end{cases}$
㉠$\times 2$-㉡을 하면 $6y=1$ $\therefore y=\dfrac{1}{6}$
$y=\dfrac{1}{6}$을 ㉠에 대입하면 $2x+\dfrac{5}{6}=1$
$2x=\dfrac{1}{6}$ $\therefore x=\dfrac{1}{12}$
따라서 B 호스로만 물을 모두 빼는 데는 6시간이 걸린다.

101 답 ⑤

8 %의 설탕물의 양을 x g, 12 %의 설탕물의 양을 y g이라고 하면

$$\begin{cases} x+y=500 \\ \dfrac{8}{100}x+\dfrac{12}{100}y=\dfrac{9}{100}\times 500 \end{cases}, \ \text{즉} \begin{cases} x+y=500 & \cdots \text{㉠} \\ 2x+3y=1125 & \cdots \text{㉡} \end{cases}$$

㉠$\times 2-$㉡을 하면 $-y=-125$ $\qquad \therefore y=125$

$y=125$를 ㉠에 대입하면 $x+125=500$ $\qquad \therefore x=375$

따라서 8 %의 설탕물은 375 g을 섞어야 한다.

102 답 **114 g**

2 %의 소금물의 양을 x g, 10 %의 소금물의 양을 y g이라고 하면

$$\begin{cases} x+y+56=200 \\ \dfrac{2}{100}x+\dfrac{10}{100}y=\dfrac{6}{100}\times 200 \end{cases}, \ \text{즉} \begin{cases} x+y=144 & \cdots \text{㉠} \\ x+5y=600 & \cdots \text{㉡} \end{cases}$$

㉠$-$㉡을 하면 $-4y=-456$ $\qquad \therefore y=114$

$y=114$를 ㉠에 대입하면 $x+114=144$ $\qquad \therefore x=30$

따라서 10 %의 소금물의 양은 114 g이다.

103 답 **100 g**

8 %의 소금물의 양을 x g, 더 넣은 소금의 양을 y g이라고 하면

$$\begin{cases} x+y=400 \\ \dfrac{8}{100}x+y=\dfrac{31}{100}\times 400 \end{cases}, \ \text{즉} \begin{cases} x+y=400 & \cdots \text{㉠} \\ 2x+25y=3100 & \cdots \text{㉡} \end{cases}$$

㉠$\times 2-$㉡을 하면 $-23y=-2300$ $\qquad \therefore y=100$

$y=100$을 ㉠에 대입하면 $x+100=400$ $\qquad \therefore x=300$

따라서 더 넣은 소금의 양은 100 g이다.

104 답 **100 g**

섭취한 A 식품의 양을 x g, B 식품의 양을 y g이라고 하면

$$\begin{cases} x+y=160 \\ \dfrac{250}{100}x+\dfrac{150}{100}y=300 \end{cases}, \ \text{즉} \begin{cases} x+y=160 & \cdots \text{㉠} \\ 5x+3y=600 & \cdots \text{㉡} \end{cases}$$

㉠$\times 3-$㉡을 하면 $-2x=-120$ $\qquad \therefore x=60$

$x=60$을 ㉠에 대입하면 $60+y=160$ $\qquad \therefore y=100$

따라서 섭취한 B 식품의 양은 100 g이다.

105 답 **50 g**

먹어야 하는 A 식품의 양을 x g, B 식품의 양을 y g이라고 하면

$$\begin{cases} \dfrac{20}{100}x+\dfrac{20}{100}y=40 \\ \dfrac{30}{100}x+\dfrac{10}{100}y=30 \end{cases}, \ \text{즉} \begin{cases} x+y=200 & \cdots \text{㉠} \\ 3x+y=300 & \cdots \text{㉡} \end{cases}$$

㉠$-$㉡을 하면 $-2x=-100$ $\qquad \therefore x=50$

$x=50$을 ㉠에 대입하면 $50+y=200$ $\qquad \therefore y=150$

따라서 A 식품은 50 g을 먹어야 한다.

106 답 ②

필요한 A 합금의 양을 x g, B 합금의 양을 y g이라고 하면

$$\begin{cases} \dfrac{1}{2}x+\dfrac{3}{4}y=\dfrac{2}{3}\times 420 \\ \dfrac{1}{2}x+\dfrac{1}{4}y=\dfrac{1}{3}\times 420 \end{cases}, \ \text{즉} \begin{cases} 2x+3y=1120 & \cdots \text{㉠} \\ 2x+y=560 & \cdots \text{㉡} \end{cases}$$

㉠$-$㉡을 하면 $2y=560$ $\qquad \therefore y=280$

$y=280$를 ㉡에 대입하면 $2x+280=560$

$2x=280$ $\qquad \therefore x=140$

따라서 필요한 A 합금의 양은 140 g, B 합금의 양은 280 g이다.

107 답 **12**

$$\begin{cases} ax+5y=9 & \cdots \text{㉠} \\ -ax+by=4 & \cdots \text{㉡} \end{cases}$$

㉠$+$㉡을 하면 $(5+b)y=13$ $\qquad \therefore y=\dfrac{13}{5+b}$

이때 b, y가 자연수이므로 $5+b=13$ $\qquad \therefore b=8$, $y=1$

$y=1$을 ㉠에 대입하면 $ax+5=9$, $ax=4$ $\qquad \therefore x=\dfrac{4}{a}$

이때 a, x가 자연수이고, $a>2$이므로 $a=4$, $x=1$

$\therefore a+b=4+8=12$

108 답 $\dfrac{1}{2}$

$5^m=5^{3n}\times 5$에서 $5^m=5^{3n+1}$이므로 $m=3n+1$

$\therefore x=3y+1$ $\cdots \text{㉠}$

주어진 방정식을 연립방정식으로 나타내면

$$\begin{cases} \dfrac{x}{4}-\dfrac{y}{2}+a=1 \\ \dfrac{x}{6}+\dfrac{2y-1}{3}=1 \end{cases}, \ \text{즉} \begin{cases} x-2y=4-4a & \cdots \text{㉡} \\ x+4y=8 & \cdots \text{㉢} \end{cases}$$

이때 ㉠을 ㉢에 대입하면 $(3y+1)+4y=8$

$7y=7$ $\qquad \therefore y=1$

$y=1$을 ㉠에 대입하면 $x=3+1=4$

따라서 $x=4$, $y=1$을 ㉡에 대입하면

$4-2=4-4a$, $4a=2$ $\qquad \therefore a=\dfrac{1}{2}$

1
① x의 차수가 2이므로 일차방정식이 아니다.
② xy는 x, y에 대한 차수가 2이므로 일차방정식이 아니다.
④ $4x+7=0$이므로 미지수가 1개인 일차방정식이다.
⑤ $x^2-3x+y+5=0$이므로 x의 차수가 2이다.
　　즉, 일차방정식이 아니다.
따라서 미지수가 2개인 일차방정식은 ③이다.

참고 ② xy에서 x에 대한 차수는 1, y에 대한 차수는 1이지만 x, y에 대한 차수는 2이다.

2
$x+5y=16$에 $y=1$, 2, 3, …를 차례로 대입하여 x의 값도 자연수인 해를 구하면 $(11, 1)$, $(6, 2)$, $(1, 3)$의 3개이다.

3
$x=k$, $y=k+1$을 $4x+y=-34$에 대입하면
$4k+(k+1)=-34$, $5k=-35$　　∴ $k=-7$

4
$x=3$, $y=5$를 주어진 연립방정식에 각각 대입하면
① $\begin{cases} 3+5=8 \\ 3-5\neq2 \end{cases}$
② $\begin{cases} 3-2\times5\neq7 \\ 5\times3-5=10 \end{cases}$
③ $\begin{cases} 3\times3-5\neq5 \\ 3-4\times5\neq-11 \end{cases}$
④ $\begin{cases} 2\times3+5=11 \\ 3+3\times5=18 \end{cases}$
⑤ $\begin{cases} -3\times3+2\times5\neq-1 \\ 2\times3-3\times5=-9 \end{cases}$
따라서 $x=3$, $y=5$가 해인 것은 ④이다.

5
$x=2$, $y=n$을 $5x+y=2$에 대입하면
$10+n=2$　　∴ $n=-8$
따라서 $x=2$, $y=-8$을 $3x-my=14$에 대입하면
$6+8m=14$, $8m=8$　　∴ $m=1$

6
$\begin{cases} y=2x-1 & \cdots ㉠ \\ 3x+y=9 & \cdots ㉡ \end{cases}$
㉠을 ㉡에 대입하면 $3x+(2x-1)=9$
$5x=10$　　∴ $x=2$
$x=2$를 ㉠에 대입하면 $y=4-1=3$
$x=2$, $y=3$을 주어진 일차방정식에 각각 대입하면
① $2+2\times3\neq7$
② $2\times2+3\neq16$
③ $3\times2-3\neq8$
④ $-2+2\times3=4$
⑤ $4\times2-3\times3\neq-5$
따라서 주어진 연립방정식의 해를 한 해로 갖는 일차방정식은 ④이다.

7
$x=3$, $y=8$을 $ax+by=7$에 대입하면
$3a+8b=7$　　$\cdots ㉠$

(우측 단)

$x=-5$, $y=-4$를 $ax+by=7$에 대입하면
$-5a-4b=7$　　$\cdots ㉡$
㉠$+$㉡$\times2$를 하면 $-7a=21$　　∴ $a=-3$　　$\cdots$ (i)
$a=-3$을 ㉠에 대입하면 $-9+8b=7$
$8b=16$　　∴ $b=2$　　$\cdots$ (ii)
∴ $a-b=-3-2=-5$　　$\cdots$ (iii)

채점 기준	비율
(i) a의 값 구하기	40 %
(ii) b의 값 구하기	40 %
(iii) $a-b$의 값 구하기	20 %

8
$\begin{cases} \dfrac{1}{3}x+\dfrac{1}{2}y=\dfrac{1}{2} & \cdots ㉠ \\ 5x-2(3x+y)=-1 & \cdots ㉡ \end{cases}$
㉠$\times6$을 하면 $2x+3y=3$　　$\cdots ㉢$
㉡을 정리하면 $-x-2y=-1$　　$\cdots ㉣$
㉢$+$㉣$\times2$를 하면 $-y=1$　　∴ $y=-1$
$y=-1$을 ㉣에 대입하면 $-x+2=-1$　　∴ $x=3$

9
주어진 방정식을 연립방정식으로 나타내면
$\begin{cases} \dfrac{2x-y}{3}=5 & \cdots ㉠ \\ \dfrac{3x+y}{2}=5 & \cdots ㉡ \end{cases}$
㉠$\times3$을 하면 $2x-y=15$　　$\cdots ㉢$
㉡$\times2$를 하면 $3x+y=10$　　$\cdots ㉣$
㉢$+$㉣을 하면 $5x=25$　　∴ $x=5$
$x=5$를 ㉣에 대입하면 $15+y=10$　　∴ $y=-5$

10
주어진 연립방정식의 해는 세 방정식을 모두 만족시키므로
연립방정식 $\begin{cases} x+2y=7 & \cdots ㉠ \\ 3x-2y=13 & \cdots ㉡ \end{cases}$ 의 해와 같다.
㉠$+$㉡을 하면 $4x=20$　　∴ $x=5$
$x=5$를 ㉠에 대입하면 $5+2y=7$
$2y=2$　　∴ $y=1$
따라서 $x=5$, $y=1$을 $3x-y=k$에 대입하면
$15-1=k$　　∴ $k=14$

11
처음 직사각형의 가로의 길이를 x cm, 세로의 길이를 y cm라고 하면
$\begin{cases} 2(x+y)=26 \\ 2\{(x-2)+2y\}=28 \end{cases}$, 즉 $\begin{cases} x+y=13 & \cdots ㉠ \\ x+2y=16 & \cdots ㉡ \end{cases}$
㉠$-$㉡을 하면 $-y=-3$　　∴ $y=3$
$y=3$을 ㉠에 대입하면 $x+3=13$　　∴ $x=10$
따라서 처음 직사각형의 세로의 길이는 3 cm이다.

12
닭의 수를 x마리, 돼지의 수를 y마리라고 하면
$\begin{cases} x+y=30 \\ 2x+4y=96 \end{cases}$, 즉 $\begin{cases} x+y=30 & \cdots ㉠ \\ x+2y=48 & \cdots ㉡ \end{cases}$
㉠$-$㉡을 하면 $-y=-18$　　∴ $y=18$

$y=18$을 ㉠에 대입하면 $x+18=30$ $\therefore x=12$
따라서 농장에서 기르는 돼지는 18마리이다.

13 $x=-5$, $y=-1$을 주어진 연립방정식에 대입하면
$\begin{cases} -5a+b=-5 \\ -5b-a=-27 \end{cases}$, 즉 $\begin{cases} -5a+b=-5 & \cdots ㉠ \\ -a-5b=-27 & \cdots ㉡ \end{cases}$
㉠×5+㉡을 하면 $-26a=-52$ $\therefore a=2$
$a=2$를 ㉠에 대입하면 $-10+b=-5$ $\therefore b=5$
$\therefore a+b=2+5=7$

14 $x:y=2:1$이므로 $x=2y$ $\cdots ㉠$
㉠을 $x-3y=k$에 대입하면
$2y-3y=k$ $\therefore y=-k$ $\cdots ㉡$
㉠을 $3x-2y=3-k$에 대입하면
$6y-2y=3-k$, $4y=3-k$
$\therefore y=\dfrac{3-k}{4}$ $\cdots ㉢$
㉡, ㉢에서 $-k=\dfrac{3-k}{4}$, $-4k=3-k$
$-3k=3$ $\therefore k=-1$

15 $\begin{cases} 5x+y=-3 & \cdots ㉠ \\ -x+3y=7 & \cdots ㉡ \end{cases}$
㉠×3-㉡을 하면 $16x=-16$ $\therefore x=-1$
$x=-1$을 ㉠에 대입하면 $-5+y=-3$ $\therefore y=2$
$x=-1$, $y=2$를 $ax+3y=5$에 대입하면
$-a+6=5$ $\therefore a=1$
$x=-1$, $y=2$를 $2x-by=4$에 대입하면
$-2-2b=4$, $-2b=6$ $\therefore b=-3$
$\therefore a-b=1-(-3)=4$

16 $\begin{cases} 2x+ay=3 & \cdots ㉠ \\ 4x-8y=b & \cdots ㉡ \end{cases}$
㉠×2를 하면 $4x+2ay=6$ $\cdots ㉢$
(ⅰ) 해가 무수히 많으려면 ㉡과 ㉢이 일치해야 하므로
　$-8=2a$, $b=6$ $\therefore a=-4$, $b=6$
(ⅱ) 해가 없으려면 ㉡과 ㉢에서 x, y의 계수는 각각 같고,
　상수항은 달라야 하므로
　$-8=2a$, $b\neq6$ $\therefore a=-4$, $b\neq6$
(ⅰ), (ⅱ) 이외의 경우에는 한 쌍의 해가 존재하므로 옳은 것은 ㄴ, ㄷ이다.

17 비밀번호의 백의 자리의 숫자를 x, 일의 자리의 숫자를 y라고 하면
$\begin{cases} x+y=9 \\ 100y+90+x=(100x+90+y)-297 \end{cases}$
즉, $\begin{cases} x+y=9 & \cdots ㉠ \\ x-y=3 & \cdots ㉡ \end{cases}$
㉠+㉡을 하면 $2x=12$ $\therefore x=6$
$x=6$을 ㉠에 대입하면 $6+y=9$ $\therefore y=3$
따라서 사물함의 비밀번호는 693이다.

18 색연필의 구매 금액이 2400원이고, 그 단가가 800원이므로 구입한 색연필의 수는 3자루이다.
이때 구입한 볼펜의 수를 x자루, 형광펜의 수를 y자루라고 하면 모두 13자루를 구입했으므로
$x+3+2+y=13$ $\therefore x+y=8$ $\cdots ㉠$
합계 금액이 10000원이므로
$500x+2400+2000+900y=10000$
$500x+900y=5600$ $\therefore 5x+9y=56$ $\cdots ㉡$
㉠×5-㉡을 하면 $-4y=-16$ $\therefore y=4$
$y=4$를 ㉠에 대입하면 $x+4=8$ $\therefore x=4$
따라서 구입한 볼펜의 수는 4자루이다.

19 A가 이긴 횟수를 x회, 진 횟수를 y회라고 하면
B가 이긴 횟수는 y회, 진 횟수는 x회이므로
$\begin{cases} 4x-3y=15 \\ 4y-3x=1 \end{cases}$, 즉 $\begin{cases} 4x-3y=15 & \cdots ㉠ \\ -3x+4y=1 & \cdots ㉡ \end{cases}$
㉠×3+㉡×4를 하면 $7y=49$ $\therefore y=7$
$y=7$을 ㉡에 대입하면 $-3x+28=1$
$-3x=-27$ $\therefore x=9$
따라서 A가 이긴 횟수는 9번, 진 횟수는 7번이므로 두 사람은 가위바위보를 모두 $9+7=16$(번) 하였다.

20 자전거를 타고 간 거리를 x km, 걸어간 거리를 y km라고 하면
$\begin{cases} x+y=9 \\ \dfrac{x}{15}+\dfrac{y}{4}=1\dfrac{20}{60} \end{cases}$, 즉 $\begin{cases} x+y=9 & \cdots ㉠ \\ 4x+15y=80 & \cdots ㉡ \end{cases}$
㉠×4-㉡을 하면 $-11y=-44$ $\therefore y=4$
$y=4$를 ㉠에 대입하면 $x+4=9$ $\therefore x=5$
따라서 자전거를 타고 간 거리는 5 km이다.

21 $x=10$, $y=15$는 $ax+by=5$의 해이므로
$10a+15b=5$ $\therefore 2a+3b=1$ $\cdots ㉠$
$x=-2$, $y=3$은 $ax+by=5$의 해이므로
$-2a+3b=5$ $\cdots ㉡$
㉠+㉡을 하면 $6b=6$ $\therefore b=1$
$b=1$을 ㉠에 대입하면 $2a+3=1$
$2a=-2$ $\therefore a=-1$
또 $x=-2$, $y=3$은 $cx-y=15$의 해이므로
$-2c-3=15$, $-2c=18$ $\therefore c=-9$
$\therefore a+b+c=-1+1-9=-9$

22 제품 ㉮를 x개, 제품 ㉯를 y개 만들었다고 하면
$\begin{cases} 4x+6y=62 \\ 3x+5y=50 \end{cases}$, 즉 $\begin{cases} 2x+3y=31 & \cdots ㉠ \\ 3x+5y=50 & \cdots ㉡ \end{cases}$
㉠×3-㉡×2를 하면 $-y=-7$ $\therefore y=7$
$y=7$을 ㉠에 대입하면 $2x+21=31$
$2x=10$ $\therefore x=5$
따라서 제품 ㉮를 5개, 제품 ㉯를 7개 만들었으므로 전체 이익은 $5\times5+7\times6=67$(만 원)

23 A 기계 1대, B 기계 1대가 1분 동안 만들 수 있는 물건의
개수를 각각 x개, y개라고 하면
$$\begin{cases} (3x+4y) \times 3 = 120 \\ (4x+2y) \times 4 = 120 \end{cases}, \ \ 즉 \ \ \begin{cases} 3x+4y = 40 & \cdots \ \text{㉠} \\ 2x+y = 15 & \cdots \ \text{㉡} \end{cases}$$
㉠$-$㉡$\times 4$를 하면 $-5x = -20$ $\quad \therefore \ x = 4$
$x = 4$를 ㉡에 대입하면 $8+y = 15$ $\quad \therefore \ y = 7$
이때 A 기계 1대와 B 기계 8대를 동시에 사용하여 물건
120개를 만드는 데 걸리는 시간을 a분이라고 하면
$(1 \times 4 + 8 \times 7) \times a = 120$
$60a = 120$ $\quad \therefore \ a = 2$
따라서 2분이 걸린다.

유형 1~2 P. 82

1 답 ⑤

① $y=10x$ ⇨ 정비례 관계이므로 y는 x의 함수이다.

② $y=\dfrac{8}{x}$ ⇨ 반비례 관계이므로 y는 x의 함수이다.

③ $y=5x$ ⇨ 정비례 관계이므로 y는 x의 함수이다.

④ $y=700x$ ⇨ 정비례 관계이므로 y는 x의 함수이다.

⑤ $x=2$일 때, y의 값이 1, 3, 5, …로 2개 이상이므로 x의 값 하나에 y의 값이 오직 하나씩 대응하지 않는다.

   즉, y는 x의 함수가 아니다.

따라서 y가 x의 함수가 아닌 것은 ⑤이다.

2 답 ④

ㄱ.

x	1	2	3	4	5	6	7	…
y	1	2	3	4	5	0	1	…

x의 값이 변함에 따라 y의 값이 오직 하나씩 대응하므로 y는 x의 함수이다.

ㄴ.

x	0	1	2	3	…
y	0	$-1, 1$	$-2, 2$	$-3, 3$	…

$x=1$일 때, y의 값이 -1, 1의 2개이므로 x의 값 하나에 y의 값이 오직 하나 대응하지 않는다.

즉, y는 x의 함수가 아니다.

ㄷ.

x	1	2	3	4	…
y	3	4	1, 5	2, 6	…

$x=3$일 때, y의 값이 1, 5의 2개이므로 x의 값 하나에 y의 값이 오직 하나씩 대응하지 않는다.

즉, y는 x의 함수가 아니다.

ㄹ. $y=10x$ ⇨ 정비례 관계이므로 y는 x의 함수이다.

ㅁ. $y=45+x$ ⇨ $y=(x$에 대한 일차식) 꼴이므로 y는 x의 함수이다.

따라서 y가 x의 함수인 것은 ㄱ, ㄹ, ㅁ이다.

3 답 ②

$f(-6)=\dfrac{3}{-6}=-\dfrac{1}{2}$, $f(12)=\dfrac{3}{12}=\dfrac{1}{4}$

$\therefore f(-6)-f(12)=-\dfrac{1}{2}-\dfrac{1}{4}=-\dfrac{3}{4}$

4 답 3

13 이하의 소수는 2, 3, 5, 7, 11, 13의 6개이므로

$f(13)=6$

6 이하의 소수는 2, 3, 5의 3개이므로

$f(6)=3$

$\therefore f(13)-f(6)=6-3=3$

5 답 2

$f(-2)=-2a=1$ $\quad \therefore a=-\dfrac{1}{2}$ … (i)

즉, $f(x)=-\dfrac{1}{2}x$이므로

$f(1)=-\dfrac{1}{2}\times 1=-\dfrac{1}{2}$

$f(-5)=-\dfrac{1}{2}\times(-5)=\dfrac{5}{2}$ … (ii)

$\therefore f(1)+f(-5)=-\dfrac{1}{2}+\dfrac{5}{2}=2$ … (iii)

채점 기준	비율
(i) a의 값 구하기	40 %
(ii) $f(1)$, $f(-5)$의 값 구하기	40 %
(iii) $f(1)+f(-5)$의 값 구하기	20 %

6 답 3

$f(2)=\dfrac{a}{2}=-3$ $\quad \therefore a=-6$

즉, $f(x)=-\dfrac{6}{x}$이므로

$f(b)=-\dfrac{6}{b}=12$에서 $12b=-6$ $\quad \therefore b=-\dfrac{1}{2}$

$\therefore ab=-6\times\left(-\dfrac{1}{2}\right)=3$

유형 3~12 P. 83~88

7 답 ㄴ, ㅁ

ㄱ. $y=x^2+2x$에서 $y=(x$에 대한 이차식)이므로 일차함수가 아니다.

ㄴ. $y=x-3$이므로 일차함수이다.

ㄷ. -9는 일차식이 아니므로 $y=-9$는 일차함수가 아니다.

ㄹ. $\dfrac{2}{x}$는 x가 분모에 있으므로 일차식이 아니다.

   즉, $y=\dfrac{2}{x}+4$는 일차함수가 아니다.

ㅁ. $y=2x-3$이므로 일차함수이다.

따라서 일차함수는 ㄴ, ㅁ이다.

8 답 ③, ④, ⑦

① $y=5x$이므로 일차함수이다.

② $y=\dfrac{1}{2}\times(x+2x)\times 4$에서 $y=6x$이므로 일차함수이다.

③ $y=\dfrac{700}{x}$이고, $\dfrac{700}{x}$은 x가 분모에 있으므로 일차식이 아니다. 즉, $y=\dfrac{700}{x}$은 일차함수가 아니다.

④ $y=4x^2$에서 $y=(x$에 대한 이차식)이므로 일차함수가 아니다.

⑤ $y=20-0.5x$이므로 일차함수이다.

⑥ $y=40-4x$이므로 일차함수이다.

⑦ $xy=8000$에서 $y=\dfrac{8000}{x}$이고, $\dfrac{8000}{x}$은 x가 분모에 있으

므로 일차식이 아니다. 즉, $y=\dfrac{8000}{x}$은 일차함수가 아니다.

따라서 y가 x의 일차함수가 아닌 것은 ③, ④, ⑦이다.

9 답 ②

$y=(a+5)x-3$이 x에 대한 일차함수이므로

$a+5\neq0$ $\therefore a\neq-5$

따라서 a의 값이 될 수 없는 것은 ②이다.

10 답 ⑤

$f(-2)=1-3\times(-2)=7$, $f(2)=1-3\times2=-5$

$\therefore f(-2)+f(2)=7+(-5)=2$

11 답 **9**

$f(-1)=1+2=3$ $\therefore a=3$

$f(b)=-b+2=8$ $\therefore b=-6$

$\therefore a-b=3-(-6)=9$

12 답 **-10**

$f(2)=\dfrac{3}{2}\times2+a=7$이므로 $a=4$ $\cdots$ (ⅰ)

$\therefore f(x)=\dfrac{3}{2}x+4$

$g(-3)=-3b-5=1$이므로

$-3b=6$ $\therefore b=-2$ $\cdots$ (ⅱ)

$\therefore g(x)=-2x-5$

따라서 $f(-2)=\dfrac{3}{2}\times(-2)+4=1$,

$g(3)=-2\times3-5=-11$이므로 $\cdots$ (ⅲ)

$f(-2)+g(3)=1+(-11)=-10$ $\cdots$ (ⅳ)

채점 기준	비율
(ⅰ) a의 값 구하기	30 %
(ⅱ) b의 값 구하기	30 %
(ⅲ) $f(-2)$, $g(3)$의 값 구하기	30 %
(ⅳ) $f(-2)+g(3)$의 값 구하기	10 %

13 답 **3**

$f(6)=6a+a-3=11$이므로

$7a=14$ $\therefore a=2$

따라서 $f(x)=2x-1$이므로

$f(a)=f(2)=2\times2-1=3$

14 답 ④

$y=2x-3$의 그래프는 $y=2x$의 그래프를 y축의 방향으로 -3만큼 평행이동한 직선이므로 그래프를 바르게 그린 것은 ④이다.

15 답 ②

$y=-4x+2$ $\xrightarrow[\substack{2\text{만큼 평행이동}}]{y\text{축의 방향으로}}$ $y=-4x+2+2$

$\therefore y=-4x+4$

16 답 **-4**

$y=ax-2$의 그래프를 y축의 방향으로 b만큼 평행이동하면

$y=ax-2+b$

즉, $y=ax-2+b$와 $y=3x+5$가 같으므로

$a=3$, $-2+b=5$ $\therefore a=3$, $b=7$

$\therefore a-b=3-7=-4$

17 답 ④

$y=2x-4$에 주어진 점의 좌표를 각각 대입하면

① $-3\neq2\times\left(-\dfrac{1}{2}\right)-4$ ② $4\neq2\times0-4$

③ $1\neq2\times1-4$ ④ $2=2\times3-4$

⑤ $3\neq2\times5-4$

따라서 $y=2x-4$의 그래프 위의 점은 ④이다.

18 답 **-3**

$y=6x+5$에 $x=\dfrac{a}{3}$, $y=3a+8$을 대입하면

$3a+8=2a+5$ $\therefore a=-3$

19 답 ③

$y=ax-3$에 $x=-2$, $y=-4$를 대입하면

$-4=-2a-3$, $2a=1$ $\therefore a=\dfrac{1}{2}$

따라서 $y=\dfrac{1}{2}x-3$에 $x=3k$, $y=k$를 대입하면

$k=\dfrac{3}{2}k-3$, $-\dfrac{1}{2}k=-3$ $\therefore k=6$

20 답 **-3**

$y=\dfrac{1}{3}x$의 그래프를 y축의 방향으로 -5만큼 평행이동하면

$y=\dfrac{1}{3}x-5$ $\cdots$ ㉠

㉠에 $x=6$, $y=a$를 대입하면 $a=2-5=-3$

21 답 **4**

$y=2x-5$의 그래프를 y축의 방향으로 p만큼 평행이동하면

$y=2x-5+p$ $\cdots$ ㉠ $\cdots$ (ⅰ)

㉠의 그래프가 점 $(4, 7)$을 지나므로

㉠에 $x=4$, $y=7$을 대입하면

$7=8-5+p$ $\therefore p=4$ $\cdots$ (ⅱ)

채점 기준	비율
(ⅰ) 평행이동한 그래프가 나타내는 일차함수의 식 구하기	50 %
(ⅱ) p의 값 구하기	50 %

22 답 **1**

$y=ax-3$의 그래프를 y축의 방향으로 b만큼 평행이동하면
$y=ax-3+b$
$y=ax-3+b$에 $x=-2$, $y=-2$를 대입하면
$-2=-2a-3+b$ ∴ $2a-b=-1$ ··· ㉠
$y=ax-3+b$에 $x=4$, $y=1$을 대입하면
$1=4a-3+b$ ∴ $4a+b=4$ ··· ㉡
㉠, ㉡을 연립하여 풀면 $a=\dfrac{1}{2}$, $b=2$
∴ $ab=\dfrac{1}{2}\times 2=1$

23 답 **2**

점 B의 x좌표를 a라고 하면 B$(a, 0)$
점 A가 $y=2x$의 그래프 위의 점이므로 A$(a, 2a)$
즉, $\overline{AB}=2a$이므로 정사각형 ABCD의 한 변의 길이는 $2a$
이다.
$\overline{AD}=\overline{CD}=2a$이므로 D$(3a, 2a)$
$y=-3x+11$의 그래프가 점 D$(3a, 2a)$를 지나므로
$2a=-9a+11$, $11a=11$ ∴ $a=1$
따라서 정사각형 ABCD의 한 변의 길이는
$2a=2\times 1=2$

24 답 **⑤**

주어진 그래프가 x축과 만나는 점의 좌표는 $(6, 0)$, y축과
만나는 점의 좌표는 $(0, 3)$이므로 x절편은 6, y절편은 3이다.

25 답 **5**

$y=\dfrac{1}{2}x-5$에서
$y=0$일 때, $0=\dfrac{1}{2}x-5$ ∴ $x=10$
$x=0$일 때, $y=-5$
따라서 x절편은 10, y절편은 -5이므로 그 합은
$10+(-5)=5$

26 답 **$\dfrac{5}{3}$**

$y=-4x+8$에 $y=0$을 대입하면 $0=-4x+8$ ∴ $x=2$
즉, $y=-4x+8$의 그래프의 x절편이 2이므로
$(a, b)=(2, 0)$
$y=x+\dfrac{1}{3}$의 그래프의 y절편이 $\dfrac{1}{3}$이므로
$(c, d)=\left(0, \dfrac{1}{3}\right)$
∴ $a-b+c-d=2-0+0-\dfrac{1}{3}=\dfrac{5}{3}$

27 답 **6**

$y=-\dfrac{1}{3}x-2$의 그래프를 y축의 방향으로 4만큼 평행이동
하면 $y=-\dfrac{1}{3}x-2+4$ ∴ $y=-\dfrac{1}{3}x+2$

이 식에 $y=0$을 대입하면 $0=-\dfrac{1}{3}x+2$ ∴ $x=6$
따라서 구하는 x절편은 6이다.

28 답 **8**

$y=-2x+a$의 그래프의 x절편이 4이므로
$y=-2x+a$에 $x=4$, $y=0$을 대입하면
$0=-8+a$ ∴ $a=8$

29 답 **④**

$y=-3x+9$에 $y=0$을 대입하면
$0=-3x+9$ ∴ $x=3$
즉, $y=-3x+9$의 그래프의 x절편은 3이다.
따라서 $y=-\dfrac{3}{5}x+a$의 그래프의 y절편이 3이므로
$a=3$

30 답 **-6**

두 그래프가 x축 위에서 만나므로 두 그래프의 x절편이 서로
같다. ··· (i)
$y=-5x+15$에 $y=0$을 대입하면
$0=-5x+15$ ∴ $x=3$
즉, 두 그래프의 x절편은 3이므로 ··· (ii)
$y=2x+k$에 $x=3$, $y=0$을 대입하면
$0=6+k$ ∴ $k=-6$ ··· (iii)

채점 기준	비율
(i) 두 그래프의 x절편이 같음을 설명하기	20 %
(ii) 두 그래프의 x절편 구하기	40 %
(iii) k의 값 구하기	40 %

31 답 **-1**

$y=-\dfrac{3}{2}x-1$의 그래프의 기울기는 $-\dfrac{3}{2}$이므로 $a=-\dfrac{3}{2}$
$y=-\dfrac{3}{2}x-1$에서
$y=0$일 때, $0=-\dfrac{3}{2}x-1$ ∴ $x=-\dfrac{2}{3}$
$x=0$일 때, $y=-1$
즉, x절편은 $-\dfrac{2}{3}$, y절편은 -1이므로 $b=-\dfrac{2}{3}$, $c=-1$
∴ $abc=-\dfrac{3}{2}\times\left(-\dfrac{2}{3}\right)\times(-1)=-1$

32 답 **③**

x의 값이 4만큼 증가할 때, y의 값은 2만큼 감소하므로
(기울기)$=\dfrac{-2}{4}=-\dfrac{1}{2}$

33 답 **①**

(기울기)$=\dfrac{(y\text{의 값의 증가량})}{(x\text{의 값의 증가량})}=\dfrac{-8}{2}=-4$
따라서 기울기가 -4인 것을 찾으면 ① $y=-4x+3$이다.

34 답 ①

$(기울기) = \dfrac{(y의\ 값의\ 증가량)}{5} = \dfrac{2}{3}$

$\therefore (y의\ 값의\ 증가량) = \dfrac{10}{3}$

35 답 **6**

$(기울기) = \dfrac{(y의\ 값의\ 증가량)}{(x의\ 값의\ 증가량)} = \dfrac{4-(-2)}{k-3} = 2$이므로

$2k-6 = 6,\ 2k = 12$ $\therefore k = 6$

36 답 **−5**

x의 값이 4만큼 증가할 때, y의 값은 6만큼 감소하므로

$(기울기) = \dfrac{-6}{4} = -\dfrac{3}{2}$ $\therefore a = -\dfrac{3}{2}$ $\cdots$ (i)

따라서 $y = -\dfrac{3}{2}x + 1$의 그래프가 점 $(4,\ b)$를 지나므로

$y = -\dfrac{3}{2}x + 1$에 $x = 4,\ y = b$를 대입하면

$b = -6 + 1 = -5$ $\cdots$ (ii)

채점 기준	비율
(i) a의 값 구하기	50 %
(ii) b의 값 구하기	50 %

37 답 **7**

$\dfrac{f(2)-f(6)}{2-6} = \dfrac{(y의\ 값의\ 증가량)}{(x의\ 값의\ 증가량)}$

$= (기울기) = 7$

다른 풀이

$\dfrac{f(2)-f(6)}{2-6} = \dfrac{(7\times2+1)-(7\times6+1)}{2-6}$

$= \dfrac{15-43}{-4} = 7$

38 답 **1**

$(기울기) = \dfrac{4-(-5)}{6-(-3)} = \dfrac{9}{9} = 1$

39 답 $-\dfrac{4}{3}$

주어진 그래프가 두 점 $(-3,\ 6),\ (0,\ 2)$를 지나므로

$(기울기) = \dfrac{2-6}{0-(-3)} = -\dfrac{4}{3}$

40 답 **24**

$(기울기) = \dfrac{8-k}{-3-1} = 4$이므로

$8 - k = -16$ $\therefore k = 24$

41 답 **0**

주어진 세 점이 한 직선 위에 있으므로 두 점 $(-1,\ 6)$, $(3,\ -2)$를 지나는 직선의 기울기와 두 점 $(2,\ a)$, $(3,\ -2)$를 지나는 직선의 기울기는 같다.

즉, $\dfrac{-2-6}{3-(-1)} = \dfrac{-2-a}{3-2}$이므로 $\cdots$ (i)

$\dfrac{-8}{4} = -2 - a,\ -2 - a = -2$

$\therefore a = 0$ $\cdots$ (ii)

채점 기준	비율
(i) a의 값을 구하는 식 세우기	60 %
(ii) a의 값 구하기	40 %

42 답 **제4사분면**

x절편이 -8, y절편이 6인 일차함수의 그래프를 그리면 오른쪽 그림과 같다. 따라서 이 그래프가 지나지 않는 사분면은 제4사분면이다.

43 답 **풀이 참조**

$y = -\dfrac{4}{3}x + 5$의 그래프는 y절편이 5이므로 점 $(0,\ 5)$를 지난다. 이때 기울기가 $-\dfrac{4}{3}$이므로 점 $(0,\ 5)$에서 x의 값이 3만큼 증가하고 y의 값이 4만큼 감소한 점 $(3,\ 1)$을 지난다.

따라서 두 점 $(0,\ 5),\ (3,\ 1)$을 지나는 직선을 그리면 오른쪽 그림과 같다.

44 답 ①

$y = \dfrac{3}{2}x - 3$에서

$y = 0$일 때, $0 = \dfrac{3}{2}x - 3$ $\therefore x = 2$

$x = 0$일 때, $y = -3$

따라서 x절편이 2, y절편이 -3이므로 그래프는 ①이다.

다른 풀이

$y = \dfrac{3}{2}x - 3$의 그래프는 y절편이 -3이므로 점 $(0,\ -3)$을 지난다. 이때 기울기가 $\dfrac{3}{2}$이므로 점 $(0,\ -3)$에서 x의 값이 2만큼, y의 값이 3만큼 증가한 점 $(2,\ 0)$을 지난다.

따라서 그래프는 ①이다.

45 답 **8**

$y = -x + 4$의 그래프의 x절편은 4, y절편은 4이므로 그래프는 오른쪽 그림과 같다.

따라서 구하는 도형의 넓이는

$\dfrac{1}{2} \times 4 \times 4 = 8$

46 답 $\dfrac{5}{12}$

$y=ax+5$의 그래프의 x절편은 $-\dfrac{5}{a}$,

y절편은 5이고, $a>0$에서 $-\dfrac{5}{a}<0$이므

로 그래프는 오른쪽 그림과 같다.

이때 색칠한 부분의 넓이가 30이므로

$\dfrac{1}{2}\times\dfrac{5}{a}\times5=30$, $\dfrac{25}{2a}=30$ $\therefore a=\dfrac{5}{12}$

[다른 풀이]

$y=ax+5$의 그래프에서 기울기 a는 양

수이고, y절편은 5이므로 그래프는 오른

쪽 그림과 같다.

이때 $\triangle AOB=\dfrac{1}{2}\times\overline{AO}\times5=30$이므로

$\overline{AO}=12$ $\therefore A(-12,0)$

$y=ax+5$의 그래프가 점 $A(-12,0)$을 지나므로

$0=-12a+5$ $\therefore a=\dfrac{5}{12}$

47 답 5

$y=x+2$의 그래프의 x절편은

-2이고, $y=-\dfrac{2}{3}x+2$의 그래

프의 x절편은 3이고, 두 그래프

의 y절편은 2이다.

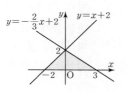

따라서 구하는 도형의 넓이는

$\dfrac{1}{2}\times\{3-(-2)\}\times2=5$

48 답 $\dfrac{8}{5}$

$y=\dfrac{1}{5}x+2$의 그래프의 x절편은 -10, y절편은 2이므로

$A(-10,0)$, $B(0,2)$

이때 $\triangle ABC$의 넓이가 10이므로

$\dfrac{1}{2}\times\overline{BC}\times10=10$ $\therefore \overline{BC}=2$

즉, $C(0,4)$이므로 $b=4$

따라서 $y=ax+4$의 그래프가 점 $A(-10,0)$을 지나므로

$0=-10a+4$, $10a=4$ $\therefore a=\dfrac{2}{5}$

$\therefore ab=\dfrac{2}{5}\times4=\dfrac{8}{5}$

유형 **13～20** P. 89～94

49 답 ②, ③

x의 값이 증가할 때 y의 값이 감소하는 것은 기울기가 음수

인 ②, ③이다.

50 답 (1) ㄷ (2) ㄱ (3) ㄹ

(1) 기울기가 양수이고, y절편이 음수인 것이므로 ㄷ이다.

(2) 기울기의 절댓값이 가장 작은 것이므로 ㄱ이다.

(3) 기울기의 절댓값이 가장 큰 것이므로 ㄹ이다.

[참고] 기울기의 절댓값이 클수록 그래프는 y축에 가깝고,

기울기의 절댓값이 작을수록 그래프는 x축에 가깝다.

51 답 ③

제1사분면을 지나지 않는

일차함수의 그래프는 오른

쪽 그림과 같이 기울기는 음

수이고, y절편은 0이거나

음수인 것이므로 ③이다.

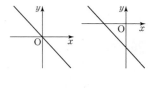

52 답 ㄱ, ㄷ

ㄱ. x축과 만나는 점이 가장 오른쪽에 있는 것이므로 ⑤이

다.

ㄴ. 기울기가 양수인 그래프, 즉 오른쪽 위로 향하는 직선

중에서 y축에 가장 가까운 것이므로 ④이다.

ㄷ. 기울기가 음수인 그래프, 즉 오른쪽 아래로 향하는 직선

중에서 y축에 가장 가까운 것이므로 ③이다.

ㄹ. 그래프가 오른쪽 위로 향하는 것이므로 ④, ⑤이다.

따라서 옳은 것은 ㄱ, ㄷ이다.

53 답 ④

① (기울기)$=-2<0$이므로 오른쪽 아래로 향하는 직선이다.

②, ③ $y=-2x+3$의 그래프의 x절편은

$\dfrac{3}{2}$, y절편은 3이므로 그래프는 오른쪽

그림과 같다.

즉, 제1, 2, 4사분면을 지난다.

④ 기울기가 $-2\left(=\dfrac{-4}{2}\right)$이므로 x의 값이 2만큼 증가할 때,

y의 값은 4만큼 감소한다.

따라서 옳지 않은 것은 ④이다.

54 답 ①, ③, ⑤, ⑦

① $a=0$이면 $y=b$이므로 일차함수가 아니다.

② $y=ax+b$에 $x=-1$을 대입하면 $y=-a+b$

즉, 점 $(-1,-a+b)$를 지난다.

④ x절편은 $-\dfrac{b}{a}$, y절편은 b이다.

⑤ 기울기가 $a\left(=\dfrac{a}{1}\right)$이므로 x의 값이 1만큼 증가할 때, y의

값은 a만큼 증가한다.

⑥ $a>0$이면 오른쪽 위로 향하는 직선이다.

⑦ $b<0$이면 그래프가 y축과 음의 부분에서 만나므로 제3,

4사분면을 반드시 지난다.

⑧ a의 절댓값이 클수록 y축에 가깝다.

따라서 항상 옳은 것은 ①, ③, ⑤, ⑦이다.

55 답 ③

$y=mx+n$의 그래프에서
(기울기)$=m<0$, (y절편)$=n>0$
$y=mx+n$의 그래프는 오른쪽 그림과
같으므로 제3사분면을 지나지 않는다.

56 답 (1) ④, ⑤ (2) ①, ②, ③ (3) ③, ④ (4) ①, ②, ⑤

(1) $a>0$이면 오른쪽 위로 향하는 직선이다.
(2) $a<0$이면 오른쪽 아래로 향하는 직선이다.
(3) $b>0$이면 y축과 양의 부분에서 만난다.
(4) $b<0$이면 y축과 음의 부분에서 만난다.

57 답 $a<0$, $b>0$

$y=ax-b$의 그래프가 오른쪽 아래로 향하는 직선이므로
(기울기)$=a<0$
y축과 음의 부분에서 만나므로
(y절편)$=-b<0$ ∴ $b>0$

58 답 ⑤

$y=ax+b$의 그래프가 오른쪽 위로 향하는 직선이므로
(기울기)$=a>0$
y축과 양의 부분에서 만나므로 (y절편)$=b>0$
따라서 $y=bx-a$의 그래프에서
(기울기)$=b>0$, (y절편)$=-a<0$이므로
$y=bx-a$의 그래프로 알맞은 것은 ⑤이다.

59 답 ①

점 $(ab, a-b)$가 제3사분면 위의 점이므로
$ab<0$, $a-b<0$
$ab<0$에서 a와 b는 서로 다른 부호이고,
$a-b<0$에서 $a<b$이므로 $a<0$, $b>0$
$y=\dfrac{1}{a}x-(b-a)$의 그래프에서

(기울기)$=\dfrac{1}{a}<0$, (y절편)$=-(b-a)=a-b<0$

따라서 $y=\dfrac{1}{a}x-(b-a)$의 그래프는 오
른쪽 그림과 같으므로 제1사분면을 지나
지 않는다.

60 답 제2사분면

$ab<0$이므로 a와 b는 서로 다른 부호이고,
$ac>0$이므로 a와 c는 서로 같은 부호이다.
즉, b와 c는 서로 다른 부호이다.   ··· (i)
$y=-\dfrac{b}{a}x+\dfrac{c}{b}$의 그래프에서

(기울기)$=-\dfrac{b}{a}>0$, (y절편)$=\dfrac{c}{b}<0$ ··· (ii)

따라서 $y=-\dfrac{b}{a}x+\dfrac{c}{b}$의 그래프는 오른
쪽 그림과 같으므로 제2사분면을 지나
지 않는다.   ··· (iii)

채점 기준	비율
(i) a, b, c의 부호 사이의 관계 설명하기	30 %
(ii) 주어진 그래프의 기울기와 y절편의 부호 정하기	30 %
(iii) 주어진 그래프가 지나지 않는 사분면 말하기	40 %

61 답 ④

$y=-\dfrac{2}{3}x+5$의 그래프와 평행한 것은 기울기가 $-\dfrac{2}{3}$이고

y절편이 5가 아닌 것이므로 ④이다.

62 답 ④

ㄹ. $y=-2x+2$
그래프가 서로 만나지 않는 것, 즉 평행한 것은 기울기가 같
고 y절편이 다른 ㄴ과 ㄷ이다.

63 답 ①

주어진 그래프의 기울기는 $\dfrac{-2}{2}=-1$, y절편은 2이므로 이

그래프와 평행하려면 기울기는 같고 y절편은 달라야 한다.
따라서 주어진 그림의 그래프와 평행한 것은

① $y=-x+\dfrac{1}{4}$이다.

참고 ② $y=-x+2$의 그래프는 주어진 그림의 그래프와 일치한다.

64 답 2

두 일차함수의 그래프가 서로 평행하려면 기울기가 같아야
하므로
$3a-4=a$, $2a=4$ ∴ $a=2$

65 답 ④

$y=ax+5$와 $y=3x-2$의 그래프가 서로 평행하므로
$a=3$
즉, $y=3x+5$의 그래프가 점 $(1, b)$를 지나므로
$b=3+5=8$
∴ $a+b=3+8=11$

66 답 $-\dfrac{1}{5}$

$y=2ax-\dfrac{1}{2}$과 $y=\dfrac{4}{5}x+b$의 그래프가 일치하므로

$2a=\dfrac{4}{5}$, $-\dfrac{1}{2}=b$ ∴ $a=\dfrac{2}{5}$, $b=-\dfrac{1}{2}$

∴ $ab=\dfrac{2}{5}\times\left(-\dfrac{1}{2}\right)=-\dfrac{1}{5}$

67 답 8

$y=2x-3a+1$의 그래프가 점 $(3, -2)$를 지나므로
$-2=6-3a+1$, $3a=9$ ∴ $a=3$
즉, $y=2x-8$의 그래프를 y축의 방향으로 n만큼 평행이동
하면 $y=2x-8+n$
이 그래프가 $y=bx-5$의 그래프와 일치하므로
$2=b$, $-8+n=-5$ ∴ $b=2$, $n=3$
∴ $a+b+n=3+2+3=8$

68 답 $-\dfrac{3}{2} \le a < 0$ 또는 $0 < a \le \dfrac{1}{3}$

$y=ax+1$의 그래프는 y절편이 1이므
로 오른쪽 그림과 같이 점 $(0, 1)$을 항
상 지난다.

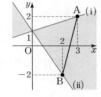

(ⅰ) $y=ax+1$의 그래프가 $\overline{AB}$와 만나
면서 기울기가 가장 클 때는 점
A$(3, 2)$를 지날 때이므로
$2=3a+1$ ∴ $a=\dfrac{1}{3}$

(ⅱ) $y=ax+1$의 그래프가 $\overline{AB}$와 만나면서 기울기가 가장
작을 때는 점 B$(2, -2)$를 지날 때이므로
$-2=2a+1$ ∴ $a=-\dfrac{3}{2}$

이때 $y=ax+1$은 일차함수이므로 $a \neq 0$이고, (ⅰ), (ⅱ)에 의
해 a의 값의 범위는 $-\dfrac{3}{2} \le a < 0$ 또는 $0 < a \le \dfrac{1}{3}$

69 답 $\dfrac{1}{4} \le a \le 3$

$y=ax+2$의 그래프는 y절편이 2이므
로 오른쪽 그림과 같이 점 $(0, 2)$를 항
상 지난다.

(ⅰ) $y=ax+2$의 그래프가 직사각형
ABCD와 만나면서 기울기가 가장
클 때는 점 A$(1, 5)$를 지날 때이므로
$5=a+2$ ∴ $a=3$

(ⅱ) $y=ax+2$의 그래프가 직사각형 ABCD와 만나면서 기
울기가 가장 작을 때는 점 C$(4, 3)$을 지날 때이므로
$3=4a+2$ ∴ $a=\dfrac{1}{4}$

따라서 (ⅰ), (ⅱ)에 의해 a의 값의 범위는 $\dfrac{1}{4} \le a \le 3$

70 답 -6

(ⅰ) $y=2x+b$의 그래프가 △ABC와
만나면서 y절편이 가장 클 때는 점
B$(1, 4)$를 지날 때이므로
$4=2+b$ ∴ $b=2$

(ⅱ) $y=2x+b$의 그래프가 △ABC와
만나면서 y절편이 가장 작을 때는 점 C$(5, 2)$를 지날
때이므로 $2=10+b$ ∴ $b=-8$

따라서 (ⅰ), (ⅱ)에 의해 b의 최솟값은 -8, 최댓값은 2이므
로 그 합은 $(-8)+2=-6$

71 답 1

$a=$(기울기)$=-3$, $b=$(y절편)$=4$
∴ $a+b=-3+4=1$

72 답 ⑤

(기울기)$=\dfrac{(y의\ 값의\ 증가량)}{(x의\ 값의\ 증가량)}=\dfrac{-2}{4}=-\dfrac{1}{2}$, ($y$절편)$=2$

∴ $y=-\dfrac{1}{2}x+2$

73 답 $y=\dfrac{4}{3}x+5$

오른쪽 그림의 직선과 평행하므로

(기울기)$=\dfrac{(y의\ 값의\ 증가량)}{(x의\ 값의\ 증가량)}=\dfrac{4}{3}$

이때 $y=2x+5$의 그래프와 y축 위에서
만나므로 y절편은 5이다.

∴ $y=\dfrac{4}{3}x+5$

74 답 ⑤

기울기가 $-\dfrac{3}{2}$, y절편이 5이므로

$y=-\dfrac{3}{2}x+5$ ··· ㉠

㉠의 그래프를 y축의 방향으로 m만큼 평행이동하면

$y=-\dfrac{3}{2}x+5+m$

이 그래프가 점 $(2, 1)$을 지나므로

$1=-3+5+m$ ∴ $m=-1$

75 답 ②

기울기가 4이므로 일차함수의 식을 $y=4x+b$로 놓고,
이 식에 $x=-2$, $y=-1$을 대입하면
$-1=-8+b$ ∴ $b=7$
따라서 $y=4x+7$의 그래프의 y절편은 7이다.

76 답 $y=-3x+3$

x의 값이 2만큼 증가할 때, y의 값은 6만큼 감소하므로
(기울기)$=\dfrac{-6}{2}=-3$ ··· (ⅰ)
일차함수의 식을 $y=-3x+b$로 놓고,
이 식에 $x=2$, $y=-3$을 대입하면
$-3=-6+b$ ∴ $b=3$ ··· (ⅱ)
따라서 구하는 일차함수의 식은
$y=-3x+3$ ··· (ⅲ)

채점 기준	비율
(ⅰ) 기울기 구하기	40 %
(ⅱ) y절편 구하기	40 %
(ⅲ) 일차함수의 식 구하기	20 %

77 답 ②

주어진 직선이 두 점 $(0, 6)$, $(5, 1)$을 지나므로

$(기울기) = \dfrac{1-6}{5-0} = -1$

일차함수의 식을 $y = -x + b$로 놓고,

이 식에 $x = -5$, $y = 3$을 대입하면

$3 = 5 + b$ $\therefore b = -2$

$\therefore y = -x - 2$

78 답 ①

두 점 $(2, -4)$, $(3, 5)$를 지나므로

$(기울기) = \dfrac{5-(-4)}{3-2} = 9$

일차함수의 식을 $y = 9x + b$로 놓고,

이 식에 $x = 2$, $y = -4$를 대입하면

$-4 = 18 + b$ $\therefore b = -22$

$\therefore y = 9x - 22$

79 답 $y = \dfrac{1}{2}x - 1$

주어진 직선이 두 점 $(-4, -3)$, $(4, 1)$을 지나므로

$(기울기) = \dfrac{1-(-3)}{4-(-4)} = \dfrac{1}{2}$

일차함수의 식을 $y = \dfrac{1}{2}x + b$로 놓고,

이 식에 $x = 4$, $y = 1$을 대입하면

$1 = 2 + b$ $\therefore b = -1$

$\therefore y = \dfrac{1}{2}x - 1$

80 답 10

두 점 $(1, 2)$, $(3, -4)$를 지나므로

$(기울기) = \dfrac{-4-2}{3-1} = -3$

일차함수의 식을 $y = -3x + b$로 놓고,

이 식에 $x = 1$, $y = 2$를 대입하면

$2 = -3 + b$ $\therefore b = 5$

$\therefore y = -3x + 5$ $\cdots$ ㉠

㉠의 그래프를 y축의 방향으로 2만큼 평행이동하면

$y = -3x + 5 + 2$ $\therefore y = -3x + 7$

따라서 $m = -3$, $n = 7$이므로

$n - m = 7 - (-3) = 10$

81 답 4

종은이는 y절편 b를 제대로 보았고, 지연이는 기울기 a를 제대로 보았다.

종은: 두 점 $(1, 5)$, $(2, 8)$을 지나므로

$(기울기) = \dfrac{8-5}{2-1} = 3$

즉, $y = 3x + b$에 $x = 1$, $y = 5$를 대입하면

$5 = 3 + b$ $\therefore b = 2$

지연: 두 점 $(-2, 3)$, $(2, 5)$를 지나므로

$a = (기울기) = \dfrac{5-3}{2-(-2)} = \dfrac{1}{2}$

따라서 $y = \dfrac{1}{2}x + 2$의 그래프가 점 $(4, k)$를 지나므로

$k = 2 + 2 = 4$

82 답 ④

두 점 $(-8, 0)$, $(0, 4)$를 지나므로

$(기울기) = \dfrac{4-0}{0-(-8)} = \dfrac{1}{2}$

$\therefore y = \dfrac{1}{2}x + 4$

83 답 $y = -2x - 2$

오른쪽 그림에서

$(기울기) = \dfrac{(y의\ 값의\ 증가량)}{(x의\ 값의\ 증가량)}$

$= \dfrac{-2}{1} = -2$

이때 y절편은 -2이므로 $y = -2x - 2$

〔다른 풀이〕

주어진 직선이 두 점 $(-1, 0)$, $(0, -2)$를 지나므로

$(기울기) = \dfrac{-2-0}{0-(-1)} = -2$, $(y절편) = -2$

$\therefore y = -2x - 2$

84 답 6

$y = 2x - 30$의 그래프와 x절편이 같고, $y = -7x + 10$의 그래프와 y절편이 같으므로 구하는 일차함수의 그래프의 x절편은 15, y절편은 10이다.

즉, 두 점 $(15, 0)$, $(0, 10)$을 지나므로

$(기울기) = \dfrac{10-0}{0-15} = -\dfrac{2}{3}$

$\therefore y = -\dfrac{2}{3}x + 10$

따라서 $y = -\dfrac{2}{3}x + 10$의 그래프가 점 $(a, 6)$을 지나므로

$6 = -\dfrac{2}{3}a + 10$, $\dfrac{2}{3}a = 4$ $\therefore a = 6$

유형 21   P. 94~95

85 답 ③

처음 용수철의 길이는 30 cm이고, 추의 무게가 1 g씩 늘어날 때마다 용수철의 길이가 2 cm씩 늘어나므로

$y = 30 + 2x$

86 답 $-12\,^\circ\mathrm{C}$

높이가 $100\,\mathrm{m}$씩 높아질 때마다 기온이 $0.6\,^\circ\mathrm{C}$씩 떨어지므로 높이가 $1\,\mathrm{m}$씩 높아질 때마다 기온은 $0.006\,^\circ\mathrm{C}$씩 떨어진다.
이때 지면에서의 기온이 $18\,^\circ\mathrm{C}$이므로
$y=18-0.006x$ ··· (i)
이 식에 $x=5000$을 대입하면
$y=18-30=-12$
따라서 지면으로부터 높이가 $5000\,\mathrm{m}$인 곳의 기온은 $-12\,^\circ\mathrm{C}$이다. ··· (ii)

채점 기준	비율
(i) y를 x에 대한 식으로 나타내기	60 %
(ii) 지면으로부터 높이가 $5000\,\mathrm{m}$인 곳의 기온 구하기	40 %

87 답 $9\,\mathrm{km}$

승욱이가 1분에 $600\,\mathrm{m}$, 즉 $0.6\,\mathrm{km}$씩 이동하므로
x분 후에 A 지점에서 떨어진 거리는 $0.6\,\mathrm{km}$,
B 지점까지 남은 거리는 $(12-0.6x)\,\mathrm{km}$
$\therefore y=12-0.6x$
이 식에 $x=5$를 대입하면 $y=12-3=9$
따라서 5분 후에 B 지점까지 남은 거리는 $9\,\mathrm{km}$이다.

88 답 49000원

주어진 직선이 두 점 $(0,\,4000)$, $(6,\,22000)$을 지나므로
$(\text{기울기})=\dfrac{22000-4000}{6-0}=3000$, $(y\text{절편})=4000$
$\therefore y=3000x+4000$
이 식에 $x=15$를 대입하면 $y=45000+4000=49000$
따라서 무게가 $15\,\mathrm{kg}$인 물건의 배송 가격은 49000원이다.

89 답 (1) $y=-6x+60$ (2) 4초 후

(1) 점 P가 1초에 $2\,\mathrm{cm}$씩 움직이므로
x초 후에는 $\overline{\mathrm{BP}}=2x\,\mathrm{cm}$,
$\overline{\mathrm{PC}}=\overline{\mathrm{BC}}-\overline{\mathrm{BP}}=10-2x(\mathrm{cm})$
$(\text{사다리꼴 APCD의 넓이})=\dfrac{1}{2}\times\{10+(10-2x)\}\times6$
$=-6x+60(\mathrm{cm}^2)$
$\therefore y=-6x+60$
(2) $y=-6x+60$에 $y=36$을 대입하면 $36=-6x+60$
$6x=24$ $\therefore x=4$
따라서 사다리꼴 APCD의 넓이가 $36\,\mathrm{cm}^2$가 되는 것은 4초 후이다.

90 답 $35\,\mathrm{L}$

연료를 가득 채운 후 $x\,\mathrm{km}$를 주행했을 때 남은 연료의 양을 $y\,\mathrm{L}$라고 하자. 연비가 $14\,\mathrm{km/L}$이면
$14\,\mathrm{km}$를 주행할 때마다 연료가 $1\,\mathrm{L}$씩 소모되므로
$1\,\mathrm{km}$를 주행할 때마다 연료가 $\dfrac{1}{14}\,\mathrm{L}$씩 소모된다.

이때 $840\,\mathrm{km}$를 주행하면 가득 차 있는 연료가 모두 소모되므로 가득 차 있을 때의 연료의 양은 $840\times\dfrac{1}{14}=60(\mathrm{L})$이다.
$\therefore y=60-\dfrac{1}{14}x$
이 식에 $x=350$을 대입하면 $y=60-25=35$
따라서 $350\,\mathrm{km}$를 주행했을 때 남은 연료의 양은 $35\,\mathrm{L}$이다.

91 답 은수

은수: x의 값의 증가량과 y의 값의 증가량만 주어지면 기울기만 알 수 있으므로 그래프를 정확히 그릴 수 없다.

92 답 $y=\dfrac{5}{2}x-8$

기울기가 가장 큰 선분은 기울기가 양수인 선분, 즉 오른쪽 위로 향하는 선분 중에서 y축에 가장 가까운 선분이므로 두 점 $(4,\,2)$, $(6,\,7)$을 연결한 선분이다. ··· (i)
$(\text{기울기})=\dfrac{7-2}{6-4}=\dfrac{5}{2}$ ··· (ii)
일차함수의 식을 $y=\dfrac{5}{2}x+b$로 놓고,
이 식에 $x=4$, $y=2$를 대입하면
$2=10+b$ $\therefore b=-8$
$\therefore y=\dfrac{5}{2}x-8$ ··· (iii)

채점 기준	비율
(i) 기울기가 가장 큰 선분 찾기	40 %
(ii) 기울기 구하기	30 %
(iii) 일차함수의 식 구하기	30 %

단원 마무리 P.96~99

1 ④	**2** -63	**3** 4	**4** -3	**5** $-\dfrac{18}{5}$
6 ①	**7** ④	**8** 제2사분면		**9** ④
10 6	**11** ①, ⑤	**12** ③	**13** 2	**14** ③
15 $2.4\,\mathrm{km}$		**16** ④	**17** 15	**18** 2
19 ⑤	**20** ①	**21** $\dfrac{1}{2}\le a\le6$		**22** 12
23 9	**24** 9초 후		**25** $120\,\mathrm{L}$	**26** $\dfrac{3}{7}$
27 7	**28** 32			

1 ① $x+y=40$에서 $y=40-x$이므로 일차함수이다.
② $y=4000-850x$이므로 일차함수이다.

③ $2(x+y)=24$에서 $y=12-x$이므로 일차함수이다.

④ $y=\dfrac{300}{x}$이고, $\dfrac{300}{x}$은 x가 분모에 있으므로 일차식이 아니다. 즉, $y=\dfrac{300}{x}$은 일차함수가 아니다.

⑤ $y=\dfrac{x}{100}\times200$에서 $y=2x$이므로 일차함수이다.

따라서 y가 x의 일차함수가 아닌 것은 ④이다.

2 $f(2)=-4\times2+5=-3$ ∴ $a=-3$

$f(-3)=-4\times(-3)+5=17$ ∴ $b=17$

∴ $f(17)=-4\times17+5=-63$

3 $y=5x+3$의 그래프를 y축의 방향으로 -4만큼 평행이동하면

$y=5x+3-4$ ∴ $y=5x-1$

따라서 $a=5$, $b=-1$이므로

$a+b=5+(-1)=4$

4 $y=3x-2$의 그래프를 y축의 방향으로 6만큼 평행이동하면

$y=3x-2+6$ ∴ $y=3x+4$

$y=3x+4$에 $x=a$, $y=-5$를 대입하면

$-5=3a+4$, $3a=-9$ ∴ $a=-3$

5 $y=\dfrac{5}{2}x+3$에 $y=0$을 대입하면

$0=\dfrac{5}{2}x+3$ ∴ $x=-\dfrac{6}{5}$

즉, x절편은 $-\dfrac{6}{5}$이므로 $a=-\dfrac{6}{5}$ ⋯ (i)

$y=\dfrac{5}{2}x+3$에 $x=0$을 대입하면 $y=\dfrac{5}{2}\times0+3=3$

즉, y절편은 3이므로 $b=3$ ⋯ (ii)

∴ $ab=-\dfrac{6}{5}\times3=-\dfrac{18}{5}$ ⋯ (iii)

채점 기준	비율
(i) a의 값 구하기	40 %
(ii) b의 값 구하기	40 %
(iii) ab의 값 구하기	20 %

6 x의 값의 증가량은 $2-(-2)=4$이므로

$(기울기)=\dfrac{(y의\ 값의\ 증가량)}{4}=-\dfrac{5}{2}$

∴ $(y의\ 값의\ 증가량)=-10$

7 x축과 만나는 점의 y좌표는 0이므로

$2a-4=0$ ∴ $a=2$

y축과 만나는 점의 x좌표는 0이므로

$b+6=0$ ∴ $b=-6$

따라서 두 점 $(2,\ 0)$, $(0,\ -6)$을 지나므로

$(기울기)=\dfrac{-6-0}{0-2}=3$

8 $y=\dfrac{2}{3}x+4$의 그래프를 y축의 방향으로 -7만큼 평행이동하면 $y=\dfrac{2}{3}x+4-7$ ∴ $y=\dfrac{2}{3}x-3$

$y=\dfrac{2}{3}x-3$의 그래프의 x절편은 $\dfrac{9}{2}$,

y절편은 -3이므로 그래프는 오른쪽 그림과 같다.

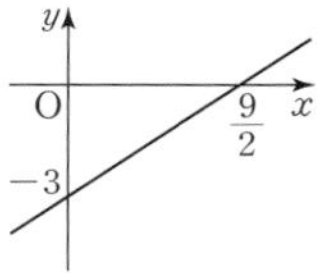

따라서 제2사분면을 지나지 않는다.

9 기울기의 절댓값이 클수록 y축에 가깝다.

이때 $\left|\dfrac{1}{2}\right|<|-1|<\left|-\dfrac{7}{5}\right|<|2|<\left|-\dfrac{5}{2}\right|$이므로 그래프가 y축에 가장 가까운 것은 ④이다.

10 $(기울기)=\dfrac{2a+9-(a-5)}{2-(-2)}=\dfrac{a+14}{4}=5$이므로

$a+14=20$ ∴ $a=6$

11 ①, ④ 주어진 그래프의 기울기는 $\dfrac{1}{3}$이고, 기울기의 절댓값이 클수록 y축에 가까우므로 $y=5x-2$의 그래프가 주어진 그래프보다 y축에 더 가깝다.

② 점 $(0,\ -2)$를 지난다.

③ $(기울기)=\dfrac{1}{3}>0$이므로 x의 값이 증가할 때, y의 값도 증가한다.

⑤ 주어진 그래프를 y축의 방향으로 4만큼 평행이동하면 $(y절편)=2>0$, 즉 y축과 양의 부분에서 만나므로 제4사분면을 지나지 않는다.

따라서 옳은 것은 ①, ⑤이다.

12 두 점 $(6,\ -1)$, $(2,\ 1)$을 지나는 직선과 평행하므로

$(기울기)=\dfrac{1-(-1)}{2-6}=-\dfrac{1}{2}$이고, y절편이 3이다.

∴ $y=-\dfrac{1}{2}x+3$

13 두 점 $(-1,\ 6)$, $(2,\ 0)$을 지나므로

$(기울기)=\dfrac{0-6}{2-(-1)}=-2$ ∴ $a=-2$

따라서 $y=-2x+b$에 $x=2$, $y=0$을 대입하면

$0=-4+b$ ∴ $b=4$

∴ $a+b=-2+4=2$

14 주어진 직선이 두 점 $(-3,\ 0)$, $(0,\ 2)$를 지나므로

$(기울기)=\dfrac{2-0}{0-(-3)}=\dfrac{2}{3}$

∴ $y=\dfrac{2}{3}x+2$

따라서 $y=\dfrac{2}{3}x+2$의 그래프가 점 $(9,\ k)$를 지나므로

$k=6+2=8$

15 지하로 $0.5 \, \text{km}$씩 내려갈 때마다 온도가 $15\,°\text{C}$씩 올라가므로 지하로 $1 \, \text{km}$씩 내려갈 때마다 온도가 $30\,°\text{C}$씩 올라간다.

이때 지표면에서의 온도가 $8\,°\text{C}$이므로

$y = 8 + 30x$

이 식에 $y = 80$을 대입하면

$80 = 30x + 8$

$30x = 72$ $\therefore x = 2.4$

따라서 온도가 $80\,°\text{C}$일 때는 지하로 $2.4 \, \text{km}$만큼 내려갔을 때이다.

16 ① $f(9) = (9$를 7로 나눈 나머지$) = 2$

② $f(4) = (4$를 7로 나눈 나머지$) = 4$

    $f(11) = (11$을 7로 나눈 나머지$) = 4$

    $\therefore f(4) = f(11)$

③ $7n$은 7의 배수이므로 7로 나눈 나머지는 0이다.

    $\therefore f(7n) = 0$

④ $f(3) = (3$을 7로 나눈 나머지$) = 3$

    $f(19) = (19$를 7로 나눈 나머지$) = 5$

    $\therefore f(3) + f(19) = 3 + 5 = 8$

그런데 $f(6) = (6$을 7로 나눈 나머지$) = 6$이므로

    $f(3) + f(19) \neq f(6)$

⑤ $f(29) = (29$를 7로 나눈 나머지$) = 1$

    $f(32) = (32$를 7로 나눈 나머지$) = 4$

    $f(35) = (35$를 7로 나눈 나머지$) = 0$

    $\therefore f(29) + f(32) + f(35) = 1 + 4 + 0 = 5$

따라서 옳지 않은 것은 ④이다.

17 $y = ax + 8$의 그래프를 y축의 방향으로 b만큼 평행이동하면

$y = ax + 8 + b$ … ㉠

㉠의 그래프가 두 점 $(0, 5)$, $(4, 0)$을 지나므로

㉠에 $x = 0$, $y = 5$를 대입하면

$5 = 8 + b$ $\therefore b = -3$

따라서 $y = ax + 5$에 $x = 4$, $y = 0$을 대입하면

$0 = 4a + 5$ $\therefore a = -\dfrac{5}{4}$

$\therefore 4ab = 4 \times \left(-\dfrac{5}{4}\right) \times (-3) = 15$

다른 풀이

주어진 그림에서

$(기울기) = \dfrac{(y\text{의 값의 증가량})}{(x\text{의 값의 증가량})} = \dfrac{-5}{4} = -\dfrac{5}{4}$,

$(y$절편$) = 5$이므로 $y = -\dfrac{5}{4}x + 5$ … ㉡

즉, ㉠과 ㉡이 같으므로

$a = -\dfrac{5}{4}$, $8 + b = 5$

$\therefore a = -\dfrac{5}{4}$, $b = -3$

$\therefore 4ab = 4 \times \left(-\dfrac{5}{4}\right) \times (-3) = 15$

18 두 점 $(-a, 5)$, $(a, 1)$을 지나는 직선의 기울기와 두 점 $(a, 1)$, $(5, -2)$를 지나는 직선의 기울기는 같다.

즉, $\dfrac{1-5}{a-(-a)} = \dfrac{-2-1}{5-a}$이므로

$-\dfrac{2}{a} = -\dfrac{3}{5-a}$, $2(5-a) = 3a$

$5a = 10$ $\therefore a = 2$

19 $y = x + 5$의 그래프의 x절편은 -5, y절편은 5,

$y = x - 5$의 그래프의 x절편은 5, y절편은 -5,

$y = -x + 5$의 그래프의 x절편은 5, y절편은 5,

$y = -x - 5$의 그래프의 x절편은 -5, y절편은 -5이다.

따라서 네 그래프는 오른쪽 그림과 같으므로 구하는 도형의 넓이는

$\left(\dfrac{1}{2} \times 5 \times 5\right) \times 4 = 50$

20 $y = abx + a + b$의 그래프가 제1, 3, 4사분면을 지나면 오른쪽 그림과 같으므로

$(기울기) = ab > 0$, $(y$절편$) = a + b < 0$

$ab > 0$에서 a와 b는 서로 같은 부호이다.

이때 $a + b < 0$이므로 $a < 0$, $b < 0$

따라서 $y = bx + a$의 그래프에서 $(기울기) = b < 0$,

$(y$절편$) = a < 0$이므로 $y = bx + a$의 그래프로 알맞은 것은 ①이다.

21 $y = ax - 1$의 그래프는 y절편이 -1이므로 오른쪽 그림과 같이 점 $(0, -1)$을 항상 지난다.

(i) $y = ax - 1$의 그래프가 $\overline{AB}$와 만나면서 기울기가 가장 클 때는 점 $A(1, 5)$를 지날 때이므로

    $5 = a - 1$ $\therefore a = 6$

(ii) $y = ax - 1$의 그래프가 $\overline{AB}$와 만나면서 기울기가 가장 작을 때는 점 $B(4, 1)$을 지날 때이므로

    $1 = 4a - 1$ $\therefore a = \dfrac{1}{2}$

따라서 (i), (ii)에 의해 a의 값의 범위는 $\dfrac{1}{2} \leq a \leq 6$

22 기울기가 $\dfrac{1}{2}$이므로 $f(x) = \dfrac{1}{2}x + b$로 놓자.

$f(2) = \dfrac{1}{2} \times 2 + b = 4$ $\therefore b = 3$

따라서 $f(x) = \dfrac{1}{2}x + 3$이므로

$f(k) = \dfrac{1}{2}k + 3 = 9$에서

$\dfrac{k}{2} = 6$ $\therefore k = 12$

23 $y=3x-6$의 그래프의 x절편은 2, y절편은 -6이므로
B$(2, 0)$
이때 $\overline{OA}=2\overline{OB}=2\times2=4$이므로 A$(-4, 0)$
즉, $y=ax+b$의 그래프의 x절편은 -4, y절편은 -6이므로
두 점 $(-4, 0)$, $(0, -6)$을 지난다.
따라서 $a=\dfrac{-6-0}{0-(-4)}=-\dfrac{3}{2}$, $b=-6$이므로
$ab=-\dfrac{3}{2}\times(-6)=9$

24 점 P가 1초에 3 cm씩 움직이므로
x초 후에는 $\overline{BP}=3x$ cm, $\overline{PC}=\overline{BC}-\overline{BP}=40-3x$(cm)
　　　　　　　　　　　　　　　　　　　　　　　　 $\cdots$ (i)
$\triangle ABP+\triangle DPC$
$=\dfrac{1}{2}\times3x\times14+\dfrac{1}{2}\times(40-3x)\times24$
$=-15x+480$(cm^2)
$\therefore y=-15x+480$ 　　　　　　　　　　　　 $\cdots$ (ii)
이 식에 $y=345$를 대입하면
$345=-15x+480$ 　　$\therefore x=9$
따라서 $\triangle ABP$와 $\triangle DPC$의 넓이의 합이 345 cm^{2}가 되는
것은 점 P가 점 B를 출발한 지 9초 후이다. 　 $\cdots$ (iii)

채점 기준	비율
(i) $\overline{BP}$, $\overline{PC}$의 길이를 x를 사용하여 나타내기	30 %
(ii) y를 x에 대한 식으로 나타내기	40 %
(iii) 넓이의 합이 345 cm^{2}가 되는 것은 몇 초 후인지 구하기	30 %

25 물이 빠지기 시작한 지 x분 후에 남아 있는 물의 양을 y L라
고 하자.
12분 후부터 16분 후까지 4분 동안 물이 $60-40=20$(L)
만큼 빠졌으므로 1분에 물이 $\dfrac{20}{4}=5$(L)씩 빠진다.
이때 처음 물의 양을 a L라고 하면 $y=a-5x$
이 식에 $x=12$, $y=60$을 대입하면
$60=a-60$ 　　$\therefore a=120$
따라서 처음 물의 양은 120 L이다.

26 두 점 E, F가 $y=ax+2$의 그래프 위의 점이므로
E$(2, 2a+2)$, F$(5, 5a+2)$
$\therefore Q=\dfrac{1}{2}\times[\{(2a+2)-2\}+\{(5a+2)-2\}]\times(5-2)$
$\qquad=\dfrac{1}{2}\times7a\times3=\dfrac{21}{2}a$ 　　 $\cdots$ ㉠
이때 $y=ax+2$의 그래프가 직사각형 ABCD의 넓이를
$5:3$으로 나누므로
$Q=$(직사각형 ABCD의 넓이)$\times\dfrac{3}{8}$
$\quad=(3\times4)\times\dfrac{3}{8}=\dfrac{9}{2}$ 　　 $\cdots$ ㉡
따라서 ㉠과 ㉡이 같으므로
$\dfrac{21}{2}a=\dfrac{9}{2}$ 　　$\therefore a=\dfrac{3}{7}$

27 $\dfrac{f(4)-f(2)}{2}=\dfrac{f(4)-f(2)}{4-2}=$(기울기)$=a=-3$
즉, $f(x)=-3x+b$이므로
$f(2)=-6+b=-2$ 　　$\therefore b=4$
$\therefore b-a=4-(-3)=7$

28 정오각형 x개로 만든 도형의 둘레의 길이를 y라고 하자.

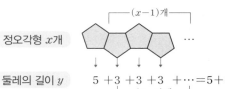

첫 번째 정오각형의 둘레의 길이는 5이고, 정오각형을 1개씩
이어 붙일 때마다 변이 1개가 없어지고 4개가 생기므로 둘레
의 길이가 총 3씩 늘어난다.
이때 첫 번째 정오각형을 뺀 나머지 정오각형은 $(x-1)$개
이므로
$y=5+3(x-1)$ 　　$\therefore y=3x+2$
$y=3x+2$에 $x=10$을 대입하면 $y=30+2=32$
따라서 정오각형 10개로 만든 도형의 둘레의 길이는 32이다.

유형 1~5
P. 102~104

1 답 ⑤

$4x+y=15$에 주어진 점의 좌표를 각각 대입하면

① $4\times4+(-1)=15$

② $4\times3+3=15$

③ $4\times0+15=15$

④ $4\times(-1)+19=15$

⑤ $4\times(-2)+7\neq15$

따라서 $4x+y=15$의 그래프 위의 점이 아닌 것은 ⑤이다.

2 답 ②

$4x+3y+9=0$에서 y를 x에 대한 식으로 나타내면

$3y=-4x-9$ ∴ $y=-\dfrac{4}{3}x-3$

3 답 -9

$3x-2y-6=0$에서 y를 x에 대한 식으로 나타내면

$2y=3x-6$ ∴ $y=\dfrac{3}{2}x-3$

따라서 $a=$(기울기)$=\dfrac{3}{2}$, $b=$(x절편)$=2$, $c=$(y절편)$=-3$

이므로

$abc=\dfrac{3}{2}\times2\times(-3)=-9$

4 답 ②

$x-4y-4=0$에서 y를 x에 대한 식으로 나타내면

$4y=x-4$ ∴ $y=\dfrac{1}{4}x-1$

따라서 $y=\dfrac{1}{4}x-1$의 그래프는 x절편이 4, y절편이 -1인

직선이므로 ②와 같다.

5 답 ④

$2x-y+5=0$에서 y를 x에 대한 식으로 나타내면

$y=2x+5$

①, ③ (기울기)$=2>0$이므로 x의 값이 증가할 때, y의 값도

　증가한다.

② $2x-y+5=0$에 $x=-3$, $y=-1$을 대입하면

　$2\times(-3)-(-1)+5=0$이므로

　점 $(-3, -1)$을 지난다.

④, ⑤ $y=2x+5$의 그래프의 x절편은

　$-\dfrac{5}{2}$, y절편은 5이므로 그래프는 오

　른쪽 그림과 같다.

　즉, 제1, 2, 3사분면을 지난다.

따라서 옳지 않은 것은 ④이다.

6 답 1

$x-3y+9=0$에서 y를 x에 대한 식으로 나타내면

$3y=x+9$ ∴ $y=\dfrac{1}{3}x+3$

이때 $y=\dfrac{1}{3}x+3$의 그래프를 y축의 방향으로 -4만큼 평행

이동하면 $y=\dfrac{1}{3}x+3-4$ ∴ $y=\dfrac{1}{3}x-1$

따라서 $y=\dfrac{1}{3}x-1$에 $x=6$, $y=k$를 대입하면

$k=2-1=1$

7 답 16

$x+2y-8=0$에서 y를 x에 대한 식으로 나타내면

$2y=-x+8$ ∴ $y=-\dfrac{1}{2}x+4$

이 그래프의 x절편은 8, y절편은 4이

므로 그래프는 오른쪽 그림과 같다.

따라서 구하는 도형의 넓이는

$\dfrac{1}{2}\times8\times4=16$

8 답 4

$-x+ay+6=0$에 $x=2$, $y=-1$을 대입하면

$-2-a+6=0$ ∴ $a=4$

9 답 2

$ax+by=10$에서 y를 x에 대한 식으로 나타내면

$by=-ax+10$ ∴ $y=-\dfrac{a}{b}x+\dfrac{10}{b}$

이 그래프의 기울기가 2, y절편이 -5이므로

$-\dfrac{a}{b}=2$, $\dfrac{10}{b}=-5$ ∴ $a=4$, $b=-2$

∴ $a+b=4+(-2)=2$

10 답 ④

주어진 직선이 두 점 $(3, 0)$, $(0, -2)$를 지나므로

$2x+ay+b=0$에 두 점의 좌표를 각각 대입하면

$6+b=0$, $-2a+b=0$ ∴ $a=-3$, $b=-6$

∴ $a-b=-3-(-6)=3$

다른 풀이

$2x+ay+b=0$에서 y를 x에 대한 식으로 나타내면

$ay=-2x-b$ ∴ $y=-\dfrac{2}{a}x-\dfrac{b}{a}$

주어진 그림에서

(기울기)$=\dfrac{(y\text{의 값의 증가량})}{(x\text{의 값의 증가량})}=\dfrac{2}{3}$, ($y$절편)$=-2$이므로

$-\dfrac{2}{a}=\dfrac{2}{3}$, $-\dfrac{b}{a}=-2$ ∴ $a=-3$, $b=-6$

∴ $a-b=-3-(-6)=3$

11 답 -2

$ax-8y+1=0$에서 y를 x에 대한 식으로 나타내면

$8y=ax+1$ ∴ $y=\dfrac{a}{8}x+\dfrac{1}{8}$

이때 두 점 $(-3, 5)$, $(1, 4)$를 지나는 직선과 평행하므로

$(기울기)=\dfrac{4-5}{1-(-3)}=-\dfrac{1}{4}$

따라서 $\dfrac{a}{8}=-\dfrac{1}{4}$이므로 $a=-2$

12 답 $a<0, b<0$

$x+ay-b=0$에서 y를 x에 대한 식으로 나타내면

$ay=-x+b$ ∴ $y=-\dfrac{1}{a}x+\dfrac{b}{a}$

이때 주어진 그림에서

$(기울기)=-\dfrac{1}{a}>0$, $(y절편)=\dfrac{b}{a}>0$이므로

$\dfrac{1}{a}<0$, $\dfrac{b}{a}>0$ ∴ $a<0, b<0$

13 답 ③

$ax+by+c=0$에서 y를 x에 대한 식으로 나타내면

$by=-ax-c$ ∴ $y=-\dfrac{a}{b}x-\dfrac{c}{b}$

이때 $a>0$, $b>0$, $c<0$에서

$(기울기)=-\dfrac{a}{b}<0$, $(y절편)=-\dfrac{c}{b}>0$

따라서 $y=-\dfrac{a}{b}x-\dfrac{c}{b}$의 그래프는 오른쪽
그림과 같으므로 그래프는 제3사분면을
지나지 않는다.

14 답 ㄴ

$ax-by+c=0$에서 y를 x에 대한 식으로 나타내면

$by=ax+c$ ∴ $y=\dfrac{a}{b}x+\dfrac{c}{b}$

이때 주어진 그림에서

$(기울기)=\dfrac{a}{b}<0$, $(y절편)=\dfrac{c}{b}<0$

따라서 $y=-\dfrac{c}{b}x+\dfrac{a}{b}$의 그래프는

$(기울기)=-\dfrac{c}{b}>0$, $(y절편)=\dfrac{a}{b}<0$이므로 ㄴ과 같다.

15 답 ④

주어진 그림에서

$(기울기)=\dfrac{(y의\ 값의\ 증가량)}{(x의\ 값의\ 증가량)}=\dfrac{4}{2}=2$,

$(y절편)=4$이므로

$y=2x+4$ ∴ $2x-y+4=0$

16 답 12

두 점 $(1, -12)$, $(-4, 3)$을 지나므로

$(기울기)=\dfrac{3-(-12)}{-4-1}=-3$

즉, $y=-3x+p$로 놓고,

이 식에 $x=1$, $y=-12$를 대입하면

$-12=-3+p$ ∴ $p=-9$

∴ $y=-3x-9$, 즉 $3x+y+9=0$

따라서 $a=3$, $b=9$이므로

$a+b=3+9=12$

17 답 ①

$3x-2y+8=0$에서 y를 x에 대한 식으로 나타내면

$2y=3x+8$ ∴ $y=\dfrac{3}{2}x+4$

이 그래프와 평행하므로 기울기는 $\dfrac{3}{2}$이다.

즉, $y=\dfrac{3}{2}x+b$로 놓고, 이 식에 $x=-4$, $y=1$을 대입하면

$1=6+b$ ∴ $b=7$

∴ $y=\dfrac{3}{2}x+7$, 즉 $3x-2y+14=0$

18 답 $y=3x+7$

$3x-y+2=0$, 즉 $y=3x+2$의 그래프와 평행하므로
기울기는 3이다.

또 $x+2y-14=0$, 즉 $y=-\dfrac{1}{2}x+7$의 그래프와 y축 위에
서 만나므로 y절편은 7이다.

∴ $y=3x+7$

19 답 (1) $y=5$ (2) $x=-2$ (3) $x=8$ (4) $y=-6$

(1) 점 $(3, 5)$를 지나고, x축에 평행하므
로 그래프는 오른쪽 그림과 같다.
따라서 구하는 직선의 방정식은
$y=5$

(2) 점 $(-2, 7)$을 지나고, y축에 평행하
므로 그래프는 오른쪽 그림과 같다.
따라서 구하는 직선의 방정식은
$x=-2$

(3) 점 $(8, -3)$을 지나고, x축에 수직이
므로 그래프는 오른쪽 그림과 같다.
따라서 구하는 직선의 방정식은
$x=8$

(4) 점 $(-4, -6)$을 지나고, y축에 수직
이므로 그래프는 오른쪽 그림과 같다.
따라서 구하는 직선의 방정식은
$y=-6$

20 답 3

x축에 평행한 직선 위의 점들은 y좌표가 모두 같으므로
$k+3=-2k+12,\ 3k=9$ ∴ $k=3$

21 답 $a=-\dfrac{1}{3},\ b=0$

주어진 그래프는 점 $(-3,\ 0)$을 지나고, y축에 평행한 직선
이므로 $x=-3$
$ax+by=1$에서 x를 y에 대한 식으로 나타내면
$ax=-by+1$ ∴ $x=-\dfrac{b}{a}y+\dfrac{1}{a}$
따라서 $x=-3$과 $x=-\dfrac{b}{a}y+\dfrac{1}{a}$이 서로 같으므로
$0=-\dfrac{b}{a},\ -3=\dfrac{1}{a}$ ∴ $a=-\dfrac{1}{3},\ b=0$

22 답 6

$2x-6=0$에서 $x=3,\ 4y-8=0$에서 $y=2$
즉, 네 직선 $x=3,\ y=2,$
$x=0(y$축$),\ y=0(x$축$)$으로 둘러싸
인 도형은 오른쪽 그림과 같다.
따라서 구하는 도형의 넓이는
$3\times2=6$

유형 6~13   P. 105~109

23 답 ④

두 일차방정식의 그래프의 교점의 좌표가 $(3,\ 2)$이므로
주어진 연립방정식의 해는 $x=3,\ y=2$이다.

24 답 ②

연립방정식 $\begin{cases}2x+3y-8=0\\4x-y+5=0\end{cases}$을 풀면 $x=-\dfrac{1}{2},\ y=3$이므로

두 그래프의 교점의 좌표는 $\left(-\dfrac{1}{2},\ 3\right)$이다.

25 답 -3

직선 l은 두 점 $(-1,\ 0),\ (0,\ 2)$를 지나므로
(기울기$)=\dfrac{2-0}{0-(-1)}=2,\ (y$절편$)=2$ ∴ $y=2x+2$
직선 m은 두 점 $(5,\ 0),\ (0,\ 5)$를 지나므로
(기울기$)=\dfrac{5-0}{0-5}=-1,\ (y$절편$)=5$ ∴ $y=-x+5$
즉, 연립방정식 $\begin{cases}y=2x+2\\y=-x+5\end{cases}$를 풀면 $x=1,\ y=4$이므로
두 직선의 교점의 좌표는 $(1,\ 4)$이다.
따라서 $a=1,\ b=4$이므로
$a-b=1-4=-3$

26 답 -2

두 그래프의 교점의 좌표가 $(3,\ 1)$이므로
연립방정식 $\begin{cases}2x+ay=5\\bx-y=2\end{cases}$의 해는 $x=3,\ y=1$이다.
$2x+ay=5$에 $x=3,\ y=1$을 대입하면
$6+a=5$ ∴ $a=-1$
$bx-y=2$에 $x=3,\ y=1$을 대입하면
$3b-1=2,\ 3b=3$ ∴ $b=1$
∴ $a-b=-1-1=-2$

27 답 2

두 직선의 교점의 x좌표가 3이므로
$x-y+2=0$에 $x=3$을 대입하면
$3-y+2=0$ ∴ $y=5$ ⋯ (i)
따라서 두 직선의 교점의 좌표가 $(3,\ 5)$이므로
$ax-y-1=0$에 $x=3,\ y=5$를 대입하면
$3a-5-1=0,\ 3a=6$ ∴ $a=2$ ⋯ (ii)

채점 기준	비율
(i) 두 직선의 교점의 y좌표 구하기	50 %
(ii) a의 값 구하기	50 %

28 답 2

두 그래프가 x축 위에서 만나므로 x절편이 같고, 두 그래프
의 교점의 좌표는 $(x$절편, $0)$이다.
즉, $x-y-1=0$에 $y=0$을 대입하면
$x-1=0$ ∴ $x=1$
따라서 두 그래프의 교점의 좌표가 $(1,\ 0)$이므로
$ax+3y-2=0$에 $x=1,\ y=0$을 대입하면
$a-2=0$ ∴ $a=2$

29 답 $a=1,\ b=2$

두 그래프의 교점의 좌표가 $(-3,\ 4)$이므로
연립방정식 $\begin{cases}ax+by=5\\bx-ay=-10\end{cases}$의 해는 $x=-3,\ y=4$이다.
$ax+by=5$에 $x=-3,\ y=4$를 대입하면
$-3a+4b=5$ ⋯ ㉠
$bx-ay=-10$에 $x=-3,\ y=4$를 대입하면
$-3b-4a=-10$ ∴ $4a+3b=10$ ⋯ ㉡
㉠, ㉡을 연립하여 풀면 $a=1,\ b=2$

30 답 $y=-2$

연립방정식 $\begin{cases}x-y+5=0\\2x-5y+4=0\end{cases}$을 풀면 $x=-7,\ y=-2$이므로
두 그래프의 교점의 좌표는 $(-7,\ -2)$이다.
따라서 점 $(-7,\ -2)$를 지나고, x축에 평행한 직선이므로
$y=-2$

31 답 ②

연립방정식 $\begin{cases} x+y-3=0 \\ 2x-3y-1=0 \end{cases}$ 을 풀면 $x=2,\ y=1$이므로

두 그래프의 교점의 좌표는 $(2,\ 1)$이다.

이때 $2x-y-5=0$, 즉 $y=2x-5$의 그래프와 평행하므로 기울기가 2이다.

즉, $y=2x+b$로 놓고, 이 식에 $x=2,\ y=1$을 대입하면

$1=4+b$ $\therefore b=-3$

$\therefore y=2x-3$, 즉 $2x-y-3=0$

32 답 2

연립방정식 $\begin{cases} x-3y+5=0 \\ 2x+y+3=0 \end{cases}$ 을 풀면 $x=-2,\ y=1$이므로

두 직선의 교점의 좌표는 $(-2,\ 1)$이다.

즉, 두 점 $(-2,\ 1),\ (3,\ -4)$를 지나므로

$(기울기)=\dfrac{-4-1}{3-(-2)}=-1$

즉, $y=-x+b$로 놓고, 이 식에 $x=-2,\ y=1$을 대입하면

$1=2+b$ $\therefore b=-1$

$\therefore y=-x-1$, 즉 $x+y+1=0$

따라서 $m=1,\ n=1$이므로

$m+n=1+1=2$

33 답 -4

연립방정식 $\begin{cases} 2x-y=-5 \\ x+5y=3 \end{cases}$ 을 풀면 $x=-2,\ y=1$이므로

주어진 세 그래프의 교점의 좌표는 $(-2,\ 1)$이다.

따라서 $x-2y=a$에 $x=-2,\ y=1$을 대입하면

$-2-2=a$ $\therefore a=-4$

34 답 3

연립방정식의 해의 순서쌍, 즉 각 일차방정식의 그래프의 교점이 한 직선 위에 있으면 세 직선이 한 점에서 만난다.

두 점 $(-1,\ -8),\ (2,\ -5)$를 지나는 직선은

$(기울기)=\dfrac{-5-(-8)}{2-(-1)}=1$이므로 $y=x+b$로 놓자.

이 식에 $x=-1,\ y=-8$을 대입하면

$-8=-1+b$ $\therefore b=-7$

$\therefore y=x-7$

즉, 연립방정식 $\begin{cases} 4x+y=8 \\ y=x-7 \end{cases}$ 을 풀면 $x=3,\ y=-4$이므로

세 직선의 교점의 좌표는 $(3,\ -4)$이다.

따라서 $x-ay=15$에 $x=3,\ y=-4$를 대입하면

$3+4a=15,\ 4a=12$ $\therefore a=3$

35 답 (1) $-3,\ 5$ (2) 1 (3) $-3,\ 1,\ 5$

세 직선을 각각 y를 x에 대한 식으로 나타내면

$y=-3x+2,\ y=5x+10,\ y=ax+6$

(1) 두 직선 $y=-3x+2,\ y=ax+6$이 서로 평행하면

$a=-3$

두 직선 $y=5x+10,\ y=ax+6$이 서로 평행하면

$a=5$

(2) 연립방정식 $\begin{cases} y=-3x+2 \\ y=5x+10 \end{cases}$ 을 풀면 $x=-1,\ y=5$이므로

주어진 세 직선의 교점의 좌표는 $(-1,\ 5)$이다.

따라서 $y=ax+6$에 $x=-1,\ y=5$를 대입하면

$5=-a+6$ $\therefore a=1$

(3) 세 직선에 의해 삼각형이 만들어지지 않으려면 어느 두 직선이 서로 평행하거나 세 직선이 한 점에서 만나야 하므로 (1), (2)에 의해 모든 a의 값은

$-3,\ 1,\ 5$

36 답 (1) A: $y=-9x+45$, B: $y=-3x+27$

(2) 3분 후

(1) A에 대한 직선이 두 점 $(0,\ 45),\ (5,\ 0)$을 지나므로

$(기울기)=\dfrac{0-45}{5-0}=-9,\ (y절편)=45$

따라서 A에 대한 직선의 방정식은 $y=-9x+45$

B에 대한 직선이 두 점 $(0,\ 27),\ (9,\ 0)$을 지나므로

$(기울기)=\dfrac{0-27}{9-0}=-3,\ (y절편)=27$

따라서 B에 대한 직선의 방정식은 $y=-3x+27$

(2) 두 물통 A, B에 남아 있는 물의 양이 같아지는 것은 y의 값이 같을 때이므로

연립방정식 $\begin{cases} y=-9x+45 \\ y=-3x+27 \end{cases}$ 을 풀면 $x=3,\ y=18$

따라서 물이 빠지기 시작한 지 3분 후에 두 물통 A, B에 남아 있는 물의 양이 같아진다.

37 답 18 km

동생에 대한 직선이 두 점 $(0,\ 3),\ (40,\ 9)$를 지나므로

$(기울기)=\dfrac{9-3}{40-0}=\dfrac{3}{20},\ (y절편)=3$

즉, 동생에 대한 직선의 방정식은 $y=\dfrac{3}{20}x+3$

형에 대한 직선이 두 점 $(10,\ 0),\ (40,\ 6)$을 지나므로

$(기울기)=\dfrac{6-0}{40-10}=\dfrac{1}{5}$

$y=\dfrac{1}{5}x+n$으로 놓고, 이 식에 $x=10,\ y=0$을 대입하면

$0=2+n$ $\therefore n=-2$

즉, 형에 대한 직선의 방정식은 $y=\dfrac{1}{5}x-2$

두 사람이 만나는 것은 y의 값이 같을 때이므로

연립방정식 $\begin{cases} y=\dfrac{3}{20}x+3 \\ y=\dfrac{1}{5}x-2 \end{cases}$ 를 풀면 $x=100,\ y=18$

따라서 형과 동생은 집에서 18 km 떨어진 곳에서 만난다.

38 답 5

연립방정식 $\begin{cases} 2x-3y=-4 \\ x+y=3 \end{cases}$ 을 풀면

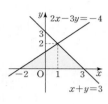

$x=1$, $y=2$이므로
두 그래프의 교점의 좌표는 $(1, 2)$
이다.
따라서 구하는 도형의 넓이는
$\frac{1}{2} \times \{3-(-2)\} \times 2 = 5$

39 답 6

직선 $x=0$은 y축이고, 두 직선 $x+y-3=0$,
$2x-y-3=0$의 y절편을 구하면 각각 3, -3이다.
이 두 직선을 그리면 오른쪽 그림과
같다.

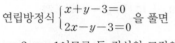

연립방정식 $\begin{cases} x+y-3=0 \\ 2x-y-3=0 \end{cases}$ 을 풀면

$x=2$, $y=1$이므로 두 직선의 교점의
좌표는 $(2, 1)$이다.
따라서 구하는 도형의 넓이는
$\frac{1}{2} \times \{3-(-3)\} \times 2 = 6$

40 답 3

직선 $x-y-1=0$의 x절편이
1, y절편이 -1이므로
$C(1, 0)$, $B(0, -1)$
직선 $x+y+1=0$의 x절편이
-1이므로
$D(-1, 0)$

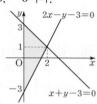

연립방정식 $\begin{cases} x+y+1=0 \\ x+2y-1=0 \end{cases}$ 을 풀면 $x=-3$, $y=2$이므로

두 직선의 교점의 좌표는 $(-3, 2)$이다. $\therefore A(-3, 2)$
$\therefore \triangle ABC = \triangle ADC + \triangle BCD$
$\qquad = \frac{1}{2} \times \{1-(-1)\} \times 2 + \frac{1}{2} \times \{1-(-1)\} \times 1$
$\qquad = 3$

41 답 4

$2x+3y=12$, $ax-3y=6$의 그래
프의 y절편은 각각 4, -2이므로
$B(0, 4)$, $C(0, -2)$
이때 점 A의 x좌표를 k라고 하면

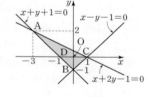

$\triangle ABC = \frac{1}{2} \times \{4-(-2)\} \times k = 9$

$3k=9$ $\therefore k=3$
$2x+3y=12$에 $x=3$을 대입하면 $6+3y=12$
$3y=6$ $\therefore y=2$ $\therefore A(3, 2)$
따라서 $ax-3y=6$의 그래프가 점 $A(3, 2)$를 지나므로
$3a-6=6$ $\therefore a=4$

42 답 $\frac{49}{2}$

$3x+6=0$에서 $x=-2$, $2y-6=0$에서 $y=3$,
$x-y=2$에서 $y=x-2$
이 세 직선을 그리면 오른쪽 그림
과 같다.
두 직선 $x=-2$와 $y=3$의 교점은
$A(-2, 3)$

연립방정식 $\begin{cases} x=-2 \\ y=x-2 \end{cases}$ 를 풀면

$x=-2$, $y=-4$이므로
이 두 직선의 교점은 $B(-2, -4)$

연립방정식 $\begin{cases} y=3 \\ y=x-2 \end{cases}$ 를 풀면 $x=5$, $y=3$이므로

이 두 직선의 교점은 $C(5, 3)$
따라서 구하는 도형의 넓이는
$\frac{1}{2} \times \{5-(-2)\} \times \{3-(-4)\} = \frac{49}{2}$

43 답 8

$2(x-2)=0$에서 $x=2$, $y-2=0$에서 $y=2$,
$y-4=0$에서 $y=4$, $2x+y+1=0$에서 $y=-2x-1$
이 네 그래프를 그리면 오른쪽
그림과 같다.

연립방정식 $\begin{cases} y=4 \\ y=-2x-1 \end{cases}$ 을

풀면 $x=-\frac{5}{2}$, $y=4$이므로
이 두 그래프의 교점은
$A\left(-\frac{5}{2}, 4\right)$

연립방정식 $\begin{cases} y=2 \\ y=-2x-1 \end{cases}$ 을 풀면 $x=-\frac{3}{2}$, $y=2$이므로

이 두 그래프의 교점은 $B\left(-\frac{3}{2}, 2\right)$
따라서 $\overline{AD}=2-\left(-\frac{5}{2}\right)=\frac{9}{2}$, $\overline{BC}=2-\left(-\frac{3}{2}\right)=\frac{7}{2}$,
$\overline{CD}=4-2=2$이므로 구하는 도형의 넓이는
$\frac{1}{2} \times \left(\frac{9}{2}+\frac{7}{2}\right) \times 2 = 8$

44 답 ②

$3x+4y-12=0$의 그래프의 x절편
은 4, y절편은 3이므로
$A(4, 0)$, $B(0, 3)$
직선 $y=mx$가 $\triangle ABO$의 넓이를
이등분하면

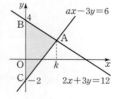

$\triangle ACO = \frac{1}{2}\triangle ABO$이므로

$\frac{1}{2} \times 4 \times (\text{점 C의 } y\text{좌표}) = \frac{1}{2} \times \left(\frac{1}{2} \times 4 \times 3\right)$

$\therefore (\text{점 C의 } y\text{좌표}) = \frac{3}{2}$

$3x+4y-12=0$에 $y=\dfrac{3}{2}$을 대입하면

$3x+6-12=0$, $3x=6$ $\quad\therefore x=2$

따라서 직선 $y=mx$가 점 $C\left(2, \dfrac{3}{2}\right)$을 지나므로

$\dfrac{3}{2}=2m$ $\quad\therefore m=\dfrac{3}{4}$

45 답 $y=x+1$

직사각형의 넓이를 이등분하는 직선은
그 직사각형의 두 대각선의 교점을 지
나므로 오른쪽 그림에서 점 $M(1, 2)$
를 지난다. $\quad\cdots$ (i)

즉, 구하는 직선은 두 점 $(-1, 0)$,
$(1, 2)$를 지나므로

$(기울기)=\dfrac{2-0}{1-(-1)}=1$ $\quad\cdots$ (ii)

$y=x+b$로 놓고, 이 식에 $x=-1$, $y=0$을 대입하면

$0=-1+b$ $\quad\therefore b=1$

따라서 구하는 직선의 방정식은 $y=x+1$이다. $\quad\cdots$ (iii)

채점 기준	비율
(i) 직사각형의 두 대각선의 교점의 좌표 구하기	50 %
(ii) 기울기 구하기	30 %
(iii) 직선의 방정식 구하기	20 %

46 답 ④

주어진 방정식을 각각 y를 x에 대한 식으로 나타내면 다음
과 같다.

① $\begin{cases} y=2x-3 \\ y=2x-\dfrac{9}{2} \end{cases}$ ② $\begin{cases} y=-2x+6 \\ y=-2x+1 \end{cases}$ ③ $\begin{cases} y=2x-6 \\ y=-x+6 \end{cases}$

④ $\begin{cases} y=2x+6 \\ y=2x+6 \end{cases}$ ⑤ $\begin{cases} y=-2x+6 \\ y=-2x-6 \end{cases}$

연립방정식의 해가 무수히 많으려면 두 일차방정식의 그래
프가 일치해야 하므로 기울기와 y절편이 각각 같아야 한다.
따라서 해가 무수히 많은 것은 ④이다.

다른 풀이

④ $\begin{cases} 2x-y=-6 \\ 4x-2y=-12 \end{cases}$ 에서 $\dfrac{2}{4}=\dfrac{-1}{-2}=\dfrac{-6}{-12}$이므로

해가 무수히 많다.

47 답 -3

$-6x-my=3$에서 $y=-\dfrac{6}{m}x-\dfrac{3}{m}$

$2x-y=4$에서 $y=2x-4$

연립방정식의 해가 없으려면 두 일차방정식의 그래프가 서로
평행해야 하므로 기울기는 같고 y절편은 달라야 한다.

따라서 $-\dfrac{6}{m}=2$이므로 $m=-3$

다른 풀이

$\dfrac{-6}{2}=\dfrac{-m}{-1}\neq\dfrac{3}{4}$ $\quad\therefore m=-3$

48 답 $a=6$, $b=-2$

$ax-4y=-12$에서 $y=\dfrac{a}{4}x+3$

$3x+by=-6$에서 $y=-\dfrac{3}{b}x-\dfrac{6}{b}$

두 일차방정식의 그래프가 교점이 무수히 많으려면 일치해
야 하므로 기울기와 y절편이 각각 같아야 한다.

따라서 $\dfrac{a}{4}=-\dfrac{3}{b}$, $3=-\dfrac{6}{b}$이므로 $a=6$, $b=-2$

다른 풀이

$\dfrac{a}{3}=\dfrac{-4}{b}=\dfrac{-12}{-6}$ $\quad\therefore a=6$, $b=-2$

49 답 ④

일차방정식 $x=m(m\neq0)$, $y=n(n\neq0)$의 그래프, 즉 좌
표축에 평행한 그래프는 직선이지만 일차함수의 그래프는
아니다.

따라서 구하는 직선은 좌표축과 평행한 직선인 ④이다.

참고 일차방정식 $y=n(n\neq0)$의 그래프는 일차함수의 그래프는
아니지만 함수의 그래프이고, 일차방정식 $x=m(m\neq0)$의
그래프는 함수의 그래프가 아니다.

50 답 -30

직선 $x+y+5=0$이 점 $A(x_1, y_1)$을 지나므로

$x_1+y_1+5=0$ $\quad\therefore x_1+y_1=-5$

직선 $2x+y+7=0$이 점 $B(x_2, y_2)$를 지나므로

$2x_2+y_2+7=0$ $\quad\therefore 2x_2+y_2=-7$

연립방정식 $\begin{cases} x+y+5=0 \\ 2x+y+7=0 \end{cases}$ 을 풀면 $x=-2$, $y=-3$이므로

두 직선의 교점 C의 좌표는 $(-2, -3)$이다.

$\therefore x_3=-2$, $y_3=-3$

$\therefore x_1+2x_2+3x_3+y_1+y_2+4y_3$

$\quad=(x_1+y_1)+(2x_2+y_2)+3x_3+4y_3$

$\quad=-5+(-7)+3\times(-2)+4\times(-3)$

$\quad=-30$

단원 마무리 P. 110~112

1 ②, ⑤ **2** ③ **3** 10 **4** ㄱ, ㄹ **5** $y=-7$

6 그래프는 풀이 참조, $x=2$, $y=-2$ **7** -1

8 ⑤ **9** 2 **10** ② **11** 6 **12** $\dfrac{1}{2}$

13 제1, 2, 3사분면 **14** 3 **15** 2 **16** 오후 3시

17 24 **18** $\dfrac{4}{3}$ **19** $3x-y-12=0$ **20** 20

21 7 : 2

1 $3x+2y-6=0$에서 y를 x에 대한 식으로 나타내면

$2y=-3x+6$ $\qquad \therefore y=-\dfrac{3}{2}x+3$

①, ④ 기울기는 $-\dfrac{3}{2}$이므로 x의 값이 2만큼 증가할 때, y의

값은 3만큼 감소한다.

② $y=-\dfrac{3}{2}x-3$의 그래프와 기울기는 같고 y절편은 다르

므로 평행하다.

③ y절편이 3이므로 y축과의 교점의 좌표는 $(0, 3)$이다.

⑤ 그래프는 오른쪽 그림과 같으므로

제3사분면을 지나지 않는다.

따라서 옳은 것은 ②, ⑤이다.

2 $x-2my+5=0$에 $x=-2$, $y=6$을 대입하면

$-2-12m+5=0$, $-12m=-3$ $\qquad \therefore m=\dfrac{1}{4}$

즉, $x-\dfrac{1}{2}y+5=0$에 주어진 점의 좌표를 각각 대입하면

① $-1-\dfrac{1}{2}\times(-8)+5\neq0$ ② $0-\dfrac{1}{2}\times(-5)+5\neq0$

③ $1-\dfrac{1}{2}\times12+5=0$ ④ $2-\dfrac{1}{2}\times(-14)+5\neq0$

⑤ $3-\dfrac{1}{2}\times8+5\neq0$

따라서 $x-\dfrac{1}{2}y+5=0$의 그래프 위의 점인 것은 ③이다.

3 $ax-by-6=0$의 그래프의 x절편이 3이므로

$ax-by-6=0$에 $x=3$, $y=0$을 대입하면

$3a-6=0$, $3a=6$ $\qquad \therefore a=2$

즉, $2x-by-6=0$에서 y를 x에 대한 식으로 나타내면

$by=2x-6$ $\qquad \therefore y=\dfrac{2}{b}x-\dfrac{6}{b}$

이 그래프의 기울기가 $-\dfrac{1}{4}$이므로

$\dfrac{2}{b}=-\dfrac{1}{4}$ $\qquad \therefore b=-8$

$\therefore a-b=2-(-8)=10$

4 좌표축에 평행한 직선의 방정식은 $x=m(m\neq0)$,

$y=n(n\neq0)$ 꼴이다.

ㄱ. $y=3 \Rightarrow x$축에 평행하다.

ㄷ. $3x-2=x-2$에서 $x=0 \Rightarrow y$축과 일치한다.

ㄹ. $y-x=x+y+1$에서 $x=-\dfrac{1}{2} \Rightarrow y$축에 평행하다.

따라서 좌표축에 평행한 직선의 방정식은 ㄱ, ㄹ이다.

5 y축에 수직인 직선 위의 점들은 y좌표가 모두 같으므로

$k-3=2k+1$ $\qquad \therefore k=-4$

따라서 $k-3=-4-3=-7$이므로

구하는 직선의 방정식은 $y=-7$

6 $2x+y=2$에서 $y=-2x+2$

$x-y=4$에서 $y=x-4$

이 두 그래프를 그리면 오른쪽 그

림과 같으므로 두 그래프의 교점의

좌표는 $(2, -2)$이다.

따라서 주어진 연립방정식의 해는

$x=2$, $y=-2$이다.

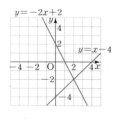

7 두 그래프의 교점의 y좌표가 1이므로

$2x+y-7=0$에 $y=1$을 대입하면

$2x+1-7=0$, $2x=6$ $\qquad \therefore x=3$

따라서 두 그래프의 교점의 좌표가 $(3, 1)$이므로

$ax+y+2=0$에 $x=3$, $y=1$을 대입하면

$3a+1+2=0$, $3a=-3$ $\qquad \therefore a=-1$

8 연립방정식 $\begin{cases} x-2y+15=0 \\ 2x+y+5=0 \end{cases}$ 을 풀면 $x=-5$, $y=5$이므로

두 그래프의 교점의 좌표는 $(-5, 5)$이다.

이때 y절편이 2이므로 점 $(0, 2)$를 지난다.

즉, 두 점 $(-5, 5)$, $(0, 2)$를 지나므로

$(\text{기울기})=\dfrac{2-5}{0-(-5)}=-\dfrac{3}{5}$ $\qquad \therefore y=-\dfrac{3}{5}x+2$

이 식에 $y=0$을 대입하면 $0=-\dfrac{3}{5}x+2$ $\qquad \therefore x=\dfrac{10}{3}$

따라서 직선 $y=-\dfrac{3}{5}x+2$의 x절편은 $\dfrac{10}{3}$이다.

9 연립방정식 $\begin{cases} x-5y=-3 \\ 3x+2y=8 \end{cases}$ 을 풀면 $x=2$, $y=1$이므로

세 직선의 교점의 좌표는 $(2, 1)$이다.

따라서 $ax-y=3$에 $x=2$, $y=1$을 대입하면

$2a-1=3$, $2a=4$ $\qquad \therefore a=2$

10 보기의 각 일차방정식을 y를 x에 대한 식으로 나타내면

ㄱ. $y=\dfrac{1}{5}x+3$ ㄴ. $y=-\dfrac{3}{5}x+3$

ㄷ. $y=-\dfrac{1}{5}x-\dfrac{3}{5}$ ㄹ. $y=\dfrac{1}{5}x-3$

따라서 연립방정식의 해가 없으려면 두 일차방정식의 그래프

가 평행해야 하므로 기울기는 같고 y절편은 달라야 한다.

따라서 해가 없는 것은 ㄱ과 ㄹ이다.

11 $kx-2y+12=0$에서 $y=\dfrac{k}{2}x+6$

$3x-y+6=0$에서 $y=3x+6$

연립방정식의 해가 무수히 많으려면 두 그래프가 일치해야

하므로 기울기와 y절편이 각각 같아야 한다.

따라서 $\dfrac{k}{2}=3$이므로 $k=6$

다른 풀이

$\dfrac{k}{3}=\dfrac{-2}{-1}=\dfrac{12}{6}$ $\qquad \therefore k=6$

12 $ax+2y=4$에서 y를 x에 대한 식으로 나타내면

$2y=-ax+4$　　$\therefore y=-\dfrac{a}{2}x+2$

이 그래프의 x절편은 $\dfrac{4}{a}$, y절편은 2이

고, $a>0$에서 $\dfrac{4}{a}>0$이므로 그래프는

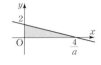

오른쪽 그림과 같다.

이때 색칠한 부분의 넓이가 8이므로

$\dfrac{1}{2}\times\dfrac{4}{a}\times2=8$

$\dfrac{4}{a}=8$　　$\therefore a=\dfrac{1}{2}$

다른 풀이

$ax+2y=4$에서 y를 x에 대한 식으로 나타내면

$2y=-ax+4$　　$\therefore y=-\dfrac{a}{2}x+2$

$a>0$에서 (기울기)$=-\dfrac{a}{2}<0$이고,

y절편이 2이므로 그래프는 오른쪽 그림

과 같다.

이때 $\triangle$AOB$=\dfrac{1}{2}\times\overline{BO}\times2=8$이므로

$\overline{BO}=8$　　$\therefore$ B$(8,\,0)$

따라서 $y=-\dfrac{a}{2}x+2$의 그래프가 점 B$(8,\,0)$을 지나므로

$0=-4a+2,\ 4a=2$　　$\therefore a=\dfrac{1}{2}$

13 점 $(a-b,\ ab)$가 제4사분면 위의 점이므로

$a-b>0,\ ab<0$

$a-b>0$에서 $a>b$이고

$ab<0$에서 a와 b는 서로 다른 부호이므로

$a>0,\ b<0$

$-ax+y+b=0$에서 y를 x에 대한 식으로 나타내면

$y=ax-b$

즉, $y=ax-b$의 그래프는

(기울기)$=a>0$, (y절편)$=-b>0$이므로

오른쪽 그림과 같다.

따라서 제1, 2, 3사분면을 지난다.

14 점 $(-4,\ 6)$을 지나고, x축에 수직인 직선의 방정식은

$x=-4$

$ax+by-12=0$에서 x를 y에 대한 식으로 나타내면

$ax=-by+12$　　$\therefore x=-\dfrac{b}{a}y+\dfrac{12}{a}$

따라서 $x=-4$와 $x=-\dfrac{b}{a}y+\dfrac{12}{a}$가 서로 같으므로

$0=-\dfrac{b}{a},\ -4=\dfrac{12}{a}$

$\therefore a=-3,\ b=0$

$\therefore b-a=0-(-3)=3$

15 $x-5=0$에서 $x=5$

$y-3a=0$에서 $y=3a$

이때 $a>0$이므로 $x=-2,\ x=5$,

$y=-a,\ y=3a$의 그래프는 오른

쪽 그림과 같다.

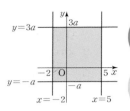

이때 네 그래프로 둘러싸인 도형

의 넓이가 56이므로

$\{5-(-2)\}\times\{3a-(-a)\}=56$

$7\times4a=56$　　$\therefore a=2$

16 언니에 대한 직선이

두 점 $(30,\ 0),\ (70,\ 8)$을 지나므로

(기울기)$=\dfrac{8-0}{70-30}=\dfrac{1}{5}$

즉, $y=\dfrac{1}{5}x+b$로 놓고,

이 식에 $x=30,\ y=0$을 대입하면

$0=6+b$　　$\therefore b=-6$

즉, 언니에 대한 직선의 방정식은 $y=\dfrac{1}{5}x-6$

동생에 대한 직선이

두 점 $(0,\ 0),\ (80,\ 8)$을 지나므로

(기울기)$=\dfrac{8-0}{80-0}=\dfrac{1}{10}$

즉, 동생에 대한 직선의 방정식은 $y=\dfrac{1}{10}x$

두 사람이 만나는 것은 y의 값이 같을 때이므로

연립방정식 $\begin{cases} y=\dfrac{1}{5}x-6 \\ y=\dfrac{1}{10}x \end{cases}$ 를 풀면 $x=60,\ y=6$

따라서 언니와 동생은 오후 2시에서 60분, 즉 1시간 후인

오후 3시에 만난다.

17 $2x-y-1=0$에서 $y=2x-1$,

$4x+y=-7$에서 $y=-4x-7$,

$y-5=0$에서 $y=5$이므로

세 직선은 오른쪽 그림과 같다.

연립방정식 $\begin{cases} y=5 \\ y=2x-1 \end{cases}$ 을 풀면

$x=3,\ y=5$이므로 이 두 직선의

교점의 좌표는 $(3,\ 5)$이다.

연립방정식 $\begin{cases} y=5 \\ y=-4x-7 \end{cases}$ 을 풀면 $x=-3,\ y=5$이므로

이 두 직선의 교점의 좌표는 $(-3,\ 5)$이다.

연립방정식 $\begin{cases} y=2x-1 \\ y=-4x-7 \end{cases}$ 을 풀면 $x=-1,\ y=-3$이므로

이 두 직선의 교점의 좌표는 $(-1,\ -3)$이다.

따라서 구하는 도형의 넓이는

$\dfrac{1}{2}\times\{3-(-3)\}\times\{5-(-3)\}=24$

18 $4x+3y-24=0$의 그래프의 x절편은 6, y절편은 8이므로 그래프를 그리면 오른쪽 그림과 같다.　　… (i)

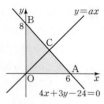

$\triangle ABO$의 넓이를 이등분하고, 원점을 지나는 직선의 방정식을 $y=ax$라고 하면

$\triangle ACO=\dfrac{1}{2}\triangle ABO$이므로

$\dfrac{1}{2}\times 6\times$(점 C의 y좌표)$=\dfrac{1}{2}\times\left(\dfrac{1}{2}\times 6\times 8\right)$

$\therefore$ (점 C의 y좌표)$=4$　　… (ii)

$4x+3y-24=0$에 $y=4$를 대입하면

$4x+12-24=0$　　$\therefore x=3$

따라서 직선 $y=ax$가 점 $(3, 4)$를 지나므로

$4=3a$　　$\therefore a=\dfrac{4}{3}$　　… (iii)

채점 기준	비율
(i) $4x+3y-24=0$의 그래프 그리기	30 %
(ii) 점 C의 y좌표 구하기	40 %
(iii) 기울기 구하기	30 %

19 사각형 OABC가 평행사변형이므로 직선 OC와 직선 AB는 서로 평행하다.

이때 직선 OC는 두 점 $(0, 0)$, $(2, 6)$을 지나므로

(기울기)$=\dfrac{6-0}{2-0}=3$

즉, 두 점 A, B를 지나는 직선의 기울기도 3이므로 이 직선의 방정식을 $y=3x+p$로 놓자.

$y=3x+p$의 그래프가 점 A$(5, 3)$을 지나므로

$3=15+p$　　$\therefore p=-12$

$\therefore y=3x-12$, 즉 $3x-y-12=0$

20 주어진 세 방정식을 각각 y를 x에 대한 식으로 나타내면

$y=4x+8$, $y=-x+3$, $y=ax-1$

세 그래프로 둘러싸인 삼각형이 만들어지지 않는 경우는 다음과 같다.

(i) 어느 두 그래프가 서로 평행한 경우

$y=4x+8$, $y=ax-1$의 그래프가 서로 평행하면

$a=4$

$y=-x+3$, $y=ax-1$의 그래프가 서로 평행하면

$a=-1$

(ii) 세 그래프가 한 점에서 만나는 경우

연립방정식 $\begin{cases} y=4x+8 \\ y=-x+3 \end{cases}$을 풀면 $x=-1$, $y=4$이므로

세 그래프의 교점의 좌표는 $(-1, 4)$이다.

즉, $y=ax-1$에 $x=-1$, $y=4$를 대입하면

$4=-a-1$　　$\therefore a=-5$

따라서 (i), (ii)에 의해 세 그래프로 둘러싸인 삼각형을 만들려고 할 때 a의 값이 될 수 없는 수는 -5, -1, 4이므로 그 곱은 $-5\times(-1)\times 4=20$

21 $3x+y=3$의 그래프의 x절편은 1, y절편은 3이므로

B$(1, 0)$, A$(0, 3)$

$x+y=3$의 그래프의 x절편은 3, y절편은 3이므로

D$(3, 0)$

연립방정식 $\begin{cases} x+y=3 \\ x-2y=1 \end{cases}$을 풀면 $x=\dfrac{7}{3}$, $y=\dfrac{2}{3}$이므로

두 그래프의 교점의 좌표는 C$\left(\dfrac{7}{3}, \dfrac{2}{3}\right)$이다.

$\triangle ABD=\dfrac{1}{2}\times\overline{BD}\times$(점 A의 y좌표)

$\qquad=\dfrac{1}{2}\times(3-1)\times 3=3$

$S_2=\dfrac{1}{2}\times\overline{BD}\times$(점 C의 y좌표)

$\quad=\dfrac{1}{2}\times(3-1)\times\dfrac{2}{3}=\dfrac{2}{3}$

$S_1=\triangle ABD-S_2$

$\quad=3-\dfrac{2}{3}=\dfrac{7}{3}$

$\therefore S_1 : S_2=\dfrac{7}{3} : \dfrac{2}{3}=7 : 2$

memo